Sämtliche Angaben in diesem Buch erfolgen nach bestem Wissen und Gewissen. Für etwaige Fehler schließen die Autoren und der Verlag jegliche Haftung aus. Mit Kauf dieses Buches erkennt der Käufer diesen Haftungsausschluß ausdrücklich an.

Titelfotos:
Umschlag: 2 große Fotos: Simpson-Variatus und Schwertträger (Richter); kl. Foto l. o.: *Phallichthys quadripunctatus* (Meyer/Wischnath); kl. Foto l. u.: Fächerschwanz-Guppy (Müllenholz); Innentitel Seite 5: *Poecilia velifera*, Wildfang ♂ (Meyer); Umschlagrückseite: *Xenoophorus captivus* (Pürzl)

1. Auflage 1985

CIP-Kurztitelaufnahme der Deutschen Bibliothek:
Meyer, Manfred K.
Lebendgebärende Zierfische: Arten
der Welt / M. K. Meyer; L. Wischnath.
Melle: MERGUS, Verlag für Natur- und
Heimtierkunde, Baensch 1985.
ISBN 3-88244-006-6

Typografie, Layout und Umschlaggestaltung:
Hans A. Baensch

Satz: Ernst Knoth GmbH, Melle

Lithos: Büscher-repro, Bielefeld

Druck: MERGUS PRESS, Hongkong

Redaktion: Manfred K. Meyer, Bad Nauheim

Herausgeber: Hans A. Baensch

Printed in Hongkong

Manfred K. Meyer · Lothar Wischnath · Wolfgang Foerster

Lebendgebärende Zierfische

Arten der Welt

Haltung · Pflege · Zucht

Unseren Kindern Michelle Meyer;
Horst Günter, Dagmar, Sabine und Andreas Wischnath;
Gesine und Holger Foerster gewidmet.

Inhaltsverzeichnis

Vorwort 6

Danksagungen 7

Systematik der lebendgebärenden Fische 8

Viviparie (lebendgebären) 12

Systematik der lebendgebärenden Zierfische 22

Biologie der lebendgebärenden Fische der Gruppe Atherinomorpha 23

Die Entstehung und der Lebensraum lebendgebärender Fische der Gruppe Atherinomorpha 26

Beobachtungen in natürlichen Lebensräumen 28

Biotope und Ökologie lebendgebärender Fische der Gruppe Atherinomorpha 32

Bestimmungsschlüssel der viviparen Gattungen der Gruppe Atherinomorpha 54

Anablepidae (Vieraugen) 59

Goodeidae (Hochlandkärpflinge) 67

Poeciliidae 126

Anatomie der Poeciliidae 128

Hemirhamphidae (Halbschnäbler) 394

Zuchtformen der Gattungen Xiphophorus und Poecilia 415

Vererbungslehre (Genetik) 416

Anlegen und Führen einer Zuchtkartei 422

Das Problem der Vorratsbefruchtung 423

Xiphophorus-Zuchtformen 428

Hochzuchtformen von Poecilia (Lebistes) reticulata 456

Molly-Zuchtformen 472

Allgemeines zur Pflege der Lebendgebärenden 476

Erklärung der Fachausdrücke (Glossar) 482

Literaturverzeichnis für die Wildformen 484

Literaturverzeichnis für die Zuchtformen 490

Adressen 491

Verzeichnis der gültigen Fischnamen und Synonyma 492

Die Autoren 496

Manfred K. Meyer · Lothar Wischnath · Wolfgang Foerster

Lebendgebärende Zierfische

Arten der Welt

Haltung · Pflege · Zucht

MERGUS

Verlag für Natur- und Heimtierkunde
Hans A. Baensch · Melle · W. Germany

Vorwort

Bei der Konzipierung und Bearbeitung des vorliegenden Buches stand die Absicht im Vordergrund, erstmals ein spezielles Nachschlagwerk über die lebendgebärenden Zierfische der Welt zusammenzustellen. Daneben bestand auch die Absicht, die an lebendgebärenden Zierfischen interessierten Aquarianer mit der großen Zahl dieser Tiere durch ausführliche Texte vertraut zu machen. Auch an den Zierfischfreunden ging die Nostalgiewelle nicht spurlos vorüber. Lebendgebärende Zierfische, sie standen am Anfang der Warmwasseraquaristik, erfreuen sich seit einigen Jahren zunehmender Beliebtheit. Insbesondere an den Wildformen, in ihrer Farbenpracht oder ihrer Schlichtheit ist man wieder interessiert. Viele Publikationen in den Aquarienzeitschriften der letzten Jahre trugen erfreulicherweise erheblich dazu bei. Dies ist auch der Grund, weshalb wir es wagen, den vielen Zierfischbüchern und mehrbändigen Werken, die alle die lebendgebärenden Zierfische unvollständig oder nur geringfügig beinhalten, dieses kompakte Buch hinzuzufügen. Es ist für jene gedacht, die ihr Wissen über die lebendgebärenden Zierfische erweitern möchten. Es soll Liebhaber dieser Tiere anregen, es doch nach oft jahrelanger Haltung von Zuchtformen einmal mit Wildformen ihrer Arten und mit ihnen bisher unbekannten Tieren zu versuchen. Gleichzeitig soll dieses Buch Anfängern und Fortgeschrittenen dienen. Wenn auch der Großteil der Aquarianer seinen Zierfischbedarf im Fachhandel oder bei bekannten Züchtern deckt, so erfreuen sich Reisen in die natürlichen Lebensräume der gepflegten Fische steigender Beliebtheit. Für Liebhaber, die ihre Tiere auf Fangreisen erwerben, sind diese von hohem ideellen Wert. Das Verantwortungsbewußtsein gegenüber der im Aquarium gepflegten Kreatur wird gefördert und die Vorliebe für Wildformen, wenn noch nicht vorhanden, geweckt. Einige der in diesem Buch vorgestellten Fische sind in der Natur teils durch menschliche Eingriffe, teils aus natürlichen, oft nicht erklärbaren Gründen, bereits in ihrer Existenz gefährdet oder ausgestorben. Die Zahl der Liebhaber lebendgebärender Zierfische, die die bedrohten Tiere in Aquarien pflegen und vermehren, ist erfreulich groß. Auch von vielen Aquarienvereinen sind Aktivitäten zwecks Arterhaltung von Wildformen Lebendgebärender bekannt. Es muß erwähnt werden, daß die gelegentlich zu hörende Ansicht, Lebendgebärende seien „Anfängerfische“, nur auf wenige Arten zutrifft. Einige der in diesem Buch erwähnten Tiere sind heikel oder sehr problematisch in der Haltung. Gerade diese verdienen es, im Aquarium gepflegt und gezüchtet zu werden. Sie sind interessante Pfleglinge.

Wir hoffen, mit diesem Buch zu weiter steigender Beliebtheit der vorgestellten Fische beigetragen zu haben.

Manfred K. Meyer. Bad Nauheim — Lothar Wischnath. Berlin — Wolfgang Foerster. Linden

April 1985

Den Mitautoren Herrn Lothar Wischnath, Berlin; Herrn Dr. Wolfgang Foerster, Gießen und Herrn Dr. Alfred C. Radda, Wien, bin ich für ihre Textausarbeitungen und kritische Durchsicht umfangreicher Manuskriptpassagen vielmals zu Dank verpflichtet.

Frau Kornelia Meyer, Bad Nauheim, und Herrn Hans A. Baensch, Melle, sei für wertvolle Textanregungen Dank gesagt.

Herrn Arnim Heynitz, Friedberg, danke ich für das Lesen der Korrekturseiten.

Für wichtige Hinweise, Zeichen- und Fotoarbeiten, und zur Verfügung gestellte Fische sei folgenden Personen gedankt: Herrn Ivan Dibble, Clevedon; Herrn Rick Haeffner, Denver; Herrn Dr. James A. Farr, Florida; Herrn Erich Hnilicka, Puebla; Herrn Herbert Stefan, Wien; Herrn Dr. Detlef Bodart, Rio de Janeiro; Herrn Wolfgang Noack, Pratteln; Herrn Dr. Klaus D. Kallman, New York; Herrn Horst Hinz, Wildsachsen; Herrn Gerhard Brecht, Schwäbisch Gmünd; Herrn Dr. Heribert Heil, Herbholzheim; Herrn Manfred Wirth, Mainz; Herrn Dieter Vogel, Frankfurt; Herrn Dr. Manfred Schartl, Gießen; Herrn Heinz Schöpfel, Waltershausen; Herrn Dr. Rüdiger Riehl, Düsseldorf; Herrn Professor Dr. Jakob Parzefall, Hamburg; Herrn Dr. Karl H. Lüling, Bonn; Herrn Matthäus Klein, Frankfurt; Herrn Hans P. Weil, Eichen; Herrn Friedhelm Heeg, Hanau; Herrn Hans J. Mayland, Oberursel; Herrn Hans Kröger, Hamburg; Herrn Hans Lindner, Bayreuth; Herrn Günter Daul, Berlin; Herrn Manfred Brembach, Bad Oldesloe; Herrn Karl Lung, Esslingen; Herrn Franz Peter Müllenholz, Köln; Herrn Julian Pahlow, Bad Nauheim; Herrn Professor Dr. Robert R. Miller, Michigan; Herrn Professor Dr. J. H. Schröder, München; Herrn Helmut Dörr †, Berlin.

Manfred K. Meyer. Bad Nauheim. April 1985.

Systematik

Vivipare Knorpelfische sind enthalten in:

- Klasse Chondrichthyes
  - Unterklasse Elasmobranchii
    - Ordnung Hexanchiformes
      - Familie Chlamydoselachidae
      - Familie Hexanchidae
      - Familie Heptaranchidae
    - Ordnung Squaliformes
      - Familie Echinorhinidae
      - Familie Squalidae
    - Ordnung Pristiophoriformes
      - Familie Pristiophoridae
    - Ordnung Orectolobiformes
      - Familie Brachaeluridae
      - Familie Orectolobidae
      - Familie Ginglymostomatidae
    - Ordnung Lamniformes
      - Familie Odontaspididae
      - Familie Pseudocarchariidae
      - Familie Mitsukurinidae
      - Familie Alopiidae
      - Familie Cetorhinidae
      - Familie Lamnidae
    - Ordnung Carcharhiniformes
      - Familie Scyliorhinidae
      - Familie Pseudotriakidae
      - Familie Proscyllidae
      - Familie Leptochariidae
      - Familie Triakidae
      - Familie Hemigaleidae
      - Familie Carcharhinidae
      - Familie Sphyrnidae
    - Ordnung Squatiniformes
      - Familie Squatinidae
    - Ordnung Rajiformes
      - Familie Rhinidae
      - Familie Rhynchobatidae
      - Familie Rhinobatidae
      - Familie Platyrhinidae
    - Ordnung Pristiformes
      - Familie Pristidae
    - Ordnung Torpediniformes
      - Familie Torpedinidae
      - Familie Hypnidae
      - Familie Narcinidae
      - Familie Narkidae
    - Ordnung Myliobatiformes
      - Familie Dasyatidae
      - Familie Potamotrygonidae
      - Familie Urolophidae
      - Familie Gymnuridae
      - Familie Myliobatidae
      - Familie Rhinopteridae
      - Familie Mobulidae
  - Unterklasse Holocephali
    - 1 Fossil

Die Klasse der Knorpelfische wird durch die 2 Unterklassen Elasmobranchii und Holocephali vertreten. Wie aus der Namensgebung bereits hervorgeht, ist das wichtigste Merkmal dieser Klasse der knorpelige Aufbau des Skeletts, das durch die Einlagerung von Kalk Stabilität erlangt. Der Kopf der Fische ist durch ein einziges Knorpelstück geformt. Die Wirbelsäule besteht aus einzeln zusammengesetzten Knorpelstücken. Die Epidermis weist zahnartig ausgebildete Schuppen auf. Die Kieferbezahnung ist mit einer dicken, faserigen Schleimhaut umgeben. Alle Knorpelfischvertreter besitzen keine Schwimmblase.

Die Klasse Chondrichthyes umfaßt Haifische, Rochen, Glattrochen und Seedrachen mit insgesamt 98 Familien, 145 Gattungen und ca. 600 Arten. Hiervon sind aus 40 Familien (bei Mitsukurinidae und Cetorhinidae lediglich vermutet) mit 99 Gattungen, 420 Arten vivipar.

WOURMS (1981) gliedert die lebendgebärenden Chondrichthyes Taxa in 4 Fortpflanzungssysteme: 1. Lecithotrophie, 2. Dottersack-Placenta, 3. Oophagie und 4. den Trophonemata-Entwicklungstyp mit Placenta-ähnlichen Verhältnissen.

Die viviparen Knorpelfische sind für die Aquariumhaltung ungeeignet, können aber in großen Anlagen erfolgreich gepflegt werden.

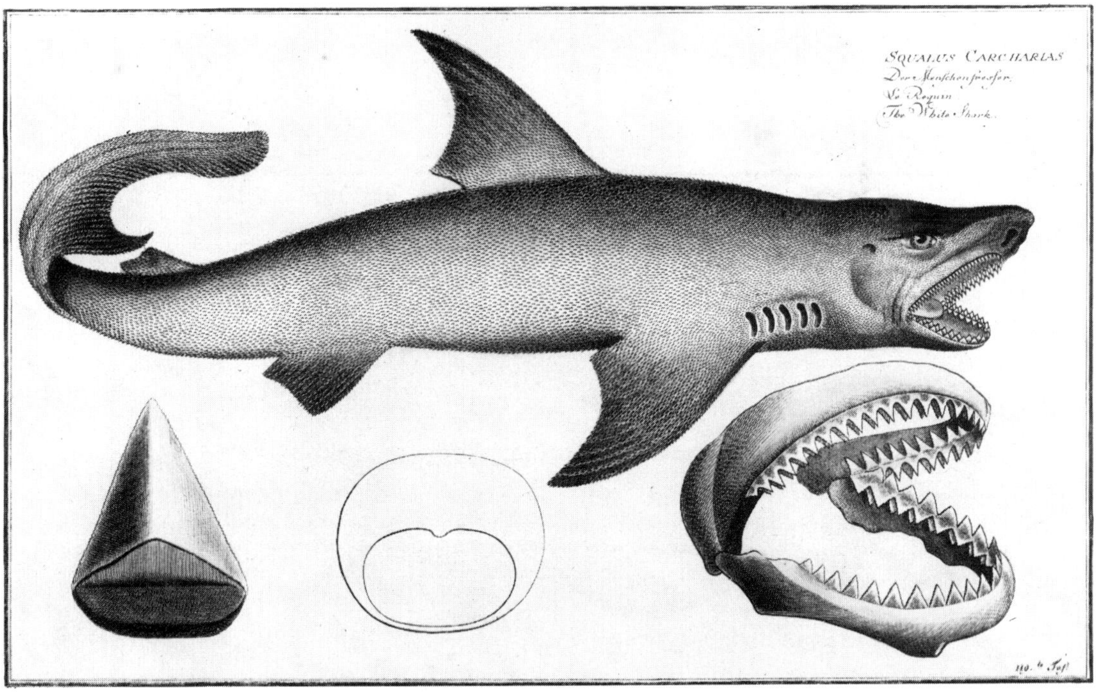

Carcharodon carcharias. Der Menschenfresser. Le Requin. The White Shark. Kupferstich-Reproduktion aus BLOCH, 1790.

Systematik

Vivipare Knochenfische sind enthalten in:

Klasse Osteichthyes	Unterklasse Crossoptergyii	Ordnung Coelacanthiformes
		Familie Latimeridae
	Unterklasse Actinopterygii	Ordnung Gadiformes
		Familie Zoarcidae
		Familie Parabrotulidae
		Ordnung Ophidiiformes
		Familie Bythitidae
		Familie Aphyonidae
		Ordnung Beloniformes
		Familie Hemirhamphidae
		Ordnung Cyprinodontiformes
		Familie Goodeidae
		Familie Anablepidae
		Familie Poeciliidae
		Ordnung Scorpaeniformes
		Familie Scorpaenidae
		Familie Comephoridae
		Ordnung Perciformes
		Familie Embiotocidae
		Familie Clinidae
		Familie Labrisomidae

Der Nachkomme des legendären Bindeglieds zwischen Fisch und Lurch: Der Komoren-Quastenflosser *(Latimeria chalumnae)*.

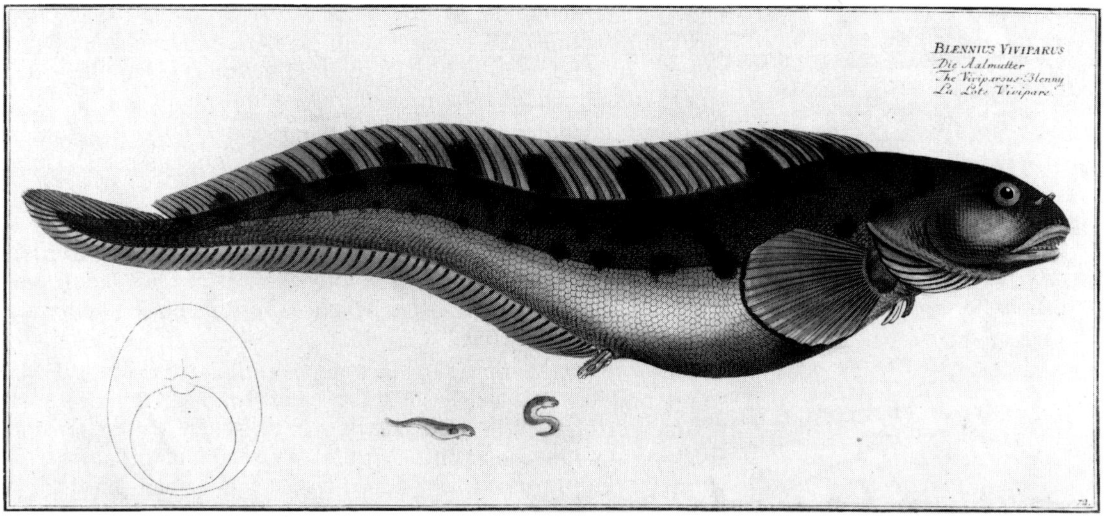

Zoarces viviparus. Die Aalmutter. The Viviparous Blenny. La Lote Vivipare. Kupferstich-Reproduktion aus BLOCH, 1790.

Die Klasse der Knochenfische Osteichthyes ist nach neuen Ergebnissen in 3 Unterklassen, Dipnoi, Crossoptergyii und Actinopterygii, eingeteilt. Dipnoi, sogenannte Lungenfische, weisen lediglich 6 lebende ovipare Taxa auf. Die Quastenflosser, Crossoptergyii, führen ein lebendes vivipares Taxon und die Strahlenflosser, Actinopterygii, beherbergen 99,9%, ca. 18000, aller lebenden Knochenfische. Den Actinopterygii gehören ca. 510 vivipare Taxa an. Strahlenflosser unterteilt man in Chondrostei, Knorpelstöre, mit 25 lebenden Taxa, Holostei, Ganzknochenfische, mit 9 lebenden Taxa und Teleostei, Neuknochenfische, mit ca. 17965 lebenden Taxa.

Das Hauptmerkmal ist bei den Chondrostei das teilweise verknöcherte Skelett. Die durchweg körperlich großen Tiere besitzen Schuppen oder auch Knochenplatten. Der primitive innere Organaufbau erinnert an die Haifischvertreter. Holostei weist als einzige Fischgruppe besonders gestaltete Gelenkflächen der Wirbel auf. Die hintere Fläche der Gelenke ist nach innen, die vordere nach außen gekrümmt. Teleostei ist die vollständige Verknöcherung des Skeletts zu eigen.

Das Gebären lebender Nachkommen (Viviparie) ist bei Fischen nicht ungewöhnlich. Viviparie stellt eine Besonderheit der Brutpflege dar und wurde bisher innerhalb von 54 Familien der Knorpel- und Knochenfische nachgewiesen.

Auf die Klasse der Chondrichthyes, mit ca. 600 Taxa, entfallen ca. 420 und auf die Klasse der Osteichthyes, mit ca. 18000 Taxa, 510 lebendgebärende Fischarten.

JOHN P. WOURMS (1981) befaßt sich eingehend mit der Viviparie bei Fischen und definiert sie wie folgt: „Die Eier werden im Körperinneren befruchtet, entwickeln sich für einen bestimmten Zeitraum im mütterlichen Fortpflanzungssystem und werden dann freigesetzt."

Der Begriff Ovoviviparie ist nach der Definition von WOURMS somit hinfällig geworden. Während der Entwicklung der Embryonen erfolgt ein Stoffaustausch, der zwischen Muttertier und Embryo in unterschiedlicher Art und Weise ablaufen kann.

WOURMS (1981) unterscheidet 9 Entwicklungstypen bei dieser Fortpflanzungsart, die Placenta-ähnliche Verhältnisse aufweist. Die Funktion der Placenta wird dabei übernommen von:

1. Haut (Epidermis und Flossenepithel)
   Dieser primitive Entwicklungstyp ermöglicht entweder über Hautflächen oder über Flossengewebe des Embryos einen Stoffaustausch mit dem Muttertier.
2. Kiemenepithel
   Der Embryo ist einseitig am Kiemenbogen durch einen Hohlkörper mit der Eierstockwand verbunden. Der Hohlkörper stellt einen Stoffaustauschkanal zwischen Embryo und Muttertier dar.
3. Nahrungsschnur (Trophonemata)
   Dieser hochspezialisierte Entwicklungstyp wird lediglich bei einigen Knorpelfischvertretern nachgewiesen. Ein Netzwerk von Nahrungssträngen verbindet den Embryo mit der Gebärmutterwand.
4. Branchialplacenta
   Bei der Branchialplacenta sind die Embryonen über Maul und Kiemenmulden durch Opercularöffnungen mit dem Eierstockgewebe verwachsen.
5. Dottersack
   Die Ernährung erfolgt über den Dottersack des Embryos auf Herzbeutel oder andere Organe.
6. Herzbeutel (Amnion und Chorion)
   Dieser einfache Entwicklungstyp bildet ein weit verteiltes Gewebe. Über Zotten (Amnion und Chorion) erfolgt der Stoffaustausch zwischen Mutter und Embryo.

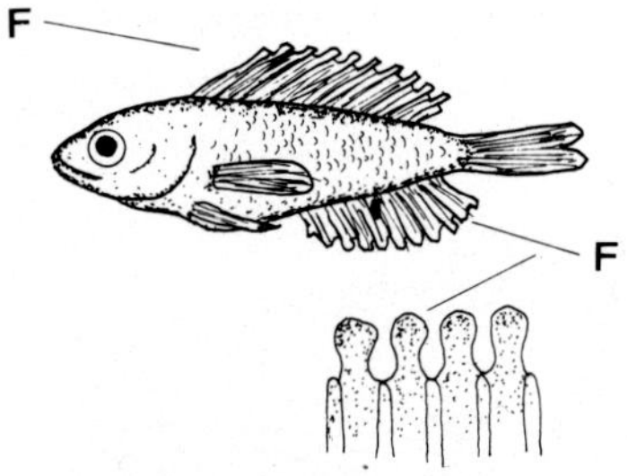

Haut-Flossen-Entwicklungstyp nach TURNER (1947)

F = Flossen-Epithel

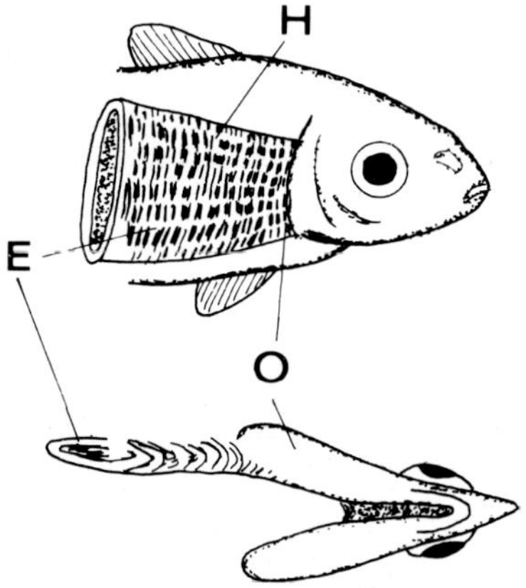

Kiemenepithel-Entwicklungstyp (*Cymatogaster*) nach TURNER (1952)

E = Eierstockgewebe
O = Kiemenöffnung
H = Hohlkörper

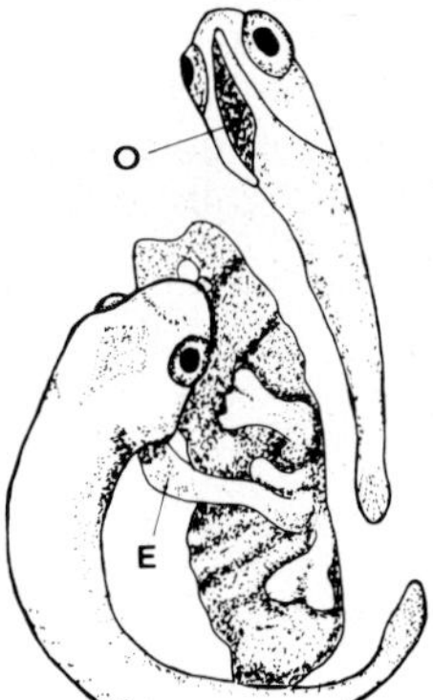

Branchialplacenta-Entwicklungstyp (*Jenynsia*) nach TURNER (1947)

O = Opercular-Öffnungen
E = Eierstockgewebe

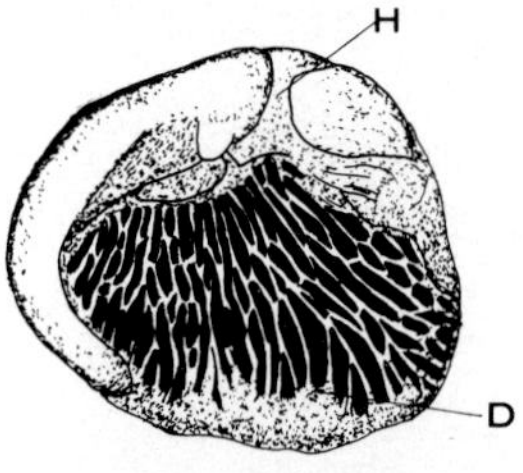

Dottersack- und Herzbeutel-Entwicklungstyp (*Poeciliinae*) nach TURNER (1947)

H = Herzbeutel
D = Dottersack

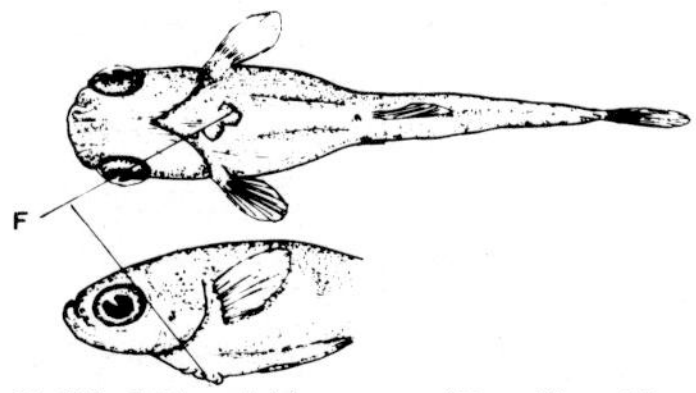

Follikel-Entwicklungstyp (*Poeciliopsis*) nach MILLER (1975)

F = Follikel

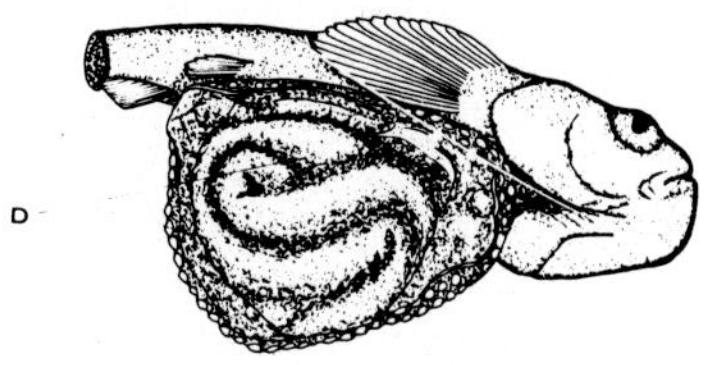

Darm-Entwicklungstyp (*Anableps*) nach TURNER (1947)

D = Darmflächen

7. Follikel
   Der Follikel-Entwicklungstyp ist eine kleine Gewebeausstülpung. Der jedem Embryo eigene Follikel ist hierbei gewöhnlich mit der vorderen Bauchregion verwachsen. Ob das Follikelgewebe mit dem Eierstockgewebe des Weibchens verbunden ist, konnte bisher noch nicht ermittelt werden.
8. Darm (hypertrophisch)
   Embryonen nehmen über ihre stark vergrößerte Darmfläche Nahrungsstoffe vom Muttertier auf. Wahrscheinlich kommen bei der Gattung Anableps für den Stoffaustausch noch weitere Organe in Betracht.
9. Nahrungsschnüre (Trophotaenien)
   Die Trophotaenien sind Nahrungsschnüre, die je nach Fischart eine spezielle Struktur und Form aufweisen. Das Trophotaenien-Zentralgefäß ist mit der Anallippe, die sich bei jedem Embryo direkt vor der Afterflosse befindet, verwachsen. Die oft weit verzweigten Nahrungsschnüre sind anscheinend nicht mit dem Eierstockgewebe des Muttertiers verwachsen. Ähnelt dem Trophonemata-Typ.

Hinzu kommen die Fortpflanzungssysteme Dottersack-Placenta und Oophagie/Adelphophagie, die fast ausschließlich bei einigen Haifischvertretern gefunden werden.

Die genannten Fortpflanzungssysteme werden in die Kategorien Lecithotrophie und Matrotrophie eingestuft.

Die Kategorie Lecithotrophie beschreibt den selbstversorgenden Embryo. Bei der strengen Lecithotrophie ernährt sich der Embryo ausschließlich vom anhängenden Dottersack, gewöhnlich über den Herzbeutel. Strenge Lecithotrophie wurde nach Angaben von WOURMS (1981) bei den Poeciliiden-Vertretern, *Poeciliopsis monacha* und *Poecilia reticulata,* nachgewiesen.

Die Kategorie Matrotrophie umfaßt Vertreter, die ausschließlich ihre Nahrungsstoffe vom Muttertier erhalten, wie z. B. bei den Gattungen *Anableps* und *Jenynsia.*

Sogenannte unspezialisierte Matrotrophie wurde bei einigen Taxa der Poeciliinae-Gattungen, *Belonesox, Poecilia, Gambusia* und *Xiphophorus* nachgewiesen. Hier ernähren sich die Embryonen teilweise mit eigener Dottersacknahrung und erhalten die restlichen benötigten Stoffe über das Muttertier.

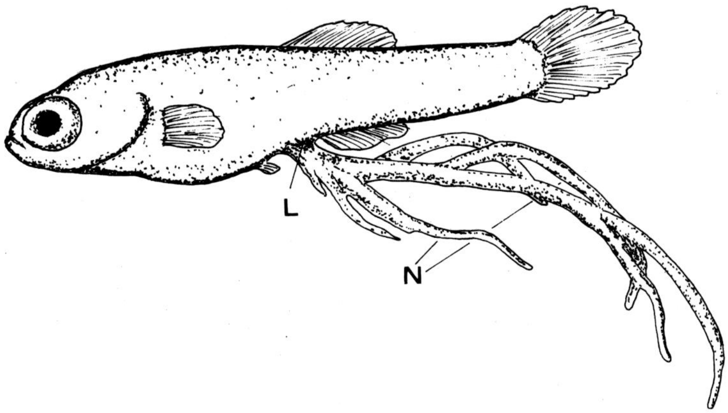

Nahrungsschnüre-Entwicklungstyp (*Goodeinae*)
nach TURNER (1947)

L = Anallippe
N = Nahrungsschnüre (Trophotaenien)

Latimeridae

Die Familie Latimeridae ist lediglich durch ein einziges lebendes vivipares Taxon, *Latimeria chalumnae,* vertreten. Quastenflosser zeichnen sich durch den Besitz innerer Nasenöffnungen (Choanen) aus, die dem Fisch gestatten, Luft in die Lungen aufzunehmen, ohne das Maul zu öffnen. Die Mitglieder der Ordnung Coelacanthiformes sind für die Wissenschaft von großem Interesse, da von ihnen höchstwahrscheinlich die Vierfüßer ihren Ursprung genommen haben. Überraschenderweise konnte am 22. Dezember 1938 an der Ostküste Südafrikas, Chalumna River, in 80 Meter Tiefe ein „lebendes Fossil", *Latimeria chalumnae,* gefangen werden. Ein weiteres Exemplar wurde 1972 nahe der Grande Comore Insel von Herrn MADI YOUSSOUF KAAR gesammelt. Das Tier war 89 cm lang. Die Körperfarbe zeigte sich einheitlich graubraun. SMITH (1975) berichtet von einem weiblichen *L. chalumnae* Exemplar, das 5 Embryonen mit einer durchschnittlichen Körperlänge von 32 cm in sich trug. Jeder Embryo besaß einen großen Dottersack. Der zutreffende Entwicklungstyp konnte bisher noch nicht ermittelt werden.

Latimeria chalumnae
(Länge = 85 cm)
(Familie: Latimeridae)
nach LOCKET (1979)

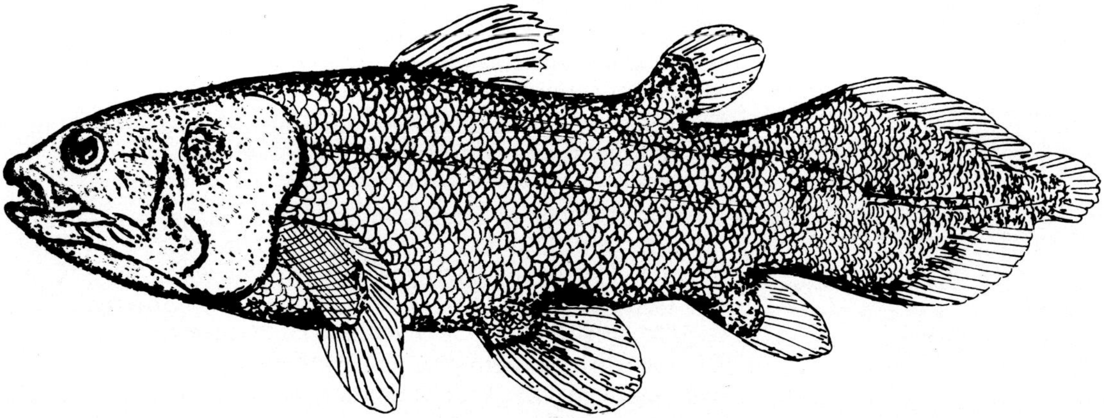

Zoarcidae

Die Vertreter der Familie Zoarcidae, Aalrauten, sind wie der zuvor beschriebene Quastenflosser Seewasserfische. Zoarcidae werden hauptsächlich in den Polar- und gemäßigten Klimaregionen beider Hemisphären gefangen. Die Tiere werden, mit wenigen Ausnahmen, in tiefen Seebereichen der Kontinentalabhänge und in großen Tiefen der Weltmeere angetroffen. Bisher ist die exakte Anzahl der viviparen Zoarcidae noch nicht bekannt. Die bekannteste Art ist Zoarces viviparus, Aalmutter oder Aalmöve genannt. Die Aalmutter findet ihre Verbreitung im östlichen

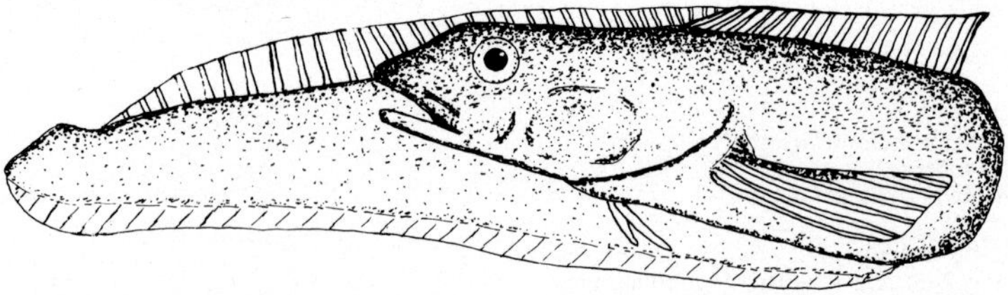

Zoarces viviparus
(Länge = 40 cm)
(Familie: Zoarcidae)
nach FRANK (1969)

Nord-Atlantik, belebt seichte Zonen in Bodennähe und wird des öfteren im Brackwasser nachgewiesen. *Zoarces viviparus* zeigt sich mit zusammengedrücktem Leib. Die Körperseiten sind mit kleinen verteilten Schuppen besetzt. Dorsale und Anale sind groß ausgebildet und gehen an ihren Enden in die Caudale über. Die Fische erreichen eine Körperlänge bis 45 cm. Die Entwicklungsdauer der Embryonen erstreckt sich über 3,5 bis 4 Monate. Neugeborene Junge haben eine Länge von 3 bis 4,5 cm. *Zoarces viviparus* gehört dem Darm-Entwicklungstyp an.

Eine weitere Zeichnung von Zoarces viviparus befindet sich auf Seite 11.

Parabrotulidae

Parabrotulidae stellt eine Familie, die 2 vivipare monotypische Gattungen, *Parabrotula* und *Leucobrotula,* umfaßt. Die Fische werden ausschließlich im Seewasser gefunden, gewöhnlich in Tiefen von 500 bis 3000 Meter. *Leucobrotula* wurde bisher lediglich im östlichen Teil des Atlantischen Ozeans nachgewiesen, während *Parabrotula* auch in atlantischen Gebieten der Neuen Welt vorkommt. Die Mitglieder der Familie Parabrotulidae sind kleine Fische, die maximal eine Körperlänge von 3 bis 4 cm erreichen. Der Körperbau ist aalförmig und der Kopf hat Reptiliengestalt. Männliche Tiere besitzen ein Penis-ähnliches Kopulationsorgan. Über die Aquariumhaltung der Tiere und die Trächtigkeitsdauer der Weibchen ist noch nichts bekannt geworden. Neugeborene sind 6 bis 8 mm groß. Parabrotulidae werden, wie auch Goodeidae zu dem Trophotaenien-Entwicklungstyp gerechnet. Beide Familien sind damit ein Beispiel für eine Entwicklungskonvergenz.

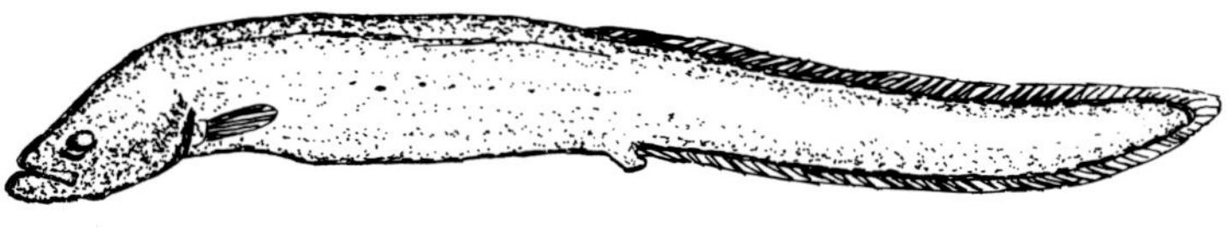

Parabrotula plagiophthalmus
♂ (Länge 3 cm)
(Familie: Parabrotulidae)
nach NIELSEN (1968)

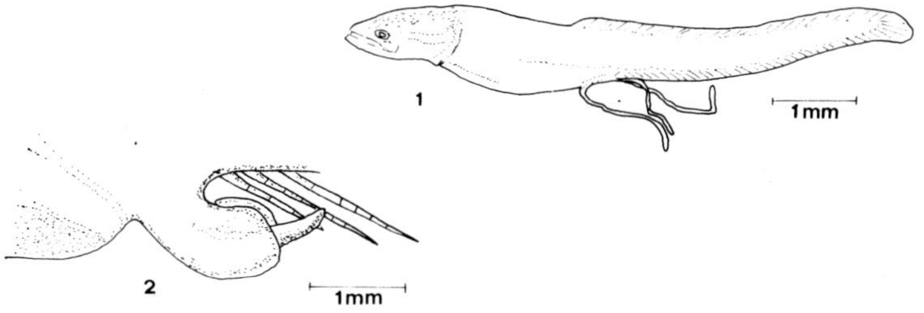

Parabrotula plagiophthalmus
1 Embryo mit Nährschnüren (Länge = 6,8 mm)
(Familie: Parabrotulidae)
2 Begattungsorgan
nach NIELSEN (1968)

Bythitidae und Aphyonidae

Die Familien Bythitidae und Aphyonidae gehören der Ordnung Ophidiiformes an. Beide Familien sind eng miteinander verwandt und werden höchstwahrscheinlich in naher Zukunft in einer Familie zusammengefaßt. Die Ordnung umfaßt 135 Gattungen mit 300 bis 400 Arten, die weltweit verbreitet sind. Die meisten Taxa sind Seewasserfische, nur vereinzelt werden Vertreter in Süßwasser nachgewiesen. Aus der Familie der Bythitidae sind 28 Gattungen mit 78 lebendgebärenden Fischarten bekannt. Aphyonidae weist 5 Gattungen mit 18 viviparen Mitgliedern auf. Ein interessanter Ophidiiformes-Vertreter ist *Oligopus diagrammus*. Die Art wird vor den Inseln des Galapagos-Archipels und Guadalupe aus durchschnittlich sechs Metern Wassertiefe gesammelt. *Oligopus diagrammus* erreicht in beiden Geschlechtern eine Körperlänge von 8 cm. Der langgestreckte, aalförmige Körper besitzt einen großen, monsterähnlichen Kopf, der wie der Rumpf eine braune Färbung aufweist. Die Flossen sind dunkel getönt. Männliche Tiere besitzen ein Penis-ähnliches Begattungsorgan. Als Entwicklungstyp werden Trophotaenien angegeben. Ein weiteres interessantes Mitglied aus der Familie Bythitidae ist *Cataetyx memorabilis*. Es ist ein Tiefseefisch, der im südöstlichen Atlantischen Ozean nahe Cape Town aus 1350 Meter Wassertiefe gefangen wurde. Die Tiere sind in ihrer Körperform ähnlich der von *Oligopus*. Der Kopf zeigt sich jedoch stark abgeflacht und das Maul ist schnabelförmig ausgebildet. Die Fische erreichen eine Körperlänge bis 7 cm. Als Besonderheit gilt die enorm hohe Nachkommenzahl weiblicher Tiere mit 12000 bis 15000 Larven pro Wurf. Einige Larven konnten nach Angaben von MEYER ROCHOW (1970) 10 Tage im Aquarium am Leben erhalten werden. Als Entwicklungstyp wird Dottersack-Charakter angenommen.

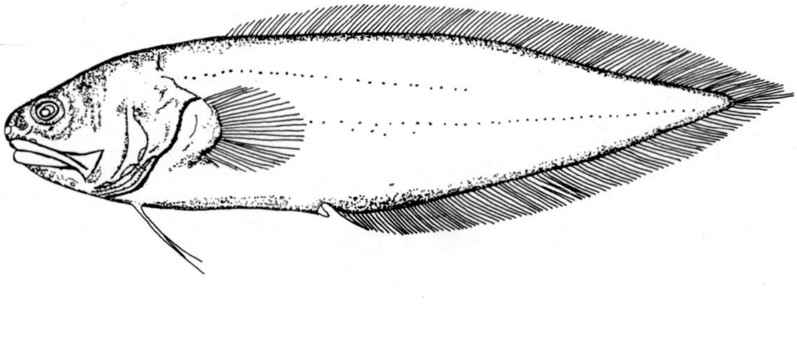

Oligopus diagrammus ♂
(Länge 5,5 cm)
(Familie: Bythitidae)
nach COHEN (1964)

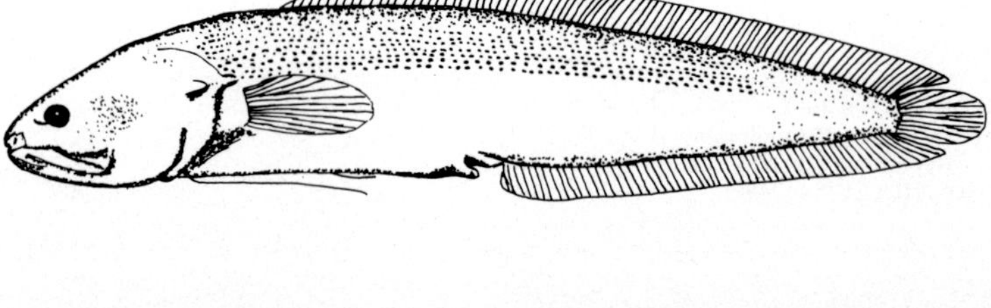

Ogilbia cayorum ♂
(Länge 4,5 cm)
(Familie: Bythitidae)
nach SUAREZ (1975)

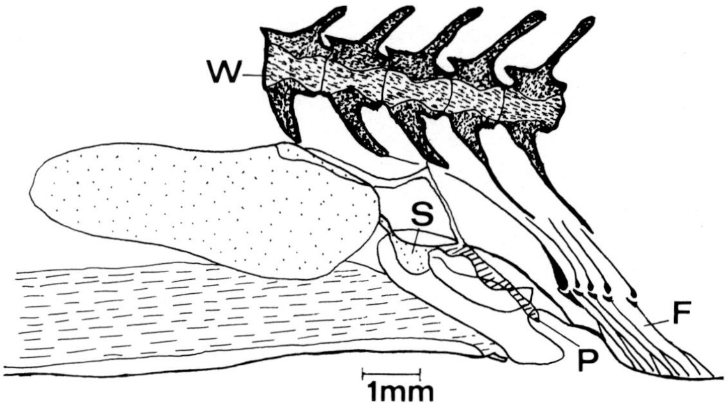

Ogilbia cayorum
Kopulationsorgan (Querschnitt):
W = Wirbelsäule
S = Spermakammer
P = Penis
F = Afterflosse
nach SUAREZ (1975)

Scorpaenidae

Die Familie Scorpaenidae umfaßt 60 Gattungen mit 330 Arten. 4 Gattungen mit 110 Arten sind vivipar. Die Scorpaenidae-Vertreter werden in allen Weltmeeren angetroffen. Die Mitglieder des Genus *Sebastes* sind mit über 50 Taxa bekannte Fische. Die Vertreter von *Sebastes* zeigen sich mit bulligem Körperbau und großem Kopf. Das Maul ist groß ausgebildet. Rücken- und Afterflosse besitzen zugespitzte Hart- und Weichflossenstrahlen. *Sebastes marinus,* Rotbarsch oder Rotfisch genannt, ist sehr schön rot gefärbt und wegen seines schmackhaften Fleisches hochgeschätzt. Die Fische werden durchschnittlich 80 cm groß und können ein Gewicht von 10 kg erreichen. LÜLING (1951) berichtet von *Sebastes marinus* aus dem Nord-Atlantik. Anfang bis Mitte Dezember sollen nach Angabe die Ovarien weiblicher Tiere bei einem großen Teil bereits vergrößert sein. Zur Zeit der Wurfreife im Mai werden enorm große Zahlen Larven vom Muttertier entlassen. Nach PHILLIPS (1964) konnten bei *Sebastes paucispinis*-Weibchen ca. 2000000 Embryonen nachgewiesen werden. Die Entwicklungsdauer der Embryonen beträgt je nach Art 20 bis 30 Tage. Von *Sebastes marinus* konnten aufgesammelte Larven im Aquarium 9 Tage am Leben erhalten werden. *Sebastes marinus* wird in die Kategorie Lecithotrophie eingeteilt.

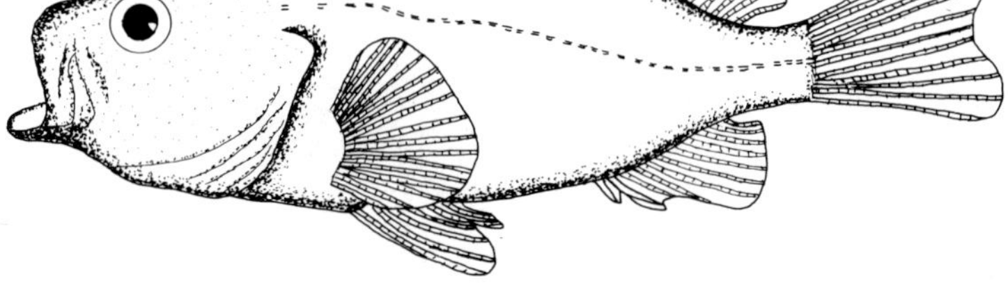

Sebastes marinus
(Länge = 60 cm)
(Familie: Scorpaenidae)
nach MOSER (1967)

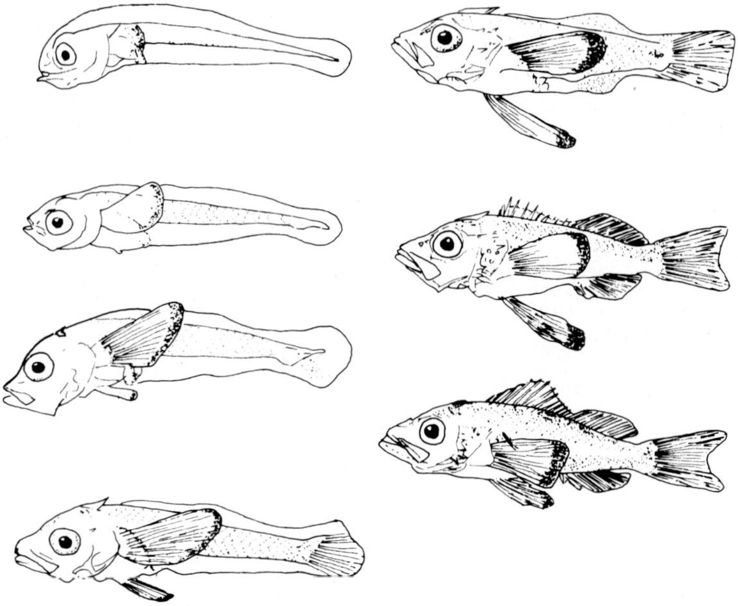

Sebastes paucispinis
(Familie: Scorpaenidae)
verschiedene Entwicklungsstadien
(Larve bis Jungfisch)
nach MOSER (1967)

Comephoridae

Die Familie Comephoridae umfaßt lediglich eine einzige Gattung mit 2 Arten, *Comephorus baicalensis* und *Comephorus dybowskii*, die endemisch im Baikal-See, östliche Sowjetunion, leben. Dieser Süßwassersee ist bis zu 1620 Meter tief. Die Wassertemperatur schwankt im Jahr zwischen 6 und 12° C. In einer Tiefe von 200 Meter beträgt die Temperatur konstant 3,6° C. *C. baicalensis* und *C. dybowskii* sind vivipare Fische und werden in Wassertiefen von 100 bis 1000 Meter gefangen. Der sogenannte große Baikal-Öl-Fisch, *C. baicalensis*, wird im männlichen Geschlecht bis 15 cm, im weiblichen bis 23 cm groß. Die Entwicklungszeit der Embryonen beträgt durchschnittlich 90 Tage. Der kleine Baikal-Öl-Fisch, *C. dybowskii*, kann bis

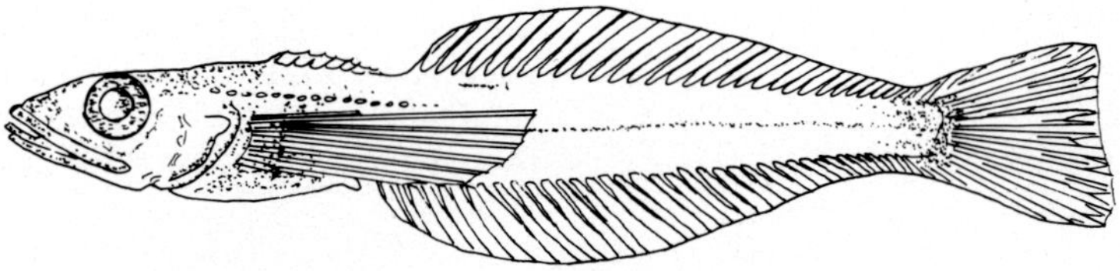

Comephorus baicalensis ♂
(Länge 4 cm)
(Familie: Comephoridae)
nach CHERNYAYEV (1974)

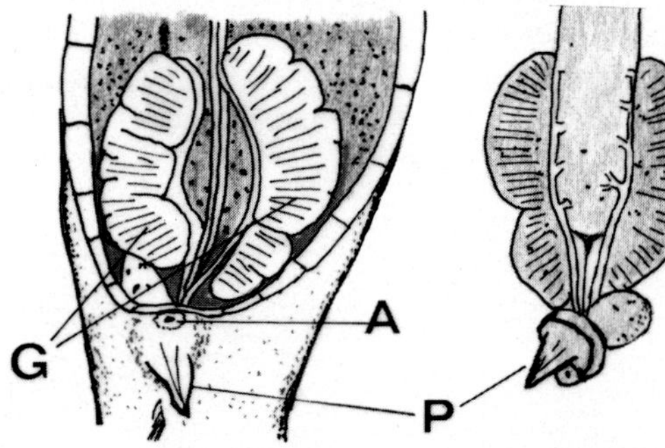

Comephorus baicalensis
♂ Genitalbereich
P = Kopulationsorgan
A = Anus
G = Hoden
nach CHERNYAYEV (1974)

17 cm groß werden, Weibchen bis 18 cm. Die Entwicklungszeit der Embryonen beträgt 100 bis 120 Tage. Die Anzahl der Neugeborenen eines Wurfes beträgt bei beiden Vertretern der Gattung 300 bis 4600, ca. 9 mm große Larven. Der Entwicklungstyp von *Comephorus* ist noch nicht bekannt. *C. baicalensis* und *C. dybowskii* besitzen einen gestreckten Körperbau, großen Kopf und ein schnabelförmiges Maul. Dorsale und Anale laufen in die Caudale über. Die Pectorale ist lang ausgebildet. Das männliche Kopulationsorgan ist Penis-ähnlich ausgebildet.

Embiotocidae

Embiotocidae gliedert sich ausschließlich in vivipare Taxa. Bisher sind 20 Gattungen mit 23 Arten bekannt geworden. Die Familie Embiotocidae ist eine Gruppe mit kleinen, einheitlich gezeichneten Fischen. Einige Arten dürften durchaus für die Aquarienpflege geeignet sein. Bis auf das Taxon *Hysterocarpus traskii,* das Süßgewässer im Südwesten der U.S.A. belebt, sind alle weiteren Taxa Seewasserfische, die überwiegend Flachwasserzonen im Nord-Pazifik, Amerika sowie die Seeregionen von Japan und Korea besiedeln. Die Art *Zalembius rosaceus,* die im tiefen Wasser lebt, muß als Ausnahmefall angesehen werden. Ein für die Aquarienhaltung, möglicherweise auch für die Freilandhaltung, geeigneter viviparer Seewasserfisch ist *Cymatogaster aggregata.* Diese Art wird hauptsächlich nahe Vancouver, Kanada, gefangen. Die Tiere erreichen eine Körperlänge von 8 bis 12 cm und sind in ihrem Körperbau ähnlich den Goodeidae-Kärpflingen. *Cymatogaster* verändert im männlichen Geschlecht saisonal die Ausprägung der Afterflossen. Während der Brutzeit im Juli ist die genannte Flosse mit Geschwulstgewebe bedeckt und stark angeschwollen. Die Kopulation erfolgt ab Ende Juni. Dabei werden Spermatophoren mit ca. 600 Spermatozoen übertragen. Die Befruchtung der Eier erfolgt jedoch erst Mitte Dezember; die Entwicklungszeit beträgt ca. 6 Monate. Die Männchen besitzen ein Penis-ähnliches Begattungsorgan. Weibliche Tiere bringen je nach Körpergröße durchschnittlich 25, ca. 2 cm lange Jungfische zur Welt. Aus der Familie Embiotocidae sind bisher 3 Entwicklungstypen, Darm, Kiemen- und Flossen-Epithel, nachgewiesen worden.

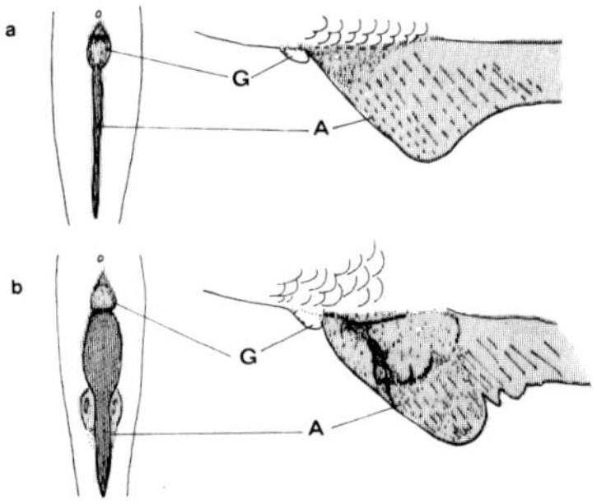

Cymatogaster aggregata ♂
(Familie: Embiotocidae)
♂ Genital- und Afterflossenbereich:
G = Kopulationsorgan
A = Afterflosse
a) Ausbildungsgrad außerhalb der Paarungszeit (Dezember).
b) Ausbildungsgrad während der Paarungszeit (Juli), Afterflosse und Kopulationsorgan sind angeschwollen.
nach WIEBE (1968)

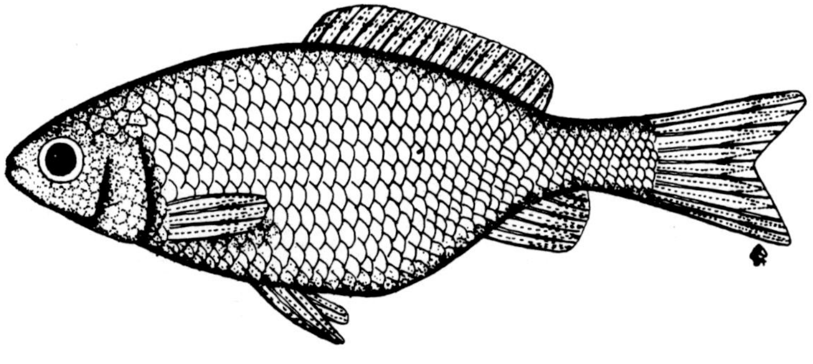

Cymatogaster aggregata ♀
(Länge = 4 cm)
(Familie: Embiotocidae)
nach WIEBE (1968)

Clinidae und Labriosomidae

Die Familie Clinidae setzt sich aus kleinen Seewasserfischen zusammen und umfaßt insgesamt 21 Gattungen mit 75 Arten. 16 Gattungen mit 60 Arten sind lebendgebärend, doch die genaue Kenntnis hierüber ist nicht zufriedenstellend. Labriosomidae gehören 16 Gattungen mit 100 Arten an. Vivipar sind 2 Gattungen mit 21 Arten. GEORGE & SPRINGER (1980) fassen die genannten Familien in Clinidae zusammen. Die Fische besiedeln die flachen Küstenregionen, kontinentale Abhänge vom atlantischen, pazifischen und indischen Ozean. Für die Pflege in Seewasseraquarien durchaus geeignet sind die Taxa der Gattung *Ophiclinus*. Die in Australien beheimateten Tiere erreichen eine Körperlänge zwischen 6 und 10 cm und besitzen einen aalförmigen Körper mit abgerundetem Kopf und großem Maul. Das Taxon *Ophiclinus gabrieli* besitzt ein sehr schönes, marmoriertes Körperzeichnungsmuster. Die Tiere werden im männlichen Geschlecht 8,5 cm lang, Weibchen 9,5 cm. Die Fische werden in Greens Beach, Tasmania, gesammelt. Ein weiterer interessanter Vertreter ist *Xenomedea rhodopyga,* der im Golf von Kalifornien gefangen wird. Die schlanke Art wird bis 6,5 cm groß. Männliche Tiere des Clinidae-Komplexes besitzen ein penisförmiges Begattungsorgan. Große Nachkommenzahlen sind von *X. rhodopyma* bekannt. Es werden pro Wurf von den Weibchen durchschnittlich 250 Jungfische abgesetzt. Als Entwicklungstypen werden gewöhnlich Darm- und Haut-Charakter nachgewiesen.

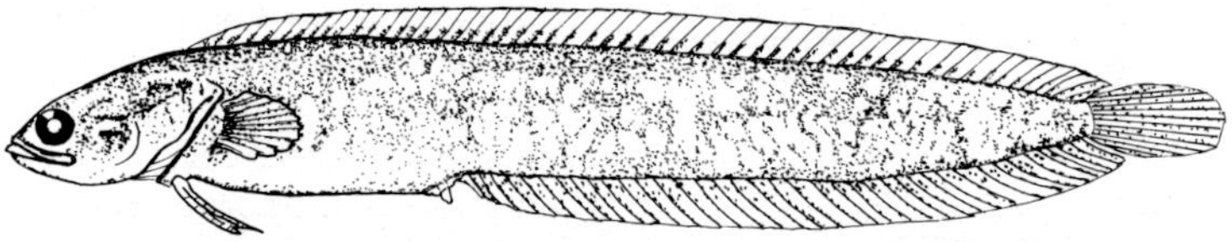

Ophiclinus gabrieli ♂
(Länge = 8,5 cm)
(Familie: Clinidae)
nach GEORGE und SPRINGER (1980)

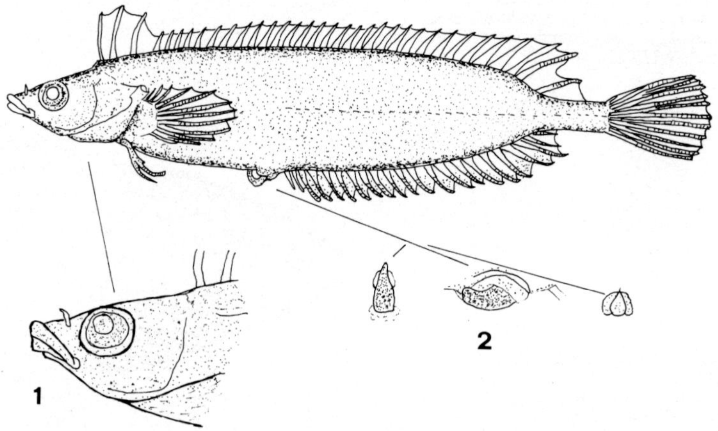

Pavoclinus pavo ♂
(Länge 6 cm)
(Familie: Clinidae)
1 = vordere Kopfregion
2 = Begattungsorgan (3 Ansichten)
nach PENRITH (1969)

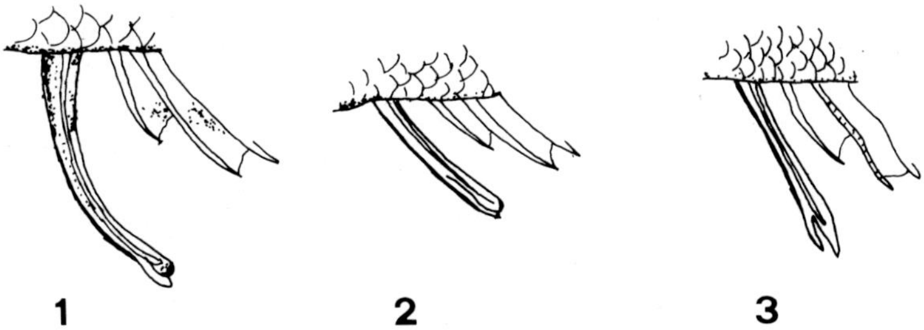

(Familie: Labriosomidae)
verschieden strukturierte Begattungsorgane bei Vertretern der Gattung *Starksiini*
1 *Starksiini hoesei*
2 *Starksiini fulva*
3 *Starksiini galapagensis*
nach ROSENBLATT und TAYLOR (1971)

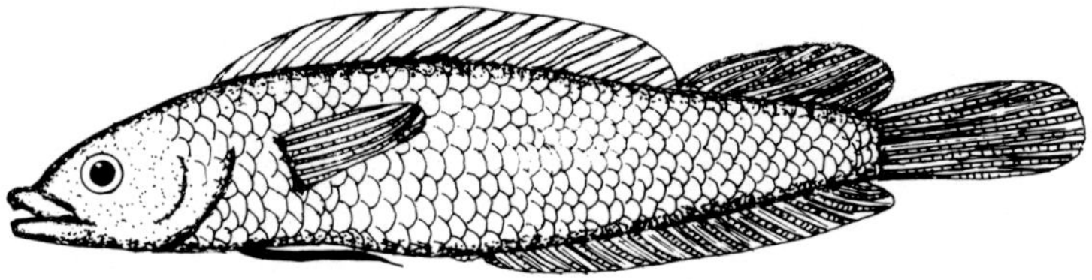

Xenomedea rhodopyga
(Länge = 5 cm)
(Familie: Labriosomidae)
nach ROSENBLATT und TAYLOR (1971)

Atherinomorpha-Gruppe
- Familie Atherinidae
- Familie Bedotiidae
- Familie Isonidae
- Familie Melanotaeniidae
- Familie Phallostethidae
- Familie Telmatherinidae

Ordnung Cyprinodontiformes
- Unterordnung Aplocheilodidei
  - Familie Aplocheilidae
  - Familie Rivulidae
- Unterordnung Cyprinodontoidei
  - Familie Profundulidae
  - Familie Fundulidae
  - Familie Valenciidae
  - Überfamilie Poecilioidae
  - Familie <u>Anablepidae</u>
  - Familie <u>Poeciliidae</u>
  - Überfamilie Cyprinodontoidae
  - Familie <u>Goodeidae</u>
  - Familie Cyprinodontidae

Ordnung Beloniformes
- Unterordnung Adrianichthyoidei
  - Familie Adrianichthyidae
- Unterordnung Exocoetoidei
  - Überfamilie Exocoetoidae
    - Familie <u>Hemirhamphidae</u>
    - Familie Exocoetidae
  - Überfamilie Scomberesocoidae
    - Familie Belonidae
    - Familie Scomberesocidae

(Unterstrichen = Familien, die lebendgebärende Fische beinhalten)

Jedem Aquarium-Liebhaber ist hinreichend das Paarungs- und Kopulationsverhalten lebendgebärender Zierfische bekannt. Das Wissen beschränkt sich gewöhnlich auf einzelne Vertreter aus der Familie Poeciliidae (Guppies, Schwertträger, Platies usw.).

Das männliche Begattungsorgan der Unterfamilie Poeciliinae, wird Gonopodium genannt. Das Organ wird nach Eintritt der Geschlechtsreife, wie bei allen lebendgebärenden Zierfischen, durch Umformung der Afterflosse geprägt. An der Ausbildung sind bei Poeciliinae lediglich die Flossenstrahlen drei, vier und fünf beteiligt, während die restlichen Strahlen mehr oder weniger Normalflossen-Charakter zeigen. Das Gonopodium besteht demnach aus den Strahlen drei bis fünf, die ihrerseits aus verschiedenartig geformten Knochenelementen bestehen. Es wären vor allem die Klauen, Haken, innere und äußere Zähne und Dornen zu nennen. Hinzu kommen vereinzelt knorpelige Elemente, Gonopodium-Deckhäute und Nervenstränge. Über Kapillaren wird das Begattungsorgan reichlich mit Blut versorgt. Bewegt wird das männliche Sexualorgan über die Wirbelsäule, die mit den sogenannten Gonapophysen und Interhämalstacheln mit den Gonopodium-Strahlen in Verbindung steht. Die Gonapophysen dienen überwiegend als Haltevorrichtung der Interhämalstacheln, die ihrerseits über die Baseosten (kugelartig geformte Gelenkvorrichtungen) die Gonopodiumstrahlen bewegen. Allgemein wird der körperinnere Bewegungsmechanismus als Suspensorium bezeichnet. Dr. C. T. REGAN (1913) erkannte als einer der Ersten, daß das Gonopodium gattungs- und gewöhnlich auch artspezifische Bestimmungsmerkmale besitzt. Im allgemeinen sind die oftmals komplizierten Strukturierungen für eine erfolgreiche Begattung, zumindest unter Aquariumverhältnissen, weitgehend belanglos, denn es können sogar gattungsfremde Tiere erfolgreich miteinander kopulieren. Das äußere Geschlechtsorgan der Weibchen ist eine sehr einfache Öffnung, die gewöhnlich durch Schuppen bedeckt und mit Haut überwachsen, sich hinter dem Anusausgang und kurz vor der Afterflosse befindet. Das begattende Männchen muß mittels der Gonopodiumspitze die oft verschlossene (mit Schuppen überlagert) Geschlechtsöffnung freilegen und gegebenenfalls die durch eine Hautmembran bedeckte Genitalpapille durchstoßen. Das Ziel ist es, die vorderen Millimeter des Gonopodiums in den weiblichen Geschlechtskanal einzubringen und je nach Artzugehörigkeit, sich entweder mit der Klaue, dem Haken und/oder den Gonopodiumszähnen zu verankern. Zuvor muß aber das männliche Tier einzelne Samenpakete, die vor dem Gonopodiumansatz aus der Geschlechtsöffnung austreten, auf das Gonopodium befördern, das jetzt als Gleitschiene dient. Da die Samenpakete, die sich je nach Art aus 3000 bis 20000 Spermatozoen zusammensetzen, vorderhalb des Gonopodiums austreten, muß auch das Begattungsorgan mit der Spitze nach vorne in Richtung Kopfregion zeigen. Die einzelnen Samenpakete, die je nach Artzugehörigkeit eine kugel- oder zylinderförmige Gestalt besitzen, können nun über die Gonopodium-Gleitschiene in den weiblichen Geschlechtskanal einrollen. Hier werden die einzelnen Spermatozoen frei beweglich und sie gelangen entweder zur Befruchtung der Eier oder werden in den Hautfalten der Eileiter gespeichert. Der durchschnittliche Wurfzyklus der Poeciliinae-Vertreter erstreckt sich auf 24–28 Tage. Bei idealen Bedingungen dauert die Entwicklung der Embryonen insgesamt 19 Tage. Wird die normale Entwicklung durch störende Faktoren unterbrochen, kommt es zum Verwerfen (noch nicht fertig entwickelte Tiere werden abgesetzt). Oder die Weibchen erzeugen, wahrscheinlich durch Ausschüttung bestimmter Hormone, eine Diapause (die Entwicklung der Eier wird vorübergehend gestoppt). Oftmals werden auch bereits fertig entwickelte Jungtiere im Mutterleib zurückgehalten, wenn die Wasserqualität sehr schlecht ist. Werden die fertigen Jungfische zu lange im Mutterleib behalten, sterben sie ab und bedrohen damit das Alttier.

Poeciliinae-Vertreter sind mit wenigen Ausnahmen, wie bei *Heterandria formosa, Poeciliopsis turneri,* dem Herzbeutel-Entwicklungstyp zuzurechnen. Das Ei, das überwiegend über den Dottersack ernährt wird, platzt kurz vor der Geburt des Jungfisches im Mutterleib. Bei *P. reticulata* und *P. monacha* wurde ausschließlich Dottersack-Ernährung nachgewiesen.

Fast gleiche Verhältnisse wie bei Poeciliinae findet man bei den ebenfalls viviparen Hemirhamphiden; jedoch, in der Gesamtheit betrachtet, auf einem primitiveren Entwicklungsstand. Das Begattungsorgan, Andropodium genannt, ist wesentlich einfacher strukturiert als das Gonopodium, dient aber offensichtlich der gleichen Funktionsweise wie bei den Poeciliinae. Die Entwicklungszeit der Embryonen bei *Hemirhamphodon pogonognathus* liegt in den bisher beobachteten Fällen bei etwa 60 Tagen. Die Eier entwickeln sich ähnlich wie bei *Heterandria formosa* nacheinander. Ein bestimmter Entwicklungstyp konnte bei Hemirhamphinae-Vertretern noch nicht ermittelt werden.

Die Arten der Unterfamilie Goodeinae zählen bis auf einen ungeklärten Fall bei *A. toweri,* allesamt zu dem Trophotaenien-Entwicklungstyp. Die Männchen besitzen ein Andropodium, das im eigentlichen Sinne kein Begattungsorgan darstellt, sondern das abgeteilte, strukturlose, kurze Afterflossenläppchen dient lediglich als ein den Befruchtungserfolg fördernder Mechanismus. Erste Versuche zeigen (MEYER, im Druck), daß das vollkommene Abtrennen des Andropodiums die Befruchtung anscheinend nicht beeinträchtigt. Das Andropodium wird keinesfalls in die weibliche Geschlechtsöffnung eingeführt. Die Paarung der Goodeinae erfolgt ähnlich wie bei den Vögeln, männliche und weibliche Geschlechtsöffnungen werden dicht aneinandergedrückt. Die Samenfäden werden nicht in Paketform übertragen, sondern sind vor der Übertragung bereits frei beweglich. Eine Vorratsbefruchtung findet bei den Goodeinae nicht statt. Die Entwicklungszeit der Embryonen dauert durchschnittlich 55 Tage.

Ebenfalls zu den Viviparen zählen die Anablepinae. Das Gonopodium wird durch die modifizierten Afterflossenstrahlen drei bis zehn gebildet und durch eine verdickte, umlagernde Hautschicht zu einem röhrenartigen Gebilde formiert. Die umgebildeten Afterflossenstrahlen, die bei der Gattung *Anableps* eine kompliziertere Strukturierung als bei *Jenynsia* erfahren, sind unterschiedlich lang und entweder insgesamt nach rechts oder links verdrillt. Bei den weiblichen Tieren ist die Geschlechtsöffnung auf die linke oder rechte Körperseite verlagert. Unter den Männchen treten Rechts- oder Linksbefruchter auf. Entsprechend sind die Weibchen entweder von der linken oder rechten Seite begattungsfähig. Die Spermaübertragung erfolgt direkt durch die Röhre des Gonopodiums, das wie bei Poeciliinae in die Geschlechtsöffnung der Weibchen eindringen muß.

Bei *Anableps* werden die dotterlosen Embryonen durch Nährstoffdiffusion über ihre stark vergrößerte Darmfläche vom Muttertier ernährt. Bei *Jenynsia* erfolgt die Embryonalentwicklung ähnlich wie bei den Säugetieren. Gewebestränge verbinden den Mutterkörper mit den Embryonen. Die Stränge sind mit den Eierstöcken des Muttertiers über die Kiemen der Embryonen verbunden.

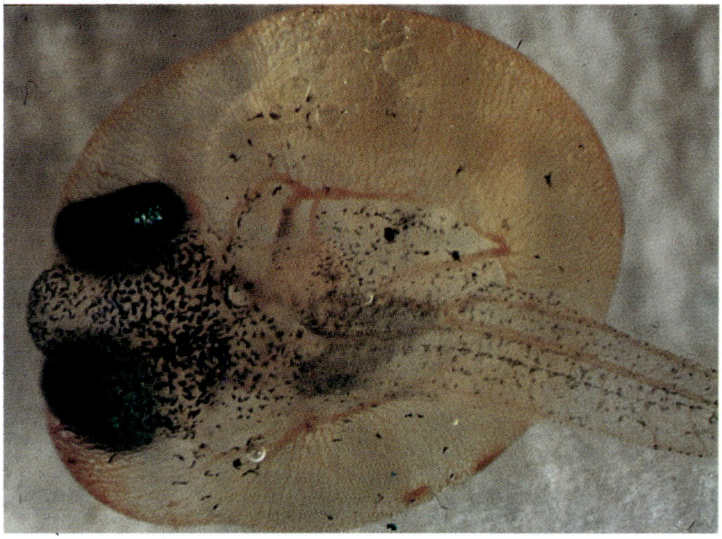

Embryo (ca. 16 Tage) von *Xiphophorus maculatus*

Die Entstehung und der Lebensraum lebendgebärender Fische der Gruppe Atherinomorpha

Die Vorfahren der sich uns derzeit für die Aquariumhaltung darbietenden viviparen Fischfamilien waren einst Bewohner der tropischen Meere, so wie es heute noch sehr weitläufige Verwandte der Lebendgebärenden, wie Ährenfische, Hornhechte und andere sind. Im Laufe ihrer langen Entwicklungsgeschichte, die sich über viele Millionen Jahre erstreckte, besiedelten erste Vorläufer die nahen Küstenregionen Mittel- und Südamerikas und den indo-malaiischen Archipel Asiens.

Gegensätzlich zu den Salmlern, die aufgrund ihrer bereits frühen genetisch verankerten Verhaltensweise, einem enorm großen Wanderdrang unterliegen und höchstwahrscheinlich mit zu den ersten Süßwasserbewohnern zählten, sind lebendgebärende Fische der Gruppe Atherinomorpha mit Ausnahme der Halbschnäbler wesentlich standorttreuer, was sich heute noch bei den meisten Arten der neuweltlichen Familien beobachten läßt.

Nahezu 30% aller Poeciliinae-Vertreter sind an Meerwasser umzugewöhnen, etwa 5% werden als ständige Brackwasserbewohner bezeichnet und 3% leben bevorzugt im Meerwasser. Sämtliche Arten der Anablepinae leben fast ausschließlich im Salzwasser, lediglich *Jenynsia* wird auch im Süßwasser angetroffen. 1% der Goodeinae werden in Salzgewässern nachgewiesen und aus der Unterfamilie Hemirhamphinae beleben einzelne Vertreter der Gattung *Dermogenys* Brack- und Salzwasserzonen. Wollte man die lebendgebärenden Fische als typische Bewohner der Süßgewässer bezeichnen, so wäre das grundsätzlich falsch, obwohl sich gegensätzlich zur allgemein verbreiteten Annahme der Hartwasserverfechter, beinahe allesamt im relativ weichem Wasser erfolgreich vermehren und pflegen lassen.

Die entwicklungsgeschichtlich jüngste Gruppe der lebendgebärenden Zierfische stellen die Poeciliinae-Vertreter dar. Einzelne Gattungen, so wie sie bis heute bekannt sind, dürften im Jung-Tertiär entstanden sein. Die ersten *Xiphophorus*-Arten lebten wahrscheinlich 200000–400000 Jahre vor der Altsteinzeit und wären somit vor 1–1,2 Millionen Jahren entstanden.

Das größte Evolutionszentrum der Unterfamilie stellte das damalige tertiäre Mittelamerika. Nach geologischen Karten von WOODRING und DENGO waren weite heutige Landstriche mit Meerwasser überflutet. Vielfach traten isolierte, inselähnliche Landteile großteils durch Sedimentablagerung hervor, die dann von Poeciliiden besiedelt wurden und allmählich durch Isolation zur Gattungs- und Artvielfalt führte. Ähnliche Verhältnisse werden vom nördlichen Südamerika berichtet. In der Entstehungsgeschichte sämtlicher lebendgebärender Zierfische spielen Mangrovensümpfe eine zentrale Rolle. Mangrovenbäume wachsen im schlammigen Boden tropischer Meeresküsten und Salzwassersümpfen. Die gewaltigen Stütz- und Atemwurzeln, die in und aus dem Sumpf ragen, boten und bieten den Fischen und ihrer Brut Schutz. Derartige Mangrovensümpfe können heute in Florida und Panama besucht werden, die von einigen *Gambusia, Poecilia, Neoheterandria, Poeciliopsis* und anderen Fischen besiedelt werden. Hier in den Salzwassersümpfen war es möglich, die typische Lebensweise zu entwickeln. Durch die

Salzwasser-Adaptation war es somit vielen Vertretern der lebendgebärenden Zierfische möglich, über Flachmeerbereiche auch weitergelegene Inseln zu erreichen.

Die ersten Goodeiden, so wie wir sie heute kennen, sind wahrscheinlich im Isthmus von Mexiko entstanden und anschließend, größtenteils durch Landerhebung, allmählich ins Hochland transportiert worden. Goodeiden gehen wahrscheinlich auf wesentlich älteren Ursprung als die Poeciliiden zurück. Die Anablepiden haben ihre ursprüngliche Lebensweise prinzipiell nie aufgegeben und sind bis auf *Jenynsia* beinahe typische Meeresbewohner geblieben.

Die drei altweltlichen lebendgebärenden Gattungen der Familie Hemirhamphidae sind mit Sicherheit wesentlich älteren Ursprungs als die neuweltlichen Anablepinae, Poeciliinae und Goodeinae Vertreter. Die ursprünglicheren Formen der Hemirhamphidae gehören momentan noch einer eigenständigen Familie an und sind Eierleger, die fast ausschließlich die tropischen Meere oder Brackwasserzonen besiedeln. Die Brackwasser-„Halbschnäbler" dringen bis in obere Flußbereiche und Ströme vor. Einzelne Arten von ihnen sind auch in der Neuen Welt beheimatet.

Im Gegensatz zu den Goodeidae und Poeciliidae, die als passive Einwanderer gelten, haben die Exocoetiden Mitglieder, die zeitweise aus dem Meer kommend aktiv die Süßgewässer aufsuchen und als verwandte Vorfahren der Hemirhamphidae gelten.

Stelzwurzeln von Mangroven. Zwischen den Wurzeln siedeln hier Seepocken, Muscheln und Krebse. Den Jungfischen verschiedener Meeresfische dienen sie als Unterschlupf.

Die natürlichen Lebensräume der lebendgebärenden Fische der Gruppe Atherinomorpha sind von unterschiedlicher Beschaffenheit. Bewohnt werden alle denkbaren Gewässertypen; wie Rinnsale, Bäche, Flüsse, Ströme, Tümpel, Weiher und Seen. Viele Arten, die bevorzugt die Süßgewässer beleben, können gleichfalls im Brackwasser oder auch in Meerwasserzonen angetroffen werden. Die Gattungen *Poecilia, Gambusia, Heterandria* und *Dermogenys* beinhalten Arten, die in allen genannten Abstufungen nachweisbar sind. *Poecilia sulphuraria* und *Gambusia eurystoma* beleben außer Süßwasserbächen zusätzlich stark mit Schwefel angereicherte Gewässerabschnitte. *Poecilia reticulata* ist als die Fischart bekannt, die stark verschmutzte Bäche und Teichregionen bewohnt und selbst noch in Abwasserkanälen zu finden ist. Sehr unterschiedlich erscheinen die natürlichen Lebensräume im Hinblick auf die Wasservegetation, Uferart, Strömungsstärke, Bodenbeschaffenheit und das Nahrungsangebot. Gewöhnlich sind alle genannten Faktoren von jahreszeitlichen Änderungen und Schwankungen abhängig, was auch für die ermittelten Wasserwerte zutreffend ist. Im Gegensatz zu den bisherigen Anschauungen lebt die überwiegende Anzahl lebendgebärender Zierfische in weichem bis mittelhartem Wasser. Hartes Wasser dagegen wird in den Biotopen am wenigsten angetroffen. Bei den Wassertemperaturen spielt die Schwankung je nach Höhenlage des Lebensraumes eine Rolle. Der Temperaturunterschied kann in kleinen und kleinsten Gewässern der Gebirge im Tag- und Nachtrhythmus oft beträchtlich sein. Intervalle von 10 oder 20 Grad Celsius Differenz sind keine Seltenheit für hochgelegene Lebensräume. Weniger stark sind die Temperaturschwankungen im Flachland und damit in großen stehenden und fließenden Gewässern. Die am häufigsten in Biotopen ermittelte Wassertemperatur für neuweltliche lebendgebärende Zierfische liegt ganzjährig im Durchschnitt bei 26° Celsius. Altweltliche Durchschnittstemperaturen liegen in den Vorkommensgebieten der Halbschnäbler bei 23° Celsius. Lebendgebärende Zierfische halten sich mit Vorliebe in nicht zu tiefem Wasser auf und werden allgemein als Oberflächenfische bezeichnet. Anhand zahlreicher Sammelreisen konnte festgestellt werden, daß Fische, die in Gewässern ohne oder mit nur mäßigem Wasserpflanzenbewuchs vorkommen, sich überwiegend in Bodennähe oder zwischen Gestein, oft auch unmittelbar im Uferbereich unter überstehenden Böschungen und überhängendem Wurzelwerk bzw. Ufervegetation aufhalten. Die angezeigte Verhaltensweise bietet den Fischen größeren Schutz vor Feinden und gibt der Brut schnell auffindbare Versteckmöglichkeiten. Im Gegensatz dazu beleben die Tiere in Gewässern mit üppigem Pflanzenbewuchs gewöhnlich alle Bereiche ihres Lebensraumes.

Der Fang und die Beobachtung lebendgebärender Zierfische ist am besten in Bächen, kleinen Flüssen und Teichen möglich. Hier kann man je nach Gewässerart und jahreszeitlicher Wasserführung mit einer Tiefe von 30–150 cm und einer Flußbettbreite von 3–50 m rechnen. Geeignete Fangmonate für neuweltliche Zierfische sind Februar und März. Die altweltlichen Halbschnäbler können annähernd über das ganze Jahr verteilt erfolgreich gesammelt werden.

Beobachtungen in natürlichen Lebensräumen sind sehr schwierig und können am besten in ruhigen und geschützten Gewässerabschnitten erfolgen. Es sind gewöhnlich die Regionen, wo das Werfen der Alttiere erlebt werden kann. An den Randzonen der Ufer sind die Fische von der Größe der Neugeborenen bis zu halbwüchsigen Exemplaren zu sehen. In der Regel halten sich die kleinsten Tiere in dichten und unterschiedlich großen Schwärmen auf. Die größeren Jungtiere formieren sich zu kleinen aufgelockerten Gruppen. Die Balz und Paarung ereignet sich fast ausschließlich in den tieferen oder mittleren Gewässerregionen. Oft kann man ein einziges, wunderschön gezeichnetes Alfamännchen inmitten eines großen Zusammenschlußes dominieren sehen. Bei *Xiphophorus helleri* konnte beobachtet werden, wie einzelne Männchen eine Anzahl Weibchen im Verband schwimmend mit sich führten.

Die Biotopgemeinschaft mit ihrer Populationsdichte unterliegt aus folgenden Gründen oft Schwankungen: Bei Hochwasser können Fische aus ihren Heimatgewässern ausgeschwemmt werden und verteilt größere Verbreitung finden, während bei Niedrigwasser die Tiere oft auf engem Raum konzentriert sind und damit einem starken Selektionsdruck Stand halten müssen. Ein weiterer Grund für Veränderungen in den Lebensräumen der Fische spiegelt das Nahrungsangebot wieder. Auf unseren Sammelreisen gelangten wir an Gewässer, die Jahre zuvor bereits besucht wurden und damals große Bestände einer oder mehrerer Arten lebendgebärender Zierfische aufwiesen, nun aber außer wenigen Jungtieren keine weiteren Fische beherbergten. Möglicherweise gelangten hier natürliche Feinde, wie *Cichlasoma,* in die Biotopgemeinschaft, deren Vertreter eine oder mehrere lebendgebärende Zierfischarten stark dezimierten.

Gelegentlich findet man in Gewässern, die man schon einmal zwecks Tierfang bereiste, in späteren Zeiten eine andere Population einer Art. Ein Beispiel einer Veränderung in einem Biotop: In den Jahren 1979 und 1980 bereisten wir das Gebiet um den Catemaco-See im Staate Veracruz in Mexiko. In einem kleinen Fluß, dem Abfluß des Sees in den Golf von Mexiko bei der Ortschaft Sontecomapan wurde in den erwähnten Jahren eine Population von *X. helleri,* die Sontecomapan-Population gefangen. Diese Tiere zeigten über der helleriüblichen Mittellinie zwei weitere Streifen von gleicher Länge und zwei weitere Streifen unter der üblichen Mittellinie. Diese Färbung ergab für diese Tiere den deutschen Namen „Fünfstreifen-Schwertträger." Sie lebten in den besagten Jahren in dichten Beständen umgeben von je einer Hornblatt- und Bacopa-Art. Im Juli 1983 wurde an gleicher Stelle von den Pflanzen nichts mehr gesehen und an Stelle der fünfstreifigen *Helleri*-Population wurde eine andere Farbvariante mit der üblichen Mittellinie, von dunkelbrauner Farbe, gefangen. Besonders bei der Gattung *Xiphophorus,* deren Arten mitunter zahlreiche Populationen und Varietäten bilden, ist dieses Beispiel keine Seltenheit. Bei der Gattung *Priapella,* Blauaugenkärpflinge, sahen wir kurz vor Sonnenuntergang über den Biotopen große Schwärme von verschiedenen Fluginsekten. Die Fische sprangen bis zu 30 cm aus dem Wasser und schnappten mit großem Erfolg danach. Es konnte festgestellt werden, daß die schnellfließenden, oft reißenden *Priapella*-Gewässer relativ wenig Nahrungstiere enthielten, dies insbesondere während der Niedrigwasserperiode. So ist es nur verständlich, daß die Fluginsekten einen wesentlichen Teil ihrer Nahrung bildeten.

Im Gegensatz zu den Vertretern der Gattung *Priapella* besiedeln zahlreiche *Poecilia, Gambusia* und *Ilyodon*-Arten stark veralgte Gewässer. *Anableps* besiedelt überwiegend Regionen mit Schlammboden, aus dem die Hauptnahrung gewonnen wird. Halbschnäbler beleben fast ausschließlich die oberen Wasserschichten, wo Fluginsekten aufgenommen werden.

Sehr interessant ist die Tatsache, daß kleinste Tümpel oft mehr freien Sauerstoff enthalten als ein Aquarium mit sichtbarer Wasserbewegung mittels Filterrücklauf. Dies ergaben mehrfache Messungen in der Natur. Bei Lebendgebärenden findet man in ihren natürlichen Lebensräumen, außer den Tieren mit artüblicher Normalgröße, solche, von bedeutend kleinerem oder größerem Körperwuchs. Es ist somit klar, daß eine alte „Aquarianerweisheit" unwahr ist, die besagt, daß in einem kleinen Aquarium die Nachwuchstiere oft unter der artüblichen Durchschnittsgröße bleiben. Für bemerkenswert halten wir zum Schluß noch, daß die lebendgebärenden Zierfische in ihren natürlichen Gewässern alle im Fachhandel erhältlichen Flockenfutter- und sonstigen Trockenfutterarten sofort gerne fressen. Wir konnten damit kleine Schwärme aus ihren Verstecken in ruhige Wasserzonen locken, in denen ein Fortspülen des Futters nicht möglich war. Diese Anfütterungsmethode erleichterte uns oft den Fang der begehrten Tiere. Anfütterungsschwierigkeiten gibt es mit guten Futtermitteln bei Fangreisen nicht. Diese Erfahrungen sprechen einmal für die Qualität der Fischfuttersorten. Sie beweisen aber auch, daß die Fische in der Natur ein quantitativ

Cuatro Cienegas-Becken, Mexiko, Lebensraum der vom Aussterben bedrohten *Gambusia longispinis* und *Xiphophorus gordoni*. Das Halbwüstengebiet ist durch den ständigen Abzug von Wasser für den menschlichen Bedarf von dem Austrocknen bedroht.

erheblich schwankendes Nahrungsangebot vorfinden und vielfach förmlich auf jegliche Ernährungsmöglichkeit angewiesen sind. Vergleiche auch Riehl/Baensch „Aquarienatlas" Kapitel Salmler.

Biotop von *Ilyodon lennoni* und *Poecilia maylandi,* Rio Chacamero. Sammelreise WIRTH, ALLSPACH, MEYER und MEYER.

Biotop von *Gambusia krumholzi*, Rio Nava, Coahuila, Mexiko. Nahrungsarmes Gewässer, so ist die von dem Aussterben bedrohte Gambusen-Art auf Anflugnahrung angewiesen.

Biotope und Ökologie lebendgebärender Fische der Gruppe Atherinomorpha

Die Verbreitungsgebiete der lebendgebärenden Kärpflinge der Familien Poeciliidae, Goodeidae und Anablepidae liegen vorwiegend in den tropischen und subtropischen Gebieten Mittel- und Südamerikas und nur wenige Arten leben auch in den im Norden und Süden anschließenden gemäßigten Zonen. Am höchsten ist die Dichte der Formen in Mexiko.

Mexiko

Die Vereinigten Staaten von Mexiko nehmen eine Fläche von fast zwei Millionen Quadratkilometern in Mittelamerika ein und sind damit größer als ganz Mitteleuropa zusammengenommen. Von Nordwesten bis Südosten sind es mehr als 3500 km und auf der Höhe von Mexiko City beträgt die Entfernung vom Pazifik zum Atlantik in Luftlinie mehr als 900 km. Bedingt durch die zwei Gebirgsketten der Sierra Madre Occidental und der S. M. Oriental liegt der größere Teil des Landes zwischen 2000 und 3000 m Seehöhe. Das zentrale Hochland ist gekennzeichnet durch zahlreiche Vulkane, von denen neun höher als 4000 m und drei fast 6000 m hoch sind. Die starke höhenmäßige Gliederung bedingt eine Vielfalt von Klimazonen und damit auch von verschiedenen Pflanzengesellschaften, welche damit Mexiko unter anderem als bevorzugtes Studienobjekt für Biologen und Biogeographen erscheinen lassen. Von den beiden Familien Poeciliidae und Goodeidae gibt es nahezu hundert Arten und Unterarten und sicherlich werden auch noch in Zukunft weitere, bisher unbekannte Formen entdeckt werden, denn die Systematik insbesondere der Goodeiden, welche ausschließlich im Hochland Mexikos und den angrenzenden Küstenzonen im Westen und Osten beheimatet sind, ist in den letzten Jahren in vermehrtem Umfang bearbeitet worden.

Die Evolution der Goodeiden stellt ein eindrucksvolles Beispiel für eine adaptive Radiation in den relativ abgeschlossenen und von konkurrierenden Formen ursprünglich sicher freien Hochflächen Mexikos dar. Wir haben hier wie bei vielen anderen Knochenfisch-Gruppen alle Ökoformen vom Oberflächenfisch über diverse Freiwasserschwimmer bis zu grundbewohnenden Typen entwickelt vorliegen. Wie überall im Tierreich formen Umwelt und Nahrung den Fischkörper. Es finden sich Karnivore mit konischen Zähnen und kurzem Darm (*Alloophorus*), Herbivore mit zweispitzigen Zähnen und langem Darm (*Ameca*) und Omnivore mit variablem Zahnbau und mittleren Darmlängen (*Xenotoca*). Auch das Habitat beeinflußt den Körperbau. So sind die Vertreter der Gattung *Ilyodon* schnellschwimmende Flußfische mit stromlinienförmigem Körper und großer Schwanzflosse, während die Bewohner von Tümpel, Teichen, Seen oder ruhigen Partien von Fließgewässern hochrückig gebaut erscheinen wie z. B. die *Skiffia*-Arten. Manche Formen bewegen sich schlängelnd in der dichten Vegetation, indem sie sich hauptsächlich – nach Art der Korallenfische – mit den Brustflossen fortbewegen. Die Vertreter der Gattung *Allodontichthys* haben dagegen durch ihre bodenbewohnende Lebensweise Körperform und Aussehen von Grundbarschen wie beispielsweise unserer heimischen Gattung *Zingel* angenommen.

①

Die Biotope der Goodeiden sind im Wesentlichen durch Geologie, Relief und das Klima bedingt. Das nördliche Hochland Mexikos weist nur geringe Niederschläge und starke Schwankungen der Mitteltemperatur sowohl zwischen den Jahreszeiten als auch zwischen Tag und Nacht auf. Letztere können bis 20° C und darüber betragen. Während die Hochflächen der Mesa Central teilweise wüstenartig sind, zum Teil aber auch Trockensteppen-Charakter aufweisen, gibt es dort auch Landstriche mit dichten Nadelwäldern. Vor allem die Gebiete der Staaten Michoacán und Jalisco – Verbreitungszentren für die Mehrzahl der Goodeiden-Gattungen – stellen durchaus geeignete Biotope unserer Fische dar. In der Folge seien einige charakteristische Biotope beispielhaft dargestellt. Abbildung ① zeigt den Sammelort 2/82, den Arroyo Zarco, einen kleinen Bach, etwa 8 km nördlich von Ciudad Hidalgo an der Nationalstraße 15 in Michoacán; seine Breite beträgt 2 bis 4 m, die Wassertiefe zum Sammelzeitpunkt (Trockenzeit!) 10 bis 20 cm mit sandigem Untergrund. Als einzige Fischart wurde hier *Girardinichthys multiradiatus* neben Kaulquappen des Axolotl festgestellt. In Abbildung ② ist der

②

SO* 12/82, nämlich der Rio Terrero, 18 km N des Ortes Pihuamo im Staate Jalisco dargestellt. Es ist dies ein schnellfließender Bergbach mit felsig-grobschottrigem Untergrund, dessen Bett eine Breite von 3 bis 8 m aufweist. Die Wassertiefe betrug in der Trockenzeit nur 5 bis 20 cm, in Kolken jedoch auch wesentlich mehr. Es ist dies ein recht eindrucksvoller, auch naturbelassener Habitat von *Ilyodon furcidens, Allodontichthys tamazulae* und *Allodontichthys hubbsi.*

* SO = Sammelort

③

④

⑤

Abbildung ③ zeigt den SO 32/79, den Rio Salado, einen schnellfließenden Fluß an der Straße von Jojutla nach Cuautla im Staate Morelos; die Bettbreite beträgt 4 bis 10 m, die Wassertiefe 20 bis 60 cm, der Untergrund ist kiesig bis sandig fest. Es ist dies ein Habitat von *Ilyodon whitei* und *Poeciliopsis balsas*. In Abbildung ④ ist SO 9/83 der Rio Salamanca bei Ocotlán in Jalisco zu sehen. Ein langsam fließender Fluß mit einer Bettbreite von etwa 30 m und einer geschätzten Wassertiefe bis etwa 1,60 m mit sandig-schlammigem Untergrund, welcher ein Habitat von *Goodea atripinnis, Chapalichthys encaustus* und *Poeciliopsis infans* darstellt. Als letztes Beispiel sei in Abbildung ⑤ der SO 16/83, ein Wassergraben neben der Nationalstraße 110, 7 km vor dem Beginn der „Cuota“ bei Irapuato im Staate Guanajuato gezeigt. Das Grabenbett ist nur einen Meter breit, der Wasserstand wies lediglich 40–60 cm Breite und bis zu 30 cm Tiefe auf; das Wasser selbst war trübe (Nähe eines Waschplatzes!) und mit dicken Büscheln von Blau-und Fadenalgen verwuchert In diesem Habitat wurden *Goodea gracilis, Skiffia bilineata, Allotoca dugesi* und *Poeciliopsis infans* in hohen Populationsdichten nachgewiesen.

In Tabelle 1 wird ein Überblick über Verbreitungsgebiete und Biotope der Goodeiden geboten.

Die klimatisch begünstigten Küstenzonen mit hohen Niederschlagsmengen und Temperatur-Mittelwerten, welche auch wesentlich geringeren Schwankungen unterworfen sind als im Hochland, sowie insbesondere die südlichen Staaten Tabasco und Chiapas weisen eine üppige tropische Vegetation in allen Höhenstufen auf. Es sind dies Gebiete, die zahlreichen Gattungen vor allem der Poeciliidae (*Poecilia, Priapella, Xiphophorus, Gambusia, Poeciliopsis,* u. a.) als Heimat dienen. (Tab. 2) Auch hier sollen einige Beispiele die Mannigfaltigkeit von Biotopen

Tabelle 1 **Verbreitungsgebiete und Biotope der Goodeidae (nur Mexiko)**

Gattung, Art	Verbreitung	Biotopwahl
Goodea atripinnis	Nayarit, Jalisco, Aguascalientes, Guanajuato, Michoacan, Queretaro	alle Biotope stehender und fließender Gewässer
G. a. gracilis	San Luis Potosí	alle Biotope stehender und fließender Gewässer
Ataeniobius toweri	San Luis Potosí	Laguna La Media Luna
Chapalichthys spp.	Jalisco, Michoacan	Staubecken, Seen, Teiche
Xenotoca spp.	Nayarit, Jalisco, Michoacan,Guanajuato	Flüsse, Seen, Staubecken, Sumpfgebiete
Alloophorus robustus	Michoacan	Seen, Bäche, Sümpfe
Ameca splendens	Jalisco	Quellteich
Zoogoneticus quitzeonensis	Jalisco, Michoacan, Guanajuato	Seen, Kanäle
Allotoca spp.	Jalisco, Michoacan, Guanajuato	Teiche, Bewässerungsgräben
Neoophorus spp.	Jalisco, Michoacan	Seen, Staubecken
Xenoophorus captivus	San Luis Potosí	Bäche, Flüsse
Characodon spp.	Durango	Bäche
Allodontichthys spp.	Jalisco, Colima	schnellfließende Bäche und Flüsse
Xenotaenia resolanae	Jalisco Colima	Bäche und Flüsse
Ilyodon spp.	Nayarit, Jalisco, Colima, Michoacan, Guerrero, Mexico, Morelos, Puebla	schnellfließende Bäche und Flüsse
Skiffia spp.	Jalisco, Michoacan, Guanajuato	Tümpel, Teiche, Gräben
Girardinichthys spp.	Mexico DF, Mexico, Michoacan	Quellseen, Bäche

⑥

demonstrieren. Abbildung ⑥ zeigt den Sammelort Nr. 4/79, ein Sumpfgebiet 8 km NNO von Cosamaloapan im Staate Veracruz; die offene Wasserfläche hatte einen Durchmesser von etwa 60 m, die Tiefe konnte nur geschätzt werden mit maximal 2 m. Bereits am Ufer befand sich eine tiefe Schlammschicht, welche die Aufsammlung sehr mühsam gestaltete. Es wurden *Poecilia sphenops, Xiphophorus maculatus, Heterandria bimaculata, Gambusia sexradiata, Belonesox belizanus* und der Cyprinodontidae *Rivulus tenuis* gefangen.

⑦

Abbildung ⑦ stellt den Rio Otulum, welcher einen Quellbach innerhalb der Ausgrabungen von Palenque des Staates Chiapas bildet, dar; die Bettbreite und Wasserführung beträgt 1 bis 2 m, die Tiefe des schnellfließenden Bergbächleins mit Wasserfällen 10–50 cm. Als einzige Fischart stellten wir *Priapella compressa* fest. In Abbildung ⑧ zeigen wir den SO 3/83, einen schnellfließenden Bergbach in hügeligem Gelände, 10 km auf einer Nebenstraße, die von Sarabia nach Colonia Cuauhtemoc in Oaxaca führt. Seine Breite beträgt 0,7 bis 2,5 m, der Wasserstand 20 bis 60 cm; gesammelt wurden *Priapella intermedia, Xiphophorus helleri, Heterandria bimaculata, Poeciliopsis gracilis,* Salmler und Garnelen. Demgegenüber zeigt Abbildung ⑨ den SO 4/83, den Rio Malatengo, einen schnellfließenden Fluß 4 km N von Piedra Blanca an der Nationalstraße 185 im Staate Oaxaca; Bettbreite 5 bis 10 m, Wassertiefe 40 bis 120 cm; erbeutet wurden *Poecilia sphenops* und *Poeciliopsis gracilis.* In Abbildung ⑩ ist schließlich SO 11/82, der Rio Tuxpan bei der Straßenbrücke der Nationalstraße 110 im Staate Jalisco dargestellt. Es ist dies die Typuslokalität von *Allodontichthys hubbsi,* einer erst kürzlich beschriebenen Art, welche hier jedoch – offensichtlich durch die Belastungen von Abwässern einer nahe gelegenen Zuckerfabrik – bereits ausgestorben ist, denn wir konnten trotz heftiger Bemühungen lediglich große Mengen einer hübsch gefärbten Form der ubiquitär verbreiteten *Poecilia butleri* an dieser Stelle nachweisen. Der Fluß weist eine Breite von 20 m und eine Wassertiefe zum Untersuchungszeitpunkt von 10 bis 40 cm auf, der Untergrund ist größtenteils mit blauschwarzem Schlick bedeckt, welcher auch flockenartig auf dem schottrigen Geröll haftet.

⑧

⑨

⑩

Tabelle 2 **Verbreitungsgebiete und Biotope der Poeciliidae Mexikos**

Gattung, Art	Verbreitung	Biotopwahl
Poecilia sphenops. s. l. (icl. *P. butleri, P. mexicana, P. formosa, P. maylandi*)	alle Staaten der pazifischen und atlantischen Küstenregion	sämtliche Gewässertypen
P. latipunctata	Tamaulipas	Gräben, Bäche
P. latipinna u. *P. velifera*	See- und Brackwasser der Atlantikküste	Lagunen, Zenotes
P. sulfuraria	Tabasco	Schwefelquelle
Priapella spp.	Oaxaca, Tabasco, Veracruz, Chiapas	Quellbäche, Bäche, Flüsse
Xiphophorus (*helleri, montezumae, cortezi, pygmaeus, nigrensis, andersi, milleri*)	S. L. Potosí, Veracruz, Puebla, Oaxaca, Tabasco, u. a.	Flüsse und Bäche, Seen
Xiphophorus (*couchianus, xiphidium, variatus, evelynae*)	S. L. Potosí, Veracruz, Tabasco	Tümpel, Teiche, Sumpfgebiete und langsam fließende Gewässer
Heterandria spp.	atlantische Küstenregion und Isthmus v. Tehuantepec	sämtliche Gewässer
Poeciliopsis spp.	pazifische Küstenstaaten, Isthmus v. Tehuantepec	Fließgewässer, Seen
Poeciliopsis infans	Hochland in Michoacan u. Jalisco	sämtliche Gewässer
Gambusia spp. und *Belonesox belizanus*	atlantische Küstenstaaten	stehende bis langsam fließende Gewässer, Sümpfe
G. p. yucatana	Veracruz, Campeche, Yucatan	Brackwasser
G. eurystoma	Tabasco	Schwefelquelle
Flexipenis vittatus und *Heterophallus* spp.	Tamaulipas, Veracruz, Tabasco, Chiapas	Flüsse und Bäche

Biotop von *Poeciliopsis hnilickai*, Rio de Salina, Chiapas, Mexiko.

Tabelle 3 **Sammelorte und Meßergebnisse in Mexiko, 1978**

Nr.	Sammelort	Datum	Uhrzeit	Luft		Wasser				gesammelte Fische
				Temp. °C	Feuchte %	Temp. °C	el.Leitf. μS^{20}	pH-Wert	°dGH	
1	Rio Lerma 22 km W Mexico City	20. 2.	13.10	13	70	10,7	72	7,2	1,2	*G. multiradiatus*
2	Teich, 20 km N Toluca	20. 2.	16.00	16	65	13,2	400	8,0	5,8	*G. multiradiatus*
3	Tümpel, 12 km N Toluca	20. 2.	17.00	17	66	13,0	215	7,0	5,8	*G. multiradiatus*
4	Bach, 10 km WNW Toluca	21. 2.	8.45	17	84	16,1	92	7,0	2,0	keine Fische
5	Canyon El Yucon	21. 2.	9.15	16,5	84	10,6	128	7,5	2,8	keine Fische
6	Bach, 66 km WNW Toluca	21. 2.	10.50	16	81	13,0	118	7,5	2,8	*G. multiradiatus*, Karausche
7	Quitzeo-See bei Dorf (S-Ufer)	21. 2.	17.00	17	90	14,9	>4000	9,0	2,0	*G. atripinnis, P. infans, Ch.* spec., Cypriniden
8	Patzcuaro-See bei Tzintzuntzan	22. 2.	10.00	16,5	100	13,6	900	8,5	9,0	keine Fische
9	Bach, 33 km SSO Zamora	22. 2.	13.00	16,5	96	16,6	155	8,0	3,0	keine Fische
10	Chapala-See bei Coyumatlán	22. 2.	16.40	16,5	100	16,5	430	7,5	6,3	*P. infans*
11	Rio Teuchitlán bei Teuchitlán	23. 2.	11.00	15	90	23,3	260	7,0	2,0	*A. splendens, G. atripinnis, A. robustus, X. melanosoma, Z. quitzeonensis, P. sphenops, P. infans*
12	Bach, 35 km O Teuchitlán	23. 2.	15.00	15	88	19,2	115	7,5	1,0	*P. infans*
13	Fluß, 75 km NW Tepatitlan	24. 2.	9.20	15,5	90	9,5	450	7,8	12,5	*P. infans*
14	Bach, 21 km SW S. L. Potosi	24. 2.	14.00	15,5	75	13,6	113	7,5	1,5	keine Fische
15	Laguna La Media Luna bei Rioverde	24. 2.	18.50	20	74	29,0	>4000	7,0	n.m.	*A. toweri, P. shenops, P. latipunctata, C. tesselatus,* Salmler, Cichliden
16	Rio Verde, 3 km O Rioverde	25. 2.	8.45	15	—	17,3	>4000	7,5	>25,0	keine Fische
17	Bach, 11 km W Cd. Valles	25. 2.	10.50	23	92	19,8	630	7,0	8,0	keine Fische
18	Rio Mante-Kanal 4 km W Cd. Mante	25. 2.	14.30	26,5	78	27,0	4000	7,0	n.m.	*P. mexicana, P. formosa, P. latipunctata, X. variatus, G. affinis, G. aurata, F. vittatus*
19	Rio Coy an Straße Valles-Tamazunchale	26. 2.	9.30	21	100	24,4	>4000	7,0	n.m.	*X. nigrensis, X. variatus, H. jonesi, G. panuco, F. vittatus,* Cichliden, Salmler
20	Rio Axtla 2,6 km O Axtla	26. 2.	14.20	23	100	22,0	280	7,5	6,0	*X. pygmaeus, X. variatus, X. cortezi, G. atrora, F. vittatus,* Cypriniden

Die Tabellen Nr. 3 bis 6 beinhalten Sammelorte und Meßwerte von Biotopen Lebendgebärender Zahnkärpflinge in Mexiko. Die Daten bestehen aus Angaben über Zeitpunkt, Temperatur (in ° C) und Feuchte (in Relativprozent) der Luft, sowie der Temperatur (° C), der elektrischen Leitfähigkeit (μs^{20}), dem pH-Wert und der Gesamthärte (°DH). Die an den jeweiligen Sammelorten gefundenen Fische wurden dort artmäßig angeführt, soweit es sich um Kärpflinge handelte. Ganz allgemein konnte festgestellt werden, daß die untersuchten Gewässer eine große Mannigfaltigkeit in ihrem Chemismus aufweisen. Alle Meßwerte – die Temperaturen ausgenommen – sind gegenüber von Daten, die in anderen tropischen Gebieten erhoben worden sind, deutlich höher. Bei der Hälterung der allermeisten lebendgebärenden Zahnkärpflinge aus Mexiko ist mittelhartes bis hartes Wasser im Aquarium angezeigt.

Tabelle 4 **Sammelorte und Meßergebnisse in Mexiko, 1979**

Nr.	Sammelort	Datum	Uhrzeit	Luft Temp. °C	Luft Feuchte %	Wasser Temp. °C	Wasser el.Leitf. µS[20]	pH-Wert	gesammelte Fische
1	Bach, 8 km N Cordoba	21. 3.	15.00	29,5	60	20,8	305	7,5	*H. bimaculata*
2	Bach vor Abzweigung der Straße 145 von 150	21. 3.	16.15	31	60	27,5	251	7,5	*P. sphenops, X. helleri, H. bimaculata*
3	Fluß vor Tierra Blanca	21. 3.	17.10	31	65	27,2	315	7,5	*P. sphenops, X. helleri, H. bimaculata, P. gracilis*
4	Sumpf, 8 km NNO Cosamaloapan	22. 3.	10.20	31	65	27,8	725	6,5	*P. mexicana, X. maculatus, H. bimaculata, G. sexradiata, B. belizanus, R. tenuis*
5	Rio Papaloapan 25 km vor Tlacotalpan	22. 3.	11.30	32	57	27,8	242	7,5	Salmler, Hornhecht
6	Rio Palenque in Palenque	23. 3.	12.00	27	72	23,8	450	7,5	*Priapella compressa*
7	Rio Michol 5 km S Palenque	23. 3.	14.40	31	70	27,4	478	7,5	*P. mexicana, X. helleri, H. bimaculata, P. compressa, B. belizanus, H. echeagarayi*
8	Rio Teapa bei Teapa	24. 3.	8.30	28	74	27,3	500	7,5	*Heterophallus* sp.
9	Schwefelquelle, Baños de Azufre und Bach	24. 3.	11.40	32	62	26-33	800	6,0	*P. sulfuraria, X. helleri, H. bimaculata, G. eurystoma, R. tenuis*
10	Bach, gestaut bei Pacharitos ad. SO 10	24. 3.	17.00	26	76	29	320	6,5	*X. maculatus, G. sexradiata,* Grundeln, Salmler, Cichliden
11	Rio Jaltepec bei Jesus Carranza	25. 3.	7.30	21	78	26,8	140	7,0	*X. helleri, P. gracilis, H. bimaculata, G. sexradiata, B. belizanus*
12	Zufluß des Coatzacoalcos an Straße 185	25. 3.	9.20	19,5	92	24,5	135	6,5	*X. helleri, P. intermedia, H. bimaculata*
13	Fluß nahe Sarabia 33 km S von SO 12	25. 3.	10.00	19	94	25	166	7,0	*P. gracilis*
14	Bach 5 km NO Tehuantepec	25. 3.	13.10	30	50	29,5	2000	8,0	*P. gracilis, P. fasciata*
15	Bewässerungsgraben in El Chilar 12 km S Cuicatlan	26. 3.	11.40	27,5	—	24,0	610	7,5	*P. gracilis*
16	Rio Grande, 17 km N von SO 15	26. 3.	12.15	31	34	26,5	700	7,5	*P. gracilis*
17	Bach 6 km S Teotitlàn	26. 3.	13.20	32	27	26,5	3800	8,0	*P. gracilis*
18	Arroyo d'Escapa 3 km NO Huauchinango	27. 3.	11.10	20,5	54	18	118	8,0	*X. evelynae, H. jonesi*
19	Rio Cazones in Poza Rica	27. 3.	15.00	—	—	—	—	—	*Poecilia mexicana, G. panuco*
20	Zufluß des Rio Tamuin bei Tamuin	28. 3.	9.10	31	70	24,5	4000	6,5	*F. vittatus*
21	Teich am Straßenrand 11 km W von SO 20	28. 3.	10.00	31	65	27,0	490	7,5	*P. mexicana, G. panuco,* Salmler, Cichliden
22	Rio Valles bei Valles	28. 3.	11.30	33	64	28,5	2000	7,0	*G. panuco, F. vittatus, G. affinis*
23	Fluß an Straße A. Morelos nach Cd. de Maiz	28. 3.	17.00	29	60	24,5	560	7,5	*G. affinis,* Cichliden
24	Arroyo de la Canada, Zufluß des Rio Forlón	29. 3.	9.00	23,5	90	25,0	4000	6,5	*P. latipunctata, F. vittatus, G. regani*
25	Rio Coy = SO 19 von 1978	29. 3.	9.00	—	—	—	—	—	*X. nigrensis, X. variatus*
26	Rio Axtla = SO 20 von 1978	29. 3.	9.00	—	—	—	—	—	*X. cortezi, X. pygmaeus, G. atrora*
27	Rio Atoyac bei Finca St. Anita nahe Chico, Potrero	31. 3.	11.00	29	61	19,7	206	8,0	*X. helleri, X. andersi, H. bimaculata, H. jonesi*
28	Rio Tonto nahe Tuxtepec	31. 3.	17.20	—	—	—	—	—	*G. sexradiata, B. belizanus*
29	sumpfiger Bach bei Cd. Aleman	31. 3.	17.50	30,5	67	29,3	252	6,0	*X. helleri, X. maculatus, P. mexicana, H. bimaculata*
30	Fluß bei Motzorongo	1. 4.	10.40	27	75	22,8	365	8,0	*P. sphenops, X. helleri, H. bimaculata*
31	Bach NO Jojutla	2. 4.	16.00	33	25	25,0	960	7,5	*Ilyodon whitei*
32	Rio Salado an der Straße Jojutla – Cuautla	2. 4.	17.20	30	37	24,0	1800	7,0	*Ilyodon whitei, P. balsas*

Tabelle 5 **Sammelorte und Meßergebnisse in Mexiko, 1982**

Nr.	Sammelort	Datum	Uhrzeit	Luft Temp. °C	Luft Feuchte %	Wasser Temp. °C	Wasser el.Leitf. μS^{20}	Wasser pH-Wert	°dGH	°dKH	gesammelte Fische
1	Lago di Lerma, 22 km W Mexico City	14. 2.	17.30	13	57	14,5	82	9,0	5,0	—	*G. multiradiatus*
2	Bach, 8 km W Cd. Hidalgo	15. 2.	10.30	21,5	55	11	780	7,5	8,0	5,0	*G. multiradiatus*
3	Fluß, 19 km W Cd. Hidalgo	15. 2.	11.20	22	50	12,2	80	7,7	1	1	*G. multiradiatus*
4	Quitzeo-See am S-Ende der Brücke	15. 2.	16.00	29	42	25	—	—	—	—	*G. atripinnis, Ch.* spec., *P. infans*
5	Presa de Cointzio am Damm	16. 2.	8.10	11,5	70	15	102	7,5	3,0	2,0	*G. atripinnis, N. diazi, P. infans*
6	Patzcuaro-See bei Tzintzuntzan	16. 2.	15.00	18	60	21,5	1000	9,0	11,0	—	*G. atripinnis, N. diazi, S. lermae*
7	Zirahuen-See	16. 2.	16.30	22	66	20,3	103	7,5	4,0	—	keine Fische
8	Fluß bei Los Reyes	17. 2.	12.40	25,5	49	18	187	8,0	7,0	5,0	Cypriniden-Spezies
9	Bach etwa 3 km SW Tocumbo	17. 2.	14.50	24,5	37	16	114	7,5	4,0	3,0	keine Fische
10	Presa de Juanico	17. 2.	17.15	25	42	24	270	7,7	7,0	6,0	*G. atripinnis, N. diazi, P. infans*
11	Rio Tuxpan bei Brücke Str. 110	18. 2.	10.00	22	60	17	580	7,7	18,0	11,0	*P. butleri*
12	Rio Terrero, 18 km N Pihuamo	18. 2.	11.30	24	48	17,5	300	7,7	11,0	9,0	*A. tamazulae, I. furcidens*
13	Rio Teuchitlan bei Teuchitlan	19. 2.	11.45	25	55	26,5	227	7,3	4,0	4,0	wie bei Tab 1
14	Bach mit Restwasser, 10 km W Ezatlan	19. 2.	15.10	28	20	22	275	9,0	8,0	6,0	*G. atripinnis, X. eiseni, X. melanosoma, Z. quitzeonensis*
15	Fluß, etwa 3 km O Tala	19. 2.	17.00	32	24	25,2	1200	9,0	nm.	—	*G. atripinnis, X. melanosoma, P. infans*
16	Sumpf an Straße Ocotlan-La Piedad	20. 2.	11.20	25	48	17	3000	8,5	11,0	11,0	*Ch. encaustus, G. atripinnis, S. lermae*
17	Bewässerungsgraben vor Irapuato	20. 2.	14.10	36	30	22	700	9,0	14,0	14,0	*G. atripinnis, S. bilineata, A. dugesi*
18	Teich im Bot. Garten Chapultepec Mexico City	22. 2.	12.30	18	56	12,5	300	9,0	6,0	5,0	*G. viviparus*

Sammelreise Mexiko 1980, Vogel, Müller, Hnilicka, Meyer. (Chiapas)

Tabelle 6 **Sammelorte und Meßergebnisse in Mexiko, 1983**

Nr.	Sammelort	Datum	Uhrzeit	Luft Temp. °C	Luft Feuchte %	Wasser Temp. °C	Wasser el.Leitf. µS^{20}	pH-Wert	°dGH	°dKH	gesammelte Fische
1	Banos de Azufre = SO 9/79	24. 2.	15.00	—	—	—	—	—	—	—	*P. sulfuraria, G. eurystoma*
2	Fluß bei Ixtapa	25. 2.	12.30	23	64	21	4000	8,3	16,0	10,0	*P. hnilickai, Profundulus*
3	Bach, 10 km von Sarabia nach Col. Cuauhtemoc	27. 2.	10.30	23	79	21	167	7,5	4,0	3,0	*P. intermedia, X. helleri, H. bimaculata, P. gracilis*
4	Rio Malatengo = SO 13/79	27. 2.	12.30	24	75	24	120	7,0	3,0	—	*P. gracilis, P. sphenops*
5	Presa di Cointzio = S 5/82	2. 3.	9.00	18	40	13,5	100	7,2	3,0	—	keine Fische
6	Patzcuaro-See bei Tzintzuntzan = SO 6/82	2. 3.	11.20	—	—	—	—	—	—	—	*N. diazi*
7	Bewässerungskanal an Straße Zamora Guadalajara	2. 3.	16.30	29	20	23,5	2000	7,5	9,0	—	*G. atripinnis, Ch. encaustus, P. infans*
8	Stichkanal zum Chapala-See bei El Fuerte	2. 3.	18.30	25,5	42	25	900	8,3	14,0	—	*G. atripinnis, Z. quitzeonensis, Ch. encaustus, P. infans*
9	Rio Salamanca	2. 3.	19.30	20	48	19,5	720	8,5	13,0	—	*G. atripinnis, Ch. encaustus, P. infans*
10	Laguna St. Magdalena	3. 3.	12.30	28	30	21,5	325	7,0	6,0	—	*G. atripinnis, P. infans*
11	Bach an Straße Ixtlán – Tepic	3. 3.	14.45	24,5	37	26,5	500	7,5	12,0	—	*P. viriosa*
12	Bach an Straße Compostela – Pt. Vallarta	3. 3.	16.00	29	41	27	315	8,5	7,0	—	*P. butleri*
13	Bach bei El Tuito	4. 3.	8.00	17	77	18	90	6,5	2,0	—	*Poeciliopsis spec.*
14	Ausgetrockneter Bach mit Restwasserpfütze 10 km NNO La Huerta	4. 3.	11.40	25,5	55	21	450	7,0	13,0	—	*P. chica, P.* spec.
15	Kanal zum Chapala-See bei Ocoltlan	7. 3.	8.40	18	40	16	850	8,2	12,0	—	*P. infans*
16	Wassergraben neben Straße 7 km vor Cuota – Beginn Irapuato	7. 3.	14.00	24,5	25	24	700	8,0	12,0	—	*G. gracilis, S. bilineata, A. dugesi, P. infans*

Rio Atoyac, Biotop von *X. andersi, X. helleri, H. bimaculata* und *H. jonesi*.

Guatemala

Die mittelamerikanische Republik Guatemala grenzt an den Südosten Mexikos an, und setzt die tropische Regenwald-Landschaft hier fort. Das Staatsgebiet von nicht ganz 109000 km² weist im Relief, Klima und Pflanzenkleid jedoch eine ähnlich große Vielfalt wie Mexiko auf. Die von Nordwesten nach Südosten verlaufenden Kordilleren bilden eine von Vulkanen überragte Gebirgslandschaft, welche mit tief eingeschnittenen Schluchten und Tälern zum Pazifik abfällt. Die beiden großen, in den Atlantik mündenden Flüsse sind der Rio Motagua und der Rio Polochic, die in ihrem Unterlauf durch weite Niederungen führen. Der nördliche Landesteil wird von dem mit tropischen Regenwäldern bedeckten Tafelland des Petén gebildet, der von den zahlreichen Subsystemen des in Mexiko in den Atlantik mündenden Rio Usumacinta entwässert wird. Das Klima wird durch die geographische Lage zwischen den Wendekreisen, das gebirgige Bodenrelief und die Meeresnähe geprägt. In den Niederungen feuchtheiß (Mitteltemperaturen 23–27° C), weist die Stufe zwischen 600 und 1800 m ein angenehmes Klima mit Mittelwerten zwischen 17 und 22° C, und die darübergelegene Höhenstufe noch geringere Temperaturen auf. Die Jahresschwankungen sind gering, die Tagesamplituden steigen mit der Höhenstufe an. Die Niederschläge sind abhängig von der Bodengestalt und den Winden. Die Pazifikküste hat vorwiegend feuchte Monsunwinde, die Atlantikküste dagegen meist trokkene Passatwinde, welche lediglich an Gebirgsmassiven Steigungsregen ergeben. So fallen die meisten Niederschläge auf der atlantischen Seite zwischen Januar und April, während an der pazifischen Seite eine Sommerregenzeit herrscht. Auch für die im Südosten angrenzenden weiteren mittelamerikanischen Staaten gilt das hier im Bezug auf das Klima Gesagte im Wesentlichen.

Die Poeciliiden-Fauna Guatemalas – Goodeiden kommen hier nicht mehr vor – umfaßt etwa 30 Arten, die sich auf 12 Gattungen verteilen. Davon sind neun Arten, nämlich *P. sphenops, X. helleri, X. maculatus, G. p. yucatana, G. sexradiata, B. belizanus, C. kidderi, H. bimaculata* und *Ph. fairweatheri* auch in den Regenwaldgebieten der atlantischen Abdachung Ost- und Süd-Mexikos verbreitet und daher dieser Fauna zuzuordnen. Drei Arten, *Alfaro huberi, G. nicaraguensis* und *Phallichthys amates* sind Arten, deren Verbreitungsgebiet ebenfalls in den Regenwaldgebieten der karibischen Niederung Guatemalas und der weiter südlich gelegenen Staaten liegt. Vier Arten, *P. butleri, B. hartwegi, P. gracilis, P. turrubarensis,* zeigen einen pazifischen Verbreitungsmodus, wobei die zuletzt genannte Art vorwiegend in der Brackwasserregion von Flüssen lebt. Die restlichen Arten stellen echte Endemiten mit kleinflächigen Verbreitungsarealen in Guatemala dar. Es sind dies *Scolichthys greenwayi* (Rio Salba und Rio Dolores) und *S. iota* wie auch die sympatrisch verbreitete Reliktspezies *Xenodexia ctenolepis* (beide gemeinsam im Rio Xalbal, Rio Chixoy und Rio Salba) in den Hochländern der obersten Einzugsgebiete des Rio Usumacinta. Die innermontanen Hochlandbecken stellen auch die Verbreitungsgebiete der erst kürzlich beschriebenen sieben neuen Arten

Tabelle 7 **Sammelorte und Meßergebnisse in Guatemala**

Nr.	Sammelort	Datum	Luft Temp. °C	Wasser Temp. °C	el.Leitf. μS^{20}	pH-Wert	°dGH	gesammelte Fische
1	Rio Cienaga (Rio Dulce-System) 11 km von der Straße nach Tikal	7. 10.	34	28	275	7,3	9,0	*G. luma, B. belizanus,* Salmler, Cichliden
2	Lagune Petexbatun (Usumacinta-System)	14. 10.	28–30	29–30	550	7,4	16,0	*P. butleri, G. sexradiata, Carlhubbsia kidderi, Ph. fairweatheri*
3	Rio Subin (Usumacinta-System)	15. 10.	33–35	26	475	7,4	15,0	*G. sexradiata, B. belizanus, C. kidderi, Ph. fairweatheri,* Salmler, Cichliden
4	Rio Dulce	16. 10.	38	28	222	8,0	6,0	*P. sphenops, C. stuarti,* Salmler, Cichliden, Gobiiden
5	kleiner Fluß, 5 km S von Retalhuleu	21. 10.	33	26	105	7,3	3,0	*Poecilia butleri, B. hartwegi, P. gracilis*
6	Rio Semococh (Chajmayic-Pasión-Subsystem) (Usumacinta-System)	23. 10.	30	25	300	7,3	10,0	*Xiphophorus signum,* Salmler, Cichliden
7	Rio Sachichaj (Rio Salinas-Subsystem) (Usumacinta-System)	24. 10.	33	22	200	8,0	6,0	*H. dirempta, S. greenwayi*
8	Rio Tulumaje (Rio Motagua-System)	25. 10.	38	27,5	180	8,0	5,0	*Alfaro huberi*
9	Sumpf, 3 km an Nebenstraße von P. Barrios zum Rio Motagua	28. 10.	28	27	210	7,1	6,0	*X. helleri,* X. maculatus, *H. bimaculata, Ph. amates, Rivulus godmani*
10	Rio Machacas in der Umgebung von Puerto Barrios	29. 10.	35	26	400	5,4	—	*G. nicaraguensis, G. luma, P. butleri, R. godmani*

der Untergattung *Pseudoxiphophorus* sowie eines noch unbenannten *Xiphophorus*-Schwertträgers dar. *Carlhubbsia stuarti* aus dem Rio Polochic und *Gambusia luma* vom Brackwassergebiet des Belize Rivers und der Umgebung von Puerto Barrios sind ebenfalls nur auf diese atlantischen Küstenniederungen beschränkt. In Tabelle Nr. 7 sind Sammelorte und Meßergebnisse von 10 Orten in Guatemala aufgelistet. Dieser ist auch die Ökologie der festgestellten Fischfauna zu entnehmen. Die erhobenen Temperaturen waren durchschnittlich höher als in Mexiko, während die Werte der elektrischen Leitfähigkeit, des pH und der Wasserhärte in den meisten Fällen niedriger lagen als die Vergleichswerte in Mexiko. Trotzdem sind diese Daten höher als beispielsweise ebensolche aus den tropischen Gebieten Westafrikas.

Costa Rica

Costa Rica ist mit 51 000 km² der zweitkleinste Staat der karibischen Festlandbrücke von Mittelamerika. Drei Gebirgsketten bilden bedeutende Wasserscheiden und das „Meseta Central“ genannte Hochland. Unsere Sammelorte (Tabelle 8) lagen einerseits im Bereich des Rio Sarapiqui um Puerto Viejo (SO 2–6) in Höhenlagen von 100 bis 400 m Seehöhe, beziehungsweise um den Lago de Arenal (SO 11–15) in Höhen von 200 bis 800 m Seehöhe des atlantischen Entwässerungsbereiches und andererseits (SO 7–10) in Höhen zwischen 600 und 800 m Seehöhe an den pazifischen Abhängen Costa Ricas, wo eine gänzlich andersartige Cyprinodonten-Fauna vertreten ist. Schließlich wurde auch noch im zentralen Hochland in einer Seehöhe von etwa 1400 m gesammelt (SO 16). Die insgesamt 14 aufgesammelten Arten sind Tabelle 8 zu entnehmen.

Tabelle 8 **Sammelorte und Meßergebnisse in Costa Rica**

Nr.	Sammelort	Datum	Uhrzeit	Luft Temp. °C	Luft Feuchte %	Wasser Temp. °C	Wasser el.Leitf. μS^{20}	Wasser pH-Wert	Wasser °dGH	gesammelte Fische
Costa Rica										
2	schnellfließender Bach (Sarapiqui-System) etwa 3 km NNW Puerto Viejo	21. 2.	7.30	22,5	90	23,0	45	6,7	1,0	*Priapichthys annectens*
3	Fluß in Puerto Viejo (Sarapiqui-System)	21. 2.	10.00	27	84	25,0	60	6,7	2,0	*B. parismina, Ph. a. pittieri,* Salmler, Cichliden
4	kleiner Zufluß (Bächlein in sumpfiger Wiese) zu SO 3	21. 2.	10.20	27	84	26,0	85	6,3	1,0	*B. holdridgei, Ph. a. pittieri, Ph. tico, P. gillii, A. cultratus, R. isthmensis,* Salmler, Cichliden
5	kleiner Bach im Regenwald, etwa 6 km NO La Virgen, Sarapiqui-System	21. 2.	11.30	27,5	74	24,0	55	6,6	<1,0	*P. a. annectens, Ph. a. pittieri, A. cultratus. R. isthmensis*
6	kleiner sumpfiger Bach in offener Landschaft, etwa 4 km N San Miguel Sarapiqui-System	20. 2.	16.00	—	—	—	—	—	—	*P. a. annectens, R. isthmensis*
7	Rio Peje bei San Isidro, Rio General-System	22. 2.	11.50	28	70	24,8	72	6,7	1,2	*B. terrabensis, P. gillii,* Cichliden
8	Rio General, 15 km S San Isidro an Panamericana	22. 2.	13.40	30	68	24,2	100	7,8	2,0	*P. gillii, P. paucimaculata, P. retropinna,* Guppies
9	Rio Convento, 32,8 km S San Isidro an Panamericana	22. 2.	16.00	26,5	75	24,5	63	7,2	1,5	*P. paucimaculata,* Salmler, Cichliden
10	kleines Bächlein, 800 m SO des Rio Convento (SO 9)	22. 2.	16.30	26,5	75	23,5	27	5,7	n.m.	*B. terrabensis*
11	Sumpf mit geringem Durchfluß an der Straße Tilaran – Arenal	23. 2.	7.30	24	86	22,5	122	7,5	3,0	*B. holdridgei, B. rhabdophora, Rivulus* spec.
12	Lago Arenal, Westufer	23. 2.	8.30	26	79	25,2	120	7,2	3,0	*P. gillii,* Cichliden
13	schnellfließender Bergbach, Zufluß des Lago Arenal	23. 2.	9.30	25	80	22,2	120	7,2	3,0	*B. holdridgei, Xenophallus umbratilis*
14	kleiner Bergbach im Hügelland N des Lago Arenal	23. 2.	13.40	—	—	24,5	90	6,7	2,0	*P. a. annectems, Rivulus* spec.
15	Rio Javilla bei Cañas	23. 2.	16.25	30	55	27,4	300	8,0	8,5	*B. rhabdophora, P. gillii,* Cichliden
16	schnellfließender Bergbach in La Trinidad, bei Coronado	24. 2.	9.30	19	70	17,5	250	7,5	7,5	*P. a. hesperis*

⑪

Mit Ausnahme der Gewässer um den Arenal-See, wo etwas höhere Meßwerte registriert wurden, waren diese bei den übrigen Orten sehr niedrig und entsprachen in etwa den Daten von Schwarzwasser-Bächen der üblichen Tropenwälder. Abbildung ⑪ zeigt den Rio Puerto Viejo (SO 3/80). Die Bettbreite beträgt etwa 10 m, die Wasserführung etwa 6 m Breite und bis 60 cm Tiefe auf grobschottrigem Untergrund. In ruhigeren Partien einige km flußabwärts konnten *Brachyrhaphis parismina, Phallichthys a. pittieri,* sowie Salmler und Cichliden gesammelt werden.

Panama

Biotop von *Brachyrhaphis cascajalensis*, Rio Mendoza, Panama.

Die im Südosten von Costa Rica angrenzende Republik Panama ist mit nicht ganz 76000 km^2 Fläche etwas größer, jedoch weniger stark gegliedert als erster Staat. Unsere Sammelorte liegen westlich und östlich des durch den Panama-Kanal geteilten Landes. Die Seehöhen waren hier entsprechend niedriger und bewegten sich zwischen Meeresniveau und etwa 200 m. Die Zusammensetzung der Poeciliiden-Fauna ist hier gänzlich andersartig und wir konnten in Panama an zehn Sammelorten acht Spezies der Poeciliiden finden. Die häufigste Fischart ist hier *Neoheterandria tridentiger.* Diese an sämtlichen Sammelorten nachgewiesene Art stellt einen sogenannten „Ubiquisten" dar, welcher alle verfügbaren Lebensräume zu besiedeln vermag. In Mexiko wären *Goodea atripinnis, Poeciliopsis infans, Poecilia sphenops* s. l. und auch *Heterandria jonesi* und *Heterandria bimaculata* als solche Ubiquisten zu bezeichnen. Costa Rica und Panama sind weiteres durch das gehäufte Auftreten der Vertreter der Gattung *Brachyrhaphis,* aber auch durch die endemisch verbreiteten Arten der Gattungen *Priapichthys* und *Xenophallus,* sowie des Genus *Phallichthys* gekennzeichnet. So haben sich die beiden Zwergarten *Ph. tico* und *Ph. quadripunctatus* auf Sumpfbiotope spezialisiert, wie dies auch Zwergformen anderer Fischgruppen tun. Die ermittelten Werte der Wassermessungen sind der Tabelle 9 zu entnehmen.

Tabelle 9 **Sammelorte und Meßergebnisse in Panama und Jamaika**

Nr.	Sammelort	Datum	Uhrzeit	Luft Temp. °C	Luft Feuchte %	Wasser Temp. °C	Wasser el.Leitf. µS^{20}	Wasser pH-Wert	°dGH	gesammelte Fische
Panama										
1	kleiner Bach ohne sichtbaren Durchfluß, bei Tocumen, La Siesta-Hotel	18. 2.	17.40	28	75	27,5	180	6,8	3,0	*Neoheterandria tridentiger*
17	Rio Capira, S Capira	26. 2.	10.00	27	76	25,5	225	8,0	4,0	*N. tridentiger, B. episcopi*
18	Brackwasser bei Punta Chame, in Mangrove	26. 2.	12.00	33	65	33,0	n.m.	—	—	*N. tridentiger, P. elongata, P. panamensis*
19	brackiger Sumpf neben Straße Punta Chame – Chame	26. 2.	13.15	33	65	33,0	n.m.	—	—	*N. tridentiger*
20	Bach in Wald bei Chame	26. 2.	13.40	29	70	25,0	120	4,3	<1,0	*N. tridentiger,* Salmler, Cichliden
21	Rio Mendoza, etwa 8 km N Gamboa im Regenwald	26. 2.	18.30	26	76	25,6	170	7,7	5,0	*N. tridentiger, B. cascajalensis,* Salmler, Cichliden
22	Rio Mamoni bei La Capitana	27. 2.	11.15	31	62	31,2	150	8,1	4,0	*N. tridentiger, P. darienensis*
23	großer Bach O Chepo an Panamericana	27. 2.	14.00	30,5	61	31,0	185	8,2	5,0	*P. darienensis, P. sphenops*
24	Fluß mit geringem Durchfluß N Balboa (Albrook Fields)	28. 2.	14.00	33,5	47	34,0	440	7,8	10	*N. tridentiger, P. sphenops, G. nicaraguensis*
25	Bach mit geringem Durchfluß im Regenwald, Straße Balboa-Gamboa	28. 2.	15.20	28	64	27,8	150	7,3	6,0	*N. tridentiger, P. sphenops,* Salmler, Cichliden
Jamaika										
26	kleiner Bach an der Straße Banbury – Amity Cross	3. 3.	11.30	28	65	26,2	470	7,6	13	*L. melanogaster, Gambusia wrayi,* Cichliden, Grundeln
27	Blue Hole River	3. 3.	12.30	24,5	71	25,0	500	7,3	14	*L. melanogaster, G. wrayi*
28	Bluefields-River bei Bluefields	3. 3.	13.20	24	72	24,7	400	8,0	13	*Gambusia melapleura*

Jamaica

Nicht nur das mittelamerikanische Festland, sondern auch die karibischen Inseln sind von einer reichhaltigen und interessanten Poeciliiden-Fauna besiedelt. Jamaika ist mit 12000 km^2 die drittgrößte Insel der Großen Antillen. Der Name ist aus der Sprache der Arawak-Indianer, der Ureinwohner der Insel abgeleitet und lautet übersetzt „wohlbewässert", was ihr auch die Bezeichnung „Insel der Quellen" oder „Sonneninsel" eingebracht hat. Immerhin sind die zahlreichen Wasserläufe von einer Reihe von Poeciliiden besiedelt, welche sich auf die Gattungen *Gambusia* – mit drei Arten, nämlich *G. puncticulata, G. wrayi* und *G. melapleura* – sowie auf wahrscheinlich nur eine *Poecilia*-Art, nämlich *P. melanogaster* beschränken. In Tabelle 9 sind auch drei Sammelorte von Jamaika enthalten. Die höheren Werte bei den Wassermessungen sind durch den an Härtebildnern offensichtlich reichen Untergrund aus Kalkgestein bedingt.

Biotop von *Limia melanogaster, Gambusia wrayi,* Teichregion, Jamaika.

Dominikanische Republik

Die Dominikanische Republik nimmt flächenmäßig fast zwei Drittel der Insel Hispaniola ein. Die reiche Poeciliiden-Fauna – deren Systematik jedoch noch nicht völlig geklärt erscheint, da in jüngster Zeit eine Reihe neuer „Arten" beschrieben wurde – weist ebenfalls Vertreter der Gattungen *Poecilia* und *Gambusia* auf. Einen ersten Überblick über die lebendgebärenden Zahnkärpflinge gab (RADDA, 1976) und drei Jahre später konnten LECHNER und Mitarbeiter (1980) Untersuchungen über die Lebensräume und das Vorkommen von Poeciliiden in der dominikanischen Republik durchführen. Letzterer Arbeit ist auch die hier ergänzte Tabelle 10 entnommen, welche Aufschluß über die Vorkommensgebiete sowie über die Ökologie der Poeciliiden geben. Es konnten auch hier ähnlich höhere Werte bei den Wassermessungen festgestellt werden wie auf Jamaika. Abbildung ⑫ zeigt SO 8/78, den Rio Jiminoa bei Jarabacoa, einen schnellflie-

Tabelle 10 **Meßdaten und gesammelte Zahnkärpflinge in der Dominikanischen Republik**

Nr.	Sammelort	Wasser Temp. °C	el. Leitf. μS^{20}	pH-Wert	gesammelte Fische
1	Kleiner Zufluß des Rio Haina, nahe Manguayabo 10 km W Santo Domingo, Distrito National	28	720	8,0	*G. affinis, P. dominicensis*
2	Rio Yuna, 8 km S Bonao, Provinz La Vega	—	165	7,2	*G. affinis, P. dominicensis, P. elegans, L. zonata, R. roloffi*
3	Kanal Magiol de Jima, Rio Yuna-System, La Vega	30	190	7,5	*G. affinis, L. zonata, X. helleri*
4	Rio San Juan (Bergbach), 4 km W Samaná, Provinz Samaná	28	500	8,0	*L. zonata*
5	Rio Naranjos, Rio Yuna-System, 4 km W Sanchez, Provinz Samaná	27	600	5,6	*P. dominicensis, L. zonata, R. roloffi*
6	Arroyo Lamanteca, Rio Bacu-System, Provinz Trinidad Sanchez	30	200	4,2	*L. zonata*
7	Bach des Rio Yuna-Systems, 14 km SW S. Fco. de Macoris, Provinz Duarte	32	1200	6,2	*G. affinis*
8	Jiminoa-Fluß bei Jarabacoa, Provinz La Vega	21 (8 h)	150	—	*P. dominicensis, P. elegans, L. zonata*
9	Rio Camú bei Bayacanes, Rio Yuna-System, Provinz La Vega	24–29 (11–18 h)	280	8,8	*P. dominicensis, P. elegans, L. zonata*
10	Rio Tabara, 23 km an der Straße von Azua nach Cortez, Provinz Azua	27	440	7,6	*P. dominicensis*
11	Rio Mijo, Rio Yaque del Sur-System, 7 km SO San Juan, Provinz San Juan	26	600	9,6	*P. dominicensis, L. perugiae, P. (L.) reticulata*
12	Kanal Cristobal des Rio Bermesi-Systems 15 km SO Duvergé an der Straße nach Cabral, Pr. Independencia	30	2000	7,0	*G. hispaniolae, L. perugiae*
13	Karstquelle N des Lago Enriquillo bei Los Rios, Provinz Baoruco	24	700	—	*L. perugiae*
14	Rio Soco bei El Seibo, Provinz el Seibo	30 (14 h)	350	—	*X. helleri, P. (L.) reticulata*
15	Bach des Rio Soco-Systems, 4 km W El Seibo, Provinz El Seibo	—	—	—	*L. zonata, P. (L.) reticulata*
16	Rio Jainao des Rio Haina-Systems bei Villa Altagracia, Provinz S. Cristobal	26	300	—	*G. affinis, P. dominicensis, L. zonata*
17	Rio Nigua an der Straße Hato Damas nach San Cristobal, Provinz S. Cristobal	27	260	—	*L. perugiae*

⑫

⑬

⑭

⑮

ßenden Fluß in der Provinz La Vega, welcher ein Vorzugshabitat von P. *elegans* und *P. dominicensis* darstellt, und in welchem aber auch noch eine dritte Art, nämlich *Limia zonata* nachgewiesen werden konnte. Einen ähnlichen Biotop zeigt auch Abbildung ⑬, den SO 10/78, der Rio Tabara, 23 km an der Straße von Azua nach Cortez in der Provinz Azua, an welchem nur *P. dominicensis* vertreten war. In Abbildung ⑭ ist der SO 6/78, der Arroyo Lamanteca des Rio Bacu-Systems in der Provinz Trinidad Sanchez abgebildet. Er stellt ein Habitat von *Limia zonata* dar, eine Spezies, welche eher ruhigere Partien von mäßig fließenden Gewässern mit sandig bis schlammigem Untergrund bevorzugt. Abbildung ⑮ stellt schließlich den SO 12/78, einen Kanal des Rio Bermesi-Systems, 15 km SO von Duvergé an der Straße nach Cabral in der Provinz Independencia dar. Das trübe und leicht brackige Wasser scheint Härtebildner aus dem salzhaltigen Boden der Umgebung gelöst zu haben. *Gambusia hispaniolae* lebt dort in den stark verkrauteten Beständen in etwa 1 m tiefem, langsam fließendem Wasser.

Biotop von *Gambusia puncticulata puncticulata, Gambusia punctata, Girardinus metallicus,* Rio de la Palma, Kuba.

Südamerika

Im Gegensatz zur reichen Fauna an lebendgebärenden Zahnkärpflingen in Mexiko und den anderen mittelamerikanischen Staaten weist der Kontinent Südamerika wesentlich weniger Formen auf. Sind in Kolumbien und Venezuela noch etwa ein Dutzend Arten bekannt, so vermindert sich diese Zahl bereits drastisch in Ecuador und aus Peru sind bisher noch keine Poeciliiden bekannt geworden. Bei unseren Untersuchungen an der Costa, dem Küstenstreifen an der Pazifikküste von Peru und Ecuador, fuhren wir die „Panamericana del Norte“ von Lima bis Quajaquil und weiter nördlich. Dabei bot sich uns über mehr als tausend Kilometer ein sehr eintöniges, wüstenartiges Landschaftsbild. Trotz der äquatornahen Lage bietet diese Zone, welche anderswo mit tropischen Wäldern bedeckt ist, das Bild einer Wüste. Das Klima wird einerseits durch den kalten Humboldt-Strom und andererseits durch die küstennahen Kordilleren bedingt. Die durch das kalte Meerwasser abgekühlte Luft steigt an den steilen Westabfall der Anden empor und läßt das Wasser zu Nebel kondensieren, welcher bis auf einige wenige Tage im Jahr eine stets geschlossene Wolkendecke über der „Costa“ bildet und solcherarts Sonneneinstrahlung und Erwärmung verhindert. Es fällt in diesen Gebieten fast nie ein Tropfen Regen. Erst auf der Höhe von Chiclayo ändert sich allmählich das Landschaftsbild und Flußläufe, welche fast nie durchgehend Wasser führen, mit Galeriewäldern tauchen auf. Erst bei Tumbes nahe der Grenze zu Ecuador hört der Einfluß der kalten Meeresströmung auf und bei Porto Pizarro findet sich erstmalig Mangrove. Nach dem Passieren der Grenze ändert sich fast schlagartig das Landschaftsbild und es wird üppig grün. Nach wenigen Dutzend Kilometern halten wir bereits bei einem Bach in welchem auch neben Salmlern und Cichliden bereits ein Vertreter der Poeciliidae gesammelt werden kann: *Priapichthys festae,* welcher sich in der Folge in fast allen Gewässertypen der Costa von Ecuador nachweisen läßt. Abbildungen ⑯ und ⑰ zeigen zwei ganz unter-

⑰

⑯

Tabelle 11 **Sammelorte und Meßergebnisse an der „Costa" in Peru und Ecuador**

Sammelort	Datum	Uhrzeit	Luft Temp. °C	Luft Feuchte %	Wasser Temp. °C	Wasser el.Leitf. μS^{20}	Wasser pH-Wert	°dGH	O_2-Gehalt	gesammelte Fische
Rio Motupe	3. 10.	14.50	29	65	32,2	610	8,8	—	10,0 mg/l	Guppies
Rio Olmos	3. 10.	17.10	—	—	—	—	—	—	—	Salmler, Welse
Rio Piura	4. 10.	8.40	21	82	22,1	>3000	7,8	—	5,6 mg/l	Salmler, Welse
Rio Sullana (Chira-System) (Nr. 7)	4. 10.	10.50	27	60	23,7	435	7,7	9,5	—	Guppies, Salmler
Rio Tumbes bei Rica Playa	5. 10.	15.40	32	55	27,5	450	7,6	—	5,2 mg/l	Salmler, Welse
Bach bei San Vicente, 8 km NW Arenillas (Nr. 8)	6. 10.	16.30	28	71	27,6	2500	8,0	—	5,2 mg/l	*Priapichthys festae*, Salmler, Cichliden
Teich bei Santa Elena (Nr. 10)	8. 10.	16.20	23	80	25,5	1000	8,0	—	—	keine Fische
Bach 33 km W Guayaquil	8. 10.	18.20	22	88	24,9	980	7,7	—	—	Salmler, Welse
Rio Pedro Carbo (Daule)	9. 10.	10.00	28	68	27,6	1200	7,7	—	—	Salmler, Welse
Rio Pajan (Colimes-System) (Nr. 13)	9. 10.	11.40	28	68	29,8	1300	8,0	—	6,8 mg/l	*Priapichthys festae*
Rio Calderon bei Alhajuela	9. 10.	17.25	26	80	31,5	1500	8,0	—	4,4 mg/l	*Priapichthys festae*
Chico Chaune (Palenque-System)	10. 10.	11.20	22	100	21,0	124	7,5	2,5	6,0 mg/l	*Priapichthys festae*
Sumpf 7 km WSW Vinces (Nr. 16)	10. 10.	18.00	20	100	24,0	224	7,5	5,0	1,6 mg/l	*Priapichthys festae*
Rio Fermin 3 km N Ponce Enrique; Straße Guayaquil – Machala	11. 10.	15.20	32	66	26,0	127	7,5	2,5	—	*Priapichthys festae*

⑱

⑲

schiedliche Biotope; zum einen den SO 14/76, den Rio Calderon, einen größeren, schnellfließenden Fluß im Galeriewald, in dessen flacheren Partien sich ganze Schulen des kleinen Kärpflings tummelten. SO 16/76 ist ein Sumpf nahe Vinces in besiedeltem Gebiet in welchem unser Kärpfling in Gesellschaft von mehreren Arten von Salmlern und Cichliden ebenfalls vorhanden war. In der Tabelle 11 sind die Meßergebnisse der Aufsammlungen in Peru und Ecuador enthalten.

Auch die atlantischen Staaten von Südamerika haben eine zahlenmäßig geringere Zahnkäpflingsfauna aufzuweisen als Mittelamerika. An den Küsten gibt es hier vor allem die Vertreter der Untergattung *Lebistes*, welche meist die Brackwasserzonen und Küstentümpel bewohnen und die ubiquitär und mit den genannten Arten meist sympatrisch lebende *Poecilia vivipara*. Im Landesinneren von Brasilien gibt es einige Vertreter der Untergattung *Pamphorichthys* des Genus *Poecilia* und dann vor allem in den südlicheren Landstrichen die wenigen Arten der vier Gattungen der Tribus Cnesterodontini. Während unserer Sammelreise im Januar und Februar 1981 fuhren wir etwa 6500 km von Rio nach Norden bis Recife und an der Küste wieder zurück und in der Folge nochmals weiter südlich in Richtung São Paulo. Die folgenden Abbildungen dokumentieren einen Querschnitt durch die von uns besammelten Biotope. SO 11/81 ⑲ (Tabelle 12) ist ein kleiner Bach, etwa 5 km vor Escada, dessen Breite 1 bis 3 und dessen Tiefe 10 bis 30 cm betrug. An Fischen konnten wir nur die allenthalben offensichtlich zur Mosquito-Bekämpfung ausgesetzten Guppies, sowie eine *Corydoras*- und *Crenicichla*-Art und große Kaulquappen erbeuten. SO 22/81 ⑳ zeigt einen zur Bewässerung kanalisierten Bergbach in Kulturgelände des Hügellandes. Hier konnten *Poecilia vivipara* und Salmler gesammelt werden. Auch bei SO 27/81, ㉑ einem Bach an der Straße zwischen An-

⑳

chieta und Rio Novo do Sul konnte lediglich *P. vivipara* gefangen werden. Auch in Sumpfgebieten, wo wir vor allem – leider ohne Erfolg – nach annuellen eierlegenden Zahnkärpflingen fahndeten, wie z. B. bei SO 33/81 ㉒, einem in offenem Grasland befindlichen Sumpf nahe von Cabo Frio (Terra typica von *Cynolebias whitei!*) fanden wir *P. vivipara* vergesellschaftet mit *Phalloptychus januarius*. SO 35/81 ⑱ zeigt einen Bach nach Gewitter mit Hochwasserstand nahe Taubaté, in welchem wir *Phalloceros caudimaculatus* sammeln konnten. Bei SO 37/81 ㉓, einem kleinen Bach an der Straße 12 km N Rio de Janeiro in offenem Gelände konnte ebenfalls lediglich *P. vivipara* festgestellt werden. Als letzter Biotop soll hier noch SO 38/81 ㉔, Lagoa Rodrigo de Freitas, ein großer Brackwassersee mitten im Stadtgebiet von Rio vorgestellt werden. Hier leben große Mengen von Fischen dreier Arten, nämlich *P. vivipara, Phalloptychus januarius* und ein einziger Vertreter der Familie Anablepiidae, *Jenynsia lineata*. Sammelorte und gesammelte Fische sind der Tabelle 12 zu entnehmen.

㉑▲ ▼㉒ ㉓▲ ▼㉔

Tabelle 12 **Sammelorte und Meßergebnisse in Brasilien, 1981**

Nr.	Sammelort	Datum	Uhrzeit	Luft Temp. °C	Luft Feuchte %	Wasser Temp. °C	Wasser el.Leitf. μS^{20}	Wasser pH-Wert	°dGH	gesammelte Fische
1	gestauter Bach bei Muriaé	28. 1.	15.45	26	63	31	75	6,8	2,0	Guppies, Salmler
2	schnellfließender Bach 15 km S Paraiso	29. 1.	14.45	27,5	62	25,5	45	6,5	1,0	Guppies, Salmler
3	Fluß bei Irajuba	30. 1.	9.20	26	68	26,8	4000	7,8	n.m.	*P. vivipara,* Cichliden, Guppies
4	Sumpf bei Milagres	30. 1.	10.30	31	55	25	4000	6,5	n.m.	keine Fische
5	schnellfließender Bach bei Milagres	30. 1.	12.30	32	54	31,4	4000	8,0	n.m.	*P. vivipara,* Salmler
6	kleiner Abfluß aus Sumpfgebiet	30. 1.	15.15	33	57	26,5	440	6,5	—	Guppies
7	Rio Catu bei Alagoinhas	31. 1.	10.00	30	57	28	160	6,0	2,0	Guppies
8	Zufluß des Rio Viejo Baeris	31. 1.	14.30	23	85	29	4000	8,0	n.m.	*P. vivipara,* Salmler
9	Fluß nach Aguas Belas	1. 2.	12.00	31	55	32	4000	8,0	n.m.	*P. vivipara,* Cichliden, Welse
10	Fluß bei Gravata	1. 2.	17.10	25	66	27,5	4000	7,5	n.m.	Guppies, Salmler, Cichliden
11	Bach 5 km vor Escada	2. 2.	14.30	32	64	25,8	70	6,2	2,0	Guppies, Salmler, Cichliden
18	großer Fluß vor Novo Lino	2. 2.	17.30	28,5	74	26,5	120	6,3	—	*P. vivipara,* Salmler, Welse
13	Teich nahe der Straße bei Mundai	3. 2.	8.30	30	74	29,5	120	6,0	—	*P. vivipara,* Guppies
14	Sumpf mit Seerosen bei Sao Miguel de Campos	3. 2.	9.40	30	77	26,5	140	5,8	—	Salmler
15	Sumpf 32 km SO Porto Real	3. 2.	13.30	30,5	66	28,5	550	6,8	—	*P. vivipara,* Salmler, Piranhas
16	Fluß zwischen Catu und Salvador	4. 2.	8.40	27	75	26	260	5,6	3,0	*Ph. eigenmanni, P. vivipara,* Salmler
17	Rio de Dona	4. 2.	17.45	28,5	60	28,3	320	7,2	—	*P. vivipara,* Salmler
18	kleiner Bach vor Mündung ins Meer bei Ilheus	5. 2.	6.30	25	72	26,8	4000	—	—	*P. vivipara,* Guppies
19	Bach mit geringem Durchfluß (Ribeirao Seco)	5. 2.	14.00	30	70	30,3	220	6,6	—	Guppies, Salmler, Cichliden, Welse
20	Rio Areio bei Ponte Sobre	5. 2.	14.35	30	64	27,7	200	7,5	—	Guppies, Salmler
21	Rio Jururuçu	6. 2.	6.10	24	78	27,1	105	6,8	—	*P. vivipara,* Salmler, Cichliden
22	kanalisierter Bergbach in Kulturen	6. 2.	7.30	27	78	27,0	120	6,0	—	*P. vivipara,* Salmler
23	gestautes Sumpfgebiet neben Straße	6. 2.	8.30	28,5	73	27,8	95	6,0	—	*P. vivipara*
24	schnellfließender Fluß	6. 2.	10.00	34	53	27,3	130	6,3	—	Salmler, Panzerwelse
25	Rio Barro Scco	6. 2.	12.00	31	55	27,2	135	6,0	—	*P. vivipara, Ph. caudimaculatus,* Salmler
26	Sumpfgebiet 20 km N Guarapari – V. Velha	6. 2.	17.50	31	65	31	140	6,2	—	*P. vivipara*
27	kleiner Bach an Straße Anchieta – Rio Novo do Sul	7. 2.	7.45	28	64	25	60	6,2	—	*P. vivipara*
28	Sumpf in Flußnähe	7. 2.	9.15	34	50	30	70	—	—	*P. vivipara,* Salmler, Cichliden
29	Rio Muqui	7. 2.	10.30	33	57	29,5	170	7,3	—	*P. vivipara,* Salmler
30	Wasserkanal in Santo Amaro	7. 2.	13.50	30	62	30	75	6,3	—	*P. vivipara, Ph. januarius,* Salmler
31	Bach an Straße Campos – Macaé	7. 2.	17.00	29	60	25,5	145	6,0	—	*Ph. caudimaculatus,* Salmler
32	Sumpf mit Seerosen N Cabo Frio	8. 2.	11.20	34	—	29,2	650	6,8	—	keine Fische
33	Sumpf im Überschwemmungsgebiet bei Cabo frio	8. 2.	12.20	32	60	29	4000	7,0	—	*P. vivipara, Ph. januarius*
34	kleiner Bach bei Taubaté	10. 2.	11.00	33	60	—	—	—	—	*Ph. caudimaculatus*
35	Bach mit Hochwasser nach Regen	10. 2.	12.00	34	64	24	48	6,3	—	Salmler, Welse
36	Bach an der Straße Cunha – Parati	10. 2.	15.30	28	75	24,5	55	6,5	—	*Ph. caudimaculatus,* Salmler
37	kleiner Bach am Straßenrand 13 km N Rio de Janeiro	15. 2.	17.30	31	62	28,2	4000	6,8	—	*P. vivipara*
38	Lagoa Rodrigo da Freitas, Rio (Brackwasser)	16. 2.	10.00	33	60	30	4000	9,0	—	*Jenynsia lineata, Ph. januarius, P. vivipara*

Bestimmungsschlüssel der viviparen Gattungen der Gruppe Atherinomorpha

Ordnung Cyprinodontiformes

Unterfamilie ANABLEPINAE

Seite

Gattung: *Anableps*
Langgestreckte Fische mit sehr weit zurückliegender Dorsal- und Analflosse. Typisch und einzigartig innerhalb der lebendgebärenden Zierfische sind die 2-geteilten Augen, sogenannte Vieraugenfische 60

Gattung: *Jenynsia*
Langgestreckte Fische von typischem Kärpflingsaussehen. Einzigartig innerhalb der Ordnungen ist das Zeichnungsmuster und das zu einer Röhre geformte Begattungsorgan männlicher Tiere 65

Unterfamilie GOODEINAE

Gattung: *Allodontichthys*
Langgestreckte und relativ kleinbleibende Fische mit bulligem Kopf und großausgebildeten Pectoralflossen. Gattungstypischer Trophotaenien-Charakter (Nabelschnur der Embryonen) 70

Gattung: *Alloophorus*
Langgestreckte Kärpflinge mit großem Kopf, bulligem Körperbau und weit nach hinten versetzter Dorsale. Durchweg große Tiere, Neugeborene mit gattungstypischer Trophotaenien-Struktur 74

Gattung: *Allotoca*
Fische mit länglichem Körperbau. Weibchen neigen zur unformen Leibigkeit; während der Trächtigkeit sehr dickleibig. Durchweg kleine Tiere mit gattungstypischem Trophotaenien-Charakter 77

Gattung: *Ameca*
Hochrückige Exemplare mit großausgebildeter Dorsale bei den männlichen Tieren, Schwanzstiel auffällig langausgezogen. Gattungstypischer Trophotaenien-Charakter 80

Gattung: *Ataeniobius*
Gestreckte Fische mit einzigartigem Zeichnungsmuster. Als einzigem Vertreter der Unterfamilie fehlen den Neugeborenen die üblichen Nährschnuranhängsel 82

Gattung: *Chapalichthys*
Tiere mit relativ hohem Körperbau und kleinem Kopf. Gattungstypische Zeichnungsmuster und Trophotaenien-Charakter. Weiblichen Tieren wird die Trächtigkeit gewöhnlich nicht angesehen 84

Gattung: *Characodon* Seite
Kleinbleibende Zierfische mit gedrungenem Körperbau und kleinem Kopf. Vor allem Männchen sehr farbenprächtig mit Regenbogenfarben. Gattungstypischer Trophotaenien-Charakter 87

Gattung: *Girardinichthys*
Relativ kleinbleibende Fische, vor allem im männlichen Geschlecht. Der Körperbau zeigt sich gedrungen, Dorsale und Anale sind rautenförmig ausgebildet. Gattungstypischer Trophotaenien-Charakter 90

Gattung: *Goodea*
Sehr großwerdende Fische mit gestrecktem Körper und großem Kopf. Die Dorsale und Anale liegen weit zurück. Gattungstypischer Trophotaenien-Charakter 93

Gattung: *Hubbsina*
Fische mit gedrungenem Körperbau, Kopf groß und mittlerer Körperteil eckig gebaut. Einzigartig im Ausprägungsgrad zeigt sich die rechteckförmige Dorsalflosse. Trophotaenien-Charakter bisher nicht bekannt geworden 97

Gattung: *Ilyodon*
Vertreter der Unterfamilie mit sehr gestrecktem Körperbau, langausgezogenem Schwanzstiel und relativ kleinem Flossenbehang. Gattungstypischer Trophotaenien-Charakter . . 98

Gattung: *Neoophorus*
Fische mit gestrecktem und bulligem Körperbau. Der zugespitzte Kopf ist groß und die Flossen sind kleinausgeprägt. Durchweg große Exemplare. Gattungstypischer Trophotaenien-Charakter 105

Gattung: *Skiffia*
Kleine Kärpflinge mit gedrungenem Körperbau und kleinem Kopf. Einzigartig innerhalb der Unterfamilie sind die bei den Männchen unförmig verlängerten Flossenstrahlen der Dorsale. Gattungstypischer Trophotaenien-Charakter . 109

Gattung: *Xenoophorus*
Goodeinae mit hohem Körperbau und großausgebildeten unpaaren Flossen. Gattungstypischer Trophotaenien-Charakter 114

Gattung: *Xenotaenia*
Tiere mit gedrungenem Körperbau und großem bulligen Kopf. Sämtliche Flossen sind relativ klein ausgebildet. Gattungstypischer Trophotaenien-Charakter 117

Gattung: *Xenotoca*
Kärpflinge mit gedrungenem und hochrückigem Körperbau. Die Dorsale bei den männlichen Tieren ist sehr groß ausgebildet. Gattungstypischer Trophotaenien-Charakter 118

Gattung: *Zoogoneticus*
Fische von zierlichem Aussehen und gedrungenem kleinen Körperbau. Der Flossenbehang ist relativ klein geprägt. Gattungstypischer Trophotaenien-Charakter 124

Unterfamilie POECILIINAE

Seite

Gattung: *Alfaro*
Gestreckte Fische mit weit nach vorne verlagertem Bauchtrakt. Entlang der unteren Körperhälfte erstreckt sich ein deutlich sichtbarer Schuppenkiel. Gattungstypischer Gonopodium-Charakter 130

Gattung: *Belonesox*
Kärpflinge mit gestrecktem Körperbau und typischer Hechtform. Deutlich sichtbar sind die sehr groß ausgebildeten Kieferzähne. Gattungstypischer Gonopodium-Charakter 134

Gattung: *Brachyrhaphis*
Fische mit gestrecktem Körperbau und großem Kopf. Durchweg farbenprächtige Tiere mit typischem Gattungszeichnungsmuster, schwarzer Analflossenbasis-Balkenstrich, außer bei B. hartwegi. Gattungstypischer Gonopodium-Charakter 136

Gattung: *Carlhubbsia*
Zierliche Kärpflinge mit relativ lang ausgezogener Dorsalflosse. Gattungstypischer Gonopodium-Charakter 149

Gattung: *Cnesterodon*
Klein-bleibende Fische mit zierlichem, getrecktem Körperbau. Auffällig zeigt sich das rechtwinklig abgesetzte Gonopodium. Gattungstypischer Gonopodium-Charakter 153

Gattung: *Flexipenis*
Relativ kleinbleibende Fische mit gestrecktem Körperbau und kleinem Kopf. Gattungstypischer Gonopodium-Charakter 157

Gattung: *Gambusia*
Fische von unterschiedlichem Körperbau. Auffällig bei den männlichen Tieren sind gewöhnlich die stark verlängerten und nach oben abgeknickten Pectoralflossen. Gattungstypischer Gonopodium-Charakter 159

Gattung: *Girardinus*
Fische mit sehr schlankem und gestrecktem Körperbau. Der Flossenbehang ist relativ klein ausgebildet. Gattungstypischer Gonopodium-Charakter 202

Gattung: *Heterandria*
Fische mit gestrecktem Körperbau. Ausschließlich *H. formosa,* mit bulligem Körper und großem Kopf. Gattungstypischer Gonopodium-Charakter 213

Gattung: *Heterophallus*
Kärpflinge mit zierlichem und gestrecktem Körperbau. Sämtliche Flossen sind klein ausgebildet. Gattungstypischer Gonopodium-Charakter 226

Gattung: *Limia* Seite
Tiere mit unterschiedlichem Körperbau und durchweg, vor allem im männlichen Geschlecht, mit farbigem Schuppenkleid. Gattungstypischer Gonopodium-Charakter 230

Gattung: *Neoheterandria*
Lebendgebärende mit langgestrecktem Körperbau und kleinem Kopf. Gattungstypischer Gonopodium-Charakter . . . 252

Gattung: *Phallichthys*
Ausschließlich P. quadripunctatus erscheinen die Vertreter mit gedrungenem und hochrückigem Körperbau. Seitlich sind die Tiere stark zusammengedrückt. Gattungstypischer Gonopodium-Charakter 256

Gattung: *Phalloceros*
Kleinbleibende, langgestreckte, zierliche Fische mit vielerlei Farbvarianten. Gattungstypischer Gonopodium-Charakter 264

Gattung: *Phalloptychus*
Langgestreckte kleine Kärpflinge mit zierlichem Körperbau. Gattungstypischer Gonopodium-Charakter 267

Gattung: *Phallotorynus*
Fische mit schlankem, zierlichem Körperbau und kleinem Flossenbehang. Auffällig ist bei den männlichen Tieren ein gewaltiges Anhängsel am Begattungsorgan. Gattungstypischer Gonopodium-Charakter 270

Gattung: *Poecilia*
Kärpflinge mit unterschiedlicher Körperform und Farbmuster. Weibchen während der Trächtigkeit besonders dickleibig. Gattungstypischer Gonopodium-Charakter 272

Gattung: *Poeciliopsis*
Tiere mit langgestrecktem Körperbau. Männliche Tiere mit sehr langem Begattungsorgan auftretend. Gattungstypischer Gonopodium-Charakter 313

Gattung: *Priapella*
Fische mit typischer Kärpflingsform. Auffällig sind die intensiv leuchtend, blau gefärbten Augen. Gattungstypischer Gonopodium-Charakter 336

Gattung: *Priapichthys*
Relativ kleinbleibende Fische, mit Ausnahme von *P. annectens,* und gestrecktem Körperbau. Gattungstypischer Gonopodium-Charakter 340

Gattung: *Quintana*
Langgestreckte, zierliche Fische mit kleinem Kopf. Die Tiere erscheinen in ihrer Körperfärbung transparent. Gattungstypischer Gonopodium-Charakter 349

Gattung: *Scolichthys* Seite
Langgestreckte, kleinbleibende Kärpflinge mit schlichter Körperfärbung. Gattungstypischer Gonopodium-Charakter 351

Gattung: *Tomeurus*
Ursprüngliche Kärpflinge mit gestrecktem Körper und eckigem Kopf. Entlang der unteren hinteren Körperhälfte zeigt sich ein Schuppenkiel. Einzigartig ist die große Afterflosse und das bei den Männchen geweihartig strukturierte Gonopodium, gattungstypisch 354

Gattung: *Xenodexia*
Ursprünglicher Fisch mit langgestrecktem Körper. Einzigartig ist die bei den Männchen umgebildete Pectoralflosse, sowie die Gonopodiumstruktur mit verdrillten Strahlen, gattungstypisch 356

Gattung: *Xenophallus*
Langgestreckte Tiere mit kleinem Kopf und kleinausgeprägtem Flossenbehang. Gattungstypischer Gonopodium-Charakter 359

Gattung: *Xiphophorus*
Lebendgebärende mit unterschiedlichem Körperbau und Beflossung. Gattungstypischer Gonopodium-Charakter . . . 361

Ordnung Beloniformes

Unterfamilie HEMIRHAMPHINAE

Gattung: *Dermogenys*
Halbschnäbler mit gestrecktem und zierlichem Körperbau. Unterkiefer stark verlängert und nicht bezahnt, Schwanzflosse gerundet 395

Gattung: *Hemirhamphodon*
Fische mit gestrecktem Körperbau. Die Afterflosse der Männchen ist im vorderen Bereich lang ausgezogen und im hinteren Abschnitt stark verkürzt. Gattungstypisch ist der bezahnte Unterkiefer 403

Gattung: *Nomorhamphus*
Tiere im gestrecktem und gerundetem Körperbau. Unterkiefer meistens nur unwesentlich verlängert und oft mit einem fleischigen Zipfel ausgebildet 407

Ordnung Cyprinodontiformes

Cyprinodontiformes BERG, 1940

Die Ordnung Cyprinodontiformes wurde im Jahre 1940 von dem Ichthyologen BERG in der Arbeit – Classification of fishes both recent and fossil. Ann Arbor, Michigan, Edwards Bros., Inc., 517 pp. – aufgestellt. Frau Dr. PARENTI (1981) gliedert die genannte Ordnung in zwei neu benannte Unterordnungen, nämlich in Aplocheiloidei und Cyprinodontoidei. Innerhalb der Unterordnung Cyprinodontoidei gliedern sich insgesamt zwei Überfamilien und sieben Familien mit neun Unterfamilien. Die Überfamilie Poecilioidea PARENTI, 1981, beinhaltet die Familien Anablepidae und Poeciliidae und die der Cyprinodontoidea PARENTI, 1981, in die Familien Goodeidae und Cyprinodontidae.

Die Vertreter der Ordnung Cyprinodontiformes sind über große Teilgebiete von Amerika, Afrika, Europa und Asien verbreitet.

Familie: Anablepidae

Anablepidae GARMAN, 1895

Die relativ kleine Familie der Anablepidae umfaßt nach Dr. LYNNE PARENTI (1981) zwei Unterfamilien, nämlich Anablepinae und Oxyzygonectinae. Oxyzygonectinae PARENTI, 1981, ist im Gegensatz zu Anablepinae eierlegend. Die Unterfamilie umfaßt lediglich eine einzige Gattung mit einer Art, nämlich *Oxyzygonectes dowi,* und ist entlang der Pazifikküste von Costa Rica beheimatet.

Die Mitglieder der Unterfamilie Anablepinae sind lebendgebärend, deren Männchen gegensätzlich zu Poeciliinae das Gonopodium röhrenförmig ausgebildet haben und somit weiter spezialisiert sind.

Anablepidae ist in Mittel- und Südamerika verbreitet.

Herkunft der Namensgebung siehe bei der Artbeschreibung *Anableps anableps*.

Unterfamilie: Anablepinae

Anablepinae GARMAN, 1895

In die bereits von GARMAN im Jahre 1895 vorgegebene Gliederung wird nach neuen Untersuchungen von PARENTI (1981) die zuvor als eigenständige Familie betrachtete Jenynsiidae mit einbezogen, so daß die Unterfamilie Anablepinae nun zwei Gattungen, nämlich *Anableps* und *Jenynsia*, umfaßt.

Obwohl einige morphologische und biologische Zusammenhänge beider Gattungen nicht übersehen werden können, fällt es doch sehr schwer, *Anableps* und *Jenynsia* als eng verwandte Einheiten zu betrachten. Es bleibt abzuwarten wieweit die systematische Auffassung von PARENTI sich durchsetzen wird.

Die Angehörigen der Unterfamilie sind entlang der Atlantikküste von Südamerika, sowie in Mittelamerika beheimatet.

Bei der Namensgebung siehe unter Herkunft des Artnamens.

Gattung: Anableps

Anableps (GRONOW) SCOPOLI, 1777

Die Gattung *Anableps* erfuhr im Jahre 1777 durch J. A. SCOPOLI in der Publikation – Introductio ad Historium Naturalem – Gültigkeit. Die Art *A. anableps* lag als Typusmaterial zugrunde.

Anableps umfaßt 3 Vertreter, die in Mittel- und Südamerika ihre Verbreitung finden. Die Species sind relativ gut voneinander in den Farbmustern und an der Anzahl der Schuppen der mittleren Seitenlinie zu unterscheiden.

Die Geschlechtsöffnung der Weibchen ist entweder seitlich links oder rechts verlagert und mit einer oder zwei Schuppen bedeckt. Die Männchen sind demzufolge entweder Links- oder Rechtsbegatter. Sämtliche Vertreter benötigen in der Pflege und Zucht mindestens Brackwasserniveau. Nur vereinzelt treten Populationen auf, die vorübergehend Süßwasser vertragen.

Namensgebung der Gattung siehe bei der Artbeschreibung.

Im Jahre 1938 wurden gleichzeitig als erste Mitglieder der Gattung, *Anableps anableps* und *Anableps microlepis* durch das Aquarium Hamburg nach Europa importiert.

Anableps anableps LINNAEUS, 1740

Familie:	Anablepidae GARMAN, 1895
Unterfamilie:	Anablepinae GARMAN, 1895
Herkunft des Artnamens:	anableps (gr.) = große Augen
Synonyma:	Cobitis anableps LINNAEUS, 1758 Anableps anonymus LINNAEUS, 1740 Anableps gronovii WALBAUM, 1792 Anableps lineatus GRAY, 1854 Anableps surinamensis LA CÉPÈDE, 1803 Anableps tetrophthalmus BLOCH, 1794
Erstbeschreibung:	LINNAEUS (1740): Syst. Nat. Ed. 2.

Typuslokalität: Nicht bekannt.

Meristische Angaben: L. lat. = 50–62 Schuppen; Wirbel = 51–54; Kiemen-Rechen = 23–29. (Durchschnittsangaben)

Totalkörperlänge: Männchen bis 18 cm; Weibchen bis 27 cm.

Beschreibung: Die beschriebene Art besitzt einen gestreckten Körperbau mit zugespitztem Kopf. Augen mit doppelter Anzahl Pupillen. Die Grundfarbe von *A. anableps* zeigt sich graubraun. Entlang der Körperseite erstrecken sich gewöhnlich 5 dunkelbraune Horizontalstreifen, die in ihrer Breite kleiner als die Augenpupille sind. Die ersten und fünften Linien treten nicht so deutlich hervor und sind mehrmals in ihrem Verlauf entlang der Körperseiten unterbrochen. Das gesamte Streifenmuster ist stimmungsabhängig. Die gesamte Körperunterseite, einschließlich unterer Schwanzstiel und Kopfregion, ist meist weiß oder silberfarben. Der Flossenbehang ist farblos und kann je nach Stimulation dunkel erscheinen.

Verbreitung: Atlantikküstenbereich vom Orinoco Einmündungsbereich bis zur Amazonasmündung, Südamerika.

Habitat: *Anableps anableps* besiedelt überwiegend Brackwasserzonen und wird nur sehr selten im Seebereich angetroffen. Die Art wird anscheinend nur in Biotopen mit reichem Algenbewuchs und Detritus angetroffen. Die Gewässer sind meistens mit Schlamm bedeckt. Inwieweit die Art zusammen mit microlepsis auftritt, konnte bisher noch nicht klar ermittelt werden.

Pflege und Zucht: Die Zucht von A. anableps ist schon mehrfach gelungen. Benötigt werden geräumige Becken mit einem Wasserstand von 25 bis 30 cm. Nach Berichten von H. STEFAN, Wien, muß für die Tiere in der Beckenplanung und Einrichtung ein Luftfreiraum zur Verfügung stehen, da die Fische anscheinend bevorzugt nach der Nahrung springen bzw. fliegen. Nach Berichten von LOWE-MC CONNEL (1975) wird *A. anableps* zu den Algen und Detritusfressern gezählt. Als Wasserdichte werden von STEFAN Werte über 1.011 empfohlen. Nach Aquariumbeobachtungen erstreckt sich die Trächtigkeit der anableps Weibchen über einen Zeitraum von durchschnittlich 20 Wochen. Die Neugeborenen besitzen eine Totalkörperlänge von 5 bis 6 cm.

Anableps anableps wurde 1938 durch Aquarium-Hamburg erstmals nach Deutschland importiert.

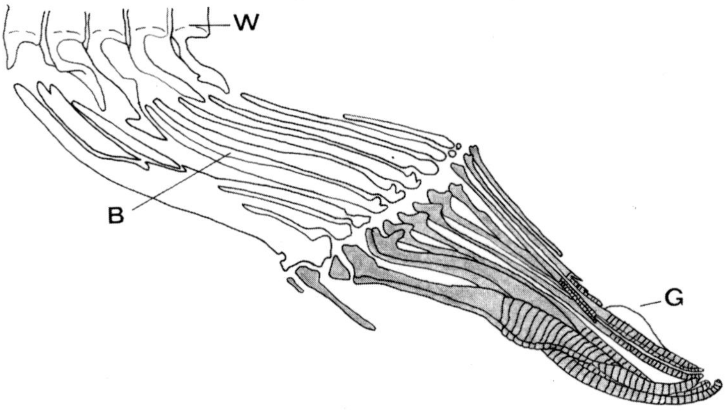

Skelett des Gonopodiums von *Anableps anableps* nach TURNER (1950)
W = Wirbelsäulenteilstück
G = Gonopodium
B = Körperinnerer Bewegungsmechanismus

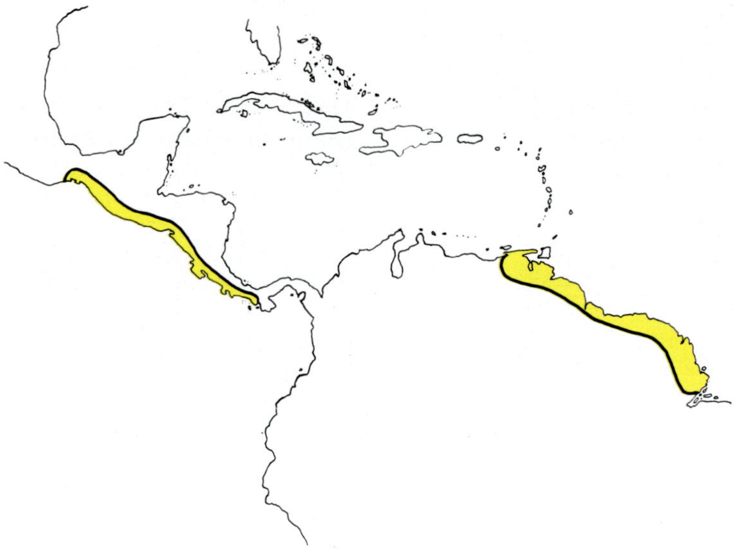

Verbreitungsgebiet von *Anableps*

Anableps dowi GILL, 1861

Familie: Anablepidae GARMAN, 1895

Unterfamilie: Anablepinae GARMAN, 1895

Herkunft des Artnamens: dowi = nach Herrn Captain J. M. DOW benannt

Synonyma: Keine, jedoch verschiedene Schreibweisen des Artnamens, nämlich dovii, dowei und dowii. Nach MILLER (1966) lautet die korrekte Schreibweise dowi.

Erstbeschreibung: GILL, T. N. (1861): Description of a new species of the genus Anableps of Gronovius. Proc. Acad. Nat. Sci. Phila. 1861: pp. 3–6.

Typuslokalität: Bahia La Unión; El Salvador.

Meristische Angaben: L. lat. = 64–70 Schuppen; Wirbel = 45–51; Kiemen-Rechen = 21–25 am ersten Bogen.

Totalkörperlänge: Männchen bis 22 cm; Weibchen bis 34 cm.

Beschreibung: *Anableps dowi* zeigt sich mit gestrecktem Körperbau und großem, zugespitztem Kopf, mit den typischen „Vieraugen". Die Grundfärbung der Art ist olivbraun. Die Rückenpartie ist dunkelbraun gezeichnet. Entlang der mittleren Körperseite verläuft eine sehr breite, etwa mit der Abmessung des Augendurchmessers, weiß-, gelb- oder goldfarbene Mittellinie, begleitet von einem dunkel gefärbten Unterbereich. Die Kopfunterregion ist ebenfalls weiß gefärbt. Der Flossenbehang zeigt sich ohne jedes Zeichnungsmuster gewöhnlich transparent, kann aber je nach Stimulation dunkel getönt sein.

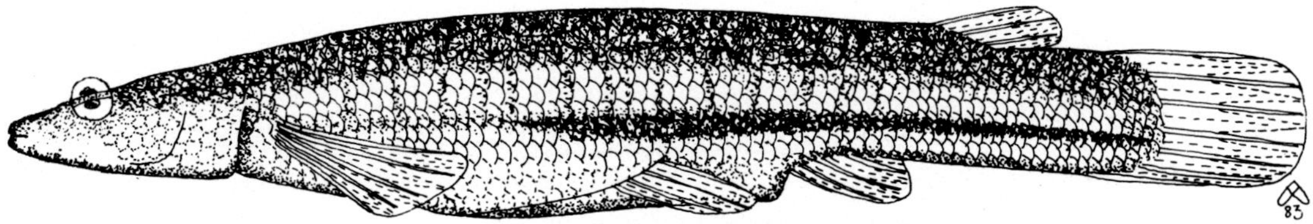

Verbreitung:	Entlang der pazifischen Abdachung vom Rio Tehuantepec-Bekken, Oaxaca, Mexiko, südwärts bis zum Rio Negro und Rio Estero Real, sowie östlich bis zur Gulf of Fonseca-Drainage, Nicaragua. Daten, wo dowi in reinem Seewasser nachgewiesen wird, liegen von Puntarenas, Costa Rica, Cutuco, El Salvador und Chiapam, Guatemala, vor.
Habitat:	*Anableps dowi* stellt die nördlichst verbreitete Art innerhalb der Gattung dar und belebt brackige Küstenlagunen, Kanäle, Meeresbuchten, Flüsse und Teiche, sowie reines Seewasser an bereits genannten Küstenstrecken. MILLER weist den Vieraugen-Kärpfling am 15. März 1946 östlich von Ascunción Mita im Bekken des Lago Guija, Guatemala, nach. Die Lokalität liegt über 250 km von der See entfernt und in 470 Meter über Seehöhe gelegen. Das Gewässer war klar und der Bodengrund mit Sand und Schlamm bedeckt. Vegetation trat nur sporadisch auf, wie Ceratophyllum und grüne Algen. Die Wassertemperatur betrug um 10.00 Uhr 26,6° C. Der pH-Wert lag bei 8,1 und die Gesamtalkalität bei 115 ppm. *A. dowi* trat im genannten Gewässer zusammen mit *Astyanax, Roeboides, Rhamdia guatemalensis, Melaniris guija, Cichlasoma, Poecilia* und *Poeciliopsis* auf.
Pflege und Zucht:	Pflege und Zucht der Art ist besonders schwierig. Gute Hälterungserfolge erzielt man mit großen flachen Becken. Das Wasser sollte auf die halbe Seewasser-Konzentration mit Meersalz angereichert werden, kann aber auch auf vollen Seesalzgehalt gebracht werden. Die Fütterung der Tiere muß abwechslungsreich sein und vor allem aus Regenwürmern und Heuschrecken bestehen. Nicht klar ist, ob *A. dowi* bereits lebend nach Europa importiert wurde. Die Pflege und Zucht dürfte ähnlich der von *Anableps anableps* sein.

Anableps microlepis MÜLLER & TROSCHEL, 1844

Familie:	Anablepidae GARMAN, 1895
Unterfamilie:	Anablepinae GARMAN, 1895
Herkunft des Artnamens:	microlepis (lat.) = kleinschuppig
Synonyma:	Anableps elongatus VALENCIENNES, 1846
Erstbeschreibung:	MÜLLER, J. & F. H. TROSCHEL (1844): Bericht über die zur Bekanntmachung geeigneten. Verhandlungen der Königl. Preuss. Akademie der Wissenschaften zu Berlin im Monat Februar 1844. Monatsbericht K. Preußischen Akad. Wiss. Berlin: pp. 35–36.
Typuslokalität:	Nicht klar definiert.

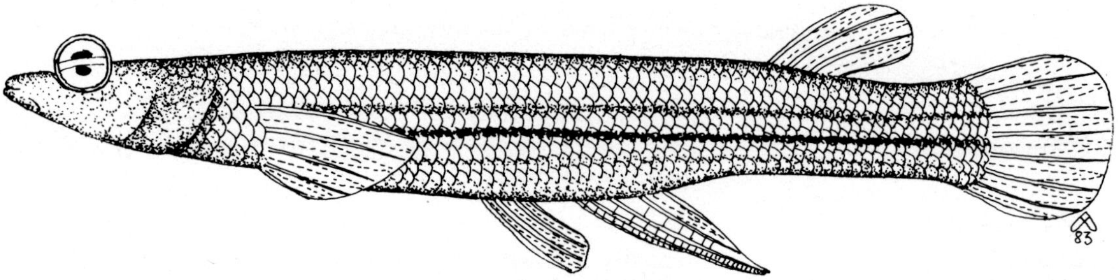

Meristische Angaben: L. lat. = 78–96; Wirbel = 50–54; Kiemen-Rechen = 24–30 am ersten Bogen.

Totalkörperlänge: Männchen bis 24 cm; Weibchen bis 32 cm.

Beschreibung: *Anableps microlepis* zeigt sich wie alle Arten innerhalb der Gattung mit gestrecktem Körperbau und zugespitztem Kopf. Wie aus der Namensgebung bereits hervorgeht, besitzt die behandelte Art im Vergleich zu den zwei bereits genannten Vertretern eine sehr kleine Schuppengrößenausbildung und wirkt somit feiner gekennzeichnet. Entlang der Körperseiten erstrecken sich 2 bis 3, oft nur undeutlich sichtbare, braune Längsstreifen. Zwischen den genannten mittleren Seitenlinien befindet sich gelbes Pigment und läßt somit einen braungelben Kontrast erscheinen. Der breiteste Streifen ist eineinhalbmal breiter als die Augenpupille. Die Körperunterregion ist wie auch bei den anderen Species weiß oder silbrig. Der Flossenbehang zeigt gewöhnlich keine Färbung, kann aber je nach Stimulation dunkel getönt sein.

Verbreitung: Atlantikküste, vom Orinoco bis Amazonas, Südamerika.

Habitat: *Anableps microlepis* besiedelt gewöhnlich den offenen Küstenbereich mit voller See-Salzkonzentration. SCHWASSMAN konnte nach Mitteilungen von MILLER (1979) die Art noch 100 km oberhalb der Orinoco-Mündung nachweisen. Die Habitate schwanken zwischen Süß- und Salzwasser, erscheinen klar oder trüb. Weitere Angaben fehlen bisher. Die Art wird zu den Algen-, Detritus- und Anflugfutterfressern gezählt.

Pflege und Zucht: Bisher liegen noch keine Daten vor, dürfte aber mit dowi und anableps vergleichbar sein.

Die Art wurde erstmals 1938 durch Aquarium-Hamburg nach Deutschland importiert.

▶ Windgeschützte, im Sommer stark aufgewärmte Uferzone (mit Gras, *Scirpus* und *Potamogeton*) einer Lagune im Südwesten der Provinz Buenos Aires an einem windstarken Tag (siehe im Hintergrund das wellenbewegte Wasser des Sees. Hier im windgeschützten Ufer leben zahlreiche *J. lineata* zusammen mit sehr jungen Ährenfischen der Art *Basilichthys bonariensis*, der wichtigste Wirtschaftsfisch der Region.

Gattung: Jenynsia

Verbreitungsgebiet von *Jenynsia*

Jenynsia GÜNTHER, 1866

Nach PARENTI (1981) gliedert sich die Gattung in 4 Arten, nämlich in *J. lineata* (GÜNTHER), *J. eigenmanni* (HASEMAN), *J. maculata* (REGAN) und *J. pygogramma* (BOULENGER). Die Autorin gibt in ihrer umfangreichen Arbeit keine Kriterien bekannt, die die erneute Gültigkeit der angeführten Arten rechtfertigen. Zudem wäre es zum jetzigen Zeitpunkt auch nicht möglich, anhand der zahlreichen Synonyma, die von PARENTI als gültig erklärten Species, in diesem Buch zu beschreiben. Würde lediglich von den Erstbeschreibungen ausgegangen, käme kaum eine brauchbare Gliederung zustande.

Die Artbeschreibung beschränkt sich auf *Jenynsia lineata,* die GÜNTHER als Typenmaterial vorlag.

Der Gattungsname wurde zu Ehren von Herrn L. JENYNS kreiert.

Das Genus findet seine Verbreitung in Brasilien, Paraguay, Uruguay und Argentinien.

Erstmals wurde im Jahre 1905 die Art *J. lineata* durch H. STÜVE, Hamburg, nach Deutschland importiert.

Jenynsia lineata (JENYNS, 1842)

Familie: Anablepidae GARMAN, 1895

Unterfamilie: Anablepinae GARMAN, 1895

Herkunft des Artnamens: lineata (lat.) = liniert gestrichelt, bezüglich der Körperbezeichnung

Synonyma:
Lebias lineata JENYNS, 1842
Lebias multidentata JENYNS, 1842
Poecilia punctata CUVIER & VALENCIENNES, 1846
Cyprinodon lineatus BLEEKER, 1860
Cyprinodon multidentatus BLEEKER, 1860
Fitzroyia multidentatus GÜNTHER, 1866
Xiphophorus heckeli WEYENBERGH, 1872

Jenynsia lineata. Population Lago de Freitas, Brasilien.

Erstbeschreibung: JENYNS, L. (1842): Fish in: Charles Darwin. The zoology of the voyage of H. M. S. Beagle, during the years 1832–1836. Vol. 4.

Typuslokalität: Brasilien

Meristische Angaben: Dorsale = 8–9 Flossenstrahlen, Anale = 8–10 Flossenstrahlen; L. lat. = 28–30 Schuppen; L. tra. = 8 Schuppen.

Totalkörperlänge: Männchen bis 4 cm. Weibchen bis 10 cm.

Beschreibung: *Jenynsia lineata* zeigt sich dem Betrachter mit langgestrecktem Körperbau und großem Kopf. Die männlichen Tiere sind in ihrem Körperbau schlank, die Weibchen dagegen dickleibig. Der Flossenbehang ist transparent und nicht besonders hervortretend. Die Körpergrundfarbe ist grauoliv, mit heller Bauchseite. Entlang der Körperseiten erstrecken sich 6–8 fein gestrichelte dunkle Längsreihen. Beide Geschlechter sind annähernd gleich gefärbt. Die Weibchen signalisieren links oder rechtseitig vor der Afterflosse durch einen orangen inneren Fleck. Hierbei dürfte es sich um noch unbefruchtete Tiere handeln.

Verbreitung: Küstenstrecke von Brasilien, etwa von Rio de Janeiro bis Nord-Argentinien. Verbreitungskarte s. Seite 65.

Habitat: Bisher sind nur wenige Habitatangaben bekannt. Dr. D. BODART berichtet vom Vorkommen der Art aus dem Lago de Freitas, Rio de Janeiro (siehe hierzu *Poecilia vivipara*). Nach einem Bericht von Dr. LÜLING, Bonn (mdl. Mitteilung), konnte der Linienkärpfling in den Lagunen Alisna und Cochico (Lauquen Guamini, südwestlicher Teil der Provinz Buenos Aires) nachgewiesen werden. Die Lagunen besitzen einen Salzgehalt von 0,27‰–0,656‰ und sind während der Sommerzeit (Dezember bis Februar) stark aufgeheizt. Die genannten Biotope beherbergen außer *J. lineata, Cnesterodon decemmaculatus.* Die Gewässer sind stark mit Fadenalgen bewachsen.

Pflege und Zucht: In der Pflege und Zucht ist *Jenynsia lineata* nicht einfach. Die Tiere sind sehr anfällig gegen Fischtuberkulose. Eine Salzzugabe zum Aquariumwasser, etwa 2 gehäufte Teelöffel auf 10 Liter, sind für das Wohlbefinden der Fische förderlich. Bei guter Pflege werden alle 6 Wochen durchschnittlich von den weiblichen Tieren zwischen 10 und 40 bereits 1 cm lange Jungfische abgesetzt. Bei abwechslungsreicher Fütterung können die Heranwachsenden nach 4–5 Monaten wiederum geschlechtsreif sein. Im Jahresdurchschnitt sollte *Jenynsia lineata* nicht zu warm gehältert werden. Eine optimale Durchschnittstemperatur liegt etwa bei 22–23° C. Lebendfutter ist für das Gedeihen des Linienkärpflings sehr wichtig. Die Art stellt bei Futtermangelerscheinung unerbittlich den Neugeborenen nach.

Jenynsia lineata wurde erstmals im Jahre 1905 durch Herrn HANS STÜVE, Hamburg, nach Deutschland importiert.

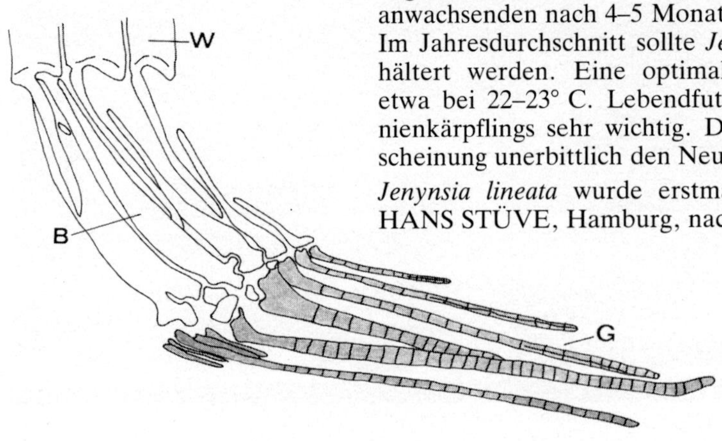

Skelett des Gonopodiums von *Jenynsia lineata*
nach PARENTI (1981)
W = Wirbelsäulenteilstück
G = Gonopodium
B = Körperinnerer Bewegungsmechanismus

Familie: Goodeidae

Goodeidae JORDAN, 1880

Nach Frau Dr. LYNNE R. PARENTI, New York, deren umfangreiche Monography – A Phylogenetic and Biogeographic Analysis of Cyprinodontiform Fishes (Teleostei, Atherinomorpha) – im Bulletin of the American Museum of Natural History im Jahre 1981 erschien, wird die Familie Goodeidae in zwei Unterfamilien, nämlich in Empetrichthyinae JORDAN, EVERMANN und CLARK, 1930 und Goodeinae JORDAN, 1923, unterteilt.

Die Vertreter der Unterfamilie Empetrichthyinae sind allesamt im Death Valley-System und Ost-Nevada, USA, beheimatet. Es sind Eierleger, die in diesem Buch nicht behandelt werden. Der Unterfamilie gehören lediglich zwei Gattungen an, nämlich Empetrichthys GILBERT, 1893 und Crenichthys HUBES, 1932.

Die Mitglieder der Unterfamilie Goodeinae sind lebendgebärend und werden in der folgenden Gliederung speziell behandelt.

Die Verbreitung der Familie Goodeidae befindet sich in Zentral-Mexiko und den südöstlichen USA.

Unterfamilie: Goodeinae

Goodeinae JORDAN, 1923

Seit dem Erscheinen der bekannten und umfangreichen Revisionsarbeit der heutigen Unterfamilie Goodeinae durch HUBBS & TURNER, 1939 – “Studies of the fishes of the order Cyprinodontes” – trugen spätere wissenschaftliche Arbeiten durch ALVAREZ (1959, 1963); GRIER, FITZSIMONS und LINTON (1978); FITZSIMONS (1972, 1974, 1976, 1979); MENDOZA (1958, 1965); MEYER und FOERSTER (1983); MILLER und FITZSIMONS (1971); MILLER und UYENO, (1980); NELSON (1975) und TURNER (1946) und andere zu neuen Erkenntnissen bei. Andererseits wurde mit zahlreichen Neubeschreibungen durch verschiedene Species die Unterfamilie erweitert.

MILLER und FITZSIMONS zogen in ihrer 1971 erschienenen Arbeit folgende Gattungen der Goodeinae wieder ein: Balsadichthys, Lermichthys, Neotoca und Ollentodon. Nach 1939 sind 3 neue Gattungen hinzu gekommen: Ameca, Hubbsina und Xenotaenia.

Es sei erwähnt, daß die Systematik bis zum jetzigen Zeitpunkt noch nicht endgültig zum Abschluß gekommen ist. Derzeit wird vage in 17 Gattungen, wobei letztlich mit etwa 12 verbleibenden gerechnet wird, mit insgesamt 35 Arten und 3 Unterarten unterteilt.

Eine Unterteilung in verschiedene Unterfamilien, wie sie HUBBS und TURNER 1939 vorgenommen hatten, scheint nicht sinnvoll, da Kriterien wie Unterschiede im Ovarium, sowie in der Struktur der Trophotaenien allein für die Beurteilung des Verwandtschaftsgrades nicht ausreichend sind.

Die erste Goodeinae-Gattung wurde von BLEEKER im Jahre 1860 beschrieben, nämlich Girardinichthys.

Die Unterfamilienbezeichnung, Goodeinae, wurde von JORDAN im Jahre 1923 zu Ehren des amerikanischen Ichthyologen GEORGE BROWN GOODE benannt.

Die Vertreter der Goodeinae sind allesamt in Mexiko beheimatet. Sie besiedeln Zentral-Mexiko, mit dem dichtesten Species-Vorkommen im Rio Lerma-Becken.

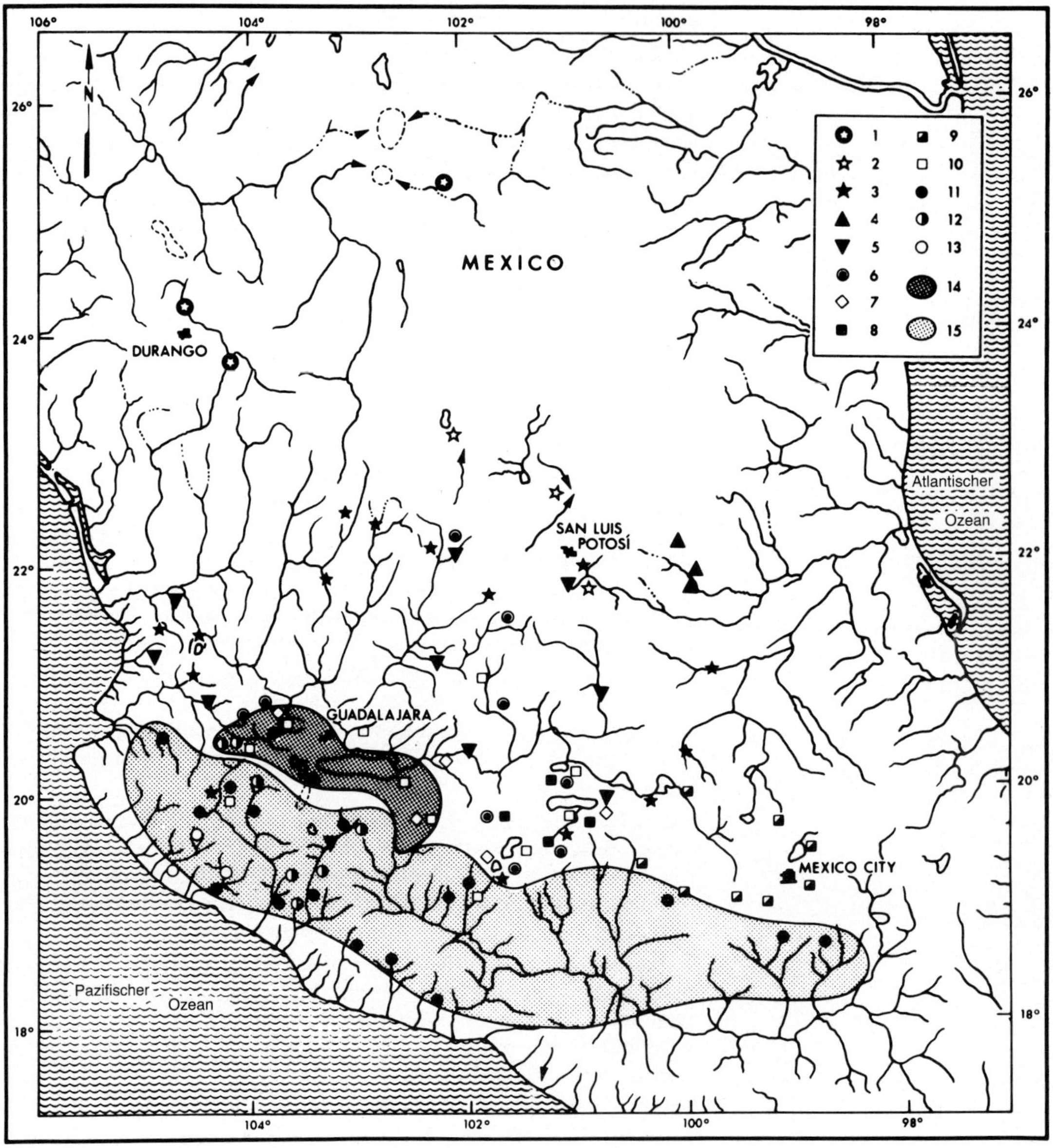

Verbreitungsgebiet der Gattungen innerhlab der Familie Goodeidae. Karte aus Copeia, 1983, No. 2. 1 = *Characodon*, 2 = *Xenoophorus*, 3 = *Goodea*, 4 = *Ataeniobius*, 5 = *Xenotoca*, 6 = *Allotoca*, 7 = *Skiffa*, 8 = *Hubbsina*, 9 = *Girardinichthys*, 10 = *Zoogoneticus* und *Neoophorus*, 11 = *Ilyodon*, 12 = *Allodontichthys*, 13 = *Xenotaenia*, 14 = Gebiet mit der größten Konzentration (11/17) von Gattungen, 15 = Gebiet mit der Konzentration von *Ilyodon*. Gattungen in 14 sind: *Allodontichthys*, *Alloophorus*, *Allotoca*, *Ameca*, *Chapalichthys*, *Goodea*, *Ilyodon*, *Neoophorus*, *Skiffa*, *Xenotoca* und *Zoogoneticus* nach American Society of Ichthyologists and Herpetologists (ASIH): UYENO, MILLER und FITZSIMONS.

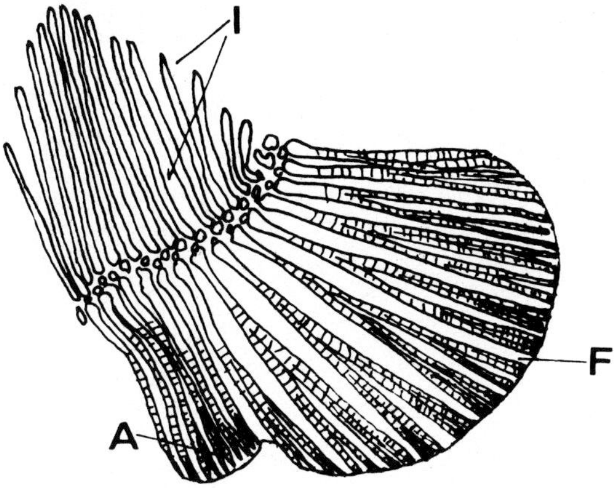

Analflosse bei Goodeinae-Männchen:
A = Andropodium
F = Flosse
I = innerer Bewegungsmechanismus
der Analflosse

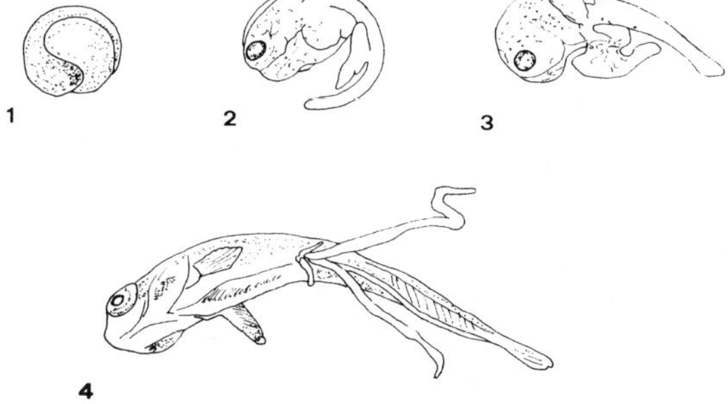

Zyklus:
Embryonalentwicklung bei Goodeinae:
Entwicklungsdauer durchschnittlich
55 Tage

Embryonen im Mutterleib:
Xenotoca eiseni

ALLODONTICHTHYS

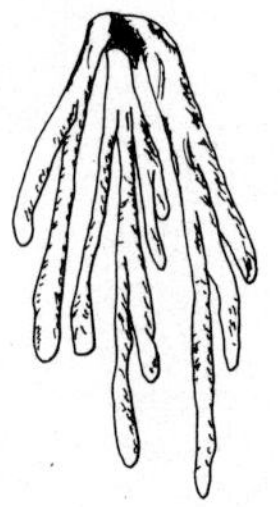

Gattungstypische Trophotaenien („Nabelschnüre") von *Allodontichthys**

* Bei den nachfolgenden Gattungen der Goodeinae werden ebenfalls die jeweils typischen Trophotaenien gezeigt.

Allodontichthys HUBBS & TURNER, 1939

HUBBS & TURNER stellten erstmals im Jahre 1939 die Gattung *Allodontichthys* auf. Als Typus lag die Art *zonistius* vor, die bis zu diesem Zeitpunkt noch der Gattung *Zoogoneticus* angehörte. Mittlerweile besitzt *Allodontichthys* 3 Taxa. Das vorerst letzte Taxon, nämlich *Allodontichthys hubbsi,* wurde am 24. April 1980 durch den bekannten Ichthyologen MILLER, Michigan, und Mitarbeiter, beschrieben. Hubbsi ist bereits 1955 bekannt geworden. Die Museums-Lagerzeit des Fischmaterials betrug demnach bis zur Namensgebung 25 Jahre. Die lange Wartezeit, die oftmals bei Veröffentlichungen amerikanischer Ichthyologen zu verzeichnen ist, wird in diesem Fall durch eine ausgezeichnete Beschreibung entschädigt.

Die Namensgebung *Allodontichthys* wurde aus dem Griechischen hergeleitet und wird mit „ein Fisch mit verschiedenen Zähnen" übersetzt.

Die Gattungsvertreter sind durch ihre geringe Größe gut für die Aquariumhälterung geeignet. Im Verhalten haben die Fische die sehr unangenehme Eigenart, sich bei unsachgemäßer Behandlung zu Tode zu beißen.

Eine bislang unbeschriebene Allodontichthys-Art ist im Rio Ameca-Becken, Jalisco und Colima, Mexiko, beheimatet.

Allodontichthys hubbsi MILLER & UYENO, 1980

Familie:	Goodeidae JORDAN, 1923
Unterfamilie:	Goodeinae JORDAN, 1923
Herkunft des Artnamens:	*hubbsi* = nach Dr. CARL L. HUBBS, USA
Synonyma:	keine
Erstbeschreibung:	MILLER, R. R. & UYENO, T. (1980): Allodontichthys hubbsi, a New Species of Goodeid Fish from Southwestern Mexico. Occ. Pap. Mus. Zool. Univ. Mich. 692: pp. 1–13.
Typuslokalität:	Oberlauf des Rio Tuxpan, 8 km nördlich von Pihuamo; Jalisco; Mexiko.
Meristische Angaben:	Dorsale = 14–16 Flossenstrahlen; Anale = 14–17 Flossenstrahlen; Pectorale = 16–18 Flossenstrahlen; Ventrale: = 6 Flossenstrahlen; L. lat. = 40–45 Schuppen.
Totalkörperlänge:	Männchen = 5 cm; Weibchen = 5 cm.
Beschreibung:	*Allodontichthys hubbsi* ist ein sehr langgestreckter Fisch. Die Pectoralflossen sind im Vergleich zu dem restlichen Flossenbehang groß ausgebildet. Sämtliche Flossen sind an den Enden gerundet. Der Kopf des Kärpflings ist wulstig und leicht zugespitzt. Die Körperoberseite ist dunkel oliv gefärbt und die Unterseite grauweiß bis silbrig. In der Körperoberhälfte erstreckt sich eine undeutliche schwarze Bänderung, die sich aus 8–14 Balkenstrichen zusammensetzt. Die Mittellinie besteht aus weit auseinanderliegenden, kleinen schwarzen Punkten, die des öfteren auf die Bauchseite übergreifen. Die Rückenflosse ist bei

den männlichen Tieren größer als bei den Weibchen ausgebildet und erinnert an die Fahnenflosse eines *Poecilia sphenops*. Die Dorsale besitzt 2–3 dunkle Punktreihen und ist leicht dunkel getönt. Alle weiteren Flossen sind transparent.

Verbreitung:

Rio Tuxpan-Drainage, Rio Terrero, Rio Coahuayana; Jalisco; Mexiko.

Habitat:

Allodontichthys hubbsi ist nach Angaben von MILLER und Mitarbeiter (1980) sehr auf seine Wohngewässer spezialisiert. Die ersten Exemplare der relativ neuen Goodeidae-Art wurden bereits 1955 gesammelt. Nach letzten Meldungen konnte *hubbsi* nur noch im Rio Terrero nachgewiesen werden. Die Art scheint somit ernsthaft bedroht zu sein. *Hubbsi* lebt zwischen und unter den Steinen der im Fluß zahlreich gelagerten Felsblöcke. Das Gestein ist stark veralgt und dient den Fischen offensichtlich als Hauptnahrungslieferant. Entlang des Habitats wachsen zahlreiche Bäume, die dem Lebensraum der Fische Schatten spenden. Die Wassertemperatur ist ganzjährig kühl und schwankt zwischen 18 und 22° C. Im Rio Terrero wird *hubbsi* zusammen mit *Allodontichthys tamazulae* und *Ilyodon furcidens* angetroffen.

Pflege und Zucht:

Die Art ist sehr aggressiv, vor allem gegen die eigene Art. So bekämpfen sich die Männchen bis zum Tod. Paarungsunwillige Weibchen werden ebenfalls von den männlichen Tieren getötet. Von einer Vergesellschaftung mit anderen Fischen wird abgeraten, es ist aber im einzelnen noch nicht überprüft worden, inwieweit *hubbsi* Artfremdes toleriert. Die Behälter sollten nicht zu klein sein und ausreichend Versteckmöglichkeiten bieten; naturgemäß mit Steinen dekorieren. Die Wassertemperatur sollte 23° C nicht übersteigen. DOLORES KINGSTON beobachtete, daß sich *A. hubbsi* in kleinen Aquarien sofort gegenseitig umbringen; deshalb ist beim Transport ebenfalls Vorsicht geboten. Die Tiere müssen unbedingt einzeln verpackt werden. Neugeborene besitzen keine schwungvollen Reaktionen, die in natürlicher Umwelt wegen des schnellfließenden Gewässers nicht nötig sind.

Allodontichthys hubbsi wurde bisher noch nicht nach Europa importiert.

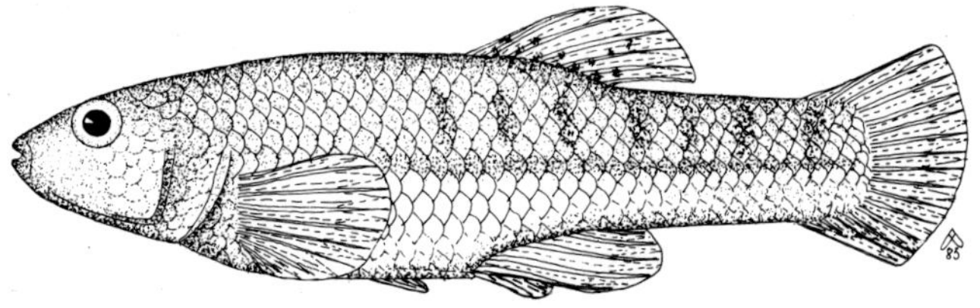

Allodontichthys hubbsi ♂

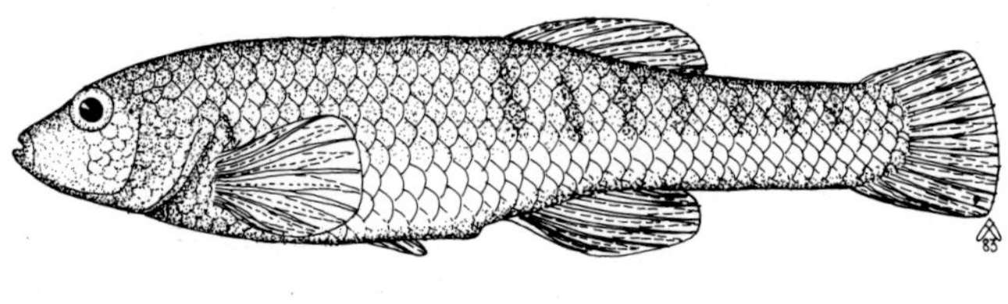

Allodontichthys hubbsi ♀

Allodontichthys tamazulae TURNER, 1946

Familie:	Goodeidae JORDAN, 1923
Unterfamilie:	Goodeinae JORDAN, 1923
Herkunft des Artnamens:	*tamazulae* = nach der Stadt Tamazula benannt
Synonyma:	keine
Erstbeschreibung:	TURNER, C. L. (1946): A Contribution to the Taxonomy and Zoogeography of the Goodeid Fishes. Occ. Pap. Mus. Zool. Univ. Mich. 495: pp. 1–15.
Typuslokalität:	Rio Tamazula, nahe Tamazula; Jalisco; Mexiko.
Meristische Angaben:	Dorsale = 13 Flossenstrahlen; Anale = 15 Flossenstrahlen; Pectorale = 16 Flossenstrahlen; L. lat. = 40–43 Schuppen.
Totalkörperlänge:	Männchen = 4 cm; Weibchen = 4 cm.
Beschreibung:	*Allodontichthys tamazulae* ist innerhalb der Gattung nach Angaben von TURNER (1946) die kleinste Art. MILLER (1980) weist ein 4,5 cm langes tamazulae-Wildfangmännchen nach. In der Körperform besteht kein Unterschied zu *A. hubbsi*. Der Tamazula-Kärpfling ist in der oberen Körperhälfte dunkelbraun gefärbt, die Unterseite zeigt sich grauweiß. Beide Geschlechter sind am ganzen Körper schwarz gefleckt, ähnlich dem Pfeffer- und Salzmuster bei *X. maculatus*. Entlang der Körperseiten zieht sich ein dunkles Band aus 18–22 sehr kurzen Streifen bestehend. In der Schwanzflosse zeigt *Allodontichthys* 3 dunkle senkrechte Streifen. Die männlichen Tiere sind wesentlich kräftiger als die Weibchen gefärbt.
Verbreitung:	Rio Terrero, Rio Tamazula; Jalisco; Mexiko.

Habitat: *Allodontichthys tamazulae* lebt im Rio Tamazula, nahe der Stadt Tamazula, oberhalb Tuxpan, sympatrisch mit *Allodontichthys zonistius*. Im Rio Terrero wird der Tamazula-Kärpfling zusammen mit *Allodontichthys hubbsi* angetroffen. Habitatangaben siehe bei *Allodontichthys hubbsi*.

Pflege und Zucht: Bisher ist über die Pflege und Zucht der Art noch wenig bekannt geworden. Nach einer mündlichen Mitteilung von Dr. RADDA, Wien, konnte dieser Kärpfling kürzlich erfolgreich in Österreich vermehrt werden. Pflege, Zucht und Verhalten der neuimportierten Species dürfte mit *Allodontichthys hubbsi* identisch sein.

Der Erstimport nach Österreich und Deutschland erfolgte 1982 durch RADDA und Mitarbeiter.

Allodontichthys zonistius (HUBBS, 1932)

Familie: Goodeidae JORDAN, 1923

Unterfamilie: Goodeinae JORDAN, 1923

Herkunft des Artnamens: *zonistius* (gr.) = gebändert

Synonyma: *Zoogoneticus zonistius* HUBBS, 1932
Alloophorus zonistius TURNER, 1937

Erstbeschreibung: HUBBS, C. L. (1932): Studies of the Fishes of the Order Cyprinodontes. 11. Zoogoneticus zonistius, a New Species from Colima, Mexico. Copeia, (2): pp. 68–71.

◄ *A. tamazulae*, Population Rio Terrero, Mexiko.

A. zonistius, Population Rio Comala, Mexiko. Erstimport 1984 durch Dr. A. C. Radda und Mitarbeiter. ▼

Typuslokalität: Colima; Mexiko.

Meristische Angaben: Dorsale = 13 Flossenstrahlen; Anale = 14 Flossenstrahlen; Ventrale = 6 Flossenstrahlen; L. lat. = 40 Schuppen.

Totalkörperlänge: Männchen = 4,5 cm; Weibchen 5 cm.

Beschreibung: Noch nicht völlig geklärt ist, ob die Goodeidae-Art *zonistius* der Gattung *Allodontichthys* überhaupt zuzurechnen ist, obwohl zahlreiche Publikationen jüngeren Datums die Ergebnisse von HUBBS (1932) bestätigen. HUBBS lag seinerzeit nur ein männliches Exemplar vor, dessen Abbildung in der 1939 erschienenen Revisionsarbeit, Studies of the Fishes of the Order Cyprinodontes 16, zu sehen ist. Die Körpergestalt dieses Exemplars ähnelt eher der einer Ilyodon-Art, als der eines *Allodontichthys*. TURNER (1946) berichtet von einer Sammelreise 1939 und weist eine Allodontichthys-Art im Rio Colima nach, die er *A. zonistius* gleichsetzt, und gibt folgende Farbbeschreibung bekannt: „*Zonistius*-Weibchen zeigen entlang der Körperseiten mehr als 12 breite dunkle Senkrechtstreifen und eine schwarze Kommazeichnung direkt hinter der Pectoralflosse, welche bei *Allodontichthys tamazulae* nicht so deutlich zu Tage tritt. Männliche Tiere sind stärker als die Weibchen gefärbt." Für die Männchen gibt HUBBS (1932) die erste Farbbeschreibung bekannt, beschrieben mit Hilfe zweier Alkoholpräparate. „Die Körperseiten der Männchen sind purpurfarben und gelbsilbern und die Kopfregion ist mit goldenen und grünen Schuppen besetzt. Eine Anzahl runder schwarzer Flecken sind oberhalb und hinter der Pectoralflosse ausgebildet. Entlang der Körperseiten erstreckt sich eine breite schwarze Bänderung. Die Rückenflosse ist durch 5 schwarze Bänderungen markiert. Die Schwanzflosse ist leicht gelb getönt, alle weiteren Flossen sind dunkel."

Verbreitung: Rio Colima; Colima; Mexiko.

Habitat: Bisher nichts bekannt geworden.

Pflege und Zucht: Bisher nichts bekannt geworden. *A. zonistius* wurde nach der Drucklegung durch RADDA und Mitarbeiter 1984 nach Europa importiert.

ALLOOPHORUS

Alloophorus HUBBS & TURNER, 1937

In der wissenschaftlichen Abhandlung von C. L. TURNER (1937), The Trophotaeniae of the Goodeidae, a Family of Viviparous Cyprinodont Fishes, beschreiben die Autoren HUBBS und TURNER erstmals die Gattung *Alloophorus*. Die bereits von BEAN, 1892, beschriebene Art *robustus* diente als Typus-Material.

Die Gattung *Alloophorus* umfaßt derzeit 2 beschriebene Arten. Die namengebende Bezeichnung ist aus dem Griechischen abgeleitet und nimmt Bezug auf die Verschiedenartigkeit des Ovars zu anderen Goodeidae-Vertretern. HUBBS und TURNER beschreiben im Jahre 1939 in ihrer Arbeit, Studies of the fishes of the order Cyprinodontes, den fundamentalen Unterschied und bemerken, daß *Alloophorus* die primitivste Gattung innerhalb der Familie Goodeidae sei, obwohl die Embryonen mit Nahrungsschnüren geboren werden.

Wegen ihres stattlichen Körperbaus und ihrer Größe sind die Kärpflinge nur für sehr geräumige Aquarien geeignet. Über die Verhaltensweise der Fische ist bisher noch nichts bekannt geworden.

Alloophorus regalis (ALVAREZ, 1959)

Familie: Goodeidae JORDAN, 1923

Unterfamilie: Goodeinae JORDAN, 1923

Herkunft des Artnamens: *regalis* = Eigenname, zugehörig zum Sammelort Los Reyes

Synonyma: *Neoophorus regalis* ALVAREZ, 1959

Erstbeschreibung: ALVAREZ, J. (1959): Contribución Al Conocimiento Del Género Neoophorus. Ciencia, Mex. 19 (1–3): pp. 13–22.

Typuslokalität: Los Reyes; Michoacán; Mexiko.

Meristische Angaben: Dorsale = 13–14 Flossenstrahlen; Anale = 12–13 Flossenstrahlen; L. lat. = 33–36 Schuppen.

Totalkörperlänge: Männchen = 7,5 cm; Weibchen = 8,5 cm.

Beschreibung: *Alloophorus regalis* zeigt sich dem Betrachter, wie sein naher Verwandter, nämlich *A. robustus,* mit bulligem Körperbau. Nach der Größenangabe von ALVAREZ (1959) scheint allerdings *regalis* um die Hälfte kleiner zu sein als *robustus.* Auffallend bei *regalis* sind die weit nach hinten versetzte Rücken- und Afterflosse, die wie bei *robustus* sehr klein ausgebildet sind. Die Körpergrundfarbe setzt sich aus Grautönen zusammen. Die Körperschuppen sind scharf mit kleinen, schwarzen Punkten gerandet. Der Flossenbehang ist farblos.

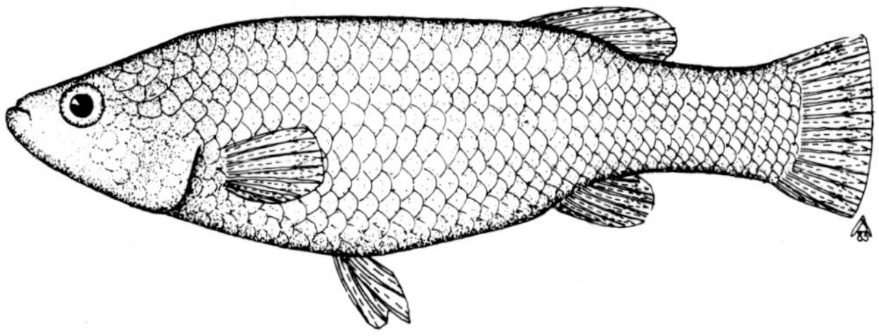

Alloophorus regalis ♀

Verbreitung: Nur von der Typuslokalität bekannt.

Habitat: Bisher ohne Daten.

Pflege und Zucht: *Alloophorus regalis* wurde noch nicht nach Europa importiert.

Alloophorus robustus (BEAN, 1892)

Familie:	Goodeidae JORDAN, 1923
Unterfamilie:	Goodeinae JORDAN, 1923
Herkunft des Artnamens:	*robustus* (lat.) = stark
Synonyma:	*Fundulus robustus* BEAN, 1892 *Zoogoneticus robustus* MEEK, 1902 *Zoogoneticus maculatus* REGAN, 1904 *Fundulus parvipinnis* GARMAN, 1895
Erstbeschreibung:	BEAN, T. H. (1892): Notes on Fishes Collected in Mexico by Professor Dugès, with Descriptions of New Species. Proc. U. S. Nat. Mus., 15: pp. 283–287.
Typuslokalität:	Nicht bekannt.
Meristische Angaben:	Anale = 14–16 Flossenstrahlen; Pectorale = 16–17 Flossenstrahlen; L. lat. = 38–39 Schuppen.
Totalkörperlänge:	Männchen = 10 cm, Weibchen 12 cm.
Beschreibung:	*Alloophorus robustus* stellt einen sehr bulligen Fisch dar, mit großem, abgerundetem Kopf und großem Maul. Nach Angaben von MEEK (1902) sollen die weiblichen Tiere bis zu 17 cm lang werden. Der Flossenbehang ist im Vergleich zu anderen Goodeiden-Arten klein ausgebildet. Sämtliche Flossen sind gerundet und transparent. Je nach Stimmung kann der gesamte Fischkörper einschließlich Flossen dunkel erscheinen. Die Körpergrundfarbe ist graubraun und vereinzelt zeigt sich eine schwache schwarze Scheckung.
Verbreitung:	Rio Lerma-Becken, Rio Grande de Santiago; Jalisco; Mexiko.
Habitat:	Sammelangaben fehlen.
Pflege und Zucht:	Der Import von *Alloophorus* steht noch aus.

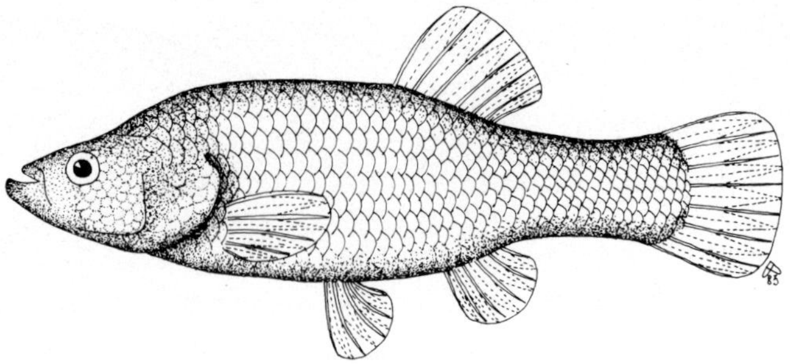

Alloophorus robustus ♀

Allotoca HUBBS & TURNER, 1937

Allotoca stellt bezüglich ihres Artenumfanges eine kleine Gattung dar. Nach SMITH & MILLER (1980) umfaßt das Genus 2 Arten, nämlich *Allotoca dugesi* und *Allotoca maculata. Allotoca vivipara,* die von De BUEN im Jahre 1940 beschrieben wurde, gilt nur noch als Synonym von *dugesi.* HUBBS & TURNER lag 1937 als Gattungstyp die Art *dugesi* vor, dessen Material im Mai 1901 von Professor DUGES und Dr. MEEK im Lago Patzcuaro gesammelt wurde.

Nach Angaben wissenschaftlicher Schriften sind die Tiere farblich attraktiv und in ihrer Körperabmessung gut für die Aquariumhaltung geeignet.

Der Gattungsname *Allotoca* wurde, wie aus der Überschrift ersichtlich, von den Ichthyologen HUBBS und TURNER kreiert und aus dem Griechischen abgeleitet. *Allotoca* bedeutet: andersartige Nachkommen, im Vergleich zu anderen Goodeidae-Arten bzw. Gattungen.

1983 konnte *A. dugesi* als erster Vertreter des Genus durch Dr. RADDA und O. HOFMANN, Wien, lebend nach Europa importiert werden.

Allotoca dugesi (BEAN, 1887)

Familie: Goodeidae JORDAN, 1923

Unterfamilie: Goodeinae JORDAN, 1923

Herkunft des Artnamens: *dugesi* = nach dem Sammler Herrn DUGÉS, USA, benannt

Synonyma:
Fundulus dugèsii BEAN, 1887
Adinia dugesii JORDAN & EVERMANN, 1896
Zoogoneticus dugesii MEEK, 1902
Allotoca dugèsii TURNER, 1937
Allotoca vivipara De BUEN, 1940

Erstbeschreibung: BEAN, T. H. (1887): Descriptions of five new species of fishes sent by Prof. A. Dugés from the Province of Guanajuato, Mexico. Proc. U. S. Nat. Mus. 10: pp. 370–375.

Typuslokalität: Guanajuato; Mexiko.

Meristische Angaben: Dorsale = 14–17 Flossenstrahlen; Anale = 11–12 Flossenstrahlen, selten 13; L. lat. = 30–35 Schuppen; Wirbel 32–35.

Totalkörperlänge: Männchen bis 6 cm; Weibchen bis 6,5 cm.

Beschreibung: *Allotoca dugesi* besitzt einen gedrungenen Körperbau mit kleinem, zugespitztem Kopf und einer weit zurückliegenden Rükkenflosse. Der Duges-Kärpfling ist in seiner Gesamtlänge durchschnittlich 1 cm kleiner als die nahe verwandte *Allotoca maculata.* Die Körperoberhälfte von *dugesi* ist olivfarben, die Unterhälfte silbrig glänzend. Vom Ende des Auges bis in die Schwanzwurzelbasis zeigt sich bei den Männchen eine dunkle Mittellinie, die bei den Weibchen stellenweise unterbrochen ist. Der Flossenbehang ist in beiden Geschlechtern stellenweise in der Basalgegend gelb oder orange getönt. Weibliche Tiere zeigen, wie die von *maculata,* 4–11 breite dunkle Senkrechtstreifen entlang der Körperseite, gefolgt von blau leuchtenden Flächen.

Allotoca dugesi WF ♀

Allotoca dugesi WF ♂. Population Irapuato, Mexiko.

Verbreitung: Laguna de San Marcos, Oberläufe des Rio Verde, Rio-Lerma-Becken; Jalisco; Lago de Cuitzeo, Lago de Pátzcuaro und Lago de Zirahuén; Michoacán; Rio Lerma-Becken; Guanajuato; Mexiko.

Habitat: Regionangaben siehe unter *Neoophorus meeki* und *Skiffia lermae*.

Pflege und Zucht: *A. dugesi* zeigt im Aquarium aggressives Verhalten auch gegen Artgenossen. Eine erfolgreiche Zucht durch Absetzen trächtiger Weibchen ist bereits mehrfach gelungen. *Allotoca dugesi* wurde erstmals 1983 lebend nach Europa importiert. Pflege und Zuchtdaten stehen noch aus.

Allotoca maculata SMITH & MILLER, 1980

Familie:	Goodeidae JORDAN, 1923
Unterfamilie:	Goodeinae JORDAN, 1923
Herkunft des Artnamens:	*maculata* (lat.) = abgeleitet von *macula* = Fleck, bezieht sich auf den schwarzen Caudalfleck
Synonyma:	keine
Erstbeschreibung:	SMITH, M. L. & R. R. MILLER (1980): Allotoca maculata, a New Species of Goodeid Fish from Western México, with Comments on Allotoca dugesi. Copeia, (3) pp. 408–417.
Typuslokalität:	Laguna de Santa Magdalena; Jalisco; Mexiko.
Meristische Angaben:	Dorsale = 13–14 Flossenstrahlen; Anale = 11–13 Flossenstrahlen; Pectorale = 13–15 Flossenstrahlen; L. lat. = 28–32 Schuppen.
Totalkörperlänge:	Männchen bis 6,5 cm; Weibchen bis 7,5 cm.
Beschreibung:	*Allotoca maculata* zeigt sich wie die Art *dugesi* mit gedrungenem Körperbau und kleinem, zugespitztem Kopf. Nach einer Abbildung bei SMITH & MILLER (1980) wirkt das weibliche Tier während der Trächtigkeit unförmig. Die kleine Rückenflosse, die bei den Männchen größer ausgebildet ist, zeigt sich in beiden Geschlechtern weit nach hinten versetzt. Die Schwanzflosse ist ebenfalls klein ausgeprägt und an den Enden gerundet. Die Körperoberseite besitzt eine grau-grüne Grundfärbung, die Unterseite ist silbrig-weiß. Entlang der Körperseite der Weibchen ersteckt sich ein senkrechtes Balkenband, das sich aus 3 bis 6 dunklen und breit ausgebildeten Streifen zusammensetzt, begleitet mit 4 bis 7 blauen lichtreflektierenden Farbflächen. Im Gegensatz zu den weiblichen Tieren besitzen die Männchen einen breiten Mittelstreifen, der sich aus einer Anzahl dicht aneinanderliegender, dunkler Flecken zusammensetzt. Die meisten Tiere beider Geschlechter zeigen einen schwarzen Caudalfleck, der im Ausprägungsgrad einen Größen-Unterschied erfährt. Die Flossen sind gewöhnlich transparent und leicht dunkel eingefaßt.

Anhand der Ergebnisse der Sammelreisen RADDA und HOFMANN 1983 und WIRTH, ALLSPACH, MEYER und MEYER 1984, ist *A. maculata* in der Natur wie auch im Aquarium ausgestorben.

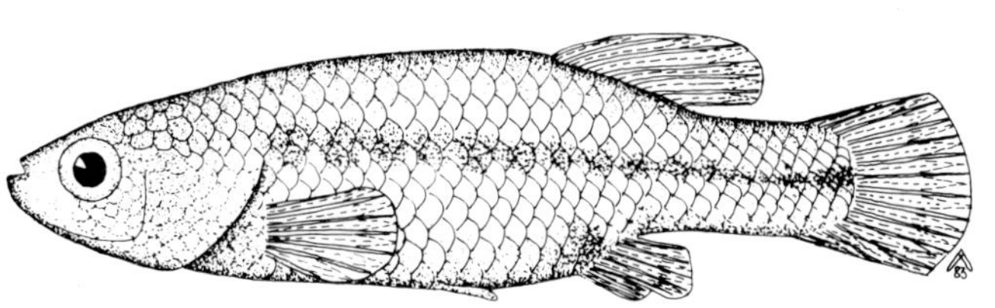

Allotoca maculata ♂

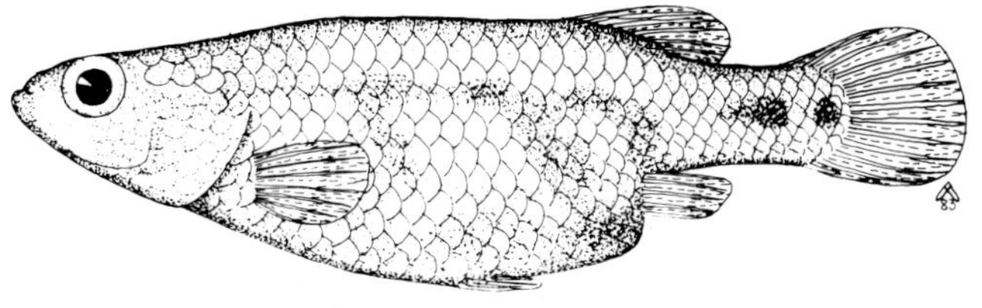

Allotoca maculata ♀

Verbreitung: Laguna de Santa Magdalena und Etzatlán; Jalisco; Mexiko.

Habitat: *Allotoca maculata* besiedelt im isolierten endorheischen Becken der Laguna de Santa Magdalena flache Teichregionen und Sumpfgebiete. Die Gewässer sind kristallklar und mit Schlammboden bedeckt. Am 27. Februar 1957 betrug die Wassertemperatur 15,5° C und am 22. Februar 1970 16,2° C. *Allotoca maculata* lebt stellenweise mit *Goodea atripinnis, Xenotoca melanosoma, Xenotoca eiseni, Poeciliopsis infans, Algansea tincella, Moxostoma mascotae* und *Chirostoma jordani* zusammen. Die Wasservegetation der Laguna de Santa Magdalena setzt sich aus großen Beständen von Eichhornia zusammen, während Unterwasserpflanzen im Habitat der Population nahe Etzatlán nicht auftreten.

Pflege und Zucht: Über einen Erstimport der Goodeidae-Art, *Allotoca maculata,* ist bisher nichts bekannt geworden. Erfahrungen in der Pflege und Zucht des genannten Fisches stehen noch aus.

AMECA

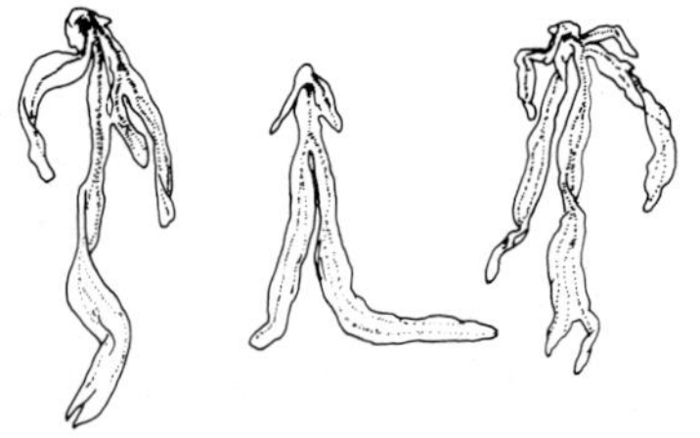

Ameca MILLER & FITZSIMONS, 1971

Die obengenannte Fischgattung wurde von den amerikanischen Ichtyologen ROBERT RUSH MILLER und JOHN MICHAEL FITZSIMONS in ihrer 1971 erschienen Publikation erstmals erwähnt. Bisher ist nur eine einzige Art, nämlich *Ameca splendens,* bekannt geworden. Der Bezeichnung *Ameca* liegt der Sammelort, Rio Ameca, zu Grunde. Die ersten Exemplare wurden bereits am 13. Februar 1949 von ARTHUR A. ALCORN nahe der Stadt Teuchitlán im Rio Teuchitlán, Jalisco, Mexiko, gefangen. Es dauerte somit annährend 22 Jahre bis die Erstbeschreibung vorlag.

Die Gattung *Ameca* ist möglicherweise nahe mit *Xenotoca* und *Characodon* verwandt.

Ameca splendens MILLER & FITZSIMONS, 1971

Familie: Goodeidae JORDAN, 1923

Unterfamilie: Goodeinae JORDAN, 1923

Herkunft des Artnamens: *splendens* (lat.) = glänzend , bezüglich des Schuppenkleides

Synonyma: keine

Erstbeschreibung: MILLER, R. R. & J. M. FITZSIMONS (1971): Ameca splendens, a new genus and species of goodeid fish from western México, with remarks on the classification of the Goodeidae. Copeia, No. 1, pp. 1–13.

Typuslokalität: Rio Teuchitlán, nahe Teuchitlán; Jalisco; Mexiko.

Meristische Angaben: Dorsale = 13–14 Flossenstrahlen; Anale = 15–16 Flossenstrahlen; Pectorale = 14–15 Flossenstrahlen; Ventrale = 6–7 Flossenstrahlen.

Totalkörperlänge: Männchen = 6–8 cm, Weibchen 7–12 cm.

Beschreibung: Ein lebendgebärender Kärpfling von kräftigem Aussehen und hochrückigem, gedrungenem Körperbau. *Ameca splendens* zeigt sich mit spitzem Kopf und kleinem Maul. Die Rückenflosse liegt

Ameca splendens, Aquariumstamm

weit zurück und ist bei den männlichen Tieren wesentlich größer ausgebildet. Sämtliche Flossen sind an den Enden abgerundet und können je nach Farbspielart gelb und schwarz gezeichnet sein. Die Afterflosse ist bei den Männchen mit einem Andropodium ausstattet; ein typisches Merkmal aller Goodeiden-Arten. Die Körperfarben glitzern je nach Lichteinfall blau, grün und gelb. Die Bauchregion ist weiß gefärbt. Die Weibchen erscheinen ohne Glitzermuster, zeigen aber im Gegensatz zu den Männchen mehrere schwarze Körperflecken-Bänderungen, die teilweise bis in den Flossenbehang hineinreichen. Die Männchen zeigen zusätzlich zu den oben erwähnten Farbmustern einen intensiv schwarz gefärbten Mittelstreifen und die Schwanzflosse ist schwarz und gelb gebändert.

Verbreitung: Rio Ameca, Rio Teuchitlán; Jalisco; Mexiko.

Habitat: Die Hauptfundorte liegen im Quellbereich des Rio Teuchitlán. Ein Fluß mit 6 m Breite und etwa 1,5 m Wassertiefe, meistens aber flacher. Der Bodengrund ist schlammig und stellenweise mit Sand bedeckt und verschiedenen Größen von Vulkangestein. Die oberen Quellbereiche des Rio Teuchitlán dienen der Bevölkerung zur Trinkwasserversorgung und werden gleichfalls als Waschplätze benutzt. Die Wasservegetation setzt sich aus Hyazinthen und Ceratophyllum zusammen. Das im Wasser befindliche Gestein ist üppig mit grünen Algen bewachsen. Im Mai beträgt die durchschnittliche Wassertemperatur 28° C. MILLER und FITZSIMONS geben eine Wassertemperatur vom April mit 32° C an. Folgende Goodeiden können zusammen mit *Ameca splendens* angetroffen werden: *Chapalichthys, Goodea, Skiffia, Zoogoneticus* und *Xenotoca.*

Pflege und Zucht: Ein friedlicher Kärpfling, der gut für das Gesellschaftsbecken geeignet ist. Für das Wohlbefinden von *splendens* ist abwechslungsreiche Kost unerläßlich. Vor allem sollte Pflanzenfutter gereicht werden. An die Wasserqualität stellt die Art keine besonderen Ansprüche. Nach etwa 55–60 Tagen kann ein Weibchen je nach Alter und Größe zwischen 5 und 30 Jungfische gebären, selten mehr. Die Neugeborenen haben eine Körperlänge von 1,5–2 cm und eine „Nabelschnur“ von etwa 6 mm Länge, die sich nach spätestens 36 Stunden zurück bildet. Die Jungtiere wachsen gut heran und können nach 6 Monaten geschlechtsreif sein.

Ameca splendens wurde von Herrn ENTLINGER in den 70er Jahren über JOANNE NORTEN, USA, nach Deutschland importiert; seitdem in ganz Europa verbreitet.

ATAENIOBIUS

Ataeniobius HUBBS & TURNER, 1939

Die Goodeiden Gattung *Ataeniobius* umfaßt nur eine einzige Art, die von MEEK (1904) noch in Goodea eingegliedert wurde. HUBBS & TURNER (1939) erkannten in ihrer Revisionsarbeit die Gattungseigenständigkeit des Fisches. Wie aus der Namengebung bereits hervorgeht, fehlt *Ataeniobius,* als einzigem Vertreter der Unterfamilie, das typische Nährschnüren-Anhängsel, die Trophotaenien. *Ataeniobius* darf damit als Reliktart bzw. Vorläufer der Goodeiden-Familie gelten.

Ataeniobius ist vom Aussterben bedroht und nur noch mit wenigen Exemplaren im Media Luna-Kanal, Rio Verde, San Luis Potosi, Mexiko, vertreten und bisher leider noch nicht vom Washingtoner Artenschutzgesetz erfaßt.

Ataeniobius toweri (MEEK, 1904)

Familie: Goodeidae JORDAN, 1923

Unterfamilie: Goodeinae JORDAN, 1923

Herkunft des Artnamens: *toweri* = nach Dr. W. L. TOWER

Synonyma: Goodea toweri MEEK, 1904

Erstbeschreibung: MEEK, S. E. (1904): The fresh-water fishes of Mexiko North of the Isthmus of Tehuantepec. Field. Col. Mus. Publ. 5: pp. 1–252.

Typuslokalität: Rio Verde; San Luis Potosi; Mexiko.

Meristische Angaben: Dorsale = 11 Flossenstrahlen; Anale = 13 Flossenstrahlen.

Totalkörperlänge: Männchen = bis 6 cm; Weibchen = bis 7 cm.

Beschreibung: *Ataeniobius toweri* verfügt über einen langgestreckten schmalen Körperbau. Das Maul ist klein und der Flossenbehang ist nur spärlich ausgeprägt. Die Körpergrundfarbe ist graubraun mit heller Bauchseite. Entlang der Rumpfseiten erstrecken sich meistens zwei dunkelbraune Zick-Zack-Linien. Je nach Lichteinfall schimmern vor allem die mittleren Schuppenreihen blau-violett. Sämtliche Flossen sind leicht blau getönt. Nach Mitteilungen von HNILICKA sollen aber auch vereinzelt Tiere mit weißer After- und Schwanzflosse im natürlichen Habitat auftreten. Die männlichen Tiere sind wesentlich intensiver gefärbt als die Weibchen.

Ataeniobius toweri. Population Media Luna, Mexiko.

Verbreitung: Nur von der Typuslokalität bekannt.

Habitat: La Media Luna bezeichnet ein Gebiet mit mehreren Warmwasserquellen und liegt ca. 9 km südwestlich der Stadt Rio Verde. Eine große Wassermenge entspringt fortwährend 2 tiefen Höhlen und bildet ein Sammelbecken, das von den Einheimischen als Laguna bezeichnet wird. Das Wasser ist blau und klar und hat einen strengen Schwefelgeruch. Die Wassertemperatur schwankt im Monat März zwischen 28° C und 30° C. Der pH-Wert schwankt zwischen den Werten 6,9 und 7,3. Der Bodengrund setzt sich aus Sand und Gestein, welches mit grünen Algen überzogen ist, zusammen. Die Uferregion ist mit Wasserlilien bewachsen. *Ataeniobius toweri* wird gemeinsam mit folgenden Begleitfischen angetroffen: *Cichlasoma bartoni, Cichlasoma labridens, Chichlasoma n. sp., Dionda rasconis, Ictalurus mexicanus, Astyanax fasciatus* und *Cualac tessellatus.* Die Habitatangaben wurden bereits in den 50er Jahren ermittelt und sind heute nicht mehr in allen Punkten zutreffend, da in den letzten Jahren die Media Luna mehr und mehr zur Wassernutzung dient und aus diesem Grund Kanäle zur Ableitung gebaut wurden. Als neue Einwanderer kamen in den 60er Jahren *Gambusia panuco* und *Tilapia aurea* hinzu, die durch Menschenhand verbreitet wurden. Nach letzten Mitteilungen soll sich die Populationsdichte von *Ataeniobius toweri* wesentlich verringert haben und es wird angenommen, daß die Art den jetzigen Gegebenheiten nicht weiter Stand halten wird und damit zum Aussterben verurteilt ist.

Pflege und Zucht: In der Pflege ist der Tower-Kärpfling gegen Krankheiten sehr anfällig, vor allem gegen Fischtuberkulose. Diese Überempfindlichkeit wurde schon mehrfach bei denjenigen Fischen festgestellt, die aus schwefelhaltigem Wasser stammen. Bei vielen Züchtern wurden die Tiere des öfteren durch Pilzbefall heimgesucht, der aber im Gegensatz zur Tuberkulose leicht mit Rivanol oder anderen Medikamenten zu heilen ist. *Ataeniobius toweri* ist ein scheuer Fisch, der sich mit Vorliebe im Pflanzenbestand aufhält. Die Fische sind nicht besonders produktiv, denn es werden selten mehr als 15 Jungfische, die zwischen 12 und 15 mm lang sind, von den weiblichen Tieren abgesetzt. Die Nachkommen von *toweri* sind die einzigen bisher bekannten Goodeiden, die ohne Nährschnüre geboren werden. Das Wachstum der Brut ist sehr langsam, sodaß die Fische meistens erst nach dem 6. Monat geschlechtsreif werden.

Ataeniobius toweri wurde erstmals von den Herren HINZ und MEYER 1979 nach Deutschland importiert.

CHAPALICHTHYS

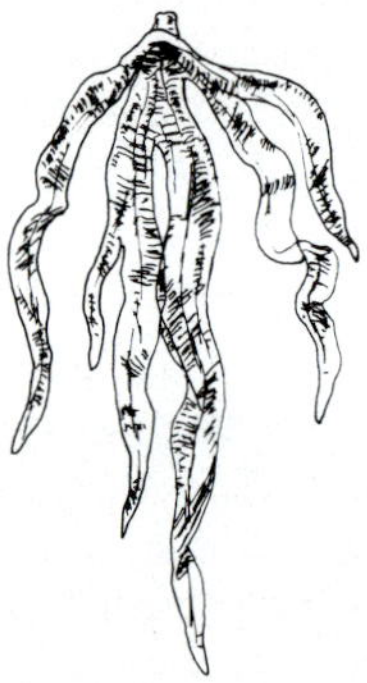

Chapalichthys MEEK, 1902

Chapalichthys wurde im Jahre 1902 von dem Fischkundler SETH EUGENE MEEK determiniert. Zu Grunde lag die Art *encaustus,* die JORDAN und SNYDER (1900) als *Characodon encaustus* beschrieben. Die Gattung *Chapalichthys* umfaßt 3 beschriebene Arten. Das Verbreitungsgebiet der Kärpflinge befindet sich in den mexikanischen Staaten Jalisco und Michoacán, direkt und in dem Nahbereich des Chapala-Sees gelegen.

Die Gattungsbezeichnung ist von dem Sammelort, der Laguna de Chapala, wo die Art *C. encaustus* als Erste gefangen wurde, hergeleitet; *Chapalichthys* wird mit „der Chapalafisch“ übersetzt.

Die einzelnen Vertreter von *Chapalichthys* sind friedliche Fische, die man in größeren Aquarien gut vergesellschaften kann.

MILLER et. al. (1983) vermuten, daß *C. peraticus* ein Synonym von *C. pardalis* darstellt.

Chapalichthys encaustus, Aquariumstamm

Chapalichthys encaustus (JORDAN & SNYDER, 1900)

Familie: Goodeidae JORDAN, 1923

Unterfamilie: Goodeinae JORDAN, 1923

Herkunft des Artnamens: *encaustus* (gr.) = eingebrannt; bezüglich des schwarzen Streifenmusters entlang der Körperseiten

Synonyma: *Characodon encaustus* JORDAN & SNYDER, 1900

Erstbeschreibung: JORDAN, D. S. & J. O. SNYDER (1900): Notes on a collection of fishes from the rivers of Mexiko, with description of twenty new species. Bull. U. S. Fish Comm., 1899: pp. 115–147.

Typuslokalität: Laguna de Chapala, nahe Ocotlán; Jalisco; Mexiko.

Meristische Angaben: Dorsale = 15–18 Flossenstrahlen; Anale = 15–17 Flossenstrahlen, L. lat. = 35–36; Wirbel = 36–37.

Totalkörperlänge: Männchen = 6 cm; Weibchen = 8 cm.

Beschreibung: Im Vergleich zu vielen Familien-Angehörigen der Goodeiden wirkt *Chapalichthys encaustus* im Körperbau schmal und zusammengedrückt. Der Kopf ist klein und in seiner Form leicht zugespitzt. Die Körpergrundfarbe wirkt im oberen Bereich grauoliv, ansonsten silberfarben. Entlang der mittleren Seitenlinien zeigt sich ein unregelmäßiges schwarzes Band, das sich aus Strichen und Flecken in weiten Abständen zusammensetzt. Der Flossenbehang ist in vielen Fällen durchsichtig, manchmal aber auch leicht gelb getönt. Die Weibchen besitzen einen dunklen Trächtigkeitsfleck und sind in den Gesamtkörperfarben nicht so intensiv wie die männlichen Tiere gezeichnet.

Verbreitung: Laguna de Chapala und Rio Grande de Santiago; Jalisco; Rio Tanhuato; Michoacán; Mexiko.

Habitat: Der Chapala-See besitzt eine Länge von etwa 45 km und ist damit der größte natürliche See von Mexiko. Die Uferregionen sind dicht mit Wasserhyazinthen bewachsen, die *Chapalichthys encaustus* und weiteren Goodeiden guten Unterschlupf bieten. Es scheint nicht einfach zu sein, hier zu fischen. Die Region des Chapala-Sees stellt in gleicher Weise ein Vogelparadies dar. Daten über den Oberlauf des Rio Grande de Santiago sind bisher noch nicht bekannt geworden

Pflege und Zucht: Die Pflege des Chapala-Kärpflings hat sich in den bisher beobachteten Fällen als unproblematisch erwiesen. Die Art stellt an die Fütterung und Wasserwerte keine Ansprüche. In der Zucht kann es zu Engpässen kommen, da *encaustus* nicht besonders produktiv ist. Selten werden mehr als 10 Jungfische von den Weibchen abgesetzt. Die Jungfische sind bei der Geburt ca. 1,5 cm lang. Die Trächtigkeit ist den *Chapalichthys encaustus*-Weibchen kaum anzumerken. Ob bei neu gefangenen Tieren die gleichen Beobachtungen gemacht werden können, bleibt abzuwarten.

Chapalichthys encaustus wurde von Herrn DIBBLE 1981 nach England importiert und im darauf folgenden Jahr auf mehrere europäische Länder verteilt.

Chapalichthys pardalis ALVAREZ, 1963

Familie:	Goodeidae JORDAN, 1923
Unterfamilie:	Goodeinae JORDAN, 1923
Herkunft des Artnamens:	*pardalis* (gr.) = Panther, Bezeichnung auf Grund des Zeichnungsmusters
Synonyma:	keine
Erstbeschreibung:	ALVAREZ, J. (1963): Ictiologia Michoacana. 3. Los peces de San Juanico y de Tocumbo, Mich. Ann. Esc. Nac. Cienc. Biol. 12 (1–4): pp. 111–138.
Typuslokalität:	Tocumbo; Michoacán; Mexiko.
Meristische Angaben:	Dorsale = 14–16 Flossenstrahlen; Anale = 14–16 Flossenstrahlen; L. lat. = 34–36.
Totalkörperlänge:	Männchen = 6 cm, Weibchen = 7 cm.
Beschreibung:	Der Körperbau von *Chapalichthys pardalis* ähnelt dem von *C. encaustus*. Ausgewachsene und vor allem ältere *pardalis*-Männchen sind sehr hochrückig. Im Farbvergleich zwischen *pardalis* und *encaustus* gibt es nur geringe Unterschiede. Allerdings treten bei dem sogenannten Panther-Kärpfling, wie aus dem Namen bereits hervorgeht, schwarze kreisförmige Flecken im ganzen Körperbereich auf. Der Flossenbehang ist meistens transparent.
Verbreitung:	Nur von der Typuslokalität bekannt.
Habitat:	Bisher ohne Daten.
Pflege und Zucht:	*Chapalichthys pardalis* ist ein sehr langsam heranwachsender Fisch. Die Art bevorzugt anscheinend Lebendfutter. Verschiedene Trockenfuttersorten können aber mit Erfolg ebenso gereicht werden. Die Wassertemperatur muß bei mindestens 26° C liegen. Nach Möglichkeit soll im Aquarium nur leichte Bewegung vorhanden sein. Bei dichter Bepflanzung und kristallklarem Wasser wird sich die *Chapalichthys*-Art sehr wohlfühlen. Die Zucht ist anderer Goodeiden gleich und bereitet nur selten Schwierigkeiten. Jungfische bleiben von den Alttieren meistens unbehelligt. Die ersten Exemplare von *C. pardalis* wurden wiederum von I. DIBBLE 1981 importiert.

Chapalichthys pardalis, Aquariumstamm

Chapalichthys peraticus ALVAREZ, 1963

Familie:	Goodeidae JORDAN, 1923
Unterfamilie:	Goodeinae JORDAN, 1923
Herkunft des Artnamens:	*peraticus* (gr.) = fremdartig
Synonyma:	keine
Erstbeschreibung:	ALVAREZ, J. (1963): Ictiologia Michoacana. 3. Los peces de San Juanico y de Tocumbo, Mich. Ann. Esc. Nac. Cienc. Biol. 12 (1–4): pp. 111–138.
Typuslokalität:	San Juanico, Cotija; Michoacán; Mexiko.
Meristische Angaben:	Dorsale = 13–15 Flossenstrahlen; Anale = 14–16 Flossenstrahlen; Pectorale = 14–16 Flossenstrahlen.
Totalkörperlänge:	Männchen = 5 cm; Weibchen = 6,5 cm.
Beschreibung:	*Chapalichthys peraticus* ist die kleinste Art innerhalb der Gattung. Im Körperbau und Zeichnungsmuster besteht Ähnlichkeit zu *C. pardalis.* Die Körpergrundfarbe ist gelb und silbrig bei heller Bauchseite. Die weiblichen Tiere besitzen ein Fleckenmuster, das bei den männlichen Tieren im Vergleich aufgelöst erscheint. Das genannte Muster erstreckt sich entlang des mittleren Körperbereichs. Der Flossenbehang ist leicht gelb getönt und bei den männlichen Tieren dunkel gesäumt.
Verbreitung:	Nur von der Typuslokalität bekannt.
Habitat:	Bisher ohne Daten.
Pflege und Zucht:	Wie *Chapalichthys pardalis.*
	Die ersten *Chapalichthys peraticus* wurden durch Herrn IVAN DIBBLE 1982 importiert.

CHARACODON

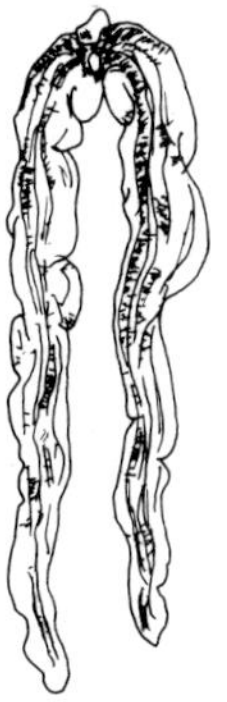

Characodon GÜNTHER, 1866

Die Gattung *Characodon* wurde von Herrn ALBERT GÜNTHER im Jahre 1866 erstmals aufgestellt, zugrunde lag der derzeit einzige Vertreter, nämlich *C. lateralis.*

Es dauerte über 100 Jahre, seit der fragwürdigen Erstbeschreibung, bis FITZSIMSONS (1972) in seiner Arbeit, A revision of two genera of Goodeid-Fishes from the Mexican Plateau, Klarheit in die Systematik und Zoogeography von *Characodon* brachte. Im Britischen-Museum befindet sich anscheinend Typusmaterial, das Herr Dr. SEEMAN angeblich auf einer Sammelreise um 1860 im südlichen Zentral-Amerika aufgefunden haben will. Goodeiden sind nur von Mexiko bekannt und später konnte Herr METCALF in den Jahren 1968, 1970, *Characodon lateralis* in Durango nachweisen.

Innerhalb der Goodeiden stellt *Characodon* die am nördlichsten verbreitete Gattung dar.

Die Namensgebung *Characodon* bezieht sich auf die zugespitzten Zähne im vorderen Kieferbereich dieser Fischgattung.

Seit kurzem ist in der Aquaristik eine bislang unbeschriebene schwarz gezeichnete *Characodon*-Art bekannt (Foto nächste Seite).

Characodon spec. „coahuila“. Die bislang unbeschriebene Art wurde von Professor Miller, Michigan, in Coahuila gesammelt. Die Tiere zeigen sich mit intensiv schwarzgefärbten Flossen und silbrig, mit glänzender Körperschuppung. Die Species gelangten im Frühjahr 1984 über Amerika nach Österreich und werden hier bei Herrn Stefan, Wien, erfolgreich nachgezüchtet.

Characodon lateralis GÜNTHER, 1866

Familie:	Goodeidae Jordan, 1923
Unterfamilie:	Goodeinae Jordan, 1923
Herkunft des Artnamens:	*lateralis* = *latus* (lat.) =Körperseite, bezogen auf die Bänderzeichnung im mittleren Körperbereich
Synonyma:	*Characodon garmani* JORDAN & EVERMANN, 1898
Erstbeschreibung:	GÜNTHER, A. (1866): Catalogue of the Physostomi. Cat. Fishes Brit. Mus. 6: pp. 1–368.
Typuslokalität:	Ohne Angaben.
Meristische Angaben:	Dorsale = 11–13 Flossenstrahlen; Anale = 13–16 Flossenstrahlen; Pectorale = 16–18 Flossenstrahlen; Ventrale = 5–7 Flossenstrahlen; L. lat. = 31–35 Schuppen; Wirbel 32–35.
Totalkörperlänge:	Männchen = 3–4 cm; Weibchen = 3,5–5,5 cm.

Characodon lateralis. Population Los Berros, Mexiko.

Beschreibung:

Characodon lateralis verkörpert einen kleinbleibenden Fisch, mit abgerundetem Kopf und sehr weit zurückliegender Rückenflosse. Die Ventralen der Männchen sind wesentlich länger ausgebildet als die der weiblichen Tiere. Alfa-Männchen zeigen sich mit Regenbogenfarben; rot, gelb und schwarz sind dominierend. Die Rückenflosse besitzt im unteren Drittel meistens ein braunes Band, das gleichfalls im hinteren Schwanzflossen-Bereich auftreten kann. Die Grundfarbe beider Geschlechter ist olivbraun. Bei älteren Tieren zeigt sich entlang der Körperseiten ein schwarzes Balkenband. Oft erscheinen auch im hinteren Körperbereich einige schwarze Flecken. Der Flossenbehang ist gewöhnlich transparent und nur selten gelb gefärbt.

Verbreitung:

Los Berros, 4 km nord-östlich El Salto, Durango; Ojo de Agua de San Juan; Durango; Mexiko.

Habitat:

Characodon lateralis besiedelt meistens klare Quellbereiche einzelner Flüsse. Die Wassertemperaturen schwanken zwischen 18° C und 27° C. Die von Herrn METCALF im Juni 1968 aufgesammelten Exemplare, aus einem Quellteichbereich nahe Los Berros, sind den Fischzüchtern bekannt und von Amerika aus nach Europa verbreitet worden. Dem Aquarianer unbekannt blieb anscheinend eine Population aus dem Ojo de Agua, die ebenfalls von METCALF am 15. Februar 1970 gefangen wurde. In diesem Biotop waren große Mengen von grünen Algen vorhanden, durchsetzt mit der Wasserpflanze Ceratophyllum.

Pflege und Zucht:

In der Aquarium-Haltung gibt der Regenbogen-Goodeide einige Probleme auf. *C. lateralis* ist gegen Krankheitsbefall sehr anfällig, vor allem gegen Fischtuberkulose. Regelmäßig sollte deshalb jede Woche ein halber Wasserwechsel vorgenommen werden. Pflanzenkost, die nur aus Algen bestehen sollte, ist für das Wohlbefinden der schönen Fischart unerläßlich. Mückenlarven und Artemia sorgen zusätzlich für ein ausgewogenes Vitaminangebot. Unregelmäßig können die Weibchen nach einer Tragzeit von durchschnittlich 55 Tagen zwischen 5 und 20, bereits 1,2 cm lange Jungtiere absetzen, die nach dem 4. und 5. Monat geschlechtsreif werden. In den bisher beobachteten Fällen werden wesentlich mehr männliche als weibliche Tiere geboren, im Verhältnis 2:10. IVAN DIBBLE importierte die ersten Exemplare über ALA-Mitglieder (American Livebearer Association). *Characodon lateralis* ist in der Natur vom Aussterben bedroht.

GIRARDINICHTHYS

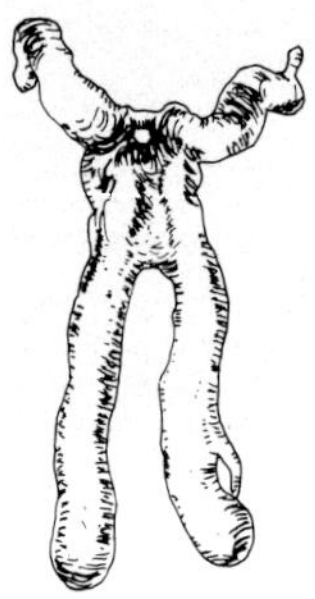

Girardinichthys BLEEKER, 1860

Der Niederländer P. BLEEKER beschrieb laut Angaben von HUBBS und TURNER (1939) als Erster die Gattung *Girardinichthys*. Demnach wäre BLEEKER der erste Ichthyologe, der eine Goodeiden-Gattung beschrieben hätte. Als Typus soll nach Angaben von ALVAREZ & NAVARRO (1957) *G. viviparus* (BUSTAMANTE) vorgelegen haben. ALVAREZ et. al. schreiben die von BLEEKER als *G. innominatus* determinierte Art BUSTAMANTE zu, der noch vor BLEEKER das genannte Taxon als *viviparus* beschrieben haben soll. Momentan unklar bleibt, ob nun BLEEKER tatsächlich *Girardinichthys innominatus* vorgelegen hat.

Die Gattung umfaßt lediglich zwei Arten, die direkt und angrenzende Gewässer Mexico Citys beziehungsweise solche im Staate Mexico besiedeln.

Die Namensgebung *Girardinichthys* bedeutet wörtlich übersetzt „Girardfisch", zu Ehren des nordamerikanischen Zoologen CHARLES FREDERIC GIRARD benannt. Die Gattungsvertreter sind bereits vielfach nach Europa importiert worden.

Girardinichthys multiradiatus (MEEK, 1904)

Familie: Goodeidae JORDAN, 1923

Unterfamilie: Goodeinae JORDAN, 1923

Herkunft des Artnamens: *multiradiatus* (lat.) = mehrstrahlig, bezüglich der Anale und Dorsale

Synonyma: *Characodon multiradiatus* MEEK, 1904
Girardinichthys innominatus EVERMANN & GOLDSBOROUGH, 1902
Lermichthys multiradiatus HUBBS, 1926
Girardinichthys limnurgus JORDAN & EVERMANN, 1927

Erstbeschreibung: MEEK, S. E. (1904): The Fresh-Water Fishes of Mexico North of the Isthmus of Tehuantepec. Field Col. Mus. Publ. 93 = (Zool.) 5: 252 pp.

Typuslokalität: Lago de Lerma; Mexico; Mexiko.

Meristische Angaben: Dorsale = 28 Flossenstrahlen; Anale = 28 Flossenstrahlen; Wirbel 29–31.

Totalkörperlänge: Männchen bis 3,5 cm; Weibchen bis 5 cm.

Beschreibung: *Girardinichthys multiradiatus* ist ein schlicht gefärbter Kärpfling mit gedrungenem Körperbau und zugespitztem, kleinem Kopf.

Girardinichthys multiradiatus.
Population Lago de Lerma, Mexiko.

Auffallend sind die breit ausgebildete Rücken- und Afterflosse. Nach Angaben von HUBBS & TURNER (1939) soll *Girardinichthys multiradiatus* sehr variabel im Zeichnungsmuster sein. Allerdings sind die bisher nach Europa importierten Fische dieser Art lediglich in ihren Körperfarben grau-oliv. Ältere Tiere erscheinen des öfteren dreckig-gelb gefärbt, bei heller Bauchseite. Je nach Stimulation können vor allem die Männchen in der Körperzeichnung und im Flossenbehang dunkel getönt sein.

Verbreitung: Oberer Flußbereich des Rio Lerma; Mexico; Laguna Zempoala; Morelos; Mexiko.

Habitat: Bisher sind nur wenig Daten bekannt geworden. Dr. MEEK berichtet 1904 von einer Sammelreise in das obere Rio Lerma-Becken. Der Rio Lerma wird nahe Toluca durch zahlreiche Quellflüsse gespeist. Zahlreiche Teiche erstrecken sich entlang der Oberläufe des Rio Lerma. Hier besiedelt *Girardinichthys multiradiatus* die vorderen Teichregionen. Im März 1903 betrug die durchschnittliche Wassertemperatur 13° C. Gebiet von Lavagestein.

Pflege und Zucht: In der Zucht und Pflege ist der Kärpfling sehr problematisch. Dieses liegt lediglich an der zu warmen Hälterung. Wird die Art bei über 20° C gepflegt, ist der Stamm schon bald verloren. *Girardinichthys multiradiatus* ist dann vor allem gegen Außenparasiten sehr anfällig; auch scheint Freßunlust bei Temperaturen über 20° C aufzutreten, besonders dann, wenn die Wassertemperatur ganzjährig zu warm ist. Zeitweilige hochsommerliche Temperaturen werden von einem gesunden Fischbestand relativ gut vertragen. Die Fütterung sollte abwechslungsreich sein und ein regelmäßiger Wasserwechsel nur mäßig erfolgen. Nach einer durchschnittlichen Tragzeit von 55 Tagen werden zwischen 10 und 30, ca. 1 cm lange Jungfische abgesetzt. Die Alttiere stellen den Neugeborenen nur bei Unterernährung nach.

Die Art wurde wahrscheinlich erstmals durch Dr. RADDA, Wien, 1978 nach Deutschland und Österreich importiert.

Girardinichthys viviparus (BUSTAMANTE, 1837)

Familie: Goodeidae JORDAN, 1923

Unterfamilie: Goodeinae JORDAN, 1923

Herkunft des Artnamens: *viviparus* (lat.) = lebendgebärend

Synonyma: *Girardinichthys innominatus* BLEEKER, 1860
Limnurgus variegatus GÜNTHER, 1866
Characodon geddesi REGAN, 1904
Lucania richi GIRARD, 1891
Limnurgus innominatus REGAN, 1907

Erstbeschreibung: Angaben, noch nicht eindeutig.

Typuslokalität: Mexico City; Mexiko.

Meristische Angaben: Dorsale = 18–23 Flossenstrahlen; Anale = 20–26 Flossenstrahlen; Wirbel = 35–37.

Totalkörperlänge: Weibchen bis 6,5 cm. Männchen bis 5 cm.

Beschreibung: *Girardinichthys viviparus* (alte Bez. *innominatus*) ist im Vergleich zu *Girardinichthys multiradiatus* aus Toluca wesentlich interessanter gefärbt, obwohl es nach einer Zeichnung von H. ROMERO (1967) auch schön gezeichnete Populationen von *multiradiatus* gibt. Auffallend bei der Art *viviparus* sind die langausgezogene, rautenförmige Rücken- und Afterflosse, die einschließlich der Schwanzflosse bei erwachsenen Männchen dunkel schwarz erscheinen. Entlang der Körperseiten zeigt sich eine schwach gefärbte, dunkle Mittellinie. Typisch für die Gattung *Girardinichthys* ist ein schwarzer Trächtigkeitsfleck im oberen Analbereich, der sich in beiden Geschlechtern manifestiert. Neben schwarz gescheckten Tieren treten auch ungefleckte *viviparus* auf.

Verbreitung: Xochimilco, Lago de Texcoco, Laguna de Zumpango, südöstlich und östlich um den Stadtkern von Mexico City; Mexiko.

Habitat: *Girardinichthys viviparus* wird in kleinen Seen und Teichen in unmittelbarer Nähe des Stadtkerns von Mexico City gesammelt.

Girardinichthys viviparus ♂
Population Mexico City, Mexiko.

Die Gewässer sind leicht salzig. Je nach Jahreszeit wird eine Wassertemperatur von 5–30° C nachgewiesen. Die Lebensräume der Goodeiden-Art sind stark verschmutzt und sehr schlammig. Als Trockenfisch wird der Kärpfling auf Märkten zum Verzehr angeboten.

Pflege und Zucht:

In der Pflege und Zucht ist *Girardinichthys viviparus* noch schwieriger als *Girardinichthys multiradiatus*. Auch hier sind Mißerfolge auf die zu warme Hälterung zurückzuführen. Im Durchschnitt sollte die Wassertemperatur bei 20° C liegen. E. MEEK berichtete 1902, daß er von einem 6 cm langen Weibchen 36 Jungfische und von einem 6,5 cm langen sage und schreibe 240 Jungfische erhielt. Im Aquarium wird *Girardinichthys viviparus* selten größer als 4 cm. Die Nachkommenschaft ist selten stärker als 25 Neugeborene. Ob gegebenenfalls eine Salzzugabe zum Aquariumwasser förderlich ist, konnte bisher noch nicht eindeutig nachgewiesen werden. An die Fütterung stellt der Kärpfling keine Ansprüche und kann als Allesfresser bezeichnet werden. Gut veralgte Becken von mindestens 50 Liter Wasserfassungsvermögen sind von Vorteil.

Girardinichthys viviparus wurde wahrscheinlich erstmals 1926 durch Herrn Dr. K. LAFRENTZ nach Deutschland eingeführt.

GOODEA

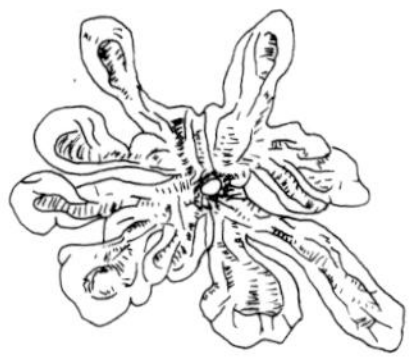

Goodea, Jordan, 1880

Die Gattung *Goodea* wurde, wie aus der Überschrift ersichtlich, im Jahre 1880 von DAVID S. JORDAN aufgestellt. Die Namensgebung *Goodea* wurde zu Ehren des amerikanischen Ichthyologen GEORGE BROWN GOODE kreiert.

Die derzeit 5 Vertreter der Gattung unterliegen einer Revisionsarbeit und es bleibt abzuwarten, inwieweit die alte Nomenklatur der Arten bestätigt werden kann.

Goodea ist wie alle anderen Goodeiden nur auf Mexiko verbreitet. Die Goodea-Kärpflinge besiedeln verschiedene Seen in Michoacán und Jalisco, sowie Flüsse und stehende Gewässer in Guanajuato und San Luis Potosi.

Die erste Goodea-Art, *Goodea atripinnis atripinnis* wurde von JORDAN, 1880, beschrieben.

Sämtliche Species der Gattung sind große Fische, die teilweise im weiblichen Geschlecht bis zu 20 cm groß werden können.

MILLER et. al. (1983) lassen vorerst 3 Taxa gelten: *atripinnis, gracilis* und *luitpoldi*. Nach Auffassung von MEYER sind die genannten Vertreter eng miteinander verwandt; so daß ein eigenständiger Artstatus nicht gerechtfertigt erscheint.

Goodea atripinnis JORDAN, 1880

Familie:	Goodeidae JORDAN, 1923
Unterfamilie:	Goodeinae JORDAN, 1923
Herkunft des Artnamens:	*atripinnis* (lat.) = geschwärzte Flosse
Unterart:	*Goodea atripinnis atripinnis* JORDAN, 1880
Synonyma:	*Characodon atripinnis* BEAN, 1887 *Characodon variatus* WOOLMAN, 1894 *Xenendum caliente* JORDAN & SNYDER, 1900 *Goodea caliente* MEEK, 1902 *Goodea calientis* REGAN, 1907
Erstbeschreibung:	JORDAN, D. S. (1880): Notes on a collection of fishes obtained in the streams of Guanajuato and in Chapala Lake, Mexico, by Prof. A. Dugès. Proc. U. S. Nat. Mus., 2 (1879), pp. 298–301.
Typuslokalität:	León; Guanajuato; Mexiko.
Meristische Angaben:	Noch nicht ausreichend bekannt.
Totalkörperlänge:	Männchen bis 12 cm; Weibchen bis 20 cm.
Beschreibung:	Die Nominatform scheint die größte Art innerhalb der Gattung darzustellen. Ein Kärpfling mit langem Körperbau und abgerundetem Kopf. Die Körpergrundfarbe ist meistens grauoliv, kann sich aber je nach Bodengrund in mehreren Farben, bis hin zu rosa, zeigen. Die seitliche Körperregion schimmert metallfarben. Dominierende Männchen erscheinen des öfteren mit gelber Brust. Sämtliche Flossen sind gelbstichig und können in beiden Geschlechtern je nach Stimulation schwarz werden; meistens wird dieses Farbphänomen nur bei den weiblichen Tieren beobachtet.
Verbreitung:	León, Valle de Santiago, Alberca; Guanajuato; Rio Ameca; Jalisco; Mexiko.
Habitat:	Bisher nichts bekannt geworden.
Pflege und Zucht:	Wegen seiner Größe ist der lebendgebärende Fisch in größeren Aquarien zu pflegen. Anzuraten sind mindestens 200-Liter-Bekken. In kleineren Behältern erreicht *Goodea a. atripinnis* nicht die angegebene Höchstgrenze der Körperlänge. Der Kärpfling ist in den bisher beobachteten Fällen gegenüber Beckenmitinsassen friedlich. An die Wasserwerte stellt die Art genausowenig Ansprüche wie an die Fütterung. Für große Tiere sind Regenwürmer als Futter gut geeignet. Ansonsten wird auch gerne Trockenfutter in jeder Menge genommen. Nach einer durchschnittlichen Tragzeit von 55 Tagen werden von den Weibchen, je nach Alter und Größe, zwischen 15 und 60, bereits 2 cm lange Jungfische abgesetzt, die schnell heranwachsen. Die Geschlechtsreife tritt in der Regel nach dem 4. Monat ein. *Goodea atripinnis atripinnis* wurde 1937 durch Herrn FRITZ MAYER, Hamburg, nach Deutschland importiert.
Unterart:	Goodea atripinnis *gracilis* HUBBS & TURNER, 1939
Synonyma:	Goodea caliente MEEK, 1902 Goodea calientis REGAN, 1907 Goodea atripinnis MEEK, 1904
Herkunft des Unterartnamens:	gracilis (lat.) = schlank
Erstbeschreibung:	HUBBS, C. L. & C. L. TURNER (1939): Studies of the order Cypinodontes. 16. A revision of the Goodeidae. Misc. Publ.

Goodea atripinnis ♂, Aquariumstamm

	Mus. Zool. Univ. Mich., 42: pp. 1–80.
Typuslokalität:	Rio Santa Maria; San Luis Potosi; Mexiko.
Meristische Angaben:	Dorsale = 12–14 Flossenstrahlen; Anale = 14–16 Flossenstrahlen; Pectorale = 14–16 Flossenstrahlen; Ventrale = 6 Flossenstrahlen.
Totalkörperlänge:	Männchen bis 6 cm; Weibchen bis 8 cm.
Beschreibung:	Die vorläufig eingestufte Unterart bleibt nach bisherigen Befunden wesentlich kleiner in ihren Körperproportionen als die Nominatform. Die Körperseiten sind braun und mit dunklen Flekken gezeichnet. Vor allem bei männlichen Tieren ist die Brust und Kehle gelb gefärbt. Die unpaaren Flossen können je nach Stimulation dunkel getönt sein.
Verbreitung:	Rio Santa Maria; San Luis Potosi; Rio San Juan del Rio; Querétaro; Mexiko.
Habitat:	Daten liegen keine vor.
Pflege und Zucht:	Wie die Nominatform, *G. atripinnis atripinnis.*
Unterart:	*Goodea atripinnis luitpoldi* (T. v. BAYERN & STEINDACHNER, 1895)
Synonyma:	*Characodon luitpoldii* T. v. BAYERN & STEINDACHNER, 1895 *Characodon (Goodea) atripinnis* HERRERA, 1896 *Xenendum luitpoldi* JORDAN & SNYDER, 1900 *Goodea luitpoldi* MEEK, 1902 *Goodea calientis* REGAN, 1907 *Goodea atripinnis* REGAN, 1907
Herkunft des Unterartnamens:	*luitpoldi* = nach LUITPOLD von BAYERN
Erstbeschreibung:	THERESE v. BAYERN & F. STEINDACHNER (1895): Über einige Fischarten Mexico's und die Seen, in welchen sie vorkommen. Denksch. Akad. Wiss., Wien, 62: 517–530 pp.
Typuslokalität:	Lago de Pátzcuaro; Michoacán; Mexiko.
Meristische Angaben:	Noch nicht ausreichend bekannt.

Beschreibung: An Hand der wenigen Aufzeichnungen ist vorerst noch keine Beschreibung möglich.

Verbreitung: HUBBS & TURNER geben 1939 in ihrer Revisionsarbeit zu der Typuslokalität als weiteren Verbreitungsort den Rio Grande de Santiago an. Die Fundstelle soll sich nach Angaben von TURNER & DILDINE zwischen Ocotlán und der Laguna de Chapala, Jalisco, befinden.

Habitat: Keine Daten bisher bekannt.

Pflege und Zucht: Ein Import nach Europa steht noch aus.

Unterart: *Goodea atripinnis martini* De BUEN, 1947

Synonyma: *Goodea atripinnis* BEAN, 1898
Goodea calientis REGAN, 1908

Herkunft des Unterartnamens: *martini* = nach MARTIN DEL CAMPO

Erstbeschreibung: De BUEN, F. (1947): Ictiogeografia continental mexicana. Rev. Soc. Mex. Hist. Nat., 7 (1–4): pp. 87–138.

Typuslokalität: Rio Grande de Morelia (Lago de Cuitzeo), nahe Ciudad Morelia; Michoacán; Mexiko.

Meristische Angaben: Dorsale = 13 Flossenstrahlen; Anale = 14 Flossenstrahlen; L. tra. = 13–14; L. lat. = 36–37.

Beschreibung: Nach wenigen vorliegenden Daten der Unterart *martini* handelt es sich hierbei um eine kleinere Goodea-Art. Die Weibchen sollen nach Angaben von MEEK bis 9 cm lang werden, während die Männchen anscheinend mit 7 cm zum Wachstumsstillstand kommen. *Goodea atripinnis martini* ist eine sehr hochrückige und gedrungene lebendgebärende Fischart. Die Grundfarbe ist olivbraun mit heller Körperunterseite. Jede Schuppe ist mit einem dunklen Band gesäumt, was dem Fisch einen gesprenkelten Anschein verleiht. Sämtliche Flossen sind durchscheinend. Beide Geschlechter sind gleich gefärbt. Neugeborene sind zart gesprenkelt und ca. 1,5 cm lang.

Verbreitung: Rio de Morelia, Lago de Cuitzeo; Michoacán; Mexiko.

Habitat: Bisher keine genauen Daten bekannt.

Pflege und Zucht: Erstimport steht noch aus.

Unterart: *Goodea atripinnis xaliscone* (JORDAN & SNYDER, 1900)

Synonyma: *Xenendum xaliscone* JORDAN & SNYDER, 1900
Characodon luitpoldii PELLEGRIN, 1901
Goodea xaliscone MEEK, 1902
Goodea atripinnis REGAN, 1908
Goodea luitpoldii EIGENMANN, 1910

Herkunft des Unterartnamens: *xaliscone* = nach dem mexikanischen Staat Jalisco

Erstbeschreibung: JORDAN, D. S. & J. O. SNYDER (1900): Notes on a collection of fishes from the rivers of Mexico, with description of twenty new species. Bull. U. S. Fish Comm., 1899: pp. 115–147.

Typuslokalität: Laguna Chapala; Jalisco; Mexiko.

Meristische Angaben: Noch nicht ausreichend bekannt.

Beschreibung: *Xaliscone* ist anscheinend täuschend ähnlich der Nominatform und *luitpoldi*. Es ist zweifelhaft, ob die Unterarten nach neuen eingehenden Untersuchungen Bestand haben werden. Es wird angenommen, daß *luitpoldi* und *xaliscone* Synonyme von *Goodea atripinnis atripinnis* darstellen.

Pflege und Zucht: Bisher nichts bekannt.

HUBBSINA

Hubbsina De BUEN, 1941

Dr. FERNANDO de BUEN beschreibt 1941 in seiner Arbeit, Un Nuevo Género de la Familia Goodeidae Perteneciente de Fauna Ictiológica Mexicana, erstmals die obengenannte Gattung. *Hubbsina* umfaßt nur eine einzige Art, nämlich *Hubbsina turneri*. Das Fischmaterial wurde am 19. August 1940 durch eine Sammlung des Estación Limnológica de Pátzcuaro gefangen und BUEN zur Bestimmung zur Verfügung gestellt.

Zu Ehren des bekannten Ichthyologen CARL L. HUBBS wurde die Gattung benannt.

Hubbsina ist bisher in der Aquaristik nicht bekannt geworden und wartet demzufolge auf einen Erstimport. Möglicherweise ist *Hubbsina turneri* vom Aussterben bedroht.

Hubbsina turneri De BUEN, 1941

Familie: Goodeidae JORDAN, 1923

Unterfamilie: Goodeinae JORDAN, 1923

Herkunft des Artnamens: *turneri* = nach dem amerikanischen Ichthyologen Dr. C. L. TURNER benannt

Synonyma: keine

Erstbeschreibung: De BUEN, F. (1941): Un Nuevo Género de la Familia Goodeidae Perteneciente a la Fauna Ictiológica Mexicana. An. Esc. Nac. Cienc. Biol. 2 (2–3), pp. 133–141.

Typuslokalität: Staubecken bei Cointzio, nahe Morelia; Michoacán; Mexiko.

Meristische Angaben: Weibchen nach BUEN (1941) Dorsale = 31 Flossenstrahlen; Anale = 12 Flossenstrahlen; Pectorale = 16 Flossenstrahlen; Ventrale = 6 Flossenstrahlen (Angaben nach dem Holotypus). Männchen nach BUEN (1941) Dorsale = 33–37 Flossenstrahlen; Anale = 13–14 Flossenstrahlen; Pectorale = 15–17 Flossenstrahlen; Ventrale = 6 Flossenstrahlen.

Totalkörperlänge: Männchen = 5 cm; Weibchen = 6,5 cm.

Beschreibung: *Hubbsina turneri* besitzt einen großen, bulligen, abgerundeten Kopf und eckigen Körperbau mit langem Schwanzstiel. Hervorstechend ist vor allem die wunderschöne Rückenflosse der männlichen Tiere, die im ersten Moment an eine abgehackte Segelflosse von *Poecilia velifera* oder *P. latipinna* erinnert. Das Ausmaß der Flosse erstreckt sich in Höhe des Pectoralansatzes bis beinahe zur Schwanzflosse reichend. Die Rückenflosse der Weibchen ist in ihrem Flächenmaß etwa um die Hälfte kleiner.

Hubbsina turneri ♂

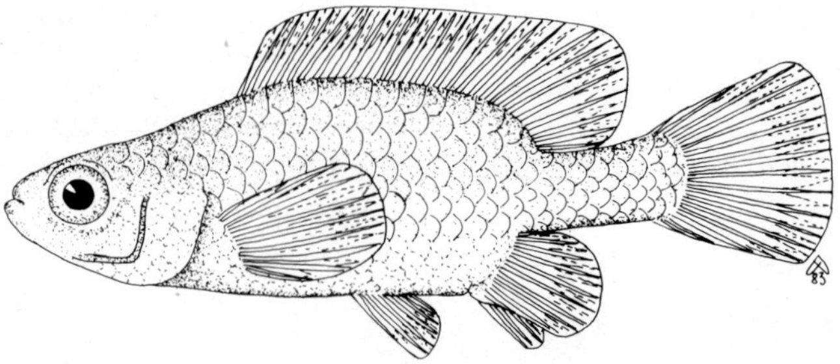

Hubbsina turneri ♀

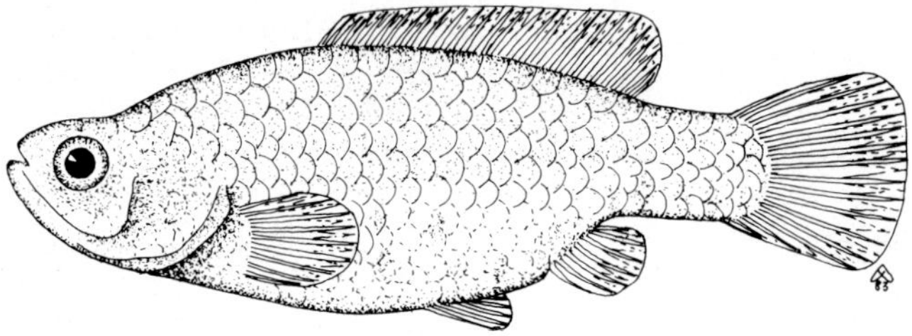

Die Pectoral- und Afterflosse der Männchen sind ebenfalls im Vergleich zu den weiblichen Tieren größer ausgebildet. Die Körperoberhälfte beider Geschlechter ist dunkel gefärbt und der Bauchbereich weiß. Die Weibchen zeigen entlang der Körperseiten ein gut ausgebildetes Fleckenmuster, welches bei den Männchen in feinerem Pigment verläuft. Sämtliche Flossen der Männchen sind dunkel getönt. Bei den Weibchen bleibt die Pectorale und Ventrale transparent.

Verbreitung: Fluß- und Teichbereiche; Michoacán und Guanajuato; Mexiko.

Habitat: *Hubbsina turneri* wurde am 19. August 1940 durch eine Sammlung des Estación Limnológica de Pátzcuaro im Staubeckengebiet des Cuitzeoflusses nahe der Stadt Morelia gefangen. Der Fluß mündet in den Lago de Cuitzeo. (Weitere Angaben fehlen).

Pflege und Zucht: Ein Import steht noch aus.

ILYODON

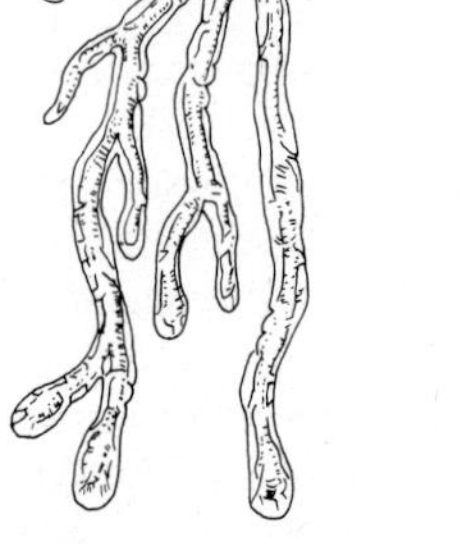

Ilyodon EIGENMANN, 1907

Professor CARL H. EIGENMANN beschreibt im Jahre 1907 einen Goodeiden, der zuvor von JORDAN & GILBERT, 1882, bereits als *Characodon furcidens* beschrieben wurde. Da der Gattungsname *Characodon* bereits von GÜNTHER, 1866, für die Art *lateralis* vergeben wurde und *furcidens* keine Gattungsverwandtschaft zu ihr zeigt, reihten HUBBS & TURNER in ihrer 1939 erschienenen Revisionsarbeit die Art *furcidens* in die Gattung *Ilyodon* EIGENMANN, 1907, ein. Die Gattungs-Bezeichnung, *Ilyodon,* ist aus dem Griechischen übernommen und bezieht sich auf die Bezahnung.

Die heute 4 gültigen Arten der Gattung *Ilyodon* besitzen ein ansprechend gefärbtes Schuppenkleid und zeigen sich mit bulligem Körperbau. Es sind allesamt große Fische, die sich bevorzugt von Algenkost ernähren. Neugeborene blieben in den bisher beobachteten Fällen von den Alttieren unbehelligt. Gegenüber Artfremden hat sich nur die Art *furcidens* aggressiv verhalten.

Die Ilyodon Vertreter sind in den mexikanischen Staaten Jalisco, Colima, Michoacán, Morelos und Puebla verbreitet.

Die nun folgend beschriebenen *Ilyodon*-Arten sind entlang der mexikanischen Pazifikseite, in den Staaten Jalisco, Colima, Morelos, Michoacán, Puebla und Guerrero, beheimatet.

Ilyodon furcidens (JORDAN & GILBERT, 1882)

Familie:	Goodeidae JORDAN, 1923
Unterfamilie:	Goodeinae JORDAN, 1923
Herkunft des Artnamens:	*furcidens* (lat.) = gegabelte Zähne
Synonyma:	*Characodon furcidens* JORDAN & GILBERT, 1882 *Ilyodon paraguayense* EIGENMANN, 1907
Erstbeschreibung:	JORDAN, D. S. & C. H. GILBERT (1882): Catalogue of the fishes collected by Mr. John Xantus at Cape San Lucas, which are now in the US Nat. Mus., with descriptions of eight new species. Proc. U. S. Nat. Mus., 5: pp. 353–371.
Typuslokalität:	Unklar, JORDAN & GILBERT geben Cape San Lucas an. HUBBS (1932) erkennt anscheinend den Irrtum und gibt Colima als Verbreitungsgebiet bekannt.
Meristische Angaben:	Dorsale = 14–17 Flossenstrahlen; Ventrale = 6 Flossenstrahlen; Pectorale = 14–16 Flossenstrahlen; Wirbel 37.
Totalkörperlänge:	Männchen bis zu 7 cm; Weibchen bis 9 cm.

Ilyodon furcidens, Aquariumstamm

Beschreibung: Eine wissenschaftliche Artanalyse geben HUBBS & TURNER (1939) und MEYER & FOERSTER (1983). *Ilyodon furcidens* zeigt sich dem Betrachter mit kräftigem Körperbau und kleinem, abgerundetem Kopf. Die Körpergrundfarbe der Ilyodon-Art ist graubraun bei heller Bauchseite. Entlang der mittleren Seiten zeigt sich ein dunkles Band. Bei erwachsenen Tieren schimmern die Körperfarben metallisch. Die männlichen Tiere sind wesentlich intensiver als die Weibchen gefärbt. Meistens tritt in beiden Geschlechtern zusätzlich eine schwarze Körperscheckung auf, die beinahe ausschließlich auf die obere Hälfte verteilt ist. Der Flossenbehang ist zart gelb getönt. Die Schwanzflosse besitzt zusätzlich 2–3 schwarz gefleckte Bandreihen. Rücken- und Schwanzflosse sind leicht schwarz gesäumt. Die Afterflosse der Männchen erfährt, wie bei allen Goodeiden, die typische Einkerbung. *Ilyodon furcidens* weist regional verschiedene Farbpopulationen auf.

Verbreitung: Fluß- und Teichregionen in Jalisco und Colima; Mexiko.

Habitat: JAMES A. OLIVER und ANDERSON BAKEWELL weisen 1935 auf einer Mexikosammelreise im Oberlauf des Rio Armeria, namens Rio Colima, die Art *furcidens* nach. Am 4. Juli 1935 wurden insgesamt 99 Tiere in dem 0,6 m bis 3 m breiten Fluß gefangen. Das Gewässer ist klar und schnellfließend, mit einer durchschnittlichen Wassertiefe von 15 cm bis 45 cm. Der Bodengrund ist sehr uneben und mit Kies belegt. Eine Wasser-Vegetation fehlt vollkommen. Die Uferregion ist mit Gras bewachsen. Die Temperatur beträgt 26,6° C. Weitere *furcidens,* mit einer Körperlänge von 17–86 mm, wurden am 3. August 1935 in ruhigen Teichen, die einem Oberlauf des Rio Colima angehörten, gesammelt. Das Wasser war klar und ohne Vegetation. Der Bodengrund war mit Kies und Schlamm durchsetzt. Die Wassertemperatur betrug 25,3° C.

Pflege und Zucht: Für diese *Ilyodon*-Art werden geräumige Aquarien mit mindestens 100 Liter Fassungsvermögen empfohlen. An die Wasserwerte und Bepflanzung stellt *furcidens* keine Ansprüche. Sämtliche Futterarten werden ausreichend und gerne genommen. Von der Vergesellschaftung mit anderen Fischen wird abgeraten, ist aber durchaus möglich. In der Regel werden alle 55–60 Tage von den Weibchen, je nach Größe und Alter, zwischen 15 und 40, bereits 10 mm lange Jungfische abgesetzt. Die Geschlechtsreife tritt nach dem 4. und 5. Monat ein.

Die Tiere wurden von Herrn IVAN DIBBLE, 1981, über die ALA – (Amerikanische Gesellschaft für Lebendgebärende Zierfische) Mitglieder, nach England importiert. In rascher Folge wurden Nachzuchten von hieraus nach Deutschland und Österreich importiert.

Ilyodon lennoni MEYER & FOERSTER, 1983

Familie: Goodeidae JORDAN, 1923

Unterfamilie: Goodeinae JORDAN, 1923

Herkunft des Artnamens: *lennoni* = nach Herrn JOHN W. LENNON

Synonyma: keine

Ilyodon lennoni. Population Rio Chacamero, Mexiko.

Erstbeschreibung:	MEYER, M. K. & W. FOERSTER (1983): Eine neue Ilyodon-Art aus Guerrero, Mexiko. Zool. Abh. Bd. 38 (16): pp. 235–263.
Typuslokalität:	Arroyo Chacambero (Chacamero), nahe Altamirano; Guerrero; Mexiko.
Meristische Angaben:	Dorsale = 15–16 Flossenstrahlen; Caudale = 36–38 Flossenstrahlen; Anale 12–13 Flossenstrahlen; Ventrale = 6 Flossenstrahlen; Pectorale = 14 Flossenstrahlen; L. tra. 13–15; L. lat. 37; Wirbel 38.
Totalkörperlänge:	Männchen bis 7 cm; Weibchen bis 8 cm.
Beschreibung:	Der Kopf dieser *Ilyodon*-Art ist abgerundet und der Körper zeigt sich mit robuster und langgestreckter Gestalt. Sämtliche Flossen sind an den Enden abgerundet. Männchen mit typischer, geteilter Analflosse zu einem Andropodium. Die Färbung erwachsener Tiere ist in der oberen Rückenpartie, einschließlich Kopf bis zum Schwanzstiel, dunkelbraun. Die Bauchseite ist weißgrau und gelb gefärbt. Die mittlere Körperhälfte ist mit schwarzen Kommastrichen übersät. Die obere Bauchregion ist blaufarben. Alle Flossen sind gelborange getönt. Die Schwanzflosse ist schwarz gesäumt und mit Punktreihen versehen. Dorsale, Ventrale und Anale sind leicht schwarz gesäumt. Die After- und Rückenflosse sind bei einzelnen Tieren dunkel gesprenkelt. Die weiblichen Tiere sind von braungelber Grundfarbe und viel einfacher als die Männchen gefärbt.
Verbreitung:	Bisher nur von der Typuslokalität bekannt.

Habitat: Der Arroyo Chacambero ist ein langsam fließender Fluß, der in das Rio-Balsas-System mündet. Der Arroyo führt im Wechsel Geröll, Kies und Sand; Gebiet von Achatgestein. Der typische Fundort liegt in einer Talsohle. An den Fangstellen ist der Bach etwa 4–5 m breit und in einzelne Fluß-Kammern unterteilt. Am Ende der Trockenzeit bildet der Fluß verschiedene Restlachen, welche sich stark durch Sonneneinstrahlung aufheizen. Diese Gewässerabschnitte sind stark mit Fadenalgen bewachsen und stellen anscheinend die Grundnahrung der *Ilyodon* dar. Die ganzjährige Durchschnittstemperatur liegt bei 28° C. Die Umgebung des Baches in einer hügeligen Buschlandschaft setzt sich aus Dornengewächsen und geringem Baumbestand zusammen. Stellenweise Kulturland, Huertas-Mango-Zitronen und Bananenhaine, ab und zu Maisfelder. ERICH HNILICKA, der Sammler von *Ilyodon lennoni,* stellt zusätzlich folgende Begleitfische fest: *Poeciliopsis balsas,* Salmler, *Cichlasoma n. sp.* und *Poecilia maylandi.* Das Wasser des Flusses ist von fadem Geschmack; pH = 8.0; KH = 10° DH; GH = 15° DH.

Pflege und Zucht: Der Amateur-Zoologe ERICH HNILICKA hat die Ilyodon-Art 1981 zur Bestimmung dem Autor M. MEYER zugeleitet. *Ilyodon lennoni* wird derzeit in Deutschland und Österreich gepflegt. Die Zucht verläuft wie bei *I. furcidens.*

Ilyodon whitei. Population Cuautla, Mexiko.

Ilyodon whitei (MEEK, 1904)

Familie:	Goodeidae JORDAN, 1923
Unterfamilie:	Goodeinae JORDAN, 1923
Herkunft des Artnamens:	*whitei* = nach Herrn E. A. WHITE
Synonyma:	*Goodea whitei* MEEK, 1904 *Balsadichthys whitei* HUBBS, 1926 *Balsadichthys whitei* HUBBS & TURNER, 1939
Erstbeschreibung:	MEEK, S. E. (1904): The fresh-water fishes of Mexiko north of the Isthmus of Tehuantepec. Field Col. Mus. Publ. 93: pp. 1–252.
Typuslokalität:	Cuautla, Yautepec; Morelos; Mexiko.
Meristische Angaben:	Dorsale = 14–16 Flossenstrahlen; Anale = 12 Flossenstrahlen; Ventrale = 6 Flossenstrahlen.
Totalkörperlänge:	Männchen bis 6 cm; Weibchen bis 7 cm.
Beschreibung:	*Ilyodon whitei* zeigt sich, wie alle anderen Vertreter der Gattung mit bulligem Körperbau. Der Körper ist im Vergleich zu *xantusi* langgestreckter. Die Körpergrundfarbe ist oliv und blau. Melanophoren bilden entlang der mittleren Körperseiten eine unregelmäßig gezeichnete Linie. Die Flossen sind gelboliv getönt. Rücken- und Schwanzflosse sind schwarz gesäumt. Vereinzelt treten schwarz gescheckte Tiere auf. Die Männchen sind wesentlich intensiver als die weiblichen Tiere gefärbt.
Verbreitung:	Oberläufe des Rio Balsas-Systems; Morelos; Michoacán; Mexiko.
Habitat:	TURNER & DILDINE sammelten am 13. März 1932 in einem ruhigen Seitenteich des Rio Cuautla einige Exemplare von *Ilyodon whitei.* Das Gewässer war 60 cm tief bei einer Temperatur von 22° C. Der Bodengrund war steinig und sandig. Die Vegetation bestand lediglich aus Algen. Die Fangstelle konnte wiederholt von den Herren HINZ, WEIL und DAUL (DGLZ) 1979 aufgesucht werden.
Pflege und Zucht:	Wie bei *Ilyodon furcidens.* Erstimport durch die Herren HINZ, WEIL und DAUL nach Deutschland, sowie RADDA und Mitarbeiter nach Österreich.

Ilyodon xantusi (HUBBS & TURNER, 1939)

Familie:	Goodeidae JORDAN, 1923
Unterfamilie:	Goodeinae JORDAN, 1923
Herkunft des Artnamens:	*xantusi* = nach Herrn JOHN XANTUS
Synonyma:	*Characodon furcidens* JORDAN & GILBERT, 1882 *Balsadichthys xantusi* HUBBS & TURNER, 1939
Erstbeschreibung:	HUBBS, C. L. & C. L. TURNER (1939): Studies of the fishes of the order Cyprinodontes. 16. A revision of the Goodeidae. Misc. Publ. Mus. Zool. Univ. Mich., 42: p. 1–80.
Typuslokalität:	Rio Colima bei Colima, Haciendo Los Limones, 2 km südwestlich Villa Alvarez; Colima; Mexiko.

Ilyodon xantusi ♂, Aquariumstamm

Ilyodon xantusi ♀

Meristische Angaben:	Dorsale = 14–17, meistens 15 Flossenstrahlen; Anale = 11–14, meistens 13 Flossenstrahlen; Pectorale = 14 Flossenstrahlen; Ventrale = 6 Flossenstrahlen.
Totalkörperlänge:	Männchen bis 6 cm; Weibchen bis 7 cm.
Beschreibung:	*Xantusi* zeigt sich mit gedrungenem und bulligem Körperbau. Die Körpergrundfarbe ist oliv bei weißgelber Bauchseite. Entlang der Mittellinie erstreckt sich auf blaugrünem Grund eine schwarze Fleckenreihe, die im hinteren Körperdrittel ausgeprägt ist. Sämtliche Flossen sind gelb gefärbt. Die Rückenflosse ist bei den Männchen in der unteren Hälfte intensiv schwarz gefärbt. Die Schwanzflosse zeigt sich in beiden Geschlechtern mit ab-

wechselnden Strich- und Punktbänderungen, die schwarz gefärbt sind. Die männliche Anale und Ventrale sind schwarz-blau-schwarz gebändert. Beide Geschlechter sind annähernd gleich gezeichnet. Gescheckte Tiere sind bisher noch nicht bekannt geworden.

Verbreitung: Rio Colima; Colima; Rio Terrero; Jalisco; Mexiko.

Habitat: Die Herren OLIVER und BAKEWELL weisen *Ilyodon xantusi* 1935 im Rio Colima, sowie in anliegenden Teichen, nach. Die Art tritt hier stellenweise gemeinsam mit *I. furcidens* auf. HUBBS & TURNER erkennen an dem mitgebrachten Material vereinzelt Hybriden der beiden Arten. Habitatwerte siehe unter *furcidens*.

Pflege und Zucht: Wie bei *Ilyodon furcidens*.

Der Engländer I. DIBBLE importierte über die ALA die ersten Tiere. Anschließend weite Verbreitung über verschiedene europäische Länder.

NEOOPHORUS

Neoophorus HUBBS & TURNER, 1937

Die Gattung *Neoophorus* wurde erstmals durch HUBBS & TURNER (1937) aufgestellt. Zugrunde lag die von MEEK im Jahre 1902 beschriebene Art *diazi*. 1942 wurde durch BUEN und 1959 durch ALVAREZ das Genus durch 2 Arten erweitert, so daß *Neoophorus* momentan 3 eigenständige Species umfaßt.

Die Namengebung wurde aus dem Griechischen abgeleitet und bedeutet: ein neues Ovar, bezüglich der Struktur, die bei HUBBS & TURNER sehr wichtige Unterscheidungsfunktion in ihren Art- und Gattungskriterien hatte.

Zur Zeit unterliegt die Gattung *Neoophorus* einer Revision und es bleibt abzuwarten inwieweit sich die heutigen Arten bestätigen. Die Vertreter des Genus erreichen große Körperabmessungen und sind nicht besonders für die Aquariumhaltung geeignet.

MILLER und Mitarbeiter (1983) berichten von einer bisher noch nicht beschriebenen *Neoophorus*-Art aus dem Rio Ameca-Becken.

Neoophorus catarinae (De BUEN, 1942)

Familie: Goodeidae JORDAN, 1923

Unterfamilie: Goodeinae JORDAN, 1923

Herkunft des Artnamens: *catarinae* = Frauenname Catarina, nach der Laguna de Santa Catarina, dem Verbreitungsgebiet, benannt

Synonyma: *Neoophorus diazi* HUBBS & TURNER, 1939
Neoophorus diazi catarinae BUEN, 1942

Erstbeschreibung: De BUEN, F. (1942): Una nueva subespecie de Neoophorus diazi (Meek). Anal. Inst. Biol., 13 (1), pp. 342–349.

Typuslokalität: Laguna Santa Catarina; Michoacán; Mexiko.

Neoophorus catarinae ♂. Population Presa de Cotija, Mexiko.

Meristische Angaben: Dorsale = 16–19 Flossenstrahlen; Anale = 12–15 Flossenstrahlen; Pectorale = 13–15 Flossenstrahlen.

Totalkörperlänge: Männchen = 5 cm; Weibchen = 8 cm.

Beschreibung: *Neoophorus catarinae* ist in seiner Körperform mit den restlichen Vertretern der Gattung annähernd identisch. Nach Angaben von BUEN (1942) und ALVAREZ (1959) scheint der Catarina-Kärpfling die kleinste *Neoophorus*-Art darzustellen, wird aber mit Sicherheit wesentlich größer. HUBBS & TURNER (1939) berichten von Fischmaterial des *Neoophorus catarinae* unter dem Synonym von *Neoophorus diazi,* welches von Herrn HOBART M. SMITH am 6. August 1936 aus der Laguna Santa Catarina, nahe der Stadt Uruapan, gesammelt wurde. Die Fischserie enthielt ein weibliches Tier mit der Standardlänge von 38 mm, welches 10 Embryonen von 12 mm Gesamtlänge besaß, und ein weiteres Weibchen mit 42 mm Standardlänge und 12 Embryonen von 12 mm Gesamtlänge. In der Körperfärbung scheint *N. catarinae* ähnlich mit *N. meeki* und *N. diazi* zu sein, besitzt aber die größte Körperfleckenansammlung innerhalb der Gattung.

Verbreitung: Nur von der Typuslokalität her bekannt.

Pflege und Zucht: Die Art wurde 1982 durch RADDA nach Europa importiert. Pflege und Haltungsdaten sind bisher noch nicht bekannt geworden.

Neoophorus diazi (MEEK, 1902)

Familie: Goodeidae JORDAN, 1923

Unterfamilie: Goodeinae JORDAN, 1923

Herkunft des Artnamens: *diazi* = nach dem früheren mexikanischen Präsidenten, Herrn PORFIRIO DIAZ, benannt

Synonyma: *Zoogoneticus diazi* MEEK, 1902
Zoogoneticus miniatus MEEK, 1902
Neoophorus diazi TURNER, 1937
Neoophorus diazi diazi BUEN 1942

Neoophorus diazi ♀. Population El Molino, Mexiko.

Erstbeschreibung:	MEEK, S. E. (1902): A Contribution to the Ichthyology of Mexico. Field Col. Mus. Publ., 65 (Zool.) 3 (6), pp. 63–128.
Typuslokalität:	Lago de Pátzcuaro; Michoacán; Mexiko.
Meristische Angaben:	Dorsale = 15–21 Flossenstrahlen; Anale = 11–15 Flossenstrahlen; Pectorale = 13–16 Flossenstrahlen.
Totalkörperlänge:	Männchen = 10 cm; Weibchen = 12 cm.
Beschreibung:	Im Körperbau ist *Neoophorus diazi* beinahe mit *Neoophorus meeki* identisch. Die Körpergrundfarbe ist grauoliv mit heller Bauchseite. Entlang der Körperseiten verläuft ein dunkles Balkenband, das sich in der Schwanzstielumgebung in ein Fleckenmuster auflöst, bis in die Schwanzflosse hineinreichend. Im Vergleich zu *meeki* ist die Körperbänderung breiter ausgebildet und erstreckt sich in der oberen Körperhälfte. Der Flossenbehang ist farblos.
Verbreitung:	Nahe Umgebung von Pátzcuaro, Rancho El Molino; Michoacán; Mexiko.
Habitat:	*Neoophorus diazi* tritt stellenweise sympatrisch mit *Goodea atripinnis luitpoldi* und *Skiffia lermae* auf. Nähere Fundortangaben siehe bei *Skiffia lermae.*
Pflege und Zucht:	Die Art wurde erst 1984 durch WIRTH, ALLSPACH, MEYER und MEYER nach Europa importiert. Pflege und Zuchtdaten stehen deshalb noch aus.
Anmerkung:	PARENTI rechnet die Art zu *Zoogoneticus,* was als Unkenntnis bewertet werden muß.

Neoophorus meeki (ALVAREZ, 1959)

Familie:	Goodeidae JORDAN, 1923
Unterfamilie:	Goodeinae JORDAN, 1923
Herkunft des Artnamens:	*meeki* = benannt nach Dr. SETH E. MEEK, USA
Synonyma:	*Zoogoneticus diazi* MEEK, 1902 *Neoophorus diazi* HUBBS & TURNER, 1939 *Neoophorus diazi diazi* BUEN, 1942

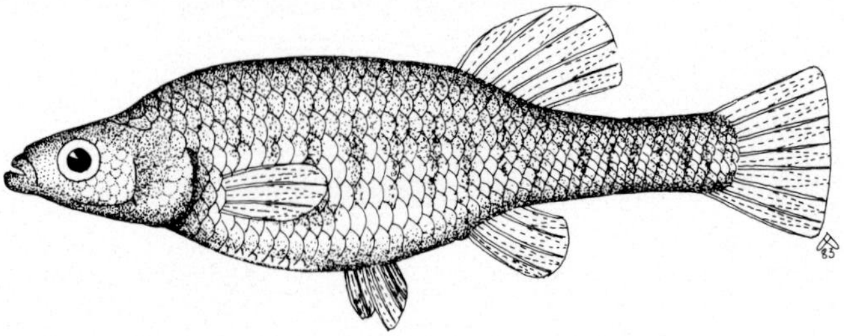

Neoophorus meeki ♀

Erstbeschreibung: ALVAREZ, J. (1959): Contribución al Conocimiento del Genéro Neoophorus. Ciencia, Mex. 19 (1–3): pp. 13–22.

Typuslokalität: Lago Zirahuén; Michoacán; Mexiko.

Meristische Angaben: Dorsale = 16–19 Flossenstrahlen; Anale = 12–15 Flossenstrahlen; Pectorale = 13–16 Flossenstrahlen.

Totalkörperlänge: Männchen = 7,5 cm; Weibchen v 9 cm.

Beschreibung: *Neoophorus meeki* ist im Vergleich zu anderen Vertretern der Familie Goodeidae langgestreckt und besitzt einen großen, trapezförmigen Kopf. Die Totalkörperlängenangaben verschiedener wissenschaftlicher Schriften nehmen wahrscheinlich auf subadulte Tiere Bezug. *Neoophorus meeki* dürfte eine Körperlänge bis zu 20 cm und mehr erreichen. Die Körpergrundfarbe ist oliv mit einem rötlichen Überzug. Entlang der Körperseiten zeigt sich eine dunkle Querbänderung, die sich aus 16–20 schwarzen Balkenstrichen zusammensetzt. Nach Angaben von Meek erscheinen die männlichen Tiere wesentlich dunkler in der Körperfärbung. Sämtliche Flossen sind farblos.

Verbreitung: Nur von der Typuslokalität bekannt.

Habitat: Der Lago de Zirahuén ist ein kleiner, tiefer Bergsee. Das Gewässer hat eine Ausdehnung von etwa 1,5 km im Durchmesser. Der Bodengrund ist schlammig und mit Sand durchsetzt. Der See besitzt keinen Abfluß. Vereinzelt werden Fischer auf dem See angetroffen. MEEK berichtet, daß sämtliche Fische, die im Lago beheimatet sind, sehr dunkel gefärbt sind. Zusammen mit *Neoophorus* werden *Chirostoma,* bis zu 35 cm lang, und möglicherweise eine bisher unbeschriebene Skiffia-Art gefangen.

Pflege und Zucht: Die Art wurde bisher noch nicht im Aquarium gepflegt. Ein Erstimport steht noch aus.

SKIFFIA

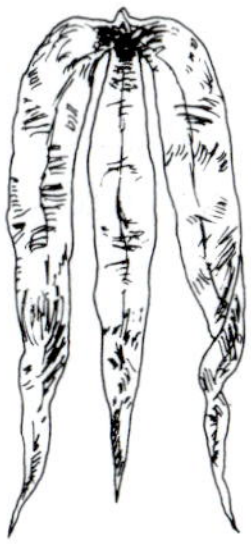

Skiffia MEEK, 1902

Skiffia umfaßt derzeit 4 bekannte Arten, wobei die letzte 1978 von DOLORES IRENE KINGSTON in der Fachzeitschrift Copeia beschrieben wurde. Die erste Skiffia-Art wurde im Jahre 1887 von BEAN aufgestellt, *Skiffia bilineata.* Seinerzeit wurde *bilineata* noch in die Gattung *Characodon* gegliedert.

Typisch für die einzelnen Vertreter der Gattung ist ihr gedrungener Körperbau, ihre kleine Körpergröße und eine schmale, lang ausgezogene Rückenflosse bei den männlichen Tieren.

Sämtliche Species von *Skiffia* sind in den mexikanischen Staaten, Jalisco und Michoacán, an den pazifischen Abhängen, beheimatet. Für die Aquariumhaltung sind alle 4 *Skiffia*-Arten sehr gut geeignet, stellen aber an den Pfleger einige Ansprüche.

MEEK legte 1902 den Gattungsnamen *Skiffia* fest, der zu Ehren von Herrn SKIFF gegeben wurde.

Skiffia bilineata (BEAN, 1887)

Familie:	Goodeidae JORDAN, 1923
Unterfamilie:	Goodeinae JORDAN, 1923
Herkunft des Artnamens:	*bilineata* (lat.) = zweifach liniert , bezieht sich auf zwei Körperlängsstriche der Weibchen
Synonyma:	*Characodon bilineata* BEAN, 1887 *Goodea bilineata* BEAN, 1887 *Neotoca bilineata* TURNER, 1937
Erstbeschreibung:	BEAN, T. H. (1887): Descriptions of five new species of fishes sent by Prof. A. Dugès from the province of Guanajuato, Mexico. Proc. U.S. Nat. Mus., 10: pp. 370–375.

Skiffia bilineata ♂. Population Irapuato, Mexiko.

Skiffia bilineata ♀ Aquariumstamm.

Typuslokalität: Nicht klar definiert

Meristische Angaben: Dorsale = 13–16 Flossenstrahlen; Anale = 16 Flossenstrahlen, L. lat. = gewöhnlich 30–31 Schuppen.

Totalkörperlänge: Männchen bis 4 cm; Weibchen bis 5 cm.

Beschreibung: *Skiffia bilineata* zeigt sich dem Betrachter mit gedrungenem Körperbau, kleinem, abgerundetem Kopf und, im Vergleich zu anderen Goodeiden-Gattungen, mit weit nach vorne liegender Rückenflosse, die bei den Männchen fahnenartig ausgeprägt ist. Die Körpergrundfarbe beider Geschlechter ist graubraun bei weißer Bauchseite. Die hintere Bauchregion der Weibchen ist bei Wohlbefinden intensiv stahlblau gefärbt. Wie aus dem Artnamen bereits hervorgeht, erstrecken sich bei den Weibchen entlang der mittleren Körperseite zwei dunkel gefärbte Längsstreifen, wobei die Mittellinie vom Ende der Kiemen bis in den Schwanzstiel hinein reicht. Unterhalb der Mittellinie zeigt sich in der Körpermitte eine strichartige Verlängerung des Trächtigkeitsfleckes. Die Männchen besitzen gleichfalls eine Mittellinie, die sich gewöhnlich querbindenartig auflöst. Der Flossenbehang ist in den meisten Fällen durchsichtig. Bei Alfa-Männchen kann die Rücken- und Schwanzflosse tief schwarz gefärbt sein. Vereinzelt sollen männliche Tiere mit halbmondförmigen Fleck in der Schwanzwurzel auftreten.

Verbreitung: Rio Grande de Santiago; Jalisco; Michoacán; Guanajuato; Mexiko. Bezweifelt werden die Angaben von MEEK (1902) und BEAN (1887), die zusätzlich den Rio Lerma, Guanajuato, als Verbreitung angeben.

Habitat: Bisher wenig bekannt geworden.

Pflege und Zucht: *Skiffia bilineata* ist eine schwimmfreudige Fischart, die man gut mit anderen Beckeninsassen vergesellschaften kann. Prinzipiell ist die Haltung einfach und die Zucht benötigt keine speziellen Kenntnisse. Je nach Umweltbedingung werden von den trächtigen Weibchen zwischen 7 und 20, ca. 1 cm lange Jungfische abgesetzt, die vor Nachstellungen der Alttiere weitgehend geschützt sind. Die Trächtigkeitsdauer liegt nach vorläufigen Ergebnissen unter 55 Tage. An die Fütterung stellt *Skiffia bilineata* keine Ansprüche und nimmt willig alles Freßbare entgegen. Die Art wird, wie die meisten Goodeiden-Vertreter, nach dem 4. Monat geschlechtsreif. Die Wassertemperatur sollte bei etwa 25–28° C liegen, die zeitweise auch unterschritten werden kann. Gegen einen größeren Wasserwechsel scheint *bilineata* empfindlich zu sein. Deshalb ist es ratsam, einen mäßigen Wasseraustausch vorzunehmen, etwa ⅛ jede Woche.

Wildfänge von *S. bilineata* wurden 1982 und 1983 von RADDA und Mitarbeitern aus einem Wassergraben neben der Straße nach Irapuato, Guanajuato, gesammelt. Die Tiere wurden bereits nachgezüchtet.

Skiffia francesae KINGSTON, 1978

Familie:	Goodeidae JORDAN, 1923
Unterfamilie:	Goodeinae JORDAN, 1923
Herkunft des Artnamens:	*francesae* = benannt nach Frau FRANCES H. MILLER, USA
Synonyma:	keine
Erstbeschreibung:	KINGSTON, D. I. (1978): Skiffia francesae, a New Species of Goodeid Fish from Western México. Copeia, (3): pp. 503–508.
Typuslokalität:	Rio Teuchitlán, östlich der Stadt Teuchitlán; Jalisco; Mexiko.
Meristische Angaben:	Dorsale = 15–17 Flossenstrahlen; Anale = 14–15 Flossenstrahlen; Pectorale = 12–15 Flossenstrahlen; L. lat. = 30–35 Schuppen.
Totalkörperlänge:	Männchen bis 4,5 cm; Weibchen bis 5 cm.
Beschreibung:	Die nach Angaben von MILLER bereits ausgestorbene Art, im Aquarium allerdings noch in wenigen Exemplaren vorhanden, ist in ihrem Körperbau hochrückig und zierlich und zeigt einen kleinen, spitzen Kopf. In der Färbung ist *Skiffia francesae* nicht sonderlich attraktiv. Die Körpergrundfarbe zeigt sich dem Betrachter grauoliv bei heller Bauchseite. Die weiblichen Tiere sind je nach Population verschieden stark an den Körperseiten gesprenkelt. Verschiedentlich erscheinen beide Geschlechter metallfarben. Die Männchen können sich je nach Stimulation fast dunkel färben; besonders die Rückenflosse, die wesentlich größer ausgezogen ist, als die der Weibchen.
Verbreitung:	Rio Teuchitlán; Jalisco; Mexiko.
Habitat:	DOLORES IRENE KINGSTON gibt in ihrer Erstbeschreibung folgende Sammelortwerte bekannt: *Skiffia francesae* wurde von R. R. MILLER und J. M. FITZSIMONS am 22. Februar 1970 in der Typuslokalität gefangen. Das Gewässer ist trüb. Der Bodengrund ist schlammig, vereinzelt mit Split und Sand durchsetzt. Die Wassertemperatur beträgt am Mittag 24° C und ist leicht salzig. Der verschmutzte Fluß wird von Anwohnern als

Skiffia francesae ♂.
Population Rio Teuchítlán.

Wasch- und Trinkplatz benutzt. Die Wasservegetation setzt sich aus Ceratophyllum, Wasserhyazinthen und einigen Pistias zusammen. Einige klare Quellen speisen den Fluß an der Sammelstelle. *Skiffia francesae* wurde zur damaligen Zeit zusammen mit *Poeciliopsis infans, Ameca splendens, Zoogoneticus quitzeoensis, Xenotoca melanosoma, Chapalichthys, Goodea, Algansea, Yuriria, Notropis, Ictalurus* und *Chirostoma* gefangen, sowie einer roten Zuchtform des *Xiphophorus maculatus.* Nach Mitteilungen von M. L. SMITH sollen die ausgesetzten Platys ursächlich für das Aussterben von *Skiffia francesae* sein.

Pflege und Zucht: Bisher liegen noch wenige Erfahrungswerte über die Zucht und Pflege des Kärpflings vor. Die Art gilt im kleinen Züchterkreis als schwierig. Selten werden mehr als 20, ca. 8 mm lange Jungfische nach durchschnittlich 60 Tagen von den Weibchen abgesetzt. Die Fische wachsen langsam heran und werden zwischen dem 4. und 5. Monat geschlechtsreif. Ob eventuell ein geringer Salzzusatz zum Aquariumwasser förderlich ist, wurde noch nicht erprobt. Die Art scheint gegen Außenparasiten sehr empfindlich zu sein.

Der Autor MEYER erhielt die ersten Exemplare über Herrn RICK HAEFFNER, USA, 1982. Frühere Importe erfolgten durch I. DIBBLE über die ALA nach Europa.

Skiffia lermae MEEK, 1902

Familie: Goodeidae JORDAN, 1923

Unterfamilie: Goodeinae JORDAN, 1923

Herkunft des Artnamens: *lermae* = nach dem Verbreitungsgebiet, dem Rio-Lerma-Bekken, benannt

Synonyma: *Goodea lermae* REGAN, 1907

Erstbeschreibung: MEEK, S. E. (1902): A Contribution to the Ichthyology of Mexiko. Field Col. Mus. Publ., 3 (6), pp. 63–128.

Typuslokalität: Lago de Pátzcuaro, Pátzcuaro; Michoacán; Mexiko.

Meristische Angaben: Dorsale = 11–14 Flossenstrahlen; Anale = 14 Flossenstrahlen; L. lat. = 35–40 Schuppen.

Totalkörperlänge: Männchen = bis 5 cm; Weibchen bis 5,5 cm.

Beschreibung: *Skiffia lermae* ist im Körperbau etwas langgestreckter als *Skiffia francesae.* Die Weibchen beider Arten sind kaum unterscheidbar. Männliche Tiere von *S. lermae* sind schön gefärbt und gut von den anderen Arten der Gattung zu unterscheiden. Die Kopfregion des Lermae-Kärpflings ist blauschwarz und die Körperseiten sind dunkel olivfarben. Der Schwanzstiel der Alfamännchen ist breit orange gefärbt, ebenfalls die Schwanzflosse.

Verbreitung: Lago de Pátzcuaro, Celaya; Michoacán; Mexiko.

Habitat: Der Lago de Pátzcuaro besitzt eine Längenausdehnung von ca. 12 km und eine Breite zwischen 3 und 6 km. Der See ist umringt von hohen Bergen und dicht mit Wasserpflanzen bewachsen. Das Gewässer birgt einen hohen Fischreichtum und dient der nahen Bevölkerung zum Broterwerb. Der Lago de Pátzcuaro hat keinen Ausfluß und ist leicht brackig. *Skiffia lermae* besiedelt hauptsächlich die Randzonen des Sees und wird stellenweise

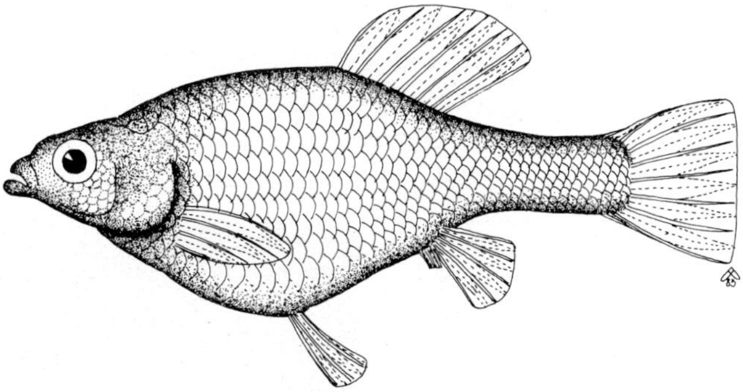

Skiffia lermae ♂

zusammen mit *Neoophorus diazi, Goodea atripinnis luitpoldi* und *Poeciliopsis infans* angetroffen.

Pflege und Zucht: Bisher wurden die Tiere nur in wissenschaftlichen Instituten gehältert und vermehrt. Ein Salzzusatz zum Aquariumwasser scheint für das Gedeihen des Kärpflings von Vorteil. *Skiffia lermae* wurde von RADDA 1982 nach Europa importiert.

Diese Species war jedoch in der Pflege bisher anfällig. Nachzuchten konnten noch nicht erhalten werden.

Skiffia multipunctatus (PELLEGRIN, 1901)

Familie: Goodeidae JORDAN, 1923

Unterfamilie: Goodeinae JORDAN, 1923

Herkunft des Artnamens: *multipunctatus* (lat.) = viel gepunktet

Synonyma: *Xenendum multipunctatum* PELLEGRIN, 1901
Goodea multipunctata REGAN, 1907
Ollentodon multipunctatus TURNER, 1937
Ollentodon multipunctatus HUBBS & TURNER, 1939

Erstbeschreibung: PELLEGRIN, J. (1901): Poissions recueillis par M. L. Diguet, dans l'Etat de Jalisco. Bull. Mus. Nat. Hist., Paris, 7: pp. 204–207.

Typuslokalität: Guadalajara; Jalisco; Mexiko.

Meristische Angaben: Dorsale = 15–17 Flossenstrahlen; Anale = 15–17 Flossenstrahlen; L. lat. = 32–34 Schuppen.

Totalkörperlänge: Männchen bis 5,5 cm; Weibchen bis 6 cm.

Beschreibung: *Skiffia multipunctatus* ist nach Angaben von KINGSTON (1978) innerhalb der Gattung am nächsten mit *S. francesae* verwandt und stellt gleichzeitig den größten Vertreter, bezüglich der Körperlänge, dar. Die Körpergrundfarbe ist grauoliv bei heller Bauchseite. Entlang der Körperseiten erstrecken sich feine dunkle Punktstrichlinien, die Bauchseiten sind frei von dem genannten Farbmerkmal. Vereinzelt ist die Rücken- und Schwanz-

Skiffia multipunctatus
Population Rancho El Molino, Mexiko. Wildfang 1984 durch Radda und Mitarbeiter.

flosse mit schwarzen Punkten besetzt. Die lang ausgezogene Rückenflosse der männlichen Tiere ist meistens gelb gerandet. Die Afterflosse ist grüngelb gesäumt.

Verbreitung: Rio Lerma-Becken, Lago Camécuaro; Michoacán; Jalisco; Mexiko.

Habitat: Bisher sind keine Daten bekannt geworden.

Möglicherweise wurden einige Exemplare durch Herrn F. WAITZE, 1939, nach Deutschland importiert.

XENOOPHORUS

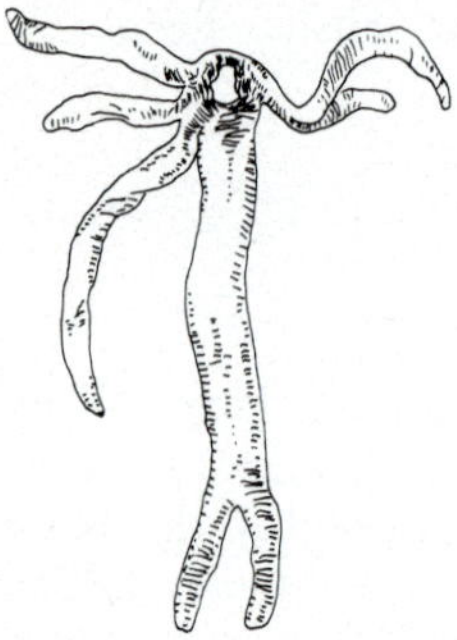

Xenoophorus HUBBS & TURNER, 1937

Die von HUBBS und TURNER im Jahre 1937 aufgestellte Gattung *Xenoophorus* umfaßt nach einer umfangreichen Revisionsarbeit durch JOHN MICHAEL FITZSIMONS (1979) nunmehr nur eine einzige Art, nämlich *Xenoophorus captivus*. Die von HUBBS und TURNER beschriebenen Taxa *X. erro* und *X. exsul* werden nur noch als Populationsvarianten aufgefaßt.

Zur Aufstellung des Genus *Xenoophorus* diente HUBBS und TURNER (1937) *captivus* als Typus.

Seit Anfang 1970 wird *Xenoophorus* erfolgreich in europäischen Aquarien gepflegt und gezüchtet.

Der Gattungsname wurde aus dem Griechischen übernommen und bedeutet: fremdartiges Ovar.

Xenoophorus captivus (HUBBS, 1924)

Familie: Goodeidae JORDAN, 1923

Unterfamilie: Goodeinae JORDAN, 1923

Herkunft des Artnamens: *captivus* (lat.) = erbeutet

Synonyma: *Goodea atripinnis* MEEK, 1908
Goodea captiva HUBBS, 1924
Xenoophorus erro HUBBS & TURNER, 1937
Xenoophorus exsul HUBBS & TURNER, 1939

Erstbeschreibung: HUBBS, C. L. (1924): Studies of the Fishes of the Order Cyprinodontes. 5. Notes on the Species of Goodea and Skiffia. Occ. Papers Mus. Zool. Univ. Mich., 148: pp. 1–8.

Typuslokalität: Jesús Maria, Oberlauf vom Rio Panuco; San Luis Potosi; Mexiko.

Meristische Angaben: Dorsale = 12–14 Flossenstrahlen; Anale = 13–16 Flossenstrahlen; Pectorale = gewöhnlich 14 Flossenstrahlen.

Totalkörperlänge: Männchen bis 5 cm; Weibchen bis 6 cm.

Beschreibung: Die Art *Xenoophorus captivus* besitzt einen kräftigen Körperbau, großen Kopf und einen lang ausgezogenen Schwanzstiel. Ältere Tiere erscheinen des öfteren bucklig. Der Flossenbehang ist im Verhältnis zum Körper nur sehr schwach ausgebildet. Im Vergleich zu den weiblichen Fischen zeigen sich die Männchen mit größerer Dorsal- und Analflosse. Die Grundfärbung beider Geschlechter ist graubraun mit heller Bauchseite. Die Flossen sind gewöhnlich transparent, können aber bei dominanten Männchen fast schwarz erscheinen. Weibliche *captivus* sind entlang der Körperseiten unregelmäßig schwarz gefleckt; im Ausprägungsgrad von Population zu Population verschieden. Die Männchen besitzen besonders intensiv blau schimmernde Schuppenreihen, hauptsächlich im mittleren Körperbereich. Jungfische zeigen sich wie die Weibchen mit dunkler Körperfleckung.

Verbreitung: Typ *captivus:* nahe Jesús Maria, Oberlauf des Rio Panuco, San Luis Potosi.

Xenoophorus captivus. Aquariumstamm

Xenoophorus captivus ♂. Afterflosse.

Typ *erro:* Rio Santa Maria del Rio, San Luis Potosi.

Typ *exsul:* Agua del Medio, zwischen Venado und Moctezuma, San Luis Potosi.

Habitat:

C. L. LUNDELL sammelte am 21. Juli 1934 im Agua del Medio *X. captivus*. Das Gewässer war kalt (nähere Temperaturangaben fehlen). Der Bodengrund setzte sich aus Gestein und Schlamm zusammen. Direkt bei Venado wurden am 11. Juli weitere Exemplare aus demselben Fluß gefangen. Die Wasservegetation bestand aus Algen.

Pflege und Zucht:

Der „Allesfresser“ *Xenoophorus captivus* ist ein dankbarer Pflegling, der sich bereits mit kleineren Behältern zufrieden gibt. Soll ein gesunder Tierbestand erhalten werden, ist auf einen regelmäßigen Wasserwechsel, alle 8 Tage ein Beckendrittel, zu achten. Durchschnittlich werden alle 55 Tage von den Weibchen zwischen 10 und 30, 1,5–1,8 cm lange Jungfische abgesetzt. Elterntiere stellen ihrer Brut nur in seltenen Fällen nach. Die in den 70er Jahren importierten Fische haben sich anfangs rasch und ohne Probleme vermehrt. Erst in den letzten Jahren hat sich infolge zu hoher Inzucht der Stamm merklich reduziert. In der Natur ist der Kärpfling gleichfalls vom Aussterben bedroht.

Herr G. ENTLINGER importierte die ersten Exemplare über die ALA in den 70er Jahren nach Hamburg.

XENOTAENIA

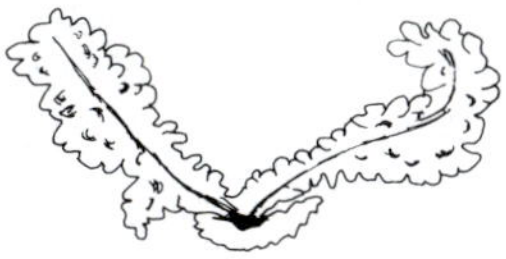

Xenotaenia TURNER, 1946

Die Gattung *Xenotaenia* wurde von dem Ichthyologen C. L. TURNER, 1946, erstmalig aufgestellt. *Xenotaenia* umfaßt nur eine einzige Art, die in einem Oberlauf des Rio Purificación des mexikanischen Staates Jalisco beheimatet ist.

Die Gattungsbezeichnung weist auf die Einzigartigkeit der Nährschnüre (Trophotaenien) in ihrer Struktur hin.

TURNER gibt in seiner Erstbeschreibung folgende Gattungskriterien, die auf die gerechtfertigte Xenotaenia-Aufstellung hinweisen, bekannt: große Länge und Breite des Kopfes im Verhältnis zu der Totalkörpergröße; die kurze und kleine Rücken- und Analflosse, die geringe Anzahl der Schuppen in lateraler Körperseite, die kleine Anzahl der Hauptzähne im Unter- und Oberkiefer und die Struktur der Nabelschnur, welche jedem Embryo bekanntlich bis 2 Tage nach der Geburt zueigen ist.

Xenotaenia resolanae TURNER, 1946

Familie:	Goodeidae JORDAN, 1923
Unterfamilie:	Goodeinae JORDAN, 1923
Herkunft des Artnamens:	*resolanae* = nach dem Rio Resolana
Synonyma:	keine
Erstbeschreibung:	TURNER, C. L. (1946): A contribution to the taxonomy and zoogeography of the goodeid fishes. Occ. Pap. Mus. Zool. Mich. No. 495, 15 pp.
Typuslokalität:	Rio Resolana, 25 km westlich der Stadt Autlan; Jalisco; Mexiko.
Meristische Angaben:	Dorsale = 13 Flossenstrahlen; Anale = 16 Flossenstrahlen; Pectorale = 16 Flossenstrahlen; Caudale = 35 Flossenstrahlen.
Totalkörperlänge:	Männchen = 4 cm; Weibchen = 5 cm.

Xenotaenia resolanae ♂. Aquariumstamm.

Beschreibung: *X. resolanae* zeigt sich dem Betrachter mit gedrungenem Körperbau und großem Kopf. Die Körpergrundfarbe ist graubraun bei heller Bauchseite. Der gesamte Körper der Tiere ist schwarz gesprenkelt. Entlang der mittleren Seiten konzentriert sich das Fleckenmuster zu einem breiten, unregelmäßigen Mittelstreifen. Sämtliche Flossen sind gelb gefärbt. Die einzelnen Flossenstrahlen sind dunkel getönt. Dominante Männchen sind zusätzlich am ganzen Körper gelbfarben. TURNER (1946) berichtet, daß *X. resolanae* in der Schwanzflosse 3 braune senkrechte Streifen besitzt. Dieses Merkmal ist bei den zur Zeit gepflegten Fischen bisher noch nicht aufgetreten.

Verbreitung: Nur von der Typuslokalität bekannt.

Habitat: TURNER (1946) gibt in seinen Mitteilungen keine Sammelortwerte bekannt. MILLER (1975) berichtet in der Publikation, Five new species of mexican poeciliid fishes of the genera *Poecilia, Gambusia* and *Poeciliopsis,* daß *Xenotaenia resolanae* gemeinsam mit *Poecilia chica, Poeciliopsis turneri, Poeciliopsis n. sp.* und *Ilyodon xantusi* auftritt. Es handelt sich hierbei um kleine klare Bäche, die gut mit *Ceratophyllum* und grünen Algen bewachsen sind.

Pflege und Zucht: *X. resolanae* ist bedingt für die Vergesellschaftung mit anderen Aquariumfischen geeignet. Kleinere Fische bleiben von diesem Goodeiden unbehelligt. Doch mit Gleichgroßen entstehen des öfteren Ruppigkeiten und Futterneid. Algen, sowie weitere Pflanzenkost, werden von dem Kärpfling gerne genommen und sind für die Vitalität der Fische sehr wichtig. Kleine Aquarien mit ca. 60 Liter sind für die erfolgreiche Hälterung bereits ausreichend. Wie bei fast allen Goodeiden werden in der Regel im Abstand zwischen 55 und 60 Tagen 10 –30, etwa 1,2 cm lange Jungfische von den weiblichen Tieren abgesetzt, die nach dem 4. Monat geschlechtsreif sein können.

Der Engländer IVAN DIBBLE importierte die ersten Fische 1981 über die ALA nach England, Österreich und Deutschland.

XENOTOCA

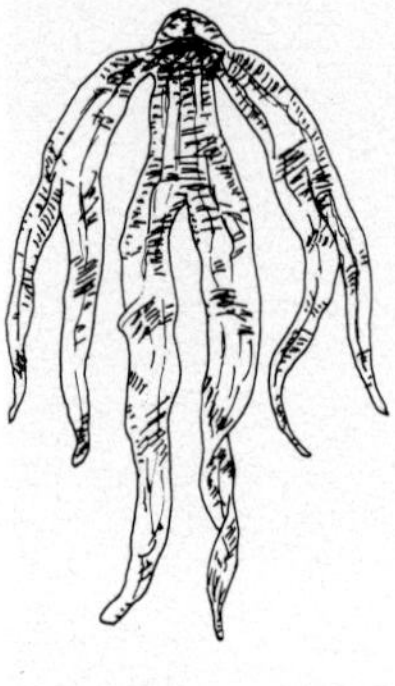

Xenotoca HUBBS & TURNER, 1937

Xenotoca umfaßt zum jetzigen Zeitpunkt 3 beschriebene Arten. Es sind überwiegend farbenprächtige Fische, die in Zentral-Mexiko verschiedene Gewässer-Typen besiedeln. Die erste *Xenotoca*-Art wurde von CLOUDSLEY RUTTER im Jahre 1896 beschrieben. Es handelte sich hierbei um den Kärpfling *eiseni*, der damals in die Gattung *Characodon* eingereiht wurde.

Die einzelnen Vertreter der Gattung sind sehr ruppig gegenüber Artfremden. *Xenotoca eiseni* stellt wohl die aggressivste Art dar. Bei unzureichender Fütterung werden sogar Wasserpflanzen „mit Stumpf und Stiel" gefressen.

Es empfiehlt sich aus den angeführten Gründen die Fische in sogenannten Artenbecken zu pflegen und für ausreichend Pflanzenkost zu sorgen.

Die Bezeichnung *Xenotoca* wurde aus dem Griechischen übernommen und bedeutet: ungewöhnliche Nachkommen.

Xenotoca eiseni (RUTTER, 1896)

Familie:	Goodeidae JORDAN, 1923
Unterfamilie:	Goodeinae JORDAN, 1923
Herkunft des Artnamens:	*eiseni* = benannt nach Dr. Eisen, USA
Synonyma:	*Characodon eiseni* RUTTER, 1896 *Xenotoca variata* HUBBS & TURNER, 1939
Erstbeschreibung:	RUTTER, C. (1896): Notes on fresh water fishes of the Pacific Slope of North America. Proc. Calif. Acad. Sci., (2)6: pp. 245–267.
Typuslokalität:	Rio Grande de Santiago, nahe Tepic; Nayarit; Mexiko.
Meristische Angaben:	Dorsale = 11–14 Flossenstrahlen; Anale = 11–15 Flossenstrahlen; Pectorale = 12–16 Flossenstrahlen.

Xenotoca eiseni ♂. Aquariumstamm

Xenotoca eiseni ♀

Totalkörperlänge: Männchen 5–6 cm; Weibchen 6–7 cm.

Beschreibung: Ein lebendgebärender Kärpfling von kräftigem Aussehen und hohem Körperbau, mit spitzem Kopf und unterständigem, kleinem Maul. Weit zurückliegende Rückenflosse, die bei den männlichen Tieren etwas größer als bei den Weibchen ausgebildet ist. Sämtliche Flossen sind abgerundet und können je nach Population verschieden gefärbt sein. Überwiegend sind die Flossen bei den weiblichen Fischen gelb getönt, während die Männchen oft eine schwarze Rückenflosse und eine orange gefärbte Schwanzflosse besitzen. Die Afterflosse kann orangefarben sein; meistens mit einer schwarzen Bänderung versehen. Beinahe der gesamte Körper ist blau gefärbt bei heller Bauchseite. Der Schwanzstiel ist organefarben. Die Weibchen sind wesentlich einfacher gezeichnet. Der Körper zeigt sich in unterschiedlichen Brauntönen. Von der Art *eiseni* gibt es verschieden gefärbte Ortsrassen.

Verbreitung: El Sacristán, Rio San Leonel, Rio Grande de Santiago; Nayarit; Rio Tamazula; Jalisco; Mexiko.

Habitat: Die Hauptfundorte befinden sich im mexikanischen Staat Nayarit. Hier besiedelt *Xenotoca eiseni* nahe der Stadt Tepic den Rio Grande de Santiago. *Eiseni* bewohnt die unterschiedlichsten Biotope, wie z. B. Quellbereiche der Flüsse, die kristallklares Wasser führen. Teilweise werden auch verdreckte, langsam fließende Flüsse entlang der Verkehrsstraße belebt. Die Gewässer sind stellenweise mit Eichhornia oder auch grünen Algen bewachsen. Der Bodengrund ist stellenweise schlammig und mit Sand bedeckt. Jahreszeitlich verschieden wurden zwischen 15° und 32° C Wassertemperatur gemessen.

Pflege und Zucht: *Xenotoca eiseni* muß in arteigenen Aquarien gehältert werden, da die Art anderen Beckeninsassen den Flossenbehang zerstört. Gegenüber Artgenossen verhält sich die lebendgebärende Zierfischart friedlich. Nach einer durchschnittlichen Tragezeit von 55–60 Tagen werden je nach Größe der Weibchen zwischen 10 und 50, bereits 1,5 cm lange Jungfische abgesetzt. Ältere Weibchen scheinen keine Nachkommen mehr zu bringen, obwohl sie nach ihrem letzten Wurf noch über 3 Jahre leben. *X. eiseni* stellt an die Wasserwerte keine Ansprüche. Sämtliche Futtersorten werden gerne genommen.

Die ersten *Xenotoca eiseni* wurden von Herrn K. JACOBS, München, Ende der 60er Jahre nach Deutschland importiert.

1982 konnte durch RADDA und Mitarbeiter eine schöner gefärbte und kleiner bleibende Form aus einem Gewässer nahe Ezatlán, Jalisco, gesammelt werden.

Xenotoca melanosoma FITZSIMONS, 1972

Familie: Goodeidae JORDAN, 1923

Unterfamilie: Goodeinae JORDAN, 1923

Herkunft des Artnamens: *melanosoma* = bezieht sich auf die dunkle Körperfärbung

Synonyma: keine

Erstbeschreibung: FITZSIMONS, J. F. (1972): A revision of two genera of goodeid fish from the Mexican-Plateau. Copeia, 4: pp. 728–756.

Typuslokalität: Rio Tamazula, 5 km südlich von Ciudad Guzmán; Jalisco; Mexiko.

Xenotoca melanosoma ♂. Population San Marcos, Mexiko.

Meristische Angaben: Dorsale = 14–16 Flossenstrahlen; Anale = 13–16 Flossenstrahlen; Ventrale = 5–7 Flossenstrahlen; Pectorale = 14 – 17 Flossenstrahlen.

Totalkörperlänge: Männchen bis 5 cm; Weibchen bis 7,5 cm.

Beschreibung: Die Grundfärbung von *Xenotoca melanosoma* ist dunkelgrau. Im Bereich der oberen Körperhälfte zeigt das weibliche Tier eine Anzahl schwarzer Flecken, durchschnittlich in Augengröße. Die Männchen besitzen eine feine Körpersprenkelung mit einem dunklen, mittleren Streifen. Sämtliche Flossen erwachsener Männchen sind schwarz. Dominante Männchen zeigen sich bisweilen völlig schwarz gefärbt mit heller Bauchseite. Die weiblichen Tiere besitzen im Gegensatz zu den Männchen wesentlich kleinere Flossen, vor allem die Rücken- und Analflosse betreffend. Neugeborene und Jungfische sind entlang der Körperseiten schwarz gescheckt.

Verbreitung: Rio Tamazula, Rio Ameca, Rio Grande de Santiago; Jalisco; Mexiko.

Habitat: *Xenotoca melanosoma* wird in Teichen und Bächen angetroffen. Die Gewässer sind klar und mit einer üppigen Vegetation bewachsen. Als Wasserpflanzen treten Eichhornia und Wasserhyazinthen in Erscheinung. *Xenotoca* besiedelt die flacheren Wasserschichten, die reichlich grüne Algen bieten. Der Bodengrund der Wohngewässer ist schlammig oder mit verschiedenen Steinen durchsetzt. Die Wassertemperatur schwankt jahreszeitlich von 21–29° C.

Pflege und Zucht: Bisher ist noch wenig bekannt geworden, da die Art erst kürzlich durch die Herren RADDA, GEORG und DAUL nach Österreich und Deutschland importiert wurde. Die Zucht und Pflege scheint aber ähnlich der von *X. eiseni* und *variata*.

Der Erstimport erfolgte im Frühjahr 1982 durch die obengenannten Herren.

Xenotoca variata ♂. Aquariumstamm.

Xenotoca variata (BEAN, 1887)

Familie:	Goodeidae JORDAN, 1923
Unterfamilie:	Goodeinae JORDAN, 1923
Herkunft des Artnamens:	*variata* (lat.) = bezieht sich auf die Mannigfaltigkeit der Körperfarben
Synonyma:	*Characodon variatus* BEAN, 1887 *Characodon ferrugineus* BEAN, 1887
Erstbeschreibung:	BEAN, T. H. (1887): Descriptions of five new species of fishes sent by Prof. A. DUGÈS from the province Guanajuato, Mexiko. Proc. U.S. Nat. Mus., 10: pp. 370–375.
Typuslokalität:	Guanajuato; Mexiko.
Meristische Angaben:	Dorsale = 11–15 Flossenstrahlen; Anale = 13–16 Flossenstrahlen; Pectorale = 12–18 Flossenstrahlen.
Totalkörperlänge:	Männchen 6 cm; Weibchen 6–7,5 cm.
Beschreibung:	Die Körpergrundfarbe der oberen Hälfte ist dunkelbraun und die der unteren Hälfte grauweiß. Entlang der mittleren Seitenlinie erstreckt sich, vor allem bei den weiblichen Tieren, ein breites dunkles Band. Ausgewachsene Männchen zeigen sich mit goldgelber Körperunterseite, während die Schuppen der Körperoberhälfte in allen denkbaren Farben schillern. Die Schwanzflosse dominanter Männchen ist gewöhnlich schwarz gezeichnet, mit einem breiten gelben Band. Die Rückenflosse färbt sich je nach Stimulation in den unterschiedlichsten Schwarztönen. Die Analflosse ist in ihrer Färbung variabel. In manchen Populationen ist sie gelb, in anderen wiederum schwarz. Die Brustflossen sind zumeist farblos, bei einigen Tieren erscheinen sie mit einem Hauch von Gelb.

Xenotoca variata ♀. Aquariumstamm.

Verbreitung: Rio Lerma-Becken, Guanajuato; Rio Santa Maria, San Luis Potosi; Rio Grande de Santiago, nahe Lago de Chapala, Jalisco und Michoacán; Rio de la Laja-Drainage, Querétaro; Mexiko.

Habitat: *Xenotoca variata* wird meistens im flachen Wasser, bis zu 1 m Wassertiefe, angetroffen. Die Gewässer sind klar oder getrübt und besitzen einen unterschiedlichen Bodengrund, gewöhnlich aus Schlamm oder Gestein. Die Wasservegetation setzt sich regional verschieden aus Eichhornia, Armoracia und Myriophyllum zusammen. Die Lebensräume von *variata* sind fast alle mit Massen von grünen Algen bewachsen. Die Wassertemperatur variiert zwischen 20° und 27° C.

Pflege und Zucht: Wie aus der Habitatbeschreibung bereits hervorgeht, sind die Heimatgewässer von *Xenotoca variata* üppig mit Algen bewachsen, so daß der hohe Pflanzenbedarf der Tiere in unseren Aquarien leicht erklärt werden kann. Es kommt vor, daß Pflanzen gefressen werden, wenn den Fischen nicht genügend Pflanzenkost gereicht wird. Ansonsten ist die Art ein Allesfresser. An die Wasserqualität werden kaum Ansprüche gestellt. Die Aquariumgröße sollte nach Möglichkeit bei 100 Liter liegen. Nach einer durchschnittlichen Tragzeit von 55 Tagen werden zwischen 20 und 40 Jungtiere, die bereits 1,5 cm lang sind, von den Weibchen abgesetzt. Des öfteren treten Vermehrungs-Schwierigkeiten auf, die darauf zurückzuführen sind, daß die Tiere überfüttert und zu spät zur Paarung angesetzt werden.

Der Erstimport erfolgte durch Herrn ENTLINGER, Hamburg, in den 70er Jahren über die ALA.

ZOOGONETICUS

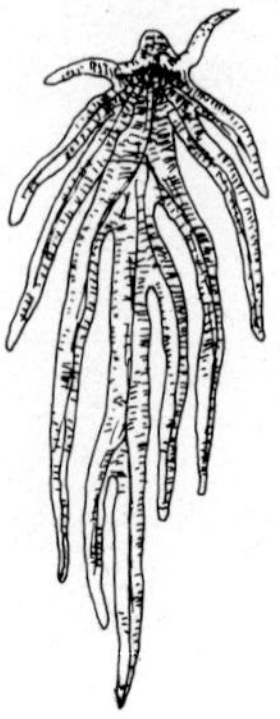

Zoogoneticus, MEEK, 1902

Die Goodeiden-Gattung *Zoogoneticus* umfaßt derzeit nur eine einzige Art, nämlich *quitzeoensis.* Herr BARTON A. BEAN beschrieb im Jahre 1898 den genannten Vertreter unter der Gattungsbezeichnung *Platypoecilus.*

MEEK listete in seiner 1904 erschienenen Arbeit, Fresh-water fishes of Mexico-North of the Istmus of Tehuantepec, insgesamt 7 Arten der Gattung *Zoogoneticus* auf, von denen einige damalige Arten Synonyme darstellen und andere Species heute in verschiedene Gattungen eingegliedert werden.

Welche große Unsicherheit bei verschiedenen Taxonomen im Überblick der Familie Goodeidae herrscht, zeigt PARENTI (1981) in ihrer Publikation, die unter anderem die Art *diazi,* die seit HUBBS und TURNER (1939) in die Gattung *Neoophorus* gestellt wird, ohne Begründung zu *Zoogoneticus* wieder einreiht.

Zoogoneticus quitzeoensis (BEAN, 1898)

Familie:	Goodeidae JORDAN, 1923
Unterfamilie:	Goodeinae JORDAN, 1923
Herkunft des Artnamens:	*quitzeoensis* = vom Verbreitungsgebiet, dem Lago de Cuitzeo, abgeleitet
Synonyma:	*Platypoecilus quitzeoensis* BEAN, 1898
Erstbeschreibung:	BEAN, B. A. (1898): Notes on a collection of fishes from Mexico, with description of a new species of Platypoecilus. Proc. U.S. Nat. Mus., 21: pp. 539–542.
Typuslokalität:	Lago de Cuitzeo; Michoacán; Mexiko.
Meristische Angaben:	Dorsale = 13–14 Flossenstrahlen; Anale = 13–15 Flossenstrahlen.
Totalkörperlänge:	Männchen = 3,5 cm; Weibchen 4,5 cm.
Beschreibung:	*Zoogoneticus quitzeoensis* ist ein klein bleibender, attraktiver Fisch, der einen gedrungenen Körperbau besitzt. Ältere Tiere erscheinen des öfteren mit einem Buckel. Die Körpergrundfarbe ist graubraun. Stellenweise zeigt sich eine Rotfärbung des Körpers, die vor allem bei den männlichen Tieren stärker ausgeprägt ist. Die Bauchregion ist weiß und gelbgrün und frei von schwarzer Körperpigmentfarbe. Entlang der oberen Körperhälfte und im Schwanzstiel-Bereich erscheint in beiden Geschlechtern eine schwarze Bandzeichnung, die mit einzelnen Flecken durchsetzt ist. Sämtliche Flossen sind zart gelb getönt. Bei den Männchen ist die Rücken- und Afterflosse orange bis rot gesäumt.
Verbreitung:	Rio Grande de Santiago; Jalisco; Lago de Cuitzeo; Michoacán; Ojo de Agua de Santiaguillo; Guanajuato; Mexiko.
Habitat:	Die *Zoogoneticus*-Art soll nach Angaben von TURNER und DILDINE sympatrisch mit *Skiffia bilineata* und *Goodea atripinnis luitpoldi* im Rio Grande de Santiago auftreten. Bisher sind nur wenig Habitatangaben bekannt geworden.

Zoogoneticus quitzeoensis ♂. Population El Fuerte, Mexiko.

Zoogoneticus quitzeoensis ♀.

Pflege und Zucht:

Ein heikler Kärpfling, dem man besondere Aufmerksamkeit widmen muß, was vor allem die Wasserqualität, Fütterung und Wassertemperatur betrifft. *Zoogoneticus quitzeoensis* wird in der Regel nach dem 4.–5. Monat geschlechtsreif und ist bei Temperaturen, die unter 25° C liegen, sehr gegen Tuberkulose anfällig. Selten werden mehr als 15, ca. 1 cm lange Jungfische von den Weibchen nach einer Tragzeit von etwa 55 Tagen abgesetzt. Das Aquariumwasser sollte 14tägig zur Häfte gewechselt werden und Lebendfutter muß den überwiegenden Nahrungsanteil stellen. Die Art wurde von Herrn DIBBLE 1981 erstmals nach England importiert. Seit 1983 gelangte ein Stamm aus El Fuerte, Jalisco, welchen RADDA und HOFMANN, Wien, sammeln konnten, zur Verbreitung in die Aquaristik.

POECILIIDAE

Poeciliidae GARMAN, 1895.

Dr. LYNNE R. PARENTI beschreibt in ihrer bereits genannten Arbeit eine neue, strukturierte Fischfamilien-Systematik der Ordnung Cyprinodontiformes BERG, 1940. Wie aus der Ordnungstabellierung zu entnehmen ist, werden in die Familie Poeciliidae, außer dem behandelten Komplex der Unterfamilie Poeciliinae, noch 2 weitere Unterfamilien, nämlich Fluviphylacinae ROBERTS, 1970 und Aplocheilichthyinae MYERS, 1928, gegliedert.

Fluviphylacinae wird lediglich durch eine monotypische Gattung vertreten und ist im Amazonas-Becken, Brasilien, beheimatet. Die Unterfamilie, die durch die Art *Fluviphylax pygmaeus* vertreten ist, wird zu den Eierlegern gerechnet.

Aplocheilichthyinae beinhaltet folgende Gattungen: *Aplocheilichthys* BLEEKER, 1863, mit 5 Untergattungen; *Lamprichthys* REGAN, 1911; Pantanodon MYERS, 1955; *Procatopus* BOULENGER, 1904; *Plataplochilus* AHL, 1928 und *Hypsopanchax* MYERS, 1924, sowie *Cynopanchax* AHL, 1928. Die Verbreitung der Mitglieder erstreckt sich in die Savannen- und Waldregionen von Zentral- und Ostafrika südlich der Sahara und Madagascar. Die über 100 Arten der Unterfamilie sind Eierleger.

Die Unterfamilie Poeciliinae besitzt außer der monotypischen Gattung *Tomeurus,* die zu den sogenannten „Halbeierleger“ gerechnet wird, ausschließlich vivipare Angehörige (WOURMS, 1981).

POECILIINAE

Poeciliinae GARMAN, 1895

Nach der grundlegenden Revisionsarbeit durch ROSEN & BALLEY (1963) erfuhr die Unterfamilie Poeciliinae wichtige Änderungen in ihrer Gattungs- und Artstrukturierung, vor allem durch FINK (1971); MENZEL & DARNELL (1973); MILLER (1974, 1975); MILLER & MINCKLEY (1970); RADDA & MEYER (1981); RIVAS (1969, 1978, 1980); ROSEN (1979) und SCHULTZ & MILLER (1971). Andererseits wurde mit zahlreichen Neubeschreibungen die Unterfamilie erheblich erweitert.

Wieder errichtet wurden folgende Gattungen: *Limia* POEY durch RIVAS (1978) und *Xenophallus* HUBBS durch RADDA & MEYER (1981).

Als neues Genus ist *Scolichthys* ROSEN, 1967 hinzugekommen.

Die Poeciliinae werden heute in 24 Gattungen und 8 Untergattungen gegliedert, wobei in den nächsten Jahren noch mit mindestens 4 weiteren zu rechnen ist, nämlich *Flexipenis, Heterophallina* und *Heterophallus* (*Gambusia*) und *Micropoecilia* (Poecilia).

Die erste Poeciliinae-Gattung wurde von zwei deutschen Wissenschaftlern, BLOCH & SCHNEIDER, im Jahre 1801 beschrieben. Hierbei handelt es sich um das Genus *Poecilia.*

Die Namensgebung, der von GARMAN im Jahre 1895 aufgestellten Unterfamilie, wurde von der Gattung *Poecilia* hergeleitet. Die Bezeichnung ist aus dem griechischen Wort „poikilia“, was soviel wie Buntheit oder Mannigfaltigkeit bedeutet, hergeleitet worden.

Die sehr zahlreichen Kärpflingsarten dieser Unterfamilie sind von Nord-Amerika über das gesamte Zentral-Amerika, die Karibikinseln und Süd-Amerika bis Argentinien beheimatet.

Verbreitungsgebiet der *Poeciliinae*

Anatomie der Poeciliinae

Lage der Organe und Knochen bei *Poeciliinae*
K = Herz
L = Leber
D = Darm
H = Hoden
S = Suspensorium
g = Gonopodium
SB = Schwimmblase
B = Harnblase
N = Niere

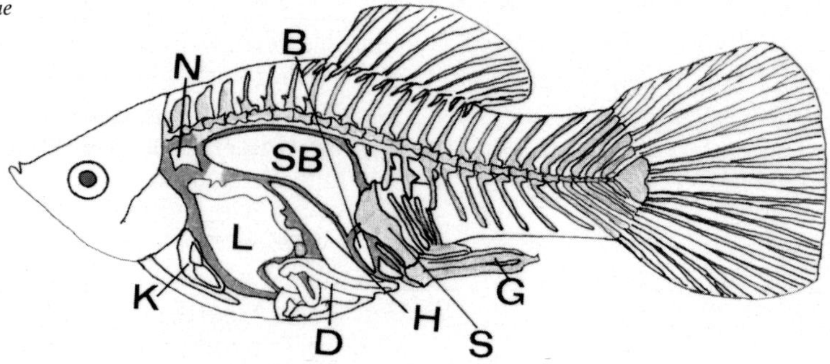

Bezeichnung der Körperteile *(Poeciliinae)*

L = L. lat. = Schuppenanzahl entlang der mittleren Seitenlinie.
T = L. tra. = Schuppenanzahl der mittleren Seitenhöhe.
P = Pectorale
V = Ventrale
A = Anale (bei ♂♂ umgewandelt zu einem Begattungsorgan)
S = Flossenstrahlen
D = Dorsale
C = Caudale
KL = Kopflänge
SL = Standardlänge
TL = Totallänge (benutzte Angabe im Buch; beschreibt hier den Mittelwert (Durchschnittslänge))
R = Rechen des 1. Kiemenastes (Vergrößerung 10×)

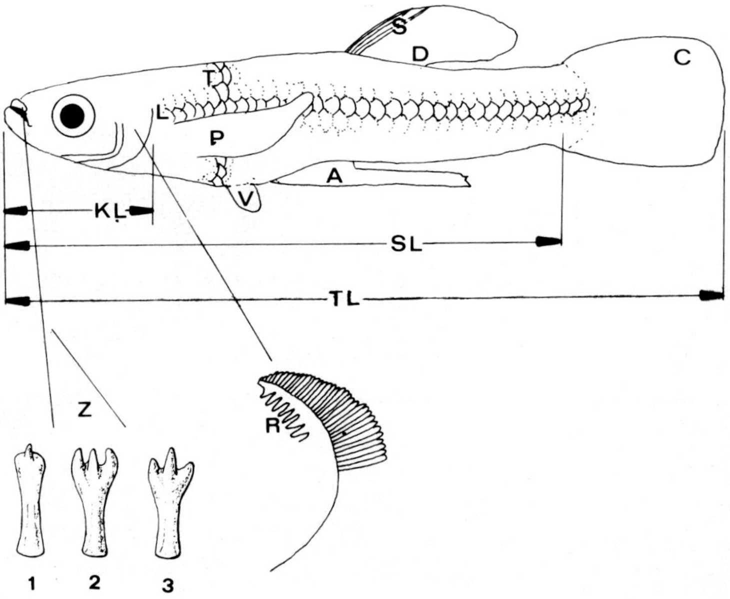

Innere Zahnelemente:
Poecilia butleri (1), Poecilia sphenops (2), Poecilia maylandi (3). – (Ober- und Unterkiefer ÷ einzelne Zähne frei = präpariert)

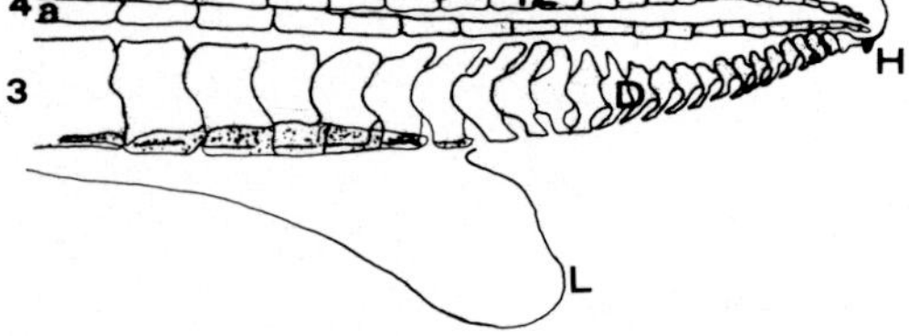

Gonopodium-Elemente
(*Poecilia mexicana*)
K = Klaue
H = Haken
L = Löffel
D = Dornen
IZ = Innere Zähne
5, 4 und 3 = Gonopodium-Strahl

Ovidukt- und Urogenitalsinuslage:
nach PETERS & MÄDER (1964)

a) bei der Befruchtung
O = Ovidukt
A = After
G = Gonopodium
SP = Spermozeugma (Samenpakete)
H = Harnblase

b) nach der Befruchtung
A = After
K = Geschlechtskanal
V = Verletzung (durch Gonopodium)
H = Harnblase
S = Sperma
O = Ovidukt

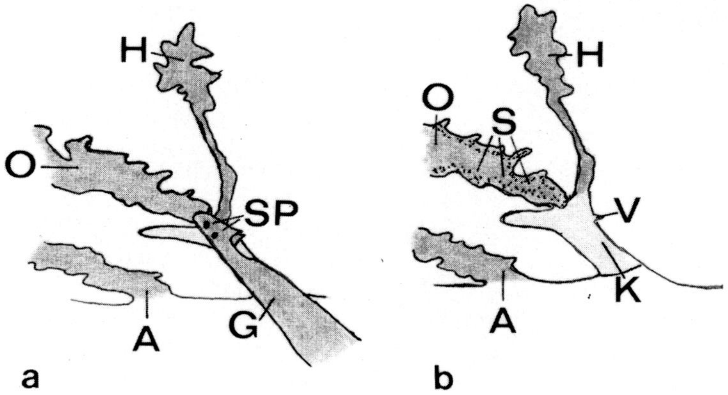

Xiphophorus variatus ♀ Bauchseite
1 = Ventralflossen
2 = Anusausgang
3 = Geschlechtsöffnung
4 = Afterflosse

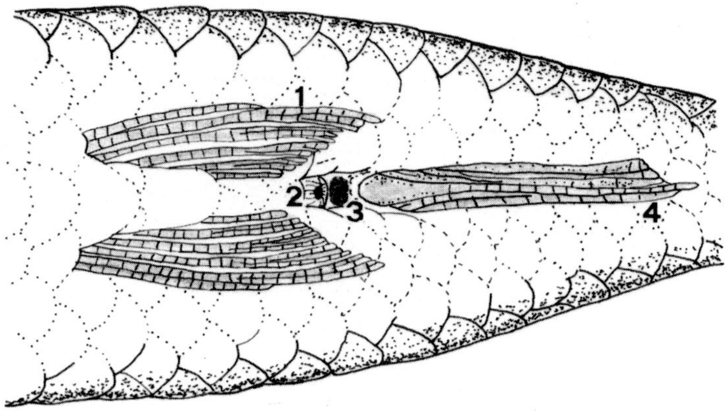

Gonopodium (Suspensorium) von *Xiphophorus*
1 = Wirbelsäule
2 = Gonapophysen
3 = Interhämalstacheln
4 = Baseosten
5 = Gonopodiumansatz
6 = Interhämalplatte
7 = Ligastyl

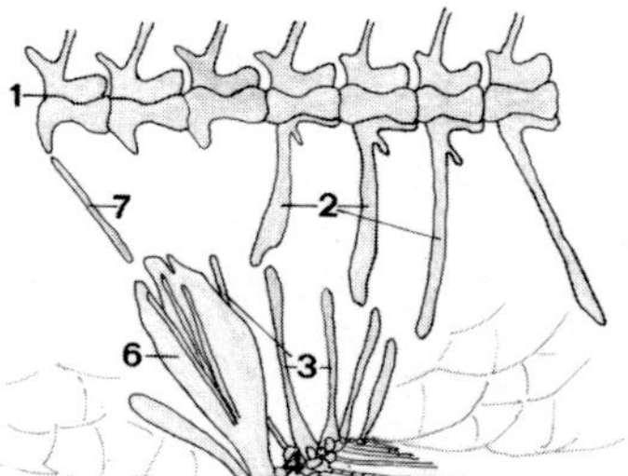

ALFARO

Alfaro MEEK, 1912

Die Gattung *Alfaro* stellt mit lediglich 2 Vertretern eine kleine Gruppe dar. Besiedelt wird die Atlantik-Drainage vom südlichen Guatemala bis Panama. Die Gattung wurde erstmals durch den Ichthyologen MEEK im Jahre 1912 aufgestellt und zu Ehren von Dr. A. ALFARO, Costa Rica, benannt. Als Typus lag die Art *cultratus* zugrunde.

Alfaro muß wegen des primitiven Gonopdiumaufbaus als sehr ursprünglich angesehen werden. Eine engere Verwandtschaftsbeziehung besteht zur Gattung *Poecilia*. Beide Vertreter des *Genus Alfaro* wurden bereits nach Österreich und Deutschland importiert. Allerdings konnte bisher nur die Art *cultratus* erfolgreich im Aquarium vermehrt werden.

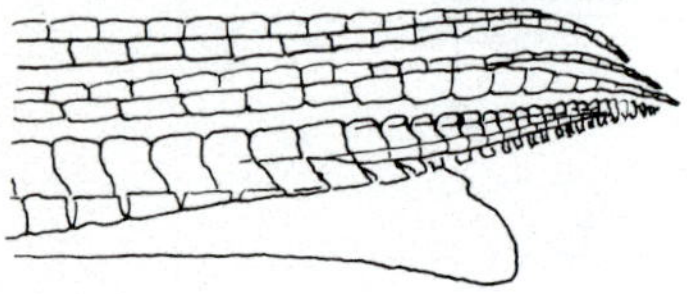

Alfaro cultratus

Verbreitungsgebiet von *Alfaro*

Alfaro cultratus. Aquariumstamm.

Alfaro cultratus. Aquariumstamm.

Alfaro cultratus (REGAN, 1908)

Familie:	Poeciliidae GARMAN, 1895
Unterfamilie:	Poeciliinae GARMAN, 1895
Herkunft des Artnamens:	*cultratus* (lat.) = messerförmig, bezieht sich auf die Körper-Kielseite
Synonyma:	*Petalosoma cultratum* REGAN, 1908 *Petalurichthys cultratus* REGAN, 1912 *Alfaro acutiventralis* MEEK, 1912 *Petalosoma amazonum* REGAN, 1911 *Petalurichthys amazonum* REGAN, 1912 *Alfaro amazonum* REGAN, 1913
Erstbeschreibung:	REGAN, C. T. (1908): A collection of fresh water fishes made by Mr. C. F. Underwood in Costa Rica. Ann. Mag. Nat. Hist., ser. 8, vol. 2, pp. 455–464.
Typuslokalität:	Rio Iroquois, Costa Rica.
Meristische Angaben:	Dorsale = 7–9 Flossenstrahlen; Anale = 9–10 Flossenstrahlen; L. lat. = 32–35 Schuppen; Wirbel 32–35.
Totalkörperlänge:	Männchen bis 6 cm; Weibchen bis 8 cm.
Beschreibung:	Bei dem obengenannten Vertreter der Gattung *Alfaro* ist die messerförmige Kielkante der Körperunterseite eines der Hauptmerkmale. Dieses Gebilde besteht aus 2 Schuppenreihen auf beiden Seiten des ventralen Teils im hinteren Körperbereich. *Alfaro cultratus* zeigt sich mit mäßig schlankem Körperbau. Die Körperhinterseite ist bei beiden Geschlechtern platt zusammengedrückt. Die Ventralen der männlichen Tiere sind lang ausgebildet und dienen bei der Balz zur Stimulation; im Bereich der weiblichen Kopfregion. Die Körpergrundfarbe ist grauoliv, mit heller Bauchseite. Die Seiten funkeln je nach Lichteinfall metallisch grün und blau. Ein Mittelstreifen ist leicht angedeutet. Der Flossenbehang kann je nach Population transparent oder leicht gelb getönt sein. Die Schwanzflosse ist bei den Alfatieren dunkel gesäumt.

Verbreitung: Atlantische Abdachung von Costa Rica und West-Panama, sowie Rio Huahuasán und Rio Zelaya, Nicaragua.

Habitat: RADDA und Mitarbeiter konnten 1980 auf ihrer Sammelreise im karibischen Raum, in Costa Rica, an 2 Fundorten den Messerkärpfling nachweisen. In einem kleinen schnellfließenden Bach im Regenwald gelegen, 6 km nordöstlich von La Virgen, trat *Alfaro cultratus* sympatrisch mit *Priapichthys annectens annectens, Phallichthys amates pittieri* und *Rivulus isthmensis* auf. Der Bach gehört dem Sarapiqui-System an und hatte am 21. Februar eine Bettbreite von 1–3 m und war durchschnittlich 30 cm tief. Die Wassertemperatur betrug um 11.30 Uhr 24,5° C, elektrische Leitfähigkeit = $55 \mu S^{20}$, pH = 6,6 und GH kleiner als 1. Weiterer Sammelort s. unter *Brachyrhapis holdridgei.*

Pflege und Zucht: In der Liebhaber-Literatur ist *Alfaro cultratus* als zänkisch und rauflustig beschrieben worden und wird sogar mit *Gambusia puncticulata yucatana* verglichen; dieses kann nicht bestätigt werden. Der Messerkärpfling läßt sich im Gegenteil gut mit anderen Beckeninsassen vergesellschaften. *A. cultratus* ist ein gewandter Schwimmer und zeigt sich in manchen Fällen gegenüber seinem Pfleger schreckhaft. Die lebendgebärende Zierfischart benötigt geräumige Becken, die gut bepflanzt sein sollten und in den oberen Wasserregionen ausreichend Schwimmraum bieten. Ein regelmäßiger Wasserwechsel, etwa 14-tägig, ist zu empfehlen, da die Fischart gegenüber Bakterienbefall sehr anfällig ist. Nach einer durchschnittlichen Tragzeit von 24 Tagen werden von den Weibchen zwischen 10 und 30 bereits 8 mm lange Jungfische abgesetzt. Die Aufzucht der Nachkommenschaft ist nicht einfach, da Heranwachsende gegenüber Bakterienbefall noch anfälliger als die Alttiere sind. Mit Rivanol kann meistens Abhilfe geschafft werden. Wichtig scheint vor allem die Aufzucht mit Artemia zu sein. Die Geschlechtsreife tritt gewöhnlich nach dem 5.–6. Monat ein. Vereinzelt werden in manchen Zuchten unausgewogene Geschlechts-Verhältnisse registriert.

Alfaro cultratus wurde 1937 wahrscheinlich erstmals durch Herrn WILHELM SCHREITMÜLLER nach Deutschland importiert.

Alfaro huberi (FOWLER, 1923)

Familie: Poeciliidae GARMAN, 1895

Unterfamilie: Poeciliinae GARMAN, 1895

Herkunft des Artnamens: *huberi* = nach Dr. HUBER

Synonyma: *Priapichthys huberi* FOWLER, 1923
Furcipenis huberi HUBBS, 1931

Erstbeschreibung: FOWLER, H. W. (1923): Fishes from Nicaragua. Proc. Acad. Nat. Sci. Philadelphia, vol. 75, pp. 23–32.

Typuslokalität: Marceligo Creek, Tunky River, Miranda; Nicaragua.

Meristische Angaben: Dorsale = 9 Flossenstrahlen, selten 10; Anale = 10 Flossenstrahlen; L. lat. = gewöhnlich 32 Schuppen.

Totalkörperlänge: Männchen 3,5–5 cm; Weibchen bis 7 cm.

Beschreibung: Ein Kärpfling mit gedrungenem Köperbau und einem Schuppenmesser entlang der unteren hinteren Körperseiten. Die Körperschuppen sind besonders im oberen Bereich dunkel umrandet.

Alfaro huberi

Annähernd am Ende der Pectoralen erstreckt sich ein schwarzes Zeichenmuster, aus Makromelanophoren bestehend, das sich aus 4–7 Schuppen der mittleren Körperseitenlinien zu einem Band zusammensetzt. Die obere Körperhälfte ist dunkelbraun und die untere grauweiß gefärbt. Sämtliche Flossen sind gewöhnlich durchscheinend. Die Schwanzflosse ist in manchen Populationen dunkel getönt. Beide Geschlechter sind in ihrem Zeichnungsmuster identisch.

Verbreitung: Atlantik-Drainage vom südlichen Guatemala, Honduras und Nicaragua.

Habitat: SCHLOSSER und Mitarbeiter, Wien, sammelten im Oktober 1977 im Rio Tulumaye, etwa 120 km an der Straße von Guatemala-City nach Puerto Barrios, *Alfaro huberi*. Der Fluß hatte eine Breite von 3 bis 6 m und eine Wassertiefe von 20–80 cm. Der Rio Tulumaye ist ein schnellfließendes kristallklares Gewässer, welches an der Sammelstelle in mit Baumsavannen bedecktem Hochland fließt. Außer dem lebendgebärenden Zierfisch traten nach Angaben von SCHLOSSER keine weiteren Fischarten auf. Das *A. huberi*-Biotop hatte am 25. Oktober eine Wassertemperatur von 27,5° C, bei einer Lufttemperatur von 38° C. Die elektrische Leitfähigkeit beträgt 180 μS^{20}, pH = 8,0 und GH = 5° DH.

Pflege und Zucht: In der Haltung erwies sich *Alfaro huberi* als sehr empfindlich und scheint vor allem gegen Hautparasiten sehr anfällig zu sein. Die geringe Zahl an Nachkommen der Wildfang-Elterntiere ging nach wenigen Wochen ohne erkennbare Krankheit ein. Neue Importe können möglicherweise mehr Klarheit in diese Angelegenheit bringen. *Alfaro huberi* wurde von E. SCHLOSSER 1977 erstmals nach Europa importiert. Jahre zuvor sollen einige Exemplare über die USA nach Deutschland gelangt sein, allerdings ohne Herkunftsangabe. Auch diese Fische sind anscheinend schnell wieder aus den Aquarien verschwunden.

BELONESOX

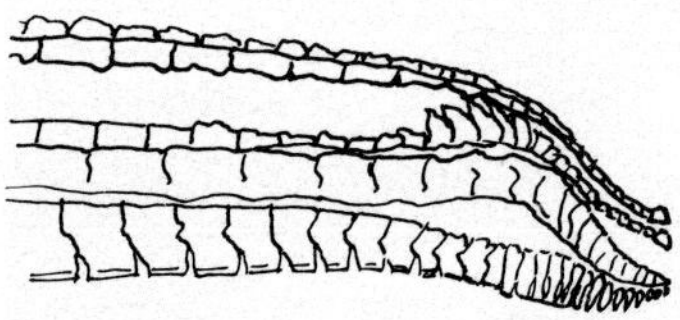

B. belizanus

Belonesox KNER, 1860

Das Genus *Belonesox* ist monotypisch, besitzt demzufolge eine einzige Art, nämlich *B. belizanus*. R. KNER stellte als erster die Gattung auf und kreierte die geschickte und zugleich zutreffende Namensgebung, nämlich Pfeilspitzenhecht. *Belone* kommt aus dem Griechischen und bedeutet Pfeilspitze. *Esox* wird vom Lateinischen hergeleitet und besagt Hecht.

Eine von der „Nominatform" abweichende Population wird in Progreso, Yucatan, Mexiko, angetroffen. Lange Zeit galt die von C. L. HUBBS (1936) beschriebene Form als Unterart, namens *B. belizanus maxillosus*. ROSEN & BALLEY (1963) zogen die Unterart wegen zu geringer Abweichung wieder ein.

Die nächste verwandtschaftliche Beziehung der Gattung besteht zu *Gambusia*.

Belonesox belizanus KNER, 1860

Familie: Poeciliidae GARMAN, 1895

Unterfamilie: Poeciliinae GARMAN, 1895

Herkunft des Artnamens: *belizanus* = von Belize, Britisch Honduras, abgeleitet

Synonyma: *Belonesox belizanus maxillosus* HUBBS, 1936

Erstbeschreibung: KNER, R. (1860): Über Belonesox belizanus, nov. gen. et spec. aus der Familie der Cyprinodonten. Sitzber. K. Akad. Wiss. Wien, Math. Nat. Cl., vol. 40, no. 10: pp. 419–422.

Typuslokalität: Belize; Britisch Honduras.

Meristische Angaben: Dorsale = 8–10 Flossenstrahlen; Anale = 10–12 Flossenstrahlen; L. lat. = 55–65 Schuppen.

Totalkörperlänge: Männchen bis 12 cm; Weibchen bis 20 cm.

Beschreibung: *Belonesox belizanus* zeigt sich in typischer Hecht-Manier, mit langgestrecktem Körperbau und großem, zugespitztem Kopf. Der Kiefer ist schnabelförmig ausgebildet und besitzt eine große Anzahl messerscharfer Zähne. Die Körpergrundfarbe ist graugelb und olivbraun. Die Brust- und Bauchregion ist schmutzig weißfarben. Bei auffallendem Licht schimmern die mittleren Schuppenreihen bronzegold. Je nach Stimulation, und vor allem in den Morgenstunden, erscheint der gesamte Fischkörper einschließlich Flossenbehang des öfteren schwarz getönt. Gewöhnlich erstrecken sich entlang der Körperseitenmitte 1–2 dunkle Punktbänderungen. Inmitten der Schwanzwurzelbasis befindet sich ein schwarzer kreisrunder Fleck, dessen genaue Funktion noch nicht ermittelt werden konnte. Der Flossenbehang ist je nach Population farblos oder leicht gelb getönt. Die Dorsale männlicher Tiere kann mit dunklen Punktzeichnungen verziert sein.

Verbreitung: Atlantikküste von Veracruz, Mexiko bis Nicaragua.

Belonesox belizanus. Aquariumstamm.

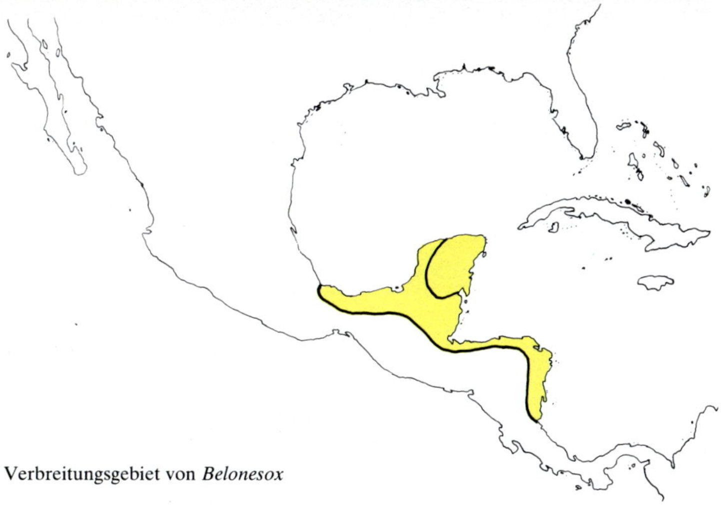

Verbreitungsgebiet von *Belonesox*

Habitat:

Belonesox belizanus besiedelt hauptsächlich die den Küsten nahe liegende Wasserzonen und wird stellenweise im Brackwasser angetroffen. In schnellfließenden Flüssen kann der Hechtkärpfling nur in seltenen Fällen gefangen werden, bevorzugt werden die ruhigen flachen Wasserabschnitte. In Gebieten des Rio Papaloapan trat *Belonesox* sympatrisch mit *Gambusia sexradiata* auf. Die Gewässer waren bis zu 1 m tief und sehr trüb.

SCHLOSSER, Wien, berichtet von einem Sammelort, dem Rio Subin in Guatemala. Der lebendgebärende Hecht trat hier im mäßig fließenden Fluß, bei einer Wassertiefe von 1–1,5 m, wiederum zusammen mit *G. sexradiata* auf. Weitere Begleitfische waren *Carlhubbsia kidderi, Phallichthys fairweatheri,* Salmler und Cichliden. Das Gewässer war dicht mit Cabomba-Beständen und einer Schwimmpflanzen-Decke aus Salvinia bewachsen. Wasserwerte siehe bei *Carlhubbsia kidderi.*

Pflege und Zucht:

Belonesox belizanus ist ein dankbarer Pflegling, der an die Wasserwerte und Beckengröße keine Ansprüche stellt. Als Futter sollten immer genügend Futterfische in passender Größe (mundgerecht) zur Verfügung stehen. Schwierig in der Aufzucht, was die Fütterung anbelangt, sind meistens Tiere zwischen der 2. und 8. Woche. Die ersten 14 Tage nach der Geburt können den Jungtieren Artemia, Wasserflöhe u. a. angeboten werden. Spätestens nach 2 Wochen muß mit der Fütterung von Fischen begonnen werden, sonst bleiben die Fische im Wachstum zurück und gehen dann später an Schwäche ein. Die maulgerechten Futterfische sollten einzeln verfüttert werden. Nach Möglichkeit sollten in das Belonesoxbecken keine überschüssigen Futtertiere gegeben werden, um vor allem den Fischen nicht selbst die Auswahl zu überlassen. Anderenfalls werden gewöhnlich dann nur kleine Fische genommen und andere nur gejagt und totgebissen. Der Hecht wird durchschnittlich zwischen dem 3. und 4. Monat geschlechtsreif. Je nach Größe der weiblichen Tiere werden zwischen 20 und 80 ca. 3,5 cm lange Jungfische abgesetzt, die ein breites dunkles Mittelband besitzen.

Belonesox belizanus wurde erstmals 1909 durch Herrn CARL SIGGELKOW nach Deutschland importiert.

BRACHYRHAPHIS

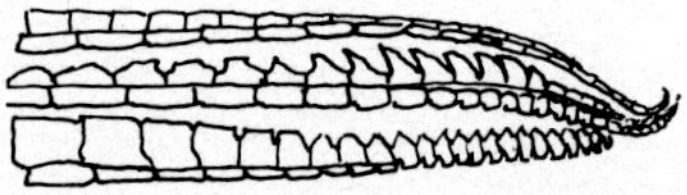

Brachyrhaphis rhabdophora

Brachyrhaphis REGAN, 1913

Die Gattung wurde von REGAN 1913 beschrieben. Als Typusexemplare zeigte er *Brachyrhaphis rhapdophora* REGAN, 1908, an. Das vorliegende Fischmaterial fand seine Herkunft vom Rio Grande de Térraba, Puntarenas und vom Vulkan Tenorio, an der pazifischen Abdachung von Costa Rica. Die Gattungsbezeichnung, *Brachyrhaphis,* ist aus dem Griechischen übernommen und setzt sich aus *brachy* = kurz, sowie *rhaphis* = Nadel, zusammen. Die Namengebung bezieht sich somit auf das männliche Begattungsorgan.

Die 8 Arten der Gattung *Brachyrhaphis* zeichnen sich fast alle durch bunte Färbung, sowie einer schwarz pigmentierten Region an der Analflossenbasis, welche sich meistens auf den Bereich der Genitale beider Geschlechter ausdehnen kann, aus. Eine unangenehme Eigenschaft vieler Brachyrhaphis-Arten bei der Pflege und Zucht im Aquarium ist ihr meist ruppiges Verhalten gegenüber Artfremdem und ihre Neigung zum Kannibalismus gegenüber Jungfischen.

Brachyrhaphis episcopi wurde als erste Art der Gattung 1911 durch ARTHUR RACHOW nach Hamburg importiert.

Die einzelnen Vertreter der Gattung *Brachyrhaphis* besiedeln verschiedene Flußsysteme von Süd-Mexiko bis Panama.

Nach letzten Mitteilungen und Sammeltätigkeiten durch HANS J. MAYLAND konnte, aus dem Rio Coto, Costa Rica, eine bislang unbeschriebene Brachyrhaphis-Art nachgewiesen werden.

Brachyrhaphis cascajalensis (MEEK & HILDEBRAND, 1913)

Familie: Poeciliidae GARMAN, 1895

Unterfamilie: Poeciliinae GARMAN, 1895

Herkunft des Artnamens: *cascajalensis* = nach dem Rio Cascajal benannt

Synonyma: *Gambusia cascajalensis* MEEK & HILDEBRAND, 1913

Erstbeschreibung: MEEK, S. E. & S. F. HILDEBRAND (1913): New species of fishes from Panama. Publ. Field Mus. Nat. Hist., zool. ser., vol. 10, no 8, pp. 77–91.

Typuslokalität: Rio Cascajal; Porto Bello; Panama.

Meristische Angaben: Dorsale = 7–8 Flossenstrahlen; Anale = 10 Flossenstrahlen; L. lat. = 29–30 Schuppen.

Totalkörperlänge: Männchen = 6 cm; Weibchen 5–7,5 cm.

Beschreibung: *Brachyrhaphis cascajalensis* besitzt einen langgestreckten Körperbau, mit kleinem leicht abgerundetem Kopf. Beide Geschlechter des Kärpflings zeigen eine schlichte Körperfärbung, die sich aus verschiedenen Grau- und Brauntönen zusammensetzt. Die Körpergrundfarbe ist grauoliv, mit einem dunklen Netzmuster der oberen Schuppenreihen und weißer Bauchseite. Sämtliche Flossen können je nach Population zart gelb getönt sein. Die Afterflosse der Weibchen besitzt eine schwarze Rahmung. Beide Geschlechter sind annähernd gleich gefärbt und besitzen für die Gattung die typische Schwarzfärbung des Analbereichs. Männchen mit schwarzem Gonopodium und schwarzgelb gebänderter Dorsale.

Brachyrhaphis cascajalensis

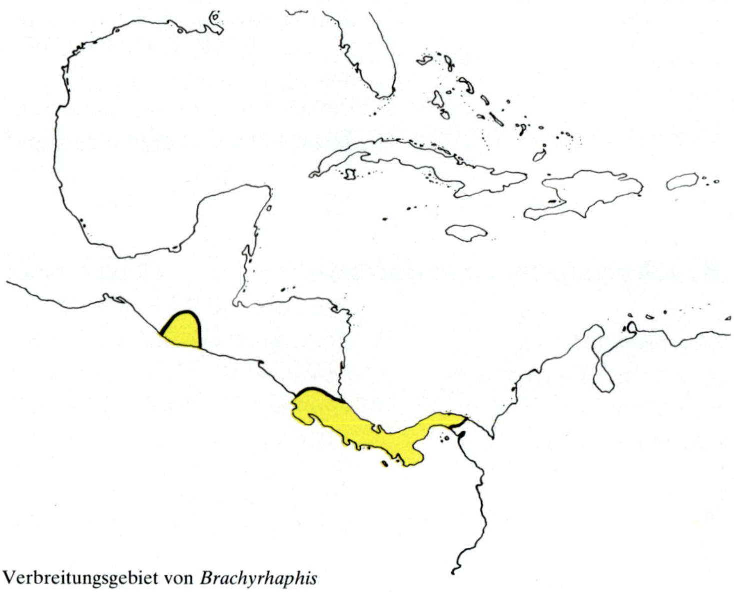

Verbreitungsgebiet von *Brachyrhaphis*

Verbreitung: Atlantische Abhänge von Südost-Costa Rica bis zum östlichen San Blas, Panama. Nach Angaben von Hildebrand (1938) anscheinend auch in Zentral-Panama, Pazifik-Drainage, nachweisbar.

Habitat: *Brachyrhaphis cascajalensis* wird im Süßwasser wie auch in Brackwasserzonen angetroffen. Der Cascajal-Kärpfling wurde von RADDA und Mitarbeitern im Februar 1980 am Rio Mendoza, Panama, gesammelt. Der Fundort lag im dichten Regenwald. Der Fluß besaß hier eine Bettbreite von 3 bis 8 m, mit einer Wassertiefe von 20 bis 80 cm. Der Bodengrund des Rio Mendoza bestand aus Sand und Geröll. Eine Wasservegetation fehlte. Gesammelte Fische außer *B. cascajalensis* waren *Neoheterandria tridentiger,* Salmler und Cichliden. Folgende Wasserwerte konnten ermittelt werden: Wassertemperatur am 26. Februar, 18.30 Uhr, 25,6° C, elektrische Leitfähigkeit = 170 μS^{20}, pH = 7,7 und GH = 5° DH.

Pflege und Zucht: Die Haltung und Vermehrung der Kärpflingsart ist nicht besonders schwierig. Nach einer durchschnittlichen Tragzeit von 28 Tagen setzen die weiblichen Tiere zwischen 20 und 40 im Durchschnitt 7 mm lange Jungfische ab, die bei abwechslungsreicher Fütterung schnell heranwachsen. *Brachyrhaphis cascajalensis* ist ein ausgesprochener Oberflächenfisch, der gern Anflugnahrung wie Drosophila nimmt. Eine Beckengröße von 60 Liter Wasserfassungsvermögen wird empfohlen. Bei Befall mit Außenparasiten wird eine Salzbehandlung, ca. 5 Teelöffel auf 10 Liter Wasser, erfolgreich sein.

Brachyrhaphis cascajalensis wurde erstmalig durch RADDA, Wien, 1980, nach Europa importiert.

Brachyrhaphis episcopi. Population Rio Capira.

Brachyrhaphis episcopi (STEINDACHNER, 1878)

Familie:	Poeciliidae GARMAN, 1895
Unterfamilie:	Poeciliinae GARMAN, 1895
Herkunft des Artnamens:	*episcopi* = von der Ortschaft Obispo, Panama, abgeleitet Eine 2. Deutung beschreibt den Necknamen eines Teilnehmers der damaligen Panama-Expedition.
Synonyma:	*Gambusia episcopi* STEINDACHNER, 1878 *Priapichthys episcopi* REGAN, 1913 *Gambusia latipunctata* MEEK & HILDEBRAND, 1913

Erstbeschreibung: STEINDACHNER, F. (1878): Ichthyologische Beiträge (6). Sitzber. K. Akad. Wiss. Wien, Math. Nat. Cl., vol. 77, no. 1, pp. 379–392.

Typuslokalität: Kanalzone bei Obispo; Panama.

Meristische Angaben: Dorsale = 8–9 Flossenstrahlen; Anale = 10 Flossenstrahlen; L. lat. 28–29; Wirbel 29–30.

Totalkörperlänge: Männchen = 3–3,5 cm; Weibchen = 4,5–5 cm.

Beschreibung: *Brachyrhaphis episcopi* stellt eine der schönsten lebendgebärenden Zierfischarten dar. Die Körpergrundfarbe ist grauoliv und gelb. Die Mittellinie setzt sich aus 10 bis 16 braunschwarzen Flecken- oder Querbandreihen zusammen. Je nach Stimulation tritt eine dunkle Netzzeichnung der Schuppenreihen hervor. Der Rückenbereich schimmert zart rötlich und die Bauchseite ist weiß. Die Kiemendeckel, sowie vereinzelt auch die Schuppenreihen, leuchten metallfarben. Sämtliche Flossen sind orange oder rot gefärbt und die Afterflosse besitzt das typische Zeichnungsmuster, wie bei *B. cascajalensis*. Bei den *episcopi*-Männchen treten die Farben wesentlich intensiver als bei den Weibchen hervor. Der Körperbau ist im Gegensatz zu den meisten nahen Verwandten viel schmächtiger.

Verbreitung: Atlantische und pazifische Gewässer von Zentral-Panama.

Habitat: Die ausschließlich auf Panama verbreitete Species wird in Kanälen, Sümpfen und in ruhigen Buchten größerer Flüsse angetroffen. Die Tiere, die zur Zeit in den Aquarien der Liebhaber gepflegt werden, stammen von einem Import der Herren RADDA und FRITSCHER, Wien, 1980. Der Fangort war der Rio Capira, 3 km südlich der Stadt Capira, an der Panamericana. Die Flußbreite betrug im Februar 3 bis 5 m und die Wassertiefe 20 bis 60 cm. Der Bodengrund setzte sich aus Steinen und Sand zusammen. Die Wassertemperatur betrug am 26. Februar um 10.00 Uhr 25,5° C, elektrische Leitfähigkeit = 225 μS^{20}, pH = 8,0, GH = 4° DH. *Brachyrhaphis episcopi* wird im Rio Capira zusammen mit dem ebenfalls lebendgebärenden Zahnkarpfen *Neoheterandria tridentiger* angetroffen.

Pflege und Zucht: Die Zucht und Pflege des Brachyrhaphis-Kärpflings gilt im allgemeinen als sehr schwierig. Nur wenigen Spezialisten ist es bisher gelungen, einen größeren Stamm der attraktiven Fische aufzubauen. Einem befreundeten Aquarianer, Herrn WIRTH, Mainz, und Herrn STEFAN, Wien, ist dies geglückt. Wichtig scheint vor allem die richtige Ernährung zu sein und mittelgroße Aquarienbehälter von ca. 100 Liter Fassungsvermögen. Schwarze Mückenlarven und Wasserflöhe scheinen die beste Nahrungsgrundlage darzustellen. Die Tiere sind in den bisher beobachteten Fällen nicht sehr produktiv. Im Durchschnitt werden von den Weibchen alle 28 Tage 10 bis 20 Jungfische mit 6,5 mm Körperlänge abgesetzt. Im Gegensatz zu seinen Gattungsverwandten ist *B. episcopi* im Nachstellen seiner Brut sehr „zaghaft". Die Aufzucht der Jungfische ist heikel und verlangt einiges Fingerspitzengefühl.

Der bekannte Deutsche Aquarianer Herr ARTHUR RACHOW hat den lebendgebärenden Kärpfling 1913 erstmalig importiert.

Brachyrhaphis hartwegi.
Population Retalhuleu, Guatemala.

Brachyrhaphis hartwegi ROSEN & BAILEY, 1963

Familie: Poeciliidae GARMAN, 1895

Unterfamilie: Poeciliinae GARMAN, 1895

Herkunft des Artnamens: *hartwegi* = nach Dr. NORMAN HARTWEG, USA

Synonyma: keine

Erstbeschreibung: ROSEN, D. E. & R. M. BAILEY (1963): The poeciliid fishes, their structure, zoogeography, and systematics. Bull. Amer. Mus. Nat. Hist. 126, pp. 1–176.

Typuslokalität: Oberlauf des Rio Jalapa, Soconusco District; Chiapas; Mexiko.

Meristische Angaben: Dorsale = 8–9 Flossenstrahlen; Anale = 8–9 Flossenstrahlen; Pectorale = 13 Flossenstrahlen; 30–31 Wirbel.

Totalkörperlänge: Männchen bis 3,5 cm; Weibchen bis 5 cm.

Beschreibung: Eine klein bleibende Brachyrhaphis-Art mit langgestrecktem Körperbau. Entlang der Körperseiten erstreckt sich eine dunkle Querbindenreihe, die sich aus 10 bis 15 nur schwach hervortretenden Binden zusammensetzt. Sämtliche Flossen sind an den Enden abgerundet. Die Rückenflosse ist wie bei allen Vertretern der Gattung leicht fahnenartig ausgezogen. Der gesamte Flossenbehang ist leicht gelb getönt, mit konzentrierten orangen Bereichen versehen. Die Körperfarben sind gelb bis olivfarben, mit weißgrauer Bauchseite. Beide Geschlechter sind annähernd gleich gefärbt.

Verbreitung: Pazifik-Drainage von Chiapas, Mexiko und Guatemala.

Habitat: E. SCHLOSSER und Mitarbeiter entdeckten auf ihrer Sammelreise 1977 in Guatemala erstmalig die beschriebene Art in einem Bewässerungsgraben bei Retalhuleu an der pazifischen Abdachung in Süd-Guatemala, von deren Import sämtliche Aquariumnachzuchten resultieren. SCHLOSSER gibt folgende Sammelortergebnisse bekannt: Fluß bei Retalhuleu, Samalá-System; Bettbreite 6 m, Wassertiefe 50 bis 180 cm. Der Flußuntergrund besteht aus Felsblöcken und Geröll. Gesammelte Fische: *Poeciliopsis gracilis, Poecilia,* Messerfische, *Cichlasoma* und *Brachyrhaphis hartwegi.* In einer Wasserrinne eines Bewässerungssystems desselben Flusses mit schlammigem Bodengrund, Breite 60 bis 150 cm und einer Wassertiefe von 40 bis 80 cm wird ausschließlich *hartwegi* gefangen. Die Wassertemperatur betrug am 21. Oktober 1977 gegen Mittag 26° C, elektrische Leitfähigkeit = 105 μS^{20}, pH = 7,3 und GH = 3° DH.

Pflege und Zucht: In der Pflege und Zucht erweist sich der Hartweg-Kärpfling als schwierig. In den meisten Fällen werden nur dann lebensfähige Nachzuchten erzielt, wenn den Alttieren Jungfische zur Nahrung gereicht werden. In der Regel werden dann durchschnittlich alle 28 Tage zwischen 10 und 20 Jungfische von den Weibchen abgesetzt. Erwachsene Tiere stellen den Neugeborenen besonders stark nach. Hier werden Ablaichkästen empfohlen, die mehr als doppelte Sicherheit bieten. *B. hartwegi* liebt sauberes Aquariumwasser mit dichter Bepflanzung. Nur in seltenen Fällen kann der Kärpfling mit weiteren Fischarten vergesellschaftet werden. Kleine Becken von 40 Liter Wasserfassungsvermögen sind für eine erfolgreiche Zucht und Pflege ausreichend.

Brachyrhaphis hartwegi wurde erstmals durch Herrn E. SCHLOSSER, Wien, nach Österreich importiert.

Brachyrhaphis holdridgei BUSSING, 1967

Familie: Poeciliidae GARMAN, 1895

Unterfamilie: Poeciliinae GARMAN, 1895

Herkunft des Artnamens: *holdridgei* = nach LESLIE R. HOLDRIDGE, Costa Rica, benannt

Synonyma: keine

Erstbeschreibung: BUSSING, W. A. (1967): New species and new records of Costa Rica freshwater fishes with a tentative list of species. Rev. Biol. Trop., 14 (2): pp. 205–249.

Typuslokalität: Rio Madre de Dios; Costa Rica.

Meristische Angaben: Dorsale = 8–10 Flossenstrahlen; Anale = 8–9 Flossenstrahlen; Pectorale = 13–14 Flossenstrahlen; Ventrale = 6 Flossenstrahlen; L. lat. = 28 Schuppen; Wirbel 30–31.

Totalkörperlänge: Männchen = 4 cm; Weibchen = 5 cm.

Beschreibung: Der genannte Kärpfling zeigt sich mit mäßig langgestrecktem Körperbau und spitzem Kopf. Schwanz- und Rückenflosse sind gerundet, während die After- und Bauchflosse leicht zugespitzt sind. In der Körperfärbung ist *Brachyrhaphis holdridgei* ein auffallender Fisch. Die Grundfarbe ist grauoliv und die Bauchseite ist hellgrau. Entlang der Körperseiten befinden sich 3–4 dunkle Strichreihen. Die hintere Körperhälfte ist bei den männlichen Tieren schwarz gebändert. Sämtliche Flossen sind leicht gelb getönt. Die Rückenflosse erscheint im oberen Drittel rot gefärbt und ist mit einem schwarzen Band gesäumt. Die Afterflossenzeichnung stimmt mit der von *B. cascajalensis* überein. Das Gonopodium der Männchen ist in den meisten Fällen schwarz gefärbt. Weibliche Tiere erscheinen ebenfalls des öfteren mit schwarzer Afterflosse.

Brachyrhaphis holdridgei ♂

Verbreitung: Zuflüsse des Rio Madre de Dios, Rio Sarapiqui und Rio Arenal, an den atlantischen Abhängen von Costa Rica, in Seehöhen von 60 bis 600 m.

Habitat: Im Jahre 1980 sammelten die Herren RADDA und FRITSCHER den Holdridge-Kärpfling in einem Sumpfgebiet mit geringem Wasserdurchfluß an der Straße von Tilaran-Arenal, Costa Rica. In dem angegebenem Gewässer trat *B. holdridgei* zusammen mit *Brachyrhaphis rhabdophora* und *Rivulus* auf. Die Wassertemperatur betrug am 23. Februar um 7.30 Uhr 22,5° C, elektrische Leitfähigkeit 122 μS^{20}, pH-Wert 7,5 und Gesamthärte 3,0° DH.

Pflege und Zucht: Die Pflege und Zucht von *Brachyrhaphis holdridgei* gilt als sehr schwierig. Mit den Nachzuchttieren ist man bisher nie über die zweite Generation hinweg gekommen, so daß die sehr hübsche Art in Gefangenschaft immer wieder ausgestorben ist.

Die Gründe hierfür sind nicht erklärbar und so muß ein neuer Import der Fischart mehr Erkenntnisse bringen. *Brachyrhaphis holdridgei* wurde erstmals durch die Herren RADDA und FRITSCHER 1980 nach Österreich importiert.

Brachyrhaphis parismina (MEEK, 1912)

Familie: Poeciliidae GARMAN, 1895

Unterfamilie: Poeciliinae GARMAN, 1895

Herkunft des Artnamens: *parismina* = nach dem Verbreitungsgebiet, Parismina, Costa Rica, benannt

Synonyma: *Gambusia parismina* MEEK, 1912
Priapichthys parismina REGAN, 1913

Erstbeschreibung: MEEK, S. E. (1912): New species of fishes from Costa Rica. Publ. Field Columbian Mus., zool. ser., vol. 10, no. 7, pp. 69–75.

Typuslokalität: Parismina; Costa Rica.

Meristische Angaben: Dorsale = 6–7 Flossenstrahlen; Anale = 7 Flossenstrahlen; L. lat. = 28 Schuppen; L. tra. = 8 Schuppen.

Brachyrhaphis parismina ♂

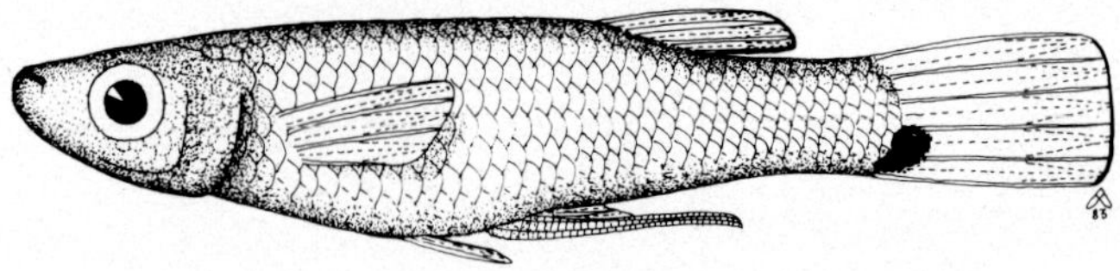

Totalkörperlänge: Männchen bis 7 cm; Weibchen bis 8 cm.

Beschreibung: *Brachyrhaphis parismina* besitzt einen mäßig langgestreckten Körperbau und spitzen Kopf. Nach Angaben von RADDA ist die Kärpflingsart nur durch einen großen schwarzen Fleck in der Schwanzwurzelbasis von *Brachyrhaphis cascajalensis* optisch zu unterscheiden. Tiere von *B. parismina,* die zuletzt von Herrn SCHULZ, Büdingen, importiert wurden, waren in der Körpergrundfarbe leicht gelb getönt.

Verbreitung: Bisher nur von der atlantischen Abdachung in Costa Rica bekannt.

Habitat: RADDA und FRITSCHER sammelten einige Exemplare der beschriebenen Art in einem Bach bei Puerto Viejo, Costa Rica, der 2 bis 6 m breit und 50 bis 120 cm tief war und schlammigen, mit Sand durchsetzten Bodengrund aufwies. Begleitfische waren *Phallichthys amates pittieri, Cichlasoma* und Salmler. Die Wassertemperatur betrug am 21. Februar 1980, 10 Uhr, 23° C, elektrische Leitfähigkeit 60 μS^{20}, pH-Wert 6,7 und eine Gesamthärte von 2,0° DH.

Pflege und Zucht: Bisher liegen noch keine Daten vor.

Lebende Tiere wurden 1982 von Herrn SCHULZ, Büdingen, für kurze Zeit nach Deutschland importiert.

Brachyrhaphis punctifer (HUBBS, 1926)

Familie: Poeciliidae GARMAN, 1895

Unterfamilie: Poeciliinae GARMAN, 1895

Herkunft des Artnamens: *punctifer* (lat.) = Punkte tragend, bezüglich der Körperfärbung

Synonyma: *Trigonophallus punctifer* HUBBS, 1926

Erstbeschreibung: HUBBS, C. L. (1926): Studies of the fishes of the order Cyprinodontes. 6. Misc. Publ. Mus. Zool. Univ. Michigan, no. 16, pp. 1–86.

Typuslokalität: Rio Cricamola; Panama.

Meristische Angaben: Dorsale = gewöhnlich 10–11 Flossenstrahlen; Anale = 9 Flossenstrahlen; L. lat. = 29–30 Schuppen.

Totalkörperlänge: Männchen = 3 cm; Weibchen = 4–5 cm.

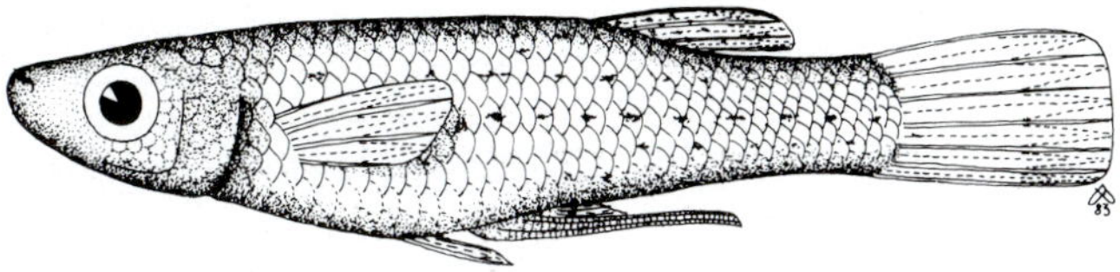

Brachyrhaphis punctifer ♂

Beschreibung: *Brachyrhaphis punctifer* zeigt sich wie beinahe alle Gattungsvertreter mit mäßig langgestrecktem Körperbau und kleinem zugespitzten Kopf. Die Körpergrundfarbe der Art ist nach Angaben von CARL L. HUBBS einheitlich grau. Die Körperseiten besitzen eine Anzahl dunkler Punktbänderungen. Die Dorsale zeigt eine innere dunkle Fleckenreihe, während die Schwanzflosse eine gesamtschwarze Färbung erfährt.

Verbreitung: Atlantische Abhänge von West-Panama.

Habitat: *Brachyrhaphis punctifer* besiedelt einige, meistens langsamfließende, Nebengewässer des Rio Cricamola. Nähere Angaben fehlen.

Pflege und Zucht: Die Fischart wurde bisher noch nicht importiert.

Brachyrhaphis rhabdophora (REGAN, 1908)

Familie: Poeciliidae GARMAN, 1895

Unterfamilie: Poeciliinae GARMAN, 1895

Herkunft des Artnamens: *rhabdophora* (gr.) = stabtragend, wahrscheinlich auf das männliche Begattungsorgan bezogen

Brachyrhaphis rhabdophora.
Aquariumstamm.

Synonyma:	*Gambusia rhabdophora* REGAN, 1908 *Priapichthys olomina* MEEK, 1914 *Panamichthys tristani* FOWLER, 1932 *Plectrophallus tristani* HUBBS, 1935 *Brachyrhaphis olomina* HUBBS, 1924
Erstbeschreibung:	REGAN, C. T. (1908): A collection of fresh water fishes made by Mr. C. F. UNDERWOOD in Costa Rica. Ann. Mag. Nat. Hist. ser. 8, vol. 2, pp. 455–464.
Typuslokalität:	Volcano of Tenorio und Rio Grande de Tèrraba; Costa Rica.
Meristische Angaben:	
Totalkörperlänge:	Männchen 3–4 cm; Weibchen 5,5–6,5 cm.

Beschreibung: Die Art wurde in den letzten Jahren mehrfach nach Europa importiert. Seitdem sind die verschiedensten Farbspielarten bekannt geworden. Die Körpergestalt läßt die weiblichen Tiere bullig erscheinen. Die Männchen sind schlank und langgestreckt. *Brachyrhaphis rhabdophora* besitzt ein abgerundetes großes Maul. Die Kopfgröße ist im Verhältnis zum Körper klein ausgebildet. Die Körpergrundfarbe der Art ist graubraun. Beinahe der gesamte Fischkörper ist mit einem dunklen Netzmuster überzogen und entlang der Seiten erscheinen 8–10 dunkelbraune Querbinden. Die einzelnen Schuppenreihen glänzen metallisch. Rücken- und Schwanzflosse sind gelborange getönt und mit schwarzen Strichbänderungen verziert. Das Gonopodium der Männchen ist wie bei fast allen Brachyrhaphis-Arten schwarzfarben. Die Weibchen besitzen wiederum die typische Afterflossenzeichnung. Letzte Sammelreisen konnten vereinzelt noch zusätzlich schwarz gescheckte Tiere aus verschiedenen Populationen isolieren.

Verbreitung: Atlantische und pazifische Abhänge von Costa Rica.

Habitat: *B. rhabdophora* findet in Costa Rica eine große Verbreitung und besiedelt die verschiedensten Flußsysteme. Hauptverbreitungsgebiete der Art findet man in Volcano Tenorio und Rio Grande de Tèrraba, Punctarenas. Eine intensiv schwarz gescheckte Population konnte RADDA und FRITSCHER in Tilaran-Arenal nachweisen. Die Art tritt hier zusammen mit *Brachyrhaphis holdridgei* und *Rivulus* auf. Weibchen und Männchen waren überwiegend im hinteren Körperabschnitt schwarz gescheckt. Ungescheckte Exemplare konnten im Rio Javilla bei Canas gefangen werden. Der Rio Javilla hat an der Sammelstelle eine Breite von 3 bis 6 m und ist durchschnittlich ca. 30 cm tief. Der Bodengrund ist steinig. Die Wassertemperatur betrug am 23. Februar 1980 um 16.25 Uhr 27,4° C, elektrische Leitfähigkeit = 300 μS^{20}, pH = 8,0, GH = 8,5° DH. *Brachyrhaphis rhabdophora* wird im Rio Javilla zusammen mit *Poecilia* und verschiedenen Cichliden angetroffen.

Pflege und Zucht: *B. rhabdophora* ist, wie beinahe alle Vertreter der Gattung ein gefräßiger Fisch und stellt den Neugeborenen, die im Aquarium sehr rar sind, unerbittlich nach. Für die Zucht eignen sich in den bisher beobachteten Fällen dicht bepflanzte Behälter, die den Fischen nur wenig Schwimmraum bieten. Von Ablaichkästen ist abzuraten, da die trächtigen Weibchen meistens verwerfen; noch unentwickelte Eier und nicht fertig entwickelte Embryonen werden abgestoßen. Des weiteren sind oft die weiblichen Tiere nicht befruchtet. Hier empfiehlt es sich, die Weibchen möglichst bald nach der Geschlechtsreife für die Zucht anzusetzen, da von älteren Tieren nur noch selten Würfe zu erwarten sind und die kleinen Männchen sich gegenüber der Agression der Weibchen nicht durchsetzen können. In der Regel sind bei abwechslungsreicher Fütterung, die überwiegend aus Lebendfutter bestehen muß, alle 28 Tage zwischen 10 und 30 etwa 7 mm lange Jungfische zu erwarten. Die Reife tritt nach dem 4. und 5. Monat ein.

Brachyrhaphis rhabdophora wurde wahrscheinlich über den englischen Aquariumhandel 1975 importiert und darf als europäischer Erstimport angesehen werden. Ein weiterer Import wurde durch den Amerikaner D. FROMM getätigt.

Brachyrhaphis rhabdophora, westliches Hochland von Costa Rica.

Brachyrhaphis terrabensis (REGAN, 1907)

Familie:	Poeciliidae GARMAN, 1895
Unterfamilie:	Poeciliinae GARMAN, 1895
Herkunft des Artnamens:	*terrabensis* = nach dem Verbreitungsgebiet, dem Rio Grande de Tèrraba, benannt
Synonyma:	*Gambusia terrabensis* REGAN, 1907 *Pseudoxiphophorus terrabensis* REGAN, 1913
Erstbeschreibung:	REGAN, C. T. (1907): Descriptions of six new fresh water fishes from Mexico and Central America. Ann. Mag. Nat. Hist., ser. 7, vol. 19, pp. 258–260.
Typuslokalität:	Rio Grande de Tèrraba; Costa Rica.
Meristische Angaben:	Dorsale = 12–14 Flossenstrahlen; Anale = 9–10 Flossenstrahlen; L. lat. = 29–30 Schuppen.
Totalkörperlänge:	Männchen bis 5 cm; Weibchen bis 6 cm.
Beschreibung:	Der Terraba-Kärpfling zeigt sich im Vergleich zu anderen Brachyrhaphis-Vertretern hochrückig. Die Körpergrundfarbe von *terrabensis* ist leicht blauoliv mit weißem Bauch. Die Körperseiten sind mit einem dunklen Netzmuster überzogen. Sämtliche

Brachyrhaphis terrabensis ♀. Population Rio Convento, Costa Rica.

Flossen sind leicht orange getönt und zeigen zusätzlich in der Rückenflosse eine schwarze Strichbänderung. Die Afterflosse des Weibchens und das Gonopodium des Männchens sind schwarz gefärbt. Beide Geschlechter treten mit typischer Analzeichnung auf.

Verbreitung: Pazifische Abhänge im südlichen Costa Rica und West-Panama.

Habitat: RADDA und Mitarbeiter wiesen *Brachyrhaphis terrabensis* 1980 am 22. Februar im Rio Peje nahe San Isidro, Costa Rica, nach. Der Bach hatte an der Fangstelle eine Breite von 1 bis 2 m und eine Wassertiefe von 20 bis 60 cm. Das Gewässer floß schnell über steinigen und sandig-schlammigen Bodengrund. Das Gewässer wies um 11.50 Uhr eine Wassertemperatur von 24,8° C, elektrische Leitfähigkeit von 72 μS^{20}, pH-Wert 6,7 und eine Gesamthärte von 1,2° DH auf. Eine weitere *B. terrabensis*-Population konnte in einem schnellfließenden Rinnsal, 800 m südöstlich von Covento gesammelt werden. Der Graben hatte eine Breite von durchschnittlich 50 cm und eine Tiefe von 10 bis 20 cm. Sein Bodengrund setzte sich aus Geröllbrocken zusammen. Die Wassertemperatur betrug am 22. Februar um 16.30 Uhr 23,5° C, elektrische Leitfähigkeit 27 μS^{20}, pH-Wert und Gesamthärte waren nicht nachweisbar. *Brachyrhaphis terrabensis* trat als einzige Fischart auf.

Brachyrhaphis terrabensis ♂

Pflege und Zucht:

Die Zucht der lebendgebärenden Fischart hat sich in den bisher beobachteten Fällen als sehr schwierig erwiesen. Nur selten bringen die Weibchen durchschnittlich 10 bis 30 etwa 8–9 mm lange Jungfische zur Welt. Bei abwechslungsreicher Fütterung, die auch aus Jungfischen bestehen sollte, wachsen die Nachkommen der Art schnell heran und können ihrerseits nach 4 bis 5 Monaten wiederum geschlechtsreif sein. Neugeborene müssen auf jeden Fall vor Nachstellungen der Alttiere geschützt werden. Weiches Wasser ist für das Wohlbefinden der Art nicht erforderlich.

Brachyrhaphis terrabensis wurde erstmals durch RADDA und FRITSCHER, 1980 nach Europa importiert. Gegenwärtig gelang durch WEIL, Eichen, die Etablierung unterschiedlicher Stämme aus dem Hoch- bzw. Tiefland des südwestlichen Costa Ricas, bei welchen insbesondere die differente Anzahl der Dorsalflossenstrahlen auffällig ist.

CARLHUBBSIA

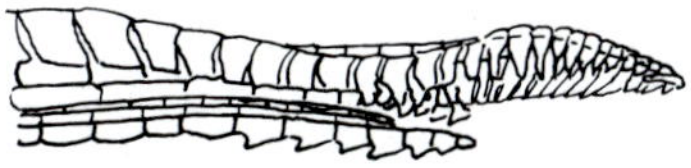

Carlhubbsia kidderi

Carlhubbsia WHITLEY, 1951

Zu Ehren des amerikanischen Ichtyologen Dr. CARL L. HUBBS benannte WHITLEY (1951) die Gattung *Carlhubbsia*. Die Namensgebung wurde revidierend zu der vorherigen Bezeichnung, nämlich *Allophallus* C. L. HUBBS, 1936, von G. P. WHITLEY geprägt, da die Benennung *Allophallus*, bereits zuvor von DZIEDZICK, 1923, für eine andere Fischart benutzt wurde. 1936 wurde *Carlhubbsia kidderi* (Hubbs) als erste Art der Gattung beschrieben. Den ersten europäischen Import, der Carlhubbsia-Vertreter, verdanken die Liebhaber der lebendgebärenden Zierfische E. SCHLOSSER, Wien. SCHLOSSER und Mitarbeiter brachten im Oktober 1977 von einer Sammelreise aus Guatemala lebendes Fischmaterial in ihre Heimatstadt. Wildfänge und Nachzuchten hiervon sind in kurzen Zeitabständen anschließend in mehrere europäische Aquarien gelangt. Die Gattung *Carlhubbsia* umfaßt 2 Arten und ist in Mexiko und Guatemala verbreitet.

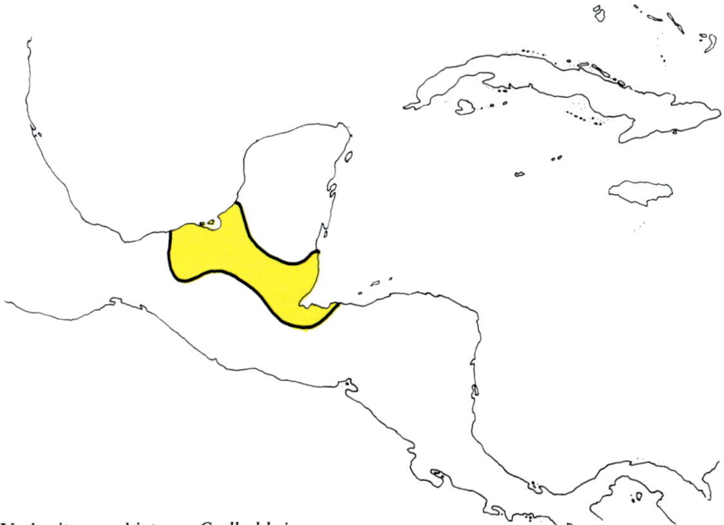

Verbreitungsgebiet von *Carlhubbsia*

Carlhubbsia kidderi (HUBBS, 1936)

Familie: Poeciliidae GARMAN, 1895

Unterfamilie: Poeciliinae GARMAN, 1895

Herkunft des Artnamens: *kidderi* = nach Dr. ALFRED V. KIDDER

Synonyma: *Allophallus kidderi* HUBBS, 1936
Aulophallus kidderi SCRIMSHAW, 1945

Erstbeschreibung: HUBBS, C. L. (1936): Fishes of the Yucatan Peninsula. Publ. Carnegie Inst. Washington, no. 457, pp. 157–287.

Typuslokalität: Rio Champotón, 18 km von Champotón; Campeche; Rio Champotón, nahe Janateya – 34 km östlich Champotón; Campeche; Mexiko.

Meristische Angaben: Dorsale = 9 Flossenstrahlen, selten 8; Pectorale = 10 Flossenstrahlen, selten 11; Ventrale = 6 Flossenstrahlen.

Totalkörperlänge: Männchen 3–5 cm, Weibchen 4–6 cm.

Beschreibung: *C. kidderi* besitzt einen langgestreckten Körperbau. Die Dorsale ist wie bei *stuarti* gut entwickelt, was vor allem die vorderen langausgezogenen Rückenflossen-Strahlen betrifft. Entlang der Körperseiten erstrecken sich 6–12 dunkle, senkrecht dichtaufeinanderfolgende Streifen, die nicht so intensiv wie bei dem Stuartkärpfling hervortreten. Die Körpergrundfarbe von *kidderi* ist braungelb, mit weißer Bauchseite. Sämtliche Flossen sind durchscheinend. Die Rückenflosse zeigt im hinteren Drittel einen schwarzen Fleck. Beide Geschlechter sind gleich gefärbt. Eine von SCHLOSSER in Guatemala aufgesammelte Population zeigte vereinzelt besonders im hinteren Dorsalflossenbereich, meistens rund um den schwarzen Fleck, eine intensive Gelbfärbung.

Verbreitung: Rio Champotón; Campeche; Mexiko und Rio San Pedro de Mártir, El Petén; Rio de la Pasión, El Petén und Alta Vera Paz; Guatemala.

Habitat: SCHLOSSER weist 1977 2 Fundorte von *C. kidderi* in Guatemala nach und gibt folgende Biotopdaten bekannt: Lagune Petexbatun des Rio de la Pasión, Usumacinta-System im Regenwald des Petén, Ufer mit Dornbüschen bewachsen, keine Wasserpflanzen vorhanden. Gesammelte Fische *Poecilia sphenops, Gambusia sexradiata, Phallichthys fairweatheri,* Salmler, Welse, Hornhechte, Cichliden und *Carlhubbsia kidderi.* Die Wassertemperatur beträgt am 14. Oktober 29,5° C, elektrische Leitfähigkeit = 550 μS^{20}, pH = 7,4, GH = 16° DH.

Rio Subin, Usumacinta-System bei El Subin. Bettbreite 8–10 m, Wassertiefe 1–1,5 m, Strömung etwa 2 km pro Stunde; Ufer grasbewachsen, im Wasser Cabomba-Bestände und teilweise mit Schwimmpflanzen Decke aus Salvinia. Begleitfische von *Carlhubbsia kidderi* waren: *Gambusia sexradiata, Belonesox belizanus, Phallichthys fairweatheri,* Salmler und Cichliden. Die Wassertemperatur beträgt am 15. Oktober 26° C, elektrische Leitfähigkeit = 475 μS^{20}, pH = 7,4, GH = 15° DH.

Pflege und Zucht: Beides hat sich in den bisher beobachteten Fällen als schwierig ergeben. Nach letzten Informationen ist *kidderi* wieder aus den Aquarien verschwunden, da es nicht möglich war, lebenstüch-

Carlhubbsia kidderi. Population Laguna Petexbatun, Guatemala.

tige Nachzuchten in der 3. Generation zu erhalten. Ob diese Erfahrung generell für die Art zutrifft, kann erst nach weiteren Importen beantwortet werden. Anfänglich hatte sich *kidderi* explosionsartig vermehrt. Durchschnittlich wurden bei einer Wassertemperatur von 27° C alle 24 Tage zwischen 15 und 60 Jungfische abgesetzt, die nach 4 Monaten bereits wieder fortpflanzungsfähig waren. *C. kidderi* wie auch *stuarti* sind verträgliche Fische, die man gut mit zusätzlichen Beckeninsassen vergesellschaften kann.

Carlhubbsia stuarti ROSEN & BAILEY, 1959

Familie: Poeciliidae GARMAN, 1895

Unterfamilie: Poeciliinae GARMAN, 1895

Herkunft des Artnamens: *stuarti* = nach Dr. LAURENCE C. STUART

Synonyma: keine

Erstbeschreibung: ROSEN, D. E. & R. M. BAILEY (1959): Middle-American poeciliid fishes of the genera Carlhubbsia and Phallichthys, with descriptions of two new species. Zoologica, vol. 44, pt. 1, pp. 1–44.

Typuslokalität: Rio Polochic, 0,5 km östlich Panzós; Alta Vera Paz; Guatemala.

Meristische Angaben: Pectoralflossen-Strahlen 13, selten 14; Wirbel 28; Preorbital-Kanal mit 4 Poren; L. lat. 25–26.

Totalkörperlänge: Männchen 3,5–4,5 cm; Weibchen 4–4,5 cm.

Beschreibung: *C. stuarti* zeigt sich dem Betrachter mit großem Kopf und hochrückigem Körperbau. Die Dorsale ist groß entwickelt und gerundet. Entlang der Körperseiten erstreckt sich eine Serie von 8–12 dunkel gefärbten Streifen, die senkrecht in kurzen Abständen vom Kiemenende bis in die Schwanzwurzelbasis reichen. Die Körperfarben setzen sich aus verschiedenen Braun-, Grau- und Gelbtönen zusammen, bei heller Bauchseite. Sämtliche Flossen können gelb getönt sein. Die Rückenflosse ist zusätzlich im vorderen Drittel schwarz gebändert. Das Gonopodium der

Carlhubbsia stuarti ♂. Population Rio Dulce, Guatemala.

männlichen Tiere ist lang und meistens intensiv gelb gefärbt. Beide Geschlechter sind annähernd gleich gefärbt. Bei adulten Männchen treten die Farben während der Brutzeit intensiver hervor. *C. stuarti* kann bei oberflächlicher Betrachtungsweise leicht mit der nahe verwandten Gattung *Phallichthys* verwechselt werden.

Verbreitung: Rio Polochic-System und See Izabal; Guatemala.

Habitat: Die Population die zur Zeit in den Aquarien gepflegt wird, stammt aus dem Rio Dulce, einem Abfluß des Sees Izabal. Die Flußbreite beträgt über 100 m, mit einer Wassertiefe zwischen 1 und 1,5 m im Uferbereich. Der Rio Dulce hatte Mitte Oktober 1977 eine starke Strömung. Die Wassertemperatur beträgt in dieser Jahreszeit im Mittel 28° C, elektrische Leitfähigkeit = 222 μS^{20}, pH = 8,0, GH = 6° DH. Der Bodengrund des Gewässers ist schlammig und mit dichten Beständen von Vallisneria und Myriophyllum bewachsen.

Pflege und Zucht: *Carlhubbsia stuarti* ist ein einfacher und dankbarer Pflegling, der sich bereits mit kleinen Aquariumbehältern zufrieden gibt. Als Mindest-Beckenvolumen werden 30 Liter empfohlen. Das Aquarium sollte gut bepflanzt und mäßig beleuchtet sein, damit die zarte Körper- und Flossenfärbung gut zur Geltung kommt. Die Art der Bepflanzung spielt eine untergeordnete Rolle, soll aber nach Möglichkeit stellenweise mit Javamoos-Polstern oder feingliedrig angelegt sein, damit vor allem die Brut vor den Nachstellungen durch die Alttiere geschützt ist. Leicht bewegtes Wasser kommt den Heimatbiotopen der Art nahe, ist aber nicht von Wichtigkeit. *C. stuarti* zeigt in größeren Behältern des öfteren Schwarmverhalten, wenn die Truppe mehr als 4 Tiere umfaßt. Die Wassertemperatur sollte bei 24° C liegen. Nach durchschnittlich 28 Tagen werden zwischen 10 und 50 Jungtiere von den Weibchen abgesetzt, die bei guter Fütterung schnell heranwachsen und nach 3–4 Monaten fortpflanzungsfähig sein können.

CNESTERODON

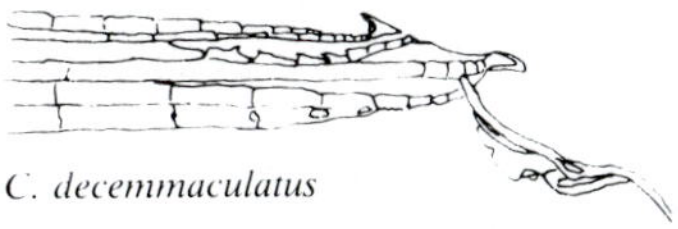

C. decemmaculatus

Cnesterodon GARMAN, 1895

Die Gattung *Cnesterodon* umfaßt lediglich 2 Species, die ihre Verbreitung im südöstlichen Südamerika finden. Die erste Art, *Cnesterodon decemmaculatus,* wurde erstmals durch JENYNS, 1843 unter dem heutigen Gattungssynonym *Poecilia* beschrieben. GARMAN stellte als Erster im Jahre 1895 die Gattung *Cnesterodon* auf.

Der Gattungsname *Cnesterodon* wurde aus dem Griechischen zusammengesetzt und bedeutet mit: Schabemesser-Zähnen.

Die Vertreter von *Cnesterodon* gelten als sehr ursprünglich und sind am nächsten mit den Angehörigen der Gattungen *Phalloptychus, Phallotorynus* und *Phalloceros* verwandt.

Beide Arten des Genus konnten bereits nach Europa importiert werden.

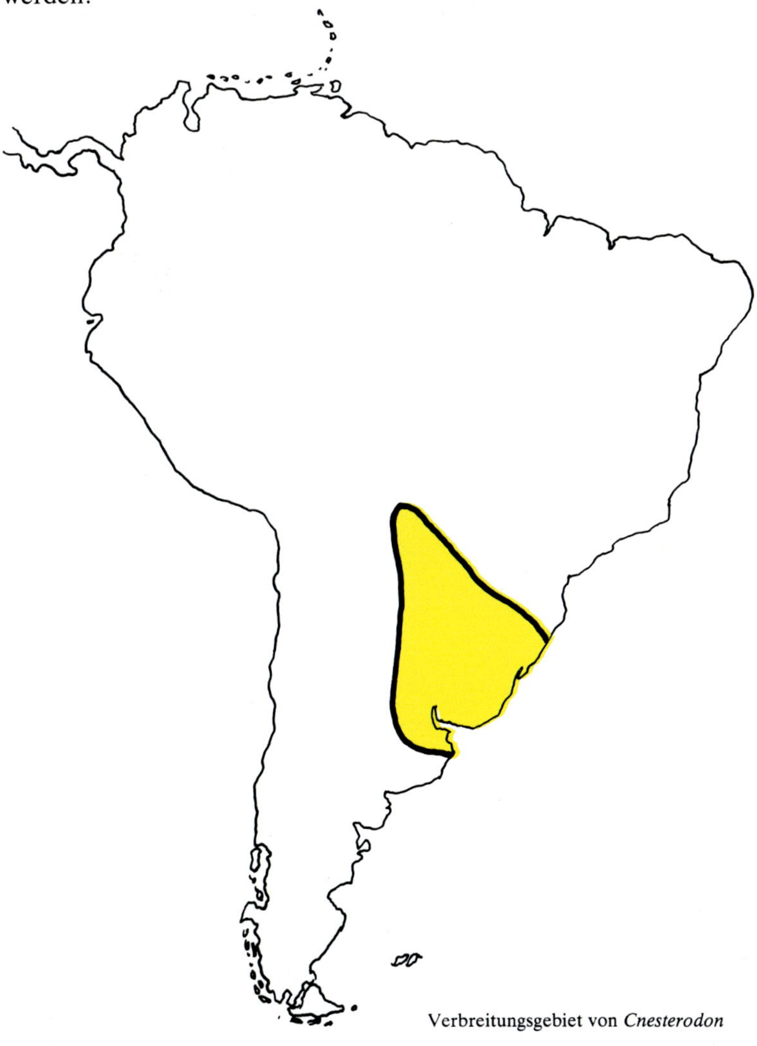

Verbreitungsgebiet von *Cnesterodon*

Cnesterodon carnegiei HASEMANN, 1911

Familie:	Poeciliidae GARMAN, 1895
Unterfamilie:	Poeciliinae GARMAN, 1895
Herkunft des Artnamens:	*carnegiei* = nach Frau CARNEGIE
Synonyma:	*Cnesterodon decemmaculatus* HENN, 1916
Erstbeschreibung:	HASEMAN, J. D. (1911): Some new species of fishes from the Rio Iguassú. Ann Carnegie Mus., vol. 7, nos. 3–4, pp. 374–387.
Typuslokalität:	Serrinba Paraná, Rio Iguassú, Brasilien.
Meristische Angaben:	Dorsale = 7–8 Flossenstrahlen, meistens 7; Anale = 9–10 Flossenstrahlen; Ventrale = 6 Flossenstrahlen; Pectorale = 11–12 Flossenstrahlen.
Totalkörperlänge:	Männchen = bis 2 cm; Weibchen bis 3,5 cm.
Beschreibung:	*Cnesterodon carnegiei* ist ein kleiner zerbrechlicher Fisch mit schlankem Körperbau und spitzem Kopf. Die Körpergrundfarbe ist graugelb. Die Bauchseite zeigt sich weiß. Entlang der Körperseiten sind meistens 3–5 schwarze Kommastriche im mittleren Bereich ausgebildet. Sämtliche Flossen sind durchsichtig. Die Männchen besitzen ein vom Körper angewinkeltes „vorderständiges" Gonopodium. Trächtige Weibchen zeigen während der Trächtigkeit einen stark ausgebeulten Leib.
Verbreitung:	Südöstliches Brasilien und Uruguay.
Habitat:	Bisher sind keine Daten bekannt geworden.
Pflege und Zucht:	*Cnesterodon carnegiei* ist ein unempfindlicher und dankbarer Pflegling, den man leicht in Einmach-Gläsern mit 1–2 Liter Fassungsvermögen hältern kann. An die Wasserwerte stellt die Art keine Ansprüche. Wegen der Kleinheit der Fische sollte den Neugeborenen wie Alttieren Artemia oder vergleichbares Futter gereicht werden. Nach Möglichkeit sollte das Aquarium ausreichend veralgt sein, damit noch genügend Staubfutter zur Verfügung steht. Durchschnittlich werden alle 24 Tage von den weiblichen Tieren zwischen 5 und 15 ca. 2–2,5 mm lange Jungfische abgesetzt. Die Neugeborenen stellen zusammen mit *Heterandria formosa,* wohl die kleinste Einheit innerhalb der Familie Poeciliidae dar. Die Geschlechtsreife tritt gewöhnlich nach dem 3.–4. Monat ein. In den bisher beobachteten Fällen stellen die Elterntiere Jungfischen nicht nach. *Cnesterodon carnegiei* wurde von englischen Aquarianern in den letzten Jahren über viele europäische Länder verteilt. Ein Importdatum ist nicht nachweisbar.

Cnesterodon carnegiei. Aquariumstamm.

Cnesterodon decemmaculatus (JENYNS, 1843)

Familie:	Poeciliidae GARMAN, 1895
Unterfamilie:	Poeciliinae GARMAN, 1895
Herkunft des Artnamens:	*decemmaculatus* (lat.) = zehngefleckt, bezüglich der Fleckung entlang der mittleren Körperseite
Synonyma:	*Poecilia decemmaculata* JENYNS, 1843 *Girardinus decemmaculatus* GÜNTHER, 1866 *Glaridichthys decemmaculatus* PHILIPPI, 1906 *Gulapinnus decemmaculatus* LANGER, 1913 *Poecilia gracilis* VALENCIENNES, 1846
Erstbeschreibung:	JENYNS, L. (1843): Fish. In Darwin, Charles (ed.), The zoology of the voyage of H. M. S. „Beagle", during the years 1832–1836. London, pt. 4: 172 pp.
Typuslokalität:	Maldonado; Uruguay.
Meristische Angaben:	Dorsale = 8–9 Flossenstrahlen; Anale = 9–10 Flossenstrahlen; L. lat. = 28–31 Schuppen; Wirbel = 29–32.

Trüber, stark verkrauteter Entwässerungsgraben in der Nähe von Buenos Aires; Biotop des „Millionenfisches" *Cnesterodon decemmaculatus*. Bei einem einzigen Kescherzug ist das kleine Fanggerät voll von diesen silberblitzenden Zahnkärpflingen.

Cnesterodon decemmaculatus ♀

Totalkörperlänge: Männchen bis 2,5 cm; Weibchen bis 4,5 cm.

Beschreibung: *Cnesterodon decemmaculatus* ist ein alter Aquariumbekannter mit langgestrecktem Körperbau und kleinem, spitzem Kopf. Die Körpergrundfarbe zeigt sich oliv und gelb, jedoch erscheint der Fisch mit glasiger Durchsichtigkeit. Die Bauchregion ist weiß und silber glänzend. Je nach Lichteinfall schillern die Körperseiten metallisch. Entlang der Körperseite verläuft ein schwarzes Band, das sich aus 7–11 senkrechten schmalen Streifen zusammensetzt. Sämtliche Flossen sind transparent. Rücken- und Schwanzflosse sind je nach Wohlbefinden der Fische schwarz gesäumt.

Verbreitung: Von Bolivien, Chaco bis zum Rio Grande do Sul, Brasilien, östliches Paraguay, Uruguay und Buenos Aires, Argentinien.

Habitat: *Cnesterodon decemmaculatus* besiedelt ruhige Gewässerzonen, Teiche und Gräben. Die Biotope sind gewöhnlich reich an Wasservegetation und mit Schlammboden bedeckt. Die Wassertemperatur ist in den Sommermonaten gewöhnlich hoch und liegt vielerorts über 30° C.

Pflege und Zucht: *Cnesterodon* ist im Gegensatz zu vielen anderen lebendgebärenden Kärpflingen besser in kleinen Behältern zu pflegen. Becken von 30 bis 40 Liter Fassungsvermögen sind für Pflege und Zucht optimal. *C. decemmaculatus* ist in der Haltung etwas empfindlicher als *C. carnegiei,* ansonsten siehe *C. carnegiei.*

C. decemmaculatus wurde erstmals 1899 von P. MATTE nach Deutschland importiert.

FLEXIPENIS

Flexipenis TURNER, 1940

C. L. TURNER verwendete erstmals in seiner 1940 erschienenen Arbeit, Superfetation in viviparous cyprinodont fishes, Copeia Nr. 2, den Gattungsnamen *Flexipenis* für die von CARL L. HUBBS im Jahr 1926 beschriebene Art Gambusia vittata. 1963 bestätigen RIVAS und HUBBS die von TURNER aufgestellte monotypische Gattung *Flexipenis* und nennen den Artnamen vittata in vittatus um. Neue wissenschaftliche Ergebnisse (MEYER, SCHARTL in Vorbereitung) zeigen das Flexipenis eine Zwischenstellung bei *Gambusia* und *Belonesox* einnimmt.

Die Gattungsbezeichnung *Flexipenis* verweist auf das biegsame männliche Begattungsorgan.

Die natürliche Verbreitung von *Flexipenis* erstreckt sich entlang der Atlantikseite von Mexiko, Tamaulipas bis zum nördlichen Veracruz.

Flexipenis wurde erstmals im Jahre 1979 nach Europa importiert.

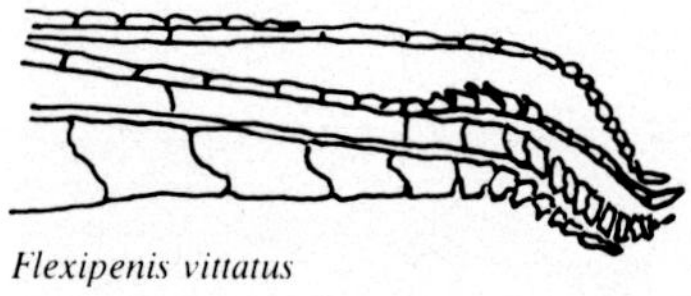

Flexipenis vittatus

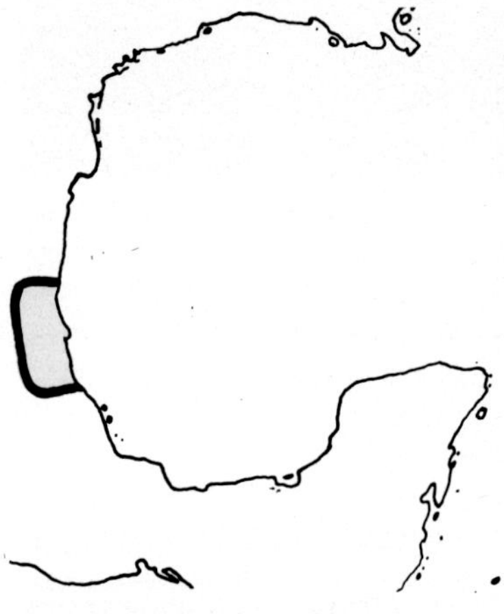

Verbreitungsgebiet von *Flexipenis*

Flexipenis vittatus HUBBS, 1926

Familie:	Poeciliidae GARMAN, 1895
Unterfamilie:	Poeciliinae GARMAN, 1895 nach HUBBS (1963 in RIVAS) eigenständige Gattung: *Flexipenis* TURNER, 1940.
Herkunft des Artnamens:	*vittatus* (lat.) = mit einer Binde geschmückt
Synonyma:	*Gambusia vittata* HUBBS, 1926 *Flexipenis vittatus* HUBBS, 1963
Erstbeschreibung:	HUBBS, C. L. (1926): Studies of the fishes of the order Cyprinodontes. 6. Misc. Publ. Mus. Zool. Univ. Michigan, no. 16,1–86.

Flexipenis vittatus ♂.
Population Rio Axtla, Mexiko.

Flexipenis vittatus ♀

Typuslokalität:	Rio Forlón, Forlón; Tamaulipas; Mexiko.
Meristische Angaben:	Dorsale = 8 Flossenstrahlen; Anale = 10 Flossenstrahlen; L. lat. = 30–31 Schuppen.
Totalkörperlänge:	Männchen bis 4,5 cm; Weibchen bis 6 cm.
Beschreibung:	*Flexipenis vittatus* ist ein langgestreckter lebendgebärender Fisch, mit spitzem Kopf. Beide Geschlechter sind annähernd gleich gefärbt. Die Körpergrundfarbe setzt sich aus Braun- und Olivtönen zusammen. Entlang der mittleren Körperseiten erstreckt sich eine breite, dunkelbraune Mittellinie, die des öfteren mit einem dunklen Fleckenmuster begleitet wird. Die Bauchseite ist weiß. Sämtliche Flossen, meistens nur bei den männlichen Tieren, sind zart gelb getönt. Die Rückenflosse der Alfatiere zeigt sich gewöhnlich mit zwei schwarzen Bandreihen, wobei eine der Reihen einen Saum bildet. Bei einigen Tieren besitzt die Schwanzflosse eine mittlere Punktbänderung. Im Vergleich zu der Gattung Gambusia ist das *Gonopodium* von *Flexipenis* wesentlich kürzer ausgebildet. *F. vittatus* kann leicht mit *Gambusia atrora* verwechselt werden. Eine fruchtbare Kreuzung ist allerdings zwischen diesen Vertretern nicht möglich.
Verbreitung:	Rio Panuco-Basin, von Ciudad Victoria; Tamaulipas bis zum nördlichen Veracruz; Mexiko.
Habitat:	*Flexipenis vittatus* wird in Fließgewässern und den Flüssen anliegenden Teichen gesammelt. Im Rio Axtla tritt die Art zusammen mit *Gambusia atrora, Poecilia mexicana, Xiphophorus variatus, Xiphophorus montezumae* und *Xiphophorus pygmaeus* auf. *Flexipenis* besiedelt hier vor allem den Steiluferbereich, in bevorzugter Wassertiefe von 30–100 cm. Der Bodengrund setzt sich aus Schlamm und großen Felsbrocken zusammen. Im Mante Kanal nahe Ciudad Mante lebt *vittatus* sympatrisch mit *Poecilia latipunctata, Poecilia mexicana, Gambusia affinis affinis* und dem Naturhybriden *Poecilia formosa.* Stellenweise sind zahlreiche Gewässerabschnitte dicht mit Ludwiga bewachsen. Der Bodengrund ist schlammig und die Gewässertiefe beträgt an der Fangstelle zwischen 30 und 100 cm. Anfang März 1980 beträgt die Wassertemperatur gegen Mittag 27° C. In einem Zufluß des Rio Forlón leben *F. vittatus* und die mit ähnlichem Zeichnungsmuster versehene *Gambusia regani* gemeinsam mit einigen weiteren Vertretern der Lebendgebärenden und Cichliden.
Pflege und Zucht:	In der Pflege ist *Flexipenis vittatus* problemlos. Alle Futtersorten werden gerne und ausreichend angenommen. An die Wasserwerte stellt die Kärpflingsart keine Ansprüche, entfaltet sich aber in sauberem Wasser wesentlich besser. Nach einer durchschnittlichen Tragzeit von ca. 6 Wochen werden zwischen 15 und 30, bereits 1 cm lange, Jungfische von den weiblichen Tieren abgesetzt. *Flexipenis* stellt den Neugeborenen nur bei Unterernährung nach. Die Geschlechtsreife tritt zwischen dem 3. und 4. Monat ein. *Flexipenis vittatus* kann mit anderen Zierfischen gut vergesellschaftet werden. *Flexipenis vittatus* wurde durch Herrn Dr. A. RADDA 1979 nach Österrreich importiert; in den darauf folgenden Jahren mehrfach durch zahlreiche Aquarianer nach Deutschland.

GAMBUSIA

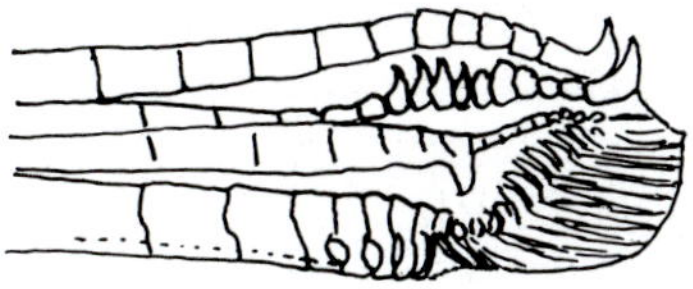

Gambusia punctata

Gambusia POEY, 1854

Es war F. POEY, der erstmals den Gattungsnamen *Gambusia* in der Erstbeschreibung von *Gambusia punctata* und *puncticulata* gebrauchte. P. H. GOSSE beschrieb in seiner Arbeit, A naturalist's sojourn in Jamaica, die erste Gambusen-Art, nämlich *Gambusia melapleura* (GOSSE, 1851). In der in London erschienenen Publikation reiht GOSSE den *Poeciliiden* zur Gattung *Poecilia* BLOCH & SCHNEIDER, 1801. Die von Herrn POEY gewählte Namensgebung *Gambusia* wurde von dem kubanischen Wort *gambusino* (= unbedeutend) hergeleitet. 1898 erreichte *Gambusia affinis holbrooki* als erster Vertreter der Gambusengattung, durch Herrn O. EGGELING, New York, europäische Aquarien. Exemplare, die angeblich alle Männchen waren, erhielten die Herren STÜVE, Hamburg und NITSCHE, Berlin.

Die Gattung *Gambusia* umfaßte nach ROSEN & BAILEY (1963) 34 Arten. Mittlerweile wurde eine Reihe neuer Species der Gattung beschrieben und andererseits haben sich insbesondere durch RIVAS (1963, 1969) und FINK (1971) wichtige taxonomische Änderungen ergeben, welche speziell in der folgenden Artenübersicht behandelt werden.

Die natürliche Verbreitung von *Gambusia* erstreckt sich über die atlantischen Gewässersysteme der Vereinigten Staaten, Mittelamerika und Nord-Kolumbien, sowie einige Karibikinseln.

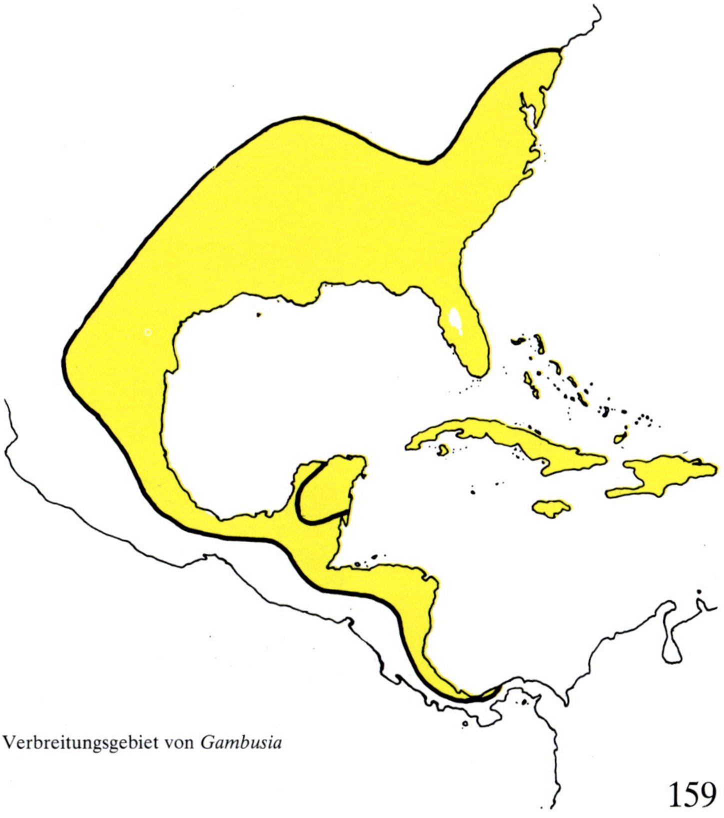

Verbreitungsgebiet von *Gambusia*

Gambusia affinis (BAIRD & GIRARD, 1853)

Familie:	Poeciliidae GARMAN, 1895
Unterfamilie:	Poeciliinae GARMAN, 1895
Herkunft des Artnamens:	*affinis* (lat.) = verwandt, bezieht sich auf die nahe verwandte Unterart *G. a. holbrooki*
Unterart:	*Gambusia affinis affinis* (BAIRD & GIRARD, 1853)
Synonyma:	*Heterandria affinis* BAIRD & GIRARD, 1853 *Heterandria patruelis* BAIRD & GIRARD, 1853 *Gambusia speciosa* GIRARD, 1859 *Gambusia patruelis* GIRARD, 1859 *Gambusia humilis* GÜNTHER, 1866 *Gambusia gracilis* GIRARD, 1859 *Zygonectes inurus* JORDAN & GILBERT, 1882 *Zygonectes patruelis* BLEEKER, 1860 *Zygonectes speciosa* BLEEKER, 1860 *Zygonectes brachypterus* COPE, 1880 *Zygonectes gracilis* BLEEKER, 1860
Erstbeschreibung:	BAIRD, S. F. & C. GIRARD (1853): Descriptions of new species of fishes collected by Mr. John H. Clark, on the U. S. and Mexican Boundary Survey, under Lt. Col. Jas. D. Graham. Proc. Acad. Nat. Sci. Philadelphia, vol. 6, pp. 387–390.
Typuslokalität:	Rio Medina und Rio Salado = San Antonio River; Texas; USA.
Meristische Angaben:	Dorsale = gewöhnlich 6 Flossenstrahlen, Gonopodium-Strahl 3 ohne Zähnchen.
Totalkörperlänge:	Männchen 3–4 cm; Weibchen 5–7 cm.
Beschreibung:	Ein typischer Gambusen-Vertreter mit schlankem Körperbau und spitzem Kopf. Die Körpergrundfarbe zeigt sich in beiden Geschlechtern grau, mit heller Bauchseite. Einige Populationen besitzen in der oberen Körperhälfte vereinzelt ein kleines schwarzes Punktmuster. Rücken- und Schwanzflosse können in beiden Geschlechtern mit 2–4 Punktbänderungen erscheinen.

Gambusia affinis.
Population Rio Tigre, Mexiko.

Sonstige Flossen sind ohne Farbmuster. Die Ventralen männlicher Tiere sind lang und nach oben gebogen. Der Trächtigkeitsfleck der Weibchen ist im Vergleich zu *G. affinis holbrooki* kaum ausgeprägt.

Verbreitung: Vom südlichen Alabama, USA bis zum Panuco-Becken in Mexiko.

Habitat: *Gambusia affinis affinis* besiedelt ein großflächiges Gebiet und ist an beinahe sämtliche Lebensräume angepaßt, meidet aber Brack- und Salzwasserzonen sowie kältere Habitatsregionen. *Gambusia affinis affinis* wurde und wird ständig mit dem Mosquito-Fisch, *Gambusia affinis holbrooki,* verwechselt. Beide Vertreter sind aber gut am Gonopodium-Bau zu unterscheiden.

Pflege und Zucht: Die Nominatform ist in der Aquariumpflege ein dankbarer Fisch, der an die Wasserqualität und Fütterung keine Ansprüche stellt. Wassertemperaturen unter 18° C werden nur in seltenen Fällen von der Gambuse, ohne Schaden zu nehmen, vertragen. Nach einer durchschnittlichen Tragzeit von 24 Tagen werden zwischen 10 und 60 ca. 6 mm lange Jungfische von den Weibchen abgesetzt. *G. affinis affinis* wurde um die Jahrhundertwende erstmals nach Europa importiert. Die exakte Jahreszahl ist wegen der ständigen Verwechslung nicht mehr nachweisbar.

Unterart: *Gambusia affinis holbrooki* (GIRARD, 1859)

Gambusia a. holbrooki. Aquariumstamm. ▶

▼
Gambusia spec. affinis „muzquiz", Population Muzquiz, Coahuila, Mexiko. Die erst kürzlich durch MEYER und WISCHATH importierte und E. HNILICKA entdeckte Art stellt möglicherweise eine neue affinis Form dar, die in ihrem Gonopodiumaufbau eine Zwischenstellung von den Arten *G. aurata* und *G. affinis affinis* einnimmt. Die Muzquiz-Gambusia tritt zusammen mit dem neuen Muzquiz-Platy auf.

Herkunft des Unterartnamens: *holbrooki* = nach dem amerikanischen Naturforscher J. E. HOLBROOK

Synonyma:
Heterandria holbrooki GIRARD, 1859
Haplochilus melanops COPE, 1870
Zygonectas atrilatus JORDAN & BRAYTON, 1878
Zygonectes melanops JORDAN, 1878
Gambusia holbrooki GIRARD, 1859
Gambusia modesta AHL, 1923
Gambusia myersi AHL, 1925

Erstbeschreibung: GIRARD, C. (1859): Ichthyological notices. Proc. Acad. Nat. Sci. Philadelphia, vol. 11, pp. 56–68.

Typuslokalität: Palatka; Florida; USA.

Meristische Angaben: Dorsale = gewöhnlich 7 Flossenstrahlen, Gonopodium-Strahl 3 mit Zähnchen; Weibchen ohne metacentrisches Chromosom im Gegensatz zu *G. affinis affinis*.

Totalkörperlänge: Männchen 3–3,5 cm; Weibchen 4–6 cm.

Beschreibung: Im Körperbau ist *holbrooki* von der Nominatform nicht zu unterscheiden. Die Holbrook-Gambusia bleibt allerdings in den Körperabmessungen etwas kleiner. Die Körpergrundfarbe ist grau, mit heller Bauchseite. In der Rücken- und Schwanzflosse zeigt sich in beiden Geschlechtern eine dunkle Bandpunktserie. Der restliche Flossenbehang ist frei von Zeichnungsmustern. Die Ventrale der Männchen ist lang und leicht nach oben gebogen. Die weiblichen Tiere besitzen einen großen schwarz-braunen Trächtigkeitsfleck. Vereinzelt treten stark schwarz gescheckte Männchen auf, die hauptsächlich in Florida gefunden werden. Die derzeit in den Aquarien gepflegte gescheckte Form ist von einem bisher noch nicht genau bestimmbaren Kreuzungsprodukt abzuleiten; angenommen wird die Kombination *G. holbrooki x affinis*. Verschiedentlich sind auch in den Aquarien gescheckte Weibchen aufgetreten, die wahrscheinlich auf „crossing-over" zurückzuführen sind.

Verbreitung: Von New Jersey bis Florida, Ostküste der Vereinigten Staaten; sowie weltweit zur Mückenbekämpfung ausgesetzt.

Habitat: *Gambusia affinis holbrooki* ist in seiner natürlichen Verbreitung enger begrenzt als die Nominatform. In seiner Anpassungsfähigkeit allerdings *G. affinis affinis* weit überlegen. Besiedelt werden außer allen denkbaren Süßgewässern Brack- und Salzwasserzonen. Des weiteren ist *holbrooki* gut an niedere Temperaturen angepaßt; einzelne Populationen können selbst einen kalten Winter, der weit unter dem Gefrierpunkt liegt, überstehen. Nur deshalb war es möglich, den Holbrook-Kärpfling auch in kalten Regionen der USA und Europas anzusiedeln.

Pflege und Zucht: In der Pflege und Zucht ist *Gambusia affinis holbrooki* gleich wie die Nominatform zu behandeln, allerdings werden tiefere Temperaturen, ohne Schaden zu nehmen, gut vertragen. Die gescheckte Kreuzungsform bringt in verschiedenen Zuchten Jungfische mit großem Dottersack zur Welt, die noch lange Zeit am Aquariumboden verharren. Oft werden mehr Männchen als Weibchen geboren.

Ein europäischer Erstimport ist nicht exakt zu ermitteln, dürfte aber ebenfalls um die Jahrhundertwende erfolgt sein.

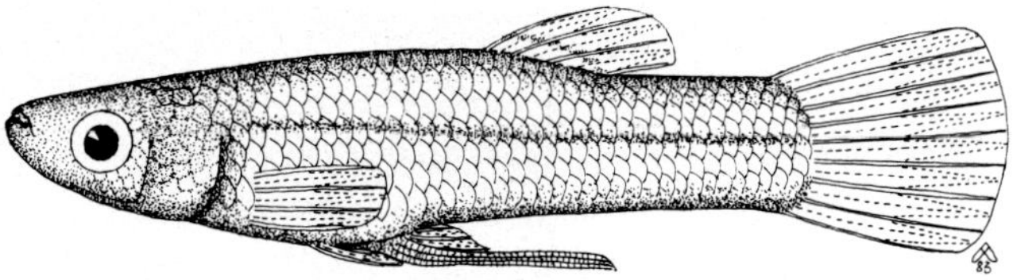

Gambusia amistadensis ♂
Die Art ist im natürlichen Habitat bereits ausgestorben.

Gambusia amistadensis PEDEN, 1973

Familie:	Poeciliidae GARMAN, 1895
Unterfamilie:	Poeciliinae GARMAN, 1895
Herkunft des Artnamens:	*amistadensis* = nach Amistad Reservoir
Synonyma:	keine
Erstbeschreibung:	PEDEN, A. E. (1973): Virtual extinction of Gambusia amistadensis n.sp., a poeciliid fish from Texas. Copeia, no. 2, pp. 210–221.
Typuslokalität:	Goodenough Spring, Val Verde Co.; Texas; USA.
Meristische Angaben:	Dorsale = 7–8 Flossenstrahlen; Pectorale = 14–15 Flossenstrahlen; L. lat. = 30–33 Schuppen.
Totalkörperlänge:	Männchen = 2,5–3 cm; Weibchen bis 3,5 cm.
Beschreibung:	*Gambusia amistadensis* zeigt sich mit mäßig langgestrecktem Körperbau und leicht abgerundetem Kopf. Die Körpergrundfarbe ist blaugrün und grau. Entlang der mittleren Körperseite erstreckt sich ein breites braunes Mittelband. Vereinzelt besitzen Tiere eine weit verstreute, kleine schwarze Fleckenanzahl, gewöhnlich im oberen Körperbereich. Die gerundete Rücken- und Schwanzflosse sind gelb gefärbt. Die Rückenflosse besitzt ein inneres schwarzes Fleckenband.
Verbreitung:	Nur von der Typuslokalität bekannt.
Habitat:	Goodenough Spring ist ein Warmquellenbereich und fließt über Felsgestein, mündet in den Rio Grande. Die vom Aussterben bedrohte Gambusen-Art besiedelt ausschließlich den nahen Quellbereich. Wassertemperaturen von 20,6° C und 29,4° C konnten von PEDEN (1973) in verschiedenen Zeitintervallen festgestellt werden.
Pflege und Zucht:	*Gambusia amistadensis* ist in der Aquaristik unbekannt. Versuche von PEDEN zeigten, daß die Gambuse an extreme Lebensbedingungen, vor allem was Temperaturschwankungen anbelangt, angepaßt ist.

Gambusia atrora ♂.
Population: Rio Axtla, Mexiko.

Gambusia atrora ROSEN & BAILEY, 1963

Familie:	Poeciliidae GARMAN, 1895
Unterfamilie:	Poeciliinae GARMAN, 1895
Herkunft des Artnamens:	*atrora* (lat.) = mit schwarzer Kante, in Anlehnung an die schwarz gebänderte Rücken- und Afterflosse
Synonyma:	keine
Erstbeschreibung:	ROSEN, D. E. & R. M. BAILEY (1963): The poeciliid fishes, their structure, zoogeography, and systematics. Bull. Amer. Mus. nat. Hist., 126: pp. 1–176.
Typuslokalität:	Rio Axtla; San Luis Potosi; Mexiko.
Meristische Angaben:	Dorsale = 8 Flossenstrahlen; Anale = 10 Flossenstrahlen; L. lat. = 30–33 Schuppen; Wirbel = 33–34.
Totalkörperlänge:	Männchen = bis 3 cm; Weibchen bis 4 cm.
Beschreibung:	*Gambusia atrora* zeigt sich als langgestreckter Kärpfling mit kleinem leicht abgerundetem Kopf. Die Grundfärbung ist graubraun mit heller Bauchseite. Entlang der Körpermitte verläuft ein dunkelbrauner Streifen. Die obere Körperhälfte beider Geschlechter ist schwarz gesprenkelt. Sämtliche Flossen sind zart gelb getönt und leicht dunkel gerahmt. Die Rückenflosse der männlichen Tiere ist in der hinteren Hälfte schwarz gefärbt. *Gambusia atrora* kann leicht mit *Flexipenis vittatus* verwechselt werden, ist allerdings an der Körperfleckenbildung gut von der gattungsverwandten Species zu unterscheiden.
Verbreitung:	Rio Axtla und Rio Matlapa; San Luis Potosi; Mexiko.
Habitat:	*Gambusia atrora* wird prinzipiell an den Steilufern des Rio Axtla zusammen mit *Flexipenis vittatus, Xiphophorus pygmaeus* und vereinzelt mit *X. cortezi* angetroffen. *G. atrora* hält sich mit Vorliebe zwischen den Steinen des Flusses auf. Weitere Habitatangaben siehe *X. pygmaeus* und *Flexipenis vittatus*.
Pflege und Zucht:	Bisher erwies sich die Art als sehr heikel und hat sich im Aquarium nur selten vermehrt. *Gambusia atrora* verhält sich gegen artfremde Fische sehr aggressiv und ist aus diesem Grund besser alleine zu pflegen. An die Fütterung stellt die Species keine Ansprüche. Ansonsten wie *pygmaeus* und *vittatus*. Die Gambusen-Art wurde erstmals 1978 durch RADDA nach Österreich importiert.

Gambusia aurata ♂.
Population El Limon, Mexiko.

Gambusia aurata MILLER & MINCKLEY, 1970

Familie:	Poeciliidae GARMAN, 1895
Unterfamilie:	Poeciliinae GARMAN, 1895
Herkunft des Artnamens:	*aurata* (lat.) = golden, bezogen auf die Körperfärbung
Synonyma:	*Gambusia myersi* ROSEN & BAILEY, 1963
Erstbeschreibung:	MILLER, R. R. & W. L. MINCKLEY (1970): Gambusia aurata, a new species of poeciliid fish from northeastern Mexico. Southwestern Naturalist 15 (2): pp. 249–259.
Typuslokalität:	Rio Mante; Tamaulipas; Mexiko.
Meristische Angaben:	Dorsale = 7 Flossenstrahlen; Anale = 9–10 Flossenstrahlen; Pectorale = 13–15 Flossenstrahlen; L. lat. = 28–30 Schuppen; Wirbel = 30–31.
Totalkörperlänge:	Männchen bis 2,5 cm; Weibchen bis 4 cm.
Beschreibung:	*Gambusia aurata* ist eine kleine Fischart mit gedrungenem Körperbau und gerundetem Kopf. Die Körpergrundfarbe ist goldgelb mit weißer Bauchseite. Jede Körperseite besitzt eine Anzahl von 4–5 dunklen Punktreihen. Eine feine dunkle Mittellinie ist nur schwach angedeutet. Rücken- und Schwanzflosse sind mit schwarzen Fleckenreihen besetzt. Sämtliche Flossen sind gelb getönt. Die Augen leuchten blau.
Verbreitung:	Rio Guayalejo, Rio Mante; Tamaulipas; Mexiko.
Habitat:	In stehenden und leicht fließenden Gewässern kann *Gambusia aurata* ringsum Ciudad Mante angetroffen werden. Die Biotope besitzen gewöhnlich eine reiche Vegetation und sind leicht getrübt. Die Wassertemperatur schwankt im Jahr zwischen 15 und 30° C. *G. aurata* wird stellenweise sympatrisch mit *Flexipenis vittatus* und *Gambusia affinis affinis* angetroffen. Verschiedentlich werden Naturhybriden zwischen *G. aurata* und *affinis* nachgewiesen.

Pflege und Zucht:	Eine kleine empfindliche Art, die nach Möglichkeit nur im Artenbecken gehalten werden sollte. Als Futter sollte vor allem Artemia gereicht werden. Nach einer durchschnittlichen Tragzeit von 28 Tagen werden zwischen 10 und 20 ca. 6 mm lange Jungfische von den Weibchen abgesetzt. Die Art stellt den Neugeborenen in den bisher beobachteten Fällen nicht nach. *Gambusia aurata* wurde erstmals durch Dr. RADDA, Wien, nach Österreich, Deutschland und England im Jahre 1979 importiert.

Gambusia beebei MYERS, 1935

Familie:	Poeciliidae GARMAN, 1895
Unterfamilie:	Poeciliinae GARMAN, 1895
Herkunft des Artnamens:	*beebei* = nach Dr. WILLIAM BEEBE benannt
Synonyma:	keine
Erstbeschreibung:	MYERS, G. S. (1935): An annotated list of the cyprinodont fishes of Hispaniola, with descriptions of two new species. Zoologica, vol. 10, no. 3: pp. 301–316.
Typuslokalität:	Lake Miragoâne; Haiti.
Meristische Angaben:	Dorsale = 9 Flossenstrahlen; Pectorale = 16 Flossenstrahlen; L. lat. = 31 Schuppen; Wirbel 32.
Totalkörperlänge:	Männchen bis 6 cm; Weibchen bis 10 cm.
Beschreibung:	*Gambusia beebei* hat einen langgestreckten Körperbau mit spitzem Kopf. Das Maul ist leicht schnabelförmig ausgebildet und verleiht den Fischen das hechtähnliche Aussehen. Die Rückenflosse ist weit nach hinten versetzt. Beide Geschlechter sind gleich gefärbt. Die Körpergrundfarbe ist braungelb. In den meisten Fällen sind die Tiere an den Körperseiten nicht gefleckt und zeigen lediglich eine feine dunkle Mittellinie. Sämtliche Flossen sind ohne Zeichnungsmuster. Die Schwanzflosse ist trapezförmig ausgebildet.

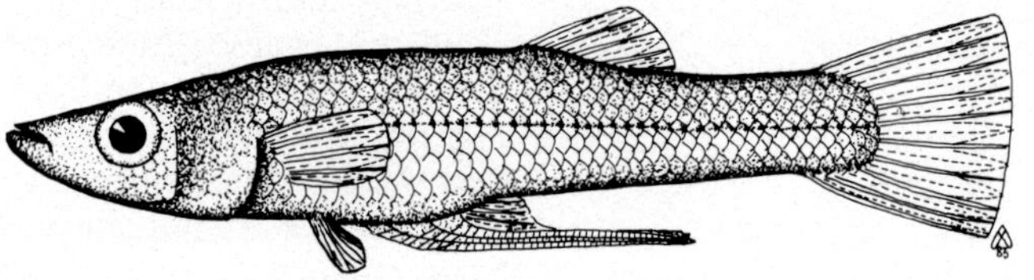

Gambusia beebei ♂

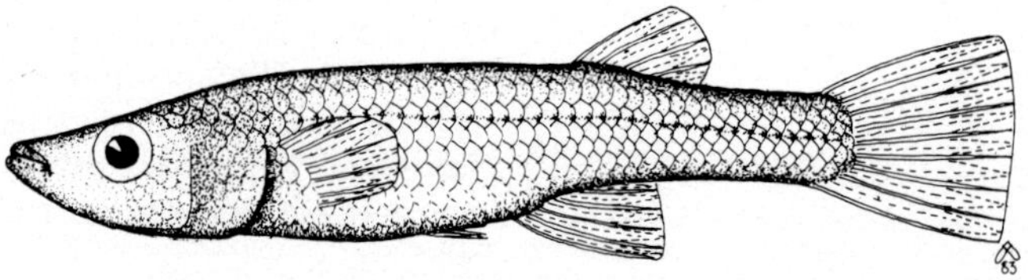

Gambusia beebei ♀

Verbreitung: Bisher nur von der Typuslokalität bekannt.

Habitat: Obwohl schon zahlreiche Sammelreisen verschiedene Wissenschaftler, vor allem LUIS RIVAS, an den See Miragoane brachten, sind Habitat- und Ökologiedaten vollkommen unbekannt geblieben. Es wird davon ausgegangen, daß vor allem das Miragoane-Gebiet nur sehr oberflächlich bearbeitet wurde und deshalb noch zahlreiche Überraschungen bieten dürfte. *Gambusia beebei* stellt mit Sicherheit einen Hechtkärpfling dar, der überwiegend von Fischen leben muß. Die Gambusen-Art wird mit zahlreichen Limia-Arten sympatrisch angetroffen.

Pflege und Zucht: Die Art wurde bisher noch nie im Aquarium, und anscheinend auch nicht in der Natur, auf ihre Lebensweise untersucht. *Gambusia beebei* ist mit Sicherheit ein Fischräuber. Ein Import der Tiere würde sicherlich mehr Klarheit bringen.

Gambusia dominicensis REGAN, 1913

Familie: Poeciliidae GARMAN, 1895

Unterfamilie: Poeciliinae GARMAN, 1895

Herkunft des Artnamens: *dominicensis* = nach der Dominikanischen Republik benannt

Synonyma: keine

Erstbeschreibung: REGAN, C. T. (1913): A revision of the cyprinodont fishes of the subfamily Poeciliinae. Proc. Zool. Soc. London, vol. 11: pp. 977–1018.

Typuslokalität: Ohne Angaben.

Meristische Angaben: Dorsale = 9 Flossenstrahlen; Anale = 10 Flossenstrahlen; L. lat. = 29 Schuppen; Wirbel = 30.

Totalkörperlänge: Männchen = 2,5 bis 3 cm; Weibchen bis 6 cm.

Beschreibung: WILLIAM L. FINK gibt in seiner 1971 erschienenen Arbeit – A revision of the Gambusia nicaraguensis species group – bekannt, daß die von REGAN im Jahre 1913 beschriebene *Gambusia dominicensis* nicht mit den bisher bekannten Gambusen von der Karibikinsel Hispaniola identisch ist. Die lange Zeit für *G. dominicensis* gehaltene Fischart wurde in der genannten Fink-Arbeit als *Gambusia hispaniolae* beschrieben. Die eigentliche, nur als Alkoholmaterial vorliegende, *Gambusia dominicensis* besitzt einen langgestreckten Körperbau, mit spitzem Kopf und ähnelt sehr *Gambusia wrayi*. Die Körpergrundfarbe von *Gambusia dominicensis* ist olivbraun. Entlang der oberen Körperhälfte erstreckt sich ein dunkles Fleckenband. Die Rücken- und Schwanzflosse sind mit 2 bis 3 dunklen Strichbänderungen verziert.

Verbreitung: Mexiko oder Hispaniola.

Habitat: Angaben fehlen.

Pflege und Zucht: Daten liegen nicht vor.

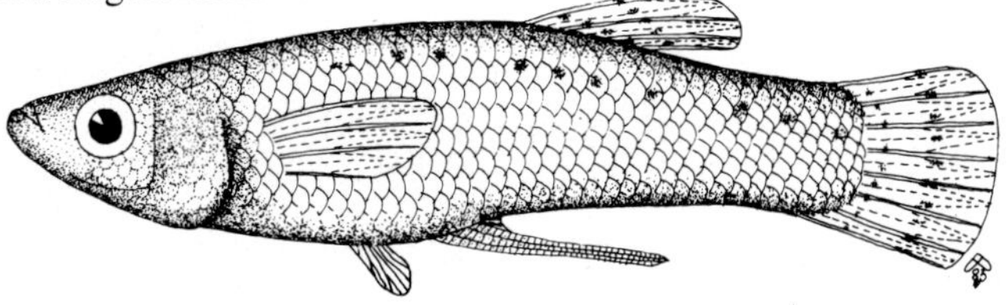

Gambusia dominicensis ♂

Gambusia eurystoma MILLER, 1975

Familie:	Poeciliidae GARMAN, 1895
Unterfamilie:	Poeciliinae GARMAN, 1895
Herkunft des Artnamens:	*eurystoma* (gr.) = weites Maul
Synonyma:	keine
Erstbeschreibung:	MILLER, R. R. (1975): Five new species of mexican poeciliid fishes of the genera Poecilia, Gambusia, and Poeciliopsis. Occ. Pap. Mus. Zool. Univ. Mich. 672: pp. 1–44.
Typuslokalität:	Arroyo del Azufre nahe Banos de Azufre, Teapa; Tabasco; Mexiko.
Meristische Angaben:	Dorsale = 7 Flossenstrahlen; Anale = 10 Flossenstrahlen; Pectorale = 13–15 Flossenstrahlen; L. lat. = 29–31 Schuppen; Wirbel = 31–33.
Totalkörperlänge:	Männchen = 2,5 bis 3 cm; Weibchen 3 bis 3,5 cm.
Beschreibung:	Eine körperkleine Gambusen-Art mit gedrungenem, hochrückigem Körperbau und spitzem Kopf. Die Grundfärbung ist graublau mit heller Bauchseite. Entlang der oberen Körperhälfte erstrecken sich einige unregelmäßig verteilte schwarze kleine Flekken. *Gambusia eurystoma* zeigt sich mit feinem dunklen Mittelstreifen. Sämtliche Flossen besitzen dunkle Punktreihen. Die Schwanzflosse ist mit schwarzen Kommastrichen besetzt. Die Flossen sind ansonsten farblos.
Verbreitung:	Schwefelhaltige Quellen und Ausläufer nahe Banos de Azufre; Tabasco; Mexiko.
Habitat:	Der Arroyo del Azufre ist ein warmer schwefelhaltiger Quellfluß mit einer durchschnittlichen Breite von 6 m. Der Fluß zeigt sich im Quellbereich klar und milchig blaugrau im Auslauf. Die Wassertemperatur betrug im Februar 1980 im Quellbereich ca. 33° C und im Ausflußbereich ca. 26° C. Eine Wasservegetation fehlte völlig, lediglich eine Algenart konnte sich bisher in dem extremen Schwefelbiotop etablieren. Der Bodengrund des Flusses ist mit einer dicken, grauen Schlammschicht bedeckt. *Gambusia eurystoma* wird im extremen Schwefelbereich lediglich mit *Poecilia sulphuraria* angetroffen und im klaren Wasserbereich zusätzlich mit *X. helleri* und *Heterandria bimaculata*.
Pflege und Zucht:	Die Pflege und Zucht erwies sich bisher als sehr schwierig. Nachzuchten konnten noch nicht erzielt werden. Die Art wurde erstmals lebend durch die Herren RADDA, FRITSCHER, VOGEL und MEYER 1980 nach Deutschland und Österreich importiert.

Gambusia eurystoma ♂.
Population Arroyo del Azufre.

Gambusia gaigei ♀, Form alvarezi;
Population: San Gregorio, Mexiko.

Gambusia gaigei HUBBS, 1929

Familie: Poeciliidae GARMAN, 1895

Unterfamilie: Poeciliinae GARMAN, 1895

Herkunft des Artnamens: *gaigei* = zu Ehren Herrn F. M. GAIGE benannt

Synonyma: nach ROSEN & BAILEY (1963):
Gambusia alvarezi HUBBS & SPRINGER, 1957
Gambusia hurtadoi HUBBS & SPRINGER, 1957

Erstbeschreibung: HUBBS, C. L. (1929): Studies of the fishes of the order Cyprinodontes. 8. Gambusia gaigei, a new species from the Rio Grande. Occas. Papers Mus. Zool. Univ. Michigan, no. 198: pp. 1–11.

Typuslokalität: Rio Grande nahe Boquillas; Texas; USA.

Meristische Angaben: Dorsale = 7–9 Flossenstrahlen; Anale = 10 Flossenstrahlen; L. lat. = 29–31 Schuppen.

Totalkörperlänge: Männchen = 2,5–3 cm; Weibchen = 3–4 cm.

Beschreibung: *Gambusia gaigei* besitzt einen gedrungenen Körperbau mit großem, zugespitztem Kopf. Nach Angaben von HUBBS (1929) ist die Grundfärbung silbrig-grau mit blau reflektierenden Schuppenreihen. Entlang der Körpermitte erstreckt sich ein dunkles Mittelband, das sich vor allem bei den weiblichen Tieren breit manifestiert. Vereinzelt wird die Mittellinie mit wenigen, weit verteilten dunklen Flecken begleitet. Die Dorsale besitzt ein inneres dunkles Band. Der unpaare Flossenbehang ist mit gelborangem Pigment besetzt. Die von ROSEN & BAILEY (1963) als Synonym betrachtete *Gambusia alvarezi* zeigt sich ebenfalls mit gedrungenem Körperbau. Jedoch treten vereinzelt Tiere auf, die einen Kiel besitzen und sehr hochrückig sind. Die Grundfarbe der Tiere ist gelb und orange. Der Flossenbehang

Gambusia gaigei ♂, Form *G. hurtadoi*;
Population: H. Dolores, Mexiko.

ist gleich dem von *G. gaigei* gefärbt, besitzt allerdings gewöhnlich eine dunkle Rahmung. Die ebenfalls von ROSEN & BAILEY als Synonym betrachtete *Gambusia hurtadoi* besitzt einen gedrungenen Körperbau. Vereinzelt treten Tiere auf, die sämtliche Vertreter im Ausbildungsgrad der Körperhöhe übertreffen. Der Kiel ist gleichfalls ungewöhnlich stark ausgebildet. Die Körpergrundfarbe zeigt sich blau und silbern. Der Flossenbehang ist gleichfarben dem von *G. gaigei.* Die Dorsale besitzt zusätzlich eine schwarze Rahmung.

Verbreitung: Die Form *gaigei* ist nur von der Typuslokalität bekannt. *Alvarezi* besiedelt El Ojo de San Gregorio; Chihuahua; Mexiko und *hurtadoi* El Ojo de la Hacienda Dolores; Chihuahua; Mexiko.

Habitat: Die genannten Gambusen-Formen besiedeln ausschließlich warme Quellen. Die Form *gaigei* bewohnt die Quelle der Graham Ranch. Am 27. April 1956 konnten von HUBBS & SPRINGER folgende Daten ermittelt werden: Die Quellentemperatur betrug 34,5° C. Die anliegenden Teiche variierten in ihrer Wassertemperatur zwischen 25° und 32,5° C, bei einer Lufttemperatur von 20–26,5° C. Die Lebensräume der Gambuse sind reich an Wasservegetation. Das Wasser ist klar, mit einer hohen Konzentration Kalziumcarbonat und anderen Mineralien. *Gaigei* lebt stellenweise sympatrisch mit *Gambusia affinis affinis.* Für die Form *alvarezi* konnten am 31. Dezember 1955 folgende Daten ermittelt werden: Wassertemperatur 19–24° C bei einer Lufttemperatur von 3° C. Die Gambuse hielt sich im schnellfließenden Wasser auf. Das Biotop war reich an Vegetation. Die Form *hurtadoi* trat stellenweise sympatrisch mit *Cyprinodon* und *Notropis,* sowie *Pimephales,* auf. Die Wassertemperatur betrug am 30. Juni 1954 32–33° C, bei einer Lufttemperatur von 25° C. Im Dezember 1954 beträgt die Wassertemperatur 21° C, bei einer Lufttemperatur von 13,3° C. Wie bei den anderen genannten Formen sind die Biotope von *hurtadoi* reich an Vegetation.

Pflege und Zucht: Bisher nur wenig bekannt. Ein Import der Tiere, die vom Aussterben bedroht sind, ist bisher nicht erfolgt.

Die Gambusen-Formen *alvarezi* und *hurtadoi* konnten nach der Drucklegung erstmals durch WIRTH, ALLSPACH, MEYER und MEYER 1984 nach Deutschland importiert werden.

Gambusia geiseri HUBBS & HUBBS, 1957

Familie: Poeciliidae GARMAN, 1895

Unterfamilie: Poeciliinae GARMAN, 1895

Herkunft des Artnamens: *geiseri* = zu Ehren von Herrn GEISER benannt

Gambusia geiseri ♂

Synonyma: keine

Erstbeschreibung: HUBBS, C. & V. G. SPRINGER (1957): A revision of the Gambusia nobilis species group, with descriptions of three new species, and notes on their variation, ecology, and evolution. Tex. J. Sci. 9: pp. 279–327.

Typuslokalität: San Marcos River; Texas; USA.

Meristische Angaben: Dorsale = gewöhnlich 7 Flossenstrahlen; Anale = 9 Flossenstrahlen; L. lat. = 28–32 Schuppen; Wirbel = 29–33.

Totalkörperlänge: Männchen = 2–3 cm; Weibchen = 3–4 cm.

Beschreibung: *Gambusia geiseri* zeigt sich mit langgestrecktem Körperbau und zugespitztem Kopf. Die Grundfarbe ist silbrig und gelb mit blau irisierenden Schuppenreihen. Entlang der mittleren Körperseite erstreckt sich ein feiner dunkelbrauner Mittelstreifen. Vereinzelt treten Tiere mit einer feinen schwarzen Scheckung der mittleren Körperregion auf. Die unpaaren Flossen besitzen 2–3 dunkle Punktbänderungen. Sämtliche Flossen sind leicht gelb getönt.

Verbreitung: San Marcos Springs und Pecors River Guadalupe-System; Texas; U.S.A.

Habitat: *Gambusia geiseri* tritt stellenweise sympatrisch mit *Gambusia affinis affinis* auf. Die beschriebene Gambusen-Art besiedelt hauptsächlich Quellbereiche. Nach nun leider überholten Daten trat *Gambusia geiseri* in früheren Zeiten zusammen mit *Gambusia nobilis* auf. Nähere Habitatangaben fehlen.

Pflege und Zucht: *Gambusia geiseri* wurde erst kürzlich durch Herrn IVAN DIBBLE, Clevdon, nach England importiert. Die Pflege und Zucht der Gambuse scheint nicht einfach zu sein. Nur selten bringen die weiblichen Tiere zwischen 10 und 20, bereits 8 mm lange Jungfische zur Welt, die selbst bei guter Fütterung nur langsam heranwachsen.

Gambusia georgei HUBBS & PEDEN, 1969

Familie: Poeciliidae GARMAN, 1895

Unterfamilie: Poeciliinae GARMAN, 1895

Herkunft des Artnamens: *georgei* = zu Ehren Dr. GEORGE S. MYERS benannt

Synonyma: keine

Erstbeschreibung: HUBBS, C. & A. E. PEDEN (1969): Gambusia georgei sp. nov. from San Marcos, Texas. Copeia no. 2: pp. 357–364.

Typuslokalität: San Marcos River; Texas; USA.

Meristische Angaben: Dorsale = 7–8 Flossenstrahlen, gewöhnlich 7; Pectorale = 13–14 Flossenstrahlen; Anale = 9 Flossenstrahlen; L. lat. = 30–31 Schuppen.

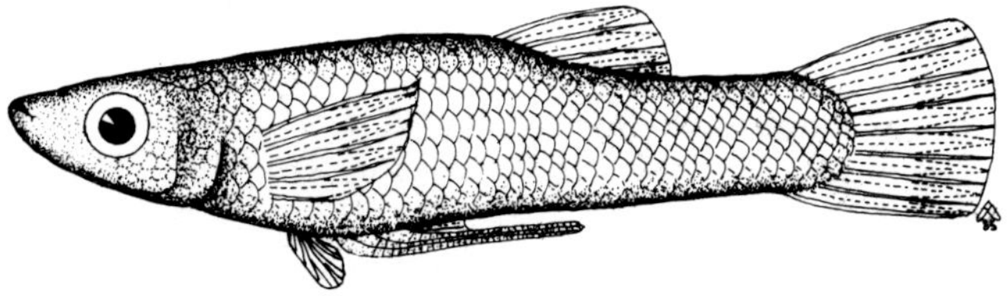

Gambusia georgei ♂

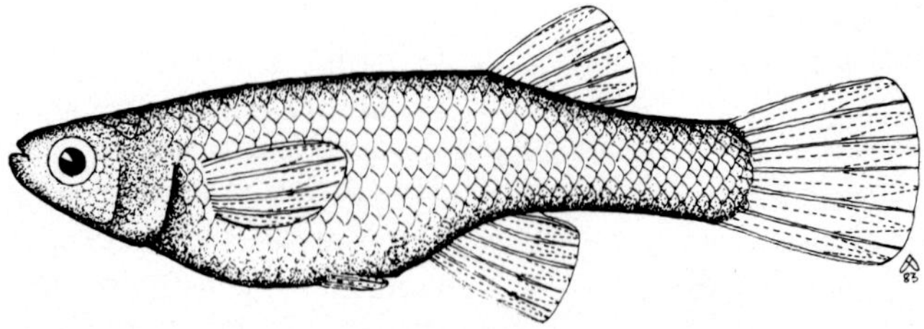

Gambusia georgei ♀

Totalkörperlänge: Männchen = 2,5–3,5 cm; Weibchen bis 4,5 cm.

Beschreibung: Die vom Aussterben bedrohte Tierart zeigt sich mit mäßig langgestrecktem Körperbau und leicht abgerundetem Kopf. Die Körperfärbung setzt sich aus einfachen olivgrauen Tönen zusammen. Die Dorsale besitzt vereinzelt, gewöhnlich nur im männlichen Geschlecht, einige dunkle Kommastriche. Der gesamte Flossenbehang ist schwach gelb getönt und je nach Stimulation dunkel gesäumt.

Verbreitung: Nur von der Typuslokalität bekannt.

Habitat: *Gambusia georgei* wird nur selten mit *Gambusia geiseri* und *Gambusia affinis affinis* zusammen angetroffen, obwohl sie in enger Nachbarschaft ihren Lebensraum finden. *Gambusia georgei* besiedelt bevorzugt die flachen und schattigen Plätze in einem 2 km langen Teilstück des San Marcos River. Das kleine Verbreitungsgebiet von *Gambusia georgei* ist arm an Wasservegetation. Der Bodengrund des Habitates ist mit einer Schlammschicht bedeckt. Nach Angaben von CLARK HUBBS (1969) umfaßt die Gesamtindividuenzahl von *Gambusia georgei* ca. 1000.

Pflege und Zucht: Die Art ist weitgehend in der Aquaristik unbekannt geblieben. Die Zucht und Pflege der seltenen Fischart ist nach Angaben einiger amerikanischer Institute schwierig. Gelegentlich werden in der natürlichen Verbreitung Hybriden zwischen *G. georgei* und *G. affinis affinis* nachgewiesen.

Gambusia georgei wurde bisher noch nicht nach Europa importiert.

Gambusia heterochir HUBBS, 1957

Familie: Poeciliidae GARMAN, 1895

Unterfamilie: Poeciliinae GARMAN, 1895

Herkunft des Artnamens: *heterochir* (gr.) = unterschiedliche Hand, bezogen auf die unterschiedlich ausgebildeten Pectoralflossen

Synonyma: keine

Erstbeschreibung: HUBBS, C. (1957): Gambusia heterochir, a new poeciliid fish from Texas, with an account of its hybridization with G. affinis. Tulane Studies Zool., vol. 5, no. 1: pp. 3–16.

Typuslokalität: Clear Creek, Menard County; Texas; USA.

Meristische Angaben: Dorsale = gewöhnlich 7–8 Flossenstrahlen; Ventrale = 6 Flossenstrahlen; Pectorale = 13–15 Flossenstrahlen; Anale = 9 Flossenstrahlen; L. lat. = 30–31 Schuppen.

Totalkörperlänge: Männchen = 2,5–3 cm; Weibchen = 3,5–4,5 cm.

Gambusia heterochir ♂

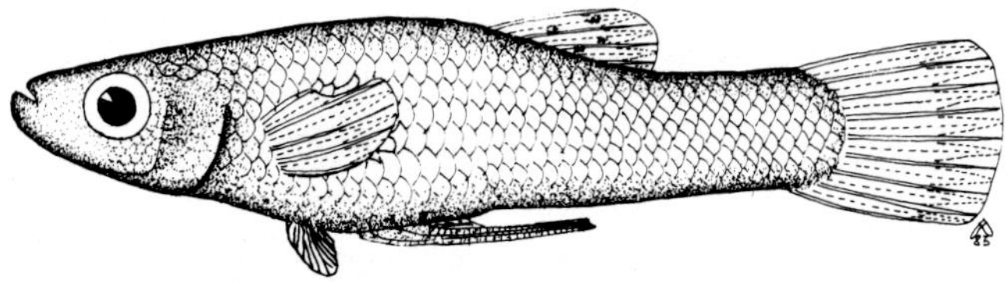

Gambusia heterochir ♀

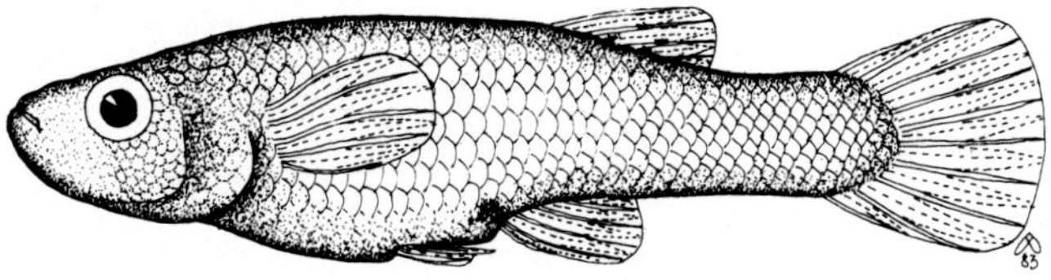

Beschreibung: *Gambusia heterochir* zeigt sich mit mäßig langgestrecktem Körperbau und großem, abgerundetem Kopf. Die Körpergrundfarbe der Gambusen-Art ist olivbraun, mit heller Bauchseite. Entlang der mittleren Körperseite zeigen sich vereinzelt kleine, schwarze Flecken. Die Rückenflosse besitzt eine Anzahl kleiner, schwarzer Punkte und Kommastriche. Je nach Stimulation können die gesamten Flossen dunkel erscheinen. Die Pectoralen der Männchen sind sichelförmig ausgebildet und wesentlich intensiver als bei anderen Gambusen-Vertretern ausgeprägt.

Verbreitung: Nur von der Typuslokalität bekannt.

Habitat: *Gambusia heterochir* ist vom Aussterben bedroht und wird lediglich im Clear Creek, einem Nebengewässer vom San Sabo River, nachgewiesen. HUBBS und SPRINGER (1959) nehmen an, daß *Gambusia heterochir,* sowie *Gambusia nobilis,* einst eine weite Verbreitung über Texas hatten und überwiegend durch *Gambusia affinis affinis* auf die heutigen Restvorkommen beschränkt wurden. HUBBS und Mitarbeiter errichteten in den letzten Jahren einige Dammbarrieren, um *affinis* den Zutritt zu der bedrohten Tierart zu verbauen. *G. heterochir* ist im Konkurrenzkampf *G. affinis* unterlegen. Hybriden beider Arten wurden bereits aus natürlichen Breiten nachgewiesen. *Gambusia heterochir* hält sich bevorzugt in und nahe Ceratophyllum-Gruppen auf.

Pflege und Zucht: In der Aquaristik unbekannt geblieben.

Gambusia hispaniolae FINK, 1971

Familie: Poeciliidae GARMAN, 1895

Unterfamilie: Poeciliinae GARMAN, 1895

Herkunft des Artnamens: *hispaniolae* = nach der Insel Hispaniola benannt

Synonyma: *Gambusia dominicensis* REGAN, 1913

Erstbeschreibung: FINK, W. L. (1971): A Revision of the Gambusia nicaraguensis species group (Pisces: Poeciliidae). Gulf Coast Res. Lab., Ocean Springs, Miss.: pp. 47–77.

Gambusia hispaniolae.
Population Rio Bermesí, Dominikanische Republik.

Typuslokalität: Source Trou-Caiman, Cul-de-Sac Plain, Dept. de l'Quest; Haiti.

Meristische Angaben: Dorsale = 8–10 Flossenstrahlen; Pectorale = 13–14 Flossenstrahlen; Kiemen-Rechen = 13–18; L. lat. = 30–31 Schuppen; Wirbel = 31–32.

Totalkörperlänge: Männchen bis 3 cm; Weibchen bis 5 cm.

Beschreibung: *Gambusia hispaniolae* (siehe auch *Gambusia dominicensis*) zeigt sich mit langgestrecktem Körperbau und leicht abgerundetem Maul. Entlang der Rückenpartie ist eine verschiedene Anzahl kleiner schwarzer Punkte angeordnet. Die mittlere Körperseite besitzt einen schmalen dunkelbraunen Mittelstreifen. Die Körpergrundfarbe ist braunoliv, mit heller Bauchseite. Rücken- und Schwanzflosse zeigen unregelmäßig verteilte Punktbänderungen. Die genannten Flossen sind bei den männlichen Tieren intensiv orange gefärbt und schwarz im Endbereich gesäumt. Verschiedentlich kann der gesamte Körper der Männchen orangefarben sein. Die Weibchen besitzen einen kleinen schwarzen Analfleck.

Verbreitung: Haiti und Dominikanische Republik (Hispaniola).

Habitat: *Gambusia hispaniolae* besiedelt die Süßgewässer, wie langsam- und schnellfließende Flüsse sowie Teichregionen der Karibikinsel. Die schöne Gambusen-Art meidet offensichtlich Brack- und Salzwasserzonen.

Pflege und Zucht: Bisher ist es nur kurze Zeit gelungen, die Art im Aquarium zu etablieren. Nur selten werden von den Weibchen zwischen 15 und 25 ca. 7 mm lange Jungfische abgesetzt. Die Jungtiere sind in den bisher beobachteten Fällen nur langsam herangewachsen. Mangelerscheinungen werden für das Mißlingen der Zucht und Pflege mit *G. dominicensis* verantwortlich gemacht.

Die Art wurde erstmals durch Herrn KROPAC nach Deutschland im Jahre 1912 importiert.

Gambusia krumholzi ♀. Population Rio Nava, Mexiko.

Gambusia krumholzi MINCKLEY, 1963

Familie:	Poeciliidae GARMAN, 1895
Unterfamilie:	Poeciliinae GARMAN, 1895
Herkunft des Artnamens:	*krumholzi* = zu Ehren Herrn Dr. LOUIS A. KRUMHOLZ benannt
Synonyma:	keine
Erstbeschreibung:	MINCKLEY, W. L. (1963): A new poeciliid fish (genus Gambusia) from the Rio Grande drainage of Coahuila, Mexico. Southwestern Nat., 8: pp. 154–161.
Typuslokalität:	Rio Nava; Coahuila; Mexiko.
Meristische Angaben:	Dorsale = 9–10 Flossenstrahlen; Ventrale = 6 Flossenstrahlen; Pectorale = 13–14 Flossenstrahlen; L. lat. = 30–32 Schuppen.
Totalkörperlänge:	Männchen bis 4 cm; Weibchen bis 6 cm.
Beschreibung:	Die Krumholz-Gambuse zeigt sich im männlichen Geschlecht mit schlankem Körperbau. Trächtige Weibchen wirken im Gegensatz bullig. Die Art besitzt einen kleinen spitzen Kopf und eine weit nach hinten versetzte Rückenflosse. Die Körperfärbung im oberen Rückenbereich braunoliv, im Seitenbereich intensiv blau, die Bauchregion ist weiß. Vereinzelt treten Tiere mit einer schwarzen Körperscheckung auf. Die Rückenflosse ist orange und schwarz gesäumt sowie mit einigen schwarzen Flekken versehen. Die Schwanzflosse ist im unteren Drittel orange gefärbt. Beide Geschlechter sind annähernd gleich gezeichnet.
Verbreitung:	Nur von der Typuslokalität bekannt.
Habitat:	*Krumholzi* lebt in einem kleinen, sehr schnellfließenden Fluß, der durch eine warme Quelle gespeist wird. Der Rio Nava hat eine Breite von 2–4 m und wird stellenweise in Kanäle abgeleitet. Wasserpflanzen sind nur in den überschwemmten Seitenbuchten vorhanden und fehlen im Fluß. Im Februar 1980 konnte *G. krumholzi* nur in den ruhigen Seitenbuchten gesammelt werden. Im schnellfließenden Fluß war die Fischart nicht nachweisbar.

Gambusia krumholzi ♂

Pflege und Zucht:

In der Zucht ist *Gambusia krumholzi* schwierig. Nach einer Tragzeit von 23–28 Tagen werden im Höchstfall 15–20, ca. 1 cm lange Jungfische geboren. Die Alttiere sind sehr gefräßig und stellen den Neugeborenen stark nach. Es ist beinahe unerläßlich, trächtige Weibchen zu separieren. An die Wasserwerte stellt die Art keine Ansprüche. Zur Pflege werden geräumige Becken mit mindestens 100 Liter Fassungsvermögen empfohlen, da sich die Gambuse sehr ruppig verhält. Vor der Vergesellschaftung mit anderen Beckeninsassen ist abzuraten, denn *Gambusia krumholzi* wird Artfremden in den meisten Fällen sofort den Flossenbehang zerstören. An die Fütterung stellt der Fisch keine besonderen Ansprüche. Allerdings wird Lebendfutter, wie Mückenlarven u. a., bevorzugt genommen. Die Gambuse ist vom Aussterben bedroht und in natürlichen Breiten noch höchstens mit 500 Exemplaren vertreten.

Gambusia krumholzi wurde durch die Herren VOGEL, MÜLLER und MEYER 1980 nach Deutschland importiert.

Gambusia lemaitrei FOWLER, 1950

Familie: Poeciliidae GARMAN, 1895

Unterfamilie: Poeciliinae GARMAN, 1895

Herkunft des Artnamens: *lemaitrei* = zu Ehren von Herrn ERNESTO D. LEMAITRE benannt

Synonyma: *Gambusia meadi* DAHL & MEDEM, 1964

Erstbeschreibung: FOWLER, H. W. (1950): Colombian zoological survey. Pt. 6. Fishes obtained at Totumo, Colombia, with descriptions of two new species. Notulae Nat., no. 222: pp. 1–8.

Typuslokalität: Totuma Lake; Kolumbien.

Meristische Angaben: Dorsale = 6–7 Flossenstrahlen; Anale = 9 Flossenstrahlen; L. lat. = 33 Schuppen; L. tra. = 8–9 Schuppen.

Gambusia lemaitrei ♂.
Population Cartagena, Kolumbien.

Totalkörperlänge:	Männchen = 3 cm; Weibchen = 4 cm.
Beschreibung:	Der einzige natürliche Gambusen-Vertreter aus Südamerika besitzt einen mäßig langgestreckten Körperbau mit abgerundetem Kopf und weit nach hinten versetzter Rückenflosse. Sämtliche Flossen sind gerundet. Die Körpergrundfarbe ist grauoliv. Ein feiner Mittelstreifen erstreckt sich vom Kopfende bis in die Schwanzwurzelbasis. Der gesamte Flossenbehang ist goldgelb getönt. Die Rücken- und Schwanzflosse zeigen 2 bis 3 dunkle Fleckenreihen.
Verbreitung:	Cienega del Totumo; Kolumbien.
Habitat:	*Gambusia lemaitrei* besiedelt im Küstenbereich Brackwasserzonen, was allerdings noch einer Bestätigung bedarf. FOWLER gibt als Verbreitungsgebiet den Totuma-See an. Es ist ein großer See mit niedrigem Wasserstand. Weitere Angaben fehlen.
Pflege und Zucht:	Die interessante Art wurde erstmals 1984 durch Herrn H. MÖRTH, Wien, nach Europa importiert. Pflege- und Zuchtdaten liegen bislang noch nicht vor.

Gambusia longispinis MINCKLEY, 1962

Familie:	Poeciliidae GARMAN, 1895
Unterfamilie:	Poeciliinae GARMAN, 1895
Herkunft des Artnamens:	*longispinis* (lat.) = lange Stacheln, in Anlehnung an den Strukturaufbau des Gonopodiumstrahls 3
Synonyma:	keine
Erstbeschreibung:	MINCKLEY, W. L. (1962): Two new species of fishes of the genus Gambusia from northeastern Mexico. Copeia, no. 2: pp. 391–396.

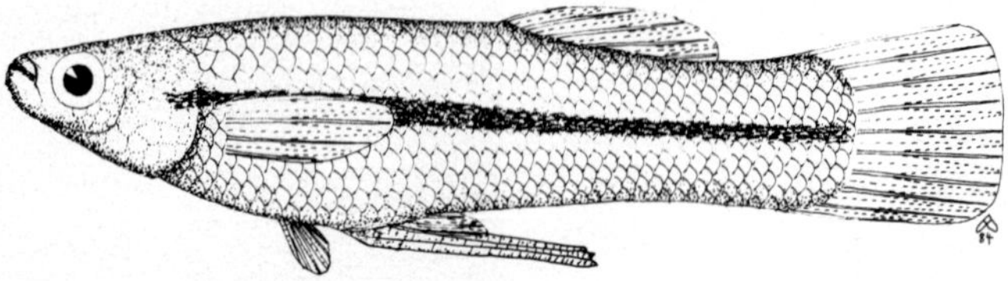

Gambusia longispinis ♂

Typuslokalität:	Nahe Cuatro Ciénegas; Coahuila; Mexiko.
Meristische Angaben:	Dorsale = 7–9 Flossenstrahlen; Anale = 9 Flossenstrahlen; Pectorale = 13 Flossenstrahlen; L. lat. gewöhnlich 31–32 Schuppen.
Totalkörperlänge:	Männchen bis 3 cm; Weibchen bis 5 cm.
Beschreibung:	Die von MINCKLEY 1962 beschriebene Art zeigt sich mit mäßig schlankem Körperbau und kleinem, abgerundetem Kopf. Die Körpergrundfarbe ist braungelb. Bei auffallendem Licht schimmern die Schuppen intensiv blau und violett. In der Körpermitte befindet sich ein breites schwarzes Band. Männliche Tiere besitzen unterhalb der Mittellinie eine orangene Zeichnung. Weibchen zeigen einen kleinen seitlichen Trächtigkeitsfleck und sind durch dieses Merkmal gut von der sehr ähnlich gezeichneten *Gambusia marshi* zu unterscheiden. Die Flossen sind je nach Stimulation in beiden Geschlechtern dunkel gesäumt und besitzen einige schwarze Bänderungen, mit Ausnahme der paaren Flossen. Der gesamte Flossenbehang ist leicht gelb getönt.
Verbreitung:	Umgebung von Cuatro Ciénegas; Coahuila; Mexiko.
Habitat:	In seichten Gewässern und langsamfließenden Rinnsalen siedelt *Gambusia longispinis* zusammen mit *Cyprinodon* und *Cichlasoma* und *G. marshi.* Die Habitate sind von einer Graslandschaft umgeben.
Pflege und Zucht:	Daten stehen noch aus, da *Gambusia longispinis* erst vor kurzem importiert wurde.

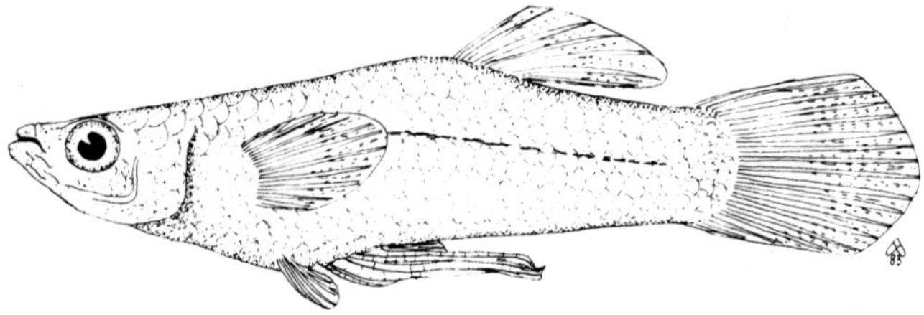

Gambusia luma ♂

Gambusia luma ROSEN & BAILEY, 1963

Familie:	Poeciliidae GARMAN, 1895
Unterfamilie:	Poeciliinae GARMAN, 1895
Herkunft des Artnamens:	*luma* (lat.) = Klaue, bezogen auf die große Klaue der Gonopodiumspitze
Synonyma:	keine
Erstbeschreibung:	ROSEN, D. E. & R. M. BAILEY (1963): The poeciliid fishes, their structure, zoogeography, and systematics. Bull. Amer. Mus. nat. Hist., 126: pp. 1–176.
Typuslokalität:	Puerto Barrios; Izabal; Guatemala.
Meristische Angaben:	Dorsale = 6–7 Flossenstrahlen; Anale = 10 Flossenstrahlen; L. lat. = 29 Schuppen.
Totalkörperlänge:	Männchen bis 3,5 cm; Weibchen bis 4 cm.
Beschreibung:	*Gambusia luma* besitzt einen hohen Körperbau und spitzen Kopf. Sämtliche Flossen sind an den Enden gerundet. Die Körpergrundfarbe ist grau, mit heller Bauchseite. Ein feiner dunkler Mittelstrich ist entlang der Körpermitte ausgebildet. Rücken- und Schwanzflosse sind mit sehr kleinen schwarzen unregelmäßig verteilten Punkten besetzt. Beide Geschlechter sind gleich gefärbt.
Verbreitung:	Guatemala und Honduras, gewöhnlich entlang der Küstenzone.
Habitat:	SCHLOSSER, Wien, weist 1977 *Gambusia luma* im Rio Cienaga, Zufluß des Rio Dulce (Rio Polochic-System) nach. Die Flußbreite beträgt im Oktober 40 bis 100 m. Die Wassertiefe schwankt zwischen 1,5 und 2,5 m. Wasserpflanzen sind nicht vorhanden. Gesammelte Fische: *Gambusia luma* und *Belonesox belizanus*. Das Gewässer weist eine Temperatur von 28° C, elektrische Leitfähigkeit = 275 μS^{20}, pH = 7,3 und GH = 9° DH auf.
Pflege und Zucht:	Bisher ist die Zucht im Aquarium noch nicht gelungen. Da *Gambusia luma* des öfteren in Brackwasserzonen angetroffen wird, kann ein Salzzusatz zum Aquariumwasser für das Wohlbefinden der agressiven Art förderlich sein. Neue Importe sind notwendig, um Erfahrungen mit der Gambusen-Art zu sammeln.

Gambusia luma wurde durch Herrn E. SCHLOSSER, Wien, erstmals 1977 nach Österreich importiert.

Gambusia marshi MINCKLEY & CRADDOCK, 1962

Familie:	Poeciliidae GARMAN, 1895
Unterfamilie:	Poeciliinae GARMAN, 1895 nach MINCKLEY et. al. (1962) Untergattung: Heterophallina HUBBS, 1926
Herkunft des Artnamens:	*marshi* = nach Herrn E. G. MARSH
Synonyma:	keine
Erstbeschreibung:	MINCKLEY, W. L. & J. E. CRADDOCK (1962): Two new species of fishes of the genus Gambusia from Northeastern Mexico. Copeia, no. 2, pp. 391–396.
Typuslokalität:	Rio Salado de los Nadadores, 1 Meile südlich von Hermanas; Coahuila; Mexiko.
Meristische Angaben:	Dorsale = 9 Flossenstrahlen; Anale = 10 Flossenstrahlen; Pectorale = 13 Flossenstrahlen; Ventrale = 6 Flossenstrahlen; L. lat. = 30–31 Schuppen.
Totalkörperlänge:	Männchen 3–3,5 cm; Weibchen bis 6 cm.
Beschreibung:	Im männlichen Geschlecht besitzt *Gambusia marshi* einen langgestreckten Körperbau. Die Weibchen erscheinen vor allem während der Tragzeit sehr bullig und hochrückig. Die Körpergrundfarbe beider Geschlechter ist braungelb. Die Art besitzt einen breiten dunkelbraunen Mittelstreifen. Die Rückenpartie einzelner Tiere ist oft schwarz gesprenkelt. Die Bauchregion der Marsh-Gambusia besitzt eine blauweiße Pastellfärbung. Die Rückenflosse erwachsener Männchen ist gelborange, während die restlichen Flossen gelblichblau gefärbt sind.
Verbreitung:	Rio Sabinas de Coahuila, Rio Salado, und Rio Salado de los Nadadores und Oberläufe, Cuatro Ciénegas-Becken; Coahuila; Mexiko.
Habitat:	*Gambusia marshi* besiedelt gewöhnlich langsamfließende Flüsse und Kanalbereiche. Auf einer Mexikosammelreise im Februar 1980 konnten 2 verschiedene Biotope in Nord-Mexiko aufgesucht werden. Der Rio Salado de los Nadadores ist an der Fangstelle, nahe Hermanas, etwa 5 m breit und an manchen Stellen ca. 2 m tief. Das Gewässer hat eine blaubraune Färbung und ist in einem Auffanggefäß leicht getrübt. Die Vegetation der Uferregion des mäßig strömenden Flusses besteht aus Zederngewächsen und Schilfgras sowie Grasflächen. Eine Wasserpflanzen-Art, die Ähnlichkeit mit *Ludwigia mullerti* hatte, trat nur sporadisch auf. Außer *Gambusia marshi* konnte kein anderer Beifang festgestellt werden. Es wurden verhältnismäßig viele Männchen gefangen. Eine weitere Population konnte in einem Halbwüstengebiet nahe dem Dorf Cuatro Ciénegas gesammelt werden. An einer holperigen Wegstrecke in Richtung St. Tecla floß ein künstlich angelegter, ein Meter breiter und 40 Zentimeter tiefer Graben, der anscheinend der Bewässerung diente. Der kleine Kanal war dicht mit Fadenalgen bewachsen. Als Beifang konnten Krötenlarven festgestellt werden.
Pflege und Zucht:	Nach einer Tragzeit von durchschnittlich 28 Tagen werden von den Weibchen je nach Alter und Größe 5–60 Jungfische abgesetzt. Die Brut ist nach der Geburt 6–7 mm lang und wächst bei abwechslungsreichem Futter schnell heran. Das Wachstum eines

Gambusia marshi ♂

Gambusia marshi ♀

Biotop von *Gambusia marshi,* Rio Salado de los Nadadores, Coahuila, Mexiko.

Wurfes ist des öfteren unterschiedlich, denn es bleiben einige Jungfische in ihrer Körperlänge zurück. Solche Fische werden schnell geschlechtsreif und sind somit für eine weitere Zucht ungeeignet. Die Reife tritt durchschnittlich nach dem 4.–5. Monat ein. Bei den ersten Nachzuchten wurden fast ausschließlich weibliche Tiere registriert. Mittlerweile hat sich die Geschlechtsverteilung stabilisiert.

Gambusia marshi wurde erstmals durch die Herren VOGEL, MÜLLER und MEYER, 1980, nach Deutschland importiert.

Gambusia melapleura (GOSSE, 1851)

Familie:	Poeciliidae GARMAN, 1895
Unterfamilie:	Poeciliinae GARMAN, 1895
Herkunft des Artnamens:	*melapleura* = melanopleurus (gr.) = mit schwarzer Seite, in Anlehnung an den feinen dunklen Mittelstreifen
Synonyma:	*Poecilia melapleura* GOSSE, 1851 *Gambusia melanopleura* GARMAN, 1895 *Fundulus melapleurus* JORDAN & EVERMANN, 1896 *Poecilia melanopleura* BLEEKER, 1860 *Haplocheilus melanopleurus* GÜNTHER, 1866
Erstbeschreibung:	GOSSE, P. H. (1851): A naturalist's sojourn in Jamaica. London, Longman, Brown, Green and Longmans: 502 pp.
Typuslokalität:	Nicht genau definiert; Bluefields; Jamaika.
Meristische Angaben:	Dorsale = 10–12 Flossenstrahlen; Pectorale = 15–17 Flossenstrahlen; L. lat. = 30–32 Schuppen; Wirbel = 31–33.
Totalkörperlänge:	Männchen bis 3,5 cm. Weibchen bis 7 cm.
Beschreibung:	Männchen mit schlanker Gestalt und zugespitztem Kopf, der an der Schnauzenspitze leicht abgerundet ist. Weibliche Tiere mit bulliger Gestalt. Die Körpergrundfarbe zeigt sich graubraun und oliv. Die Bauchseite ist weiß. Entlang der feinen Mittellinie, die nicht immer sichtbar ist, kann sich bei einigen Tieren ein feines dunkles Fleckenmuster erstrecken. Sämtliche Flossen sind leicht gelb gefärbt. Die Schwanzflosse besitzt einen dunklen Saum. Augen mit blauer Farbe. Bisher konnten keine geschlechtsspezifischen Färbungsunterschiede festgestellt werden.
Verbreitung:	Nur von der Typuslokalität bekannt, Bluefields River und Quellbereiche, Shrewsberry River; Jamaika.
Habitat:	*Gambusia melapleura* ist bisher nur aus der Umgebung von Bluefields bekannt geworden, südwestliches Jamaika, nahe der Küste gelegen. RADDA und Mitarbeiter geben folgende Sammeldaten bekannt: „Bluefields River in Bluefield, Flußbreite 2 bis 6 m; Wassertiefe 10 bis 20 cm, schnellfließend, über steinig sandigem Untergrund. Gesammelte Fische, ausschließlich *Gambusia melapleura.* Die Wassertemperatur betrug im März 1980 gegen Mittag 25° C, pH-Wert = 8; Gesamthärte = 13° DH; elektrische Leitfähigkeit = 400 μS^{20}.
Pflege und Zucht:	*Gambusia melapleura* bevorzugt mittelhartes Wasser, das leicht bewegt wird. Kohlefilterung hat sich bisher für das Wohlbefinden der Fischart gut bewährt, ist aber nicht unbedingt notwendig. In der Regel werden von den weiblichen Tieren alle 28 Tage zwischen 15 und 35 ca. 7 mm lange Jungfische abgesetzt. Die Geschlechtsreife tritt gewöhnlich im 3. bis 4. Monat ein. Jungfischen wird von den Alttieren nachgestellt. Es ist ratsam für ausreichend Versteckmöglichkeiten zu sorgen. *Gambusia melapleura* kann mit gleich großen Fischen in den meisten Fällen vergesellschaftet werden. Die Gambusen-Art benötigt kräftiges Futter und sauberes Aquariumwasser. Die Art wurde erstmals durch RADDA und Mitarbeiter 1980 nach Europa importiert.

Gambusia melapleura ⚥.
Population Bluefields River, Jamaika.

Jamaika Sumpfbiotop. Hier kommt
G. wrayi und X. helleri vor.

Gambusia nicaraguensis ♀. Population Balboa, Panama.

Gambusia nicaraguensis GÜNTHER, 1866

Familie:	Poeciliidae GARMAN, 1895
Unterfamilie:	Poeciliinae GARMAN, 1895
Herkunft des Artnamens:	*nicaraguensis* = nach dem Hauptverbreitungsland Nicaragua benannt
Synonyma:	*Gambusia dovii* REGAN, 1913 *Gambusia mcneili* FOWLER, 1916 *Gambusia aestiputius* FOWLER, 1950 *Paragambusia nicaraguensis* MEEK, 1904
Erstbeschreibung:	GÜNTHER, A. (1866): A catalogue of the fishes in the British Museum. London, vol. 6: 368 pp.
Typuslokalität:	Lake Nicaragua; Nicaragua.
Meristische Angaben:	Dorsale = 6 Flossenstrahlen; Anale = 10 Flossenstrahlen; L. tra. = 10 Schuppen; L. lat. = 26 Schuppen.
Totalkörperlänge:	Männchen = 3 cm; Weibchen 3,5 cm.
Beschreibung:	*Gambusia nicaraguensis* besitzt in beiden Geschlechtern einen sehr hochrückigen Körperbau mit spitzem Kopf. Verschiedentlich werden auch langgestrecktere Formen nachgewiesen. Die Körperfarben sind grau und oliv, mit heller Bauchseite. Die Tiere erscheinen meistens ohne Fleckenmuster entlang der Körperseiten. Vereinzelt treten Tiere auf, die im Rückenbereich 2–3 dunkle Schuppenreihen besitzen. Die Rücken- und Schwanzflosse sind schwarz gesprengelt. Alle weiteren Flossen sind farblos. Weibliche Tiere erscheinen mit einem kleinen, seitlichen schwarzen Trächtigkeitsfleck, im Gegensatz zu *Gambusia luma, Gambusia sexradiata* und *Gambusia puncticulata yucatana.*
Verbreitung:	Von Guatemala bis nach Panama, Atlantikdrainage.
Habitat:	Die Gambuse tritt im Süß- wie auch Brackwasser auf. RADDA und Mitarbeiter weisen die Species in Panama im März 1980 nach. Es ist ein Fluß nördlich Balboa, dessen Bettbreite 8 bis

15 m beträgt. Das Gewässer ist zwischen 10 und 60 cm tief und besitzt eine kaum merkliche Fließgeschwindigkeit. Der Fluß verläuft an der Sammelstelle durch offene Graslandschaft. Gesammelte Fische: *Gambusia nicaraguensis, Neoheterandria tridentiger* und *Poecilia butleri.* Das Biotop hat gegen Mittag eine Wassertemperatur von 34° C, elektrische Leiftfähigkeit = 440 μS^{20}, pH = 7,8 und GH = 10° DH.

Pflege und Zucht: Daten stehen noch aus. *G. nicaraguensis* wurde 1980 durch RADDA und FRITSCHER lebend nach Österreich importiert, jedoch nicht nachgezüchtet.

Gambusia nobilis (BAIRD & GIRARD, 1853)

Familie: Poeciliidae GARMAN, 1895

Unterfamilie: Poeciliinae GARMAN, 1895

Herkunft des Artnamens: *nobilis* (lat.) = vornehm, in Anlehnung an die hübsche Färbung

Synonyma: *Heterandria nobilis* BAIRD & GIRARD, 1853

Erstbeschreibung: BAIRD, S.F. & C. GIRARD (1853): Descriptions of new species of fishes collected by Mr. John H. Clark, on the U. S. and Mexican Boundary Survey, under Lt. Col. Jas. D. Graham. Proc. Acad. Nat. Sci. Philadelphia, vol. 6: pp. 387–390.

Typuslokalität: Leona und Comanche Springs, Rio Grande del Norte; Texas; USA.

Meristische Angaben: Dorsale = 8–9 Flossenstrahlen; Anale = 9 Flossenstrahlen; L. lat. = 29–31 Schuppen; Wirbel 30–32.

Totalkörperlänge: Männchen = 3 cm; Weibchen = 4 cm.

Beschreibung: *Gambusia nobilis* zeigt einen kleinen gedrungenen Körperbau mit abgerundetem Kopf. Die Art hat wie *Gambusia geiseri,* der sie in der Körperfärbung ähnelt, eine silbrig gelbe Grundfarbe. Je nach Lichteinfall schimmern einzelne Schuppenreihen bläulich. Die Bauchseite von Gambusia nobilis ist weiß. Der Flossenbehang ist leicht gelb getönt und besitzt nur vereinzelt in den unpaaren Flossen geringe schwarze Fleckungsmuster.

Verbreitung: Westliche Oberläufe des Pecos River in Texas und Neu Mexico, USA.

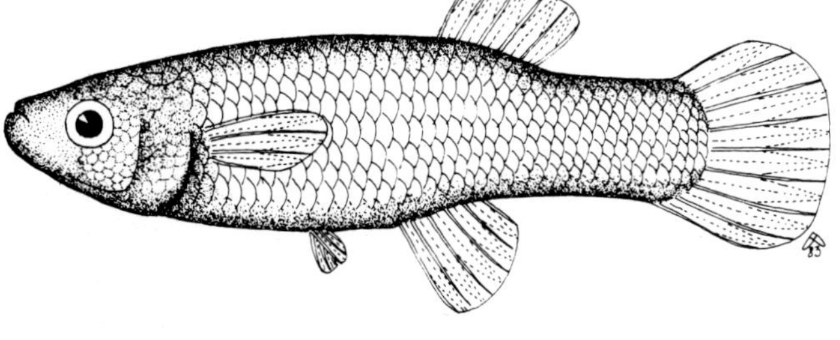

Gambusia nobilis ♀

Habitat:	*Gambusia nobilis* ist vom Aussterben bedroht und wird, außer durch menschliche Bedrohung, auch durch die nahe Verwandte *Gambusia affinis affinis* immer mehr verdrängt. Als letzte Fundorte werden vor allem von Blue Spring, Neu Mexico, gemeldet. Detaillierte Habitatangaben fehlen.
Pflege und Zucht:	*Gambusia nobilis* wurde bisher noch nicht importiert.

Gambusia panuco HUBBS, 1926

Familie:	Poeciliidae GARMAN, 1895
Unterfamilie:	Poeciliinae GARMAN, 1895 nach RIVAS (1963) Untergattung: Heterophallina HUBBS, 1926
Herkunft des Artnamens:	*panuco* = nach dem Verbreitungsgebiet, dem Rio Panuco-Bekken, benannt
Synonyma:	keine
Erstbeschreibung:	HUBBS, C. L. (1926): Studies of the fishes of the order Cyprinodontes. 6. Misc. Publ. Mus. Zool. Univ. Michigan, no. 16: pp. 1–86.
Typuslokalität:	Rio Valles; San Luis Potosi; Mexiko.
Meristische Angaben:	Dorsale = 7 Flossenstrahlen; Anale = 9 Flossenstrahlen; L. lat. 30–32 Schuppen; Wirbel = 31–32.

Gambusia panuco.
Population Media Luna, Mexiko.

Totalkörperlänge: Männchen bis 3,5 cm; Weibchen bis 5,5 cm.

Beschreibung: *Gambusia panuco* ähnelt im Körperbau sehr *Gambusia affinis*, wirkt aber in ihrem Gesamterscheinungsbild mehr abgerundet. Männchen und Weibchen des Panuco-Kärpflings sind gleich gefärbt. Die Körpergrundfarbe zeigt sich braungrau, mit heller Bauchseite. Die mittlere Körperregion besitzt eine große Anzahl lichtreflektierender Schuppen mit blauer, gelber und grüner Farbe. Weibliche Tiere zeigen einen Trächtigkeitsfleck, der mit gelbem Pigment umlagert ist. Rücken- und Schwanzflosse sind zart gelb getönt und zeigen 3–4 unregelmäßige feine Punktbänderungen. Entlang der oberen Körperhälfte können sich vor allem bei den Männchen einige schwarze Punktausbildungen manifestieren.

Verbreitung: Rio Panuco-System der atlantischen Abdachung Mexikos.

Habitat: *Gambusia panuco* besiedelt langsam fließende Flüsse und angrenzende Teichregionen. Die Art ist über ihr natürliches Verbreitungsgebiet in Mexiko, Panucobecken, durch Menschenhand ausgesetzt worden, z. B. in Media Luna, San Luis Potosi.

Pflege und Zucht: Die Erhaltung von *Gambusia panuco* im Aquarium ist nicht einfach, da der Kärpfling nach einigen Generationen degeneriert und kaum noch Nachkommenschaft bringt. Von der Vergesellschaftung mit anderen Aquariumfischen ist abzuraten, da sich die Gambuse gewöhnlich aggressiv verhält und Jungfischen nachstellt. Ansonsten ist *Gambusia panuco* problemlos. An die Fütterung und Aquariumwasser werden keine Ansprüche gestellt. Die Art wurde erstmals durch die Herren RADDA 1978 und NOACK 1980 nach Europa importiert.

Gambusia pseudopunctata RIVAS, 1969

Familie: Poeciliidae GARMAN, 1895

Unterfamilie: Poeciliinae GARMAN, 1895

Herkunft des Artnamens: *pseudopunctata* = falsche *Gambusia punctata*

Synonyma: keine

Erstbeschreibung: RIVAS, L. R. (1969): A revision of the poeciliid fishes of the Gambusia punctata species group, with descriptions of two new species. Copeia (4): pp. 778–795.

Typuslokalität: Quelle bei Roseaux, 15 km östlich Jéremie, Départément du Sud; Haiti.

Meristische Angaben: Dorsale = 9 Flossenstrahlen; Anale = 11 Flossenstrahlen; Pectorale = 15 Flossenstrahlen; Kiemen-Rechen = 15–17; L. lat. = 30–31 Schuppen.

Totalkörperlänge: Männchen = 3–3,5 cm; Weibchen = 5–6,5 cm.

Beschreibung: *Gambusia pseudopunctata* nimmt von morphologischen Daten ausgehend, einen Platz zwischen *Gambusia punctata* und *Gambusia beebei* ein, obwohl die beschriebene Art im Vergleich zu der genannten nahen Verwandtschaft hochrückiger ist. *G. pseudopunctata* zeigt sich mit leicht zugespitztem Kopf und mit trapezförmiger Schwanzflosse. Die Körpergrundfarbe ist braungelb. Die Körperseiten sind mit 3 bis 4 Punktreihen besetzt. Die Bauchseite ist weiß. Rücken- und Schwanzflosse sind mit kleinen Punkten verziert. Beide Geschlechter sind annähernd gleich gefärbt.

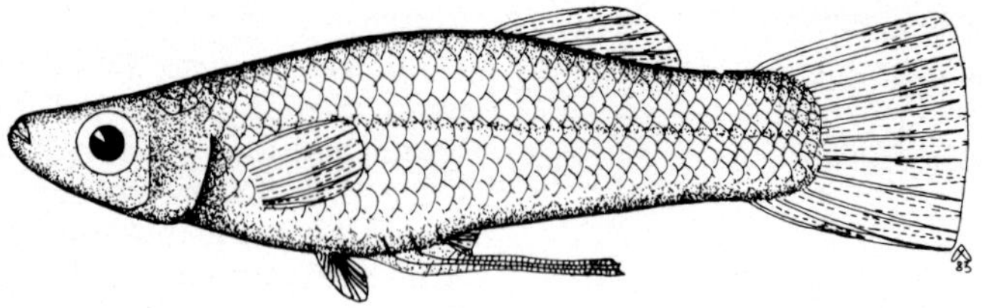

Gambusia pseudopunctata ♂

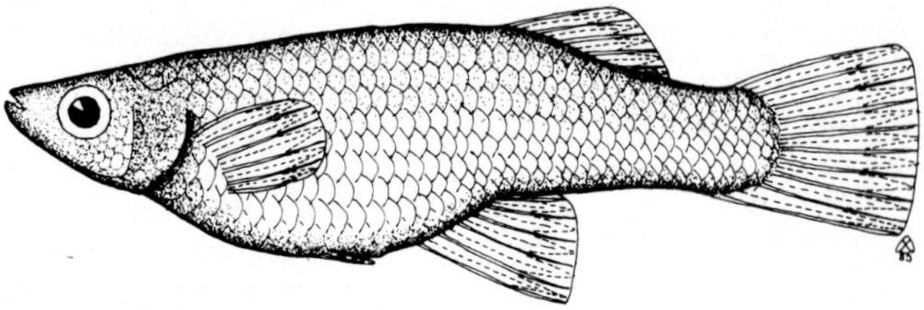

Gambusia pseudopunctata ♀

Verbreitung: Nur von der Typuslokalität bekannt.

Habitat: *Gambusia pseudopunctata* bewohnt lediglich eine einzige Süßwasserquelle bei Roseaux, Haiti (Hispaniola). Nähere Habitatangaben sind bisher nicht bekannt geworden.

Pflege und Zucht: Die Art wurde bisher noch nicht importiert.

Gambusia punctata POEY, 1854

Familie: Poeciliidae GARMAN, 1895

Unterfamilie: Poeciliinae GARMAN, 1895

Herkunft des Artnamens: *punctata* (lat.) = gepunktet, in Anlehnung an die schwarz gepunkteten Körperseiten

Synonyma: *Gambusia punctata punctulata* GARMAN, 1895

Erstbeschreibung: POEY, F. (1854): Los guajacones, pecesillos de agua dulce. In Poey, F., Memorias sobre la historia natural de la Isla de Cuba. Havana, vol. 1: pp. 374–392.

Typuslokalität: Havanna; Kuba.

Meristische Angaben: Dorsale = 9–12 Flossenstrahlen; Anale = 11 Flossenstrahlen; Pectorale = 14–15 Flossenstrahlen; L. lat. = 31–33 Schuppen.

Totalkörperlänge: Männchen = bis 5 cm; Weibchen = bis 8 cm.

Beschreibung: *Gambusia punctata* zeigt sich mit mäßig langgestrecktem Körperbau und flachem, zugespitztem Kopf. Die Körpergrundfarbe ist braungelb. Bei auffallendem Licht schimmern die Schuppenreihen blaugrün. Entlang der Körperseiten erstrecken sich ausschließlich im oberen Bereich 3–4 schwarze Punktbänderungen. Die Iris der Augen leuchtet hellblau. Je nach Stimulation erscheint vor allem bei den Männchen eine feine dunkle Mittellinie. Rücken- und Schwanzflosse besitzen gewöhnlich 2 schwarze Punktreihen. Der gesamte Flossenbehang ist leicht blau getönt.

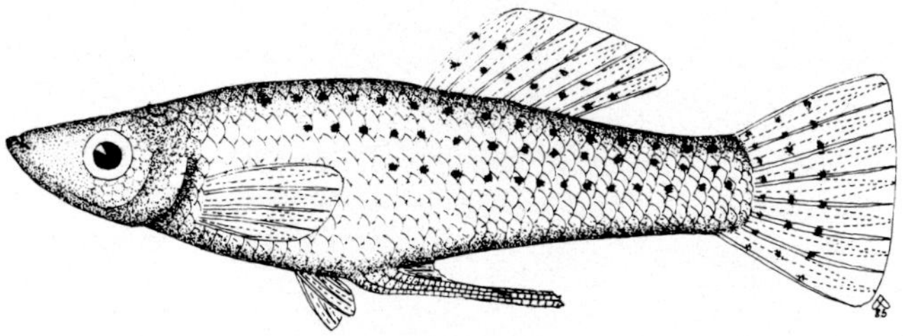

Gambusia punctata ♂

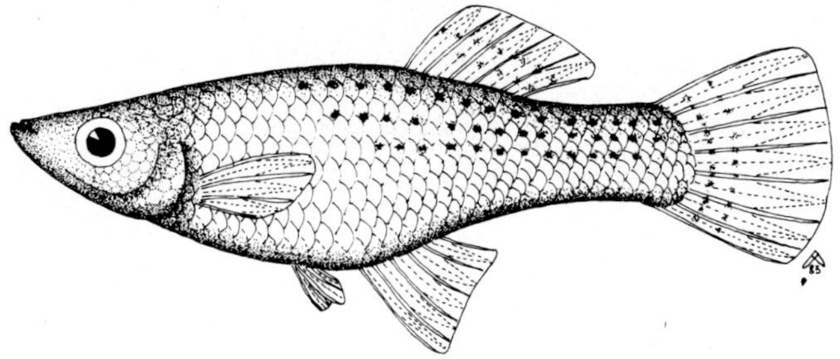

Gambusia punctata ♀

Verbreitung:	Über ganz Kuba und Isle of Pines verbreitet.
Habitat:	*Gambusia punctata* wird in Teichen, Seen und Flüssen angetroffen. Nach Angaben von RIVAS (1969) wird *Gambusia punctata* nur im Süßwasser nachgewiesen. Die Gambusen-Art hält sich meistens in den flachen Wasserzonen auf, obwohl der Fisch auch in schnellfließenden Bergbächen beheimatet ist. Stellenweise kann *Gambusia punctata* zusammen mit *Gambusia puncticulata puncticulata* und *Limia vittata* angetroffen werden (siehe *Limia vittata*).
Pflege und Zucht:	*Gambusia punctata* ist nach Angaben alter Literaturquellen eine einfach zu haltende Fischart und stellt an die Fütterung keine Ansprüche. Nach einer durchschnittlichen Tragzeit von 28 Tagen werden ca. 30 Jungfische abgesetzt, die schnell heranwachsen. *Gambusia punctata* wurde erstmals durch Herrn A. RACHOW 1930 nach Deutschland importiert.

Gambusia puncticulata POEY, 1854

Familie:	Poeciliidae GARMAN, 1895
Unterfamilie:	Poeciliinae GARMAN, 1895
Herkunft des Artnamens:	*puncticulata* (lat.) = gepunktet, in Anlehnung an die Körperfleckung
Unterart:	*Gambusia puncticulata puncticulata* POEY, 1854
Synonyma:	*Gambusia picturada* POEY, 1868 *Gambusia nigropunctata* REGAN, 1913 *Gambusia melanosticta* REGAN, 1913 *Gambusia oligosticta* REGAN, 1913 *Gambusia caymanensis* REGAN, 1913

Gambusia puncticulata. Population Little Cayman Insel.

Gambusia howelli RIVAS, 1944

Erstbeschreibung: POEY, F. (1854): Los guajacones, pocesillos de agua dulce. In POEY, F., Memorias sobre la historia natural de la Isla de Cuba. Havana, vol. 1, pp. 374–392.

Typuslokalität: Havanna; Kuba.

Meristische Angaben: Dorsale = 8–9 Flossenstrahlen, meistens 9; Pectorale = 12–16 Flossenstrahlen, meistens 14; L. lat. 30; Wirbel = 31.

Totalkörperlänge: Männchen = 2,5–4 cm; Weibchen = 3,5–5,5 cm.

Beschreibung: Eine Gambusen-Art mit gedrungenem Körperbau beim weiblichen Geschlecht. Männliche Tiere sind gewöhnlich schlank; vereinzelt werden auch hochrückige Männchen gesammelt. *G. puncticulata puncticulata* zeigt sich mit spitzem Kopf und großem Maul. Die Rückenflosse der Männchen ist leicht fahnenartig ausgezogen, orange oder gelb getönt und mit 2–3 Punktbänderungen, die sich aus dunklem Pigment zusammensetzen, verziert. Die Punktbänderung ist auch bei den weiblichen Tieren vorhanden, allerdings nicht so intensiv ausgeprägt. Die Schwanzflosse ist in beiden Geschlechtern gleichfalls mit 2–3 dunklen Punktbänderungen versehen. Entlang der Körperseiten erstreckt sich in der oberen Hälfte eine unregelmäßige kleine kreisrunde Fleckung. Die Körpergrundfarbe der Gambusia ist grauoliv.

Verbreitung: Kuba; Isle of Pines; Jamaika; Cayman-Inseln und Bahamas.

Habitat: *Gambusia puncticulata puncticulata* bewohnt fast ausschließlich Küstengewässer und ist gut an Brack- und Salzwasser angepaßt. H. P. WEIL wies anläßlich einer Kuba-Sammelreise im April 1982 *Gambusia p. puncticulata* in einem Zufluß des Rio de la Palma, 4 km östlich von Marti, nach. Die Fische lebten in einem 2 m breiten und 0,5 m tiefem Gewässer mit kaum merklicher Fließgeschwindigkeit. Das Wasser war klar und bernsteinfarben. Die Wassertemperatur betrug gegen Mittag 27–28° C. Der Bodengrund war steinig und ohne jegliche Vegetation. Zuckerrohr-

G. puncticulata ♂

Gambusia puncticulata yucatana ♀.
Aquariumstamm.

felder reichten bis an die Randzonen des Biotops. Begleitfische von *puncticulata* waren *Gambusia punctata, Girardinus metallicus* und *Limia vittata*.

Pflege und Zucht:

G. p. puncticulata sollte nach Möglichkeit nicht mit anderen Fischen vergesellschaftet werden, da sich die Art sehr ruppig verhält und Mitinsassen vor allem den Flossenbehang zerzaust und Jungfischen nachstellt. Ein Salzzusatz zum Aquariumwasser, ca. 1 gehäufter Teelöffel auf 10 Liter Wasser, ist dem Wohlbefinden der Gambuse förderlich. Nach einer Tragzeit von durchschnittlich 24 Tagen werden von den Weibchen je nach Alter und Größe zwischen 10 und 40 Jungfische, die ca. 8 mm lang sind, abgesetzt. Die Nachkommen sind gegen Bakterienbefall empfindlich, der aber bei einer Salzzugabe kaum zum Ausbruch kommt. In der Regel werden die Fische im Alter von 3–4 Monaten geschlechtsreif. Bei einigen Züchtern stellt sich oftmals der erwartete Nachwuchs nicht ein, da in den meisten Fällen für eine erfolgreiche Befruchtung mehrere Männchen nötig sind und sie meistens nur im Kollektiv die Möglichkeit haben, die weiblichen Tiere zu überlisten.

Gambusia puncticulata puncticulata wurde 1930 durch die Herren RACHOW und MAYER, Hamburg, anscheinend erstmals von Kuba importiert.

Unterart: *Gambusia puncticulata yucatana* REGAN, 1914

Synonyma: *Gambusia yucatana* REGAN, 1914

Herkunft des Unterartnamens: *yucatana* = vom Verbreitungsgebiet Yucatan, Mexiko, abgeleitet

Erstbeschreibung: REGAN, C. T. (1914): Descriptions of two new cyprinodont fishes from Mexico, presented to the British Museum by Herrn A. Rachow. Ann. Mag. Nat. Hist., ser. 8, vol. 14: pp. 65–67.

Typuslokalität: Progreso; Yucatan; Mexiko.

Meristische Angaben: Dorsale = 8–10 Flossenstrahlen; L. lat. = 29–31 Schuppen; Wirbel = 30–32.

Totalkörperlänge: Männchen bis 4 cm; Weibchen bis 5 cm.

Beschreibung: Beide Geschlechter sind gewöhnlich in ihrem Körperbau sehr hochrückig; im Vergleich zur Nominatform. Rücken- und Schwanzflosse sind stark gescheckt. Der restliche Flossenbehang erscheint transparent. Die Körperoberhälfte besitzt 2–4 schwarze Schuppenpunktbänderungen. Ansonsten wie die Nominatform.

Verbreitung: Vom Rio Coatzacoalcos; Veracruz bis Yucatan; Mexiko, sowie Lake Petén-Region; Guatemala und Honduras.

Habitat: In Süß- und Brackwasserzonen, meistens in ruhigen Gewässern, vorkommend. Lebt stellenweise sympatrisch mit *Poecilia velifera, Gambusia nicaraguensis, Gambusia luma* und *Gambusia sexradiata.*

Pflege und Zucht: Siehe *Gambusia puncticulata puncticulata. Gambusia puncticulata yucatana* wurde erstmals 1912 durch Herrn HOPP, Hamburg, importiert.

Unterart: *Gambusia puncticulata baracoana* RIVAS, 1944

Synonyma: *Gambusia baracoana* RIVAS, 1944

Herkunft des Unterartnamens: *baracoana* = nach der Stadt Baracoa, Kuba, benannt

Erstbeschreibung: RIVAS, L. R. (1944): Contributions to the study of the poeciliid fishes of Cuba. 1. Descriptions of six new species of the subfamily Gambusiinae. Proc. New England Zool. Club, vol. 23: pp. 41–53.

Typuslokalität: Rio Miel; Oriente; Kuba.

Meristische Angaben: Dorsale = 8–9 Flossenstrahlen; Pectorale = 14 Flossenstrahlen; Kiemen-Rechen = 11–13; L. lat. = 30–31 Schuppen; Wirbel = 31–32.

Totalkörperlänge: Männchen bis 2,5 cm; Weibchen bis 3,5 cm.

Beschreibung: Die kleine Gambusen-Art besitzt einen langgestreckten Körper mit kleinem Kopf. Die Grundfarbe der oberen Körperhälfte ist braun und die der Unterhälfte graubraun. Entlang der Rückenpartie zeigen sich unregelmäßig verteilte, schwarze Flecken. Rücken- und Schwanzflosse besitzen unregelmäßige schwarze Kommabänderungen. Die paaren Flossen sind farblos.

Verbreitung: Nur von der Typuslokalität bekannt.

Habitat: *Gambusia puncticulata baracoana* bewohnt einen Süßwasserfluß in einem isolierten Canyon. Nähere Daten fehlen.

Pflege und Zucht: Die Unterart wurde bisher noch nicht importiert.

Unterart: *Gambusia puncticulata bucheri* RIVAS, 1944

Synonyma: *Gambusia bucheri* RIVAS, 1944

Herkunft des Unterartnamens: *bucheri* = zu Ehren Herrn GEORGE C. BUCHER, benannt

Erstbeschreibung: Siehe bei *Gambusia puncticulata baracoana.*

Typuslokalität: Rio Jicotea; Oriente; Kuba.

Meristische Angaben: Dorsale = 8–9 Flossenstrahlen; Pectorale = 14 Flossenstrahlen; Kiemen-Rechen = 11–14; L. lat. = 30–31 Schuppen; Wirbel = 30–32.

Totalkörperlänge: Männchen = 2–3 cm; Weibchen 2,5–4,5 cm.

Beschreibung: Die Unterart ist *Gambusia puncticulata baracoana* sehr ähnlich, besitzt im Vergleich eine größere und stärker ausgebildete schwarze Fleckenansammlung entlang der oberen Körperhälfte. Der Unterartenstatus bleibt fragwürdig.

Verbreitung: Nur von der Typuslokalität bekannt.

Habitat: *Gambusia puncticulata bucheri* besiedelt ausschließlich einen Süßwasserfluß. Weitere Angaben fehlen.

Pflege und Zucht: Die Unterart wurde bisher noch nicht importiert.

Unterart: *Gambusia puncticulata manni* HUBBS, 1927

Synonyma: *Gambusia manni* HUBBS, 1927
Gambusia hubbsi BREDER, 1934

Herkunft des Unterartnamens: *manni* = zu Ehren Herrn Mann benannt

Erstbeschreibung: HUBBS, C. L. (1927): Studies of the fishes of the order Cyprinodontes. 7. G. manni, a new species from the Bahamas. Copeia, no. 164: pp. 61–65.

Typuslokalität: New Providence; Bahamas.

Meristische Angaben: Dorsale = 8–9 Flossenstrahlen; Pectorale = 13–15 Flossenstrahlen; Kiemen-Rechen = 12–14; L. lat. = 30–31 Schuppen; Wirbel = 30–32.

Totalkörperlänge: Männchen = 2,5 cm; Weibchen = 3,5 cm.

Beschreibung: *Gambusia puncticulata manni* zeigt sich mit langgestrecktem Körperbau und spitzem Kopf. Verschiedentlich treten auch hochrückige Tiere auf (BODART, 1980, mdl. Mitteilung). Die Körpergrundfarbe ist goldengrau. Die Körperseiten sind ungefleckt. Die Bauchseite erscheint bei auffallendem Licht silbrig. Rücken- und Schwanzflosse besitzen gewöhnlich 2 schwarze innere Bandreihen. Alfa-Männchen können mit oranger Rückenflosse auftreten. Alle weiteren Flossen sind farblos.

Verbreitung: *Gambusia puncticulata manni* wurde bisher in zwei salzhaltigen Teichen, See Cunningham und Killarney, New Providence Insel; Bahamas, nachgewiesen.

Habitat: Die Gewässer sind trüb und arm an Vegetation, Brackseen.

Pflege und Zucht: Wie die Nominatform.

Gambusia puncticulata manni wurde durch Herrn Dr. BODART, Darmstadt/Rio de Janeiro 1979 erstmals nach Deutschland importiert.

Unterart: *Gambusia puncticulata monticola* RIVAS, 1971

Synonyma: *Gambusia monticola* RIVAS, 1971

Herkunft des Unterartnamens: *monticola* = bergbewohnend, in Anlehnung an den klaren und kalten Bergbach in Kuba, wo die Unterart verbreitet ist

Erstbeschreibung: RIVAS, L. R. (1971): A new subspecies of poeciliid fishes of the genus Gambusia from eastern Cuba. Publ. Gulf Coast Res. Lab. Mus. 2: pp. 5–9.

Typuslokalität:	Rio Yao; Oriente; Kuba.
Meristische Angaben:	Dorsale = 9–10 Flossenstrahlen; Pectorale = 15 Flossenstrahlen; Kiemen-Rechen = 12–14; L. lat. = 32 Schuppen; Wirbel = 32–33.
Totalkörperlänge:	Männchen = 2,5–3 cm; Weibchen = 3–3,5 cm.
Beschreibung:	Die Unterart ist annähernd identisch mit der Nominatform, bleibt aber anscheinend wesentlich kleiner. Unterscheidungsmerkmale liegen in den meristischen Daten.
Verbreitung:	Nur von der Typuslokalität bekannt.
Habitat:	*Gambusia puncticulata monticola* besiedelt als einziger Vertreter des Artenkomplexes einen kalten klaren Gebirgsbach, in einer Höhenlage von 1250 Fuß, ca. 420 m. Der Rio Yao ist ein Nebengewässer des Rio Bayamo. Monticola tritt zusammen mit Gambusia punctata auf. Die Unterart meidet anscheinend Brackwasser.
Pflege und Zucht:	*Gambusia puncticulata monticola* wurde bisher noch nicht nach Europa importiert.

Gambusia regani HUBBS, 1926

Familie:	Poeciliidae GARMAN, 1895
Unterfamilie:	Poeciliinae GARMAN, 1895 nach RIVAS (1963) Untergattung: *Heterophallina* HUBBS, 1926
Herkunft des Artnamens:	*regani* = nach C. T. REGAN
Synonyma:	keine
Erstbeschreibung:	HUBBS, C. L. (1926): Studies of the fishes of the order Cyprinodontes. 6. Misc. Publ. Mus. Zool. Univ. Michigan, no. 16, pp. 1–86.
Typuslokalität:	Rio Forlón, Forlón; Tamaulipas; Mexiko.
Meristische Angaben:	Noch nicht klar definiert (MEYER & RADDA im Druck).

Gambusia regani ♂.
Population Rio Forlon, Mexiko.

Totalkörperlänge: Männchen 2–3,5 cm; Weibchen 3,5–4,5 cm.

Beschreibung: ROSEN & BAILEY (1963) ziehen in Erwägung, daß *regani* identisch mi *G. panuco* sei und verweisen auf nochmalige Überprüfung. Nach ersten Ergebnissen von MEYER & RADDA (unveröffentlicht) ist *regani* eine selbständige Art und gut von *panuco* abgegrenzt. Kreuzungsversuche haben zusätzlich gegenüber verschiedenen Gambusen-Arten eine Gattungsisolation ergeben und bestätigen vorerst HUBBS (1926) und RIVAS (1963). *Gambusia regani* besitzt einen langgestreckten Körperbau mit spitzem Kopf. Der nach dem englischen Ichthyologen TATE REGAN benannte Fisch zeigt sich mit einem transparent-gelben Körper und dunkelbraunem Mittelstreifen. Sämtliche Flossen sind leicht gelb getönt. Die Rückenflosse hat eine feine dunkle Bänderung im Mittelbereich, die bei einigen Exemplaren auch in der Schwanzflosse auftreten kann. Beide Geschlechter sind gleich gefärbt.

Verbreitung: Rio Tamesi System, atlantische Abdachung; Mexiko.

Habitat: *Gambusia regani* bewohnt die Oberläufe des Rio Tamesi-Systems und besiedelt hier kleine, den Flüßen anschließende Teiche, sowie die flachen Randzonen der Gewässer. Nur selten wird der Regan-Kärpfling im fließenden Wasser angetroffen. Die Gambusen-Art ist bisher nie in größeren Beständen angetroffen worden und tritt in kleinen Gruppen von 15 bis 25 Tieren auf. *G. regani* wird nur selten sympatrisch mit anderen Fischen angetroffen.

Pflege und Zucht: *G. regani* ist ein friedlicher Fisch, der gut mit anderen Aquariuminsassen vergesellschaftet werden kann. Die Gambuse gibt sich bereits mit kleinen Behältern von 40 Liter Fassungsvermögen zufrieden. *G. regani* belebt überwiegend die oberen Wasserschichten. Wassertemperaturen von 21–28° C scheinen die Idealwerte darzustellen. Die Fütterung sollte sehr abwechslungsreich sein und aus kleineren Lebendfutterarten bestehen. Nach einer durchschnittlichen Tragzeit von 24 Tagen werden zwischen 10 und 20 bereits 1 cm lange Jungfische von den Weibchen abgesetzt. Die Reife tritt meistens nach dem 3. Monat ein.

Gambusia regani wurde erstmals durch Dr. A. C. RADDA, Wien 1979, importiert.

Gambusia regani ♀

Gambusia rhizophorae RIVAS, 1969

Familie:	Poeciliidae GARMAN, 1895
Unterfamilie:	Poeciliinae GARMAN, 1895
Herkunft des Artnamens:	*rhizophorae* = in Anlehnung an das Habitat, die Mangrove
Synonyma:	*Gambusia punctata* ROSEN & BAILEY, 1963
Erstbeschreibung:	RIVAS, L. R. (1969): A revision of the poeciliid fishes of the Gambusia punctata species group, with descriptions of two new species. Copeia (4): pp. 778–795.
Typuslokalität:	Matheson Hammock, Miami; Florida; USA.
Meristische Angaben:	Dorsale = 9 Flossenstrahlen; Anale = 11 Flossenstrahlen; Pectorale = 14–15 Flossenstrahlen; L. lat = 28–30 Schuppen.
Totalkörperlänge:	Männchen = 3–3,5 cm; Weibchen 3,5–5cm.
Beschreibung:	Die von LUIS RIVAS beschriebene Art besitzt einen, im Vergleich zu anderen Gambusen-Vertretern, hohen Körperbau mit typisch spitzem Kopf. Die Körpergrundfarbe setzt sich aus Braun- und Gelbtönen zusammen. Die Körperseiten weisen eine Serie von dunklen Punktbänderungen auf, die verstärkt im hinteren Bereich auftreten. Eine feine, dunkelbraune Mittellinie erstreckt sich vom Ende der Kopfregion bis zum Schwanzwurzelbereich. Rücken- und Schwanzflosse zeigen eine feine schwarze Punktierung. Alle weiteren Flossen besitzen kein Zeichnungsmuster. *Gambusia rhizophorae* ist eng mit *Gambusia punctata* verwandt.
Verbreitung:	Südöstliches Florida und nordwestliches Kuba.
Habitat:	*Gambusia rhizophorae* wird ausschließlich im nahen Küstenbereich gesammelt und besiedelt, hier Brack- und Salzgewässer. In Florida besiedelt diese Gambusen-Art stellenweise Mangroven-Sümpfe, nach denen RIVAS die Namengebung *rhizophorae* kreiert hat. In Kuba siedelt in naher Nachbarschaft *Gambusia punctata* mit *rhizophorae,* und in Florida mit *Gambusia affinis holbrooki* ähnliche Biotope.
Pflege und Zucht:	*Gambusia rhizophorae* wurde 1983 durch Frau und Herrn BAUN, Esslingen, nach Deutschland importiert. Pflege- und Zuchtdaten stehen noch aus. Es scheint wichtig zu sein, die Gambuse im Salzwassermilieu zu hältern.

Gambusia rhizophorae ♂.
Population Varadero, Kuba.

Gambusia senilis GIRARD, 1859

Familie:	Poeciliidae GARMAN, 1895
Unterfamilie:	Poeciliinae GARMAN, 1895
Herkunft des Artnamens:	*senilis* (lat.) = greisenhaft; jedoch von GIRARD wird senilis benutzt als: die Art von naher Verwandtschaft zu unterscheiden
Synonyma:	*Gambusia nobilis* WOOLMAN, 1894 *Zygonectes senilis* BLEEKER, 1860 *Gambusia affinis* EVERMANN & KENDALL, 1894
Erstbeschreibung:	GIRARD, C. (1859): Ichthyological notice, 41–59. Proc. Acad. Nat. Sci. Philadelphia, vol. 11: pp. 113–122.
Typuslokalität:	Chihuahua River; Chihuahua; Mexiko.
Meristische Angaben:	Dorsale = 7–8 Flossenstrahlen; Anale = 10 Flossenstrahlen; Ventrale = 6 Flossenstrahlen; Pectorale = 12–14 Flossenstrahlen.
Totalkörperlänge:	Männchen bis 3,5 cm; Weibchen bis 5,5 cm.
Beschreibung:	*Gambusia senilis* zeigt sich im männlichen Geschlecht mit langgestrecktem Körperbau. Die weiblichen Tiere sind im Gegensatz dazu hochrückiger. Der Kopf ist groß und an der Spitze leicht abgerundet. Die Farbzeichnungen der Tiere sind unterschiedlich. Die Körpergrundfarbe zeigt sich dem Betrachter silber und gelb oder auch mit blau reflektierenden Schuppen. Der Flossenbehang ist leicht gelb getönt. Vereinzelt treten Tiere mit schwarzen Fleckenmustern auf, Weibchen mit konzentrierter Fleckbildung unterhalb der Rückenflosse, im Anal- und Schwanzstielbereich, Männchen mit einer leichten Fleckung der oberen Körperhälfte. Verschiedentlich wurden männliche Tiere mit einer Scheckung im Schwanzstiel gesammelt. Ein Mittelstreifen mit brauner Farbe ist in beiden Geschlechtern leicht angedeutet. Der Flossenbehang kann leicht dunkel gerahmt sein.
Verbreitung:	Rio Conchos-System; Texas; USA und seine Oberläufe in Chihuahua und Durango; Mexiko.
Habitat:	Bisher sind keine Daten bekannt geworden, dürften aber mit denen von *Gambusia gaigei* und ihren Formen identisch sein.
Pflege und Zucht:	*Gambusia senilis* konnte erstmals 1984 durch WIRTH, ALLSPACH, MEYER und MEYER nach Deutschland importiert werden. Die Fischart erscheint besonders in Chihuahua vor dem Aussterben bedroht zu sein, da hier einerseits einstige Flußläufe ausgetrocknet sind und andererseits noch bestehende Gewässer so stark durch Abwässer verunreinigt sind, daß kein Leben mehr in ihnen gedeihen kann.

G. senilis ♀.
Population Meoqui; Chihuahua.

Gambusia sexradiata. Aquariumstamm.

Gambusia sexradiata HUBBS, 1936

Familie:	Poeciliidae GARMAN, 1895
Unterfamilie:	Poeciliinae GARMAN, 1895
Herkunft des Artnamens:	*sexradiata* (lat.) = sechsstrahlig, bezogen auf die Strahlenzahl der Dorsale
Synonyma:	*Gambusia nicaraguensis sexradiatus* HUBBS, 1936 *Gambusia nicaraguensis nicaraguensis* HUBBS, 1936
Erstbeschreibung:	HUBBS, C. L. (1936): Fishes of the Yucatan Peninsula. Publ. Carnegie Inst. Washington, no 457, pp. 157–287.
Typuslokalität:	Rio Papaloapan, nahe Papaloapan; Oaxaca; Mexiko.
Meristische Angaben:	Dorsale = 6–8 Flossenstrahlen; Pectorale = 13–14 Flossenstrahlen.
Totalkörperlänge:	Männchen 2,5–3 cm; Weibchen bis 5 cm.
Beschreibung:	Eine zierliche Gambuse mit spitzem Kopf. Männchen mit langgestrecktem Körperbau. Die Weibchen sind wesentlich hochrükkiger, etwa doppelt so hohe Körperabmessung wie bei den männlichen Tieren. Typisch für *Gambusia sexradiata* ist der dunkle Augenstrich, welcher je nach Stimulation auch bei den meisten anderen Gambusen-Arten gleichfalls auftreten kann. Die Weibchen zeichnen sich gegenüber allen weiteren Gambusen-Vertretern durch eine enorm große Afterflosse aus, die im vorderen Bereich dunkel pigmentiert und zusätzlich türkis gerandet ist. Beide Geschlechter sind annähernd gleich gefärbt. Entlang der oberen Körperhälfte erstrecken sich 2–3 schwarze Punktreihen auf grauem Grund. Die Schwanzflosse ist mit einer Anzahl unregelmäßig verteilten schwarzen Strichflecken besetzt. Die Rückenflosse besitzt 3–5 schwarze Punktreihen. Alle weiteren Flossen sind farblos.
Verbreitung:	Atlantische Abhänge vom Rio Nautla; Veracruz; Mexiko; südwärts bis Nord-Guatemala und Nord-Honduras.
Habitat:	*Gambusia sexradiata* kommt in sehr unterschiedlichen Lebensräumen vor. Gewöhnlich werden Flußregionen mit guter Pflan-

Gambusia sexradiata ♀

zenvegetation besiedelt, sowie naheliegende Teiche. In Belize wird sexradiata stellenweise mit *G. luma* und *G. nicaraguensis* angetroffen. In Tabasco, Mexiko, konnte während einer Sammelreise 1980 diese Art sympatrisch mit *Xiphophorus maculatus* in ölverseuchten Teichen gefangen werden. Die Gewässer waren dicht mit Wasserhyazinthen bewachsen. *G. sexradiata* meidet offensichtlich Salzgewässer, im Gegensatz zu seiner nahen Verwandtschaft, *Gambusia puncticulata, Gambusia punctata, Gambusia luma* und *Gambusia nicaraguensis*. In Guatemala lebt *G. sexradiata* im Rio Subin zusammen mit Belonesox belizanus, Carlhubbsia kidderi, Phallichthys fairweatheri, Salmlern und Cichliden. Biotopangaben siehe bei Carlhubbsia kidderi.

Pflege und Zucht:

In der Pflege ist dieser Gambusen-Vertreter nicht besonders anspruchsvoll. An die Wasserwerte werden nur geringe Ansprüche gestellt. Kleine Becken von 30 Liter Wasserfassungsvermögen sind bei regelmäßigem Wasserwechsel für die Pflege und Zucht von *G. sexradiata* ausreichend. Gewöhnlich werden im Durchschnitt alle 28 Tage zwischen 10 und 35, bereits 5 mm lange Jungfische von den weiblichen Tieren abgesetzt. Die Geschlechtsreife tritt zwischen dem 3. und 4. Monat ein. An die Fütterung werden von der Gambusen Art keine besonderen Ansprüche gestellt.

Gambusia wrayi REGAN, 1913

Familie: Poeciliidae GARMAN, 1895

Unterfamilie: Poeciliinae GARMAN, 1895

Herkunft des Artnamens: *wrayi* = nach Herrn C. A. WRAY benannt

Synonyma: *Gambusia gracilior* REGAN, 1913

Erstbeschreibung: REGAN, C. T. (1913): A revision of the cyprinodont fishes of the subfamily Poeciliinae. Proc. Zool. Soc. London, vol. 11: pp. 977–1018.

Gambusia wrayi. Aquariumstamm.

Typuslokalität: Nicht bekannt gegeben.

Meristische Angaben: Dorsale = 8 Flossenstrahlen; Anale = 10 Flossenstrahlen; Pectorale = 14 Flossenstrahlen; L. lat. = 32 Schuppen; Wirbel = 32–35, gewöhnlich 33.

Totalkörperlänge: Männchen 3,5–4 cm; Weibchen bis 6 cm.

Anmerkung: Vereinzelt sollen auch Männchen von über 6 cm in freier Natur auftreten.

Beschreibung: *Gambusia wrayi* ist ein langgestreckter Fisch mit kleinem, leicht zugespitztem Kopf. Die Körpergrundfarbe ist gewöhnlich grauoliv, mit gelboranger Deckfarbe bei den geschlechtsreifen Tieren. Entlang der oberen Körperhälfte zeigen sich weitverteilte kleine schwarze Flecken. Je nach Stimulation kann bei den Männchen ein leicht angedeuteter dunkler Mittelstreifen sichtbar werden. Die Bauchseite ist grauweiß. Sämtliche Flossen sind zart orange getönt. Rücken- und Schwanzflosse sind bei den ausgewachsenen Männchen mit 2–4 meist unregelmäßigen Punktbänderungen versehen. Dr. HEIL berichtet (mdl. Mitteilung), daß frisch gefangene Wildexemplare im Sonnenlicht grünlich blau erscheinen. Diese Farben konnten im Aquarium nicht wieder festgestellt werden. *Gambusia wrayi* besitzt blau gefärbte Augen und zeigt des öfteren den typischen dunklen Gambusen-Augenstrich.

Verbreitung: Annähernd über ganz Jamaika verbreitet.

Habitat: *Gambusia wrayi* ist in den verschiedensten Gewässertypen anzutreffen und scheint keinen speziellen Lebensraum nötig zu haben. Nach Angaben von BRECHT, Schwäbisch Gmünd, betragen die Wassertemperaturen stellenweise 30° C mit einer durchschnittlichen Gesamthärte von 16° DH, pH Wert 7–8 und einer durchschnittlichen Karbonathärte von 14,5° DH. Weitere Angaben siehe Limia melanogaster.

Pflege und Zucht: *Gambusia wrayi* ist eine in der Aquariumshaltung schwierige Kärpflingsart, die an den Pfleger einige Ansprüche stellt. Vor allem müssen die Tiere gut mit Lebendfutter versorgt werden.

Zu empfehlen sind rote Mückenlarven und Salinenkrebse. Die Becken sollten nicht zu klein sein und nicht übermäßig beleuchtet werden. Ein üppiger Pflanzenwuchs sorgt für Versteckmöglichkeiten der Jungtiere, die nicht von den Alttieren unbehelligt bleiben. Jungfische sind gegen Bakterienerkrankungen anfällig. Nach durchschnittlich 28 Tagen werden von den Weibchen zwischen 15 und 50, ca. 6 mm lange Jungfische abgesetzt. In den bisher beobachteten Fällen werden wesentlich mehr Männchen als Weibchen geboren. Die durchschnittliche Geschlechtsreife liegt zwischen dem 3. und 5. Monat. *Gambusia wrayi* sollte nicht in weichem Wasser gepflegt werden. Ein Salzzusatz von 2 Teelöffeln auf 10 Liter Aquariumwasser ist für das Wohlbefinden der Tiere förderlich.

Gambusia wrayi wurde erstmals 1933 nach Deutschland importiert.

Gambusia xanthosoma GREENFIELD, 1983

Familie: Poeciliidae GARMAN, 1895

Unterfamilie: Poeciliinae GARMAN, 1895

Herkunft des Artnamens: *xanthosoma* (gr.) = gelber Körper, bezogen auf die gelbe Körperfärbung

Synonyma: keine

Erstbeschreibung: GREENFIELD, D. W. (1983): Gambusia xanthosoma, a New Species of Poeciliid Fish from Grand Cayman Island, BWI. Copeia, (2), pp. 457–464.

Typuslokalität: Taraquin Manor, West Bay; Grand Cayman.

Meristische Angaben: Dorsale = 8–10 Flossenstrahlen (gewöhnlich 8); Anale = 11 Flossenstrahlen; Pectorale = 14–15 Flossenstrahlen; Kiemen-Rechen = 13–16 gesamt; L. lat. = 29–31 Schuppen; Wirbel = 31–32.

Totalkörperlänge: Männchen und Weibchen bis 4 cm.

Beschreibung: Eine kleinbleibende Gambusen-Art mit schmalem und gedrungenem Körperbau. Der Kopf ist zugespitzt und groß ausgebildet. Das Maul zeigt sich groß mit oberständigem Unterkiefer.

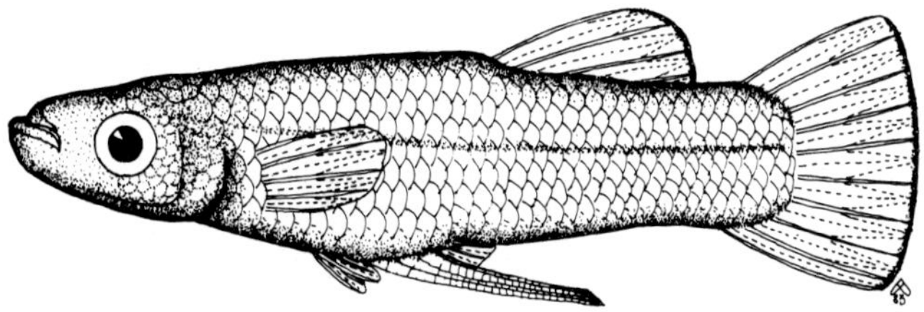

Gambusia xanthosoma ♂

Der Flossenbehang ist gut entwickelt; sämtliche Flossen sind an den Enden gerundet. Auffällig sind die sehr groß hervortretenden Augen. Die Körperfärbung erscheint, wie aus der Namensgebung bereits ersichtlich, intensiv gelb und vereinzelt orange. Die Kiemenregion schillert je nach Lichteinfall silberig und blau. Die Augen zeigen sich mit himmelblauer Iris. Entlang der mittleren Körperseite verläuft ein breites dunkles Horizontalband. Ober- und unterhalb der genannten Linie erstrecken sich je 2 dunkle Punktreihen. Die Dorsale und Caudale sind in beiden Geschlechtern mit Melanophoren besetzt und gelborange mit schwarzem Saum. Die Brust- und Bauchflossen sind transparent. Die Afterflosse der weiblichen Tiere besitzt eine vordere weiße Markierung.

Verbreitung: Nur von der Typuslokalität bekannt.

Habitat: Die Tiere entstammen einem der unter Moskitokontrollbereich stehenden Gewässer, namens Herringbone System 25. Das Biotop verläuft entlang der Straße, Taraquin Manor, westliche Bucht. Am 25. November 1980 betrug die Wassertemperatur 32° Celsius und die Salinität lag bei 30‰. Der Lebensbereich von *Gambusia xanthosoma* ist mit Mangroven bestanden.

Pflege und Zucht: Ein Import der Tiere steht noch aus.

GIRARDINUS

Girardinus POEY, 1854

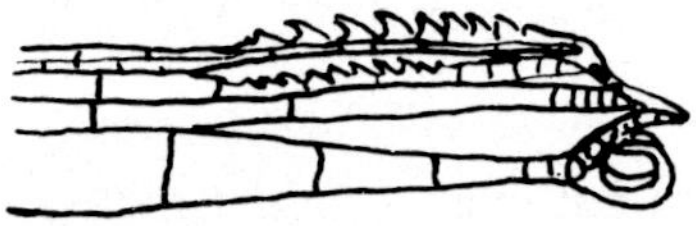

Girardinus metallicus

Girardinus wurde von F. POEY in seinen 1854 in Havanna erschienenen Abhandlungen erstmalig aufgestellt. Zugrunde lag die Art *metallicus.* Die Gattungsbenennung, *Girardinus,* wurde zu Ehren des nordamerikanischen Zoologen CHARLES FREDERIC GIRARD (1822–1895), der als einer der ersten und im Zusammenhang mit Poeciliiden auch wichtiger Ichthyologe gilt, benannt. Die nach ROSEN & BAILEY (1963) derzeit gültigen 8 Arten sind alle auf der Karibikinsel Kuba beheimatet. Eine Art, *Girardinus microdactylus,* ist noch zusätzlich auf der Kuba nahen Insel, Isle of Pines, vertreten. Die Girard-Kärpflinge sind nicht besonders farbenfroh gezeichnet, doch können sämtliche als ansprechend bezeichnet werden. Es sind lebendgebärende Zierfische, die sich durch einen langgestreckten Körperbau auszeichnen und sich sehr friedlich gegenüber Beckenmitinsassen verhalten. Nicht zuletzt werden sie auch wegen ihrer Lebhaftigkeit von den Liebhabern geschätzt. Die männlichen Tiere besitzen ein gewaltiges Gonopodium mit einem großen Verankerungshaken.

Ob es nach zukünftigen Felduntersuchungen tatsächlich bei der folgend genannten Artenzahl bleiben wird, ist noch abzuwarten; es erscheint jedoch nicht sehr wahrscheinlich, da sich vermutlich unter diesen lediglich um unterschiedliche Ökotypen oder Unterarten handeln dürfte.

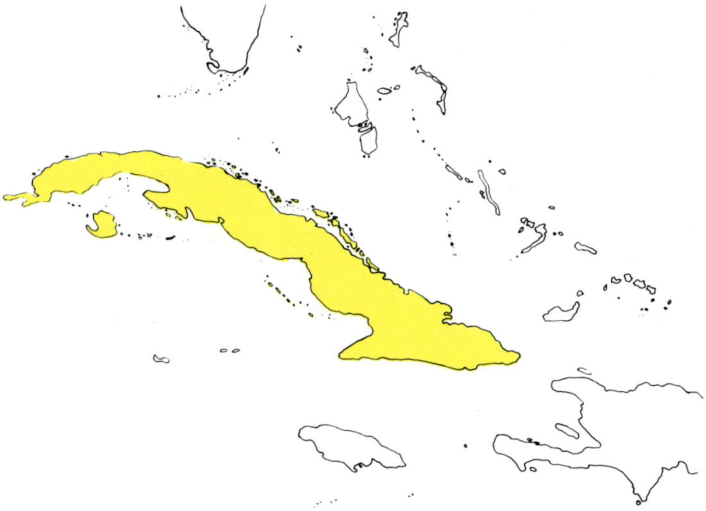

Verbreitungsgebiet von *Girardinus*

Girardinus creolus GARMAN, 1895

Familie:	Poeciliidae GARMAN, 1895
Unterfamilie:	Poeciliinae GARMAN, 1895
Herkunft des Artnamens:	*creolus* (span.) = Kreolen
Synonyma:	*Toxus creolus* HOWELL-RIVERO & RIVAS, 1944
Erstbeschreibung:	GARMAN, S. (1895): The cyprinodonts. Mem. Mus. Comp. Zoöl., vol. 19, no. 1: pp. 1–179.
Typuslokalität:	Kuba (weitere Angaben fehlen).
Meristische Angaben:	Dorsale = 10 Flossenstrahlen; Anale = 9–10 Flossenstrahlen; L. lat. = 29–30 Schuppen.
Totalkörperlänge:	Männchen bis 4 cm; Weibchen bis 7 cm.

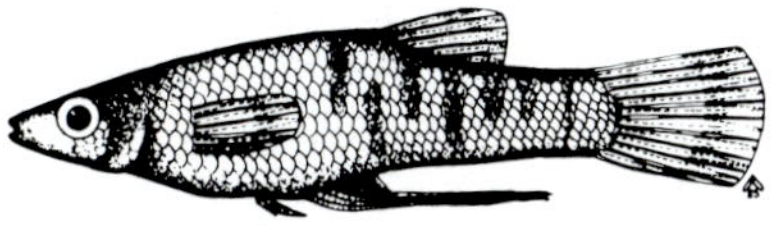

Girardinus creolus ♂

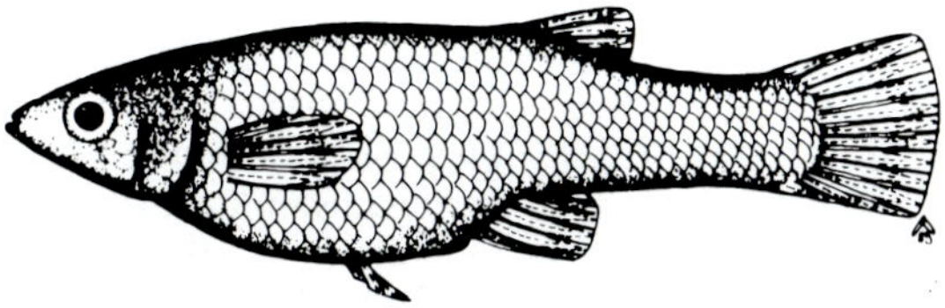

Girardinus creolus ♀

Beschreibung: *Girardinus creolus* besitzt einen mäßig schlanken Körperbau mit zugespitztem Kopf. Im Vergleich zu den anderen Gattungs-Vertretern erscheint *creolus* hochrückiger und gedrungener. Die Körpergrundfarbe ist braunoliv, mit heller Bauchseite. Die Kehlpartie erscheint je nach Lichteinwirkung silbrig. Entlang der Körperseite erstreckt sich ein dunkles Band, das sich aus 6–12 breiten Senkrechtstreifen zusammensetzt. Die Bänderung ist bei den männlichen Tieren wesentlich stärker als bei den Weibchen ausgebildet. Die unpaaren Flossen sind dunkel getönt. Die Rückenflosse zeigt in beiden Geschlechtern einen kleinen runden schwarzen Fleck. Das Gonopodium der Männchen ist stellenweise schwarz gezeichnet.

Verbreitung: Sierra de los Organos; Pinar del Rio; westliches Kuba.

Habitat: *Girardinus creolus* besiedelt Hochlandflüsse in einer Höhenlage von durchschnittlich 100 Meter. Die als ursprünglich betrachtete Fischart meidet die schnellfließenden Wasserschichten und hält sich im flachen Uferbereich auf. Gewöhnlich kann man *Girardinus creolus* in Teichen antreffen. Die Gewässer des kubanischen Hochlandbereiches sind klar und reich an Sauerstoff. Der Chloridgehalt liegt fast immer unter 50 p.p.m. Die Wassertemperatur schwankt jährlich zwischen 21 und 28° C. Der Bodengrund der Gewässer ist hart und setzt sich aus ebenen Felsblöcken, Steinen, Kies und Sand zusammen. Nur selten ist der Grund schlammig. Wasserpflanzen treten nur sporadisch auf. Allerdings ist das Gestein mit dicken Algenpolstern bewachsen. Kleine Insektenlarven dienen als Futter.

Pflege und Zucht: *Girardinus creolus* wurde bisher noch nicht nach Europa importiert.

Girardinus cubensis (EIGENMANN, 1903)

Familie: Poeciliidae GARMAN, 1895

Unterfamilie: Poeciliinae GARMAN, 1895

Herkunft des Artnamens: *cubensis* = nach dem Verbreitungsgebiet Kuba benannt

Synonyma: *Heterandria cubensis* EIGENMANN, 1903
Toxus cubensis HUBBS, 1926
Allodontium cubense HOWELL-RIVERO & RIVAS, 1944

Erstbeschreibung: EIGENMANN, C. H. (1903): The fresh-water fishes of western Cuba. Extracted from U. S. Fish Comm. Bull., vol. 22: pp. 211–236.

Typuslokalität: Los Palacios; Province Pinar del Rio; Kuba.

Meristische Angaben: Dorsale = 9–10 Flossenstrahlen; Anale = 9–10 Flossenstrahlen; L. lat. = 28–31 Schuppen.

Totalkörperlänge: Männchen bis 3 cm; Weibchen bis 4,5 cm.

Beschreibung: *Girardinus cubensis* weist einen sehr langgestreckten Körperbau auf. Der Kopf ist klein und spitz. Die Körpergrundfarbe zeigt sich braunoliv. Entlang der hinteren Körperhälfte verläuft je nach Stimulation ein schwarzes, aus senkrechten Streifen bestehendes Bändermuster. Die ersten beiden Flossenstrahlen der Dorsale sind schwarz gezeichnet. Im Vergleich zu den meisten anderen Girardinus-Arten besitzt *G. cubensis* keinen schwarzen Dorsalfleck. Die restlichen Flossen sind transparent.

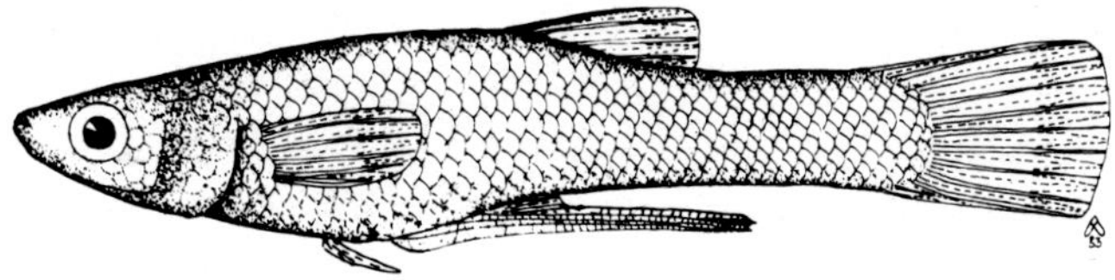

Girardinus cubensis ♂

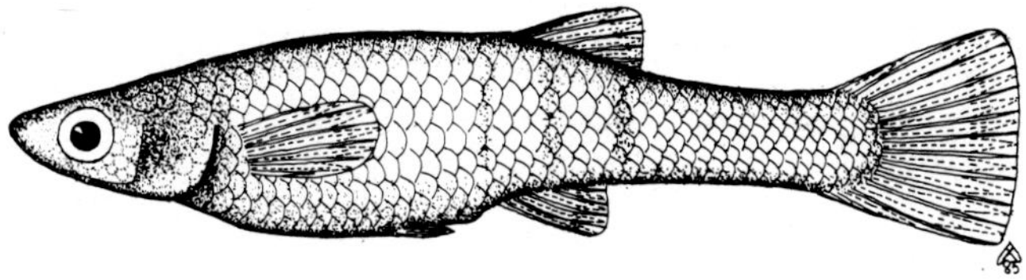

Girardinus cubensis ♀

Verbreitung:	Jardin de Blain, Aspiro Station, Cruz de los Pinos; Pinar del Rio; Kuba.
Habitat:	*Girardinus cubensis* bevorzugt die Flachlandregionen und besiedelt hier vor allem stehende Gewässer, z. B. Teiche. Die Biotope der Art sind warm und arm an Sauerstoff. Der Chloridgehalt liegt gewöhnlich zwischen 50 und 100 p.p.m. und kann in einigen Habitaten 1000 p.p.m. erreichen. Die Wassertemperatur schwankt jährlich zwischen 15° und 31° C. Der Bodengrund der Gewässer ist weich und mit Schlamm und Sand bedeckt. Wasserpflanzen sind in reichen Beständen vorhanden. Kleine Insektenlarven und reichlich Plankton wurden in den Lebensräumen von *Girardinus cubensis* nachgewiesen. Fischräuber sind in den Flachlandzonen häufig anzutreffen.
Pflege und Zucht:	Die Art konnte noch nicht importiert werden.

Girardinus denticulatus GARMAN, 1895

Familie:	Poeciliidae GARMAN, 1895
Unterfamilie:	Poeciliinae GARMAN, 1895
Herkunft des Artnamens:	*denticulatus* (lat.) = mit Zähnen besetzt, auf die Kiefer bezogen
Synonyma:	*Dactylophallus ramsdeni* RIVAS, 1944 *Dactylophallus denticulatus* HOWELL-RIVERO & RIVAS, 1944
Erstbeschreibung:	GARMAN, S. (1895): The cyprinodonts. Mem. Mus. Comp. Zoöl., vol. 19, no. 1: pp. 1–179.
Typuslokalität:	Remedios; Kuba.
Meristische Angaben:	Dorsale = 8–9 Flossenstrahlen; Anale = 9–10 Flossenstrahlen; L. lat. = 29–31 Schuppen; L. tra. = 7–8 Schuppen; Wirbel = 30–32.
Totalkörperlänge:	Männchen = 4 cm; Weibchen = 6 cm.

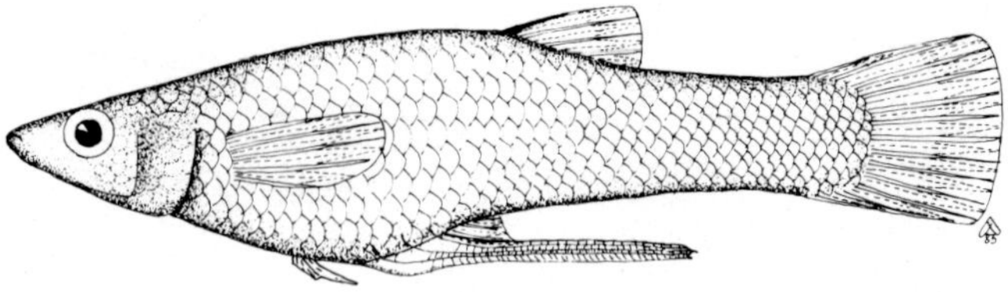

Girardinus denticulatus ♂

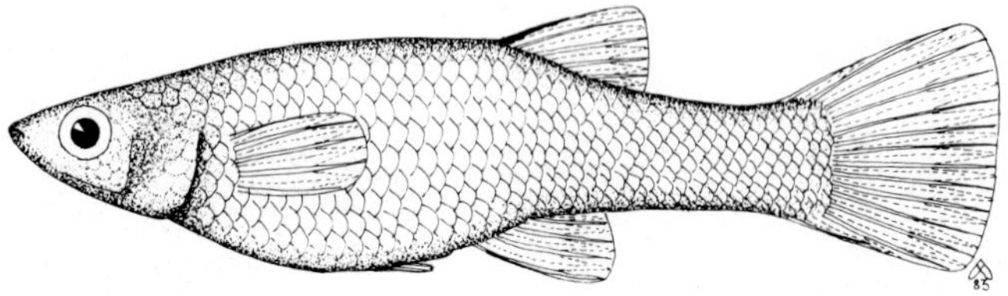

Girardinus denticulatus ♀

Beschreibung: *Girardinus denticulatus* zeigt sich mit gestrecktem Körperbau und kleinem, spitzem Kopf. Die Körpergrundfarbe ist olivgelb. Die dunkel umrahmten Schuppen bilden entlang der Körperseite ein Netzmuster. Nur selten oder andeutungsweise verläuft an den Seitenregionen ein Querstreifenband. Die ersten beiden Flossenstrahlen der Rückenflosse sind schwarz gezeichnet. Rükken- und Analflosse besitzen ein schwach ausgebildetes, feines inneres Strichband. Ansonsten sind die Flossen gewöhnlich frei von Farbmustern.

Verbreitung: Nach RIVAS (1958) besiedeln zwei Unterarten, *Girardinus denticulatus denticulatus* Zentral- und Ost-Kuba, außer dem Rio Guaso- und Yateras-System, welche von der Unterart *Girardinus denticulatus ramsdeni* besiedelt werden. Drainage der Sierra Maestra; Province Oriente; Ost-Kuba.

Habitat: *Girardinus denticulatus* besiedelt bevorzugt Flußbereiche. Weitere Habitatangaben siehe *Girardinus cubensis*.

Pflege und Zucht: Die Art wurde noch nicht nach Europa importiert.

Anmerkung: Der Unterartenstatus von *Girardinus denticulatus ramsdeni* scheint nicht gerechtfertigt.

Girardinus falcatus (EIGENMANN, 1903)

Familie: Poeciliidae GARMAN, 1895

Unterfamilie: Poeciliinae GARMAN, 1895

Herkunft des Artnamens: *falcatus* (lat.) = sichelförmig; Anspielung auf die Gonopodiumspitze mit sichelartigem Haken

Synonyma: *Glaridichthys falcatus* EIGENMANN, 1903
Glaridichthys atherinoides RIVAS, 1944

Erstbeschreibung: EIGENMANN, C. H. (1903): The fresh – water fishes of western Cuba. U. S. Comm. Bull., vol. 22, pp. 211–236.

Typuslokalität: San Cristobal; Pinar del Rio; Kuba.

Meristische Angaben: Dorsale = 9 Flossenstrahlen; Anale = 11 Flossenstrahlen; Ventrale = 6 Flossenstrahlen; L. lat. 29–30; Wirbel 30–31.

Girardinus falcatus ⚥. Aquariumstamm.

Totalkörperlänge: Männchen 4 cm; Weibchen 6–7 cm.

Beschreibung: Die Körpergestalt ist länglich und schlank wie bei *G. metallicus*. Die nun seit 10 Jahren, nach dem Import des Ost-Berliner Zoos, gepflegte *G. falcatus*-Population, besitzt kein ausgefallenes Zeichnungsmuster. Sämtliche Flossen sind transparent und die Körperfärbung ist bräunlichgelb bei heller Bauchseite. In der Liebhaber-Literatur wird vereinzelt *G. falcatus* mit schwarzen Punktreihen, dunklen Querbinden und einer Seitenbänderung beschrieben. Diese Färbungsmerkmale sind bei dem heutigen falcatus-Stamm nie beobachtet worden. Möglicherweise treten in natürlichen Breiten verschieden gefärbte Lokalrassen auf. Typisch für *G. falcatus* ist eine schwarze Strichzeichnung in der Schwanzstielbasis, ähnlich der Xiphophorus-Arten. Bei guter Beleuchtung erscheint *falcatus* mit blauen Augen.

Verbreitung: Teiche und Flüsse von Zentral- und Westkuba, sowie Isle of Pines.

Habitat: Über die Heimatgewässer von der Girardinus-Art ist bisher wenig bekannt geworden. So sollen die Fische im Gebiet des Rio del Pinar in besonders seichten und schnellfließenden Wasserläufen beheimatet sein. Der Sichelkärpfling soll aber sowohl aus kleinen schlammigen Gewässern, als auch in Biotopen mit steinigem und vegetationreichem Bodengrund, bekannt sein.

Pflege und Zucht: Für die Pflege und Zucht dieses lebendgebärenden Zahnkarpfens haben sich dicht bepflanzte Becken als günstig erwiesen. Geeignet erscheinen besonders Vallisneria-Arten. Doch ist darauf zu achten, daß ausreichender Schwimmraum zur Verfügung steht, *G. falcatus* ist wie *metallicus* sehr wärmeliebend. Nach einer durchschnittlichen Tragzeit werden in der Regel alle 25 Tage 10 bis 40 Jungfische, die ca. 9 mm lang sind, von den weiblichen Tieren geboren.

Girardinus falcatus wurde durch FRITZ MAYER möglicherweise erstmalig nach Deutschland importiert.

Girardinus metallicus. Aquariumstamm.

Girardinus metallicus POEY, 1854

Familie:	Poeciliidae GARMAN, 1895
Unterfamilie:	Poeciliinae GARMAN, 1895
Herkunft des Artnamens:	*metallicus* = metallglänzend
Synonyma:	*Girardinus garmani* EIGENMANN, 1903 *Girardinus pygmaeus* RIVAS, 1944
Erstbeschreibung:	POEY, F. (1854): Los guajacones, poecesillos de agua dulce. In Poey, F., Memorias sobre la historia natural de la Isla de Cuba. Havana, vol. 1, pp. 374–392.
Typuslokalität:	Jardin Botanico; Habanna; Kuba.
Meristische Angaben:	Dorsale = 9–10 Flossenstrahlen; Anale = 11 Flossenstrahlen; Pectorale = 11 Flossenstrahlen; Ventrale = 6 Flossenstrahlen.
Totalkörperlänge:	Männchen bis zu 4 cm; Weibchen bis zu 8 cm.
Beschreibung:	Der Körper der Art *Girardinus metallicus* wirkt an den Seiten zusammengedrückt. Das Maul ist breit und besitzt kurze Kiefer. Sämtliche Flossen sind an den Enden abgerundet und durchsichtig. Die Rückenflosse zeigt sich in beiden Geschlechtern mit einem kreisrunden schwarzen Fleck im hinteren basalen Teilabschnitt. Entlang der Körperseiten erstreckt sich eine Anzahl dunkler Querbinden, die bei den Männchen meistens intensiver hervortreten. Die Körpergrundfarbe ist graubraun, mit heller Bauchseite. Die Körperschuppung schimmert bei auffallendem Licht metallisch. In den letzten Jahren sind zwei verschieden gefärbte männliche Typen aufgetreten, die vom Ost-Berliner Zoo importiert wurden. So treten in einigen Populationen schwarze Männchen auf. Brust- und Kopfbereich sowie das Gonopodium sind tief schwarz gefärbt. Dank Herrn H. P. WEIL, Eichen, der ein natürliches Biotop auf Kuba besuchen konnte, wissen wir, daß diese schwarz gezeichneten metallicus-Männchen zusammen mit normal gefärbten männlichen Tieren auftreten. Weitere Un-

tersuchungen mögen zeigen, ob die schwarzen *G. metallicus* eventuell Naturhybriden sind. Denn die beschriebene Art tritt sympatrisch mit *Girardinus denticulatus* auf.

Verbreitung: In Teichen und Flüssen über annähernd ganz Kuba verbreitet.

Habitat: Siehe bei *Gambusia puncticulata puncticulata*.

Pflege und Zucht: *Girardinus metallicus* ist ein einfacher und dankbarer Pflegling. Ein Salzzusatz zum Aquariumwasser ist nicht erforderlich. Der Metallkärpfling ist wärmebedürftig und sollte bei 26–28° C gepflegt werden. Algen- oder andere Pflanzenkost wird gerne genommen, ebenso wie Lebendfutter. Nach einer Trächtigkeitsdauer von meistens 24 Tagen werden zwischen 10 und 60, ca. 9 mm lange Jungfische, von den Weibchen abgesetzt. *Girardinus metallicus* ist nach durchschnittlich 4 Monaten geschlechtsreif.

Die Art wurde erstmals 1906 durch Herrn W. SCHROOT nach Hamburg importiert.

Girardinus microdactylus RIVAS, 1944

Familie: Poeciliidae GARMAN, 1895

Unterfamilie: Poeciliinae GARMAN, 1895

Herkunft des Artnamens: *microdactylus* (gr.) = mit kleinem Finger, bezogen auf die Gonopodiumstruktur

Synonyma: keine

Erstbeschreibung: RIVAS, L. R. (1944): Contributions to the study of the poeciliid fishes of Cuba. 1. Descriptions of six new species of the subfamily Gambusiinae. Proc. New England Zool. Club, vol. 23: pp. 41–43.

Typuslokalität: Rio Taco Taco, Jardin de Blain; Pinar del Rio; Kuba.

Meristische Angaben: Dorsale = 8–9 Flossenstrahlen; Pectorale = 12–13 Flossenstrahlen; Anale = 9–10 Flossenstrahlen; L. lat. = 30–31 Schuppen; L. tra. = 7–8 Schuppen.

Totalkörperlänge: Männchen = 3,5 cm; Weibchen bis 6 cm.

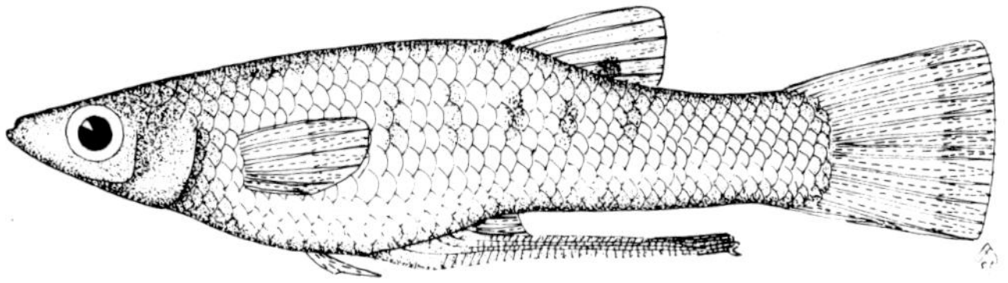

Girardinus microdactylus ♂

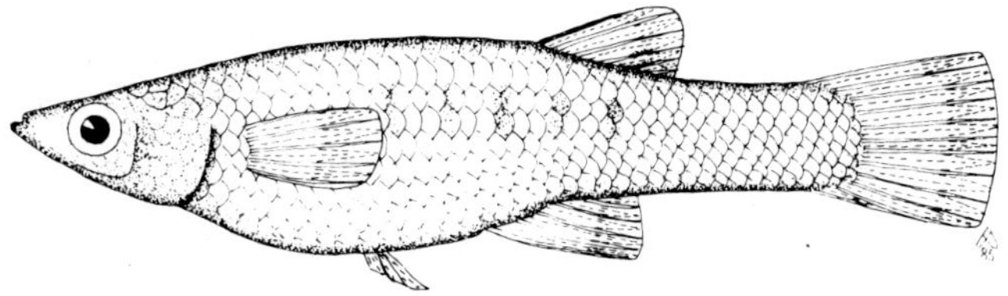

Girardinus microdactylus ♀

Beschreibung:	*Girardinus microdactylus* besitzt einen langgestreckten Körperbau, mit spitzem Kopf. Die Körpergrundfarbe ist braun. Entlang der Körperseite erstreckt sich eine dunkle Bänderung, die sich aus senkrechten Streifen zusammensetzt. Die ersten beiden Rückenflossenstrahlen sind schwarz gefärbt. Die Basis besitzt einen schwarzen kreisförmigen Fleck. Das Gonopodium der Männchen kann stellenweise schwarz gefärbt sein. *Girardinus microdactylus* kann leicht mit *Girardinus metallicus* verwechselt werden.
Verbreitung:	Süd-Drainage der Sierra de los Organos; Pinar del Rio; Kuba und Isle of Pines.
Habitat:	*Girardinus microdactylus* besiedelt die kubanischen Hochlandgebiete in einer Höhenlage von 35–160 Meter. Gewöhnlich wird die Art in ruhigen Uferzonen und Teichen angetroffen. Nur gelegentlich ist die lebendgebärende Fischart in schneller fließenden Wasserschichten anzutreffen. Ansonsten siehe *Girardinus creolus*. Habitatangaben von der Insel Pines sind bisher nicht bekannt geworden.
Pflege und Zucht:	Ein Import steht noch aus.

Girardinus serripenis (RIVAS, 1958)

Familie:	Poeciliidae GARMAN, 1895
Unterfamilie:	Poeciliinae GARMAN, 1895
Herkunft des Artnamens:	*serripenis* (lat.) = gezacktes Glied, bezogen auf das Gonopodium
Synonyma:	*Toxus serripenis*
Erstbeschreibung:	RIVAS, L. R. (1958): The origin, evolution, dispersal, and geographical distribution of the Cuban poeciliid fishes of the tribe Girardinini. Proc. Amer. Phil. Soc., vol. 102, no. 3: pp. 281–320.

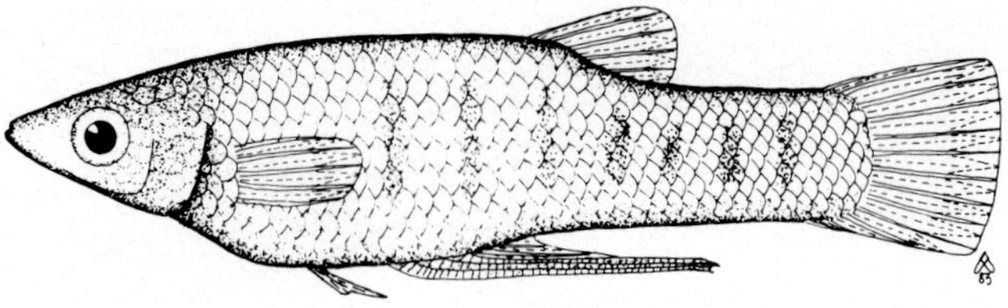

Girardinus serripenis ♂

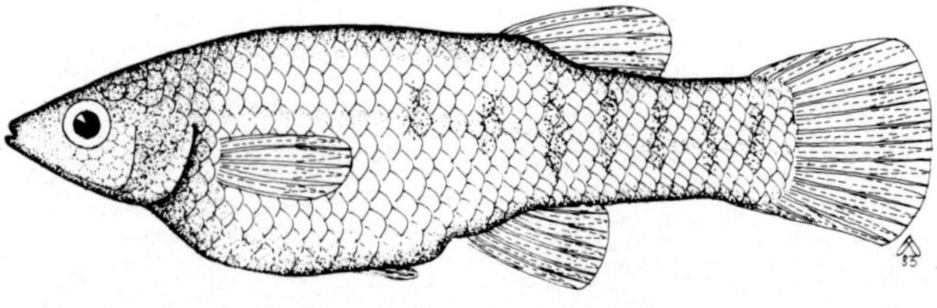

Girardinus serripenis ♀

Typuslokalität:	Rio Taco Taco, Rangel; Pinar del Rio Province; Kuba.
Meristische Angaben:	Dorsale = 9 Flossenstrahlen; Pectorale = 14–15 Flossenstrahlen; Anale = 9–10 Flossenstrahlen; L. lat. = 28–30 Schuppen.
Totalkörperlänge:	Männchen bis 4 cm; Weibchen bis 6,5 cm.
Beschreibung:	*Girardinus serripenis* zeigt den gedrungensten und hochrückigsten Körperbau innerhalb der Gattung. Der Kopf ist klein und leicht zugespitzt. Die eng mit *Girardinus creolus* verwandte Art zeigt sich in der Körpergrundfärbung grauoliv. Entlang der Körperseite verläuft ein gut ausgebildetes, dunkles, aus Senkrechtstreifen zusammengesetztes Band, das vor allem bei den weiblichen Tieren sehr stark hervortritt. Der Flossenbehang ist gewöhnlich dunkel getönt und besitzt kein nennenswertes Zeichnungsmuster. Das Gonopodium der Männchen ist stellenweise schwarz gefärbt.
Verbreitung:	Oberläufe des Rio Taco Taco bei Rangel; Pinar del Rio; Kuba.
Habitat:	*Girardinus serripenis* besitzt nur ein sehr kleines Verbreitungsareal im Hochland von West-Kuba. Hier besiedelt die sehr seltene Fischart die Oberläufe des Rio Taco Taco in einer Höhenlage zwischen 160 und 320 Meter. *Girardinus serripenis* meidet turbulente Wasserschichten, hält sich aber bevorzugt im schnellfließenden Wasser auf. Ansonsten wie bei der Art *Girardinus creolus.*
Pflege und Zucht:	Ein Erstimport steht noch aus.

Girardinus uninotatus POEY, 1860

Familie:	Poeciliidae GARMAN, 1895
Unterfamilie:	Poeciliinae GARMAN, 1895
Herkunft des Artnamens:	*uninotatus* (lat.) = einfleckig, bezogen auf die Körperzeichnung
Synonyma:	*Glaridodon uninotatus* GARMAN, 1895 *Glaridichthys uninotatus* EIGENMANN, 1903 *Glaridichthys torralbasi* EIGENMANN, 1903

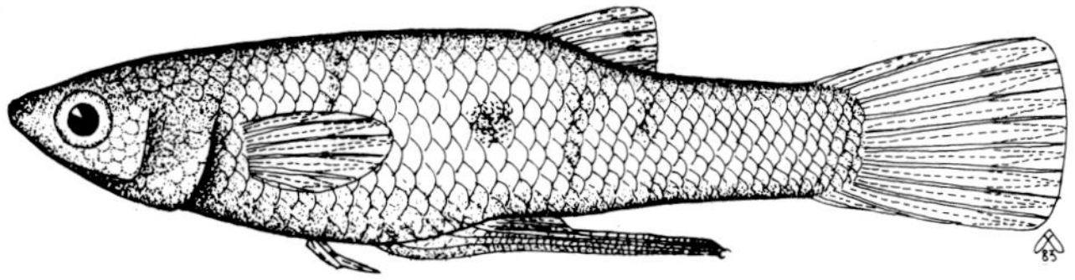

Girardinus uninotatus ♂

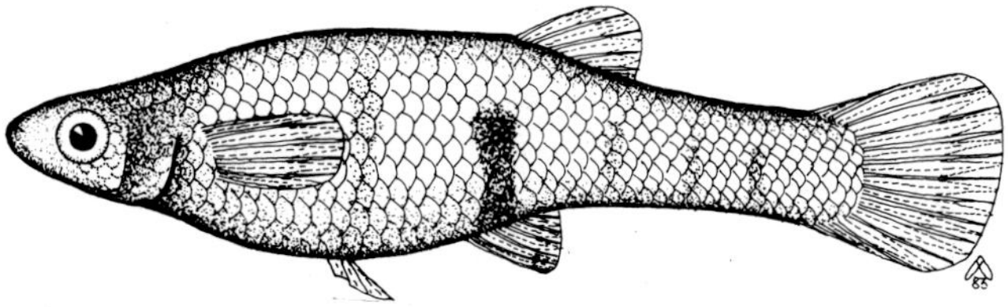

Girardinus uninotatus ♀

Erstbeschreibung: POEY, F. (1860): Poissons de Cuba, espèces nouvelles. In Poey, F., Memorias sobre la historia natural de la Isla de Cuba, acompanadas de sumarios latinos y extractos en frances, Havana, vol. 2: pp. 115–356.

Typuslokalität: Rio Taco Taco; Province Pinar del Rio; Kuba.

Meristische Angaben: Dorsale = 9 Flossenstrahlen; Anale = 9–10 Flossenstrahlen; L. lat. = 28–30 Schuppen; Wirbel = 30–31.

Totalkörperlänge: Männchen bis 5 cm; Weibchen bis 8 cm.

Beschreibung: Die von POEY im Jahre 1860 beschriebene Art besitzt einen schlanken Körperbau mit zugespitztem Kopf. Die Körpergrundfarbe zeigt sich braunoliv. Entlang der mittleren Körperseite verläuft ein feiner dunkler Mittelstrich. Mitten im Fischkörper, in Nähe des Analbereiches, befindet sich ein breiter schwarzer Balkenstrich, der vor allem bei weiblichen Tieren stark zum Vorschein kommt. Verschiedentlich werden Tiere auch ohne dieses markante Körpermerkmal nachgewiesen. RIVAS (1958) stellt 2 Unterarten, nämlich *Girardinus uninotatus uninotatus* und *Girardinus uninotatus torralbasi,* gegenüber, die im Zeichnungsmuster, sowie in morphologischen Daten fast identisch sind. Der Flossenbehang zeigt sich meistens transparent. Die Rückenflosse kann aber verschiedentlich eine feine innere, schwarze Bänderung besitzen.

Verbreitung: Hochland der südlichen und nordwestlichen Drainage der Sierra de los Organos; Pinar del Rio; Kuba.

Habitat: Die beschriebene Art besiedelt klare Teiche und Flüsse in einer Höhenlage zwischen 35 und 160 Meter. *Girardinus uninotatus* meidet turbulente Wasserschichten und besiedelt bevorzugt ruhige Gewässerabschnitte. Nur gelegentlich wird die Art in schneller fließendem Wasser angetroffen. Ansonsten wie *G. creolus.*

Pflege und Zucht: *Girardinus uninotatus* wurde in den Anfangsjahren der eigentlichen Aquarienkunde bereits nach Deutschland importiert. Nach Berichten damaliger Züchter ist die Pflege und Zucht der Art relativ einfach und mit *Girardinus metallicus* und *Girardinus falcatus* zu vergleichen.

G. uninotatus wurde im Jahre 1900 durch Herrn STÜVE aus New Yorker Aquariumzuchten importiert.

Anmerkung: Der Unterartenstatus der Art scheint nicht gerechtfertigt.

HETERANDRIA

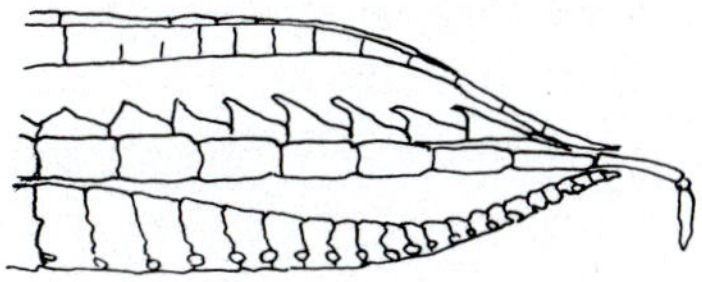

Heterandria formosa

Heterandria AGASSIZ, 1853

Heterandria wird derzeit in 2 Untergattungen unterteilt. Nach ROSEN & BAILEY (1963) und ROSEN (1979) sind dies Heterandria mit einer Art und *Pseudoxiphophorus* mit insgesamt 8 Arten.

Geteilter Meinung kann man trotz der neuen fortschrittlichen Gliederung von ROSEN (1979) sein, wenn außer der im Vordergrund stehenden Morphologie andere Teildisziplinen der Biologie zur Klassifikation mit herangezogen würden. So würde dann mit Sicherheit das *Subgenus Heterandria* mit der Art *formosa* zur eigenständigen Gattung erklärt werden.

Die Untergattung *Pseudoxiphophorus* ist erst in den letzten Jahren von 2 auf 8 Vertreter herangewachsen, wobei die neuen Arten oft nur auf ein kleines Verbreitungsareal in Guatemala beschränkt sind. *Heterandria* ist ausschließlich auf Süd-Carolina, Georgia, Florida und Louisiana verbreitet.

Die Namensgebung *Heterandria* ist aus dem Griechischen übernommen und bedeutet verschieden beschaffene Männchen. *Pseudoxiphophorus* wird gleichfalls aus dem Griechischen hergeleitet und besagt falscher Schwertträger.

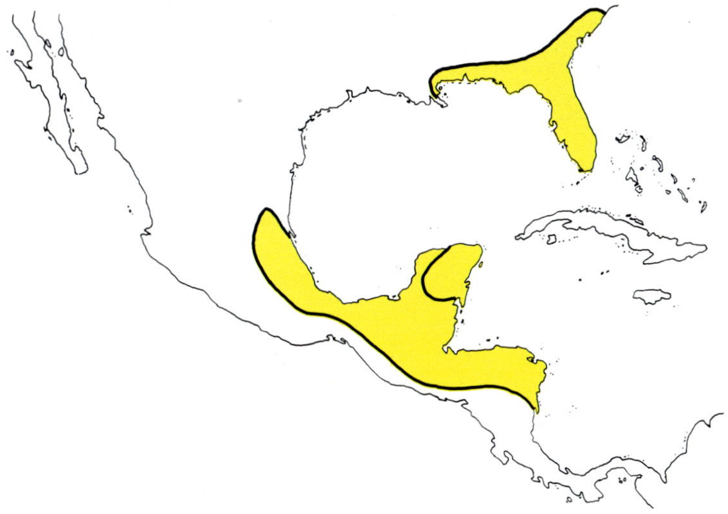

Verbreitungsgebiet von *Heterandria*

Biotop von *Heterandria bimaculata,* Nebengewässer des Rio de la Pasión, Guatemala.

Heterandria anzuetoi ROSEN & BAILEY, 1979

Familie:	Poeciliidae GARMAN, 1895
Unterfamilie:	Poeciliinae GARMAN, 1895
Untergattung:	*Pseudoxiphophorus* BLEEKER, 1860
Herkunft des Artnamens:	*anzuetoi* = nach Herrn RODERICO ANZUETO benannt
Synonyma:	keine
Erstbeschreibung:	ROSEN, D. E. (1979): Fishes from the Uplands and Intermontane Basins of Guatemala: Revisionary Studies and Comparative Geography. Bull. Amer. Mus. Nat. Hist., vol. 162, art. 5: pp. 267–376.
Typuslokalität:	Rio Achuelo; Zacapa; Guatemala.

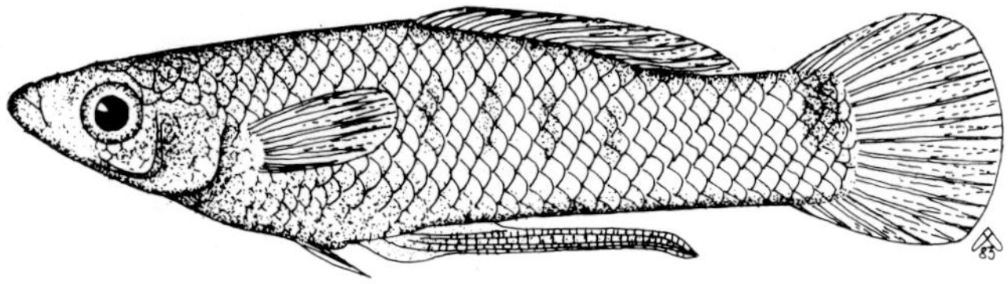

Heterandria anzuetoi ♂

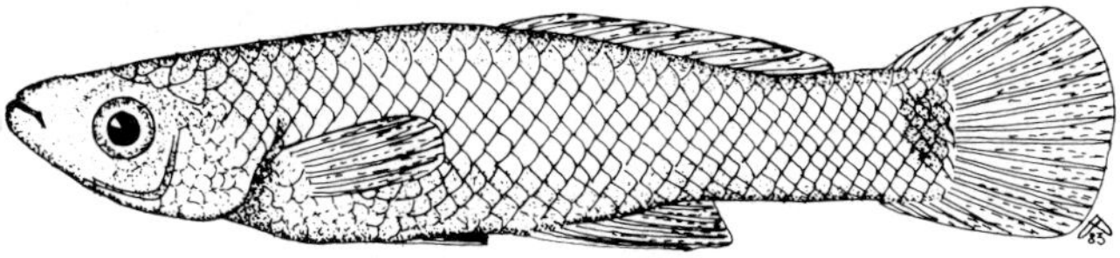

Heterandria anzuetoi ♀

Meristische Angaben:	*Dorsale = 11–16 Flossenstrahlen; Pectorale = 13–15 Flossenstrahlen; L. lat. = 28–32 Schuppen; Wirbel = 30–33.*
Totalkörperlänge:	*Männchen = 5 cm; Weibchen = 7 cm.*
Beschreibung:	*Heterandria anzuetoi* besitzt einen gestreckten Körperbau mit zugespitztem Kopf. Die fahnenartige Rückenflosse ist im Vergleich zu anderen Pseudoxiphophorus-Vertretern weit nach hinten versetzt. Entlang der Körperseite verlaufen eine Anzahl kurzer dunkler Streifen. Die Körpergrundfarbe ist braunoliv, bei heller Bauchseite. In der Schwanzwurzelbasis befindet sich der typisch schwarze Pseudoxiphophorus-Fleck. Die Rückenflosse zeigt wie alle Vertreter der Untergattung 2 Kommastrichbänderungen von dunkler Farbe, im unteren Flossenbereich verlaufend. Der Flossenbehang ist gewöhnlich transparent und kann je nach Population leicht gelb getönt sein. Die Art ist je nach Herkunft in ihren Zeichnungsmustern variabel.
Verbreitung:	Rio Motagua-Becken, El Progreso, Zacapa, Chiquimula und Izabal; Guatemala und Copán; Honduras, sowie Rio Lempa-Becken, Chiquimula und Jutiapa.
Habitat:	*Heterandria anzuetoi* tritt stellenweise sympatrisch mit *Heterandria bimaculata* auf. Hybriden waren zwischen beiden Arten bisher nicht nachweisbar. Habitatangaben blieben bis zum jetzigen Zeitpunkt unbekannt.
Pflege und Zucht:	*Heterandria anzuetoi* wurde bisher im Aquarium noch nicht gepflegt.

Heterandria attenuata ROSEN & BAILEY, 1979

Familie:	Poeciliidae GARMAN, 1895
Unterfamilie:	Poeciliinae GARMAN, 1895
Untergattung:	*Pseudoxiphophorus* BLEEKER, 1860
Herkunft des Artnamens:	*attenuata* (lat.) = langgestreckt, bezogen auf den Körperbau
Synonyma:	keine

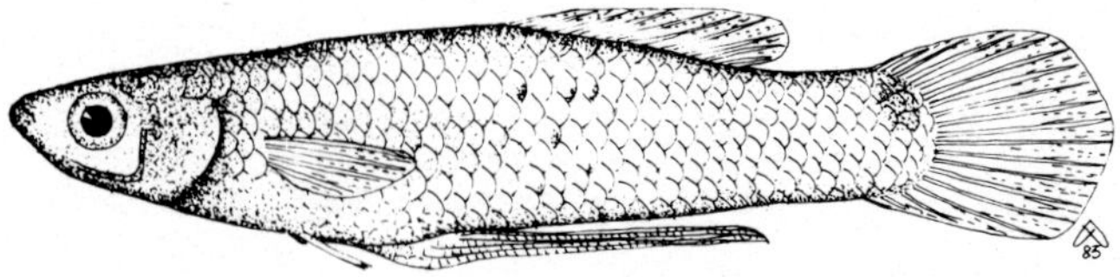

Heterandria attenuata ♂

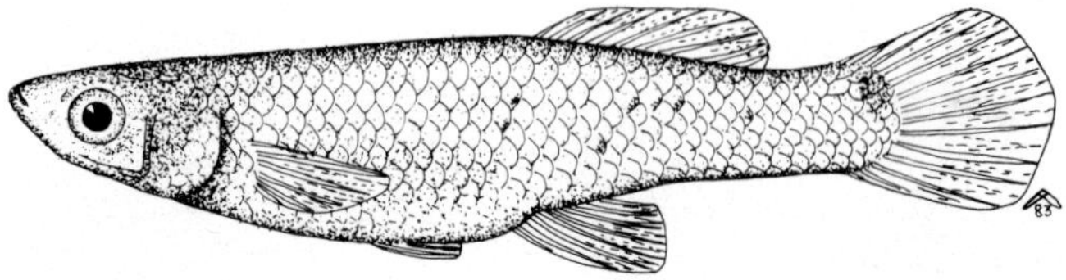

Heterandria attenuata ♀

Erstbeschreibung:	ROSEN, D. E. (1979): Fishes from the Uplands and Intermontane Basins of Guatemala: Revisionary Studies and Comparative Geography. Bull. Amer. Mus. Nat. Hist., vol. 162, art. 5: pp. 267–376.
Typuslokalität:	Rio Candelaria Yalicar; Alta Verapaz; Guatemala.
Meristische Angaben:	Dorsale = 10–11 Flossenstrahlen; Pectorale = 13–14 Flossenstrahlen; L. lat. = 30–32 Schuppen, gewöhnlich 31; Wirbel = 32–33.
Totalkörperlänge:	Männchen = 4 cm; Weibchen bis 7 cm.
Beschreibung:	Die im Jahre 1979 beschriebene Art besitzt einen schlanken, pfeilförmigen Körperbau mit extrem spitzen Kopf. Die Rückenflosse ist im Vergleich zu anderen Untergattungsvertretern klein ausgebildet. Die Körpergrundfarbe zeigt sich fahlgrau und im Gesamterscheinungsbild wirkt der Kärpfling transparent. Die Körperseite ist mit einem hauchdünnen dunklen Netzwerk überzogen und wird an verschiedenen Stellen durch schmale dunkle Kommastriche gekreuzt. Erwachsene Weibchen zeigen sich vor der Analflosse mit dunkler Körperunterseite. Die Geschlechtsöffnung ist mit 1 bis 2 schwarzen punktförmigen Flecken umsiedelt. Erwachsene männliche Tiere besitzen entlang der Körpermitte ein dunkel pigmentiertes Mittelband, das von der Pectoralflossen-Basis bis in Höhe des Gonopodiumbeginns verläuft. Die Rücken- und Analflosse ist schwach gelborange getönt. Die Dorsale führt zwei dunkle innere Strichbänderungen, wobei die untere Reihe wesentlich intensiver hervortritt. Das genannte Zeichnungsmuster besitzt zusätzlich in den Bandzwischenräumen weiße Flecken. Die obere Kiemenregion schimmert je nach Lichteinfall blaugrün.
Verbreitung:	Nur von der Typuslokalität bekannt.
Habitat:	*Heterandria attenuata* besiedelt ein isoliertes 7 km langes Flußbett. Die lebendgebärende Fischart tritt als einziger Vertreter der Gattung im genannten Gebiet auf.
Pflege und Zucht:	Die Art wurde bisher noch nicht importiert.

Heterandria bimaculata ⚥

Heterandria bimaculata (HECKEL, 1848)

Familie:	Poeciliidae GARMAN, 1895
Unterfamilie:	Poeciliinae GARMAN, 1895
Untergattung:	*Pseudoxiphophorus* BLEEKER, 1860
Herkunft des Artnamens:	*bimaculata* (lat.) = Zweifachfleck
Synonyma:	*Xiphophorus bimaculatus* HECKEL, 1848 *Poeciloides bimaculatus* STEINDACHNER, 1863 *Pseudoxiphophorus bimaculatus* GARMAN, 1895 *Pseudoxiphophorus pauciradiatus* REGAN, 1904 *Gambusia bimaculata* REGAN, 1906–1908 *Gambusia(Pseudoxiphophorus) bimaculatus,* REGAN 1907 *Pseudoxiphophorus bimaculatus bimaculatus* HUBBS, 1924 *Pseudoxiphophorus bimaculatus taeniatus* REGAN, 1905 *Pseudoxiphophorus bimaculatus peninsulae* HUBBS, 1936 *Pseudoxiphophorus reticulatus* TROSCHEL & MÜLLER, 1865
Erstbeschreibung:	HECKEL, J. (1848): Eine neue Gattung von Poecilien mit rochenartigen Anklammerungs-Organe. Sitzber. K. Akad. Wiss. Wien, Math. Nat. Cl., vol. 1, pp. 289–303.
Typuslokalität:	Orizaba Berge, Mexiko.
Meristische Angaben:	Dorsale = 12–17 Flossenstrahlen, meistens 13–15 Flossenstrahlen; Wirbel 31–33.
Totalkörperlänge:	Männchen bis zu 7 cm; Weibchen bis zu 15 cm.
Beschreibung:	Ein lebendgebärender Kärpfling von sehr robustem Aussehen, langgestrecktem Körperbau und langem Kopf mit großem Maul. Große, fahnenartig verlängerte Rückenflosse mit stellenweise schwarz gefärbten Flossenstrahlen. Sämtliche Flossen sind abgerundet und können je nach Population gelb oder orange gefärbt sein. Die Afterflosse der Männchen ist wie bei allen Vertretern der Unterfamilie *Poeciliinae* zu einem langen Gonopodium ausgebildet. Die Körperschuppen sind schwarz umrandet und ver-

leihen dem Fisch ein filigran ähnliches Aussehen. Die Körperfarben schimmern je nach Lichteinfall blauviolett. Die Bauchregion ist grau gefärbt. Der typisch schwarze Fleck, der bei allen Pseudoxiphophorus-Arten ausgebildet ist, befindet sich im Schwanzstiel. Vereinzelt wird eine Farbspielart mit schwarzer Querstreifung gefangen, deren Zeichnungsmuster eigentlich typisch für *Heterandria jonesi* ist. Auch Populationen mit dunklen Balkenlinien entlang der Körpermitte sind bereits verschiedentlich gesammelt worden.

Verbreitung: Vom nördlichsten Fluß, dem Rio Nautla; Mexiko; entlang der Atlantikseite, über Rio Usumacinta entlang Yucatan Peninsula; Nord El Quiché und Alta Verapaz (Guatemala); Belize und Honduras.

Habitat: Ein typischer Fundort der Art *Heterandria bimaculata* befindet sich im Rio Atoyac, Veracruz, Mexiko. Es ist ein schnellfließender Fluß, dessen Breite an der Fangstelle zwischen 6 und 10 m beträgt. Die Färbung des Gewässers ist bräunlichtrüb. Die Vegetation der Uferregion besteht aus Büschen, Yuccapalmen und Grasflächen. Begleitfische von *H. bimaculata* sind *H. jonesi* und *X. helleri.* Ein weiterer Lebensraum von *bimaculata* stellt der Catemaco-See, Veracruz, dar. Der See ist in einen Vulkanberg integriert und liegt 340 m über Seehöhe und hat einen Umfang von 46 km. Die Wassertiefe soll etwa 12–15 m betragen. Der Catemaco-See beheimatet außer *H. bimaculata* noch folgende lebendgebärende Zahnkarpfen: *Poecilia catemaconis, Poeciliopsis catemaco* und *Xiphophorus helleri.*

Pflege und Zucht: Gegenüber Aquariummitbewohnern verhält sich der Zweifleckkärpfling ruhig, ist aber als Räuber bekannt. Oft werden Jungfische bis zu 2 cm Körperlänge noch gefressen. Es ist deshalb empfehlenswert die Species getrennt oder mit gleichgroßen Fischen zu vergesellschaften. Die Zucht ist in den meisten Fällen nicht unproblematisch. Es werden zwar je nach Alter und Körpergröße der Weibchen in Abständen von etwa 6–8 Wochen 20–110 Jungfische, die bereits 1,5 cm lang sind, geboren. Doch es scheint, daß die heranwachsenden Fische in den ersten 4 Lebenswochen gegenüber Bakterien sehr empfindlich sind. So kann ein Massensterben manchmal nicht verhindert werden. Sind aber erst einmal die kritischen Zeiten überstanden, kann man die Brut bei guter Fütterung leicht großziehen. Die Geschlechtsreife kann bereits nach 4 Monaten eintreten. *Heterandria bimaculata* wurde erstmalig 1909 durch CARL SIGGELKOW, Hamburg, importiert.

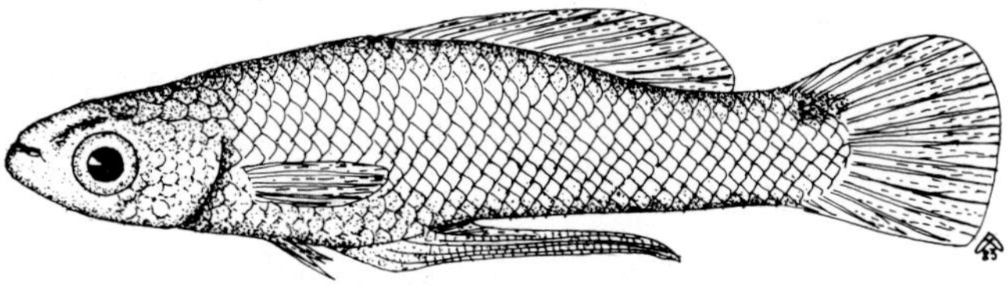

Heterandria cataractae ♂

Heterandria cataractae ♀

Heterandria cataractae ROSEN, 1979

Familie:	Poeciliidae GARMAN, 1895
Unterfamilie:	Poeciliinae GARMAN, 1895
Untergattung:	*Pseudoxiphophorus* BLEEKER, 1860
Herkunft des Artnamens:	*cataractae* (gr.) = Wasserfall, in Anlehnung an das Vorkommensgebiet der Art im Arroyo Sachicha
Synonyma:	keine
Erstbeschreibung:	ROSEN, D. E. (1979): Fishes from the Uplands and Intermontane Basins of Guatemala: Revisionary Studies and Comparative Geography. Bull. Amer. Mus. Nat. Hist., vol. 162, art. 5: pp. 267–376.
Typuslokalität:	Arroyo Sachicha; Alta Verapaz; Guatemala.
Meristische Angaben:	Dorsale = 14–16 Flossenstrahlen; Pectorale = 13–14 Flossenstrahlen; L. lat. = 29–31 Schuppen; Wirbel = 32–33.
Totalkörperlänge:	Männchen = 4,5 cm; Weibchen = 6,5 cm.
Beschreibung:	*Heterandria cataractae* zeigt sich mit gestrecktem Körperbau und abgerundetem Kopf. In beiden Geschlechtern wird eine Rükkenwölbung beobachtet. In der Körperzeichnung ähnelt die Art einigen Populationen von *Heterandria bimaculata* und dem erst kürzlich beschriebenen Fisch *Heterandria dirempta.* Im Vergleich mit der Art *Heterandria obliqua* weist *cataractae* dunkle Markierungen des Netzwerkes, besonders entlang der vorderen Körperhälfte, auf. Ansonsten wie *H. bimaculata* gefärbt.
Verbreitung:	Nur von der Typuslokalität bekannt.
Habitat:	*Heterandria cataractae* bewohnt den Arroyo Sachicha, einen Oberlauf des Rio Senizo, der in den Rio Chixoy (Rio Salinas) mündet. Der Arroyo Sachicha stellt ein isoliertes Gewässer dar, das durch einen Wasserfall mit einer Höhendimension von ca. 30 Meter getrennt ist.
Pflege und Zucht:	*Heterandria cataractae* konnte bisher noch nicht importiert werden.

Heterandria dirempta ROSEN, 1979

Familie:	Poeciliidae GARMAN, 1895
Unterfamilie:	Poeciliinae GARMAN, 1895
Untergattung:	*Pseudoxiphophorus* BLEEKER, 1860
Herkunft des Artnamens:	*dirempta* (lat.) = isoliert, in Anlehnung an die abgeschlossene Lebensweise der Art
Synonyma:	keine
Erstbeschreibung:	ROSEN, D. E. (1979): Fishes from the Uplands and Intermontane Basins of Guatemala: Revisionary Studies and Comparative Geography. Bull. Amer. Mus. Nat. Hist., vol. 162, art. 5: pp. 267–376.
Typuslokalität:	Rio Chajmaic; Alta Verapaz; Guatemala.
Meristische Angaben:	Dorsale = 12–14 Flossenstrahlen; Pectorale = 13–15 Flossenstrahlen; L. lat. = 30–31 Schuppen; Wirbel = 31–33.
Totalkörperlänge:	Männchen = 4 cm; Weibchen = 7 cm.
Beschreibung:	*Heterandria dirempta* besitzt einen langgestreckten Körperbau mit leicht zugespitztem Kopf. Die Rückenflosse ist gegenüber der nahen Verwandtschaft nicht sonderlich groß ausgeprägt. Die Körpergrundfarbe ist olivgrau. Entlang der Körperseite besitzen die männlichen Tiere, auf die vordere Hälfte beschränkt, 3 bis 5 schwarze schräg verlaufende Vertikalstreifen, ansonsten wie *Heterandria cataractae.*
Verbreitung:	Nur von der Typuslokalität bekannt.
Habitat:	Der Rio Chajmaic ist ein intermontanes Becken mit einer Länge von ca. 22 km und ist mit dem Rio Sebol, einem Oberlauf des Rio de la Pasión, durch einige unterirdische Passagen verbunden. *Heterandria dirempta* lebt zusammen mit *Xiphophorus signum.* Weitere Habitatangaben siehe bei *X. signum.*
Pflege und Zucht:	Die Art wurde bereits durch Herrn SCHLOSSER, Wien, nach Österreich importiert. *Heterandria dirempta* verhält sich in der Pflege und Zucht wie *Heterandria bimaculata.*

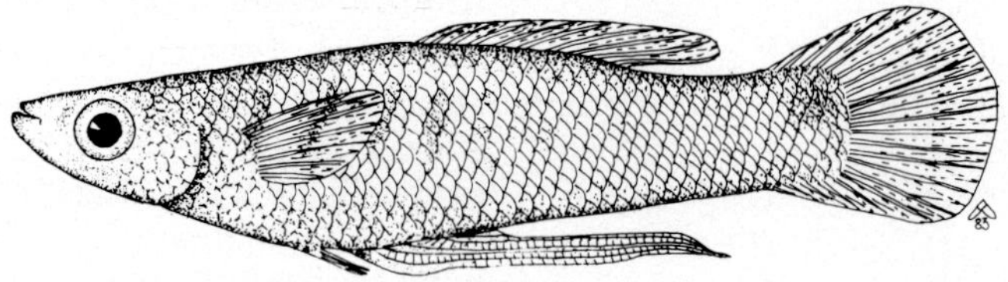

Heterandria dirempta ♂

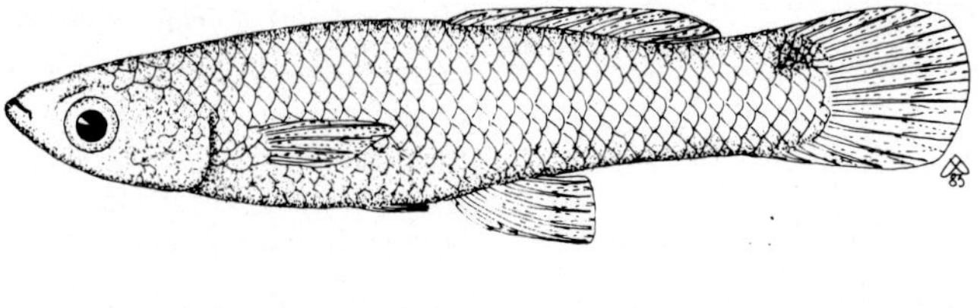

Heterandria dirempta ♀

Heterandria formosa ⚥. Aquariumstamm.

Heterandria formosa AGASSIZ, 1855

Familie:	Poeciliidae GARMAN, 1895
Unterfamilie:	Poeciliinae GARMAN, 1895
Untergattung:	*Heterandria* AGASSIZ, 1855
Herkunft des Artnamens:	*formosa* (lat.) = wohlgestaltet
Synonyma:	*Girardinus formosus* GIRARD, 1859 *Gambusia formosa* BLEEKER, 1860
Erstbeschreibung:	AGASSIZ, J. L. R. (1855): Remarks on Dr. B. Dowler's paper „Discovery of viviparous fish in Louisiana." Amer. Jour. Sci. Arts, ser. 2, vol. 19: pp. 133–136.
Typuslokalität:	New Orleans; USA.
Meristische Angaben:	Dorsale = 7–8 Flossenstrahlen; Anale = 10 Flossenstrahlen; L. lat. = 28–30 Schuppen; Wirbel = 29–31 Schuppen.
Totalkörperlänge:	Männchen = 1,5–2 cm; Weibchen bis 3 cm.
Beschreibung:	Der Zwerg unter den Lebendgebärenden besitzt einen gestreckten Körperbau mit kleinem, gerundetem Kopf. *Heterandria formosa* zeigt eine grauolive Grundfärbung, die in der oberen Körperhälfte wesentlich dunkler als in der Unterhälfte manifestiert ist. Entlang der mittleren Körperseite erstreckt sich ein breiter schwarzer Mittelstreifen, der besonders im hinteren Schwanzstielbereich durch ein senkrechtes Bändermuster in Schachbrettfelder unterteilt ist. Die Rücken- und Schwanzflosse weist einen gerundeten schwarzen Fleck auf, der gewöhnlich durch gelbrotes Pigment umlagert wird. Sämtliche Flossen können je nach Population leicht gelb getönt sein.

Verbreitung: Südöstliches Nord-Carolina; Georgia; Florida; New Orleans und Louisiana; USA.

Habitat: *Heterandria formosa* besiedelt Süß- und Brackgewässer. Die kleine Fischart hält sich ausschließlich im flachen Uferbereich unter überhängendem Gestrüpp oder in dichten Pflanzenbeständen auf. Die Gewässer sind meistens sauerstoffarm und gewöhnlich reich an Mikroorganismen.

Pflege und Zucht: Die Pflege und Zucht des Kärpflings ist denkbar einfach. Die größten Erfolge werden gewöhnlich mit kleinen Behältern erzielt, die eine größere Anzahl Kleinstlebewesen beherbergen. Besonders geeignet sind dichte Algenpolster, die die von den Tieren benötigten Mikroorganismen in ausreichender Menge führen. Besonders angewiesen auf das Plankton sind die Jungtiere von *Heterandria formosa*, die nach der Geburt nur durchschnittlich 2 mm lang sind. Bei guter Pflege werden die Nachkommen von den Alttieren nicht behelligt. Weibliche Tiere der genannten Fischart bringen in Intervallen, im Durchschnitt während der Trächtigkeitsperiode alle 3 bis 4 Tage, je nach Alter und Größe, zwischen 1 und 6 Jungtiere zur Welt. In ihrer Entwicklungsbiologie weicht *Heterandria formosa* von der Überzahl der Unterfamilienmitglieder ab. Als Entwicklungstyp wird Follikel nachgewiesen. Die Eier des kleinen Kärpflings sind dotterarm und benötigen aus diesem Grunde eine Nährstoffzuführung von dem Muttertier während der Entwicklung. Während der Balz verhält sich *formosa* besonders im männlichen Geschlecht aggressiv und veranstaltet regelrechte Hetzjagden gegenüber Nebenbuhlern. An die Wasserqualität werden von dem Fisch keine Ansprüche gestellt. Die Fütterung sollte nach Möglichkeit zum größten Teil aus Artemia bestehen.

Heterandria formosa wurde erstmals durch Herrn CARL SIGGELKOW im Jahre 1912 nach Deutschland importiert.

Heterandria jonesi (GÜNTHER, 1874)

Familie: Poeciliidae GARMAN, 1895

Unterfamilie: Poeciliinae GARMAN, 1895

Untergattung: *Pseudoxiphophorus* BLEEKER, 1860

Herkunft des Artnamens: *jonesi* = nach Herrn JONES benannt

Synonyma:
Mollienisia jonesii GÜNTHER, 1874
Gambusia jonesii REGAN, 1907
Pseudoxiphophorus jonesii REGAN, 1913
Pseudoxiphophorus bimaculatus jonesii HUBBS, 1924
Pseudoxiphophorus bimaculatus WOOLMAN, 1894
Heterandria bimaculata ROSEN & BAILEY, 1963
Pseudoxiphophorus reticulatus JORDAN & EVERMANN, 1896
Pseudoxiphophorus pauciradiatus REGAN, 1904

Erstbeschreibung: GÜNTHER, A. (1874): Descriptions of new species of fishes in the British Museum. Ann. Mag. Nat. Hist., ser. 4, 14: pp. 368–371.

Heterandria jonesi ♂.
Population Rio Atoyac, Mexiko.

Typuslokalität: Lago Alcuhuaca = Lago de Aljojuca; Mexiko.

Meristische Angaben: Dorsale = 9–15 Flossenstrahlen, gewöhnlich 11–13; L. lat. = 29–34 Schuppen; Wirbel 30–33, gewöhnlich 31–32.

Totalkörperlänge: Männchen bis 4,5 cm; Weibchen bis 6 cm.

Beschreibung: *Heterandria jonesi* hat einen, vom Gesamtbild betrachtet, gerundeten Körper. Der Kopf und sämtliche Flossen sind ebenfalls leicht abgerundet. Die Körpergrundfarbe zeigt sich grauoliv. Je nach Population weist jonesi gewöhnlich 3–11 kurze, dunkle Verticalstreifen entlang der Körperseite auf. Verschiedentlich werden auch Tiere ohne das genannte Zeichnungsmuster angetroffen, hauptsächlich Fische aus dem Rio Tamesi-Becken, Jaumave, Tamaulipas. Wie alle Pseudoxiphophorus-Vertreter besitzt auch *Heterandria jonesi* einen schwarzen Schwanzwurzel-Fleck. Die Rückenflosse zeigt die bereits bekannte schwarze Bänderzeichnung. Der gesamte Flossenbehang kann je nach Fundort gelborange getönt sein. Alle Flossen sind im Vergleich zu anderen Heterandria-Arten klein ausgebildet.

Verbreitung: Vom Rio Guayalejo, südliches Tamaulipas bis zum Rio Tehuacán; Puebla; Mexiko.

Habitat: *Heterandria jonesi* besiedelt unterschiedliche Lebensräume. Bewohnt werden Teiche, schnell- und langsamfließende Flüsse im Hoch- und Tiefland. *Heterandria jonesi* wird gewöhnlich ohne weitere Gattungsvertreter angetroffen. Nur im oberen Rio Atoyac lebt die beschriebene Art zusammen mit *Heterandria bimaculata,* die ein südlicheres Verbreitungsgebiet inne hat. Habitatangaben siehe *Xiphophorus andersi.*

Pflege und Zucht: Im Vergleich zu *Heterandria bimaculata* verhält sich *H. jonesi* gegenüber Artfremden sehr ruhig und stellt kleinen Fischen nur sehr selten nach. In der Pflege und Zucht verhält sich der Jones-Kärpfling annähernd wie *H. bimaculata.*

Heterandria jonesi wurde schon mehrfach, wenn auch unter verschiedenen Namen, nach Europa importiert. Aus diesem Grund sind exakte Daten eines Erstimportes nicht zu ermitteln.

Heterandria litoperas ♂

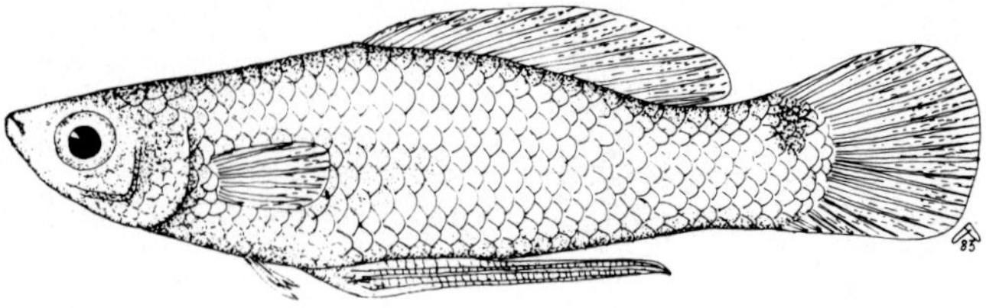

Heterandria litoperas ♀

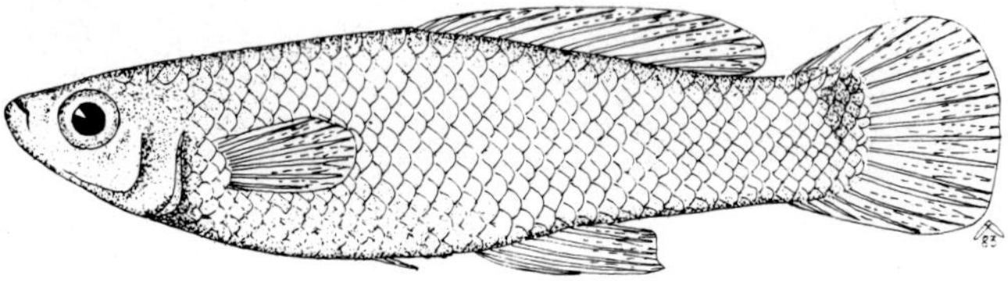

Heterandria litoperas ROSEN & BAILEY, 1979

Familie:	Poeciliidae GARMAN, 1895
Unterfamilie:	Poeciliinae GARMAN, 1895
Untergattung:	*Pseudoxiphophorus* BLEEKER, 1860
Herkunft des Artnamens:	*litoperas* (gr.): ebenes Ende, in Anlehnung an das letzte Segment der Gonopodiumspitze
Synonyma:	keine
Erstbeschreibung:	ROSEN, D. E. (1979): Fishes from the Uplands and Intermontane Basins of Guatemala: Revisionary Studies and Comparative Geography. Bull. Amer. Mus. Nat. Hist., vol. 162, art. 5: pp. 267–376.
Typuslokalität:	Rio Cahabón, 1 km nördlich Lanquin; Alta Verapaz; Guatemala.
Meristische Angaben:	Dorsale = 14–17 Flossenstrahlen; Pectorale = 14–15 Flossenstrahlen; L. lat. = 30–31 Schuppen; Wirbel = 30–32.
Totalkörperlänge:	Männchen bis 4,5 cm; Weibchen bis 7 cm.
Beschreibung:	Die genannte Pseudoxiphophorus-Art besitzt einen mäßig langgestreckten Körperbau mit spitzem Kopf. Männliche Tiere zeigen gewöhnlich einen hohen Körperbau. Die Rückenflosse ist groß ausgebildet. Entlang der Körperseite erstrecken sich hexagonale Schuppenreihen. *Heterandria litoperas* erscheint meistens ohne Vertikalstreifenmuster. Weitere Farbangaben fehlen bisher.
Verbreitung:	Rio Polochic-Becken; Alta Verapaz und Izabal; Guatemala.
Habitat:	Bisher kaum etwas bekannt geworden.
Pflege und Zucht:	Ein Import steht noch aus.

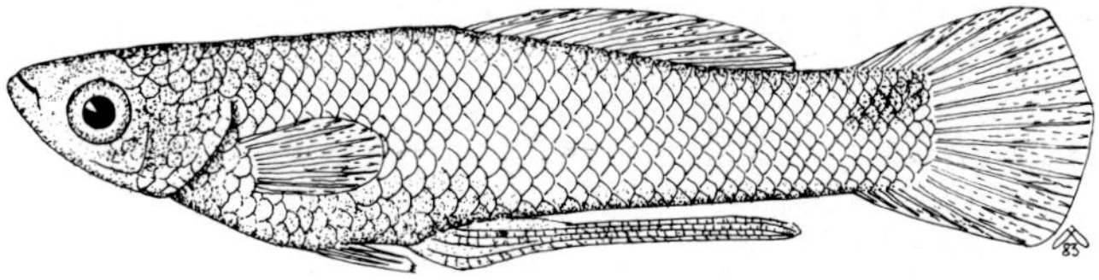

Heterandria obliqua ♂

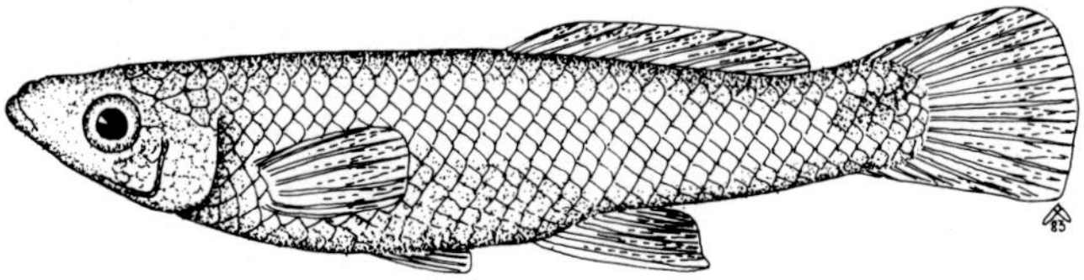

Heterandria obliqua ♀

Heterandria obliqua ROSEN, 1979

Familie: Poeciliidae GARMAN, 1895

Unterfamilie: Poeciliinae GARMAN, 1895

Untergattung: *Pseudoxiphophorus* BLEEKER, 1860

Herkunft des Artnamens: *obliqua* (lat.) = schräg; in Anlehnung an den schräg nach oben versetzten dunklen, Schwanzstielfleck

Synonyma: keine

Erstbeschreibung: ROSEN, D. E. (1979): Fishes from the Uplands and Intermontane Basins of Guatemala: Revisionary Studies and Comparative Geography. Bull. Amer. Mus. Nat. Hist., vol. 162, art. 5: pp. 267–376.

Typuslokalität: Rio San Ramón; Huehuetenango; Guatemala.

Meristische Angaben: Dorsale = 10–14 Flossenstrahlen, gewöhnlich 12–13 Strahlen; Pectorale = 13–15 Flossenstrahlen; L. lat. = 28–31 Schuppen; Wirbel = 31–33.

Totalkörperlänge: Männchen = 4,5 cm; Weibchen = 6,5 cm.

Beschreibung: *Heterandria obliqua* besitzt einen gestreckten Körperbau und einen leicht abgerundeten Kopf. Die Tiere erscheinen mit einer dunklen, leicht abgesetzten Mittellinie. Der Schwanzwurzelfleck ist gewöhnlich mit kleinen abgesetzten Melanophoren umlagert und reicht in den Schwanzstiel hinein. Ansonsten typisches Untergattungszeichnungsmuster.

Verbreitung: Rio Dolores-System; Guatemala.

Habitat: *Heterandria obliqua* tritt stellenweise sympatrisch mit *Heterandria bimaculata* auf. Hybriden beider Arten konnten bereits aus natürlichen Biotopen nachgewiesen werden. Detaillierte Habitatangaben fehlen.

Pflege und Zucht: Die Species konnten bisher noch nicht importiert werden.

HETEROPHALLUS

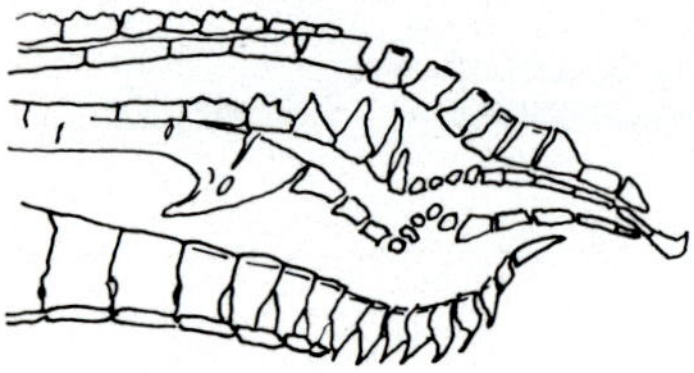

Heterophallus rachowi

Heterophallus REGAN, 1914

Heterophallus umfaßt drei Vertreter, wobei eine Art aus dem Rio Teapa, Tabasco, Mexiko noch nicht beschrieben wurde. TATE REGAN beschrieb im Jahre 1914 die erste Heterophallus-Art, nämlich H. rachowi.

Die sehr zierlich gebauten Fische des Genus besiedeln kleine Gebiete von Veracruz bis Chiapas in Mexiko.

ROSEN und BAILEY (1963) gliederten die Species der Gattung noch zu Gambusia. Erst durch R. R. Miller wurde in den letzten Jahren eine gerechtfertigte Wiederabsplitterung gefordert, und wird demnächst in einer Publikation zum Ausdruck kommen.

Die Namengebung *Heterophallus* kommt aus dem Griechischen und bedeutet mit verschiedenem Glied, bezüglich des Gonopodiums männlicher Fische.

Durch RADDA, Wien, wurden erstmals 1979 gleichzeitig *Heterophallus sp.* und *Heterophallus echeagarayi* nach Österreich und Deutschland importiert.

Verbreitungsgebiet von *Heterophallus*

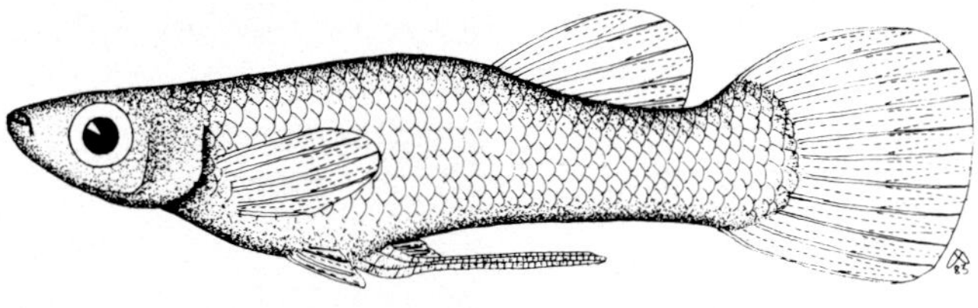

Heterophallus echeagarayi ♂

Heterophallus echeagarayi (ALVAREZ, 1952)

Familie:	Poeciliidae GARMAN, 1895
Unterfamilie:	Poeciliinae GARMAN, 1895
Herkunft des Artnamens:	*echeagarayi* = zu Ehren Herrn Ing. LUIS ECHEAGARAY BABLOT, Mexiko, benannt
Synonyma:	*Gambusia echeagarayi* ROSEN & BAILEY, 1963 *Dicerophallus echeagarayi* ALVAREZ, 1952
Erstbeschreibung:	ALVAREZ, J. (1952): Dicerophallini, nueva tribu de Poeciliidae de Chiapas. Ciencia, vol. 12, nos. 3–4: pp. 95–97.
Typuslokalität:	Rio Michol, Palenque; Chiapas; Mexiko.
Meristische Angaben:	Dorsale = 6 Flossenstrahlen; Anale = 10 Flossenstrahlen; L. lat. = 29 Schuppen.
Totalkörperlänge:	Männchen bis 2,5 cm; Weibchen bis 3,5 cm.
Beschreibung:	Ein lebendgebärender Fisch mit gestrecktem Körperbau und spitzem Kopf. Typisch für den Gattungsvertreter ist die weit nach hinten versetzte Rückenflosse. Sämtliche Flossen mit Ausnahme der Ventralen sind gerundet. Die Körpergrundfarbe der oberen Region zeigt sich bräunlich oliv und die Unterseite ist gelblich grau. Ein dunkler Mittelstreifen erstreckt sich in der Körpermitte. Rücken- und Schwanzflosse sind leicht gelb und schwarz gerahmt. Sämtliche Flossen sind leicht gelb getönt.
Verbreitung:	Rio Michol; Chiapas; Mexiko.
Habitat:	Daten sind bisher nicht bekannt geworden.
Pflege und Zucht:	Scheint in der Pflege und Zucht schwieriger als *Heterophallus rachowi.* Die von RADDA 1979 erstmals importierten Fische erwiesen sich als hinfällig. Die Art ist im Aquarium bereits wieder ausgestorben. Neuere Importe können für Erhaltungsfragen dienlich sein.

Heterophallus rachowi ♂.
Wildfang RADDA 1984, Population aus Jesús Carranza.

Heterophallus rachowi REGAN, 1914

Familie:	Poeciliidae GARMAN, 1895
Unterfamilie:	Poeciliinae GARMAN, 1895
Herkunft des Artnamens:	*rachowi* = nach ARTHUR RACHOW benannt
Synonyma:	*Gambusia rachowi* ROSEN & BAILEY, 1963 *Gambusia atzi* ROSEN & GORDON, 1951
Erstbeschreibung:	REGAN, C. T. (1914): Descriptions of two new cyprinodont fishes from Mexico, presented to the British Museum by Herrn A. Rachow. Ann. Mag. Nat. Hist., ser. 8, vol. 14: pp. 65–67.
Typuslokalität:	Veracruz; Mexiko.
Meristische Angaben:	Dorsale = 6–7 Flossenstrahlen; L. lat. = 26–29 Schuppen, gewöhnlich 28; L. tra. = 7 Schuppen.
Totalkörperlänge:	Männchen bis 2,5 cm; Weibchen bis 3,5 cm.
Beschreibung:	*Heterophallus rachowi* zeigt sich dem Betrachter mit gestrecktem Körperbau und spitzem Kopf. Die Dorsale ist weit nach hinten versetzt. Sämtliche Flossen, mit Ausnahme der Ventralen, sind gerundet. Die Grundfärbung der Körperseiten ist gelbbraun. Ein dünner Mittelstrich zieht sich entlang der Körpermitte. Sämtliche Flossen sind mit kleinen Melanophoren besetzt und leicht dunkel gerahmt.

Verbreitung: Arroyo Santiago Vasques, Jesús Carranza; Veracruz; sowie Laguna de la Sapote; Veracruz; Mexiko.

Habitat: Im März 1948 wiesen die Herren GORDON, ATZ und WOOD in der Laguna de la Sapote *Heterophallus rachowi* nach. Die Lagune befindet sich einen Kilometer nordwestlich der Stadt Jesús Carranza und steht mit dem Rio Jaltepec in Verbindung. Die Fische hielten sich im Uferbereich zwischen Grasgewächsen auf. Der Bodengrund des Habitats ist schlammig. *H. rachowi* wird ebenfalls in den Flußzonen nahe des Uferbereichs unter überhängender Vegetation gefangen.

Pflege und Zucht: Die sehr friedlichen und zarten Fische werden als ausdauernd in der Aquariumhaltung beschrieben. Nach Möglichkeit sollte *Heterophallus rachowi* in arteigenen Becken gepflegt werden. Die Vergesellschaftung mit kleinen friedlichen Fischen ist jedoch möglich. Nach einer Trächtigkeitsdauer von durchschnittlich 28 Tagen werden zwischen 5 und 20, ca. 6 mm lange Jungfische von den Weibchen abgesetzt. Die Art stellt den Neugeborenen in den bisher beobachteten Fällen nicht nach. Die Fütterung mit Artemia wirkt sich auf das Gedeihen der Fische positiv aus.

H. rachowi wurde erstmals 1913 durch Herrn HOPP nach Deutschland importiert.

Heterophallus spec. „teapa" ♂. Bislang unbeschriebene Heterophallus-Art aus dem Rio Teapa, Mexiko.

LIMIA*

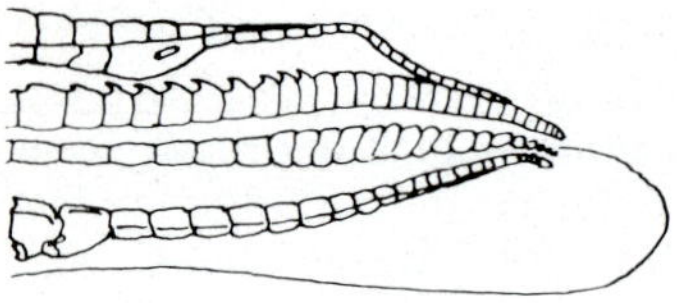

Limia vittata

Limia POEY, 1854

Die obengenannte Gattung erhielt im Jahre 1980 durch LUIS RIVAS wieder Genus-Rang. Gleichzeitig beschreibt der erwähnte Ichthyologe in seiner Arbeit – Eight new species of poeciliid fishes of the genus Limia from Hispaniola – 8 neue Arten und gliedert *Limia* zusätzlich in 2 Untergattungen, nämlich *Limia* und *Odontolimia.*

Die Vertreter der Gattung sind ausschließlich auf die Karibikinseln, Hispaniola, Jamaika und Kuba mit Little Cayman und Grand Cayman Inseln in ihrer Verbreitung beschränkt.

Die Namengebung *Limia* wurde vom spanischen Wort limus hergeleitet und beschreibt den Schlammboden der Gewässer der Art vittata in Havanna, Kuba.

Der Untergattungsname *Odontolimia* besagt Zahnlimia.

Limia melanonotata und *Limia tridens* werden von den Autoren nicht als gute Arten anerkannt.

* Die Gattung *Limia* wird voraussichtlich wieder zur Untergattung erklärt und damit wieder zur Gattung *Poecilia* gestellt.

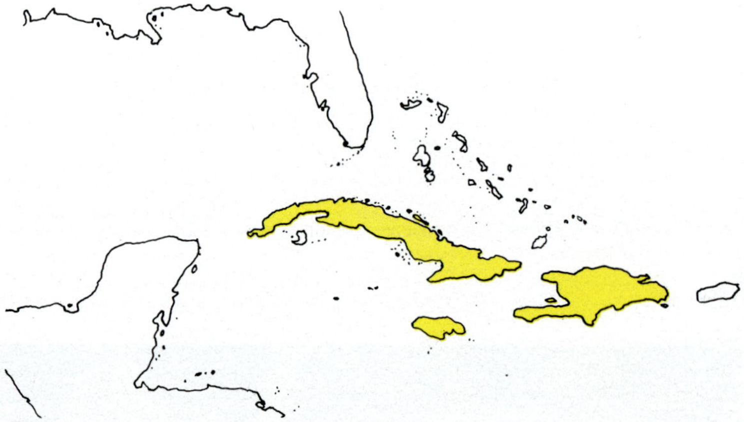

Verbreitungsgebiet von *Limia*

Limia caymanensis RIVAS & FINK, 1970

Familie:	Poeciliidae GARMAN, 1895
Unterfamilie:	Poeciliinae GARMAN, 1895
Untergattung:	*Limia* POEY, 1854
Herkunft des Artnamens:	*caymanensis* = nach dem Verbreitungsgebiet Grand Cayman benannt
Synonyma:	keine
Erstbeschreibung:	RIVAS, L. R. & W. L. FINK (1970): A new species of poeciliid fish of the genus Limia from the island of Grand Cayman, B.W.I. Copeia, No. 2: pp. 270–274.
Typuslokalität:	Küsten-Lagune Old Man Bay; Grand Cayman.
Meristische Angaben:	Dorsale = 9 Flossenstrahlen; Anale = 10 Flossenstrahlen; Pectorale = 14–16 Flossenstrahlen; L. lat. = 27–29 Schuppen; Kiemen-Rechen = 20–23.

Limia caymanensis ♀

Totalkörperlänge: Männchen = 3 cm; Weibchen = 3,5 cm.

Beschreibung: *Limia caymanensis* besitzt einen gedrungenen, hochrückigen Körper. Der Kopf des Kärpflings ist spitz. Im Vergleich zu *Limia vittata* gibt es in der Körpergrundfärbung zwischen beiden momentan gültigen Arten keine Unterschiede, lediglich die Rückenflosse besitzt bei *L. caymanensis* eine intensivere Schwarzfleckung aus Makromelanophoren zusammengesetzt. Vereinzelt treten Männchen mit ziegelroter Dorsale und Caudale auf. Es ist fraglich, ob der Artstatus für *Limia caymanensis* gerechtfertigt ist.

Verbreitung: Nur auf Grand Cayman verbreitet.

Habitat: *Limia caymanensis* besiedelt hauptsächlich Brackwasserzonen in den Küsten nahen Mangrovenlagunen. Der Kärpfling wird außerdem in kleinen Korallengesteinssenken, die mit Süßwasser gefüllt sind, angetroffen. Die Limia-Art hält sich in den mittleren Wasserschichten auf, gewöhnlich in Bodengrundnähe. *Limia caymanensis* tritt stellenweise sympatrisch mit *Gambusia puncticulata puncticulata* auf.

Pflege und Zucht: In leicht salzhaltigem Wasser fühlt sich *Limia caymanensis* am wohlsten und ist ein dankbarer Pflegling, der an Fütterung und Wasserqualität keine Ansprüche stellt. Ansonsten wie *Limia vittata* zu pflegen.

Limia caymanensis wurde durch Herrn MEYER im Jahre 1982 erstmals nach Deutschland importiert.

Limia dominicensis ♂. Population Port au Prince, Haiti.

Limia dominicensis (VALENCIENNES, 1846)

Familie: Poeciliidae GARMAN, 1895

Unterfamilie: Poeciliinae GARMAN, 1895

Untergattung: *Limia* POEY, 1854

Herkunft des Artnamens: *dominicensis* = dominikanisch, in Anlehnung an das Verbreitungsgebiet, Dominikanische Republik (Hispaniola)

Synonyma: *Poecilia dominicensis* VALENCIENNES, 1846
Limia tridens HILGENDORF, 1889

Erstbeschreibung: CUVIER, M. & M. A. VALENCIENNES (1846): Histoire naturelle des poissons. Paris, vol. 18, 505 pp.

Typuslokalität: Santo Domingo; Haiti (Hispaniola).

Meristische Angaben: Dorsale = 7–8 Flossenstrahlen; Pectorale = 14–15 Flossenstrahlen; verzweigte Caudal-Strahlen = 16; Ventrale = 6 Flossenstrahlen; Wirbel 27–28.

Totalkörperlänge: Männchen = bis 3 cm; Weibchen = 4–4,5 cm.

Beschreibung: Ein attraktiver Limia-Vertreter, mit gedrungenem Körperbau und zugespitztem Kopf. Die Körpergrundfarbe von *dominicensis* ist graubraun mit heller Bauchseite. Männliche Tiere besitzen eine deutliche dunkle Querstreifung, die je nach Stimulation verschieden stark hervortritt. Bei Alfa-Männchen manifestieren sich von der Analbasis bis etwa zur Körpermitte 1–2 senkrechte, sehr stark hervortretende Balkenstriche. Die Brust ist tief orange gefärbt und Rücken- und Schwanzflosse sind ebenfalls orangefarben. Die Dorsale zeigt sich des weiteren mit dunklem Saum. Die Männchen besitzen im Gegensatz zu den Weibchen längere Ventralen und einen flacheren Körperbau. Beiden Geschlechtern gemeinsam ist die je nach Lichteinwirkung schimmernde stahlblaue und türkise Schuppenzeichnung. Bei Unbehagen sind Männchen und Weibchen annähernd gleich gefärbt. Die weiblichen Tiere besitzen in der Dorsale einen dunklen ovalen Fleck, der typisch für viele Limia-Arten, vor allem für Weibchen, ist.

Limia dominicensis. Aquariumstamm.

Verbreitung: Weite Verbreitung in Haiti, besonders in der Umgebung von Port au Prince und Jeremie.

Habitat: W. NOACK, Schweiz, gibt einige Daten, die er von Herrn H. ROGER, erhalten hat, bekannt. *Limia dominicensis* wurde in einem Tümpel, der in einem Taleinschnitt, im sogenannten „Basin blau“, ca. 3 Pferderittstunden nördlich von Jacmel, Haiti, liegt, 1976 aufgesammelt. Der Fangort befindet sich etwa 25 km südlich von Port au Prince.

Das genannte Gebiet soll nach Angaben während der Regenzeit weite Landstriche unter Wasser setzen, so daß die Tiere regelmäßig in verschiedene Biotope gelangen können. Der Fundort von *dominicensis* besaß ein klares Gewässer mit Schlammboden. Die Wasservegetation war üppig und die Landregion mit Sumpfpflanzen umgeben, welche das Biotop beschatteten.

Pflege und Zucht: Die Art ist ohne größere Schwierigkeiten gut zu pflegen und zu vermehren. Nach einer durchschnittlichen Tragzeit von 24 Tagen werden zwischen 15 und 50, ca. 6 mm lange Jungfische abgesetzt, die leicht aufgezogen werden können. Nach 3 bis 4 Würfen scheinen die Weibchen ausgelaugt zu sein und bringen nur noch selten Nachwuchs. Neugeborene werden mit dem typischen Limia-Fleck in der Rückenflosse zur Welt gebracht. Die Tiere werden gewöhnlich nach dem 4. Monat geschlechtsreif. Ein regelmäßiger Wasserwechsel, sowie ausgewogene Fütterung, ist für das Gedeihen der Fische vorteilhaft.

In jüngster Zeit wurde *L. dominicensis* von ARNOLD BIMÜLLER, Wien, 1975, nach Österreich importiert. Unter der Bezeichnung *L. caudofasciata,* die als Synonym von *L. melanogaster* gilt, wurden die Tiere bereits im Jahre 1914 nach Deutschland importiert.

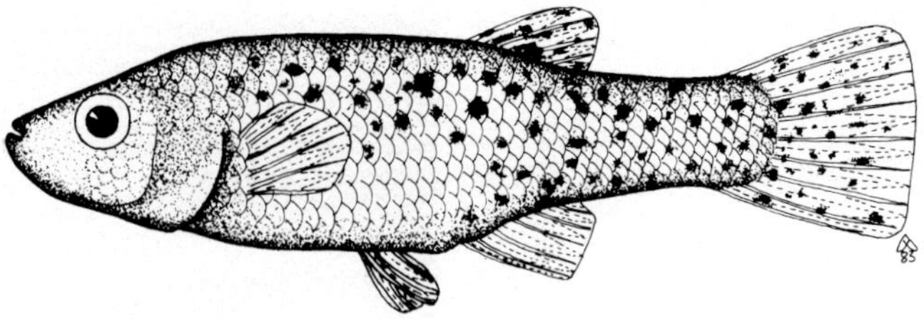

Limia fuscomaculata ♀

Limia fuscomaculata RIVAS, 1980

Familie:	Poeciliidae GARMAN, 1895
Unterfamilie:	Poeciliinae GARMAN, 1895
Untergattung:	*Odontolimia* RIVAS, 1980
Herkunft des Artnamens:	*fuscomaculata* (lat.) = gelbbraun gefleckt, bezogen auf die Körperfleckung
Synonyma:	keine
Erstbeschreibung:	RIVAS, L. R. (1980): Eight new species of poeciliid fishes of the genus Limia from Hispaniola. Northeast Gulf Science, vol. 4, No. 1: pp. 28–38.
Typuslokalität:	See Miragoane; Dept. de l'Ouest; Haiti.
Meristische Angaben:	Dorsale = 8–9 Flossenstrahlen, gewöhnlich 8; Pectorale = 16–17 Flossenstrahlen, gewöhnlich 16; L. lat. = 27–29 Schuppen; Kiemen-Rechen = 16–18.
Totalkörperlänge:	Männchen = unbekannt; Weibchen = bis 4,5 cm.
Beschreibung:	*Limia fuscomaculata* besitzt einen mäßig gestreckten Körperbau mit großem, trapezförmigem Kopf. Die Körpergrundfarbe ist nicht bekannt. Über fast den gesamten Körperbereich, mit Ausnahme der Bauchseite, erstreckt sich ein großes schwarzes Fleckenmuster. Die unpaaren Flossen sind ebenfalls schwarz gescheckt, ähnlich *Limia vittata.* Bisher sind erst 3 weibliche Tiere der Art bekannt geworden. *Limia fuscomaculata* ist eng mit *Limia ornata* verwandt und möglicherweise auch mit dieser identisch.
Verbreitung:	Nur von der Typuslokalität bekannt.
Habitat:	Habitatangaben liegen keine vor.
Pflege und Zucht:	Die Art wurde bisher noch nicht importiert.

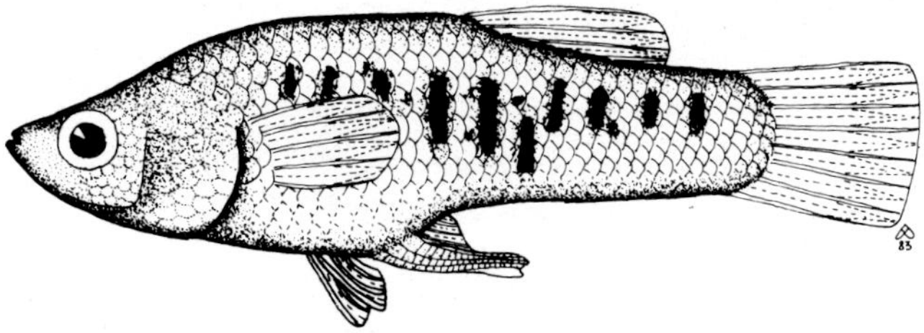

Limia garnieri ♂

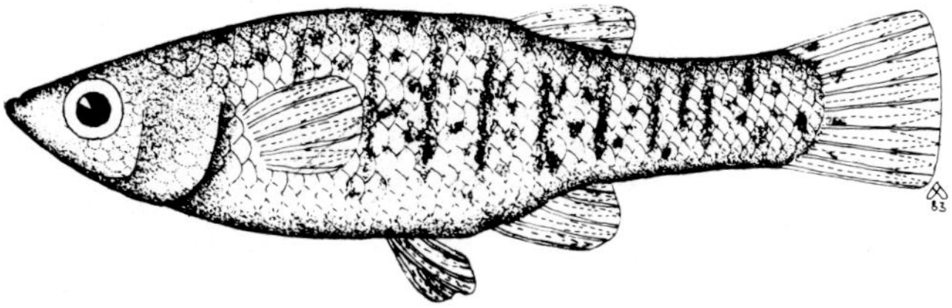

Limia garnieri ♀

Limia garnieri RIVAS, 1980

Familie: Poeciliidae GARMAN, 1895

Unterfamilie: Poeciliinae GARMAN, 1895

Untergattung: *Odontolimia* RIVAS, 1980

Herkunft des Artnamens: *garnieri* = nach Herrn EMMANUEL GARNIER benannt

Synonyma: keine

Erstbeschreibung: RIVAS, L. R. (1980): Eight new species of poeciliid fishes of the genus Limia from Hispaniola. Northeast Gulf Science, vol. 4, No. 1: pp. 28–38.

Typuslokalität: See Miragoane; Dept. de l'Ouest; Haiti.

Meristische Angaben: Dorsale = 8 Flossenstrahlen; Pectorale = 15 Flossenstrahlen; L. lat. = 27 Schuppen; Kiemen-Rechen = 18.

Totalkörperlänge: Männchen = 3 cm; Weibchen = 3,5 cm.

Beschreibung: *Limia garnieri* ist eine der kleinsten Limia-Arten und besitzt einen mäßig langgestreckten Körper. Männchen erscheinen mit einem nicht all zu stark ausgeprägten Buckel. Nach Angaben von LUIS RIVAS (1980) zeigen die Weibchen eine asymmetrische und die männlichen Tiere eine symmetrische Schwanzflosse. Entlang der Körperseiten beider Geschlechter erscheint eine Anzahl dunkler Vertikalstreifen, die bei den Männchen kurz und breit und bei den Weibchen dünner und länger ausgebildet sind. Zwischen der Streifung zeigen sich bei den Weibchen einige schwarze Flecken, die bis in die Schwanzflosse überlaufen.

Verbreitung: Nur von der Typuslokalität bekannt.

Habitat: Bisher nichts bekannt geworden.

Pflege und Zucht: *Limia garnieri* wurde noch nicht importiert.

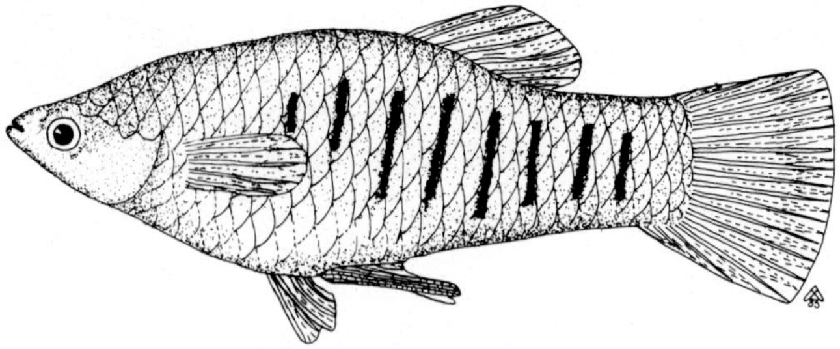

Limia grossidens ♂

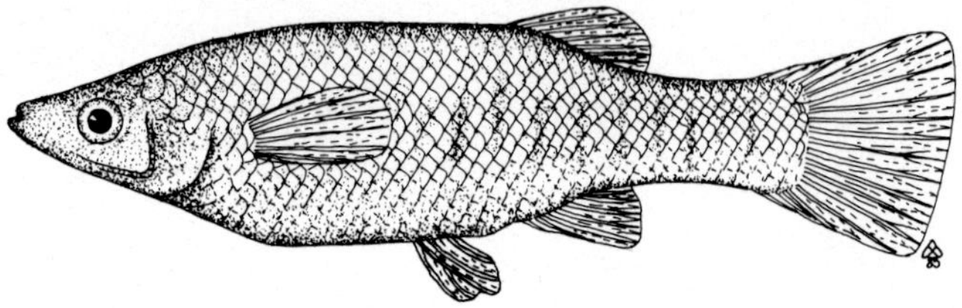

Limia grossidens ♀

Limia grossidens RIVAS, 1980

Familie:	Poeciliidae GARMAN, 1895
Unterfamilie:	Poeciliinae GARMAN, 1895
Untergattung:	*Odontolimia* RIVAS, 1980
Herkunft des Artnamens:	*grossidens* (lat.) = breite Zähne, bezogen auf die Kieferbezahnung
Synonyma:	keine
Erstbeschreibung:	RIVAS, L. R. (1980): Eight new species of poeciliid fishes of the genus Limia from Hispaniola. Northeast Gulf Science, vol. 4, No. 1: pp. 28–38.
Typuslokalität:	See Miragoane; Dept. de l'Ouest; Haiti.
Meristische Angaben:	Dorsale = 8–9 Flossenstrahlen, gewöhnlich 8; Pectorale = 15–16, selten 14 oder 17; L. lat. = 26–28 Schuppen, gewöhnlich 27; Kiemen-Rechen = 16–20, gewöhnlich 17–19.
Totalkörperlänge:	Männchen = 4,5–5,5 cm; Weibchen = 5–6 cm.
Beschreibung:	*Limia grossidens* zeigt sich nach Angaben und Abbildungen von RIVAS (1980) im weiblichen Geschlecht mit gestrecktem Körperbau. Männliche Tiere erscheinen gedrungen und sehr hochrückig, mit gerundeter Caudale und dunklem Streifenmuster entlang der Körperseiten, ähnlich *Limia nigrofasciata.* Weibchen zeigen sich mit trapezförmiger Caudale. *Limia grossidens* stellt im Vergleich beider Geschlechter ein sehr ungleiches Paar dar, das in dieser Form von der Gattung Limia noch nicht bekannt war. Eine falsche Zuweisung der Fische durch den Beschreiber RIVAS wird ausgeschlossen. Eine geplante Sammelreise nach Haiti wird diese und andere „Limia-Fragen" möglicherweise beantworten.
Verbreitung:	Nur von der Typuslokalität bekannt.
Habitat:	Bisher nichts publiziert.
Pflege und Zucht:	Die Art wurde bisher nicht importiert.

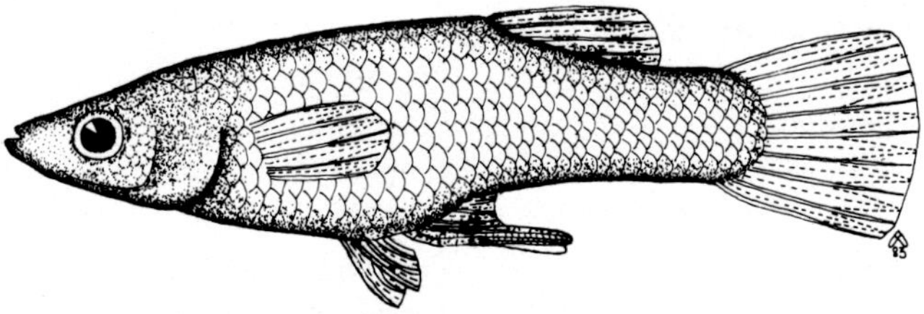

Limia immaculata ♂

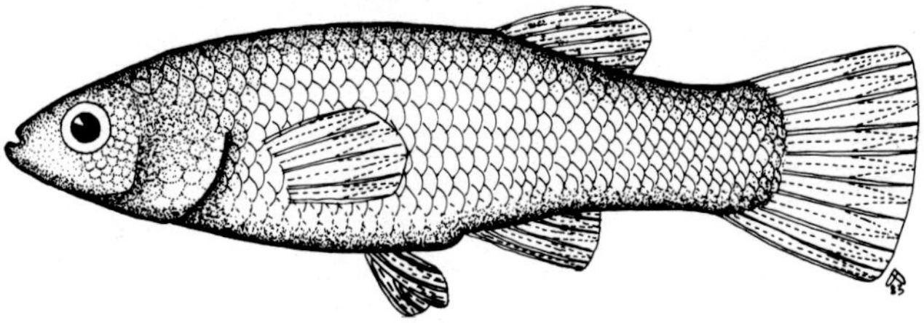

Limia immaculata ♀

Limia immaculata RIVAS, 1980

Familie:	Poeciliidae GARMAN, 1895
Unterfamilie:	Poeciliinae GARMAN, 1895
Herkunft des Artnamens:	*immaculata* (lat.) = ungefleckt
Synonyma:	keine
Untergattung:	*Odontolimia* RIVAS, 1980
Erstbeschreibung:	RIVAS, L. R. (1980): Eight new species of poeciliid fishes of the genus Limia from Hispaniola. Northeast Gulf Science, vol. 4, No. 1: pp. 28–38.
Typuslokalität:	See Miragoane; Dept. de l'Ouest; Haiti.
Meristische Angaben:	Dorsale = 8 Flossenstrahlen; Pectorale = 15–16 Flossenstrahlen; L. lat. = 27 Schuppen; Kiemen-Rechen = 17–22.
Totalkörperlänge:	Männchen = 2,5 cm; Weibchen = 4,5 cm.
Beschreibung:	*Limia immaculata* zeigt sich mit mäßig langgestrecktem Körperbau und spitzem Kopf. Die Körperseiten sind frei von jeglichem Zeichnungsmuster. Die Rückenflosse zeigt einige kleine dunkle Kommastriche. Weitere Angaben sind leider der Erstbeschreibung von RIVAS nicht zu entnehmen. Die Fische dürften für den morphologisch nicht Geschulten kaum bestimmbar sein.
Verbreitung:	Nur von der Typuslokalität bekannt.
Habitat:	Bisher nichts bekannt.
Pflege und Zucht:	Ein Erstimport der Art *Limia immaculata* steht noch aus.

Limia melanogaster (GÜNTHER, 1866)

Familie: Poeciliidae GARMAN, 1895
Unterfamilie: Poeciliinae GARMAN, 1895
Untergattung: *Limia* POEY, 1854
Herkunft des Artnamens: *melanogaster* (lat.) = mit schwarzem Bauch
Synonyma: *Poecilia melanogaster* GÜNTHER, 1866
Limia caudofasciata tricolor STOYE, 1933
Limia tricolor STOYE, 1935
Erstbeschreibung: GÜNTHER, A. (1866): A catalogue of the fishes in the British Museum. London, vol. 6: 368 pp.
Typuslokalität: Nicht bekannt geworden.
Meristische Angaben: Dorsale = 8–9 Flossenstrahlen; Anale = 9 Flossenstrahlen; L. lat. = 26–27 Schuppen.
Totalkörperlänge: Männchen bis 4,5 cm; Weibchen bis 6 cm.
Beschreibung: *Limia melanogaster* ist nach *Limia zonata* die zweitschlankste Art innerhalb des Komplexes. Der Kopf des Schwarzbauchkärpflings ist klein und leicht zugespitzt. Die Grundfarben, olivgrün und graubraun, kommen nur bei noch nicht geschlechtsreifen Tieren zur Geltung. Bei erwachsenen Fischen wird die genannte Grundfärbung durch den metallischen Glanz, ein wunderschönes stahlblau, überlagert. Besonders beeindruckend, was die Blaufärbung betrifft, zeigen sich balzende Männchen. Entlang der Körperseiten verläuft eine schwarze Bänderung, die sich ab der mittleren Körperhälfte bis zum Schwanzstiel erstreckt und gewöhnlich bei weiblichen Tieren mit einem kleinen kreisrunden Fleck abschließt. Einzigartig innerhalb der Gattung ist der Schwarzbauch, „Pubertätsfleck", der Weibchen, der in seinem Größenumfang weit mehr als die halbe Bauchseite bedeckt. Der Flossenbehang ist vor allem bei den Männchen leicht gelb getönt. Rücken- und Schwanzflosse erfahren nur bei dominanten männlichen Tieren eine intensive schwarze Rahmung, vereinzelt treten Populationen auf, dessen Alfatiere mit gesamtschwarzer Rücken- und Schwanzflosse erscheinen. Gewöhnlich erfährt die Rückenflosse in beiden Geschlechtern eine innere dunkle Bänderung, die bei den Männchen mit gelboranger Farbe umlagert ist. Zu bemerken ist noch, daß Aquariumpopulationen, die sich seit längerer Zeit in der Domestikation befinden, wesentlich intensiver als Wildfänge gefärbt sind.
Verbreitung: Über ganz Jamaika verbreitet.
Habitat: *Limia melanogaster* besiedelt bevorzugt schnellfließende Gewässer, die meistens eine geringe Wassertiefe von durchschnittlich 50 cm aufweisen. Vereinzelt wird der Kärpfling in Sumpfgebieten und Überschwemmungsbereichen angetroffen. RADDA und Mitarbeiter geben für 2 Sammelorte folgende Werte bekannt: „Kleiner Bach nahe Amity Cross, an der Straße von Banbury, Flußbreite 0,4 bis 1,2 m, Tiefe 10 bis 20 cm, Untergrund schlammig, in offenem Gelände. Gesammelte Fische: *Limia melanogaster, Gambusia wrayi,* Cichliden und Grundeln. Die Wassertemperatur beträgt gegen Mittag im März 26,2° C, pH = 7,6, GH = 13° DH und elektrische Leitfähigkeit = 470 μS^{20}. Blue Hole River, südöstlich von Ferris Cross, Flußbreite 1,2 bis

Poecilia melanogaster

3,7 m, Tiefe 0,2 bis 0,7 m und felsiger Untergrund. Gesammelte Fische: *Limia melanogaster* und *Gambusia wrayi.*“ Die Biotope sind gewöhnlich arm an Vegetation, allerdings reichlich mit Algen bewachsen.

Pflege und Zucht:

Der Schwarzbauch-Kärpfling stellt in den meisten Fällen eine ausdauernde und leicht züchtbare Fischart dar. So werden weder an die Wasserqualität noch an die Fütterung besondere Ansprüche gestellt. In der Regel werden im Abstand von 4 Wochen 20 bis 80, bereits 6 mm lange Jungfische von den Weibchen abgesetzt. Nur selten wird der Brut von den Alttieren nachgestellt. *Limia melanogaster* wird in den meisten Fällen zwischen dem 4. und 5. Monat geschlechtsreif; kann aber auch verschiedentlich erheblich länger dazu brauchen, vereinzelt zwischen dem 7. und 8. Monat. Der Kärpfling ist ein schneller und gewandter Schwimmer, dem man nach Möglichkeit ausreichend Schwimmraum im Meter-Becken bieten sollte. Überraschenderweise läßt sich die Fischart total an Salzwasser umgewöhnen, obwohl in den Heimatbiotopen Brackwasserzonen gemieden werden. Steht ausreichend Algenfutter zur Verfügung, kann dies die Vitalität der Fische steigern.

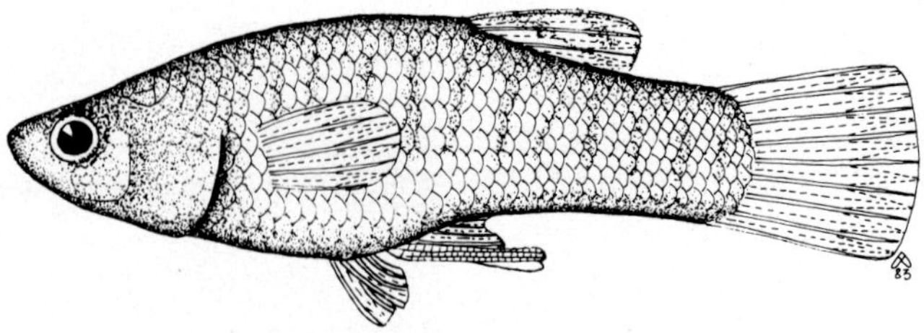

Limia miragoanensis ♂

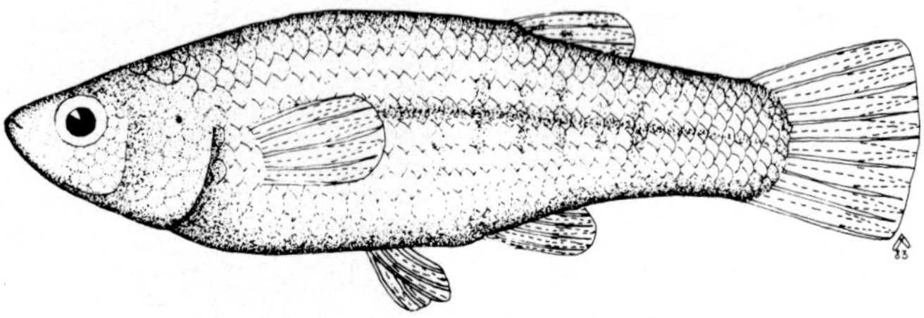

Limia miragoanensis ♀

Limia miragoanensis RIVAS, 1980

Familie:	Poeciliidae GARMAN, 1895
Unterfamilie:	Poeciliinae GARMAN, 1895
Untergattung:	*Odontolimia* RIVAS, 1980
Herkunft des Artnamens:	*miragoanensis* = nach dem Verbreitungsgebiet, dem See Miragoane benannt
Synonyma:	keine
Erstbeschreibung:	RIVAS, L. R. (1980): Eight new species of poeciliid fishes of the genus Limia from Hispaniola. Northeast Gulf Science, vol. 4, No. 1: pp. 28–38.
Typuslokalität:	See Miragoane; Dept. de l'Quest; Haiti.
Meristische Angaben:	Dorsale = 8–9 Flossenstrahlen; Pectorale = 14–17 Flossenstrahlen, gewöhnlich 16; L. lat = 26–28 Schuppen, gewöhnlich 27 Schuppen; Kiemen-Rechen = 17–21.
Totalkörperlänge:	Männchen = 3,5 cm; Weibchen = 4,5 cm.
Beschreibung:	*Limia miragoanensis* zeigt sich mit gedrungenem Körperbau und spitzem Kopf. Entlang der Körperseite erstreckt sich ein schwarzes Band, das sich aus einer verschiedenen Anzahl senkrechter Streifen zusammensetzt. Die Rückenflosse der Männchen zeigt ebenfalls eine dunkle Bänderung. Männliche Tiere erscheinen leicht bucklig. Eine Farbbeschreibung der Tiere ist bisher leider nicht bekannt geworden.
Verbreitung:	Nur von der Typuslokalität bekannt.
Habitat:	Bisher nichts bekannt.
Pflege und Zucht:	Ein Import von *Limia miragoanensis* steht noch aus.

Limia nigrofasciata. Aquariumstamm.

Limia nigrofasciata REGAN, 1913

Familie:	Poeciliidae GARMAN, 1895
Unterfamilie:	Poeciliinae GARMAN, 1895
Untergattung:	*Limia* POEY, 1854
Herkunft des Artnamens:	*nigrofasciata* (lat.) = schwarz gestreift, bezogen auf die Körperbänderung
Synonyma:	*Limia arnoldi,* REGAN, 1913
Erstbeschreibung:	REGAN, C. T. (1913): A revision of the cyprinodont fishes of the subfamily Poeciliinae. Proc. Zool. Soc. London, vol. 11: pp. 977–1018.
Typuslokalität:	Miragoane-See; Haiti; Hispaniola.
Meristische Angaben:	Dorsale = 10–11 Flossenstrahlen; Anale = 9–10 Flossenstrahlen; L. lat. = 26–28 Schuppen.
Totalkörperlänge:	Männchen = 4–5,5 cm; Weibchen = 4–6 cm.
Beschreibung:	Der Buckelkärpfling oder auch Schwarzbandkärpfling besitzt einen gedrungenen Körperbau mit spitzem Kopf. Die Männchen erscheinen je nach Größe und Alter mit sehr hohem und flachen Körper und Buckel, der in seinem Ausprägungsgrad einzigartig innerhalb der Gattung und Familie ist. Entlang der unteren hinteren Körperseite verläuft vom Analbereich bis zur Unterkante der Schwanzflosse ein gut ausgebildeter Kiel, ähnlich wie bei *Alfaro cultratus.* Die Körpergrundfarbe ist olivgelb, mit weißer Bauchseite. Entlang der Körperseite zeigen sich 7–12 schwarze, senkrecht verlaufende Streifen. Vereinzelt treten Tiere auf, die zwischen dem genannten Streifenmuster noch einige schwarze Flecke zeigen. Je nach Lichteinfall schimmern die Seiten metallisch. Die Rückenflosse der Männchen besitzt eine große Anzahl schwarzer, unregelmäßig verteilte Kommastriche, die die genannte Flosse bei den Alfa-Männchen fast schwarz erscheinen lassen. Sämtliche Flossen sind gelb getönt. Beide Geschlechter besitzen die gleichen Farbmerkmale, die jedoch bei den männlichen Tieren wesentlich intensiver hervortreten.

Verbreitung: Etang Saumatre und Nordende des Miragoane-Sees Haitis (Hispaniola).

Habitat: Bisher nichts veröffentlicht.

Pflege und Zucht: *Limia nigrofasciata* ist gewöhnlich ein dankbarer und leicht zu pflegender Kärpfling, der allerdings an die Wasserqualität einige Ansprüche stellt. Bevorzugt wird eindeutig hartes und mineralhaltiges Wasser. Bei zu weichem Wasser, im Durchschnitt unter 10° DH, fühlt der Kärpfling sich nicht wohl. Dies erkennt man gewöhnlich an den Schaukelbewegungen, die die Tiere bei Mißbehagen durchführen. Bei ausgewogener Fütterung, die auch pflanzliche Stoffe enthalten sollte, ist *Limia nigrofasciata* ein leicht züchtbarer Fisch, der im Durchschnitt zwischen 10 und 60 bereits 8 mm lange Jungfische nach einer Tragzeit von 28 Tagen zur Welt bringt. In der Regel werden die Tiere nach dem 4. Monat geschlechtsreif.

Limia nigrofasciata wurde erstmals durch Herrn CARL SIGGELKOW im Jahre 1912 nach Deutschland importiert.

Limia ornata REGAN, 1913

Familie: Poeciliidae GARMAN, 1895

Unterfamilie: Poeciliinae GARMAN, 1895

Untergattung: *Odontolimia* RIVAS, 1980

Herkunft des Artnamens: *ornata* (lat.) = verziert, bezüglich des Farbenmusters

Synonyma: keine

Erstbeschreibung: REGAN, C. T. (1913): A revision of the cyprinodont fishes of the subfamily Poeciliinae. Proc. Zool. Soc. London, vol. 11: pp. 977–1018.

Typuslokalität: See Miragoane; Departement du Sud; Haiti (Hispaniola)

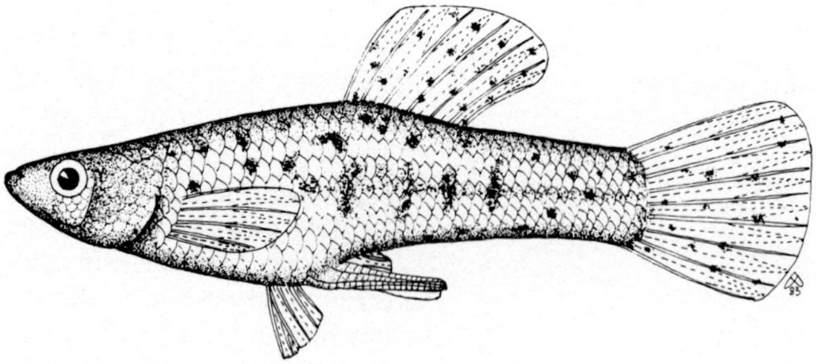

Limia ornata ♂

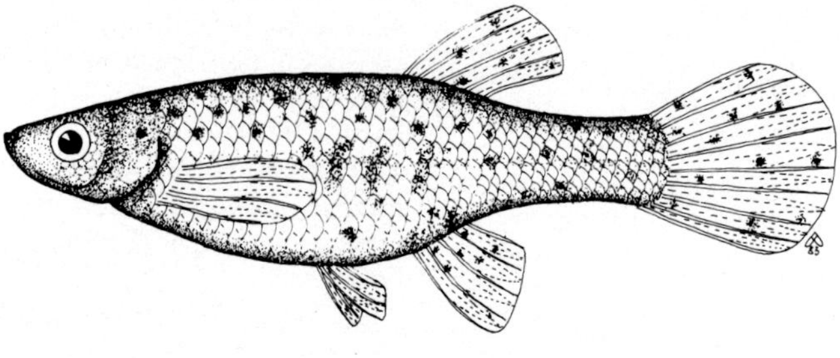

Limia ornata ♀

Meristische Angaben: Dorsale = 8–10 Flossenstrahlen; Anale = 10 Flossenstrahlen; L. lat. = 28 Schuppen.

Totalkörperlänge: Männchen = unbekannt; Weibchen = 6 cm.

Beschreibung: *Limia ornata* besitzt einen gestreckten Körperbau mit zugespitztem Kopf. Sämtliche Flossen sind an den Enden gerundet. Die Körpergrundfarbe ist olivgelb, mit weißer Bauchseite. Entlang der Körperseite, mit Ausnahme der Bauchregion, manifestiert sich eine große Anzahl schwarzer Flecken. Je nach Stimulation zeigt sich bei den Tieren eine dunkle Mittellinie, die mit 3–6 dunklen Querstreifen unterbrochen wird. Die unpaaren Flossen sind gewöhnlich schwarz gefleckt. Beide Geschlechter sind annähernd gleich gefärbt.

Verbreitung: Nur von der Typuslokalität bekannt.

Habitat: Bisher nichts bekannt geworden.

Pflege und Zucht: Nach Angaben alter Literatur läßt sich *Limia ornata* leicht pflegen und züchten. Wie alle Limia-Vertreter handelt es sich hierbei um eine wärmebedürftige Fischart; empfohlene Wassertemperaturen liegen bei 27–28° C. Ein Salzzusatz zum Aquariumwasser ist für das Wohlbefinden der Tiere förderlich. Je nach Alter und Größe der Weibchen werden zwischen 10 und 30 bereits 1 cm lange Jungfische abgesetzt.

Limia ornata wurde durch Herrn SIGGELKOW erstmals im Jahre 1912 nach Deutschland importiert.

Limia pauciradiata RIVAS, 1980

Familie: Poeciliidae GARMAN, 1895

Unterfamilie: Poeciliinae GARMAN, 1895

Untergattung: *Limia* POEY, 1854

Herkunft des Artnamens: *pauciradiata* (lat.) = geringe Strahlen; bezogen auf die Schwanzflosse

Synonyma: keine

Erstbeschreibung: RIVAS, L. R. (1980): Eight new species of poeciliid fishes of the genus Limia from Hispaniola. Northeast Gulf Science, vol. 4, No. 1: pp. 28–38.

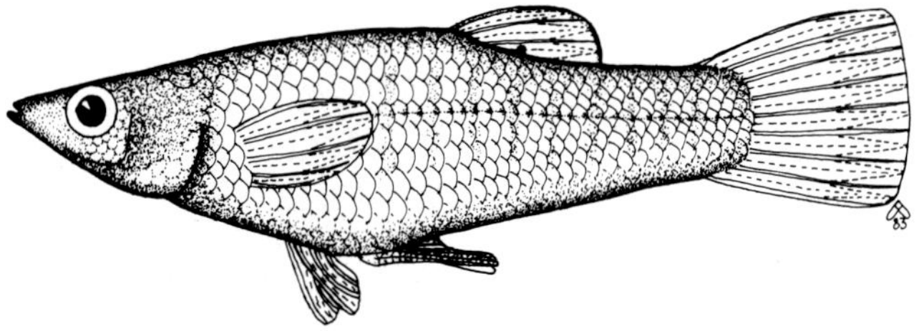

Limia pauciradiata ♂

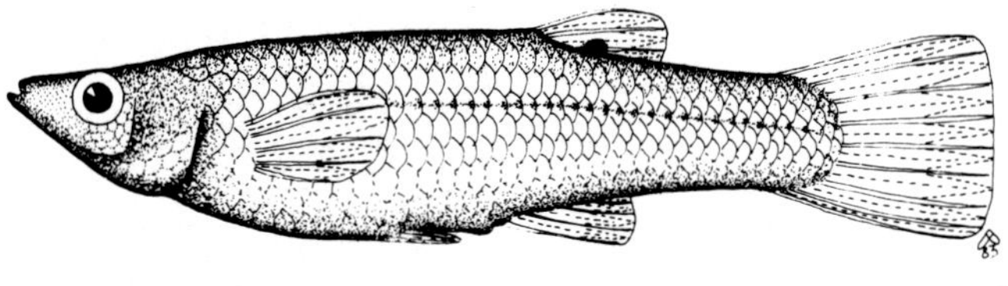

Limia pauciradiata ♀

Typuslokalität:	Grand Riviere, nördlich der Stadt Grand Riviere Dept. du Nord Haiti.
Meristische Angaben:	Dorsale = 7 Flossenstrahlen; Pectorale = 15–16 Flossenstrahlen; L. lat. = 26–28 Schuppen, gewöhnlich 27; Kiemen-Rechen = 18–22.
Totalkörperlänge:	Männchen bis 4 cm; Weibchen bis 6 cm.
Beschreibung:	*Limia pauciradiata* besitzt einen langgestreckten Körperbau, mit spitzem Kopf. Weibliche Tiere zeigen entlang der Körperseite 2 mittlere, dunkle Punktbänderungen. Die Rückenflosse besitzt in beiden Geschlechtern eine schwarze Fleckenzeichnung. Weitere Angaben sind leider bisher noch nicht bekannt.
Verbreitung:	Nur von der Typuslokalität bekannt.
Habitat:	Nichts bekannt geworden.
Pflege und Zucht:	*Limia pauciradiata* wurde noch nicht importiert.

Limia perugiae (EVERMANN & CLARK, 1906)

Familie:	Poeciliidae GARMAN, 1895
Unterfamilie:	Poeciliinae GARMAN, 1895
Untergattung:	*Limia* POEY, 1854
Herkunft des Artnamens:	*perugiae* = nach Dr. ALBERT PERUGIA
Synonyma:	*Poecilia melanonotata* NICHOLS & MYERS, 1923 *Platypoecilus perugiae* EVERMANN & CLARK, 1906
Erstbeschreibung:	EVERMANN, B. W. & H. W. CLARK (1906): New fishes from Santo Domingo. Proc. U.S. Natl. Mus., 30, pp. 851–855.
Typuslokalität:	San Francisco Mountains; Dominikanische Republik; (Hispaniola).
Meristische Angaben:	Dorsale = 9 Flossenstrahlen; Pectorale = 15 Flossenstrahlen; Ventrale = 6 Flossenstrahlen; Wirbel = 28.
Totalkörperlänge:	Männchen 5–7 cm; Weibchen 5–8,5 cm.

Limia pèrugiae ♂. Aquariumstamm.

Beschreibung:

In den letzten Jahren sind in Europa zwei verschiedene *Limia-perugiae*-Formen, die beide aus der Dominikanischen Republik stammen, bekannt geworden. Eine sogenannte „Kleine-Form", die im männlichen Geschlecht kaum 2 cm und im weiblichen selten 4 cm an Körpergröße erreicht. Bisweilen treten auch zwischen der „Großen- und Kleinen-Form" einige Färbungsunterschiede auf. Eingehende Untersuchungen müssen hier klarstellen, ob vielleicht die „Kleine-Form", der von RIVAS (1980) geforderten eigenständigen Art *L. tridens* zuzurechnen ist. Wobei *Limia tridens* noch nicht klar definiert und im Vorfeld fragwürdig ist. Somit richtet sich die jetzige Beschreibung nur der „Großen-Form" zu.

Limia perugiae zeigt sich dem Betrachter mit hohem Körperbau und großem, spitzem Kopf. Die Körpergrundfarbe zeigt sich in beiden Geschlechtern graubraun. Dominante Männchen erscheinen mit intensiv blau irisierenden Schuppenreihen. Entlang der Körperseiten erstreckt sich ein Querband, das sich aus 5–9 schwarzen, senkrechten Streifen zusammensetzt. Bei alten Männchen kann die ansonsten weiße Brust intensiv gelborange gefärbt sein. Das Gonopodium ist schwarz gefärbt und Rücken- sowie Schwanzflosse zeigen sich gelb. Die Schwanzflosse ist zusätzlich leicht dunkel gesäumt. Die Rückenflosse kann in manchen Fällen eine so hohe Anzahl von schwarzen, weit verteilten Kommastrichen besitzen, daß die gesamte Flosse fast schwarz wirkt. In einigen Sammelzuchten sind männliche Tiere mit roter Rückenflosse erschienen. Alle weiteren Flossen sind farblos. Die Weibchen besitzen wiederum den Limia-Fleck in der Rükkenflosse. Eine leichte Querstreifung ist nur angedeutet. Alle Flossen sind farblos.

Verbreitung:

Südliche Dominikanische Republik von Santo Domingo bis zum Lago Enriquillo.

Habitat:

LECHNER, Wien, und Mitarbeiter konnten 1978 verschiedene Biotope der Art *perugiae* in der Dominikanischen Republik auf-

Limia perugiae ♀

suchen. Die Lebensräume hatten durchschnittlich eine Wassertemperatur von 27° C. Ein extremer Biotop, der Kanal Cristobal des Rio Bermesi-Systems, 15 km südöstlich Duvergé an der Straße nach Cabral, besaß eine elektrische Leitfähigkeit von 2000 μS^{20} bei neutralem pH-Wert. Die Wassertemperatur betrug 30° C. In unterschiedlichen Lebensräumen konnte *Limia perugiae* zusammen mit *Gambusia hispaniolae, Poecilia montana* und *Poecilia reticulata,* sowie mit *Cichlasoma* angetroffen werden. Die größten *L. perugiae* Exemplare waren in den Karstquellen zufinden. Das Wasser war kristallklar bei einer Wassertemperatur von 24–26° C.

Pflege und Zucht: *Limia perugiae* erweist sich in den meisten Fällen als einfacher Pflegling, wenn kein großer Wert auf Schönheit und Körperlänge gelegt werden soll. Will man allerdings Tiere zwischen 7 und 10 cm heranziehen ist ein wöchentlicher halber Wasserwechsel und ausreichend Lebend- und Pflanzenfutter unabdingbar. Für große Exemplare empfiehlt sich auch ein 200–400 Liter Becken. Nach einer durchschnittlichen Tragzeit von 24 Tagen werden je nach Alter und Größe der Weibchen zwischen 10 und 100 ca. 7 mm lange Jungfische abgesetzt. Eine nicht zu hohe Wassertemperatur und ein wenig Salzzusatz fördern das Wohlbefinden und das Wachstum.

Limia perugiae wurde erstmals von Herrn LECHNER, Wien, und Mitarbeiter nach Österreich importiert. Mittlerweile sind die Tiere über weite Teile Europas in den Aquarien der Liebhaber verbreitet.

Limia sulphurophila RIVAS, 1980

Familie: Poeciliidae GARMAN, 1895

Unterfamilie: Poeciliinae GARMAN, 1895

Untergattung: *Limia* POEY, 1854

Herkunft des Artnamens: *sulphurophila* (lat.) = in Anlehnung an die Schwefelquelle, wo die Limia-Art verbreitet ist

Synonyma: keine

Erstbeschreibung: RIVAS, L. R. (1980): Eight new species of poeciliid fishes of the genus Limia from Hispaniola. Northeast Gulf Science, vol. 4, No. 1: pp. 28–38.

Typuslokalität: Balneario (spa) La Zurza, Schwefelquelle 5 km WNW Duverge; Province von Independencia; Dominikanische Republik (Hispaniola).

Meristische Angaben: Dorsale = 7–8 Flossenstrahlen, gewöhnlich 7; Pectorale = 14–15 Flossenstrahlen; L. lat. = 27–29 Schuppen; Kiemen-Rechen = 19–22.

Totalkörperlänge: Männchen = 3,5 cm; Weibchen = 4,5 cm.

Beschreibung: *Limia sulphurophila* zeigt im Körperbau große Ähnlichkeit mit *Limia dominicensis.* Im Vergleich der genannten Arten besitzt *Limia sulphurophila* einen längeren Schwanzstiel. Die Körperschuppung reicht weit in die Caudale hinein und der schwarze Dorsalfleck ist auf untere Teilstücke einzelner Flossenstrahlen aufgeteilt. Durch die genannten Merkmale läßt sich der Schwe-

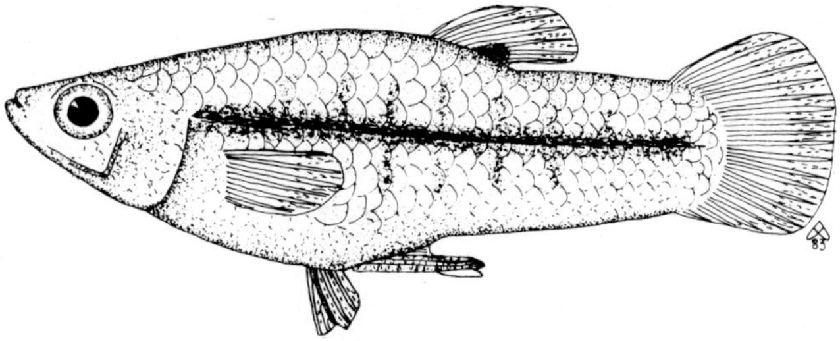

Limia sulphurophila ♂

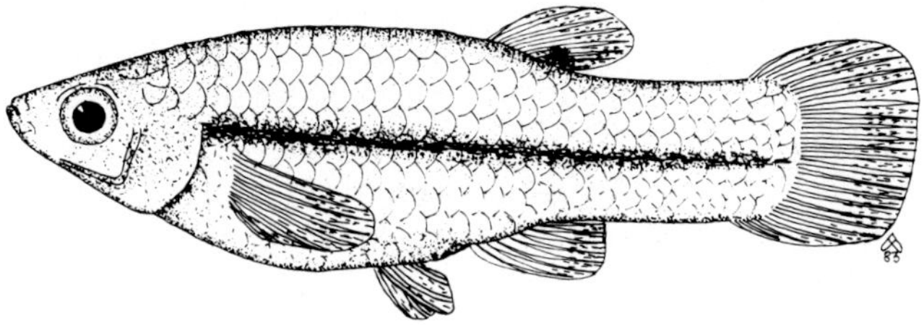

Limia sulphurophila ♀

felkärpfling optisch gut von *L. dominicensis* abgrenzen. *Limia sulphurophila* besitzt weiterhin eine dunkle Körperstreifung. Farbangaben sind bisher noch nicht bekannt geworden. Ob der Artstatus gerechtfertigt ist, sollte noch einmal eingehend überprüft werden.

Verbreitung: Nur von der Typuslokalität bekannt.

Habitat: Bisher nur wenig bekannt geworden.

Pflege und Zucht: *Limia sulphurophila* wurde noch nicht importiert.

Limia versicolor (GÜNTHER, 1866)

Familie: Poeciliidae GARMAN, 1895

Unterfamilie: Poeciliinae GARMAN, 1895

Untergattung: *Limia* POEY, 1854

Herkunft des Artnamens: *versicolor* (lat.) = verschiedenfarbig, schillernd oder bunt, bezüglich der Körperfärbung

Synonyma: *Girardinus versicolor* GÜNTHER, 1866
Heterandria versicolor NICHOLS, 1915

Erstbeschreibung: GÜNTHER, A. (1866): A catalogue of the fishes in the British Museum. London, vol. 6: 368 pp.

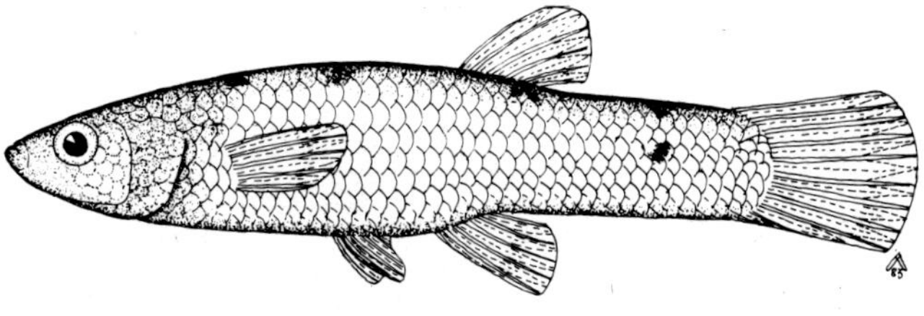

Limia versicolor ♀

Typuslokalität: Santo Domingo (weitere Angaben fehlen).

Meristische Angaben: Dorsale = 8–9 Flossenstrahlen; Anale = 9–10 Flossenstrahlen; L. lat. = 26–28 Schuppen.

Totalkörperlänge: Männchen bis 4,5 cm; Weibchen bis 6,5 cm.

Beschreibung: Die Art wurde bislang als Synonym geführt; jedoch von LUIS RIVAS (1980) als gute Art betrachtet. Nach einer Abbildung (NICHOLS, 1915) zeigt sich *Limia versicolor* mit einer dünnen Mittellinie und einer kleinen Punktbänderung der Rücken- und Schwanzflosse. *Limia zonata* besitzt im Gegensatz im männlichen Geschlecht eine Körpersenkrechtstreifung und die Dorsale ist breit schwarz gesäumt. Im Körperbau sind beide Arten identisch. LECHNER und RADDA (1980) fordern die Synonymisierung. Der Art-Status von *Limia versicolor* bleibt mehr als fragwürdig. Das Typenmaterial, zwei weibliche Fische, stammt möglicherweise nicht von der Insel Hispaniola.

Verbreitung: Infolge der Synonymisierung mit *Limia zonata* nicht genau bekannt.

Habitat: Angaben fehlen.

Pflege und Zucht: *Limia versicolor* wurde bisher noch nicht importiert.

Limia vittata (GUICHENOT, 1853)

Familie: Poeciliidae GARMAN, 1895

Unterfamilie: Poeciliinae GARMAN, 1895

Untergattung: *Limia* POEY, 1854

Herkunft des Artnamens: *vittata* (lat.) = mit einer Binde geschmückt

Synonyma:
Poecilia vittata GUICHENOT, 1853
Gambusia vittata BLEEKER, 1860
Limia cubensis POEY, 1854
Gambusia cubensis BLEEKER, 1860
Poecilia cubensis GÜNTHER, 1866
Limia pavonina POEY, 1876

Erstbeschreibung: GUICHENOT, A. (1853): Zoologie, Poissons. In Ramón de la Sagra, D., Histoire physique, politique et naturelle de l'Île de Cuba. Paris, vol. 2: 206 pp.

Typuslokalität: Kuba. (weitere Daten fehlen)

Meristische Angaben: Dorsale = 10–11 Flossenstrahlen; Anale = 10 Flossenstrahlen; L. lat. = 26–28 Schuppen.

Totalkörperlänge: Männchen bis 5 cm; Weibchen bis 12 cm.

Beschreibung: *Limia vittata* zeigt sich in den Aquarien der Liebhaber, wie auch in wissenschaftlichen Instituten, mit zwei „Gesichtern". Überwiegend vertreten ist die sogenannte gescheckte *Limia vittata*-Form. Der Körperbau ist gestreckt, mit spitzem Kopf. Die Körpergrundfarbe ist grauoliv. Entlang der Körperseite erstreckt sich eine intensive schwarze Scheckung, die je nach Alter der Tiere zunimmt. Vereinzelt sind Kärpflinge zu sehen, die zusätzlich im Brust- und Kopfbereich stark gelb gezeichnet sind. Manchmal verläuft auch eine gelbe Pigmentierung Hand in Hand mit dem schwarzen Zeichnungsmuster. Je nach Lichtein-

Limia vittata, Wildform.
Population Rio de la Palma, Kuba.

fall können die einzelnen Schuppenreihen metallisch glänzen. Rücken- und Schwanzflosse sind schwarz gescheckt und gelb gefärbt. Es wird angenommen, daß es sich bei der beschriebenen Form um einen Hybriden handelt. Nachforschungen von Herrn HANS PETER WEIL, Eichen, der sich 1982 auf einer Kubasammelreise intensiv um *Limia vittata* bemühte und auch in dankenswerter Weise Wildfänge nach Deutschland importieren konnte, ergaben, daß die eigentliche *Limia vittata* in Farbmustern wie auch morphologischen Daten erheblich von der gescheckten Aquariumform abweichen. Die Weil'schen Wildfänge sind mit den GUICHENOT-Tieren vollkommen identisch und zeigen auf braunoliver Körpergrundfarbe 3–4 dunkle Punktreihen im mittleren Körperbereich. Die Bauchseite ist weiß. Weibchen zeigen gewöhnlich zwei schwach hervortretende dunkle Rückenflossenbandreihen. Bei den Männchen sind Rücken- und Schwanzflosse intensiv schwarz gescheckt und gelb getönt. Entlang der Körperseite zeigen sich wiederum nur bei den männlichen Tieren 4–7 dunkle Senkrechtstreifen. Körpergescheckte Tiere sind mit Sicherheit auf Kuba nachweisbar; aber wie bereits erwähnt weicht die sogenannte gescheckte Limia-Aquariumform erheblich in den morphologischen Daten von der Wildform ab.

Verbreitung: Annähernd auf gesamt Kuba verbreitet.

Habitat: Siehe *Gambusia puncticulata puncticulata.*

Pflege und Zucht: *Limia vittata* ist ein dankbarer und einfach zu züchtender Kärpfling. Da die Art vor allem im weiblichen Geschlecht sehr große Körperabmessungen erreichen kann, empfehlen sich größere Aquarien von 100 Liter Wasserfassungsvermögen. Die Geschlechtsreife der Species tritt zwischen dem 4. und 6. Monat ein, kann aber wegen des labilen Geschlechtsmodus auch erheblich länger dauern.

Eine Ersteinführung läßt sich nicht eindeutig nachweisen.

Limia yaguajali RIVAS, 1980

Familie: Poeciliidae GARMAN, 1895

Unterfamilie: Poeciliinae GARMAN, 1895

Untergattung: *Limia* POEY, 1854

Herkunft des Artnamens: *yaguajali* = benannt nach einem der Verbreitungsgebiete, dem Rio Yaguajal

Synonyma: keine

Erstbeschreibung: RIVAS, L. R. (1980): Eight new species of poeciliid fishes of the genus Limia from Hispaniola. Northeast Gulf Science, vol. 4, No. 1: pp. 28–38.

Typuslokalität: Rio Yaguajal, bei Santiago Rodriguez; Province Rodriguez; Dominikanische Republik (Hispaniola).

Meristische Angaben: Dorsale = 7 Flossenstrahlen; Pectorale = 15–16 Flossenstrahlen; L. lat. = 27–28, gewöhnlich 27; Kiemen-Rechen = 18–22.

Totalkörperlänge: Männchen = 4 cm; Weibchen = 6 cm.

Beschreibung: Der Yaguajal-Kärpfling zeigt sich mit schlankem Körperbau und spitzem Kopf. Leider wurde in der Erstbeschreibung, wie bei fast allen neubeschriebenen Limia-Arten, keine Farbbeschreibung wiedergegeben. Einer der Gründe mag darin liegen, daß die Fische teilweise über 30 Jahre in Alkohol lagerten, bevor sich RIVAS entschloß einige Fischarten zu beschreiben. Um nach einer schlechten Abbildung zu urteilen, besitzt *Limia yaguajali* im männlichen Geschlecht einige kleine schwarze Körperflecken.

Verbreitung: Rio Yaguajal, Oberlauf des Rio Yaque del Norte; Dominikanische Republik und Riviere du Limbe, nahe Limbe; Dept. du Nord; Haiti (Hispaniola).

Habitat: Daten liegen zur Zeit keine vor.

Pflege und Zucht: *Limia yaguajali* konnte bisher noch nicht importiert werden.

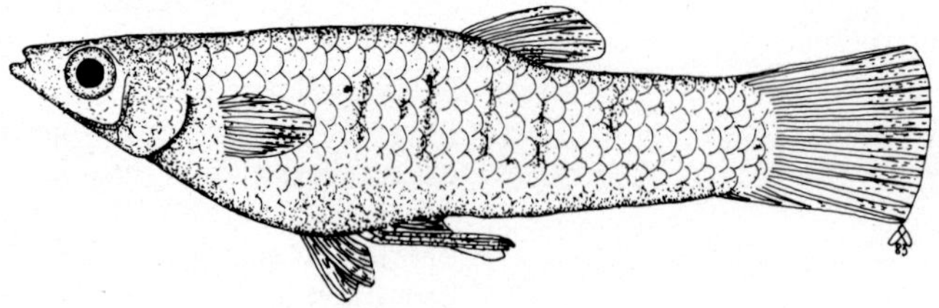

Limia yaguajali ♂

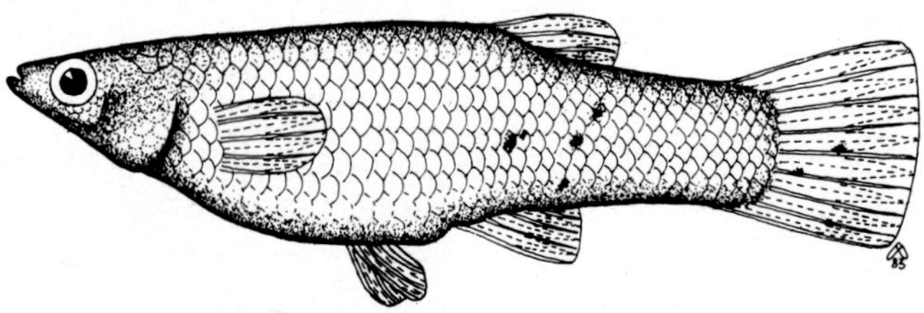

Limia yaguajali ♀

Limia zonata ♂. Population Rio Soco, Dominikanische Republik.

Limia zonata (NICHOLS, 1915)

Familie:	Poeciliidae GARMAN, 1895
Unterfamilie:	Poeciliinae GARMAN, 1895
Untergattung:	*Limia* POEY, 1854
Herkunft des Artnamens:	*zonata* = *zona* (lat.) = Gürtel tragend, bezieht sich auf die schwarze Querbänderung entlang der Körperseiten
Synonyma:	*Heterandria zonata* NICHOLS, 1915 *Poecilia nicholsi* MYERS, 1931
Erstbeschreibung:	NICHOLS, J. T. (1915): On Heterandria zonata sp. nov. and Heterandria versicolor (Günther) from the Island of Santo Domingo. Bull. Amer. Mus. Nat. Hist., voll 34, art. 20, pp. 603–604.
Typuslokalität:	Samaná Peninsula; Dominikanische Republik.
Meristische Angaben:	Dorsale = 8 Flossenstrahlen; L. lat. = 28–29 Schuppen.
Totalkörperlänge:	Männchen bis 4 cm; Weibchen bis 6 cm.
Beschreibung:	Ein langgestreckter Kärpfling mit zugespitztem Kopf. Die Körpergrundfarbe zeigt sich graugelb, mit heller Bauchseite. Alfamännchen besitzen entlang der mittleren und hinteren Körperhälfte 3–6 schwarze senkrecht und aufeinander folgende Streifen, die sich in der Analumgebung zu einer schwarzen Fläche konzentrieren können. Die Rückenflosse ist gelb oder orange gefärbt und breit schwarz eingerahmt. Die Schwanzflosse kann bei einigen Tieren dunkel gezeichnet sein. Die restlichen Flossen sind farblos. Die weiblichen Tiere besitzen kein spezielles Zeichnungsmuster.
Verbreitung:	Rio Yuan-System; Dominikanische Republik; sowie Rio Bacu- und Soco-System.
Habitat:	LECHNER, Wien, und Mitarbeiter geben folgende Fundortangaben bekannt: „*Limia zonata* bewohnt die in den Atlantik fließenden Entwässerungssysteme im nördlichen Teil der Dominikanischen Republik, sowie Gewässer im Osten, z. B. den Rio

Soco, wo *L. zonata* gemeinsam mit ausgesetzten Guppys und dem ebenfalls ausgesetzten *X. helleri* vorkommt. Die Limia-Art ist hinsichtlich der Wasserqualität nicht anspruchsvoll und wird auch in stärker belasteten und eher sauerstoffarmen Gewässern angetroffen.“ In verschiedenen Biotopen wurden Wassertemperaturen von 21–30° C (im Sommer 1978) gemessen. Die Gewässer hatten eine elektrische Leitfähigkeit von 150–600 μS^{20} und einen pH-Wert von 4,2–8.

Pflege und Zucht:

In der Pflege und Zucht ist *Limia zonata* ein einfacher und dankbarer Pflegling, der an die Wasserqualität und Fütterung keine Ansprüche stellt. Die recht schöne Limia-Art gibt sich bereits mit kleinen Behältern zufrieden. Durchschnittlich alle 28 Tage werden von den weiblichen Tieren zwischen 15 und 80, ca. 7 mm lange, Jungfische abgesetzt. Die Reife tritt gewöhnlich nach dem 4. Monat ein.

Limia zonata wurde erstmals von Herrn LECHNER und Mitarbeitern, Wien, nach Europa importiert.

NEOHETERANDRIA

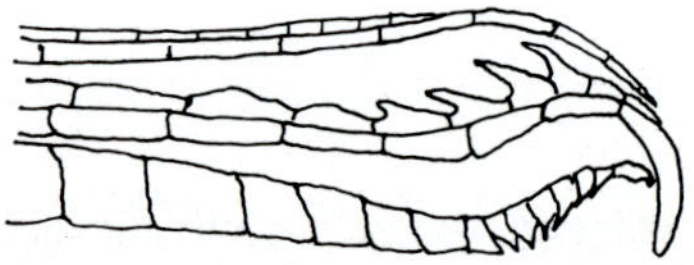

Neoheterandria elegans

Neoheterandria HENN, 1916

Die von A. W. HENN im Jahre 1916 beschriebene *Neoheterandria* umfaßt nach RADDA & MEYER (1981) 3 Arten, die ihre Verbreitung von Panama bis nach Kolumbien finden.

Dem Fischkundler HENN lag als Typus die Art *elegans* vor. Die Gattungsbezeichnung *Neoheterandria* wurde vom Griechischen abgeleitet und bedeutet neue verschiedene Männchen.

ROSEN & BAILEY (1963) stellen die Gattung *Neoheterandria* zur Sippe *Heterandriini,* zusammen mit *Priapichthys, Heterandria, Poeciliopsis,* und *Phallichthys;* nach RADDA & MEYER zuzüglich *Xenophallus.*

Als erster Vertreter des *Genus Neoheterandria* wurde *N. tridentiger* nach Österreich und Deutschland importiert.

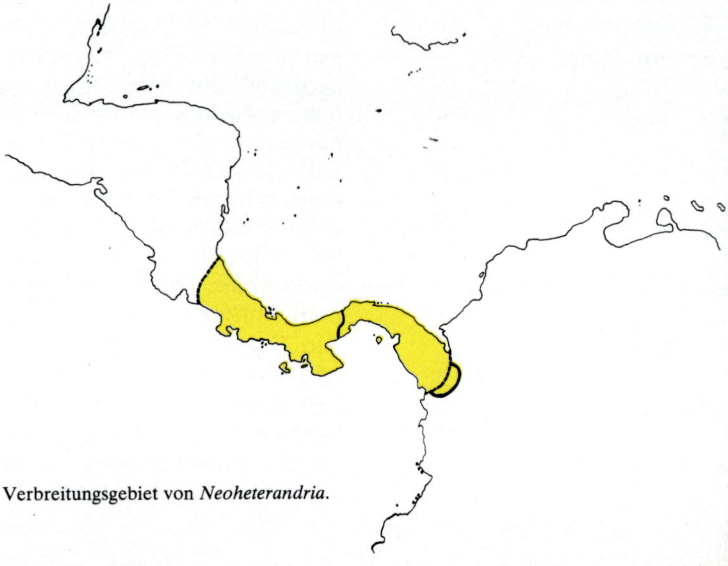

Verbreitungsgebiet von *Neoheterandria.*

Neoheterandria cana (MEEK & HILDEBRAND, 1913)

Familie:	Poeciliidae GARMAN, 1895
Unterfamilie:	Poeciliinae GARMAN, 1895
Herkunft des Artnamens:	*cana* = nach dem Hauptverbreitungsgebiet der Provinz Cana (Darién), Panama, benannt
Synonyma:	*Gambusia cana* MEEK & HILDEBRAND, 1913 *Allogambusia cana* HUBBS, 1924 *Priapichthys tridentiger cana* MEEK & HILDEBRAND, 1916
Erstbeschreibung:	MEEK, S. E. & S. F. HILDEBRAND (1913): New species of fishes from Panama. Publ. Field Mus. Nat. Hist., zool. ser., vol. 10, no. 8: pp. 77–91.
Typuslokalität:	Rio Satiganti; Cana (Darién); Panama.
Meristische Angaben:	Dorsale = 7–8 Flossenstrahlen; Anale = 10 Flossenstrahlen; L. lat. = 29–31 Schuppen.
Totalkörperlänge:	Männchen bis 2,5 cm; Weibchen bis 4 cm.
Beschreibung:	Die im Jahre 1913 durch MEEK & HILDEBRAND beschriebene Art besitzt wie *Neoheterandria tridentiger* annähernd die gleichen morphologischen Daten und Körperzeichnungen. ROSEN und BAILEY (1963) bemerken, daß *Neoheterandria cana* identisch mit *Neoheterandria tridentiger* ist. Dieses muß vorläufig angenommen, und anhand von ergänzendem Material neu überprüft werden.
Verbreitung:	Nur von der Typuslokalität bekannt.
Habitat:	Daten blieben bisher weitgehend unbekannt.
Pflege und Zucht:	Die zweifelhafte Art wurde bisher noch nicht importiert.

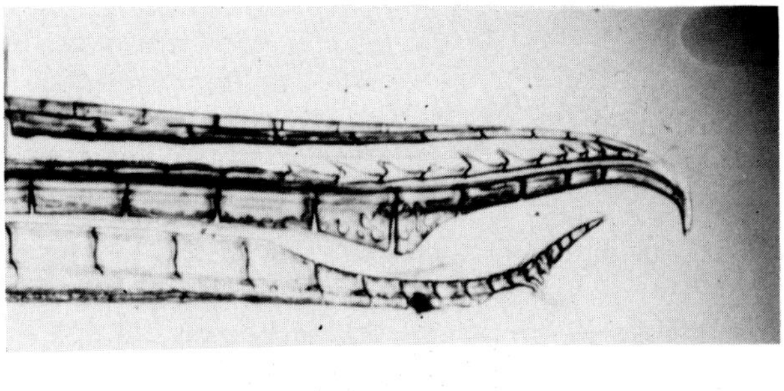

Gonopodium von *Neoheterandria tridentiger*, Struktur der einzelnen Elemente gleich der von N. cana.

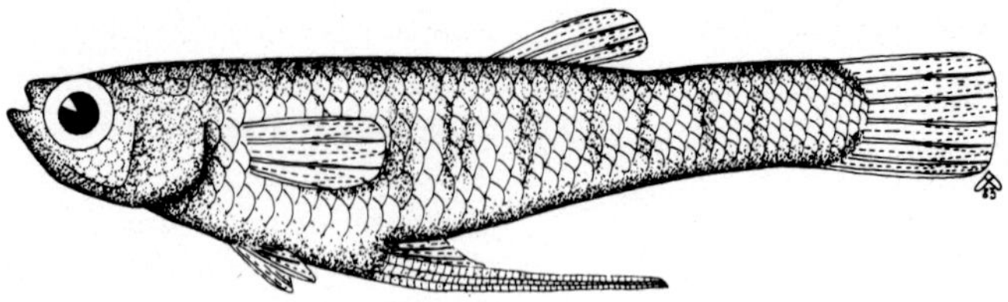

Neoheterandria elegans ♂

Neoheterandria elegans HENN, 1916

Familie:	Poeciliidae GARMAN, 1895
Unterfamilie:	Poeciliinae GARMAN, 1895
Herkunft des Artnamens:	*elegans* (lat.) = geschmackvoll
Synonyma:	keine
Erstbeschreibung:	HENN, A. W. (1916): On various South American poeciliid fishes. Ann. Carnegie Mus., vol. 10, nos. 1–2, art. 9: pp. 93–142.
Typuslokalität:	Rio Truando; Kolumbien.
Meristische Angaben:	Dorsale = 8 Flossenstrahlen; Anale = 10 Flossenstrahlen; L. lat. = 28 Schuppen; L. tra. = 8 Schuppen.
Totalkörperlänge:	Männchen bis 2 cm; Weibchen bis 2,5 cm.
Beschreibung:	*Neoheterandria elegans* besitzt einen langgestreckten schmalen Körperbau mit kleinem Kopf. Nach Angaben von HENN (1916) besitzen die Species entlang der Körperseite 6 bis 9 dunkle Vertikalstreifen. Einer der genannten Streifen ist besonders kräftig ausgebildet und verläuft in den Analbereich. Rücken- und Afterflosse sind schwarz gebändert. Beide Geschlechter zeigen annähernd die gleichen Färbungsmerkmale.
Verbreitung:	Rio Truando, Oberlauf des Rio Atrato, Kolumbien.
Habitat:	Nichts bekannt geworden.
Pflege und Zucht:	*Neoheterandria elegans* wurde bisher noch nicht importiert.

Neoheterandria tridentiger (GARMAN, 1895)

Familie:	Poeciliidae GARMAN, 1895
Unterfamilie:	Poeciliinae GARMAN, 1895
Herkunft des Artnamens:	*tridentiger* (lat.) = den Dreizack tragend
Synonyma:	*Gambusia tridentiger* GARMAN, 1895 *Priapichthys tridentiger* REGAN, 1913 *Allogambusia tridentiger* HUBBS, 1924
Erstbeschreibung:	GARMAN, S. (1895): The cyprinodonts. Mem. Mus.Comp. Zoöl., vol. 19, no. 1: pp. 1–179.
Typuslokalität:	Panama (nicht definiert).
Meristische Angaben:	Dorsale = 7–8 Flossenstrahlen; Anale = 9–10 Flossenstrahlen; L. lat. = 28–30 Schuppen; 29–31 Wirbel.
Totalkörperlänge:	Männchen bis 2,5 cm; Weibchen bis 5 cm.

Neoheterandria tridentiger ♂.
Population Rio Mamoni, Panama.

Neoheterandria tridentiger ♀

Beschreibung: Der Körperbau zeigt sich wie bei allen Mitgliedern der Gattung mit schmalem gestreckten Körperbau und kleinem Kopf. Die Körpergrundfarbe ist grauoliv, mit heller Bauchseite. Die Körperseite weist besonders im hinteren Bereich 9–12 dunkle Streifen auf. Je nach Population besitzen Rücken- und Schwanzflosse schwarze Bandmerkmale. Bei direktem Lichtauffall schimmern die Körperseiten metallisch blaugrün.

Verbreitung: Flüsse südlich von Toro Point, Fort Sherman, Kanalzone, Rio Chame und Arrijan; Panama.

Habitat: RADDA und Mitarbeiter weisen im Februar 1980 verschiedene Biotope von *Neoheterandria tridentiger* in Panama nach und geben in ihrer Arbeit – Poeciliiden-Studien im karibischen Raum – folgende Sammelortdaten bekannt: Brackiger Sumpf neben der Straße Punta Chame. Einzig auftretender Fisch ist die beschriebene Art. Das Gewässer besitzt am 26. Februar um 13.15 Uhr eine Wassertemperatur von 33° C, elektrische Leitfähigkeit = nicht meßbar; das Gleiche gilt für den pH- und GH-Wert, da Brackwasser. Ein zweiter Fundort liegt im Sekundärwald bei Chame. Das Gewässer ist an der Sammelstelle 2 bis 3 m breit und 10 bis 60 cm tief. Der Bodengrund ist sandig und mit Laub bedeckt. *Neoheterandria tridentiger* trat im genannten Biotop zusammen mit Salmler- und Cichlidenarten auf. Am 26. Februar um 13.40 Uhr beträgt die Wassertemperatur 25° C, elektrische Leitfähigkeit = 120 μS^{20}, pH = 4,3 und GH = kleiner 1.0. Weitere Fundortangaben siehe bei *Poeciliopsis elongata, Brachyrhaphis cascajalensis, Brachyrhaphis episcopi* und *Priapichthys darienensis,* die stellenweise zusammen mit *Neoheterandria tridentiger* auftreten.

Pflege und Zucht: Die Pflege und Zucht des Kärpflings ist relativ einfach und wirft nur selten Probleme auf. Nach einer durchschnittlichen Tragzeit von 24 Tagen werden zwischen 10 und 35 etwa 5 mm lange Jungfische von den Weibchen abgesetzt. Die Alttiere stellen den Neugeborenen stark nach. Gegenüber Beckenmitinsassen verhält sich *tridentiger* agressiv und zerzaust in den meisten Fällen den Flossenbehang von Artfremden. Wie aus den Habitatangaben zu entnehmen ist, ist der Kärpfling an extreme Verhältnisse gut angepaßt; stellt also an die Wasserzusammensetzung keine Ansprüche. Die Fütterung sollte nach Möglichkeit aus Kleinstfutter wie Artemia und anderes mehr bestehen.

Neoheterandria tridentiger wurde von Dr. LUTTENBERGER im Jahre 1977 erstmals lebend nach Österreich importiert.

PHALLICHTHYS

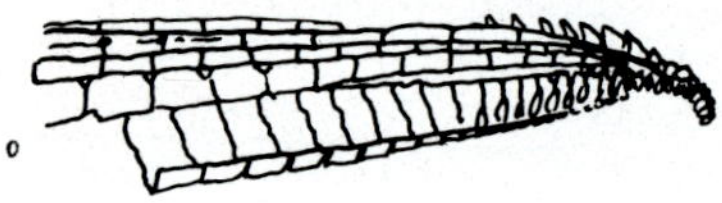

Phallichthys amates

Phallichthys HUBBS, 1924

Die von C. L. HUBBS, 1924, aufgestellte Gattung stellt mit 4 Artmitgliedern eine farbenprächtige Gruppe dar. HUBBS lag seinerzeit die heutige Unterart *Phallichthys amates pittieri* (MEEK, 1912) als Gattungstyp vor.

Die Verbreitung von *Phallichthys* beginnt im südlichen Mexiko und reicht bis Panama. W. A. BUSSING hat durch seine Forschungsarbeit in Costa Rica und angrenzenden Ländern für neue Erkenntnisse, was vor allem die Systematik und Zoogeographie des Genus betrifft, gesorgt.

Die Gattungsbezeichnung *Phallichthys* wurde aus dem Griechischen entnommen und bedeutet freiübersetzt, das männliche Glied des Fisches.

Bereits in den 20er Jahren wurde *amates pittieri* nach Deutschland importiert.

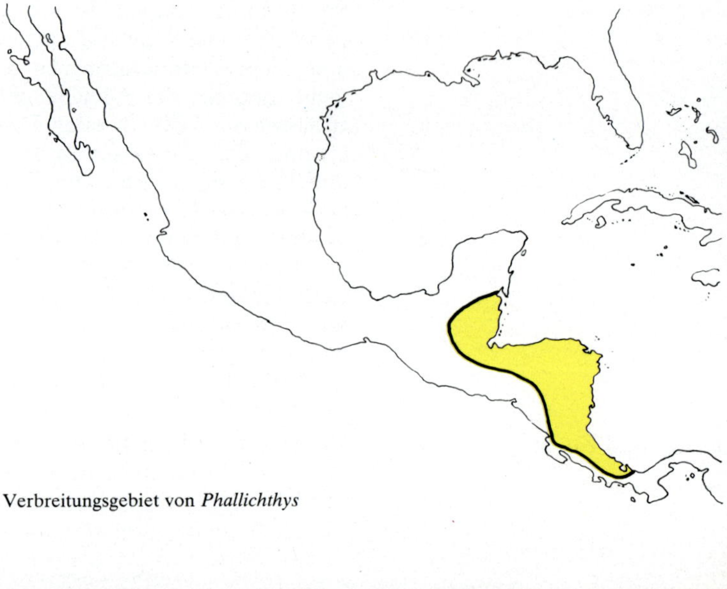

Verbreitungsgebiet von *Phallichthys*

Phallichthys amates amates. Aquariumstamm.

Phallichthys amates (MILLER, 1907)

Familie:	Poeciliidae GARMAN, 1895
Unterfamilie:	Poeciliinae GARMAN, 1895
Herkunft des Artnamens:	*amates* = nach der Stadt Los Amates, Guatemala, benannt
Unterart:	*Phallichthys amates amates* (MILLER, 1907)
Synonyma:	*Poecilia amates* MILLER, 1907 *Poeciliopsis amates* HENN, 1916
Erstbeschreibung:	MILLER, N. (1907): The fishes of the Motagua River, Guatemala. Bull. Amer. Mus. Nat. Hist., 23: pp. 95–123.
Typuslokalität:	Los Amates; Guatemala.
Meristische Angaben:	Dorsale = 8–10, gewöhnlich 9 Flossenstrahlen; Pectorale = 11–13 Flossenstrahlen; Anale = 8–9 Flossenstrahlen.
Totalkörperlänge:	Männchen = bis 3 cm; Weibchen = bis 6 cm.
Beschreibung:	*Phallichthys amates amates* ist eine hochrückige, gedrungene Kärpflingsart. Die Körpergrundfarbe zeigt sich in beiden Geschlechtern bräunlich gelb. Bei auffallendem Licht glänzen die Körperseiten metallisch. Je nach Stimulation verläuft durch das Auge ein senkrecht schwarzer Strich, der bis zur unteren Kopfkante reichen kann. Rücken- und Schwanzflosse sind gelblich getönt. Die restlichen Flossen sind farblos und durchsichtig. Bei

dominanten Männchen ist die Dorsale im oberen Bereich schwarz gesäumt und senkrecht zur Körperseite verlaufen 3–5 schwarze Streifen, die meistens nur bei den Alfatieren auftreten.

Verbreitung: Atlantisches Küstentiefland von dem Motagua River, Guatemala bis zum La Ceiba, Honduras.

Habitat: *Phallichthys amates amates* hat eine größere Verbreitung und besiedelt verschiedenartige Biotope. Es werden anscheinend langsamfließende Flüsse als Lebensraum bevorzugt, meistens mit geringem Wasserstand und Schlammboden. Die Wassertemperatur schwankt, jahreszeitlich bedingt, zwischen 22° C und 28° C.

Pflege und Zucht: Die Nominatform ist in den Aquarien der Züchter weit verbreitet. Je nach Umwelteinflüssen und Wassertemperatur werden bis zu 80 Jungtiere geboren, die im Vergleich zu anderen Nachkommen lebendgebärender Zahnkarpfen mit ca. 4 mm sehr klein sind. Die Trächtigkeitsdauer erstreckt sich gewöhnlich über 21–23 Tage. *P. amates amates* ist ein dankbarer Pflegling und kann mit Recht als Anfängerfisch bezeichnet werden. An die Fütterung stellt die attraktive Fischart keine Ansprüche. Die Geschlechtsreife tritt gewöhnlich nach dem 3. Monat ein.

Phallichthys amates amates wurde 1937 von Herrn FRITZ MAYER, Hamburg, erstmals importiert.

Unterart: *Phallichthys amates pittieri* (MEEK, 1912)

Synonyma: *Poecilia pittieri* MEEK, 1912
Poeciliopsis pittieri REGAN, 1913
Phallichthys pittieri HUBBS, 1924
Poeciliopsis isthmensis REGAN, 1913
Phallichthys isthmensis MYERS, 1925

Herkunft des Unterartnamens: *pittieri* = nach Dr. H. PITTIER

Erstbeschreibung: MEEK, S. E. (1912): New species of fishes from Costa Rica. Publ. Field Columbian Mus., 10 (7): pp. 69–75.

Typuslokalität: La Junta; Costa Rica.

Phallichthys amates pittieri Paar.
Population Peurto Viejo, Costa Rica.

Meristische Angaben: Dorsale = 10–11 Flossenstrahlen; Pectorale = 12–13 Flossenstrahlen; Anale = 8–9 Flossenstrahlen; L. lat. = 26–28 Schuppen.

Totalkörperlänge: Männchen = bis 4 cm; Weibchen = bis 7 cm.

Beschreibung: *Phallichthys amates pittieri* ähnelt im Körperbau sehr *P. amates amates,* wird aber durchschnittlich größer. Möglicherweise kann die Größenausprägung auf die in natürlichen Breiten vielerorts kälteren Wassertemperaturen zurückgeführt werden, da *pittieri* stellenweise in Flußquellgebieten im Hochland angetroffen wird und hier große Exemplare gesammelt werden. Die Körpergrundfarbe beider Geschlechter ist grau mit 4–7 dunklen Querstreifen, die je nach Wohlbefinden mehr oder weniger deutlich hervortreten. Bei auffallendem Licht schimmern die Körperseiten metallisch. Die Rückenflosse männlicher Tiere ist zart gelb getönt, mit dunkel gezeichneten Strahlen. Bei Alfatieren ist die genannte Flosse zusätzlich schwarzblau gesäumt. Der restliche Flossenbehang ist durchscheinend.

Verbreitung: Pazifische Flußsysteme in Costa Rica und Nord-Panama.

Habitat: *P. amates pittieri* ist teilweise in schnellfließenden und kristallklaren Bergflüssen angesiedelt, Herr ALFARO konnte die Unterart noch in einer Höhenlage von 1200 m antreffen. RADDA und Mitarbeiter konnten die Zierfischart im Februar 1980 an 3 Sammelorten in Costa Rica nachweisen. Dieses waren: ein schnellfließender Bach nahe Puerto Viejo (Habitatdaten siehe *Brachyrhaphis parismina*); Zufluß zum Bach nahe Viejo (Habitatdaten siehe *Brachyrhaphis holdridgei*) und schnellfließender Bach nahe La Virgen (Habitatdaten siehe *Priapichthys annectens annectens*).

Pflege und Zucht: *Phallichthys amates pittieri* ist ein einfacher und dankbarer Pflegling. Problematisch ist allerdings das Geschlechterverhältnis der Nachzuchten. In der Regel kommt auf 10 Weibchen nur ein männliches Tier, ansonsten wie *Phallichthys amates amates.*

Der Pittier-Kärpfling wurde 1906 durch Herrn W. SCHROTT, Hamburg, erstmals nach Deutschland importiert.

Phallichthys fairweatheri ROSEN & BAILEY, 1959

Familie: Poeciliidae GARMAN, 1895

Unterfamilie: Poeciliinae GARMAN, 1895

Herkunft des Artnamens: *fairweatheri* = nach Herrn GERALD FAIRWEATHER

Synonyma: keine

Erstbeschreibung: ROSEN, D. E. & R. M. BAILEY (1959): Middle-American poeciliid fishes of the genera Carlhubbsia and Phallichthys, with descriptions of two new species. Zoologica, vol. 44, pp. 1–44.

Typuslokalität: Rio San Pedro de Mártir; El Petén; Guatemala.

Meristische Angaben: Dorsale = 9–10 Flossenstrahlen, gewöhnlich 9; Pectorale = 10–11 Flossenstrahlen; Anale = 10 Flossenstrahlen; L. lat. = 22–24 Schuppen.

Totalkörperlänge: Männchen = 2–3,5 cm; Weibchen = 3,5–4,5 cm.

Phallichthys fairweatheri.
Population Rio Subin, Guatemala.

Beschreibung:

Der Fairweather-Kärpfling ist ein gedrungener und hochrückiger Fisch; mit spitzem, großem Kopf. Die Färbung des lebendgebärenden Zahnkarpfens kann als ansprechend bezeichnet werden. Die Körpergrundfarbe beider Geschlechter ist grau. Die männlichen Tiere besitzen ein sehr langes Gonopodium und sind an ihren Körperseiten türkis gefärbt. Die Bauchseite ist weißgrau und die Körperseiten sind oft mit orangen Punktreihen besetzt. Dominante männliche Tiere besitzen 4–5 dunkle Horizontalstreifen, die je nach Stimulation verschieden stark hervortreten können. Typisch für Alfatiere ist ein dunkelblauer bis schwarzer Balkenstrich am Anfang des Schwanzstiels. Sämtliche Flossen können gelborange gefärbt sein. Die Rückenflosse ist schwarz gesäumt. Die Weibchen sind ähnlich wie die Männchen gezeichnet, allerdings nicht so intensiv. Die Geschlechtsöffnung der weiblichen Tiere ist von einem schwarzen Fleckenmuster umsiedelt.

Verbreitung:

Rio Hondo und New River-Systeme, Honduras; Rio de la Pasión und Rio San Pedro de Mártir-Systeme, Guatemala und Oberlauf Rio San Pedro de Mártir; Tabasco; Mexiko.

Habitat:

Typische Lebensräume der Art *Phallichthys fairweatheri* stellen verschiedene Zuflüsse des Rio San Pedro de Mártir dar. HUBBS und SCHALIE konnten aus diesen Gewässern 1935 ca. 792 Fairweather-Kärpflinge sammeln. Die Flüsse waren größtenteils sehr verschmutzt und stellenweise mit einer üppigen Vegetation bewachsen. Der Bodengrund dieser Biotope war mit einer dicken Schlammschicht bedeckt, die sehr viel Schwefelwasserstoff enthielt. Die Gewässerabschnitte, die mit *fairweatheri* besiedelt waren, hatten kaum Fließgeschwindigkeit. SCHLOSSER und Mitarbeiter weisen im Oktober 1977 die Kärpflingsart an 2 Sammelorten in Guatemala nach und geben folgende Habitatdaten bekannt: „Laguna Petexbatun des Rio de la Pasión im Regenwald des Petén, Ufer mit Dornbüschen bewachsen, keine Wasserpflanzen. Gesammelte Fische: *Poecilia sp., Gambusia sexradiata, Carlhubbsia kidderi, Phallichthys fairweatheri*, Salmler, Welse, Hornhechte und Cichliden. Die Wassertemperatur betrug am 14. Oktober 29–30° C, elektrische Leitfähigkeit 550 μS^{20}, pH = 7,4 und GH = 16° DH".

Pflege und Zucht: Die Zucht von *Phallichthys fairweatheri* kann des öfteren Schwierigkeiten bereiten, da besonders die Jungfische gegen Krankheitsbefall sehr empfindlich sind. Nach einer durchschnittlichen Tragzeit von 24 Tagen werden von den Weibchen zwischen 15 und 30 ca. 5 mm lange Jungfische abgesetzt, die sofort freischwimmend die obere Wasserschicht aufsuchen. Es ist deshalb ratsam für ausreichende Versteckmöglichkeiten zu sorgen. Erwachsene Exemplare können sich innerhalb der Art sehr aggressiv verhalten, vor allem die Männchen. So hat in den meisten Fällen nur ein einziges männliches Tier die Chance, sich in seinem vollen Glanz zu zeigen. *Fairweatheri* konnte bisher in Österreich und England am erfolgreichsten vermehrt werden. An die Fütterung stellt der Kärpfling keine Ansprüche. Ein regelmäßiger Wasserwechsel ist ratsam.

P fairweatheri wurde von E. SCHLOSSER, Wien, und Mitarbeiter 1977 erstmalig nach Österreich importiert.

Phallichthys quadripunctatus BUSSING, 1979

Familie: Poeciliidae GARMAN, 1895

Unterfamilie: Poeciliinae GARMAN, 1895

Herkunft des Artnamens: *quadripunctatus* (lat.) = mit 4 Punkten, wurde von dem Flekkenmuster entlang der Körperseite abgeleitet

Synonyma: keine

Erstbeschreibung: BUSSING, W. A.: (1979): A new fish of the genus Phallichthys from Costa Rica. Contrib. Sci. Natur. Hist. Mus. Los Angeles County. 301: pp. 1–8.

Typuslokalität: Schmaler Zufluß zum Rio Sixaola, 0,5 km nordöstlich Chase; Limón Province; Costa Rica.

Phallichthys quadripunctatus. Population Limon, Costa Rica.

Meristische Angaben: Dorsale = 9 Flossenstrahlen; Anale = 10 Flossenstrahlen; Pectorale = 11 Flossenstrahlen; Ventrale = 6 Flossenstrahlen; L. lat. = 27 Schuppen. Daten auf Holotypus bezogen.

Totalkörperlänge: Männchen = bis 1,5 cm; Weibchen = bis 3,5 cm.

Beschreibung: *Phallichthys quadripunctatus* stellt die kleinste bekannte Phallichthys-Art dar. Der Körper ist im Vergleich zu *P. amates* nicht so hochrückig. Der Kopf ist leicht abgerundet. Die Körpergrundfarbe der Fische ist graugelb, mit heller Bauchseite. Entlang der Körperseiten befinden sich 3–5 schwarze Flecken. Die Rückenflosse ist leicht blau getönt, manchmal auch die Afterflosse der weiblichen Tiere. Alle weiteren Flossen sind durchsichtig. Die Dorsalen sind schwach gesäumt. Beide Geschlechter sind annähernd gleich gefärbt.

Verbreitung: Nur von 2 Oberläufen des Rio Sixaola, Costa Rica, bekannt.

Habitat: Die Art hat ein sehr kleines Verbreitungsgebiet, das kleinste der Gattung *Phallichthys*. *P. quadripunctatus* ist ausschließlich im östlichen Costa Rica heimisch. Der kleine lebendgebärende Zahnkarpfen kann zusammen mit *Phallichthys tico, P. amates pittieri, Alfaro cultratus* und *Rivulus* angetroffen werden. Die Wohngewässer haben eine Wassertiefe zwischen 10 und 50 cm. Die Wassertemperatur schwankt von 20° C bis 40° C. Der Bodengrund der Flüsse ist sandig und stellenweise mit Felsgestein bedeckt. In einem an den Biotop angrenzenden Teich wurde *P. quadripunctatus* nur mit einer Rivulus-Art angetroffen. Die Bodentemperatur des Teiches betrug 34° C!

Pflege und Zucht: Die Hälterung und Vermehrung des Vierpunkt-Kärpflings hat sich bisher als nicht einfach erwiesen. Die Tiere scheinen gegen Bauchwassersucht sehr anfällig zu sein. Nach einer durchschnittlichen Tragzeit von 24 Tagen werden zwischen 8 und 25 Jungtiere geboren. Wegen der Kleinheit der Tiere scheint eine Fütterung mit Artemia von Vorteil zu sein, später kann zusätzlich noch Trockenfutter gereicht werden. Kleine Behälter von 30 bis 40 Liter Wasserinhalt scheinen für die Art ausreichend zu sein. Bisher haben sich die von Dr. RADDA, Wien, importierten Fische in Österreich, England und Deutschland nur langsam vermehrt. Importdatum, März 1980, erstmals nach Österreich.

Phallichthys tico BUSSING, 1963

Familie: Poeciliidae GARMAN, 1895

Unterfamilie: Poeciliinae GARMAN, 1895

Herkunft des Artnamens: *tico* = die Namensgebung erfolgte in Anlehnung und zum Gedenken von Costa Rica

Synonyma: keine

Erstbeschreibung: BUSSING, W. A. (1963): A new poeciliid fish, Phallichthys tico, from Costa Rica. Los Angels Co. Mus. Contr. in Sci., 77: pp. 1–13.

Typuslokalität: Rio Puerto Viejo; Heredia; Costa Rica.

Meristische Angaben: Dorsale = 7–9 Flossenstrahlen, gewöhnlich 8 Strahlen; Anale = 9–10 Flossenstrahlen, selten 9 Strahlen; Pectorale = 10–12 Flossenstrahlen; Ventrale = 6 Flossenstrahlen; L. lat. = 26–27 Schuppen; Wirbel = 29–30, gewöhnlich 29.

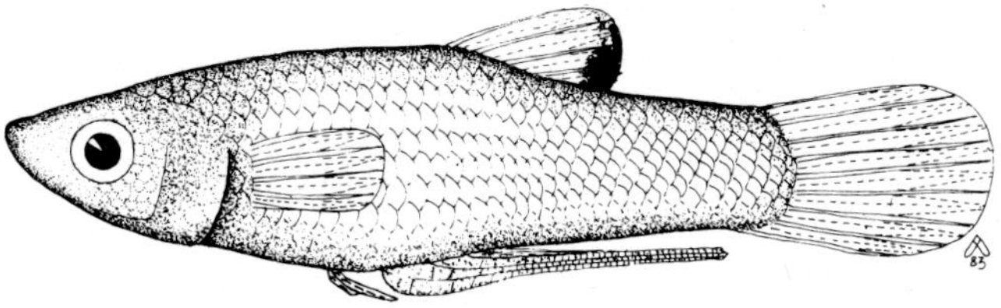

Phallichthys tico ♂

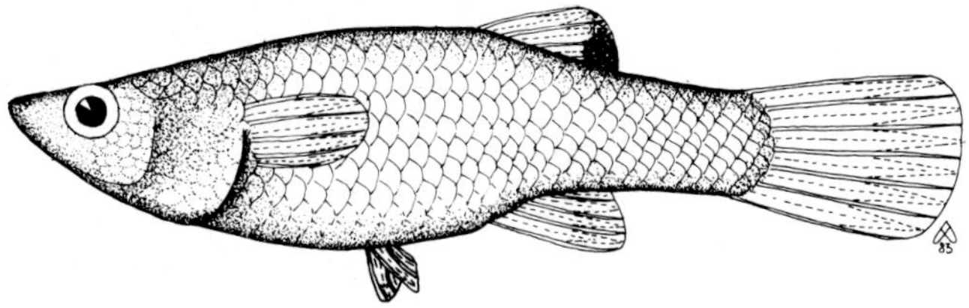

Phallichthys tico ♀

Totalkörperlänge: Männchen 2–2,5 cm; Weibchen = 3,5–4,5 cm.

Beschreibung: *Phallichthys tico* zeigt sich im Vergleich zu *P. amates* und *fairweatheri* mit gestreckterem Körperbau. Der Kopf ist zugespitzt. Die Körpergrundfarbe der Tiere zeigt sich gelbbraun, gewöhnlich ohne Streifenmuster. Rücken- und Afterflosse sind in beiden Geschlechtern bläulich gefärbt. Die Dorsale trägt bei manchen Fischen einen breiten schwarzen Saum, der sich im hinteren Drittel befindet.

Verbreitung: Bisher konnten zwei Oberläufe in Costa Rica als Verbreitungsgebiet der Art nachgewiesen werden. Rio Puerto Viejo und Rio San Luis, Oberläufe des Rio San Juan. Möglicherweise ist *Phallichthys tico* auch in Nicaragua verbreitet.

Habitat: Nach Angaben von W. BUSSING (1963) besiedelt *P. tico* langsamfließende Flußbereiche, die selten mehr als 30 cm Wasserstand aufweisen. Auch in der Nachbarschaft liegende Teiche können von dem Kärpfling bewohnt werden. Stellenweise wird *Phallichthys tico* sympatrisch mit *Phallichthys amates pittieri* angetroffen. In einem 200 m^2 großen Teich, der zeitweise mit dem Rio Puerto Viejo in Verbindung steht, wurden folgende Fische zusammen mit der beschriebenen Art gefangen: *P. amates pittieri, Poecilia sphenops, Rhoadsia eigenmanni* und *Cichlasoma friedrichsthali.* Das Gewässer hatte nach Angaben von BUSSING (1963) folgende chemischen Wasserwerte: am 21. November 1962 um 11 Uhr Temperatur 30° C, pH 6,4, Sauerstoff 1,9 ppm, Kohlensäure 24 ppm, Bikarbonat 115,5 ppm, GH 109, ppm und Chlorid 5,3 ppm. Diese Wasserwerte wurden bei einem niedrigen Wasserstand des Teichs festgestellt, der von dem Kanal, der seinerseits mit dem Fluß in Verbindung steht, isoliert war. Der niedrige pH-Wert stand in Verbindung mit freier Kohlensäure und erreichte nach Entweichen des Gases schon nach etwa 2 Minuten im Reagenzglas einen Wert von 7,3. In einem anderen Habitat lebt *Phallichthys tico* mit *Brachyrhaphis episcopi* und *Rivulus isthmensis* zusammen.

Pflege und Zucht: Der Kärpfling wurde bereits nach Europa importiert, ist allerdings schon wieder ausgestorben. Daten sind nicht bekannt.

PHALLOCEROS

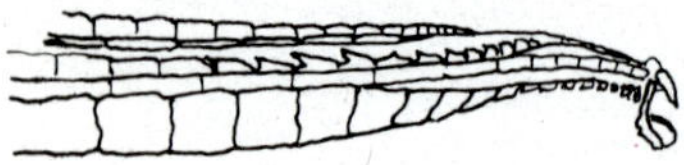

Phalloceros caudimaculatus

Phalloceros EIGENMANN, 1907

Die Gattung *Phalloceros* ist monotypisch und wird sinngemäß durch eine einzige Art vertreten. EIGENMANN erstellte erstmals 1907 das Genus. Als Gattungstyp diente die von HENSEL bereits im Jahre 1868 beschriebene Species *caudimaculatus,* die zur damaligen Zeit noch in der Gattung *Girardinus* geführt wurde.

Der Gattungsname *Phalloceros* ist aus dem Griechischen übernommen worden und verweist auf die hornartige Gonopodiumspitze.

Der Vertreter des Genus besiedelt hauptsächlich das südöstliche Brasilien und Uruguay. Nach Angaben soll der Kärpfling auch in Paraguay beheimatet sein.

Phalloceros wurde schon mehrfach nach Europa importiert. Ein genauer Nachweis einer europäischen Ersteinfuhr ist nicht bekannt.

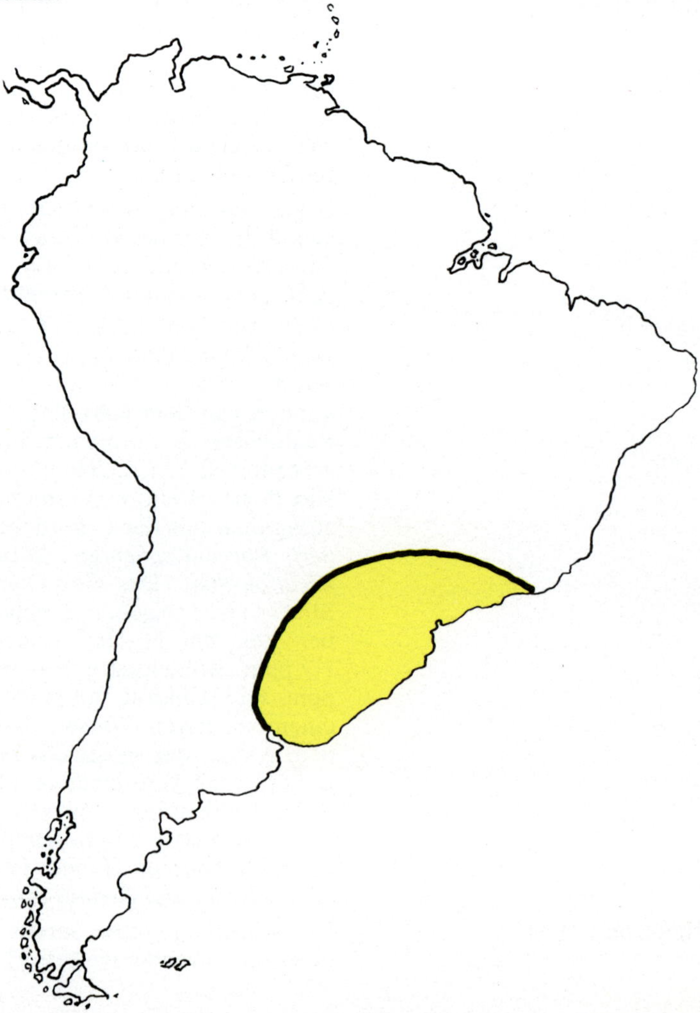

Verbreitungsgebiet von *Phalloceros*

Phalloceros caudimaculatus ♂. Population Macae, Brasilien.

Phalloceros caudimaculatus ♀.

Phalloceros caudimaculatus (HENSEL, 1868)

Familie:	Poeciliidae GARMAN, 1895
Unterfamilie:	Poeciliinae GARMAN, 1895
Herkunft des Artnamens:	*caudimaculatus* (lat.) = Schwanzstiel-Fleck
Synonyma:	*Girardinus caudimaculatus* HENSEL, 1868 *Poecilia caudomaculatus* EIGENMANN, 1894 *Glaridichthys caudimaculatus* PHILIPPI, 1904 *Phalloceros caudomaculatus* EIGENMANN, 1907
Erstbeschreibung:	HENSEL, R. (1868): Beiträge zur Kenntnis der Wirbeltiere Südbrasiliens. Arch. f. Naturgesch., vol. 34: pp. 356–375.
Typuslokalität:	Rio Grande do Sul (weitere Angaben fehlen).
Meristische Angaben:	Dorsale = 8 Flossenstrahlen; Anale = 10 Flossenstrahlen; Ventrale = 6 Flossenstrahlen; L. lat. = 28–30 Schuppen; Wirbel = 29–30.
Totalkörperlänge:	Männchen = 3 cm; Weibchen bis 4,5 cm.
Beschreibung:	*Phalloceros caudimaculatus* besitzt einen gestreckten Körperbau mit kleinem, zugespitztem Kopf. Die sogenannte Normalform, die bisher einzig wieder in natürlichen Breiten nachgewiesen werden konnte, zeigt sich mit grauoliver Grundfärbung und weißem Bauch. Die Namengebung Schwanzstiel-Fleck-Kärpfling ist verwirrend, da der benannte annähernd kreisrunde Fleck sich kurz vor dem Schwanzstiel manifestiert hat. Verschiedentlich werden auch Tiere mit 2–3 Flecken oder nur mit einseitigem Fleck beobachtet. Die unpaaren Flossen sind gewöhnlich gelb getönt. Die Rückenflosse besitzt eine innere schwarze Bänderung. Je nach Stimulation können Caudale und Dorsale schwarz gerahmt sein. In den Liebhaber-Becken sind vor einigen Jahrzehnten verschiedene Farbmutanten aufgetreten, die mit ungültigen Doppel- und Dreifachnamen belegt wurden. Die Variation *auratus* zeigt sich mit goldgelber Körpergrundfarbe und schwarzem Scheckenmuster bis in den Flossenbehang. Die Variation *reticulatus* besitzt

auf gelbweißem Grund ebenfalls eine Schwarzscheckung, mit schwarz gefleckten Flossen. Mittlerweile sind die recht ansprechenden Varianten untereinander vermischt worden.

Verbreitung: Südliches Brasilien; Uruguay und Paraguay.

Habitat: *Phalloceros caudimaculatus* wird in Bächen und Teichen angetroffen. Dr. K. H. LÜLING, Bonn, konnte 1974 Habitatwerte von einem abgeschlossenen Gewässer, etwa 1 km südlich der Einmündungsstelle des Rio Jaguaripe, wo *Phalloceros* zusammen mit *Hyphessobrycon piabinhas* und *Nannostomus beckfordi* auftrat, ermitteln. Bei dem Biotop handelt es sich um ein flaches Süßgewässer, welches an windstarken Tagen einer Salzaerosole-Einstäubung unterworfen ist. Die Salzaerosole kann wegen des Fehlen eines Wasserabflusses nicht ausgeschwemmt werden. Aus dem genannten Grund nimmt die Salzanreicherung des Gewässers zeitweilig beachtliche Werte an. Der Rio Jaguaripe durchfließt den östlichen Teil des brasilianischen Bundesstaates Bahia.

Pflege und Zucht: Die Pflege und Zucht des sehr friedlichen und kleinen Kärpflings ist nicht immer einfach. Die urtümliche Art ist gegen Frischwasser empfindlich, deshalb sollte ein Wasserwechsel nur mäßig erfolgen. Nach einer durchschnittlichen Tragzeit von 24 Tagen werden zwischen 10 und 50 ca. 5 mm lange Jungfische von den weiblichen Tieren abgesetzt. Die Alttiere stellen den Neugeborenen nur sehr selten nach. *Phalloceros* gibt sich bereits mit kleinen Behältern von 30 Liter Wasserfassungsvermögen zufrieden. Das Becken sollte gut bepflanzt sein. Ein Salzzusatz ist in den meisten Fällen (ca. 1 Teelöffel auf 10 Liter Wasser) dem Wohlbefinden der Art förderlich.

Phalloceros caudimaculatus wurde erstmalig durch Herrn PAUL MATTE, Berlin, 1898 nach Deutschland importiert.

1981 gelang Dr. RADDA und Mitarbeitern die Wiedereinfuhr mehrerer Stämme von *P. caudimaculatus*; eine fast durchweg fleckenlose Form konnte seither über mehrere Generationen weitergezüchtet werden.

Phalloceros caudimaculatus ⚥.
Goldvariante (auratus), Aquariumstamm.

PHALLOPTYCHUS

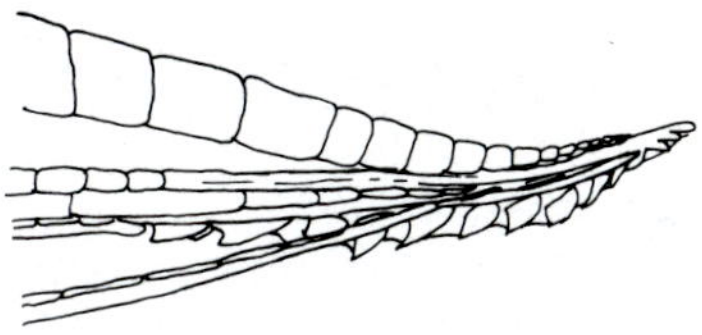

Phalloptychus januarius

Phalloptychus EIGENMANN,1907

Die Gattung *Phalloptychus* wurde erstmals durch den Ichthyologen C. H. EIGENMANN im Jahre 1907 aufgestellt. Als Typus lag die Art januarius zugrunde.

Das Genus *Phalloptychus* umfaßt zwei Arten, die als sehr ursprünglich gelten.

Die Gattungsbezeichnung wurde aus dem Griechischen übernommen.

Phallos bezieht sich auf das Gonopodium und *ptychus* findet seine Ableitung in dem Wort *ptyche* und bedeutet Krümmung, in Anlehnung an die teilweise verdrillten Flossenstrahlen des männlichen Begattungsorgans.

Die Verbreitung der Gattung erstreckt sich vom östlichen Brasilien bis Paraguay und Uruguay.

Phalloptychus wird zusammen mit *Cnesterodon, Phalloceros* und *Phallotorynus* zum Tribus *Cnesterodontini* gerechnet.

Die Art *P. januarius* wurde 1907 als erster Gattungsvertreter durch Herrn CARL SIGGELKOW nach Deutschland importiert.

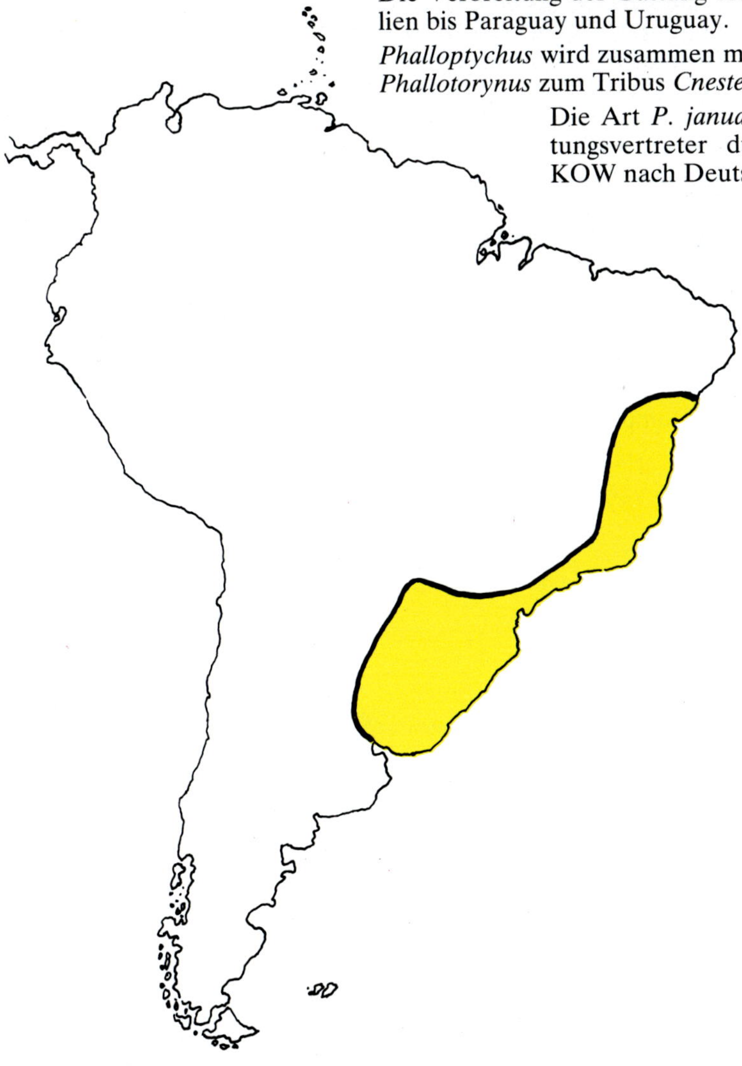

Verbreitungsgebiet von *Phalloptychus*

Phalloptychus eigenmanni HENN, 1916

Familie:	Poeciliidae GARMAN, 1895
Unterfamilie:	Poeciliinae GARMAN, 1895
Herkunft des Artnamens:	*eigenmanni* = zu Ehren Herrn Dr. C. H. EIGENMANN benannt
Synonyma:	*Phalloptychus januarius eigenmanni* IHERING, 1931
Erstbeschreibung:	HENN, A. W. (1916): On various South American poeciliid fishes. Ann. Carnegie Mus., vol. 10, nos. 1–2, art. 9: pp. 93–142.
Typuslokalität:	Alagoinhas, Rio Catu; Baia; Brasilien.
Meristische Angaben:	Dorsale = 8 Flossenstrahlen; Anale = 9 Flossenstrahlen; Pectorale = 10 Flossenstrahlen; Ventrale = 6 Flossenstrahlen; L. lat. = 27–29 Schuppen; L. tra. = 8 Schuppen.
Totalkörperlänge:	Männchen = 2–2,5 cm; Weibchen = 3–3,5 cm.
Beschreibung:	*Phalloptychus eigenmanni* besitzt einen gestreckten Körperbau und runden Kopf. Die Körpergrundfarbe ist grauoliv, mit heller Bauchseite. Im Vergleich zu *P. januarius* besitzt *eigenmanni* weniger dunkle Senkrechtstreifen, 6 bis 7, entlang der Körperseite. Die letzten beiden Streifen sind oft ineinander verschmolzen. Weitere Farbangaben sind bisher noch nicht bekannt geworden. Der Eigenmann-Kärpfling besitzt im Vergleich zu dem Rio de Janeiro-Kärpfling kleinere Dorsal- und Analflossen.
Verbreitung:	Rio Catu, Alagoinhas; Baia; Brasilien.
Habitat:	RADDA und Mitarbeiter konnten die Art 1981 im natürlichen Verbreitungsgebiet bereits nachweisen. Habitatangaben stehen noch aus.
Pflege und Zucht:	Die von RADDA erstmals importierten Tiere sind nach kurzer Zeit bereits wieder im Aquarium ausgestorben. Die Art scheint sehr empfindlich zu sein.

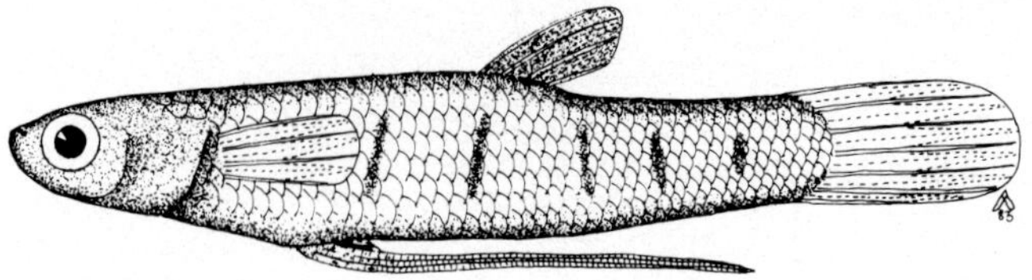

Phalloptychus eigenmanni ♂

Phalloptychus januarius. Population Lago de Freitas, Brasilien.

Phalloptychus januarius (HENSEL, 1868)

Familie:	Poeciliidae GARMAN, 1895
Unterfamilie:	Poeciliinae GARMAN, 1895
Herkunft des Artnamens:	*januarius* (lat.) = von Rio de Janeiro = „Januarfluß"
Synonyma:	*Girardinus januarius* HENSEL, 1868 *Poecilia januarius* EIGENMANN, 1907 *Girardinus iheringii* BOULENGER, 1869
Erstbeschreibung:	HENSEL, R. (1868): Beiträge zur Kenntnis der Wirbeltiere Südbrasiliens. Arch f. Naturgeschichte, vol. 34: pp. 356–375.
Typuslokalität:	Rio de Janeiro; Brasilien.
Meristische Angaben:	Dorsale = 9 Flossenstrahlen; Anale = 10 Flossenstrahlen; L. lat. = 28–29 Schuppen; Wirbel 30.
Totalkörperlänge:	Männchen = 2,5 cm; Weibchen 3–4 cm.
Beschreibung:	Eine langgestreckte Kärpflingsart mit kleinem, zugespitztem Kopf. Die Körpergrundfarbe zeigt sich bei beiden Geschlechtern olivbraun. Entlang der Körperseiten verläuft ein dunkles Netzmuster. Je nach Lichteinfall schimmern die Körperseiten blausilbern. Eine Längsbänderung, die sich aus 7–13 braunen Querbinden zusammensetzt, erstreckt sich entlang der Körperseiten. Nach Mitteilungen von Dr. D. BODART, Merck, treten in freier Natur vereinzelt auch schwarz gescheckte Tiere auf. Die Rückenflosse des Januar-Kärpflings besitzt bei einzelnen Tieren zahlreiche kleine dunkle Punkte. Die restlichen Flossen sind farblos.
Verbreitung:	Rio de Janeiro bis zum Rio Grande do Sul; Brasilien; östliches Paraguay und Uruguay.
Habitat:	Siehe bei *Poecilia vivipara*.
Pflege und Zucht:	Der Kärpfling ist sehr anfällig gegen Ichthyo. Eine besonders hartnäckige Form scheint sich bei *P. januarius* manifestiert zu haben, die gut mit einer Überdosis Malachitgrün zu behandeln

ist, ohne daß bei dem besprochenen Fisch große Verluste hervorgerufen werden. An Wasserwerte und Fütterung werden von *januarius* keine Ansprüche gestellt. Die Vermehrungsrate ist außerordentlich hoch, so daß man von Massenvermehrung sprechen darf. In der Regel werden alle 24 Tage zwischen 10 und 30 Jungfische abgesetzt. *P. januarius* wurde von Dr. BODART 1978 nach Deutschland importiert. Erstmals wurde die Art von ALBERT MAYER im Jahre 1912 nach Deutschland eingeführt.

PHALLOTORYNUS

Phallotorynus HENN, 1916

Phallotorynus fand erstmalig im Jahre 1916 in der Publikation von A. W. HENN – On various South American poeciliid fishes – ihren systematischen Ursprung. Als Material lag die von HENN beschriebene Species *Phallotorynus fasciolatus* vor.

Die ursprüngliche Gattung umfaßt lediglich zwei Taxa, die in Paraguay und im südöstlichen Brasilien verbreitet sind.

Der Gattungsname wurde vom Griechischen abgeleitet und bezieht sich auf das geweihartige Anhängsel der Gonopodiumspitze, dessen Funktion noch nicht eindeutig enträtselt wurde.

Bisher konnte noch kein Vertreter der Gattung lebend nach Europa importiert werden.

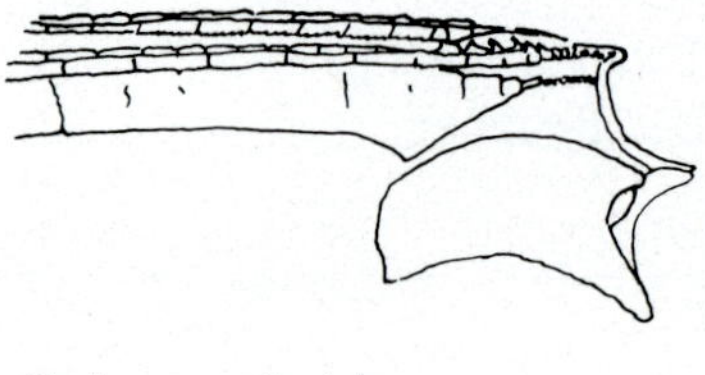

Phallotorynus fasciolatus

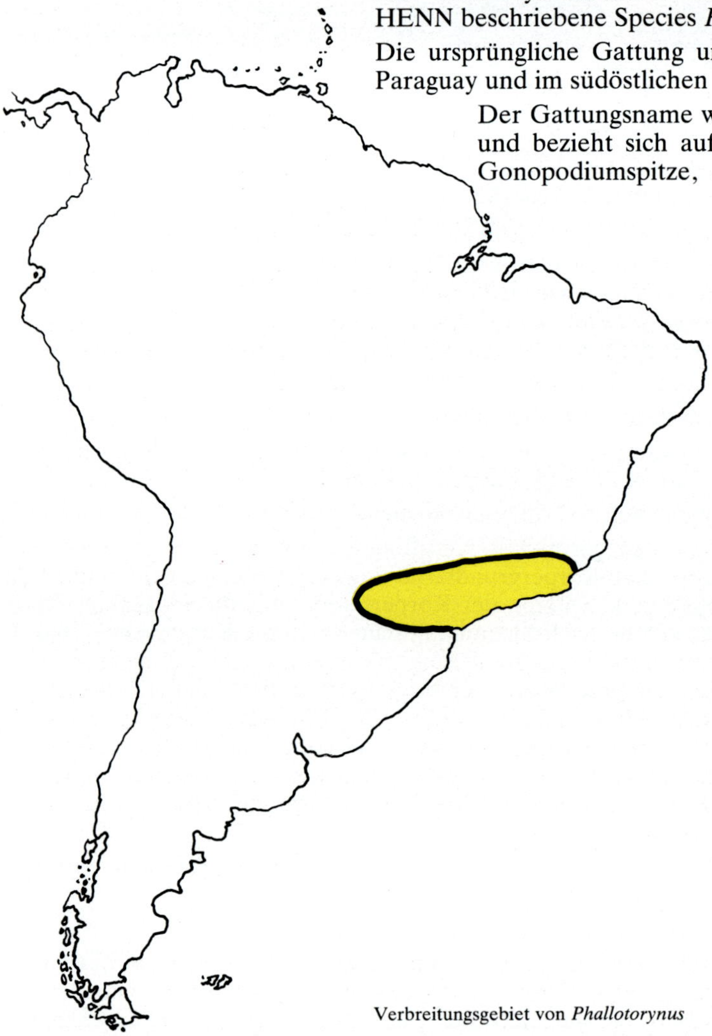

Verbreitungsgebiet von *Phallotorynus*

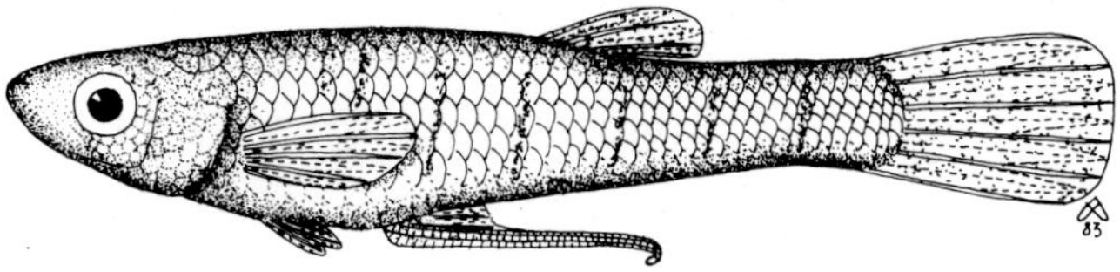

Phallotorynus fasciolatus ♂

Phallotorynus fasciolatus HENN, 1916

Familie:	Poeciliidae GARMAN, 1895
Unterfamilie:	Poeciliinae GARMAN, 1895
Herkunft des Artnamens:	*fasciolatus* (lat.) = mit breiten Streifen, in Anlehnung an die Körperbänderung
Synonyma:	keine
Erstbeschreibung:	HENN, A. W. (1916): On various South American poeciliid fishes. Ann. Carnegie Mus., vol. 10, nos. 1–2, art. 9: pp. 93–142.
Typuslokalität:	Jacarehy; Sao Paulo; Brasilien.
Meristische Angaben:	Dorsale = 8 Flossenstrahlen; Anale = 11 Flossenstrahlen; Pectorale = 10 Flossenstrahlen; L. lat. = 28–30 Schuppen.
Totalkörperlänge:	Männchen = 2–2,5 cm; Weibchen = 2,5–3,5 cm.
Beschreibung:	Die genannte Art besitzt einen gestreckten Körperbau mit kleinem, abgerundetem Kopf. *Phallotorynus fasciolatus* zeigt sich mit grauoliver Körperfärbung und heller Bauchseite. Entlang der Körperseite verläuft ein dunkles Bandmuster, das sich aus 6 oder 7 braunen Streifen, die senkrecht verlaufen, zusammensetzt. Die Rücken- und Afterflosse des kleinen Kärpflings weisen eine dunkle Pigmentierung auf. Alle sonstigen Flossen sind transparent. *Phallotorynus fasciolatus* konnte bisher nur an Hand von fixiertem Material beschrieben werden.
Verbreitung:	Rio Paraiba-Becken; Sao Paulo; Brasilien.
Habitat:	Angaben stehen noch aus. RADDA und Mitarbeiter, die das angegebene Verbreitungsgebiet 1981 besuchten, konnten den Kärpfling nicht nachweisen.
Pflege und Zucht:	Daten sind bisher unbekannt.

Phallotorynus jucundus IHERING, 1930

Familie:	Poeciliidae GARMAN, 1895
Unterfamilie:	Poeciliinae GARMAN, 1895
Herkunft des Artnamens:	*jucundus* (lat.) = angenehm, beliebt
Synonyma:	keine
Erstbeschreibung:	IHERING, R. (1930): Notas ecologicas referentes a peixes d'agua doce do Estado de S. Paulo e descripcao de 4 especies novas. Arch. Inst. Biol. Sao Paulo, vol. 3: pp. 93–104.

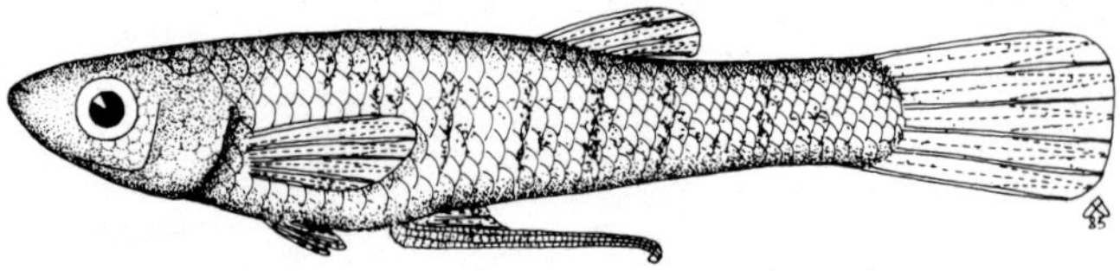

Phallotorynus jucundus ♂

Typuslokalität:	Corrego de Rincao; Sao Paulo; Brasilien.
Meristische Angaben:	Dorsale = 7–8 Flossenstrahlen; Anale = 11 Flossenstrahlen; L. lat. = 28–29 Schuppen; Wirbel = 29–30.
Totalkörperlänge:	Männchen = 2–2,5 cm; Weibchen bis 3 cm.
Beschreibung:	*Phallotorynus jucundus* zeigt sich wie sein naher Verwandter *fasciolatus* mit gestrecktem Körperbau und kleinem, abgerundetem Kopf. Die Körperfärbung ist gleichfalls sehr ähnlich der von *fasciolatus. P. jucundus* besitzt in den Zwischenraumregionen der Körperstreifung eine dunkle Pigmentierung. Weitere unterschiedliche Farbmerkmale sind bisher noch nicht bekannt geworden. Nach ROSEN & BAILEY (1963) weichen die genannten Gattungsvertreter in morphologischen Daten ausreichend ab, so daß von 2 guten Arten gesprochen werden kann.
Verbreitung:	Rio Paraná-Becken; Sao Paulo; Brasilien und Zentral-Paraguay.
Habitat:	Möglicherweise tritt *Phallotorynus jucundus* stellenweise sympatrisch mit *P. fasciolatus* auf. Weitere Daten sind bisher noch nicht bekannt geworden.
Pflege und Zucht:	Bisher konnte der urtümliche Kärpfling noch nicht importiert werden.

POECILIA

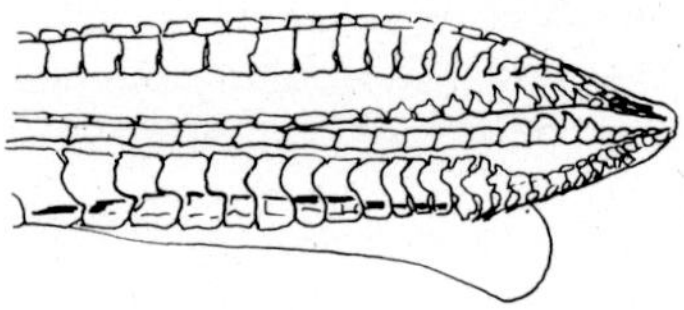

Poecilia vivipara

Poecilia BLOCH & SCHNEIDER, 1801

Zwei deutsche Wissenschaftler, M. E. BLOCH und J. O. G. SCHNEIDER aus Berlin, beschrieben erstmals in der Geschichte der lebendgebärenden Zahnkarpfen eine Fischart. Es handelt sich hierbei um *Poecilia vivipara,* eine Population aus Surinam (Niederländisch-Guayana). Seit der Revision durch ROSEN & BAILEY (1963) gliedert sich das *Genus Poecilia* in folgende Untergattungen: *Poecilia (sensu strictu), Limia, Lebistes* und *Pamphorichthys.* MILLER (1975) schlägt vor, die seinerzeit von ROSEN & BAILEY eingezogene und mit *Poecilia* synonymisierte Gattung *Mollienesia* wieder als Untergattung von *Poecilia* anzuerkennen. RIVAS (1978) gibt *Limia* wiederum den Rang einer eigenständigen Gattung.

Der Gattungs- und Untergattungsname *Poecilia* soll die Buntheit und Mannigfaltigkeit der einzelnen Vertreter beschreiben. Der Untergattungsname *Mollienesia* stammt vom Eigenname eines französischen Finanzministers namens Mollienesi ab. Die

Namensgebung *Lebistes* wurde vom Griechischen abgeleitet und besagt Metallkessel, beziehend auf die metallisch glänzenden Schuppen der Männchen. *Pamphorichthys* (gr.) bedeutet vieltragender Fisch.

Die Gattung *Poecilia* besiedelt die unterschiedlichsten Lebensräume der südöstlichen USA, Mittelamerika, Karibikinseln, östliches und mittleres Südamerika.

Das Genus umfaßt vorläufig 24 Arten zuzüglich einer Unterart.

In naher Zukunft werden vor allem noch einige Molly-Vertreter neu beschrieben. MILLER (1983) führt in einer Checkliste bereits einen noch nicht wieder zurückbeschriebenen Molly, *Poecilia orri,* auf.

Verbreitungsgebiet von *Poecilia*

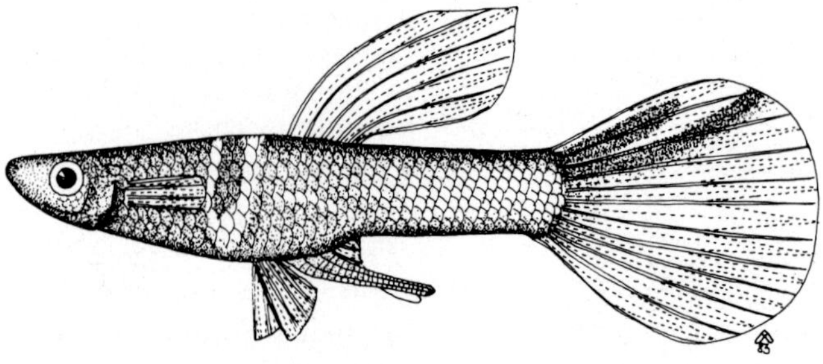

Poecilia amazonica ♂

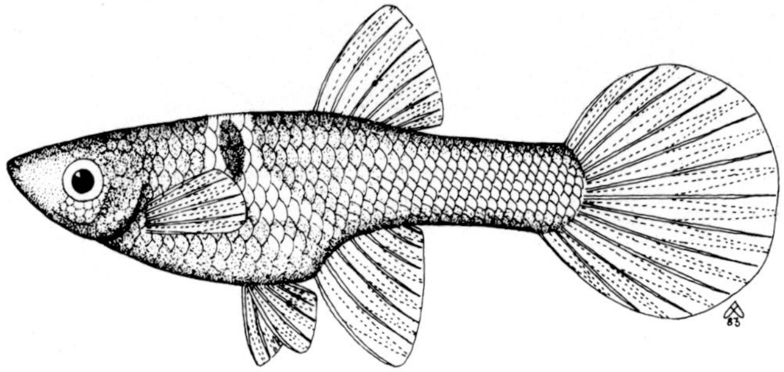

Poecilia amazonica ♀

Poecilia amazonica GARMAN, 1895

Familie: Poeciliidae GARMAN, 1895

Unterfamilie: Poeciliinae GARMAN, 1895

Untergattung: Zur Zeit – *Lebistes* DE FILIPPI, 1861

Herkunft des Artnamens: *amazonica* = nach Amazonien benannt (alte Bezeichnung für das Amazonasgebiet)

Synonyma: keine

Erstbeschreibung: GARMAN, S. (1895): The cyprinodonts. Mem. Mus. Comp. Zoöl., vol. 19, no. 1: pp. 1–179.

Typuslokalität: Santa Cruz; Pará; Brasilien.

Meristische Angaben: Dorsale = 6–7 Flossenstrahlen; Anale = 9 Flossenstrahlen; Pectorale = 13 Flossenstrahlen; L. lat. = 26–28 Schuppen; L. tra. = 7 Schuppen.

Totalkörperlänge: Männchen bis 2,5 cm; Weibchen bis 3,5 cm.

Beschreibung: Ein Kärpfling mit guppyähnlicher Gestalt, jedoch mit großer Schwanzrundflosse. Typisch für *P. amazonica* ist die schwarze Schulterfleckzeichnung, die sich in beiden Geschlechtern balkenförmig bis zur Körpermitte erstreckt. Weibliche Tiere besitzen einen großen schwarzen, mit Goldmuster ausgebildeten Trächtigkeitsfleck. *P. amazonica* ist in der Körperfärbung variabel und zeigt sich im männlichen Geschlecht mit gelben und schwarzen Flecken oder auch mit blutroten und schwarzen Zeichnungsmustern. Die Schulterfleckzeichnung ist gewöhnlich mit intensiv ausgebildetem roten und gelben Pigment umrandet. Verschiedentlich besitzen einzelne Tiere eine dunkle Körpersenkrechtstreifung, die im hinteren Bereich ausgebildet ist. Die

	Rückenflosse der Männchen ist fahnenartig ausgezogen und besitzt eine Anzahl dunkler Kommastriche, umlagert mit Gelb, Weiß oder Rot. Die Schwanzflosse besitzt im oberen Bereich gewöhnlich einen roten Längsstrich mit schwarzem Saum. *Poecilia amazonica* variiert in der Körperzeichnung.
Verbreitung:	Santa Cruz; Pará; Brasilien.
Habitat:	Bisher kaum etwas bekannt.
Pflege und Zucht:	Wahrscheinlich wie bei *Poecilia picta* und *parae. Poecilia amazonica* wurde erstmals 1910 durch Herrn FRITZ MAYER nach Deutschland importiert. Ein neuer Import steht noch aus.

Poecilia branneri EIGENMANN, 1894

Familie:	Poeciliidae GARMAN, 1895
Unterfamilie:	Poeciliinae GARMAN, 1895
Untergattung:	Zur Zeit – *Lebistes* DE FILIPPI, 1861
Herkunft des Artnamens:	*branneri* = nach Herrn BRANNER benannt.
Synonyma:	*Micropoecilia branneri* HUBBS, 1926 *Poecilia heteristia* REGAN, 1909
Erstbeschreibung:	EIGENMANN, C. H. (1894): Notes on some South American fishes. Ann. New York Acad. Sci., vol. 7: pp. 625–637.
Typuslokalität:	Santarem; Pará; Brasilien.
Meristische Angaben:	Dorsale = 7–9 Flossenstrahlen; Anale = 8–9 Flossenstrahlen; L. lat. = 26–28 Schuppen.
Totalkörperlänge:	Weibchen bis 2,5 cm; Männchen bis 2,5 cm.

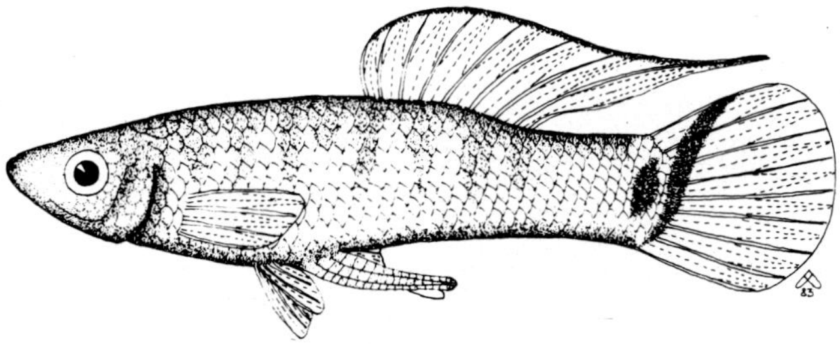

Poecilia branneri ♂

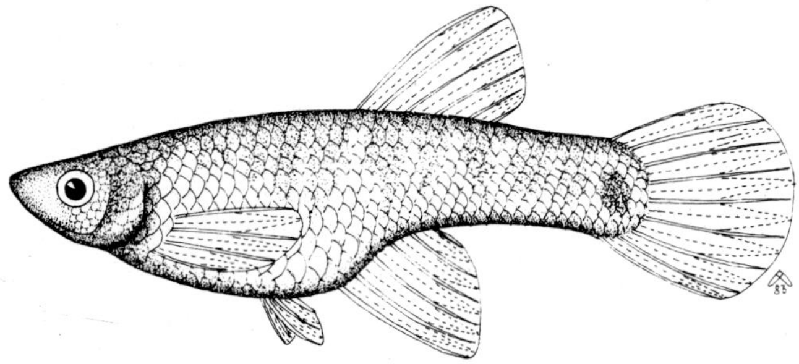

Poecilia branneri ♀

Beschreibung: *Poecilia branneri* weist im männlichen Geschlecht einen gestreckten Körperbau auf. Die Weibchen erscheinen mit leicht gedrungener Gestalt. Die Grundfarbe des Kärpflings zeigt sich braunoliv, mit heller Bauchseite. Entlang der Körperseite erstreckt sich nach Angaben von KURT JACOBS eine goldgrüne Bandzeichnung, die je nach Stimulation der Tiere verschieden stark hervortritt und sich fast ausschließlich im oberen Körperbereich manifestiert. In der Schwanzwurzelbasis zeigt sich meistens ein dunkler, ovaler Fleck. Die weit bis zur Schwanzflosse reichende, fahnenartig ausgezogene Dorsale der Männchen ist schwarz gesäumt und gelborangefarben und vereinzelt mit dunklen Punkten verziert. Die Caudale der Männchen ist ähnlich der von *Poecilia amazonica* gezeichnet. Weibchen erscheinen ohne Trächtigkeitsfleck.

Verbreitung: Pará; Brasilien.

Habitat: Bisher nichts bekannt geworden.

Pflege und Zucht: Wahrscheinlich wie *Poecilia picta* und *parae. P. branneri* wurde 1905 durch Herrn O. KITTLER nach Deutschland importiert. Ein Neuimport steht noch aus.

Poecilia butleri JORDAN, 1889

Familie: Poeciliidae GARMAN, 1895

Unterfamilie: Poeciliinae GARMAN, 1895

Untergattung: *Poecilia* BLOCH & SCHNEIDER, 1801

Nach MILLER (1975) Untergattung: *Mollienesia* LE SUEUR, 1821

Herkunft des Artnamens: *butleri* = zu Ehren Herrn BUTLER benannt

Synonyma: *Platypoecilus nelsoni* MEEK, 1904

Erstbeschreibung: JORDAN, D. S. (1889): List of fishes collected by Alphonse Forrer about Mazatlan, with description of two new species – Heros beani and Poecilia butleri. Proc. U.S. Natl. Mus., vol. 11: pp. 329–334.

Biotop von *Poecilia butleri*, Rio Coluedor, Nayarit, Mexiko.

Poecilia butleri.
Population Rio Coluedor, Mexiko.

Poecilia butleri ♂.
Population Puerto Barrios, Guatemala.

Typuslokalität: Rio Presidio, nahe Mazatlán; Sinaloa; Mexiko.

Meristische Angaben: Anale = 8 Flossenstrahlen; Schuppenanzahl rund um den Schwanzstiel = 16 oder 18; Supraorbitalporen nicht vorhanden; l-Zackzähne der Kiefer.

Totalkörperlänge: Männchen bis 7 cm; Weibchen bis 8 cm.

Beschreibung: *Poecilia butleri* zeigt sich mit mäßig gestrecktem Körperbau. Der Kopf ist groß ausgebildet und zugespitzt. Die Körpergrundfarbe erscheint braunoliv. Die Rückenpartie ist dunkelbraun gezeichnet. Entlang der Körperseite verläuft eine Anzahl orange gepunkteter Längsbinden, die je nach Stimulation verschieden stark hervortreten können. Je nach Population können männliche Tiere vor allem im hinteren Schwanzstielbereich, schwarz gezeichnet sein. Alfa-Männchen erscheinen mit intensiv orange gefärbter Rücken- und Schwanzflosse, mit symmetrischen schwarzen Fleckenbändern. Weibliche Tiere sind bis auf die orangen Körperpunktreihen einfarbig grau.

Verbreitung: Pazifikseite Mexikos bis Panama.

Habitat: *Poecilia butleri* wird in unterschiedlichen Biotopen nachgewiesen. Herr SCHREIBER, Lüdenscheid, wies die Molly-Art 1976 im Rio Coluedor nach. Der Fluß ist im mexikanischen Staat Nayarit gelegen. Der Arroyo fließt ca. 30 km südlich der Stadt Tepic. SCHREIBER sammelte die Fische unter einer Straßenbrücke, die nach Puerto Vallarta führt. Das Gewässer war mit einer Gesamthärte von 8° GH erstaunlich weich. Die Wassertemperatur betrug im April, bei großer Dürre im Land, 24° C. Wasserpflanzen traten nur sporadisch auf. Die im Fluß befindlichen Felsen waren stark veralgt und dienten offensichtlich *Poecilia butleri* als Nahrungsgrundlage.

Pflege und Zucht: Die Zucht und Pflege des Kärpflings ist nicht sonderlich schwer. Man benötigt geräumige Becken mit einem Wasserfassungsvermögen von mindestens 200 Litern. Pflanzliche Nahrung darf nicht fehlen. Am besten eignen sich hier veralgte Steine und Aquarienrückwände. Nach einer durchschnittlichen Tragzeit von 28 Tagen werden von den weiblichen Tieren zwischen 20 und 60 ca. 8 mm lange Jungfische abgesetzt. Die Reife tritt meistens zwischen dem 5. und 6. Monat ein.

Ein exaktes Erstimportdatum ist leider nicht mehr zu ermitteln.

Poecilia catemaconis MILLER, 1975

Familie: Poeciliidae GARMAN, 1895

Unterfamilie: Poeciliinae GARMAN, 1895

Untergattung: *Poecilia* BLOCH & SCHNEIDER, 1801

Nach MILLER (1975) Untergattung: *Mollienesia* LE SUEUR, 1821

Herkunft des Artnamens: *catemaconis* = nach dem Verbreitungsgebiet, dem Catemaco-See benannt

Synonyma: *Mollienesia sphenops* del CAMPO, 1938

Erstbeschreibung: MILLER, R. R. (1975): Five new Species of Mexican Poeciliid Fishes of the Genera Poecilia, Gambusia, and Poeciliopsis. Occas. Papers Mus. Zool. Univ. Michigan, no. 672: pp. 1–44.

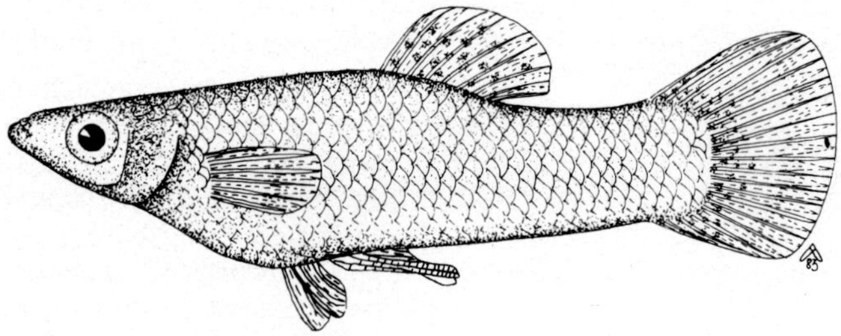

Poecilia catemaconis ♂

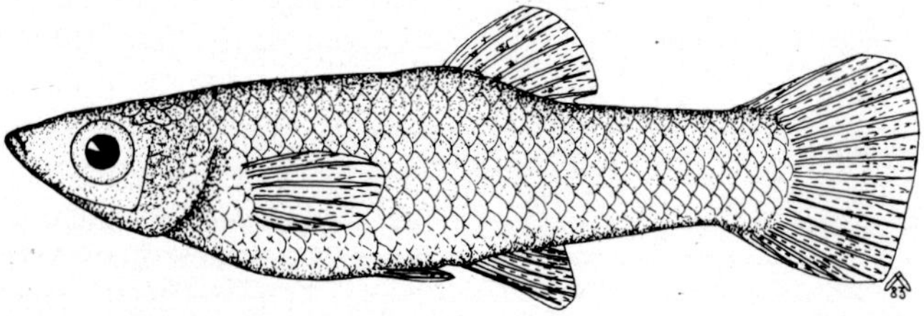

Poecilia catemaconis ♀

Typuslokalität:	Laguna Catemaco; Veracruz; Mexiko.
Meristische Angaben:	Dorsale = 9–10 Flossenstrahlen; Anale = 8–9 Flossenstrahlen; L. lat. = 27–28 Schuppen; Wirbel = 29–30.
Totalkörperlänge:	Männchen bis 8 cm; Weibchen bis 10,5 cm.
Beschreibung:	*Poecilia catemaconis* stellt als kleinflossiger Molly (bezogen auf die Rückenflosse) die zweitgrößte Art innerhalb der Untergattung, nach *P. maylandi*, dar. Der Körper der recht ansprechenden Fische zeigt sich sehr langgestreckt mit spitzem Kopf. Die Grundfarbe ist braungelb bei heller Bauchseite. Die Körperschuppen sind dunkel gerahmt und schillern je nach Lichteinfall metallisch. Die Dorsale der Männchen erscheint, wie auch die Schwanzflosse, orangefarben, aus einer Anzahl dunkler, punkt- und kommaförmigen Bänderungen aus schwarzer Farbe bestehend. Der Flossenbehang der weiblichen Tiere ist gewöhnlich farblos.
Verbreitung:	Nur vom Catemaco-See bekannt.
Habitat:	Siehe *Heterandria bimaculata.*
Pflege und Zucht:	Die Art benötigt wegen ihrer großen Körperproportionen geräumige Becken von mindestens 200 Liter Wasserfassungsvermögen. Ansonsten wie *Poecilia sphenops.*
	Poecilia catemaconis wurde erstmals durch MEYER 1979 nach Deutschland importiert.

Poecilia caucana (STEINDACHNER, 1880)

Familie:	Poeciliidae GARMAN, 1895
Unterfamilie:	Poeciliinae GARMAN, 1895
Untergattung:	*Poecilia* BLOCH & SCHNEIDER, 1801
Herkunft des Artnamens:	*caucana* = nach dem Rio Cauca, Kolumbien, benannt
Synonyma:	*Girardinus caucanus* STEINDACHNER, 1880 *Mollienisia caucana* HENN, 1916 *Allopoecilia caucana* HUBBS, 1924

Poecilia caucana ♂
Population Tolu, Kolumbien.

Erstbeschreibung:	STEINDACHNER, F. (1880): Zur Fisch-Fauna des Cauca und der Flüsse bei Guayaquil. Denkschr. K. Akad. Wiss. Wien, vol. 42 (1): pp. 55–103.
Typuslokalität:	Cáceres; Kolumbien.
Meristische Angaben:	Dorsale = 7–8 Flossenstrahlen; Anale = 9 Flossenstrahlen; Pectorale = 10 Flossenstrahlen; L. lat. = 26–27 Schuppen.
Totalkörperlänge:	Männchen = 2,5–3 cm; Weibchen = 3–4 cm.
Beschreibung:	*Poecilia caucana* zeigt sich in typischer Molly-Manier mit gestrecktem Körperbau und zugespitztem Kopf. Die Körpergrundfarbe ist ockergelb mit dunkler Rückenpartie und weißsilbriger Bauchseite. Je nach Lichteinfall schimmern einzelne Körperschuppen metallisch blau und violett. Die Männchen besitzen entlang der Körperseite 6 bis 12 schwarze Senkrechtstreifen. Der Flossenbehang ist klein und abgerundet ausgebildet und zeigt vor allem bei den männlichen Tieren im unpaaren Bereich eine intensive orangegelbe Färbung. Die Rückenflosse weist in beiden Geschlechtern in der Basis einen großen ovalen schwarzen Fleck auf. Die genannte Flosse ist zusätzlich im oberen Bereich schwarz gerahmt.
Verbreitung:	Pazifik-Drainage von Darién; Panama bis zum Rio Cauca, Antioquia; Kolumbien und Lago de Maracaibo; Venezuela.
Habitat:	Bisher kaum etwas bekannt geworden.
Pflege und Zucht:	*Poecilia caucana* ist eine friedfertige Art, die sehr wärmebedürftig ist. Wassertemperaturen von 27° bis 29° C sind für die schönen Kärpflingsfische angemessen. Als Futter wird pflanzliche Kost bevorzugt genommen. Ein Salzzusatz zum Aquariumwasser, etwa 2 Teelöffel auf 10 Liter, sind für das Wohlbefinden des Mollys förderlich. Nach durchschnittlich 28 Tagen werden von den Weibchen zwischen 8 und 25 ca. 7 mm lange Jungfische abgesetzt. Die Alttiere stellen bei guter Bepflanzung und ausreichender Nahrung den Jungtieren nicht nach. *Poecilia caucana* wird in der Regel zwischen dem 4. und 5. Monat geschlechtsreif. Die schöne kleine Molly-Art wurde erstmals durch HANS STÜVE im Jahre 1906 nach Deutschland importiert.

Poecilia chica MILLER, 1975

Familie:	Poeciliidae GARMAN, 1895
Unterfamilie:	Poeciliinae GARMAN, 1895
Untergattung:	*Poecilia* BLOCH & SCHNEIDER, 1801 Nach MILLER (1975) Untergattung: *Mollienesia* LE SUEUR, 1821
Herkunft des Artnamens:	*chica* (span.) = klein
Synonyma:	keine
Erstbeschreibung:	MILLER, R. R. (1975): Five new Species of Mexican Poeciliid Fishes of the Genera Poecilia, Gambusia, and Poeciliopsis. Occas. Papers Mus. Zool. Univ. Michigan, no. 672, pp. 1–44.
Typuslokalität:	Rio Purificación, 2,5 km östlich von La Concepción; Jalisco; Mexiko.

Poecilia chica ♂
Population Rio Purficación, Mexiko.

Poecilia chica ♀.

Meristische Angaben: Dorsale = 6–8 Flossenstrahlen; Anale = 8 Flossenstrahlen; L. lat. = 26 Schuppen; Wirbel = 28.

Totalkörperlänge: Männchen 2,5–3 cm; Weibchen 3–3,5 cm.

Beschreibung: Miller beschreibt im August 1975 in seiner Publikation einen der schönsten lebendgebärenden Zahnkarpfen. Es handelt sich um *Poecilia chica*, einen sogenannten Molly. Auffallend sind bei geschlechtsreifen Tieren 4 bis 5 Horizontal-Reihen, die sich entlang der Körperseiten aus goldorangen Flecken zusammensetzen. Die Rücken- und Schwanzflosse sind in ihrem Größenumfang klein ausgebildet und bei dem Alfatier tief schwarz gebändert. Das Gonopodium (umgewandelte Afterflosse zu einem Begattungsorgan) ist orange gefärbt. Die Schuppen der Körperreihen reflektieren bei auffallendem Licht blau- und türkisfarben. Die Weibchen sind nicht so intensiv gefärbt wie die Männchen;

	doch kann die untere Körperseite stark blau gefärbt sein. *P. chica* ist in seiner Körperlänge der kleinste Molly, der bisher bekannt geworden ist.
Verbreitung:	Rio Cuetzmala (Cuixmala), Rio Purficación und ein nördlicher Zufluß des Rio Cihuatlán (Chacala); südliches Jalisco; Mexiko.
Habitat:	Die Lebensräume von *Poecilia chica* befinden sich hauptsächlich im mexikanischen Staat Jalisco, in den Nebengewässern des Rio Maravasco. Miller gibt in der Erstbeschreibung folgende Biotop-Werte bekannt: Wasser- und Lufttemperatur in den Monaten März und April 1955 schwankend zwischen 22,8–25,6° C und 25,0–29,4° C. Ausgewachsene *Poecilia* werden in einer Wassertiefe zwischen 30 und 100 cm angetroffen, während sich die Jungfische in den flachen Randzonen der Gewässer aufhalten. Die Fließgeschwindigkeit der Flüsse ist mäßig bis fast stehend. Mit einem großen Baumbestand sind die Uferregionen gut bewachsen und spenden ausreichend Schatten. Die Wasservegetation setzt sich in verschiedenen Abständen aus größeren Beständen Ceratophyllum und grünen Algen, sowie Wasserhyazinthen und bisher noch undefinierten, submersen Pflanzen zusammen. Der Bodengrund besteht teilweise aus Sand, Gestein und Schlamm. Begleitfische von *P. chica* sind *Poeciliopsis turneri,* sowie eine weitere noch unbestimmte Poeciliopsis-Art; *Xenotaenia resolanae* und *Ilyodon xantusi.*
Pflege und Zucht:	Die Zucht des kleinen Mollys ist relativ einfach. Nach Angaben von H. HINZ, Wildsachsen, können die größten Erfolge erzielt werden, wenn das Aquariumwasser in der Wasserblüte steht. Im Abstand von ca. 30 Tagen werden von den ausgewachsenen Weibchen zwischen 30 und 50 ca. 6 mm lange Jungfische geboren, die bei guter und abwechslungsreicher Fütterung, die vor allem auch aus Algen oder Pflanzenkost bestehen sollte, nach 4 Monaten bereits geschlechtsreif sind. *Poecilia chica* wurde erstmals 1979 von den Herren HINZ und MEYER nach Deutschland importiert.

Poecilia dominicensis (EVERMANN & CLARK, 1906)

Familie:	Poeciliidae GARMAN, 1895
Unterfamilie:	Poeciliinae GARMAN, 1895
Untergattung:	*Poecilia* BLOCH & SCHNEIDER, 1801
Herkunft des Artnamens:	siehe *Limia dominicensis*
Synonyma:	*Platypoecilus dominicensis* EVERMANN & CLARK, 1906 *Mollienisia dominicensis* MYERS, 1935 *Poecilia montana* ROSEN & BAILEY, 1963
Erstbeschreibung:	EVERMANN, B. W. & H. W. CLARK (1906): New fishes from Santo Domingo. Proc. U.S. Natl. Mus, vol. 30, no. 1478: pp. 851–855.
Typuslokalität:	San Francisco Mountains; Santo Domingo; Hispaniola.
Meristische Angaben:	Dorsale = 7–9 Flossenstrahlen, gewöhnlich 8; Anale = 9 Flossenstrahlen; L. lat. = 26–28 Schuppen; Pectorale = 13–14 Flossenstrahlen.
Totalkörperlänge:	Männchen bis 3,5 cm; Weibchen bis 6 cm.

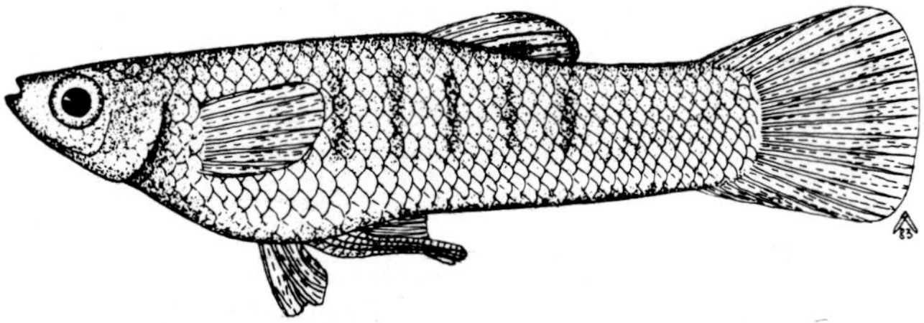

Poecilia dominicensis ♂

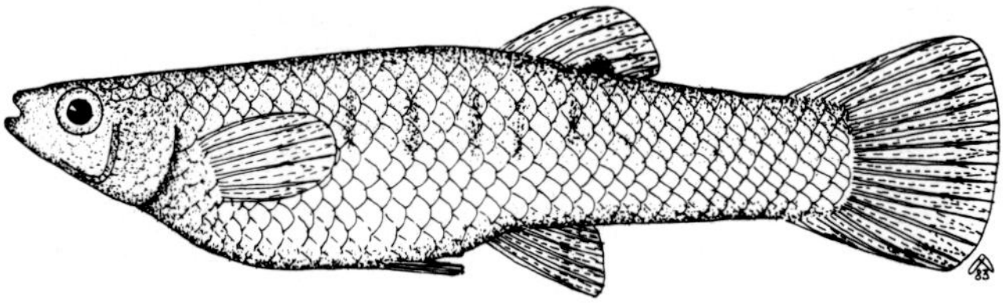

Poecilia dominicensis ♀

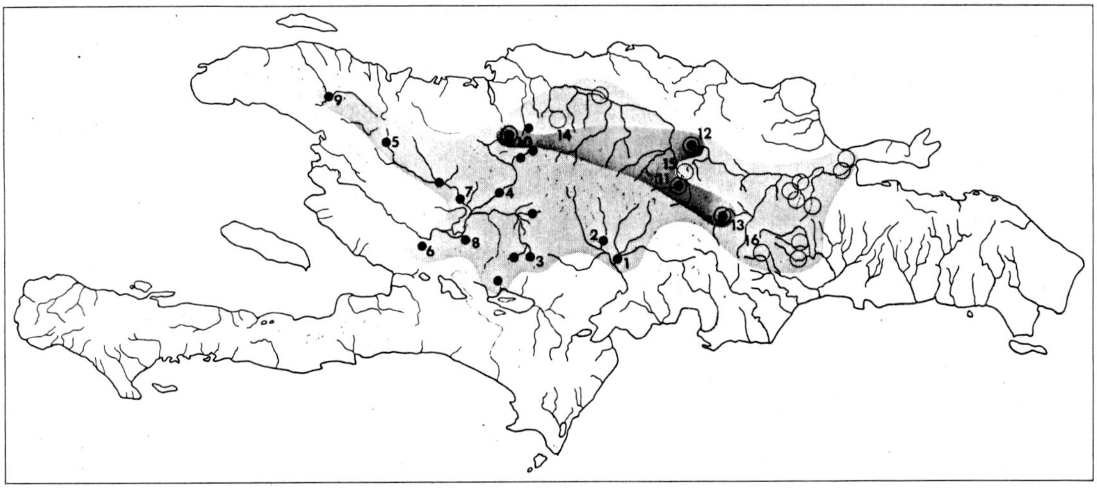

Hispaniola: Verbreitungskarte von *P. dominicensis* und *P. hispaniolana,* RIVAS (1982); weiße Kreise = *P. dominicensis*, schwarze Kreise *P. hispaniolana*.

Beschreibung:

Poecilia dominicensis zeigt sich mit gestrecktem Körperbau und kleinem Kopf. Männliche Tiere besitzen eine kielähnliche Ausstülpung entlang des unteren Schwanzstiels. Sämtliche Flossen erscheinen leicht abgerundet. Die Körpergrundfarbe ist gelbbraun bei heller Bauch- und dunkler Oberseite. Die Körperschuppenreihen sind dunkel gerahmt. Entlang der Körperseite zeigen sich bei den männlichen Tieren 7 bis 9 dunkle Senkrechtstreifen. Die Rückenflosse ist in beiden Geschlechtern dunkel gerahmt und besitzt einen schwarzen Basalfleck. Männliche Tiere weisen vereinzelt in der Schwanzflosse eine schwarz pigmentierte, innere Bandreihe auf. Ansonsten ist der Flossenbehang ohne Farbmuster.

Verbreitung: Nord-Abhänge vom Rio Massacre bis zum unteren Rio Yuna-System Hispaniola.

Habitat: *Poecilia dominicensis* tritt stellenweise sympatrisch mit *Poecilia hispaniolana, Poecilia elegans* und *Limia* in einer Höhenlage von 0 bis 580 m auf. *Poecilia dominicensis* besiedelt ausschließlich langsamfließende oder fast stehende Gewässer. Der Bodengrund der Biotope besteht aus Sand und Schlamm. Weitere Daten sind bisher nicht bekannt geworden.

Pflege und Zucht: *Poecilia dominicensis* erwies sich in den bisher beobachteten Fällen als sehr schwierig und hat nur selten Jungfische abgesetzt, die aus bisher unerklärlichen Gründen in der Regel eingegangen sind. Die Molly-Art konnte nur bis zur 1. Generation an verschiedenen Stellen gezüchtet werden und ist bereits aus den Aquarien wieder verschwunden. Ein neuer Import muß die Problematik der Zucht und Pflege des Kärpflings lösen.

Poecilia dominicensis wurde erstmals durch Herrn LECHNER, Wien, und Mitarbeiter 1978 nach Österreich importiert.

Poecilia elegans (TREWAVAS, 1948)

Familie: Poeciliidae GARMAN, 1895

Unterfamilie: Poeciliinae GARMAN, 1895

Untergattung: *Poecilia* BLOCH & SCHNEIDER, 1801

Herkunft des Artnamens: *elegans* (lat.) = geschmackvoll

Synonyma: *Mollienisia elegans* TREWAVAS, 1948
Curtipenis elegans RIVAS & MYERS, 1950

Erstbeschreibung: TREWAVAS, E. (1948): Cyprinodont fishes of San Domingo, Island of Haiti. Proc. Zool. Soc. London, vol. 118, pt. 2: pp. 408–415.

Typuslokalität: Jarabacoa; Dominikanische Republik.

Poecilia elegans. Population Jarabacoa, Dominikanische Republik.

Meristische Angaben: Dorsale = 9–10 Flossenstrahlen; Anale = 9 Flossenstrahlen; L. lat. = 28 Schuppen.

Totalkörperlänge: Männchen bis 4 cm; Weibchen bis 5 cm.

Beschreibung: *Poecilia elegans* besitzt einen schlanken Körperbau mit zugespitztem Kopf. die Körperoberseite ist olivbraun. Die untere Hälfte des Fischkörpers zeigt sich je nach Lichteinwirkung silberfarben. Die breite Mittellinie ist intensiv blau gefärbt und mit einigen dunkel pigmentierten Schuppen umlagert. Männliche Tiere weisen direkt hinter der Kiemenöffnung einen schwarzen Fleck auf, der sich aus Makromelanophoren zusammensetzt. Die Rücken- und Schwanzflosse sind leicht gelb getönt und zeigen dunkle Bändermusterungen. Je nach Stimulation können die genannten Flossen schwarz gerahmt sein.

Verbreitung: Nord-Drainage der Dominikanischen Republik (Hispaniola).

Habitat: *Poecilia elegans* wird gemeinsam mit *Poecilia dominicensis, Poecilia hispaniolana, Limia zonata, Rivulus roloffi* und der ausgesetzten *Gambusia affinis affinis* gesammelt. Überwiegend tritt *P. elegans* in schnellfließenden, grobschottrigen und an den Ufern dicht bewachsenen Gewässern auf. Die Fische kommen hier sehr zahlreich vor und halten sich in Ufernähe auf. Die Wassertemperatur betrug im Juli 1978 nach Angaben von LECHNER um 8 Uhr 21° C, im Laufe des Tages bis auf 30° C ansteigend. In der Wasseranalyse weisen die verschiedenen Habitate einen pH-Wert von 7,2 bis 8,8 bei einer elektrischen Leitfähigkeit von 160 bis 280 μS^{20} auf.

Pflege und Zucht: Die Zucht von *Poecilia elegans* ist bisher nicht gelungen, obwohl sich die Art als dankbarer Pflegling ausweist. Haltungsunzulänglichkeiten bei den Importeuren werden für das Wiederaussterben der Art verantwortlich gemacht.

Poecilia elegans wurde 1978 durch Herrn LECHNER, Wien, und Mitarbeiter erstmals nach Europa importiert.

Poecilia hasemani (HENN, 1916)

Familie: Poeciliidae GARMAN, 1895

Unterfamilie: Poeciliinae GARMAN, 1895

Untergattung: *Pamphorichthys* REGAN, 1913

Herkunft des Artnamens: *hasemani* = nach Herrn D. HASEMAN benannt

Synonyma: *Heterandria hasemani* HENN, 1916

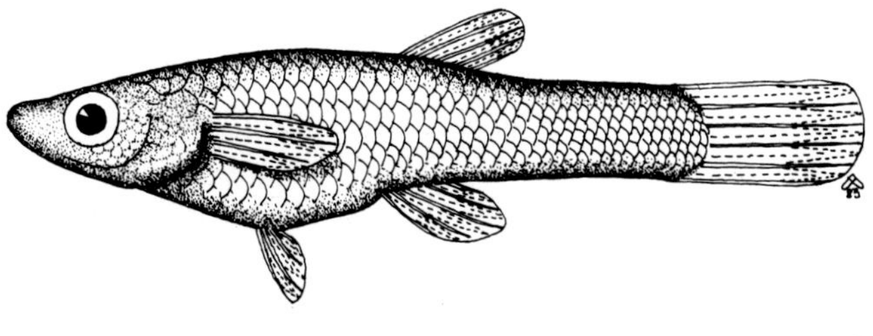

Poecilia hasemani ♀

Erstbeschreibung:	HENN, A. W. (1916): On various South American poeciliid fishes. Ann. Carnegie Mus., vol. 10, nos. 1–2, art. 9: pp. 93–142.
Typuslokalität:	Puerto Suarez; Rio Paraguay-Becken; Bolivien.
Meristische Angaben:	Dorsale = 6–7 Flossenstrahlen; Anale = 8 Flossenstrahlen; L. lat. = 27 Schuppen; L. tra. = 7 Schuppen.
Totalkörperlänge:	Männchen = unbekannt; Weibchen = 2,5 cm.
Beschreibung:	*Poecilia hasemani* wurde bisher nur durch weibliche Exemplare bekannt. Der Kärpfling besitzt einen mäßig gedrungenen Körperbau mit zugespitztem Kopf. Nach HENN erscheinen die Tiere gestreckt und die Schwanzflosse ist gerundet. Entlang der Körpermitte erstreckt sich eine schwarze Mittellinie. Die Rükkenpartie ist mit braunem Pigment besetzt. Die Körperunterhälfte zeigt sich hell pigmentiert. Die Bauchregion ist blau gefärbt.
Verbreitung:	Puerto Suarez; Rio Paraguay-Becken; Bolivien.
Habitat:	Daten sind bisher nicht bekannt geworden.
Pflege und Zucht:	Ein Import steht noch aus.

Poecilia heterandria (REGAN, 1913)

Familie:	Poeciliidae GARMAN, 1895
Unterfamilie:	Poeciliinae GARMAN, 1895
Untergattung:	*Pamphorichthys* REGAN, 1913
Herkunft des Artnamens:	*heterandria* (gr.) = verschieden beschaffene Männchen
Synonyma:	*Limia heterandria* REGAN, 1913
Erstbeschreibung:	REGAN, C. T. (1913): A revision of the cyprinodont fishes of the subfamily Poeciliinae. Proc. Zool. Soc. London, vol. 11: pp. 977–1018.
Typuslokalität:	La Guaira; Venezuela.
Meristische Angaben:	Dorsale = 8 Flossenstrahlen; Anale = 9 Flossenstrahlen; L. lat. = 26 Schuppen.
Totalkörperlänge:	Männchen = 3 cm; Weibchen = 4 cm.
Beschreibung:	*Poecilia heterandria* zeigt sich mit gedrungenem Körperbau sowie mit zugespitztem Kopf. Der Pamphorichthys-Vertreter besitzt eine gerundete Caudale, die ohne Farbmuster gelb getönt ist. Die Rückenflosse ist in den vorderen Flossenstrahlen leicht ausgezogen und bei den Männchen mit 2 schwarzen Bandreihen verziert. Weibliche Tiere zeigen in der genannten Flosse lediglich einen schwarzen, ovalen Fleck. Die Rückenflosse ist gewöhnlich nur bei den männlichen Tieren gelborange gefärbt. Die Körpergrundfarbe ist olivgelb. Entlang der Körperseite verläuft bei den männlichen Tieren ein dunkles Band, das sich aus 3 bis 5 Senkrechtstreifen zusammensetzt. In beiden Geschlechtern zeigt sich eine leicht angedeutete dunkle Mittellinie. Weibchen erscheinen mit deutlichem schwarzen Trächtigkeitsfleck.
Verbreitung:	Vor allem die Küstenregion von Venezuela.
Habitat:	Bisher kaum etwas bekannt geworden.
Pflege und Zucht:	Nach alten Literaturquellen zu urteilen, ist *Poecilia heterandria* ein dankbarer und einfacher Pflegling. Nach durchschnittlich 28 Tagen werden zwischen 15 und 50 ca. 7 mm lange Jungfische

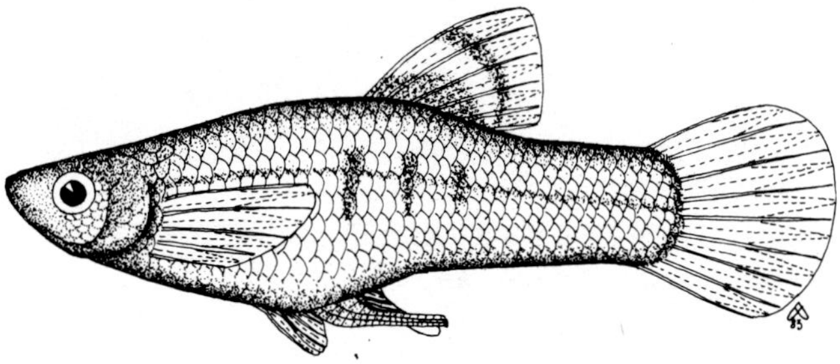

Poecilia heterandria ♂

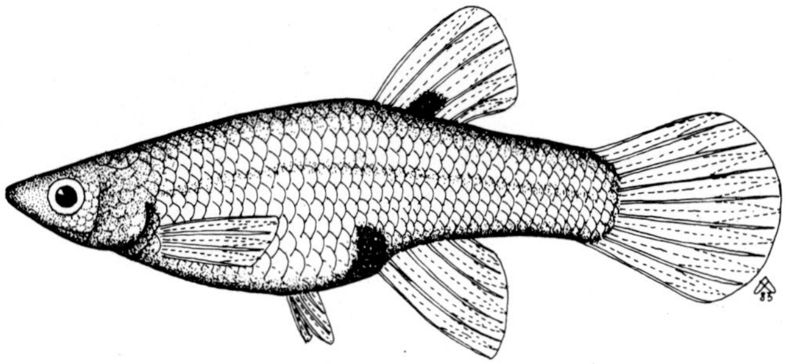

Poecilia heterandria ♀

von den Weibchen abgesetzt. Die Art ist wärmebedürftig und fühlt sich bei einer Durchschnitts-Temperatur von 27° bis 28° C am wohlsten. Ein Salzzusatz zum Aquariumwasser wirkt sich auf das Wohlbefinden der recht hübschen Art positiv aus.

Poecilia heterandria wurde erstmals durch CARL SIGGELKOW 1908 nach Deutschland importiert.

Poecilia hispaniolana RIVAS, 1978

Familie:	Poeciliidae GARMAN, 1895
Unterfamilie:	Poeciliinae GARMAN, 1895
Untergattung:	*Poecilia* BLOCH & SCHNEIDER, 1801
Herkunft des Artnamens:	*hispaniolana* = nach der Karibikinsel Hispaniola benannt
Synonyma:	*Mollienisia dominicensis* MYERS, 1935
Erstbeschreibung:	RIVAS, L. R. (1978): A new species of poeciliid fish of the genus Poecilia from Hispaniola, with reinstatement and redescription of *Poecilia dominicensis* (EVERMANN & CLARK). Northeast Gulf Sci., 2(2): pp. 98–112.
Typuslokalität:	Rio Mijo; Province Benefactor; Dominikanische Republik.
Meristische Angaben:	Dorsale = 7–9 Flossenstrahlen, gewöhnlich 8; Anale = 9 Flossenstrahlen; Pectorale = 14–16 Flossenstrahlen; L. lat. = 27–30 Schuppen.
Totalkörperlänge:	Männchen bis 4,5 cm; Weibchen bis 6,5 cm.
Beschreibung:	Die erst kürzlich beschriebene Art ist in ihrem äußeren Erscheinungsbild annähernd identisch mit *Poecilia dominicensis.* Im Vergleich der beiden Arten zeigt sich *Poecilia hispaniolana* in

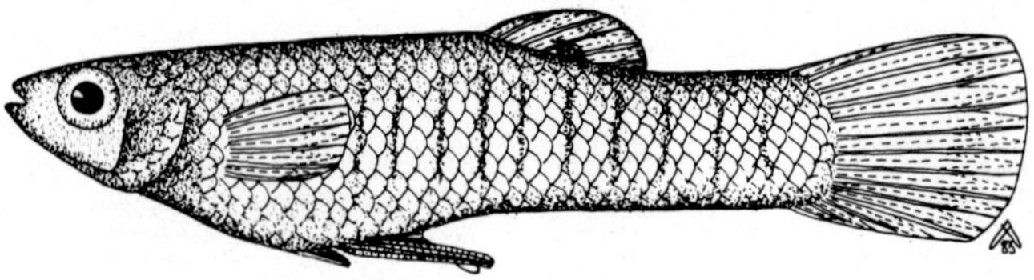

Poecilia hispaniolana ♂

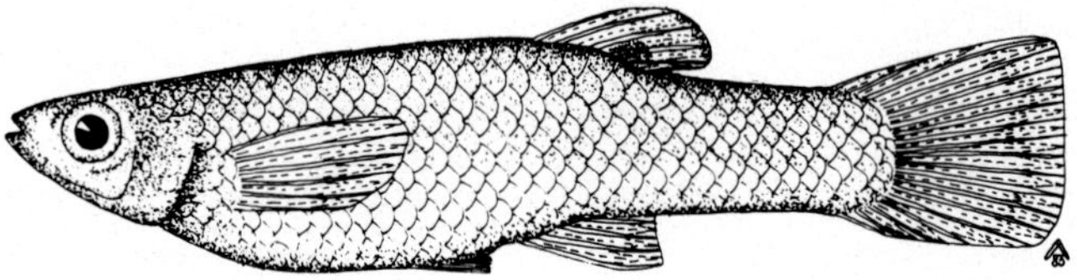

Poecilia hispaniolana ♀

den Körperproportionen schlanker, während die Caudale trapezförmig und länger ausgezogen ist. Die Körpergrundfärbung ist gelbbraun mit heller Unter- und dunkler Oberseite. Die Beschuppung ist oberhalb der mittleren Seite dunkel umrandet. Die männlichen Tiere zeigen entlang der Körperseite eine verschiedene Anzahl dunkler Senkrechtstreifen. Die Rückenflosse ist in beiden Geschlechtern dunkel gerahmt und weist einen großen schwarzen Basalfleck auf. Der Flossenbehang ist ansonsten farblos.

Verbreitung: Hochlandflüsse von Zentral-Hispaniola, vom oberen Rio Yuna, bis zum oberen Trois Rivieres. (Siehe Verbreitungskarte Seite 283).

Habitat: *Poecilia hispaniolana* tritt stellenweise zusammen mit *P. dominicensis, P. elegans* und *Limia* auf. Die Habitate der Art liegen in einer Höhenlage von 91 bis 732 m. *P. hispaniolana* besiedelt flache Gewässer, die gewöhnlich über Felsboden fließen. Weitere Daten wurden bisher nicht bekannt.

Pflege und Zucht: Ein Import steht noch aus.

Poecilia hollandi (HENN, 1916)

Familie: Poeciliidae GARMAN, 1895

Unterfamilie: Poeciliinae GARMAN, 1895

Untergattung: *Pamphorichthys* REGAN, 1913

Herkunft des Artnamens: *hollandi* = nach Dr. W. J. HOLLAND benannt

Synonyma: *Limia hollandi* HENN, 1916
Parapoecilia hollandi HUBBS, 1926

Erstbeschreibung: HENN, A. W. (1916): On various South American poeciliid fishes. Ann. Carnegie Mus., vol. 10, nos. 1–2, art. 9: pp. 93–142.

Typuslokalität: Penedo; Rio Sao Francisco; Brasilien.

Meristische Angaben: Dorsale = 7 Flossenstrahlen; Anale = 8–9 Flossenstrahlen; Pectorale = 10 Flossenstrahlen; L. lat. = 27–29 Schuppen.

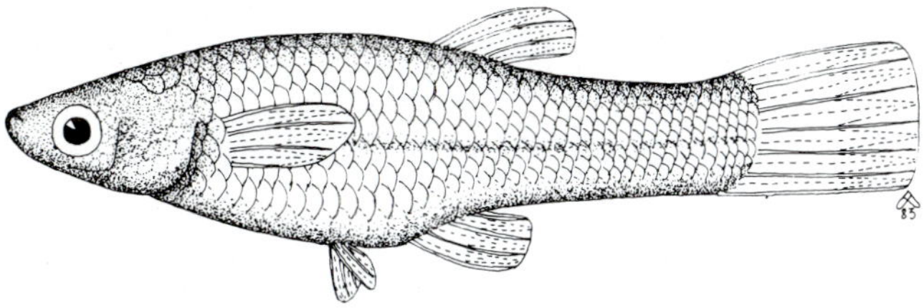

Poecilia hollandi ♀

Totalkörperlänge:	Männchen = 2,5 cm; Weibchen bis 4,5 cm.
Beschreibung:	Die nach Herrn HOLLAND benannte Art zeigt sich mit mäßig gestrecktem Körperbau und zugespitztem Kopf. Die Körpergrundfarbe von *Poecilia hollandi* ist goldgelb. Entlang der Körperseitenmitte verläuft eine breite, schokoladenbraune Zickzack-Linie. Der Flossenbehang ist gewöhnlich ohne Farbmuster. Ein männliches Tier konnte mit gesprenkelter Dorsale und einem Caudalfleck nachgewiesen werden.
Verbreitung:	Rio Sao Francisco-Becken, Rio Itapicurú, Baia und Küsten, Flüsse nahe Santos; Sao Paulo; Brasilien.
Habitat:	Daten sind bisher nicht bekannt geworden.
Pflege und Zucht:	Ein Import steht noch aus.

Poecilia latipinna (Le SUEUR, 1821)

Familie:	Poeciliidae GARMAN, 1895
Unterfamilie:	Poeciliinae GARMAN, 1895
Untergattung:	*Poecilia* BLOCH & SCHNEIDER, 1801 Nach MILLER (1975) Untergattung: *Mollienesia* LE SUEUR, 1821

Poecilia latipinna. Aquariumstamm.

Herkunft des Artnamens:	*latipinna* (lat.) = breite Flosse, bezogen auf den Ausprägungsgrad der Rückenflosse der männlichen Tiere
Synonyma:	*Mollienesia latipinna* LE SUEUR, 1821 *Poecilia multilineata* LE SUEUR, 1821 *Limia poeciloides* GIRARD, 1859 *Gambusia poecilioides* BLEEKER, 1860 *Poecilia poeciloides* GARMAN, 1895 *Poecilia lineolata* GIRARD, 1859 *Gambusia lineolata* BLEEKER, 1860 *Limia matamorensis* GIRARD, 1859 *Gambusia matamorensis* BLEEKER, 1860 *Limia lineolata* GIRARD, 1859
Erstbeschreibung:	LE SUEUR, C. A. (1821): Description of a new genus, and several species of fresh water fish, indigenous to the United States. Jour. Acad. Nat. Sci. Philadelphia, vol. 2: pp. 2–8.
Typuslokalität:	Lake Pontchartrain, New Orleans; Louisiana; USA.
Meristische Angaben:	Dorsale = 14–16 Flossenstrahlen; Anale = 9–10 Flossenstrahlen; L. lat. = 26–28 Schuppen.
Totalkörperlänge:	Männchen bis 8 cm; Weibchen bis 10 cm.
Beschreibung:	*Poecilia latipinna* besitzt im Vergleich zu *Poecilia velifera* und *Poecilia petenensis* einen gestreckteren Körperbau bei typisch spitzem Kopf. Die Körpergrundfärbung ist olivgrün mit dunkler Ober- und heller Bauchseite. Je nach Lichteinfall erscheinen die Tiere silbrig und vereinzelt mit perlmuttfarbenen Schuppenreihen besetzt, die eine Anzahl Punktreihen bilden. Alfa-Männchen besitzen gewöhnlich eine intensiv gefärbte orange Brust. Die bei den männlichen Fischen große, segelförmig entwickelte Rückenflosse ist perlmuttfarben und mit dunkelblauen und schwarzen Flecken gezeichnet. Der obere Rand der genannten Flosse ist orangerot. Die Caudale zeigt sich im oberen Bereich orange und mit verteilter blauer Fleckenzeichnung. Der Flossenbehang der weiblichen Tiere ist transparent.

Poecilia „formosa“, Naturhybride von *P. latipinna*/P. mexicana, Cd. Mante, Mexiko.

Verbreitung: Südöstliches Nord-Carolina, südwärts entlang der Küstenregion, Florida, westwärts entlang der Golf-Küste der USA; Atlantik-Küste Mexikos.

Habitat: *Poecilia latipinna* besiedelt Süß-, Brack- und Salzwasserzonen entlang der atlantischen Küstenregion. In den USA sind, größtenteils durch ansässige Zierfischzüchtereien, verschiedene Zuchtformen, sowie Kreuzungen, von *Poecilia latipinna* ausgesetzt worden. So werden reine Stämme gewöhnlich nur in Mexiko nachgewiesen. Bekannt sind auch natürliche Kreuzungen zwischen *P. latipinna* und *P. mexicana*. *Poecilia latipinna* wird überwiegend in ruhigen Gewässerzonen angetroffen.

Pflege und Zucht: Wie *Poecilia velifera*. *Poecilia latipinna* wurde erstmals durch HANS STÜVE im Jahre 1902 nach Deutschland importiert.

Poecilia latipunctata MEEK, 1904

Familie: Poeciliidae GARMAN, 1895

Unterfamilie: Poeciliinae GARMAN, 1895

Untergattung: *Poecilia* BLOCH & SCHNEIDER, 1801
Nach MILLER (1975) Untergattung: *Mollienesia* LE SUEUR, 1821

Herkunft des Artnamens: *latipunctata* (lat.) = breit gepunktet, bezogen auf die Körperzeichnung

Synonyma: *Mollienisia latipunctata* HUBBS, 1933

Erstbeschreibung: MEEK, S. E. (1904): The fresh water fishes of Mexico north of the Isthmus of Tehuantepec. Publ. Field Columbian Mus., zool. ser., vol. 5: pp. 1–252.

Typuslokalität: Forlón; Tamaulipas; Mexiko.

Meristische Angaben: Dorsale = 9 Flossenstrahlen; L. lat. = 24–26 Schuppen; L. tra. = 9 Schuppen.

Poecilia latipunctata ♂
Population Media Luna; San Luis Potosi; Mexiko.

Totalkörperlänge: Männchen bis 5 cm; Weibchen bis 6 cm.

Beschreibung: *Poecilia latipunctata* besitzt einen mäßig gestreckten Körperbau und einen zugespitzten Kopf. Die Rückenpartie des Kärpflings ist oliv und die Körperunterseite silbrig gefärbt. Je nach Stimulation werden 3 oder 4 mittlere dunkle Punktreihen, gekreuzt durch eine Anzahl brauner Senkrechtstreifen, entlang der Körperseite sichtbar. Vereinzelt treten intensiv schwarz gescheckte Tiere auf. Männliche Tiere können annähernd eine totale Körperschwärzung besitzen. Rücken- und Schwanzflosse sind gelb getönt. Die genannten Flossen weisen eine Anzahl dunkler Bänderungen auf.

Verbreitung: Rio Panuco-Becken; Tamaulipas; Mexiko.

Habitat: 1980 konnten durch die Herren VOGEL, MÜLLER und MEYER Tiere der genannten Art im Rio Mante-Kanal nachgewiesen werden. Das Gewässer hatte im Februar eine Wassertemperatur von 29° C und war langsamfließend. Das Biotop war dicht mit Ludwigia besetzt. Der Bodengrund wies eine sehr dicke Schlammschicht auf und war mit abgestorbenen Pflanzenteilen stellenweise belegt. Zusammen mit *Poecilia latipunctata* konnten *Poecilia mexicana mexicana* und *Flexipenis vittatus* gesammelt werden.

Pflege und Zucht: Bisher hat sich *Poecilia latipunctata* in der Pflege und Zucht als sehr schwierig erwiesen. Die Tiere sind vor allem gegen Tuberkulosebefall sehr anfällig. Geräumige und gut bepflanzte Becken sind für die erfolgreiche Pflege Grundvoraussetzung. Üppige Algenpolster dienen *Poecilia latipunctata* als gute Nahrungsquelle. Eine Fütterung mit Artemia wirkt sich positiv auf das Gedeihen der Fische aus. Nach einer durchschnittlichen Tragzeit von 28 Tagen werden von den Weibchen zwischen 10 und 30 ca. 7 mm lange Jungfische abgesetzt. Die Species wird zwischen dem 4. und 5. Monat geschlechtsreif.

Poecilia latipunctata wurde von Dr. RADDA 1978 nach Österreich und Deutschland importiert. Vermutlich ist die Art 1934 erstmalig nach Deutschland importiert worden.

Poecilia maylandi MEYER, 1983

Familie: Poeciliidae GARMAN, 1895

Unterfamilie: Poeciliinae GARMAN, 1895

Untergattung: *Poecilia* BLOCH & SCHNEIDER, 1801

Nach MILLER (1975) Untergattung: *Mollienesia* LE SUEUR, 1821

Herkunft des Artnamens: *maylandi* = zu Ehren von Herrn Hans J. Mayland benannt

Synonyma: keine

Erstbeschreibung: MEYER, M. K. (1983): Une nouvelle espèce de Poecilia du Guerrero, Mexique. Revue fr. Aquariol., 10, pp. 55–58.

Typuslokalität: Arroyo Chacambero (Chacamero) nahe Altamirano; Guerrero; Mexiko.

Meristische Angaben: Dorsale = 8–9 Flossenstrahlen; Caudale = 32–36 Flossenstrahlen; Anale = 9 Flossenstrahlen; L. tra. = 8–9 Schuppen; L. lat. = 26 Schuppen; Wirbel = 27.

Poecilia maylandi ♂. Population Rio Chacamero, Mexiko.

Poecilia maylandi ♀

Totalkörperlänge: Männchen bis 9,5 cm; Weibchen bis 11,5 cm.

Beschreibung: Ein großer Molly mit gestrecktem Körperbau und zugespitztem Kopf. Die Körpergrundfarbe adulter Exemplare zeigt sich braunoliv mit metallisch blau schimmernden Seitenflanken. Entlang der Körperseiten erstrecken sich 6–7 orange Punktreihen, die horizontal verlaufen. Die Rückenflosse zeigt sich bei erwachsenen Alfamännchen des öfteren tief orange gefärbt und fahnenartig, bis zur Schwanzwurzelbasis reichend, ausgezogen. Vereinzelt treten Männchen mit schwarz getupfter Rückenflosse auf. Die Schwanzflosse ist an den Enden gerundet und erscheint mit verschiedenen Farbmustern. Dominante männliche Tiere besitzen meistens eine intensiv orange getönte Caudale oder die genannte Flosse erscheint mit schwarz und gelber Bänderzeichnung. Rücken- und Schwanzflosse der Weibchen sind gewöhnlich ohne Farbmuster. Bei einigen Tieren kann die Dorsale mit Melanophoren besetzt sein. Alle weiteren Flossen sind farblos.

Verbreitung: Bisher nur von der Typuslokalität bekannt. Es wird vermutet, daß *Poecilia maylandi* im Rio Balsas-System eine größere Verbreitung hat.

Habitat: Siehe unter *Ilyodon lennoni.*

Pflege und Zucht: Die Art konnte im Gießener Institut und an weiteren Stellen bereits erfolgreich vermehrt werden. Die Nachzuchten blieben allerdings in ihrer Körperlänge im Vergleich zu den Wildfängen etwas zurück. Der Molly weidet mit Vorliebe an Algenflächen und nimmt bevorzugt Trockenfutter. Neugeborenen sollten Salinenkrebse als Grundnahrung dienen. Damit die Größe der Wildtiere erreicht wird, werden große Behälter mit 300–400 Liter Wasserfassungsvermögen empfohlen. Die Kärpflinge sind sehr wärmebedürftig und verlangen zu ihrem Wohlbefinden Wassertemperaturen von 26–28° Celsius. Eine Salzzugabe zum Aquariumwasser kann bei Außenparasitenbefall förderlich sein. In der Regel werden von den weiblichen Alttieren alle 28–42

Tage zwischen 25 und 60, bereits 8–10 mm lange Jungfische abgesetzt. Der Brut wird gewöhnlich nur bei Unterernährung nachgestellt. Die Reifezeit der Fische liegt im Durchschnitt bei 6–8 Monaten.

Poecilia maylandi wurde erstmals durch die Autoren 1983 lebend nach Deutschland importiert.

Poecilia mexicana STEINDACHNER, 1863

Familie: Poeciliidae GARMAN, 1895

Unterfamilie: Poeciliinae GARMAN, 1895

Untergattung: *Poecilia* BLOCH & SCHNEIDER, 1801
Nach MILLER (1975) Untergattung: *Mollienesia* LE SUEUR, 1821

Herkunft des Artnamens: *mexicana* = nach dem Land Mexiko

Unterart: *Poecilia mexicana mexicana* STEINDACHNER, 1863

Synonyma: *Poecilia thermalis* STEINDACHNER, 1863
Poecilia chisoyensis GÜNTHER, 1866
Mollienesia sphenops vantynei HUBBS, 1935
Mollienesia sphenops macrura HUBBS, 1935
Mollienesia sphenops altissima HUBBS, 1936
Poecilia sphenops petersi SCHINDLER, 1959

Erstbeschreibung: STEINDACHNER, F. (1863): Beiträge zur Kenntnis der Sciaenoiden Brasiliens und der Cyprinodonten Mejicos. Sitzber. K. Akad. Wiss. Wien, Math. Nat. Cl., vol. 48, no. 1, pp. 162–185.

Typuslokalität: Orizaba; Mexiko.

Meristische Angaben: Dorsale = 8–11 Flossenstrahlen (meistens 9); Anale = meistens 9 Flossenstrahlen; Pectorale = 14–16 Flossenstrahlen (meistens 15); Ventrale = 6 Flossenstrahlen; L. lat. 26–29 Schuppen.

Totalkörperlänge: Männchen bis zu 7 cm; Weibchen bis zu 8,5 cm.

Beschreibung: Die von STEINDACHNER beschriebene Art wurde 1963 von ROSEN & BAILEY als Synonym von *Poecilia sphenops* betrachtet. MENZEL und DARNELL bearbeiteten in ihrer systematischen Arbeit, Systematics of Poecilia mexicana in Northern Mexico, Copeia Nr. 2, 1973, die Art wiederum und kamen zu dem Ergebnis, daß *Poecilia mexicana* fälschlich zum Synonym erklärt wurde. Gleichzeitig wurde *Poecilia mexicana limantouri,* die ebenfalls 1963 synonymisiert wurde, wieder zur Unterart erklärt. Die Körpergrundfarbe von *P. mexicana mexicana* ist graublau bis braun. Entlang der Körperseiten erstrecken sich 6 bis 7 olivfarbene Strichreihen. Erwachsene Männchen können zeitweilig in ihrer Körperfärbung fast schwarz erscheinen. Rükken- und Schwanzflosse sind meistens dunkel getönt und mit einer schwarzen Strichzeichnung versehen. Die Schwanzflosse ist intensiv gelbgebändert. Die Rückenflosse ist bei einigen Tieren in der oberen Hälfte gelbgefärbt. Alfa-Männchen aus dem Rio Mantekanal, die Herr WEIL, Eichen, importierte, erschienen mit gelber Brust. Die Weibchen des Mollys sind unscheinbar gefärbt.

Verbreitung: Von Nordmexiko, Rio Soto la Marina, südwärts bis nach Kolumbien und vereinzelt Karibikinseln.

Poecilia mexicana. Aquariumstamm.

Habitat:

Poecilia mexicana mexicana bewohnt die unterschiedlichsten Gewässersysteme; wird aber am häufigsten im schnellfließenden Süßwasser angetroffen und nur vereinzelt in stehenden Gewässern und Brackwasserzonen; ganz selten in reinem Salzwasser. Im Mantekanal wird der Molly zusammen mit *P. latipunctata, P. latipinna, P. formosa, Gambusia affinis* und *Flexipenis vittatus* angetroffen.

Pflege und Zucht:

Für eine erfolgreiche Haltung des Mexiko-Kärpflings sind große Aquariumbehälter von mindestens 100 Liter Fassungsvermögen zu empfehlen. Salzzugaben zum Aquariumwasser sind für das Wohlbefinden förderlich, ca. 1 Teelöffel/1 Liter. Pflanzenkost ist beinahe unabdingbar und wird erfolgreich, selbst bei ausschließ-

Arroyo de Solpho, Höhlenausgang. Schwefelbach kurz nach dem Austritt aus der Höhle. In diesem Biotop lebt die oberirdische Population.

Poecilia mexicana aus der innersten Höhlenkammer. ♂ oben, ♀ unten.

licher Fütterung, zur Ernährung angewandt. Nach einer Tragzeit der weiblichen Tiere von durchschnittlich 28 Tagen werden in der Regel zwischen 30 und 80, etwa 8 mm lange Jungfische abgesetzt. *P. mexicana mexicana* ist ein langsam reifender Fisch, der im Normalfall erst nach 7–12 Monaten geschlechtsreif wird. Erster lebender Import nach Deutschland durch Herrn J. THUMM, Dresden, im Jahre 1907.

Poecilia mexicana aus der innersten Höhlenkammer. ♂ (unten) betupft das ♀ in der Genitalgegend (Nippen).

Lebensraum der Höhlenform von *Poecilia mexicana*. Mitarbeiter vom Zoologischen Institut Hamburg beim Fischfang.

Unterart: *Poecilia mexicana limantouri* JORDAN & SNYDER, 1900
Herkunft des Artnamens: *limantouri* = nach Herrn LIMANTOUR benannt
Synonyma: *Mollienesia sphenops melanistia* HUBBS, 1937

Erstbeschreibung: JORDAN, D. W. & J. O. SNYDER (1900): Notes on a collection of fishes from the rivers of Mexico, with description of twenty new species. Bull. U.S. Fish Comm.: pp. 115–147.

Typuslokalität: Rio Tamesi, nahe Tampico; Tamaulipas; Mexico.

Meristische Angaben: Dorsale = 8–10 Flossenstrahlen; Anale = 8–9 Flossenstrahlen; Pectorale = 13–15 Flossenstrahlen; Ventrale = 6–7 Flossenstrahlen; Schuppenanzahl rund um den Schwanzstiel = 16 oder 18; Supraorbitalporen vorhanden; 1-Zackzähne der Kiefer.

Totalkörperlänge: Männchen bis 5,5 cm; Weibchen bis 7 cm.

Beschreibung: Im Vergleich zur Nominatform *P. mexicana mexicana* besitzt *P. mexicana limantouri* einen wesentlich schlankeren Körperbau. Im Zeichnungsmuster sind die Unterarten identisch.

Verbreitung: Texas; USA; bis Rio Panuco-Becken; Mexiko.

Habitat: Siehe *Poecilia mexicana mexicana.*

Pflege und Zucht: Wie *P. mexicana mexicana.*

Poecilia minor (GARMAN, 1895)

Familie: Poeciliidae GARMAN, 1895

Unterfamilie: Poeciliinae GARMAN, 1895

Untergattung: *Pamphorichthys* REGAN, 1913

Herkunft des Artnamens: *minor* (lat.) = Kleiner, nimmt Bezug auf die Körpergröße

Synonyma: *Heterandria minor* GARMAN, 1895
Pamphorichthys minor REGAN, 1913

Erstbeschreibung: GARMAN, S. (1895): The cyprinodonts. Mem. Mus. Comp. Zoöl., vol. 19, no. 1: pp. 1–179.

Typuslokalität: Villa Bella; Brasilien.

Meristische Angaben: Dorsale = 7 Flossenstrahlen; Anale = 8–9 Flossenstrahlen; Pectorale 11–12 Flossenstrahlen; L. lat. = 29 Schuppen.

Totalkörperlänge: Männchen bis 1 cm; Weibchen bis 2,5 cm.

Beschreibung: Die sehr kleine Art wurde bisher nur sehr unzulänglich beschrieben, so daß eine korrekte Beschreibung momentan nicht möglich ist.

Verbreitung: Villa Bella, Mato Grosso, Amazonas-Becken; Brasilien.

Habitat: Bisher nichts bekannt geworden.

Pflege und Zucht: Ein Import der sehr interessanten Tiere steht noch aus.

Poecilia parae (EIGENMANN, 1894)

Familie:	Poeciliidae GARMAN, 1895
Unterfamilie:	Poeciliinae GARMAN, 1895
Untergattung:	Zur Zeit – *Lebistes* DE FILIPPI, 1861
Herkunft des Artnamens:	*parae* = nach Pará, Brasilien, eines der Verbreitungsgebiete, benannt
Synonyma:	*Poecilia vivipara parae* EIGENMANN, 1894 *Micropoecilia parae* HUBBS, 1926 *Acanthophacelus bifurcus* EIGENMANN, 1909 *Micropoecilia bifurca* HUBBS, 1926 *Acanthophacelus melanzonus* EIGENMANN, 1909 *Poecilia melanzona* HENN, 1916 *Micropoecilia melanzona* HUBBS, 1926
Erstbeschreibung:	EIGENMANN, C. H. (1894): Notes on some South American fishes. Ann. New York Acad. Sci., vol. 7: pp. 625–637.
Typuslokalität:	Ruadas, Mongubas; Pará; Brasilien.
Meristische Angaben:	Dorsale = 6–7 Flossenstrahlen; Anale = 9 Flossenstrahlen; L. lat. = 26–28 Schuppen; Wirbel = 27–29.
Totalkörperlänge:	Männchen bis 3 cm; Weibchen bis 5 cm.
Beschreibung:	*Poecilia parae* zeigt sich mit guppyähnlicher Gestalt im männlichen Geschlecht. Die Weibchen von *parae* sind sehr langgestreckt und weisen einen spitzen Kopf auf. Typisch für die Art *parae* ist die weit nach hinten versetzte Rückenflosse. Die Körpergrundfarbe der Tiere erscheint graugelb bei weißer Bauchseite. Die Rückenpartie der Männchen besitzt je nach Lichteinfall und Stimulation eine Goldfärbung. Ein Schulterfleck mit schwarzer Farbe ist bei den heranwachsenden *P. parae* gut erkennbar. Im geschlechtsreifen Alter ist der genannte Fleck gewöhnlich durch andere Farbmuster überlagert. Je nach Stimulation zeigt sich entlang der Körperseite eine unklare Anzahl dunkel punktierter Horizontalstreifen, während der gesamte Körper mit einem feinen Netzmuster überzogen ist. Die Schwanzflosse der Männchen besitzt in den meisten Fällen einen schwarzen Fleck, der goldgelb umrahmt ist. Die oberen beiden Flossenstrahlen der Schwanzflosse sind hälftig orange gefärbt. Die Zeichnung der Rückenflosse setzt sich aus schwarzen, gelben und roten Kommastrichen zusammen und zeigt sich leicht schwarz gesäumt. Das Gonopodium ist an der Spitze schwarz gezeichnet. Alle übrigen Flossen sind farblos. Eine weitere Population, die in England kurzzeitig gepflegt wurde, zeigt sich mit grüngelben Streifen, die hinter der Kiemenöffnung ansetzen und bis zur Schwanzwurzelbasis reichen. *Poecilia parae* ist im Zeichnungsmuster sehr variabel.
Verbreitung:	Britisch Guayana, entlang der Küste bis zum Amazon River, Brasilien.
Habitat:	Bisher nur wenig bekannt geworden.
Pflege und Zucht:	*Poecilia parae* ist in der Pflege und Zucht noch problematischer als *Poecilia picta*. Die Art ist vor allem bei zu großem Wasserwechsel als Todeskandidat programmiert. Aus dem genannten Grund darf eine Wasserveränderung nur sehr langsam erfolgen. Obwohl *Poecilia parae* größtenteils in natürlichen Breiten in

Poecilia parae. Aquariumstamm.

Brackwasserzonen lebt, wirkt sich anscheinend weiches Wasser auf die Pflege und Zucht positiv aus. Die Geschlechtsreife tritt bei den Männchen nach drei Monaten ein, spätestens aber nach etwa fünf Monaten. Weibliche Tiere werden erst mit 8 Monaten tragfähig; dies dürfte wahrscheinlich mit der Aufzucht in Verbindung stehen. Die ersten Würfe von *P. parae* umfassen fünf bis sechs Jungfische. Alle weiteren Würfe überschreiten nie 15 Neugeborene. Amerikanische Wissenschaftler berichten von 16 Jungfischen. Oft werden Bodenrutscher geboren. Abhilfe schafft im Vorfeld meistens eine Hormonzugabe zum Aquariumwasser; besser ist eine Vitaminzugabe geeignet. Das Vitaminpräparat muß wasserlöslich sein und vor allem D_3 enthalten. Man gibt ungefähr 10 Tropfen der handelsüblichen Lösungen zu.

Poecilia parae wurde wahrscheinlich erstmals durch Herrn FRITZ MAYER im Jahre 1910 nach Deutschland importiert.

Poecilia petenensis (GÜNTHER, 1866)

Familie:	Poeciliidae GARMAN, 1895
Unterfamilie:	Poeciliinae GARMAN, 1895
Untergattung:	*Poecilia* BLOCH & SCHNEIDER, 1801 Nach MILLER (1975) Untergattung: *Mollienesia* LE SUEUR, 1821
Herkunft des Artnamens:	*petenensis* = nach dem Verbreitungsgebiet, dem *Petén-See* benannt
Synonyma:	*Mollienesia petenensis* GÜNTHER, 1866
Erstbeschreibung:	GÜNTHER, A. (1866): A catalogue of fishes in the British Museum. London, vol. 6: 368 pp.
Typuslokalität:	Lake Petén; Guatemala.
Meristische Angaben:	Dorsale = 15 Flossenstrahlen; Anale = 8–10 Flossenstrahlen; L. lat. 28–30 Schuppen; L. tra. = 9–10 Schuppen.

Poecilia petenensis. Aquariumstamm.

Totalkörperlänge: Männchen = 8–12 cm; Weibchen 6–8 cm.

Beschreibung: Der Petén-Molly ist in seinem Körperbau identisch mit Poecilia velifera. Ein markantes Merkmal bildet die Verlängerung dreier unterer Schwanzflossenstrahlen zu einem Schwert. Das dunkelpigmentierte und türkisgezeichnete Schwert kann bis zu einem Zentimeter lang werden und ist nur bei den Männchen manifestiert. Die Körpergrundfarbe ist grausilber, bei dunkler Rückenregion und heller Bauchseite. Die Rückenflosse männlicher Tiere ist wie bei *velifera* und *latipinna* segelförmig ausgebildet und besitzt perlmuttartig glänzende, türkisfarbene Bänderungen, die mit schwarzem Pigment durchsetzt sind. Bei Alfa-Tieren ist die genannte Flosse orange gesäumt. Die Weibchen zeigen eine kleine, Molly-typische, gerundete Dorsale. Die Caudale der Männchen besitzt, wie die Dorsale, türkisschwarze Bänderzeichnungen. Alle weiteren Flossen zeigen sich transparent.

Biotop von *Poecilia petenensis,*
Lago Petén (Blick von Ost), Guatemala.

Verbreitung:	Rio Usumacinta-Drainage und nahe liegende Teiche, Petén; Guatemala; Tabasco, Quintana Roo, Chiapas, Mexiko und Belize.
Habitat:	Daten sind noch keine bekannt geworden.
Pflege und Zucht:	Wie Poecilia velifera.
	Poecilia petenensis wurde erstmals durch JOHANN THUMM, Dresden, nach Deutschland importiert.

Poecilia picta REGAN, 1913

Familie:	Poeciliidae GARMAN, 1895
Unterfamilie:	Poeciliinae GARMAN, 1895
Untergattung:	zur Zeit-*Lebistes* DE FILIPPI, 1861
Herkunft des Artnamens:	*picta* = pictus (lat.) = gemalt, bezieht sich auf die Körperfärbung
Synonyma:	*Micropoecilia picta* HUBBS, 1926 *Acanthophacelus melanzonus* EIGENMANN, 1909
Erstbeschreibung:	REGAN, C. T. (1913): A revision of the cyprinodont fishes of the subfamily Poeciliinae. Proc. Zool. Soc. London, vol. 11, pp. 977–1018.
Typuslokalität:	Demerara, Britisch Guayana.
Meristische Angaben:	Dorsale = 6–7 Flossenstrahlen; Anale = 9–10 Flossenstrahlen; L. lat. = 27–29 Schuppen.
Totalkörperlänge:	Männchen = bis 3 cm; Weibchen = bis 5 cm.
Beschreibung:	Der Körper der Art ist langgestreckt und besitzt einen spitzen Kopf. Von Fachunkundigen kann *Poecilia picta* leicht mit *Poecilia reticulata* verwechselt werden, was vor allem die Körperform betrifft. In der Literatur werden verschiedene Färbungstypen angegeben. An dieser Stelle soll allerdings nur die zur Zeit in den Aquarien gepflegte Form beschrieben werden. Die Männ-

Poecilia picta ♂

Poecilia picta ♂/♀

chen sind entlang der Körperseiten und in der Rückenflosse sehr bunt gefärbt. Die obere Körperhälfte ist mit zahlreichen rotorangen Flecken versehen, die mit dunklen Schuppenregionen teilweise umgeben sind. Die Körperhinterseite ist meistens blaufarben und besitzt einige große, ovale, schwarze Flecken. Die Bauchseite ist weiß. Die Rückenflosse ist des öfteren gelbgezeichnet und mit einer Anzahl schwarzer Kommastriche durchsetzt. Die genannte Flosse ist gewöhnlich dunkel gesäumt. Die Schwanzflosse zeigt im oberen Bereich eine orangefarbene Säumung. Direkt am Beginn und unterhalb des Saumes befindet sich ein sogenanntes Pfauenauge. Je nach Lichteinfall schimmern die Körperseiten zusätzlich wie mit kleinen Diamantensplittern bestreut. Die Weibchen zeigen sich mit grauer Körpergrundfarbe und dem typischen „Micropoecilia"-Fleck, in dem oberen Körperdrittel befindlich, der mit einer hellen bis goldenen Zone umgeben ist. Vereinzelt treten Weibchen mit einem schwarzen Fleckenmuster, das sich auf die hintere Körperhälfte konzentriert, auf.

Verbreitung: Britisch Guayana; Trinidad und Brasilien.

Habitat: Bisher wenig bekannt geworden.

Pflege und Zucht: Wie *Poecilia parae*. *Picta* wurde von Herrn I. DIBBLE 1981 nach England und Deutschland importiert.

Poecilia reticulata PETERS, 1859

Familie: Poeciliidae GARMAN, 1895

Unterfamilie: Poeciliinae GARMAN, 1895

Untergattung: Zur Zeit-*Lebistes* DE FILIPPI, 1861

Herkunft des Artnamens: *reticulata* (lat.) = netzförmig, bezogen auf die Körperschuppung

Synonyma:
Girardinus reticulatus GÜNTHER, 1866
Poeciloides reticulatus JORDAN & GILBERT, 1883
Acanthophacelus reticulatus EIGENMANN, 1907
Lebistes reticulatus REGAN, 1913

	Glaridichthys reticulatus MILEWSKI, 1920 *Lebistes poeciloides* DE FILIPPI, 1861 *Girardinus poeciloides* BOULENGER, 1912 *Poecilia poeciloides* LANGER, 1913 *Girardinus guppii* GUNTHER, 1866 *Heterandria guppii* JORDAN, 1887 *Acanthophacelus guppii* EIGENMANN, 1910
Erstbeschreibung:	PETERS, W. (1859): Hr. W. Peters legte eine neue von Hr. Jagor im atlantischen Meere gefangene Art der Gattung Leptocephalus vor und fügte Mitteilungen über einige andere neue Fische des zoologischen Museums hinzu. Monatsber. K. Preussischen Akad. Wiss., Berlin: pp. 411–412.
Typuslokalität:	Caracas; Venezuela.
Meristische Angaben:	Dorsale = 7–8 Flossenstrahlen; Anale = 9–10 Flossenstrahlen; Pectorale = 13–14 Flossenstrahlen; L. lat. = 26–28 Schuppen.
Totalkörperlänge:	Männchen bis 3 cm; Weibchen bis 5 cm.
Beschreibung:	*Poecilia reticulatata* besitzt einen gestreckten Körperbau und zugespitzten Kopf. Im Vergleich zu den Hochzuchtguppys ist die Wildform in der Körperproportion wesentlich kleiner, das gleiche gilt für die Flossenausprägung. Die enorm hohe Farbenvariabilität, die sich vor allem bei den Zuchtguppys wiederspiegelt, ist mit Sicherheit nicht nur von Mutationen abzuleiten, vielmehr sind zahlreiche *P. reticulata* aus verschiedenen, natürlichen Verbreitungsgebieten in morphologischen Daten so verschieden, daß annähernd ein Unterartenstatus erreicht wird. Im Aquarium sind viele dieser abgeänderten Formen wahllos durcheinander gekreuzt worden, mit dem Resultat der heutigen Hochzucht-Guppys. Teilweise wurden zur Mückenbekämpfung Aquariumzüchtungen wieder ausgesetzt, die sich in ihren Farb- und Flossenmerkmalen den natürlichen Gegebenheiten wieder angepaßt haben, aber gewöhnlich noch gut von sogenannten echten Wildpopulationen zu unterscheiden sind. Echte Wildformpopulationen, die von Venezuela und einigen kleinen Antillen-Inseln stammen, sind in ihrer Farbgebung und Flossenausprägung weitaus konstanter als in der Aquarienliteratur angenommen wird. Es zeigen sich je nach Population Tiere mit Punkt- und Streifenmuster, gewöhnlich aus gelben, roten, blauen, grünen und schwarzen Farben zusammengesetzt. Typisch für Wildstämme sind die sogenannten Pfauenaugen, die aus einem Farbkern mit Pigmentring bestehen und oft im oberen Schwanzstielbereich manifestiert sind. Die Schwanzflosse ist in den meisten Fällen gerundet oder vereinzelt mit angedeutetem Obenschwert ausgebildet. Die Rückenflosse ist leicht fahnenartig ausgezogen. Die Pigmentierung des Flossenbehangs variiert je nach Population. Weibliche Tiere sind olivgrau und gewöhnlich ohne auffallendes Zeichnungsmuster.
Verbreitung:	Niederländische Antillen; Trinidad; Windward-Insel, Barbados und Grenada; Leward-Insel, St. Thomas und Antigua; West-Venezuela und Britisch Guayana gelten als natürliche Verbreitungsgebiete.
Habitat:	In allen denkbaren Gewässern, gewöhnlich in flachen Teichen und ruhigen Flußabschnitten, in Brack- und Süßgewässern; jedoch auch in kleinen Gebirgsbächen.

Barbados. Biotop von *Poecilia reticulata.*

Biotop von *Poecilia reticulata,* Weiher bei Ixtapan de la Sol, Mexico, Mexiko.

Poecilia reticulata. Population Mexiko.

Poecilia reticulata. Population Peru.

Poecilia reticulata, Population Ixtapan de la Sol, Guppy-Männchen mit Riesenwuchs (bis zu 7 cm Länge). Bei den Ixtapan-Tieren handelt es sich um ausgesetzte Wildstämme. Der Riesenwuchs wird höchstwahrscheinlich durch Östrogeneinfluß hervorgerufen (mdl. Mitteilung Dr. M. SCHARTL, Genetisches Institut, Gießen).

Pflege und Zucht: Im Vergleich zu den Hochzucht-Guppys ist die Pflege und Zucht von *Poecilia reticulata* nicht einfach. Je nach Herkunft verlangt die Art gewohnte Biotopdaten. Erst die Nachzuchten lassen sich langsam an andere Verhältnisse umgewöhnen. Die Fütterung sollte abwechslungsreich sein und nicht wegen der Bezeichnung „Millionenfisch“, die absolut unsinnig ist, auf die leichte Schulter genommen werden. Durchschnittlich alle 24 Tage werden von den Weibchen 15–40 ca. 6 mm lange Jungfische abgesetzt. Die Reife tritt gewöhnlich nach dem 3. bis 4. Monat ein.

Poecilia reticulata wurde 1908 erstmals nach Deutschland importiert.

Ein Kapitel über Guppyzucht und Zuchtformen finden Sie ab Seite 456.

Poecilia scalpridens (GARMAN, 1895)

Familie: Poeciliidae GARMAN, 1895

Unterfamilie: Poeciliinae GARMAN, 1895

Untergattung: Zur Zeit – *Lebistes* DE FILIPPI, 1861

Herkunft des Artnamens: *scalpridens* (lat.) = meiselzähnig, bezüglich der Gonopodiumstruktur

Synonyma: *Cnesterodon scalpridens* GARMAN, 1895
Pamphoria scalpridens REGAN, 1913

Erstbeschreibung: GARMAN, S. (1895): The cyprinodonts. Mem. Mus. Comp. Zoöl., vol. 19, no. 1: pp. 1–179.

Typuslokalität: Amazonas-Becken, Santarém, Obidos, Tapajos, Villa Bella, Trombetas; Brasilien.

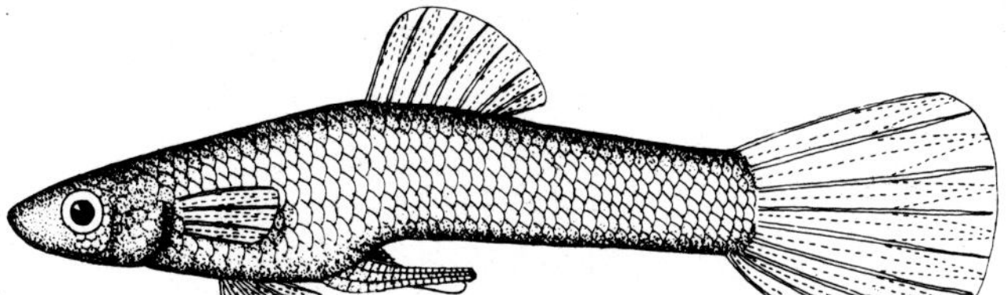

Poecilia scalpridens ♂

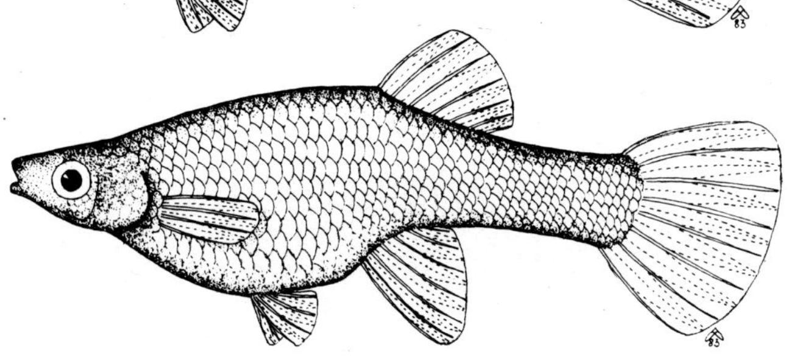

Poecilia scalpridens ♀

Meristische Angaben:	Dorsale = 7 Flossenstrahlen; Anale = 9 Flossenstrahlen; Pectorale = 11 Flossenstrahlen; L. lat. = 28–29 Schuppen.
Totalkörperlänge:	Männchen bis 2 cm; Weibchen bis 4 cm.
Beschreibung:	*Poecilia scalpridens* zeigt sich mit schlankem, kleinem Körperbau und zugespitztem Kopf. Die Körpergrundfarbe ist oliv bei heller Bauchseite. Sämtliche Körperschuppen sind dunkel eingerahmt. Die Rückenpartie weist eine dunkelolive Färbung auf, während die Körperunterseite je nach Lichteinwirkung silbrig erscheint. Vereinzelt zeigen sich entlang der Körperseite golden glänzende Schuppen. Die Dorsale besitzt dunkle Punktbänderungen. Bisher sind detaillierte Farbangaben nicht bekannt geworden.
Verbreitung:	Amazonas-Becken, Santarém, Óbidos, Tapajos-River, Trombetas-River; Pará; Villa Bella; Mato Grosso; Brasilien.
Habitat:	Bisher nichts bekannt geworden.
Pflege und Zucht:	Ein Erstimport steht noch aus, es fehlen somit Angaben über die Aquarienhaltung.

Poecilia sphenops VALENCIENNES, 1846

Familie:	Poeciliidae GARMAN, 1895
Unterfamilie:	Poeciliinae GARMAN, 1895
Untergattung:	*Poecilia* BLOCH & SCHNEIDER, 1801
	Nach MILLER (1975) Untergattung: *Mollienesia* LE SUEUR, 1821
Herkunft des Artnamens:	*sphenops* (gr.) = Gesichtskeil, bezogen auf die Kopfform der Art
Synonyma:	Reichlich, kann aber in Anbetracht der Revalidisierungsarbeit von verschiedenen Formen, nicht aufgeschlüsselt werden.
Erstbeschreibung:	VALENCIENNES, M. A. (1846) in CUVIER, M. LE B.: Histoire naturelle des poissons. Paris, vol. 18, 505 pp.
Typuslokalität:	Veracruz; Mexiko.

Poecilia sphenops. Population Pazifikseite, Mexiko.

Meristische Angaben:	Anale = 9 Flossenstrahlen; Schuppenanzahl rund um den Schwanzstiel = 16 oder 18; Supraorbitalporen nicht vorhanden; 3-Zackzähne der Kiefer.
Totalkörperlänge:	Männchen bis 6 cm; Weibchen bis 8 cm.
Beschreibung:	Die Beschreibung von *Poecilia sphenops* gestaltet sich in Anbetracht der momentanen Gegebenheit sehr schwierig, weshalb nur von den gesicherten Populationen ausgegangen werden soll. Im äußeren Erscheinungsbild zeigt sich *P. sphenops* annähernd wie *P. mexicana* und *P. butleri;* obwohl die beiden letztgenannten Arten eine gewisse Körperproportionen-Konstanz aufweisen, ist es nicht möglich, den körpervariablen sphenops hiervon zu isolieren. Da zahlreiche Populationen zusätzlich verschiedenen Umwelteinflüssen ausgesetzt sind und gegebenermaßen stark in der Körperlänge variieren, läßt sich auch hier keine klare Abgrenzung finden. *Poecilia sphenops* tritt in vielen Farbspielarten auf, von schwarz gescheckt bis zum beinahe völligen Schwarz, mit Horizontalstreifen, mit Punktreihen oder einfarbig grau. Die Beflossung erscheint je nach Population in beinahe allen denkbaren Farbvariationen. Allerdings typisch für *Poecilia sphenops*-Weibchen sind 3 bis 5 dunkelpigmentierte, fast kreisrunde Körperfleckenmuster, die sich in Bandform entlang der Körperseiten erstrecken.
Verbreitung:	Texas; USA; bis Kolumbien.
Habitat:	*Poecilia sphenops* ist in verschiedenen Gewässertypen anzutreffen, bevorzugt aber die oberen Flußbereiche. Die Biotope können reich oder arm an Vegetation sein.
Pflege und Zucht:	Die Haltung von *Poecilia sphenops* ist relativ einfach, wenn geräumige und veralgte Becken zur Verfügung stehen. Die Art ist wärmebedürftig und liebt Temperaturen zwischen 26 und 28° C. Bei zu weichem Leitungswasser empfiehlt sich eine Salzzugabe, die wahlweise zwischen 1 und 10 Teelöffeln pro 10 Liter Wasser liegen kann. Nach einer durchschnittlichen Tragzeit von 28 Tagen werden zwischen 20 und 150 bereits 7–8 mm lange Jungfische von den Weibchen abgesetzt. Die Species werden in der Regel zwischen dem 4. und 7. Monat geschlechtsreif. Ein Erstimport kann wegen des Namenswirrwarrs nicht ermittelt werden.

Poecilia sulphuraria (ALVAREZ, 1948)

Familie:	Poeciliidae GARMAN, 1895
Unterfamilie:	Poeciliinae GARMAN, 1895
Untergattung:	*Poecilia* BLOCH & SCHNEIDER, 1801 Nach MILLER (1975) Untergattung: *Mollienesia* LE SUEUR, 1821
Herkunft des Artnamens:	*sulphuraria* (lat.) = schwefelig, bezogen auf die Wohngewässer der Art
Synonyma:	*Mollienisia sulphuraria* ALVAREZ, 1948.
Erstbeschreibung:	ALVAREZ, J. (1948): Descripción de una nueva especie de Mollienisia capturada en Banos del Azufre, Tabasco. An. Esc, Nac. Cien. Biol., vol. 5, nos. 3–4: pp. 275–281.

Poecilia sulphuraria ♀.
Population Banos del Azufre, Mexiko.

Typuslokalität: Banos del Azufre; Tabasco; Mexiko.

Meristische Angaben: Dorsale = 7–8 Flossenstrahlen; Anale = 8–9 Flossenstrahlen; L. lat. = 25–27 Schuppen; Wirbel 26–28.

Totalkörperlänge: Männchen bis 3 cm; Weibchen bis 3,5 cm.

Beschreibung: *Poecilia sulphuraria* zeigt sich mit gestrecktem Körper und kleinem zugespitztem Kopf. Ein auffallendes Merkmal, und einzigartig innerhalb der Familie, ist der untere Maulbereich mit den geweihartig ausgebildeten Geschmacksknospen. Der kleinste bisher bekannte Molly besitzt eine grausilbrige Körpergrundfärbung. Entlang der mittleren Körperseite verläuft ein breites dunkles Band. Die hintere Bauchregion ist intensiv türkisfarben bei den weiblichen Tieren ausgebildet, der Flossenbehang ist transparent. Die Männchen erscheinen mit schwarzgefleckter Schwanzflosse. Die Dorsale besitzt eine innere dunkle Bänderung; die gesamte unpaare Beflossung ist orangegefärbt. Je nach Stimulation zeigen sich 3 mittlere Körperpunktreihen. Vereinzelt erscheint zusätzlich eine Körperbänderung die sich mit 5 bis 7 dunklen Senkrechtstreifen in der oberen dunkleren Körperhälfte manifestiert. Verschiedentlich wurden schwarzgefleckte Poecilia sulphuraria im natürlichen Verbreitungsgebiet nachgewiesen.

Verbreitung: Banos del Azufre; Tabasco; Mexiko.

Habitat: *Poecilia sulphuraria* tritt sympatrisch mit *Gambusia eurystoma* auf (siehe Daten).

Poecilia sulphuraria ♂

Biotop von *Poecilia sulphuraria*. Banos del Azufre, Chiapas, Mexiko. Sammelreise VOGEL, MÜLLER und MEYER, 1980.

Pflege und Zucht: Ein empfindlicher Kärpfling, der nur in wenigen Exemplaren einen Import übersteht. Im Aquarium ist *Poecilia sulphuraria* hauptsächlich auf ausreichend Algenkost angewiesen. Als Zusatzfutter empfiehlt sich Artemia und Trockenfutter. Ein Salzzusatz zum Aquariumwasser von 2 Teelöffel auf 10 Liter ist dem Gedeihen der Fische förderlich. Der Mollienesia ist gegen Parasitenbefall sehr anfällig. Als Heilmittel ist vor allem Rivanol wirksam. Nach einer durchschnittlichen Tragzeit von 28 Tagen werden zwischen 10 und 25 ca. 7 mm lange Jungfische von den Weibchen abgesetzt. Die Art wird gewöhnlich zwischen dem 4. und 5. Monat geschlechtsreif.

Poecilia sulphuraria wurde erstmals durch Dr. RADDA, Wien, 1979 nach Österreich und Deutschland importiert.

Poecilia velifera (REGAN, 1914)

Familie: Poeciliidae GARMAN, 1895

Unterfamilie: Poeciliinae GARMAN, 1895

Untergattung: *Poecilia* BLOCH & SCHNEIDER, 1801
Nach MILLER (1975) Untergattung: *Mollienesia* LE SUEUR, 1821

Herkunft des Artnamens: *velifera* (lat.) = Segel tragend, bezieht sich auf die große Rükkenflosse

Synonyma: *Mollienisia velifera* REGAN, 1914

Erstbeschreibung: REGAN, T. C. (1914): Description of a new cyprinodont fish of the genus Mollienisia from Yucatan. Ann. Mag. Nat. Hist., ser. 8, vol. 13, p. 338.

Typuslokalität: Progreso; Yucatán; Mexiko.

Meristische Angaben: Dorsale = 18–19 Flossenstrahlen; Anale = 9–10 Flossenstrahlen; Pectorale = 14 Flossenstrahlen; Ventrale = 6 Flossenstrahlen; L. lat. = gewöhnlich 28 Schuppen.

Totalkörperlänge: Männchen bis zu 15 cm; Weibchen bis 20 cm.

Beschreibung: Ein langgestreckter Fisch mit hohem Körperbau und zugespitztem Kopf. Die Körpergrundfarbe beider Geschlechter ist olivgrau. Entlang der Körperseiten erstreckt sich eine Anzahl Punktreihen, die dunkel vom Körper abgesetzt sind. Dominante Männchen erscheinen mit großer, rautenförmiger Segelflosse, die in ihrem Ausprägungsgrad einzigartig innerhalb der Familie Poeciliidae ist. Die Männchen tragen, je nach Lichteinwirkung, an den Körperseiten blaue und grüne Fleckenstriche. Zwischen den Fleckenreihen erscheinen türkise Punktreihen. Die Rücken- und der obere Teil der Schwanzflosse ist mit leuchtenden perlmuttartig schimmernden Punkt- und Strichzeichnungen versehen. Alfatiere besitzen in den meisten Fällen eine intensiv gelbgefärbte Brust. In natürlichen Breiten sollen nach Angaben von HUBBS auch schwarzgescheckte Exemplare auftreten. In den Aquarien sind bisher erst die grauen Wildfänge bekannt geworden.

Poecilia velifera.
Population Progreso, Mexiko.

Verbreitung: Küstenstrecke von Yucatán Peninsula; Mexiko.

Habitat: *Poecilia velifera* besiedelt bevorzugt Küsten naheliegende Fluß- und Teichregionen. Überwiegend wird der Mollienesia im Brackwasser angetroffen, vereinzelt auch in reinem Süßwasser. Die Wasservegetation besteht fast ausschließlich aus Algen. Die Temperaturen liegen im Durchschnitt bei 30° C. Stellenweise wird *Poecilia velifera* zusammen mit *Gambusia puncticulata yucatana* angetroffen. Nach Angaben von E. HNILICKA soll der Segelkärpfling auch stellenweise im Meer angetroffen werden.

Pflege und Zucht: *P. velifera* ist sehr wärmebedürftig, deshalb sind Temperaturen zwischen 27° und 28° C im Aquarium angemessen. Ein Salzzusatz fördert das Wohlbefinden, ist aber nicht immer erforderlich. *Velifera* kann selbst in relativ weichem Wasser mit 7° DH noch mit Erfolg gepflegt und gezüchtet werden. Will man große Exemplare heranziehen, sind große Becken von 400 Liter Wasserinhalt Voraussetzung. Lebendfutter sollte nach Möglichkeit nicht gereicht werden, da sich die Tiere dann zu schnell entwikkeln und zu früh geschlechtsreif werden. Wichtig sind große Mengen Trockenfutter und Algenkost; die ersten vier Lebenswochen können Wasserflöhe und Würmer gereicht werden, anschließend nur noch Trockenfutter. Nach einer durchschnittlichen Tragzeit von 4 Wochen werden je nach Alter und Größe der Weibchen zwischen 10 und 100, bereits 8 mm lange Jungfische geboren. Alttiere stellen nur selten den Neugeborenen nach.

Poecilia velifera wurde erstmals 1913 von Herrn J. KROPAC, Hamburg, importiert.

Poecilia vivipara BLOCH & SCHNEIDER, 1801

Familie:	Poeciliidae GARMAN, 1895
Unterfamilie:	Poeciliinae GARMAN, 1895
Untergattung:	*Poecilia* BLOCH & SCHNEIDER, 1801
Herkunft des Artnamens:	*vivipara* (lat.) = lebendgebärend
Synonyma:	*Poecilia surinamensis* HUMBOLDT & VALENCIENNES, 1821 *Molinesia surinamensis* MÜLLER & TROSCHEL, 1844 *Mollienisia surinamensis* BLEEKER, 1860 *Poecilia unimaculata* HUMBOLDT & VALENCIENNES, 1821 *Poecilia unimacula* BLEEKER, 1860 *Neopoecilia holacanthus* HUBBS, 1924 *Poecilia holacanthus* FOWLER, 1943
Erstbeschreibung:	BLOCH, M. E. & J. O. G. SCHNEIDER (1801): Systema ichthyologiae. Berlin, vols. 1,2, 584pp.
Typuslokalität:	Surinam.
Meristische Angaben:	Dorsale = 7–9 Flossenstrahlen; Anale = 8–10 Flossenstrahlen; L. lat. 25–27 Schuppen; Wirbel = 28.
Totalkörperlänge:	Männchen = 3,5–4 cm; Weibchen 5–7 cm.
Beschreibung:	Die Körpergrundfarbe von *Poecilia vivipara* ist gelbbraun. Die Körperseiten schimmern je nach Lichteinfall silbrig. Die Bauchseiten sind weißgrau und können bei dominierenden Männchen, besonders im Brustbereich, gelbgefärbt sein. Typisch für beide Geschlechter ist der sogenannte Schulterfleck, der von schwarzer Färbung und besonders mit einer nach hinten sich ausweitenen goldenen Umrandung ausgestattet ist. Eine Anzahl dunkler Querbinden erstreckt sich entlang der Körperseiten, die bei den männlichen Tieren intensiver hervortreten. Die Rückenflossen der Alfamännchen sind schwarzgelb gebändert. Die Schwanzflosse trägt im oberen und unteren Bereich einen dunklen Saum. Aus Guayana wurden Tiere bekannt, die mehrere Schulterflecke aufwiesen. Dr. RADDA wies in Brasilien *P. vivipara* ohne Schulterfleck oder nur mit einseitigem Fleck nach.
Verbreitung:	Aruba, Curacao, Bonaire und die venezuelanischen Inseln, Trinidad und die Leeward Inseln, nördlich nach Martinique und West-Venezuela bis Rio de la Plata; Argentinien. In Puerto Rico ist *P. vivipara* ausgesetzt worden.
Habitat:	Der Vivipara-Kärpfling besiedelt die verschiedensten Biotope. Dr. BODART konnte *P. vivipara* in Puerto Rico selbst im Meer nachweisen. Auf einer Brasiliensammelreise besucht BODART, Merck, den Lago de Freitas in Rio de Janeiro und weist aus diesem verschmutzten Gewässer *vivipara* nach. An der Sammelstelle, die sich am südöstlichsten Ende des Sees befand, nahe einer VW-Werkstatt, betrug die Wassertiefe ca. 10–30 cm. Der Hauptsammelplatz befand sich etwa 150 m nördlich der VW-Werkstatt, an einer Sandbank gelegen. Hier trat *P. vivipara* zu Tausenden sympatrisch mit *Phalloptychus januarius, Jenynsia lineata,* Cichliden, Salmlern, Clupeiden und Ährenfischen auf. Auch Fließgewässer werden von *Poecilia vivipara* häufig besiedelt.

Poecilia vivipara. Aquariumstamm.

Pflege und Zucht:

Die Art ist sehr wärmebedürftig und bevorzugt deshalb Aquarienwasser von 26–28° C. Ansonsten ist *P. vivipara* sehr anspruchslos und gibt sich schon mit kleineren Behältern von 40 Liter Fassungsvermögen zufrieden. Sämtliche Futterarten werden gerne genommen, doch scheint Pflanzenkost in der Ernährung eine wichtige Rolle einzunehmen. Die Poecilia-Art ist in ihrem Verhalten friedlich und eignet sich für die Vergesellschaftung mit anderen Fischarten. Die Zucht ist einfach. Nach 28 Tagen werden durchschnittlich, je nach Größe und Alter der Weibchen, bis weit über 100, ca. 6 mm lange Jungfische abgesetzt, die schnell heranwachsen und bereits nach 3–4 Monaten geschlechtsreif werden.

Der erste Import für die Liebhaberaquarien erfolgte 1904 durch Herrn C. BRÜNING, Hamburg.

POECILIOPSIS

Poeciliopsis gracilis

Poeciliopsis REGAN, 1913

1913 kreiert REGAN die Gattung *Poeciliopsis* und verwendet als Typusmaterial *P. gracilis. Gracilis* war gleichfalls die erste Poeciliopsis-Art, die innerhalb der Gattung beschrieben wurde. Seit der grundlegenden Revision der Poeciliidae durch ROSEN & BAILEY (1963) wird die Gattung *Poeciliopsis* in zwei Untergattungen geteilt: *Aulophallus* HUBBS, 1926 mit zwei Arten, erweitert um *P. paucimaculata* BUSSING, 1966, und *Poeciliopsis* REGAN, 1913 mit dreizehn Arten, zuzüglich *P. turneri* MILLER 1975 und *P. catemaco* MILLER 1975, sowie *Poeciliopsis hnilickai* MEYER & VOGEL 1981.

Der Gattungsname *Poeciliopsis* ist aus dem Griechischen abgeleitet und nimmt Bezug auf die Gattung *Poecilia.* Nach REGAN (1913) soll eine große Übereinstimmung im Zahnaufbau, der beiden Gattungen bestehen. Der Untergattungsname *Aulophal-*

lus kommt ebenfalls aus dem Griechischen und verweist auf die röhrenartige Form des männlichen Begattungsorgans.

Poeciliopsis bewohnt Gewässer der pazifischen Abdachung der südwestlichen Vereinigten Staaten bis nach Kolumbien, sowie einige atlantische Flußsysteme vom südöstlichen Mexiko, Guatemala und Honduras.

Derzeit umfaßt die Gattung *Poeciliopsis* 19 beschriebene Arten.

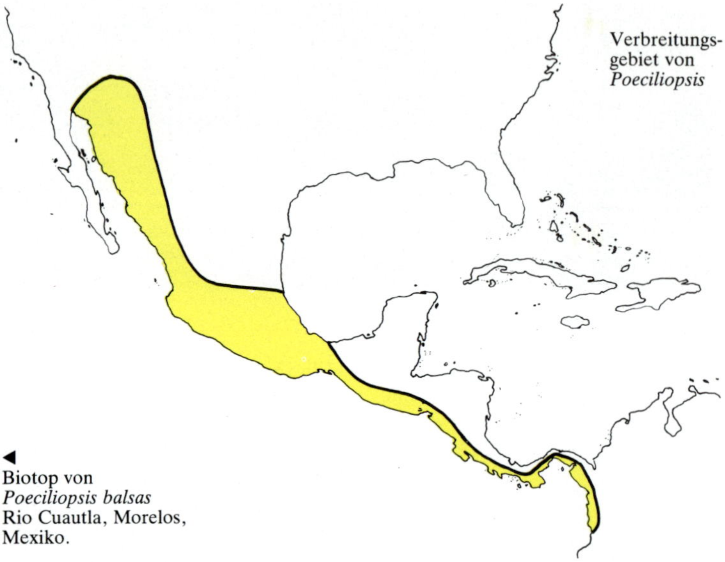

Verbreitungsgebiet von *Poeciliopsis*

◄ Biotop von *Poeciliopsis balsas* Rio Cuautla, Morelos, Mexiko.

Poeciliopsis balsas HUBBS, 1926

Familie: Poeciliidae GARMAN, 1895

Unterfamilie: Poeciliinae GARMAN, 1895

Untergattung: *Poeciliopsis* REGAN, 1913

Herkunft des Artnamens: *balsas* = nach dem Verbreitungsgebiet, dem Rio Balsas-Becken, benannt

Synonyma: *Gambusia gracilis* MEEK, 1902
Gambusia infans REGAN, 1906
Poeciliopsis anonas DE BUEN, 1943

Erstbeschreibung: HUBBS, C. L. (1926): Studies of the fishes of the order Cyprinodontes. 6. Misc. Publ. Mus. Zool. Univ. Michigan, no. 16: pp. 1–86.

Typuslokalität: Rio Balsas; Guerrero; Mexiko.

Meristische Angaben: Dorsale = 6–7 Flossenstrahlen; Anale = 9 Flossenstrahlen; L. lat. = 30 Schuppen; L. tra. = 8 Schuppen.

Totalkörperlänge: Männchen 2,5–3,5 cm; Weibchen = 4–6,5 cm.

Beschreibung: *Poeciliopsis balsas* zeigt sich mit gestrecktem Körperbau und abgerundetem Kopf. Die Körpergrundfarbe ist braunoliv mit heller Bauchseite. Je nach Lichteinwirkung schillern die Körperseiten silbrig. Entlang der braunen Mittellinie verläuft eine braune Bänderzeichnung, die sich aus einer verschiedenen Anzahl kurzer breiter Kommastriche zusammensetzt. Die Rückenflosse

Poeciliopsis balsas ♀

weist einen schwarzen Basalfleck auf. Die ersten beiden Flossenstrahlen der genannten Flosse sind schwarz pigmentiert. Die Geschlechtsöffnung ist wie bei fast allen Poeciliopsis-Weibchen mit schwarzem Pigment umlagert. Die unpaaren Flossen erscheinen vor allem bei den männlichen Tieren stellenweise orangefarben. Das Gonopodium ist an der Spitze schwarz und die Analgegend zeigt sich ebenfalls dunkel gezeichnet.

Verbreitung: Pazifische Abhänge von Mexiko, Rio Balsas-Becken, sowie zwei kleine Flüsse, Rio Arteaga und Rio Aguililla in Michoacán; Mexiko.

Habitat: Siehe *Ilyodon lennoni*.

Pflege und Zucht: Siehe *Poeciliopsis gracilis*.

Poeciliopsis balsas wurde erstmals durch HORST HINZ, Wildsachsen, und Mitarbeiter nach Deutschland im Jahre 1979 importiert.

Poeciliopsis catemaco MILLER, 1975

Familie: Poeciliidae GARMAN, 1895

Unterfamilie: Poeciliinae GARMAN, 1895

Untergattung: *Poeciliopsis* REGAN, 1913

Herkunft des Artnamens: *catemaco* = nach dem einzigen Vorkommensgebiet, dem Catemaco-See, benannt

Synonyma: keine

Erstbeschreibung: MILLER, R. R. (1975): Five new Species of Mexican Poeciliid Fishes of the Genera Poecilia, Gambusia, and Poeciliopsis. Occas. Papers Mus. Zool. Univ. Michigan, no. 672: pp. 1–44.

Typuslokalität: Laguna Catemaco; Veracruz; Mexiko.

Meristische Angaben: Dorsale = 8 Flossenstrahlen; Anale = 9 Flossenstrahlen; Pectorale = 13–15 Flossenstrahlen; Ventrale = 6 Flossenstrahlen; L. lat. = 29–30 Schuppen; Wirbel = 30–32.

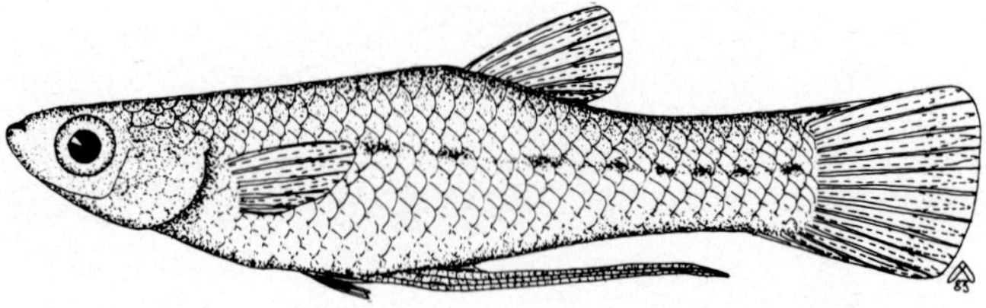

Poeciliopsis catemaco ♂

Totalkörperlänge: Männchen = 4 cm; Weibchen = 8 cm.

Beschreibung: Die mit *Poeciliopsis gracilis* nahe verwandte Art besitzt einen schlanken Körperbau mit spitzem Kopf. Die Grundfärbung von *Poeciliopsis catemaco* zeigt sich gelbsilbrig mit metallisch glänzenden Schuppenreihen. Entlang der hauchdünnen schwarzen Mittellinie erstreckt sich ein schwarzes Punktband, das sich aus 8 bis 17 kleinen runden Flecken zusammensetzt. Die Flecken sind in ihrem Größenumfang kleiner als die Augenpupille ausgebildet. Das Gonopodium der männlichen Tiere ist sehr lang ausgeprägt und erreicht fast die Schwanzflosse. Die an den Enden abgerundete Schwanzflosse erscheint leicht dunkel und alle weiteren Flossen, ausgenommen der weiblichen Ventralen, sind mit kleinen schwarzen Pünktchen besetzt.

Verbreitung: Nur vom Catemaco-See bekannt.

Habitat: Siehe *Poecilia catemaconis*.

Pflege und Zucht: Diese Art konnte durch MEYER in zwei weiblichen Exemplaren 1980 importiert werden. Die Fische gingen nach kurzer Zeit an Transportschwäche ein, so daß keine Pflege- und Zuchtdaten ermittelt werden konnten.

Poeciliopsis elongata (GÜNTHER, 1866)

Familie: Poeciliidae GARMAN, 1895

Unterfamilie: Poeciliinae GARMAN, 1895

Untergattung: *Aulophallus* HUBBS, 1926

Herkunft des Artnamens: *elongata* = *elongatus* (lat.) = verlängert oder langgestreckt, bezogen auf den Körperbau

Synonyma: *Poecilia elongata* GÜNTHER, 1866
Mollienisia elongata REGAN, 1913
Poeciliopsis elongatus MEEK & HILDEBRAND, 1916

Erstbeschreibung: GÜNTHER, A. (1866): A catalogue of fishes in the British Museum. London, vol. 6: 368 pp.

Typuslokalität: Panama.

Meristische Angaben: Dorsale = 8–10 Flossenstrahlen; Anale = 9–10 Flossenstrahlen; L. lat. = 28–33 Schuppen; Kiemenrechen = 29–32.

Totalkörperlänge: Männchen bis 6 cm; Weibchen bis 10 cm.

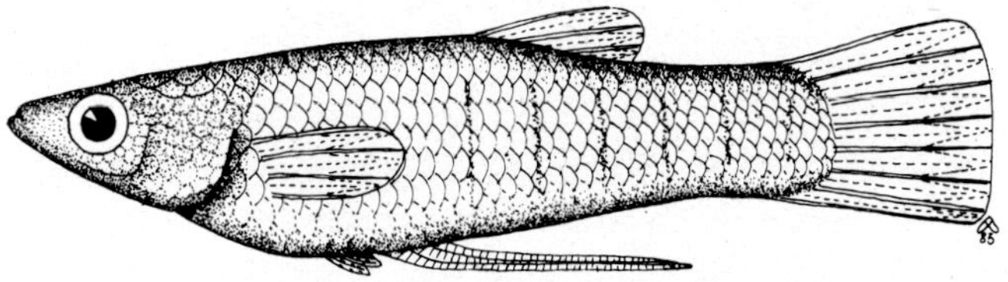

Poeciliopsis elongata ♂

Beschreibung: *Poeciliopsis elongata* besitzt einen gestreckten Körperbau mit spitzem Kopf. Männliche und weibliche Tiere haben annähernd die gleiche Körperhöhe. Die Körpergrundfarbe ist braunoliv. Entlang der Körperseite erstreckt sich ein feines, dunkles Bandmuster, das sich aus 5–8 Senkrechtstreifen zusammensetzt und je nach Stimulation zum Vorschein kommt. Nur selten werden Tiere mit schwarzem Fleckenmuster gesammelt. Die Flossen sind gewöhnlich farblos. Männchen mit langem Gonopodium, so wie es für die Vertreter der Gattung charakteristisch ist.

Verbreitung: Pazifik-Küste von Costa Rica; West- und Zentral-Panama.

Habitat: *Poeciliopsis elongata* konnte 1980 von RADDA und Mitarbeiter in Panama in einem Brackgewässer bei Punta Chame in den Mangroven-Sümpfen nachgewiesen werden. Zusammen mit der beschriebenen Art wurde *Neoheterandria tridentiger* und *Priapichthys panamensis* angetroffen. Die Wassertemperatur betrug am 26. Februar 33° C.

Pflege und Zucht: Die Art ist kurz nach dem Import wieder ausgestorben.

Der Erstimport erfolgte 1980 durch Dr. RADDA und Mitarbeiter.

Poeciliopsis fasciata (MEEK, 1904)

Familie: Poeciliidae GARMAN, 1895

Unterfamilie: Poeciliinae GARMAN, 1895

Untergattung: *Poeciliopsis* REGAN, 1913

Herkunft des Artnamens: *fasciata* (lat.) = gestreift, bezogen auf die dunkle Körperbänderung

Synonyma: *Gambusia fasciata* MEEK, 1904
Heterandria fasciata REGAN, 1913

Erstbeschreibung: MEEK, S. E. (1904): The fresh-water fishes of Mexico north of the Isthmus of Tehuantepec. Publ. Field Columbian Mus., zool. ser., vol. 5: pp. 1–252.

Typuslokalität: San Geronimo, Tehuantepec; Oaxaca; Mexiko.

Meristische Angaben: Dorsale = 7 Flossenstrahlen; Anale = 8–9 Flossenstrahlen; L. lat. = 30–31 Schuppen; L. tra. = 8 Schuppen.

Totalkörperlänge: Männchen 2,5–3 cm; Weibchen = 4–5 cm.

Beschreibung: Die Art kann auf den ersten Blick leicht mit *Poeciliopsis latidens* verwechselt werden, besitzt aber im Vergleich nur eine kleine

Poeciliopsis fasciata ♂

Poeciliopsis fasciata ♀. Aquariumstamm.

Zahl dunkler Querbänderungen, die wesentlich dünner und länger ausgebildet sind. Auch im Körperbau zeigt sich *Poeciliopsis fasciata* schlanker. Die Körpergrundfarbe ist grauoliv. Je nach Lichteinfall schimmern die Körperseiten metallisch. Die ersten beiden Flossenstrahlen der Dorsale sind ebenso wie das obere Teilstück des Gonopodiums schwarz pigmentiert. Der Flossenbehang ist gewöhnlich transparent, kann aber auch leicht gelb getönt sein.

Verbreitung: Pazifische Abhänge von der Laguna Coyuca, nahe Acapulco; Guerrero; Mexiko bis zum Rio Pijijiápan, Tonalá; Chiapas; Mexiko, sowie Atlantik-Drainage, Oberläufe des Rio Coatzacoalcos; Oaxaca; Mexiko.

Habitat: Der *Poeciliopsis* Vertreter besiedelt Süß- und Brackgewässer. 1980 konnte *fasciata* nahe Arriaga, Chiapas, zusammen mit *Poeciliopsis gracilis* in einem flachen, schnellfließenden Gewässer, an der Atlantikküste gelegen, gesammelt werden. Der 3 bis 4 m breite Bach fließt entlang dichter Baumbestände und ist stark abgeschattet. Der Bodengrund besteht aus Geröll. Wasserpflanzen konnten keine nachgewiesen werden. Die Wassertemperatur betrug im März gegen Mittag ca. 25° C.

Pflege und Zucht: In der Pflege und Zucht erweist sich *Poeciliopsis* als einfacher und dankbarer Pflegling. Durchschnittlich werden alle 28 Tage zwischen 15 und 30, ca. 8 mm lange Jungfische von den Weibchen abgesetzt. Die Reife tritt gewöhnlich nach dem 4. Monat ein. Ansonsten wie *Poeciliopsis gracilis*.

Poeciliopsis fasciata wurde durch Herrn E. SCHLOSSER erstmals 1976 nach Österreich importiert.

Poeciliopsis gracilis ♀. Aquariumstamm.

Poeciliopsis gracilis (HECKEL, 1848)

Familie:	Poeciliidae GaRMAN, 1895
Unterfamilie:	Poeciliinae GARMAN, 1895
Untergattung:	*Poeciliopsis* REGAN, 1913
Herkunft des Artnamens:	*gracilis* (lat.) = schlank
Synonyma:	*Gambusia heckeli* BLEEKER, 1860 *Xiphophorus gracilis* HECKEL, 1848 *Girardinus pleurospilus* GÜNTHER, 1866 *Heterandria pleurospilus* JORDAN & EVERMANN, 1896 *Poeciliopsis pleurospilus* REGAN, 1913 *Poecilistes pleurospilus* HUBBS, 1926 *Poecilistes pleurospilus pleurospilus* HUBBS, 1950 *Heterandria lutzi* MEEK, 1902 *Girardinus lutzi* REGAN, 1906–1908 *Poeciliopsis lutzi* REGAN, 1913 *Priapichthys letonai* HILDEBRAND, 1925
Erstbeschreibung:	HECKEL, J. (1848): Eine neue Gattung von Poecilien mit rochenartigem Anklammerungs-Organ. Sitzber, K. Akad. Wiss. Wien, Math. Nat. Cl., vol. 1, pp. 289–303.
Typuslokalität:	Orizaba-Berge; Veracruz; Mexiko.
Meristische Angaben:	Dorsale = 7–8 Flossenstrahlen; Anale = 9–10 Flossenstrahlen; L. lat. = 28–29 Schuppen; Wirbel = 30.
Totalkörperlänge:	Männchen 3–4 cm; Weibchen 5–6 cm.
Beschreibung:	Anhand der unter der Rubrik Synonyma aufgelisteten zahlreichen Mehrfachbeschreibungen von *Poeciliopsis gracilis* wird deutlich, daß die Art eine größere Variationsbreite in ihrer Körperproportion und ihrem Zeichnungsmuster, was vor allem den Ausprägungsgrad des Fleckenmusters entlang der mittleren Seitenlinie betrifft, besitzt. Die Körpergrundfarbe ist olivfarben bis bräunlich und bei auffallendem Licht glänzen die Körperseiten metallisch silbern. Die Mittellinie setzt sich aus 4–11 schwarzen,

runden Flecken oder Kommastrichen zusammen. Die Flossen sind leicht gelb getönt. Die Afterflosse ist häufig mit einem dunklen Randsaum ausgebildet. Die von JACOB HECKEL 1848 beschriebene Art zeichnet sich durch einen schlanken Körperbau und zugespitztem Kopf aus. Das typische Fleckenmuster entlang der Mittellinie ist bereits bei den Neugeborenen ausgeprägt.

Verbreitung: Gewässer der atlantischen und pazifischen Abdachung des südlichen Mexiko; Guatemala und Honduras.

Habitat: *Poeciliopsis gracilis* ist an die verschiedensten Lebensräume angepaßt. Auf einer Mexikosammelreise konnte die Art in kleinen verschmutzten Teichen und in kristallklaren, schnellfließenden Bächen angetroffen werden. Im Rio Orcones nahe Arriaga, Chiapas, Mexiko, ist *Poeciliopsis gracilis* mit *Poeciliopsis fasciata* vergesellschaftet. Trotz intensiver Sammeltätigkeit konnten zwischen den beiden Arten keine Hybriden nachgewiesen werden, obwohl sich die *Poeciliopsis gracilis*-Weibchen offensichtlich dem Zeichnungsmuster von *Poeciliopsis fasciata,* einer Strichbänderung entlang der mittleren Körperseiten, angepaßt hatten. *Poeciliopsis gracilis*-Männchen waren in diesem Biotop nicht zu lokalisieren, dagegen traten reichlich *Poeciliopsis fasciata*-Männchen auf. Trächtige *gracilis*-Weibchen brachten zu Hause im Aquarium ein ausgewogenes Geschlechtsverhältnis von 50 zu 50 und die Strichbänderung wurde bei den Nachkommen nie wieder festgestellt. Der Rio Orcones ist ein schnellfließender Fluß mit einer durchschnittlichen Wassertiefe von 30 cm und einer Breite von 4 bis 5 m. Der Bodengrund setzt sich aus einer Schlammschicht und Geröll zusammen. Das Gewässer fließt durch eine dichte Buschlandschaft und war Anfang März 1980, bei einer Wassertemperatur von 25° C, durch den Baumbestand sehr beschattet.

Pflege und Zucht: *Poeciliopsis gracilis* ist ein einfacher und dankbarer Pflegling, der keine besonderen Ansprüche stellt. Regelmäßig werden im Durchschnitt von 28 Tagen 10 bis 50 Jungfische von den Weibchen abgesetzt. *Gracilis* ist, wie auch *hnilickai,* ein schnellreifender Kärpfling und wird nach 3 bis 4 Monaten geschlechtsreif. Die Wassertemperatur sollte mindestens 24° C betragen und die Aquarienbehälter sollten möglichst geräumig sein, je größer, desto besser. Abwechslungsreiche Kost begünstigt die Generationenfolge.

Poeciliopsis gracilis wurde 1913 durch ARTHUR RACHOW und FRITZ MAYER erstmalig importiert.

Poeciliopsis hnilickai MEYER & VOGEL, 1981

Familie: Poeciliidae GARMAN, 1895

Unterfamilie: Poeciliinae GARMAN, 1895

Untergattung: *Poeciliopsis* REGAN, 1913

Herkunft des Artnamens: *hnilickai* = nach ERICH HNILICKA benannt

Synonyma: keine

Poeciliopsis hnilickai ♂.
Population Ixtapa, Mexiko.

Erstbeschreibung: MEYER, M. K. & D. VOGEL (1981): Ein neuer Poeciliopsis aus Chiapas, Mexiko. Senckenbergiana Biol., 61: 357–361.

Typuslokalität: Gebirgsbach 1 km westlich Ixtapa; Chiapas; Mexiko.

Meristische Angaben: Dorsale = 8 Flossenstrahlen; Caudale = 30 Flossenstrahlen; Ventrale = 6 Flossenstrahlen; L. tra. = 6–7 Schuppen; L. lat. = 28–29 Schuppen; Wirbel = 30.

Totalkörperlänge: Männchen 3–3,5 cm; Weibchen 4–5 cm.

Beschreibung: *Poeciliopsis hnilickai* zeigt sich mit abgerundetem Kopf und langgestrecktem, schlankem Körperbau. Sämtliche Flossen sind an den Enden abgerundet. Die Grundfärbung ist grau und die Bauchseiten schimmern bei auffallendem Licht silbergrün. Entlang der Mittellinie erstreckt sich ein dunkelblauer Mittelstreifen, vom Kopf bis zur Schwanzwurzel-Basis reichend. Die ersten

Poeciliopsis hnilickai 2 ♀, 1 ♂

beiden Flossenstrahlen der Dorsale sind schwarz pigmentiert, die übrigen Flossen sind farblos. Die Geschlechtsöffnung erwachsener Weibchen ist mit kleinen schwarzen Flecken umsiedelt. Bei den geschlechtsreifen männlichen Tieren ist dieses Merkmal schwächer ausgebildet. Jungtiere besitzen 14 Tage nach der Geburt gut sichtbare Flecken entlang der Mittellinie, die mit fortschreitendem Alter zunehmen. *Poeciliopsis hnilickai* zeigt keine geschlechtsspezifischen Färbungs-Unterschiede.

Verbreitung: Nur von der Typuslokalität bekannt.

Habitat: Ein mit Namen unbekannter langsamfließender Gebirgsbach nahe Ixtapa war Ende Februar 1980 teilweise ausgetrocknet. Das Flußbett ist mit einer wechselhaften Buschlandschaft umgeben und ca. 10 m breit, mit Schottergrund und zahlreichen Kiesbänken, umgeben von großen ausgewachsenen Felsen. Der Ixtapa-Fluß fließt durch einen hügeligen Gebirgszug im Hochland von Chiapas. Der Bach hat an der Fangstelle von *Poeciliopsis hnilickai* eine Breite von 3–5 m und wird an flachen Stellen immer wieder von großen, ausgeschwemmten Löchern von 1,20–1,60 m Tiefe unterbrochen. An den flachen Stellen ist der Bodengrund mit einer zentimeterdicken schwarzen Schlammschicht bedeckt. Wasserpflanzen oder überhängendes Gestrüpp sind nicht vorhanden. Das Gewäser ist an der Fangstelle farblos und kristallklar. *Poeciliopsis hnilickai* lebt sympatrisch mit Profundulus.

Pflege und Zucht: Der Hnilicka-Kärpfling ist ein ausgezeichneter und schneller Schwimmer, das zeigt schon der schlanke Körper. Die Tiere halten sich bevorzugt im Schwarm auf. Auch im Aquarium wird man darum mindestens acht bis zehn Tiere pflegen. Steht nur ein einziges Paar zur Verfügung, was am Anfang der Zucht seltener Fischarten oft der Fall ist, befruchten die männlichen Tiere unter Umständen nicht. Im Alter von vier Wochen stehen die Fische dicht zusammen. Das Schwarmverhalten ist zu diesem Zeitpunkt schon gut erkennbar. Bei sorgfältiger Pflege wird *Poeciliopsis hnilickai* nach etwa drei Monaten geschlechtsreif. Einige Tiere, die am 5. Januar geboren wurden, brachten am 23. März die ersten Jungfische . Die Wurffolge der Poeciliopsis-Art findet im Abstand von 28–35 Tagen statt. Je nach Alter und Größe der Weibchen werden zwischen 3 bis 35 Jungfische geboren. Sämtliche Poeciliopsis-Arten sind genügsam und fressen gern getrocknete und lebende Futterarten.

Der Hnilicka-Kärpfling wurde 1980 durch die Herren VOGEL, MÜLLER und MEYER nach Deutschland importiert.

Poeciliopsis infans.
Population Presa de Cointzio, Mexiko.

Poeciliopsis infans (WOOLMAN, 1894)

Familie:	Poeciliidae GARMAN, 1895
Unterfamilie:	Poeciliinae GARMAN, 1895
Untergattung:	*Poeciliopsis* REGAN, 1913
Herkunft des Artnamens:	*infans* (lat.) = zart gebaut, bezogen auf den Körperbau
Synonyma:	*Gambusia infans* WOOLMAN, 1894 *Leptorhaphis infans* REGAN, 1913 *Gambusia affinis* PELLEGRIN, 1901 *Poeciliopsis porosus* DE BUEN, 1943
Erstbeschreibung:	WOOLMAN, A. J. (1894): Report on a collection of fishes from the rivers of central and northern Mexico. Bull. U.S. Fish Comm., vol. 14: pp. 55–66.
Typuslokalität:	Rio Lerma; Mexiko.
Meristische Angaben:	Dorsale = 7–8 Flossenstrahlen; Anale 8–9 Flossenstrahlen; L. lat. = 28 Schuppen; L. tra. = 8 Schuppen.
Totalkörperlänge:	Männchen 3–3,5 cm; Weibchen 4–5 cm.
Beschreibung:	*Poeciliopsis infans* besitzt einen gestreckten Körperbau mit kleinem, abgerundetem Kopf. Die Körpergrundfarbe zeigt sich grauoliv mit heller Bauchseite. Je nach Lichteinwirkung schillern die Körperseiten silbrig. Die Rückenflosse weist im Bereich der ersten beiden Flossenstrahlen eine schwarze Pigmentierung auf. Männliche Tiere zeigen in den unpaaren Flossen eine orange Färbung. In der Natur treten vereinzelt Alfa-Männchen mit intensiver blauschwarzer Körperfärbung auf, die sich bis in den Flossenbereich erstrecken kann.
Verbreitung:	Rio Grande de Santiago-Becken, Rio Lerma-Becken und Rio Ameca; Jalisco und Michoacán; Mexiko.
Habitat:	*Poeciliopsis* besiedelt langsamfließende oder stehende Gewässer. Die Art ist an keine speziellen Biotoptypen angepaßt und in den angegebenen mexikanischen Staaten weitverbreitet, hauptsächlich in hochgelegenen Regionen oberhalb 900 Meter.

Pflege und Zucht: Die Art ist anspruchslos und kann bereits in kleinen Behältern gepflegt werden. Die Wassertemperatur sollte bei 21 bis 24° C liegen. Die Art ist friedlich und läßt sich gut vergesellschaften. Dominante Männchen erreichten bisher in den Nachzuchten nicht mehr ihre intensive Färbung.

P. infans wurde erstmals 1978 durch Dr. RADDA nach Europa importiert.

Poeciliopsis latidens (GARMAN, 1895)

Familie: Poeciliidae GARMAN, 1895

Unterfamilie: Poeciliinae GARMAN, 1895

Untergattung: *Poeciliopsis* REGAN, 1913

Herkunft des Artnamens: *latidens* (lat.) = mit breiten Zähnen

Synonyma: *Glaridodon latidens*, GARMAN, 1895
Glaridichthys latidens, REGAN, 1906

Erstbeschreibung: GARMAN, S. (1895): The cyprinodonts. Mem. Mus. Comp. Zoöl., vol. 19, no. 1: pp. 1–179.

Typuslokalität: Daten sind nicht bekannt.

Meristische Angaben: Dorsale = 7 Flossenstrahlen; Anale = 9 Flossenstrahlen; Pectorale = 12–13 Flossenstrahlen; Ventrale = 5–6 Flossenstrahlen; Wirbel = 32.

Totalkörperlänge: Männchen = cm; Weibchen bis 5 cm.

Beschreibung: Die von C. L. HUBBS und R. R. MILLER 1954 wieder beschriebene Art besitzt einen gestreckten und leicht gedrungenen Körperbau. Die Körpergrundfarbe zeigt sich graugelb mit heller Bauchseite. Entlang der oberen Körperhälfte verläuft eine in der Anzahl stark variierende, schwarze Körperbänderung, die sich aus breiten senkrecht erscheinenden Balkenstreifen oder Punkten zusammensetzt. Vereinzelt treten Tiere auf, die vor allem im unteren Körperbereich kleine kreisrunde, aufsitzende, schwarze Flecken besitzen. Der gesamte Flossenbehang zeigt sich gewöhnlich transparent, kann aber auch leicht gelb getönt sein.

Verbreitung: Pazifik-Küste vom Rio del Fuerte bis San Blas; Nayarit; Mexiko.

Habitat: *Poeciliopsis latidens* besiedelt vor allem Brack- und Salzgewässer, wird aber auch vereinzelt im Süßwasser angetroffen. HANS KRÖGER, Hamburg, und Mitarbeiter weisen am 11. März 1977 eine bislang unbeschriebene Art im Rio Tuito, nahe der Stadt El Tuito, im mexikanischen Staat Jalisco nach und entdecken dabei ein bisher unbekanntes südliches Verbreitungsgebiet der recht ansprechenden Fische und mit *P. latidens* sehr nahe verwandten Art. Die Wassertemperatur beträgt gegen 14 Uhr 25° C, pH = 8. Der Bach ist an der Sammelstelle etwa 2 m breit, tritt aus einem Maisfeld aus und fließt in ein Waldgebiet. Die Ufer sind mit Gräsern bewachsen. Poeciliopsis hält sich in kleinen Gumpeln auf.

Pflege und Zucht: Die Pflege und Zucht des Kärpflings erwies sich in den bisher beobachteten Fällen als schwierig. Nur selten werden alle 28 Tage zwischen 8 und 25, ca. 8 mm lange Jungfische von den Weibchen abgesetzt. Die Art stellt den Neugeborenen stark

Poeciliopsis latidens.
Population San Blas, Mexiko.
Oben ♂, unten ♀.

nach. Für die erfolgreiche Pflege der Fischart empfiehlt sich ein Salzzusatz von 2 Teelöffel auf 10 Liter Aquariumwasser. *Poeciliopsis latidens* frißt mit Vorliebe Algen und Trockenfutter.

Die Species wurden 1977 erstmals durch KRÖGER und Mitarbeiter nach Deutschland importiert.

Poeciliopsis lucida MILLER, 1960

Familie:	Poeciliidae GARMAN, 1895
Unterfamilie:	Poeciliinae GARMAN, 1895
Untergattung:	*Poeciliopsis* REGAN, 1913
Herkunft des Artnamens:	*lucida* (lat.) = transparent, bezogen auf die farblose Rücken- und Afterflosse
Synonyma:	keine
Erstbeschreibung:	MILLER, R. R. (1960): Four new species of viviparous fishes, genus Poeciliopsis, from northwestern Mexico. Occas. Papers Mus. Zool Univ. Michigan, no. 619: pp. 1–11.
Typuslokalität:	Oberlauf des Rio Mocorito, nördlich San Benito; Sinaloa; Mexiko.
Meristische Angaben:	Dorsale = 7–8 Flossenstrahlen; Anale = 9 Flossenstrahlen; Pectorale = 12–13 Flossenstrahlen; Ventrale = 6 Flossenstrahlen; L. lat. = 27–29 Schuppen; Wirbel 30–32.
Totalkörperlänge:	Männchen bis 3 cm; Weibchen bis 5 cm.
Beschreibung:	*Poeciliopsis lucida* besitzt einen gestreckten Körperbau mit zugespitztem Kopf. Die Körperseite weist eine feine schwarze Mittellinie auf. Die Körpergrundfarbe ist braunoliv bei dunkler Rückenpartie und heller Bauchseite. Die einzelnen Schuppenreihen sind mit schwarzem Pigment unterlegt. Männliche Tiere erscheinen in der Balz total schwarz. Die Rücken- und Analflosse sind ohne Zeichnungsmuster ausgeprägt. Die restlichen Flossen erscheinen dunkel oder gelblich getönt.

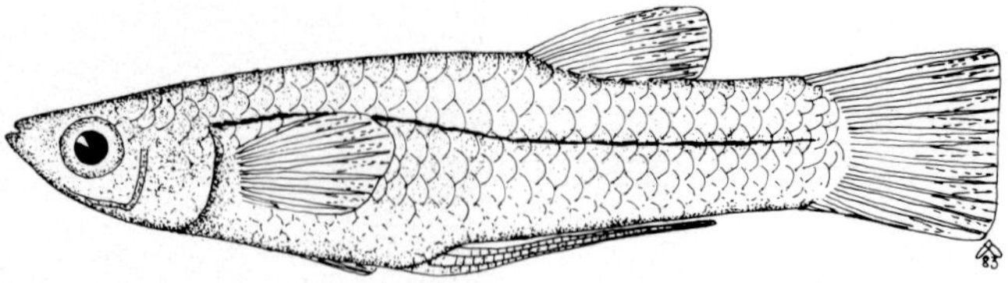

Poeciliopsis lucida ♂

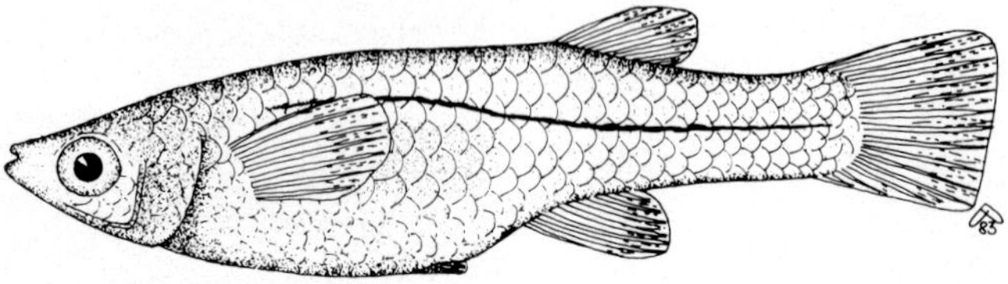

Poeciliopsis lucida ♀

Verbreitung:	Rio Mocorito-Becken und Rio del Fuerte; Sinaloa; Mexiko.
Habitat:	Nur wenig bekannt geworden.
Pflege und Zucht:	Die Art konnte bisher noch nicht nach Europa importiert werden.

Poeciliopsis monacha MILLER, 1960

Familie:	Poeciliidae GARMAN, 1895
Unterfamilie:	Poeciliinae GARMAN, 1895
Untergattung:	*Poeciliopsis* REGAN, 1913
Herkunft des Artnamens:	*monacha* = (gr.) abgeleitet von *monachos* = einzig, bezogen auf die solitäre Vorkommensweise der Art
Synonyma:	keine
Erstbeschreibung:	MILLER, R. R. (1960): Four new species of viviparous fishes, genus Poeciliopsis, from northwestern Mexico. Occas. Papers Mus. Zool Univ. Michigan, no. 619: pp. 1–11.
Typuslokalität:	Arroyo San Benito; Sonora; Mexiko.
Meristische Angaben:	Dorsale = 7 Flossenstrahlen; Anale = 9 Flossenstrahlen; Ventrale = 6 Flossenstrahlen; L. lat. = 27–28 Schuppen; Wirbel = 29–30.
Totalkörperlänge:	Männchen 2,5–3 cm; Weibchen 3,5–4,5 cm.
Beschreibung:	Die von MILLER 1960 beschriebene Art zeigt sich mit gestreckt-gedrungenem Körperbau und gerundetem Kopf. Entlang der mittleren Körperseite verläuft ein fein ausgeprägter, schwarzer Längsstreifen. Die oberen Schuppenreihen heben sich deutlich vom Körper durch eine dunkle Pigmentierung ab. Die Grundfärbung ist braunoliv bei dunkler Körperoberseite und heller Bauchregion. An der Analregion der Männchen befindet sich ein schwarzer Fleck. Die Geschlechtsöffnung der weiblichen Tiere ist deutlich mit schwarzen Melanophoren umlagert. Je nach Stimulation können die Männchen dunkel erscheinen. Die kleinen, abgerundeten Flossen sind gewöhnlich ohne Farbmarkierung.

Poeciliopsis monacha ♀
Population Guirocoba, Mexiko.

Verbreitung: Nur von einigen kleinen Bächen der Rancho Guirocoba, südöstlich Sonora, Mexiko, bekannt.

Habitat: Habitatdaten sind bisher nicht bekannt geworden.

Pflege und Zucht: *Poeciliopsis monacha* konnte durch E. HNILICKA 1984 nach Europa exportiert werden.

Poeciliopsis occidentalis (BAIRD & GIRARD, 1853)

Familie: Poeciliidae GARMAN, 1895

Unterfamilie: Poeciliinae GARMAN, 1895

Untergattung: *Poeciliopsis* REGAN, 1913

Herkunft des Artnamens: *occidentalis* (lat.) = westlich, bezogen auf die Verbreitung von Arizona bis Sonora

Synonyma:
Heterandria occidentalis BAIRD & GIRARD, 1853
Girardinus occidentalis GIRARD, 1859
Poecilia occidentalis GARMAN, 1895
Mollienisia occidentalis REGAN, 1913
Girardinus sonoriensis GIRARD, 1859

Erstbeschreibung: BAIRD, S. F. & C. GIRARD (1853): Descriptions of new species of fishes collected by Mr. John H. Clark, on the U.S. and Mexican Boundary Survey, under Lt. Col. Jas. D. Graham. Proc. Acad. Nat. Sci. Philadelphia, vol. 6: pp. 387–390.

Typuslokalität: Rio Santa Cruz, nahe Tucson, Rio Gila; Arizona; USA.

Meristische Angaben: Dorsale = 7 Flossenstrahlen; Anale = 8–9 Flossenstrahlen; Ventrale = 6 Flossenstrahlen; Pectorale = 12 Flossenstrahlen.

Totalkörperlänge: Männchen = 3 cm; Weibchen = 5 cm.

Beschreibung: *Poeciliopsis occidentalis* stellt eine der schönsten Arten innerhalb der Gattung dar. Die Fische zeigen sich mit gestrecktem Körperbau und kleinem, zugespitztem Kopf. Die Körpergrundfarbe ist braunoliv. Die Schuppen sind schwarz eingerahmt. Die Bauchseite zeigt sich weißgrau. Vereinzelt besitzen die weiblichen Tiere eine kleine schwarze, punktförmige Pigmentierung,

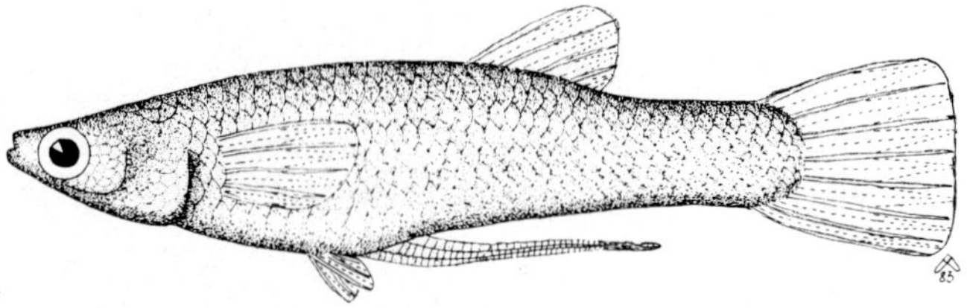

Poeciliopsis occidentalis ♂

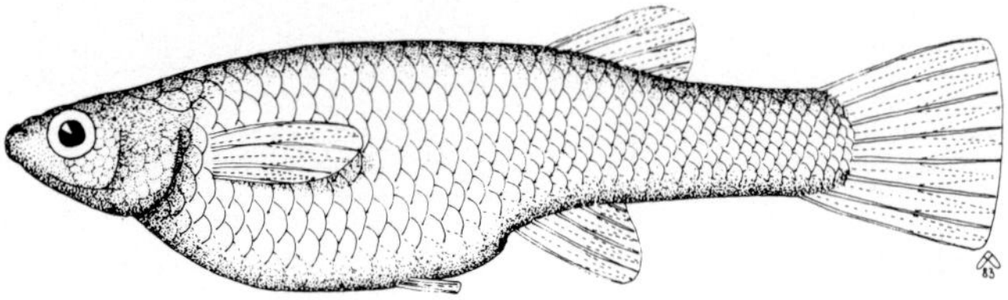

Poeciliopsis occidentalis ♀

vom oberen Bauchbereich entlang des unteren Schwanzstiels verlaufend. Die unpaaren Flossen sind gelb und leicht schwärzlich getönt. Die Geschlechtsöffnung der Weibchen ist mit kleinen Melanophoren umsiedelt. Erwachsene männliche Tiere zeigen sich gewöhnlich mit intensiv schwarzblauer Körperfärbung. Die unpaare Beflossung ist orange und schwarz gefärbt.

Verbreitung: Nur noch von den Bylas Springs, Arizona, USA bekannt.

Habitat: Über die Restverbreitung liegen keine Habitatangaben vor.

Pflege und Zucht: Die vom Aussterben bedrohte Tierart konnte bisher noch nicht nach Europa importiert werden.

Poeciliopsis paucimaculata BUSSING, 1967

Familie: Poeciliidae GARMAN, 1895

Unterfamilie: Poeciliinae GARMAN, 1895

Untergattung: *Aulophallus* HUBBS, 1926

Herkunft des Artnamens: *paucimaculata* (lat.) = einige Flecken, bezogen auf das dunkle Fleckenmuster entlang der Körperseiten

Synonyma: keine

Erstbeschreibung: BUSSING, W. A. (1967): New Species and New Records of Costa Rican Freshwater Fishes with a Tentative List of Species. Rev. Biol. Trop., 14 (2): pp. 205–249.

Typuslokalität: San Isidro del General; Costa Rica.

Meristische Angaben: Dorsale = 8–10 Flossenstrahlen, gewöhnlich 9 Strahlen; Anale = 9 Flossenstrahlen; Pectorale = 16 Flossenstrahlen; Ventrale = 6 Flossenstrahlen; L. lat. = 28–30 Schuppen; Kiemenrechen = 19–20.

Totalkörperlänge: Männchen = 3–3,5 cm; Weibchen = 4 cm.

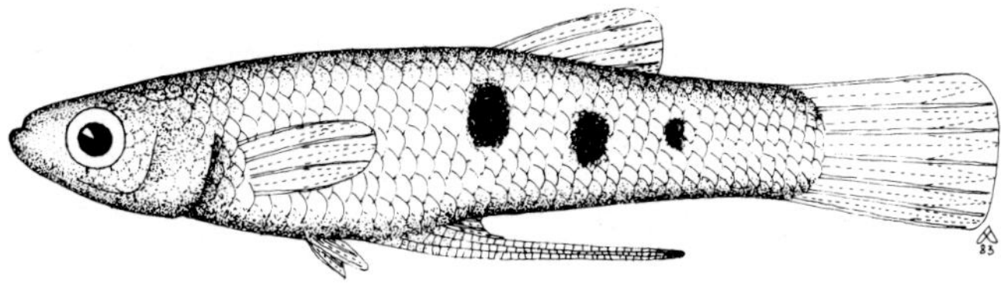

Poeciliopsis paucimaculata ♂

Beschreibung: Die in Costa Rica verbreitete Poeciliopsis-Art besitzt einen gestreckten Körperbau mit kleinem, abgerundetem Kopf. Die Körpergrundfarbe ist graubraun. Die Körperseite weist 2 bis 3 breite, schwarze Balkenmarkierungen auf, die sich entlang der mittleren Körperregion erstrecken. Das Muster zeigt sich bei einigen Tieren entweder weit voneinander verteilt oder die Balkenstriche liegen in unmittelbarer Nähe dicht zusammen. Die Rücken- und Schwanzflosse sind dunkel getönt. Alle anderen Flossen besitzen keine Farbmarkierung. Beide Geschlechter sind annähernd gleich gezeichnet.

Verbreitung: Bisher nur von einigen Oberläufen des Rio General, Costa Rica, bekannt.

Habitat: RADDA und Mitarbeiter weisen *Poeciliopsis paucimaculata* 1980 im Rio Convento, Rio General-System, 32,8 km südöstlich von San Isidro, an der Panamericana gelegen, nach. Der Fluß hat eine Bettbreite von 4 bis 15 m bei einer durchschnittlichen Wassertiefe von 20 bis 80 cm. Der Untergrund des Gewässers ist felsig und mit Geröll belegt. Zusammen mit der Poeciliopsis-Art konnten Salmler und Cichliden gesammelt werden. Der Rio Convento hatte am 22. Februar gegen 16.00 Uhr eine Wassertemperatur von 24,5° C, pH = 7,2 und GH = 1,5° DH. Weitere Habitatangaben siehe *Poeciliopsis retropinna.*

Pflege und Zucht: Die Art konnte bisher nicht lebend importiert werden.

Poeciliopsis presidionis (JORDAN, 1895)

Familie: Poeciliidae GARMAN, 1895

Unterfamilie: Poeciliinae GARMAN, 1895

Untergattung: *Poeciliopsis* REGAN, 1913

Herkunft des Artnamens: *presidionis* = nach dem Verbreitungsgebiet, dem Rio Presidio, benannt

Synonyma: *Poecilia presidionis* JORDAN, 1895
Girardinus presidionis REGAN, 1906

Erstbeschreibung: JORDAN, D. S. (1895): The fishes of Sinaloa. Proc. California Acad. Sci., ser. 2, vol. 5: pp. 377–514.

Typuslokalität: Rio Presidio; Sinaloa; Mexiko.

Meristische Angaben: Dorsale = 7–8 Flossenstrahlen; Anale = 8–9 Flossenstrahlen; L. lat. = 28–29 Schuppen; Wirbel = 29–30.

Totalkörperlänge: Männchen 3–3,5 cm; Weibchen = 4–5 cm.

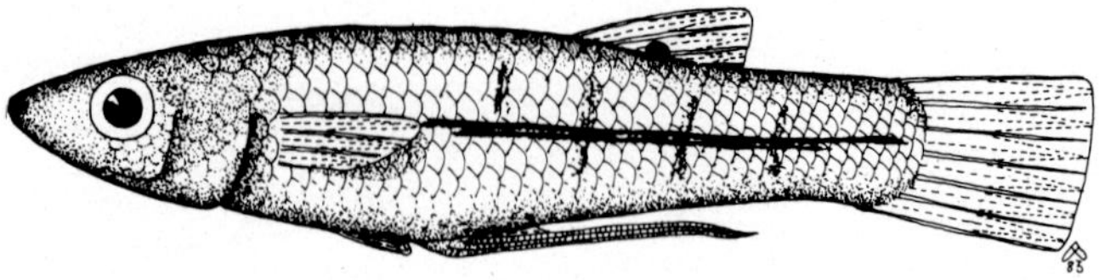

Poeciliopsis presidionis ♂

Beschreibung: Die beschriebene Poeciliopsis-Art zeigt sich dem Betrachter mit gestrecktem Körperbau. Die Körpergrundfarbe ist oliv. Die Körperseite weist eine Anzahl, gewöhnlich 3 bis 4, schwarzer Querstreifen auf. In der Körpermitte zeigt sich eine schwarze Längsbinde; unterhalb erstreckt sich noch zusätzlich eine zweite, kürzere Bänderung. Die Dorsale besitzt in der Basis einen schwarzen, runden Fleck. Männliche Tiere erscheinen in der Balz mit rotbrauner Querbinde und gelbgefärbter Bauchregion. Die kleinen Flossen zeigen außer dem genannten Muster selten eine Grundtönung. Je nach Lichteinwirkung schimmern die Körperseiten metallisch.

Verbreitung: Pazifik-Drainage vom Rio Sinaloa, Sinaloa bis San Blas; Nayarit; Mexiko.

Habitat: Daten liegen keine vor.

Pflege und Zucht: Ein Import steht noch aus.

Poeciliopsis prolifica MILLER, 1960

Familie: Poeciliidae GARMAN, 1895

Unterfamilie: Poeciliinae GARMAN, 1895

Untergattung: *Poeciliopsis* REGAN, 1913

Herkunft des Artnamens: *prolifica* = (lat.) *prolificus* = reichlich, bezogen auf die Wurftätigkeit der weiblichen Tiere

Synonyma: keine

Erstbeschreibung: MILLER, R. R. (1960): Four new species of viviparous fishes, genus Poeciliopsis, from northwestern Mexico. Occas. Papers Mus. Zool Univ. Michigan, no. 619: pp. 1–11.

Typuslokalität: Arroyo Sonolona; Sinaloa; Mexiko.

Meristische Angaben: Dorsale = 7 Flossenstrahlen; Anale = 9 Flossenstrahlen; Ventrale = 6 Flossenstrahlen; L. lat. = 28–30 Schuppen; Wirbel = 30–32.

Totalkörperlänge: Männchen bis 2 cm; Weibchen bis 3,5 cm.

Beschreibung: *Poeciliopsis prolifica* besitzt einen langgestreckten Körperbau mit kleinem, spitzem Kopf. Die Körpergrundfarbe ist olivgelb. Entlang der mittleren Seite erstreckt sich ein breiter, schwarzer Mittelstreifen. Männliche Tiere zeigen nahe dem Ende der unteren Kopfregion schwarze Markierungen. Die mittlere Körper- und Bauchregion zeigt sich je nach Wohlbefinden der Art inten-

Poeciliopsis prolifica ♀
Population Rio Presidio, Mexiko.

siv gelbfarben in beiden Geschlechtern. Die Caudale ist trapezförmig ausgebildet. Der gesamte Flossenbehang zeigt sich transparent.

Verbreitung: Unterer Rio Yaqui, Sonora entlang der Küstenregion bis nach San Blas, Nayarit; Mexiko.

Habitat: *Poeciliopsis prolifica* besiedelt Süß- und Brackgewässer. Weitere Daten sind bisher noch nicht bekannt geworden.

Pflege und Zucht: Die Art wurde 1984 durch WIRTH, ALLSPACH, MEYER und MEYER nach Europa importiert.

Poeciliopsis retropinna (REGAN, 1908)

Familie: Poeciliidae GARMAN, 1895
Unterfamilie: Poeciliinae GARMAN, 1895
Untergattung: *Aulophallus* HUBBS, 1926
Herkunft des Artnamens: *retropinna* (lat.) = nach hinten versetzte Flosse, bezogen auf die Rückenflosse

Synonyma: *Poecilia retropinna* REGAN, 1908
Erstbeschreibung: REGAN, C. T. (1908): A collection of fresh water fishes made by Mr. C. F. Underwood in Costa Rica. Ann. Mag. Nat. Hist. ser. 8, vol. 2: pp. 455–464.

Typuslokalität: Costa Rica.
Meristische Angaben: Dorsale = 9–10 Flossenstrahlen; Anale = gewöhnlich 9 Flossenstrahlen; Kiemenrechen = 27–34.

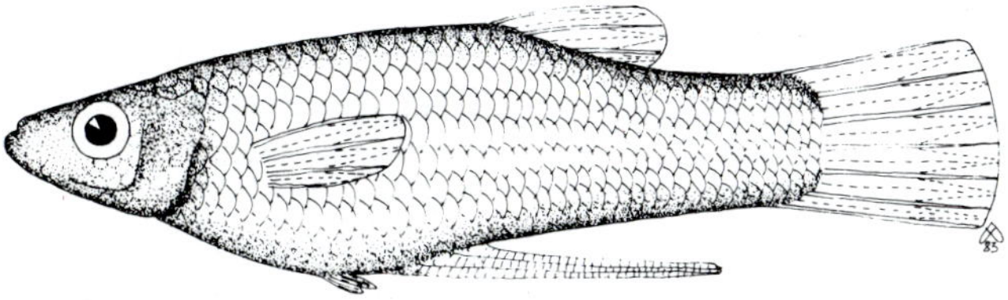

Poeciliopsis retropinna ♂

Totalkörperlänge: Männchen bis 5 cm; Weibchen bis 8 cm.

Beschreibung: *Poeciliopsis retropinna* erscheint mit gestrecktem Körperbau und spitzem Kopf. Im Vergleich zu anderen Vertretern der Gattung zeigt sich *P. retropinna* hochrückig. Die Körpergrundfarbe ist olivgrün bei heller Bauchseite. *Poeciliopsis retropinna* besitzt keine auffallenden Farbmarkierungen. Die Körperschuppen sind dunkelgerahmt und die Flossen farblos. Beide Geschlechter sind gleich gefärbt.

Verbreitung: Pazifische Abhänge von Costa Rica und West-Panama.

Habitat: Anläßlich einer Mittelamerika-Reise konnten RADDA und Mitarbeiter im Rio General die unscheinbare Art nachweisen. Der Sammelort war 15 km südlich von San Isidro gelegen. Der Fluß zeigte an der Sammelstelle eine Bettbreite zwischen 20 und 50 m, bei einer Wassertiefe von 0,4 bis 2 m. Der Bodengrund war felsig und mit Geröll belegt. Zusammen mit *Poeciliopsis retropinna* konnten folgende Begleitfische ermittelt werden: *Poeciliopsis paucimaculata, Poecilia butleri* und ausgesetzte *Poecilia reticulata.*

Pflege und Zucht: Die Art konnte bisher noch nicht lebend nach Europa importiert werden.

Poeciliopsis turneri MILLER, 1975

Familie: Poeciliidae GARMAN, 1895

Unterfamilie: Poeciliinae GARMAN, 1895

Untergattung: *Poeciliopsis* REGAN, 1913

Herkunft des Artnamens: *turneri* = zu Ehren Prof. CLARENCE L. TURNER benannt

Synonyma: keine

Erstbeschreibung: MILLER, R. R. (1975): Five new Species of Mexican Poeciliid Fishes of the Genera Poecilia, Gambusia, Poeciliopsis. Occas. Papers Mus. Zool. Univ. Michigan, no. 672: pp. 1–44.

Typuslokalität: Rio Apamila, nahe La Huerta; Jalisco; Mexiko.

Meristische Angaben: Dorsale = 7–8 Flossenstrahlen; Anale = 9 Flossenstrahlen; Pectorale = 12–14 Flossenstrahlen; L. lat. = 28–30 Schuppen; Wirbel = 31–32.

Totalkörperlänge: Männchen bis 3 cm; Weibchen bis 4 cm.

Beschreibung: *Poeciliopsis turneri* zeigt sich dem Betrachter mit gestrecktem Körperbau und zugespitztem Kopf. Die Körpergrundfarbe der erst kürzlich entdeckten Art ist braungelb bei heller Bauchseite. Entlang der Körperseite verläuft ein dunkles Band, das sich aus 6 bis 10 schwarzen Senkrechtstreifen zusammensetzt. Je nach Lichteinfall schimmern die hinteren Körperseiten metallisch blau und violett. Sämtliche Flossen erscheinen ohne Farbmuster und sind transparent. Jungtiere werden mit einem nabelschnurartigem Anhängsel geboren.

Verbreitung: Vom Rio Purificación-Becken südlich Jalisco und vom Rio Resolana bis nordöstliches Cihuatlán; Jalisco; Mexiko.

Habitat: *Poeciliopsis turneri* wird in kleinen, klaren Bächen mit einer Wassertiefe von 50 bis 110 cm gesammelt, sowie in angrenzenden Teichregionen. Als Wasserpflanzen konnten Ceratophyllum

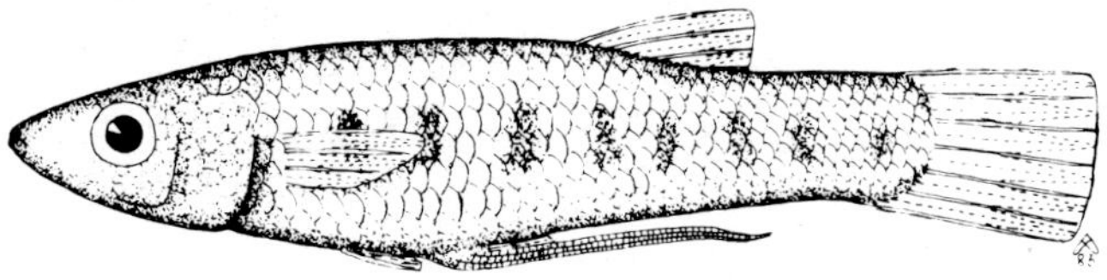

Poeciliopsis turneri ♂

und grüne Algenpolster nachgewiesen werden. *Poeciliopsis turneri* wird zusammen mit *Poecilia chica, Xenotaenia resolanae, Ilyodon xantusi* und einer noch unbeschriebenen Poeciliopsis-Art angetroffen.

Pflege und Zucht: Daten liegen bisher noch keine vor.

Poeciliopsis turrubarensis (MEEK, 1912)

Familie: Poeciliidae GARMAN, 1895

Unterfamilie: Poeciliinae GARMAN, 1895

Untergattung: *Poeciliopsis* REGAN, 1913

Herkunft des Artnamens: *turrubarensis* = nach dem Verbreitungsgebiet der Typusexemplare, Turrubares, Costa Rica, benannt

Synonyma:
Gambusia fasciata MEEK, 1907
Gambusia turrubarensis MEEK, 1912
Priapichthys turrubarensis REGAN, 1913
Heterandria colombianus EIGENMANN & HENN, 1912
Poeciliopsis colombianus MEEK & HILDEBRAND, 1916
Priapichthys fosteri HILDEBRAND 1925
Poeciliopsis maldonadoi ALVAREZ & AGUILLAR, 1957

Erstbeschreibung: MEEK, S. E. (1912): New species of fishes from Costa Rica. Publ. Field Columbian Mus., zool. ser., vol. 10, no. 7: pp. 69–75.

Typuslokalität: Turrubares; San José; Costa Rica.

Meristische Angaben: Dorsale = 6–7 Flossenstrahlen; Anale = 7–9 Flossenstrahlen; L. lat. = 28 Schuppen; L. tra. = 8 Schuppen.

Totalkörperlänge: Männchen = 4 cm; Weibchen = 8 cm.

Beschreibung: *Poeciliopsis turrubarensis* zeigt sich mit gestrecktem Körper und abgerundetem, kleinem Kopf. Die Körperfärbung ist olivfarben bei dunkler Rückenpartie und heller Bauchseite. Entlang der Körperseite verläuft ein dunkles, feines Band, das sich aus 5 bis

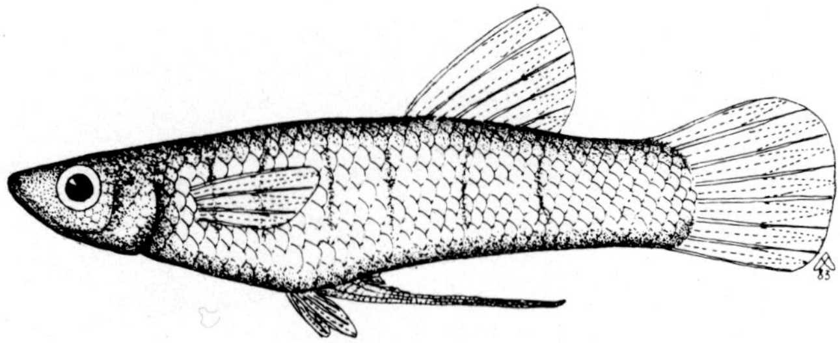

Poeciliopsis turrubarensis ♂

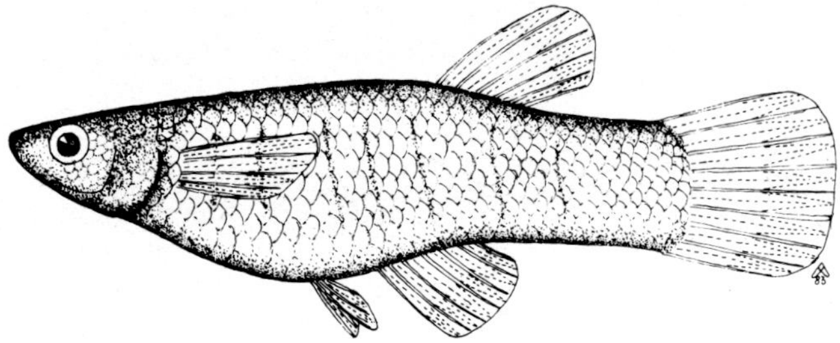

Poeciliopsis turrubarensis ♀

8 senkrechten Streifen zusammensetzt. Je nach Stimulation kann die Bauchregion männlicher Tiere gelb erscheinen. Die Beflossung kann gelbgetönt sein. Im Vergleich zu den Weibchen weisen erwachsene und dominante Männchen eine größere Beflossung auf.

Verbreitung: Pazifikküste von Jalisco; Mexiko bis zum Rio Dagua; Kolumbien.

Habitat: *Poeciliopsis turrubarensis* wird in Süß-, Brack- und Salzgewässern angetroffen. SCHLOSSER und Mitarbeiter konnten die Fischart in einem Brackgewässer bei Lisas, Guatemala, an der Südpazifikseite an der Straße nach Retalhuleu-Salvador gelegen, aufsammeln. *P. turrubarensis* trat hier sympatrisch mit *Anableps dowi* auf.

Pflege und Zucht: Bisher konnte die Art im Aquarium nur selten vermehrt werden. Obwohl der Kärpfling auch im Süßwasser angetroffen wird, sollte auf jeden Fall eine Salzzugabe, ca. 1 Teelöffel auf 1 Liter Aquariumwasser, erfolgen. Die Poeciliopsis-Art benötigt geräumige Becken mit starker Sauerstoffzufuhr. Nach einer durchschnittlichen Tragzeit von 27 Tagen werden zwischen 10 und 60, ca. 8 mm lange Jungfische von den Weibchen abgesetzt. Die Species werden gewöhnlich nach dem 4. Monat geschlechtsreif.

Poeciliopsis turrubarensis wurde 1977 durch Herrn SCHLOSSER, Wien, nach Österreich erstmals importiert.

Poeciliopsis viriosa.
Population Tepic, Mexiko.

Poeciliopsis viriosa MILLER, 1960

Familie:	Poeciliidae GARMAN, 1895
Unterfamilie:	Poeciliinae GARMAN, 1895
Untergattung:	*Poeciliopsis* REGAN, 1913
Herkunft des Artnamens:	*viriosa* = abgeleitet von viriosus (lat.) = robust
Synonyma:	keine
Erstbeschreibung:	MILLER, R. R. (1960): Four new species of viviparous fishes, genus Poeciliopsis, from northwestern Mexico. Occas. Papers Mus. Zool. Univ. Michigan, no. 619, pp. 1–11.
Typuslokalität:	6 km südwestlich Las Palmas, Ixtapita; Jalisco; Mexiko.
Meristische Angaben:	Dorsale = gewöhnlich 7 Flossenstrahlen, selten 8; Anale = 9 Flossenstrahlen; Pectorale = 11–13 Flossenstrahlen; L. lat. = 26–28 Schuppen.
Totalkörperlänge:	Männchen = 2,5–3,5 cm; Weibchen = 3,5–6,5 cm.
Beschreibung:	Ein mäßig langgestreckter, lebendgebärender Zierfisch mit kleinem, abgerundetem Kopf. Die Körpergrundfarbe zeigt sich in beiden Geschlechtern graugelb. Dominante Männchen können je nach Fundortvariation eine intensive orange oder grüngelbe Körperfarbe annehmen. Typisch für Alfamännchen ist eine intensive Schwarzfärbung der Analregion, die sich bis zum Schwanzstiel erstrecken kann. Die ersten beiden Flossenstrahlen der Rückenflossen sind in beiden Geschlechtern schwarzgefärbt. Die Färbung des Flossenbehangs ist gewöhnlich transparent, kann aber auch leicht gelbgetönt sein. Die Schwanzflosse ist an ihren Enden leicht abgerundet.
Verbreitung:	Rio Ameca-Becken von Nord-Jalisco und Süd-Nayarit bis zum Rio Mocorito; Sinaloa; Mexiko.
Habitat:	Nach Angaben von SCHREIBER, Lüdenscheid, der 1976 erstmals *Poeciliopsis viriosa* für die Aquaristik sammeln konnte, bewohnt der Kärpfling zusammen mit *Poecilia butleri* den Rio Co-

luedor, Nayarit. Das Gewässer fließt ca. 30 km südlich von der Stadt Tepic und ist ca. 25 km vom Meer entfernt. Die Wassertemperatur betrug im April 24° C und war mit 8° DH Gesamthärte sehr weich. Wasserpflanzen waren nur sporadisch anzutreffen. In anderen Gewässern wird *P. viriosa* zusammen mit *Astyanax fasciatus* und *Cichlasoma* angetroffen.

Pflege und Zucht:

Obwohl nach der Namengebung von einer ausdauernden Fischart berichtet wird, bereitete bisher *Poeciliopsis viriosa* vor allem in der Zucht einige Schwierigkeiten. Die Art scheint Wurfperioden in 10tägigen Abständen einzulegen. Durchschnittlich werden zwischen 6 und 17, ca. 7 mm lange Jungfische abgesetzt. Große Weibchen stellen der Brut trotz ausreichender Fütterung meistens stark nach. Für dichte Bepflanzung und regelmäßigen Wasserwechsel ist zu sorgen. Die Art ist sehr anfällig gegen Außenparasiten. Abhilfe schafft in den meisten Fällen ein Rivanol-Bad.

Poeciliopsis viriosa wurde erstmals durch Herrn SCHREIBER, Lüdenscheid, im Jahre 1976 nach Deutschland importiert.

PRIAPELLA

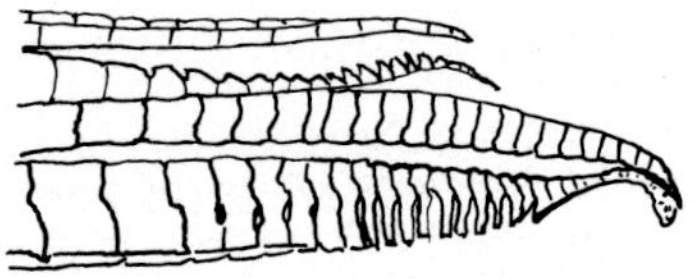

Priapella compressa

Priapella REGAN, 1913

Nach ROSEN & BAILEY (1963) unterteilt das Genus *Priapella* in 3 Taxa. Mehr als fragwürdig, und deshalb auch nicht in die folgende Artenabhandlung aufgenommen, ist der Status von *Priapella bonita* (MEEK, 1904). Im Jahre 1904 beschrieb MEEK *Gambusia bonita* aus einem Flußoberlauf des Rio Tonto, Rio Papaloapan-System, nahe der Stadt Refugio, Veracruz, Mexiko. Dem bekannten Ichthyologen lagen zur Determination lediglich 2 Weibchen von 33,5 und 42,0 mm Standardlänge vor, die unter der Registriernummer 4630 F.C.M. des Field Columbian Museums Chicago, heute C.N.H.M. No. 4630 Chicago Natural History Museum, aufbewahrt werden. Bisher läßt sich von der angegebenen Lokalität nur *Gambusia sexradiata* nachweisen.

Professor MILLER (mdl. Mitteilung) betrachtet *P. bonita* als gute Art und berichtet: „Die Art konnte 1982 und einige Jahre zuvor in den Gebieten Refugio und Motzorongo nicht nachgewiesen werden. *P. bonita* ist sehr selten, möglicherweise bereits ausgestorben, da viele Flüsse in Veracruz durch Zuckerfabrikabwässer verseucht sind."

Die Verbreitung der Gattung *Priapella,* sieht man von *bonita* ab, erstreckt sich vom oberen Rio Coatzacoalcos-System, Oaxaca bis zum Rio Grijalva-System, Chiapas, Mexiko.

Die Namengebung *Priapella* ist von dem griechischen Diminutiv Priapus abgeleitet worden und bedeutet männliches Glied.

Als erster Vertreter der Gattung wurde *Priapella intermedia* vom Zoologischen Staatsinstitut, Hamburg 1964, nach Deutschland importiert.

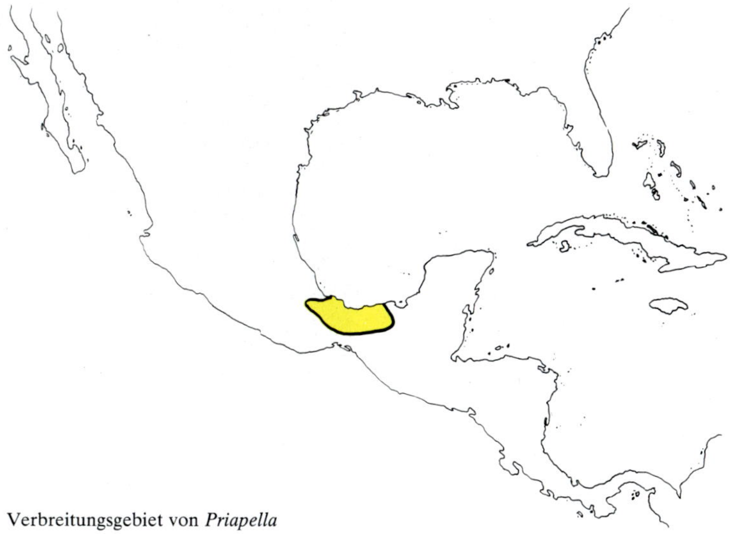

Verbreitungsgebiet von *Priapella*

Priapella compressa ALVAREZ, 1948

Familie:	Poeciliidae GARMAN, 1895
Unterfamilie:	Poeciliinae GARMAN, 1895
Herkunft des Artnamens:	*compressa* (lat.) = zusammengedrückt, bezogen auf den Körperbau.
Synonyma:	keine
Erstbeschreibung:	ALVAREZ, J. (1948): Contribución al conocimiento del genero Priapella y descripción de una nueva especie. Rev. Soc. Mexicana Hist. Nat., vol. 9, nos. 3–4, pp. 331–340.
Typuslokalität:	Palenque; Chiapas; Mexiko.
Meristische Angaben:	Dorsale = 9–10 Flossenstrahlen; Anale = 9 Flossenstrahlen; selten 10 Strahlen.
Totalkörperlänge:	Männchen 3,5–4,5 cm; Weibchen = 6–7 cm.
Beschreibung:	*Priapella compressa* besitzt einen hochrückigen und gedrungenen Körperbau. Die Art zeichnet sich weiterhin durch eine starke Brustwölbung bei zugespitztem Kopf aus. Die Grundfarbe beider Geschlechter ist beige bis graugelb. Bei den männlichen Tieren können die mittleren Seitenschuppenreihen dicht grünlich oder türkis gepunktet sein. Die Iris der Augen ist blaufarben. Die unpaaren Flossen zeigen sich transparent und sind weiß bis hellblau gesäumt. Männchen und Weibchen sind in ihren Farbmustern nur durch die genannte Schuppenpunktierung und an dem Gonopodium der männlichen Tiere zu unterscheiden.
Verbreitung:	Rio Grijalva-System; Chiapas; Mexiko.
Habitat:	*Priapella compressa* belebt schnellfließende bis reißende Flußabschnitte. Die Gewässer sind mit durchschnittlich 20 bis 40 cm Wasserstand flach und gewöhnlich arm an Wasservegetation. Die Art ist nicht an spezielle Wasserbedingungen gebunden. Im Rio Palenque konnten durch den Co-Autor WISCHNATH, eine Gesamthärte von 20° DH; KH = 12° DH, pH = 8,1 und freier Sauerstoff = 20 mg/l im November 1980 gemessen werden. Im

Priapella compressa ♂.
Population Rio Palenque, Mexiko.

Rio Palenque.
Biotop *Priapella compressa.*

Rio Caracol dagegen wurde eine Gesamthärte von 7° DH; KH = 4° DH, pH = 7,5 und freier Sauerstoff 20 mg/l nachgewiesen. Die Wassertemperatur betrug in beiden Biotopen in der genannten Zeit durchschnittlich 25° C.

Pflege und Zucht:

Priapella compressa liebt sauberes und bewegtes Aquariumwasser. Werden beide Faktoren beachtet, erweist sich die schöne Fischart als sehr anspruchslos. Auch an die Fütterung werden keine großen Ansprüche gestellt. Will man allerdings große und kräftige Tiere pflegen, sollte in dem Futterangebot keine Mükkenlarven fehlen. In der Regel werden alle 28 Tage von den Weibchen zwischen 10 und 30, ca. 8 mm lange Jungfische abgesetzt. *Priapella compressa* kann sich als Räuber erweisen, wenn das Futterangebot sich als zu einseitig erweist.

Priapella compressa wurde durch Herrn STEINAR TORP 1977 nach Norwegen und damit erstmals nach Europa importiert.

Priapella intermedia. Population Rio del Reyon, Mexiko.

Priapella intermedia ALVAREZ, 1952

Familie:	Poeciliidae GARMAN, 1895
Unterfamilie:	Poeciliinae GARMAN, 1895
Herkunft des Artnamens:	*intermedia* (lat.) = zwischen oder in der Mitte anderer Arten stehend
Synonyma:	keine
Erstbeschreibung:	ALVAREZ, J. (1952): Cuatro especies nuevas de peces dulcaecuicolas del sureste de Mexico. Ciencia, vol. 11, nos. 10–12, pp. 281–289.
Typuslokalität:	Santa Maria Chimalapa, Arroyo El Zacatal, nahe J. Carranza; Oaxaca; Mexiko.
Meristische Angaben:	Dorsale = 8–9 Flossenstrahlen, gewöhnlich 9; Anale = 10 Flossenstrahlen; Pectorale = 13–14 Flossenstrahlen, selten 12; L. lat. = gewöhlich 28–29 Schuppen.
Totalkörperlänge:	Männchen = 4–5 cm; Weibchen = 5–6,5 cm.
Beschreibung:	*Priapella intermedia* erscheint im Gegensatz zu *Priapella compressa* mit schlankerem und langgestreckterem Körperbau. Die Körpergrundfarbe ist olivgelb bei heller Bauchseite. Gewöhnlich sind keine weiteren Körperfarbmerkmale erkennbar. Der Co-Autor WISCHNATH erwähnt, daß im Rio dos Semillas eine in-

tensiv schwarzgepunktete Population auftritt. Ob es sich hierbei um *P. intermedia* handelt, muß eine weitere Sammelreise klären helfen. Die unpaaren Flossen von *Priapella intermedia* sind weißblau gesäumt und leicht gelbgetönt. Vereinzelt treten Männchen mit intensiv gelbgesäumter Rückenflosse auf. Die Iris der Augen sind noch stärker blaufarben, als die von *Priapella compressa.* Die Geschlechter sind in ihren Farbmerkmalen kaum voneinander zu unterscheiden.

Verbreitung: Oberläufe des Rio Coatzacoalcos-Systems; Oaxaca; Mexiko.

Habitat: *Priapella intermedia* wird gleichfalls wie *compressa* in stark bewegtem Wasser angetroffen. Die Gewässer sind mit durchschnittlich 30 cm Wasserstand sehr flach und sehr arm an Wasservegetation. Die kleinen Bäche fließen durch üppige Buschlandschaft. Der Bodengrund ist meistens mit feinem, orangegelbem Sand bedeckt. Gegensätzlich zu der allgemein vertretenen Annahme führen die meisten Priapella-Biotope weiches Wasser. Im Rio dos Semillas, Oaxaca konnte vergleichsweise eine Gesamthärte von 3° DH, KH = 3° DH, pH = 7,2 und freier Sauerstoff von 10 mg/l nachgewiesen werden. Die durchschnittliche Wassertemperatur beträgt im November 26–27° C.

Rio del Reyon.
Biotop von *Priapella intermedia.*

Pflege und Zucht: *Priapella intermedia* bringt im Vergleich zu *P. compressa* weniger Jungfische zur Welt, durchschnittlich alle 28 Tage zwischen 10 und 20, ca. 8 mm langeNeugeborene. *P. intermedia* scheint gegen Krankheitsbefall empfindlich zu sein. (Ansonsten wie *P. compressa*).

Priapella intermedia wurde erstmals im Frühjahr 1964 durch Mitarbeiter des Zoologischen Staatsinstituts und Museums Hamburg nach Deutschland importiert.

PRIAPICHTHYS

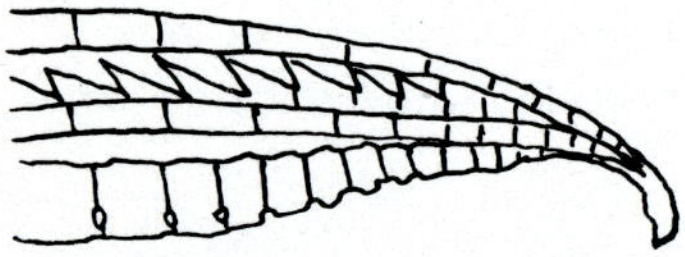

Priapichthys annectens

Priapichthys REGAN, 1913

Die Gattung *Priapichthys* wurde im Jahre 1913 von C. T. REGAN aufgestellt. Als Typus diente *Priapichthys annectens annectens*. Die Nominatform wurde bereits durch REGAN (1908) als *Gambusia annectens* beschrieben. Nach ROSEN & BAILEY umfaßt *Priapichthys* 8 Arten und eine Unterart. Besiedelt werden folgende Länder: Costa Rica, Panama, Ecuador und Kolumbien.

Der Namen *Priapichthys* wurde vom Griechischen abgeleitet und bedeutet Fisch mit Begattungsorgan.

Priapichthys annectens hesperis wurde wahrscheinlich als erster Vertreter des Genus Ende der 20er Jahre nach Deutschland importiert. Möglicherweise wird in naher Zukunft *Priapichthys* einer Revalidisierung unterzogen.

Nach RADDA (1977) wird *Priapichthys fria* als Synonym von *P. festae* betrachtet.

Auch die Anzahl der nominellen Arten aus Kolumbien und Panama scheint einer dringlichen Revision zu bedürfen.

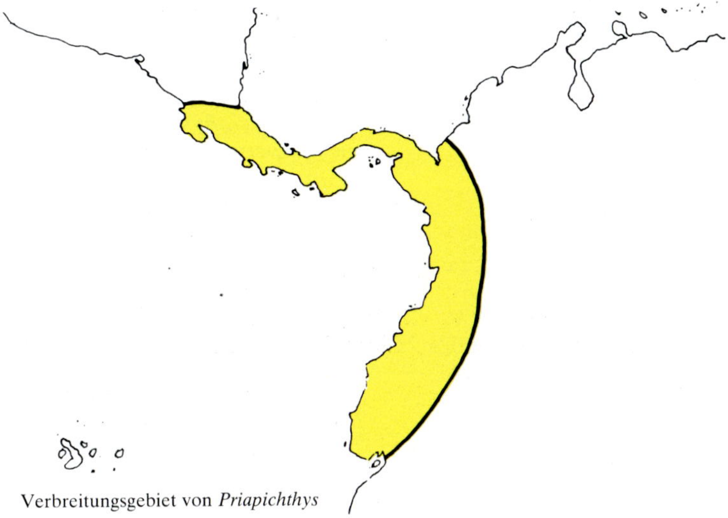

Verbreitungsgebiet von *Priapichthys*

Priapichthys annectens. Aquariumstamm.

Priapichthys annectens (REGAN, 1907)

Familie:	Poeciliidae GARMAN, 1895
Unterfamilie:	Poeciliinae GARMAN, 1895
Herkunft des Artnamens:	*annectens* = *annecto* (lat.) = sozialer Verband; Fehldeutung einer Naturbeobachtung, bezogen auf die Verhaltensweise der Art
Unterart:	*Priapichthys annectens annectens* (REGAN, 1907)
Synonyma:	*Gambusia annectens* REGAN, 1907
Erstbeschreibung:	REGAN, C. T. (1907): Descriptions of six new freshwater fishes from Mexico and Central America. Ann. Mag. Nat. Hist., ser. 7, vol. 19: pp. 258–260.
Typuslokalität:	Carillo und Juan Venas; Irazu; Costa Rica.
Meristische Angaben:	Dorsale = 10–11 Flossenstrahlen; Anale = 9–10 Flossenstrahlen; L. lat. = 28–30 Schuppen.

Totalkörperlänge:	Männchen bis 4 cm; Weibchen bis 6,5 cm.
Beschreibung:	Die Nominatform zeigt sich mit langgestrecktem Körperbau und kleinem, zugespitztem Kopf. Die Körpergrundfarbe ist braunoliv. *Priapichthys annectens annectens* weist die gleiche Färbung wie *hesperis* auf, allerdings nicht so intensiv, siehe deshalb bei *P. annectens hesperis*.
Verbreitung:	Atlantische Flachlandgewässer von Costa Rica.
Habitat:	Die Tiere konnten in einem schnellfließenden Bach des Sarapiqui-Einzuggebietes, etwa 3 km NNW Puerto Viejo, Costa Rica, 1980 nachgewiesen werden. Der Bach hatte eine Bettbreite von 0,5 bis 2 m und eine durchschnittliche Wassertiefe von 40 cm. Der Bodengrund war grobgeschottert. *Priapichthys annectens annectens* trat hier als einzige Fischart auf. Das Biotop hatte am 21. Februar um 10 Uhr morgens eine Wassertemperatur von 25° C. Die Gesamthärte war mit 2° DH erstaunlich weich. Als pH-Wert konnte im leicht sauren Bereich eine Angabe von 6,7 ermittelt werden.
Pflege und Zucht:	*Priapichthys annectens annectens* ist auf weiches Wasser im Aquarium angewiesen. Die Art läßt sich zwar auch im harten Wasser erfolgreich vermehren, ist aber hier gegen Krankheitsbefall sehr anfällig. Die Fütterung sollte kräftig und ausreichend sein, damit den Neugeborenen nicht all zu stark nachgestellt wird. Die Becken sollten mindestens ein Fassungsvermögen von 100 Liter besitzen und ausreichend Versteckmöglichkeiten bieten. *Priapichthys annectens annectens* wurde durch RADDA und FRITSCHER erstmals 1980 nach Europa importiert.
Unterart:	*Priapichthys annectens hesperis* HUBBS, 1924
Herkunft des Unterartnamens:	*hesperis* = *hesperus* (gr.) = Abendstern
Synonyma:	*Gambusia annectens* REGAN, 1907 *Priapichthys annectens* MEEK, 1914
Erstbeschreibung:	HUBBS, C. L. (1924): Studies of the fishes of the order Cyprinodontes. Misc. Publ. Mus. Zool. Univ. Michigan, no. 13: pp. 1–31.
Typuslokalität:	San José; Costa Rica.
Meristische Angaben:	Dorsale = 8–10 Flossenstrahlen, gewöhnlich 9 Strahlen; Anale = 9 Flossenstrahlen; L. lat. = 29–31 Schuppen.
Totalkörperlänge:	Männchen bis 5 cm; Weibchen bis 8,5 cm.
Beschreibung:	Die Unterart besitzt einen hochrückigen und gedrungenen Körperbau. Der Kopf ist klein und verläuft zugespitzt. Die Körpergrundfarbe zeigt sich braunoliv. Die Schuppenreihen der Rükken- und mittleren Körperregion sind dunkel gerahmt und wirken im Gesamtbild wie ein Netzmuster. Die Schuppen der unteren Körperseitenregion weisen an der Basis einzelne dunkle Kommastriche oder Punkte auf. Entlang der Körperseite erstreckt sich ein dunkles, senkrecht verlaufendes Bandmuster. Die Bauchseite ist weiß. Je nach Lichteinfall schimmern einzelne Körperschuppen metallisch. Die sehr kleine und weit nach hinten versetzte Rückenflosse besitzt eine innere schwarze Bandreihe und ist intensiv orange gerahmt. Die Afterflosse der

Weibchen ist ebenfalls im ersten Flossenstrahlenbereich orange bis ziegelrot getönt. Das gesamte Gonopodium der Männchen erfährt die gleiche Färbung. Vereinzelt treten Alfamännchen mit knalligrot gefärbter Schwanzflosse auf. Ansonsten erscheinen sämtliche Flossen leicht gelbbraun getönt.

Verbreitung: Hochland der pazifischen Abdachung von Costa Rica; Rio Maria Aquilar und Oberläufe des Rio Grand de Tárcoles Tobosi und Isidro.

Habitat: Der Kärpfling konnte 1980 in einem schnellfließenden Bergbach in La Trinidad, bei Coronado gesammelt werden. Der Bach hatte eine Breite von 1 bis 2 m und eine Tiefe zwischen 20 und 50 cm. Der Bodengrund des Gewässers war schlammig. *Priapichthys annectens hesperis* trat als einzige Fischart auf. Wasserwerte: 24. Februar um 9.30 Uhr; GH = 7,5° DH, pH = 7,5 und elektrische Leitfähigkeit = 250 μS^{20}.

Pflege und Zucht: Im Gegensatz zu der Nominatform sollte *Priapichthys annectens hesperis* in mäßig temperiertem Wasser gepflegt werden. Temperaturen zwischen 19 und 22° C sind angemessen. Der sehr schön gezeichnete Fisch verträgt gewöhnlich keine weichen und sauren Wässer. (Ansonsten wie die Nominatform.)

Priapichthys annectens hesperis wurde durch RADDA und Mitarbeiter erstmals 1980 nach Europa importiert.

Priapichthys caliensis (HENN, 1916)

Familie: Poeciliidae GARMAN, 1895

Unterfamilie: Poeciliinae GARMAN, 1895

Herkunft des Artnamens: *caliensis* = nach dem Verbreitungsgebiet Cali benannt

Synonyma: *Gambusia caliensis* HENN, 1916
Alloheterandria caliensis HUBBS, 1926

Erstbeschreibung: HENN, A. W. (1916): On various South American poeciliid fishes. Ann. Carnegie Mus., vol. 10, nos. 1–2, art. 9: pp. 93–142.

Typuslokalität: Cali; Kolumbien.

Meristische Angaben: Dorsale = 9 Flossenstrahlen; Anale = 10 Flossenstrahlen; Pectorale = 10 Flossenstrahlen; L. lat. = 30 Schuppen.

Totalkörperlänge: Männchen = 3 cm; Weibchen = 4 cm.

Beschreibung: Die oben genannte Priapichthys-Art besitzt einen gestreckten Körperbau. Die Grundfarbe von *P. caliensis* zeigt sich gelboliv. Entlang der Körperseite erstreckt sich ein dunkles Band, das sich aus einer verschiedenen Anzahl senkrechter Striche zusammensetzt. Die Rücken- und Schwanzflosse ist schwarz gebändert. Die vordere Hälfte der Dorsale, Caudale, sowie stellenweise der Schwanzstiel männlicher Tiere sind intensiv orange gefärbt. Weibliche Tiere zeigen die Orangefärbung nicht. Das Gonopodium der Männchen ist schwarz gefärbt, kann aber auch farblos sein.

Verbreitung: Cali, Kolumbien und Alto Cauca, Distrito del Bolo und La Quebrada de las Cruces.

Habitat: Bisher nichts bekannt geworden.

Pflege und Zucht: *Priapichthys caliensis* wurde noch nicht nach Europa importiert.

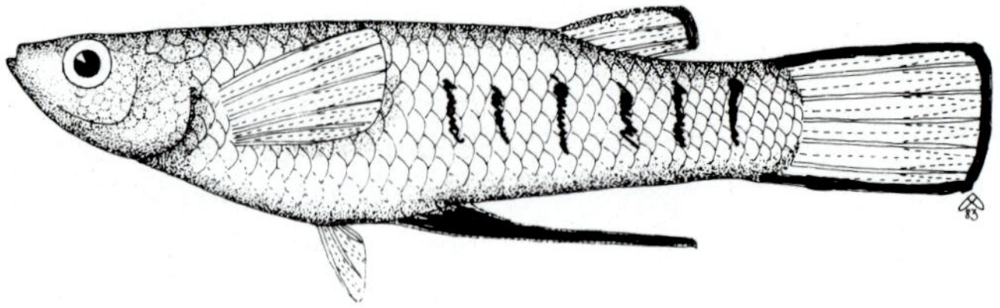

Priapichthys caliensis ♂

Priapichthys chocoensis (HENN, 1916)

Familie:	Poeciliidae GARMAN, 1895
Unterfamilie:	Poeciliinae GARMAN, 1895
Herkunft des Artnamens:	*chocoensis* = nach dem Verbreitungsgebiet Chocó, Kolumbien, benannt
Synonyma:	*Diphyacantha chocoensis* HENN, 1916
Erstbeschreibung:	HENN, A. W. (1916): On various South American poeciliid fishes. Ann. Carnegie Mus., vol. 10, nos. 1–2, art. 9: pp. 93–142.
Typuslokalität:	Rio Calima, Chocó; Kolumbien.
Meristische Angaben:	Dorsale = 7 Flossenstrahlen; Anale = 10 Flossenstrahlen; Pectorale = 12–13 Flossenstrahlen; L. lat. = 28 Schuppen; L. tra. = 7 Schuppen.
Totalkörperlänge:	Männchen = 2,5–3,5 cm; Weibchen = 3–4,5 cm.
Beschreibung:	*Priapichthys chocoensis* hat einen langgestreckten Körper mit zugespitztem Kopf. Die Rückenflosse, die sehr klein ausgebildet ist, zeigt sich weit nach hinten versetzt. Die Schwanzflosse erscheint leicht ausgezogen. Die Körpergrundfarbe der Art ist braunoliv bei weißer Bauchseite. Exemplare, die kleiner als 2,5 cm sind, zeigen nach Angaben von HENN (1916) entlang der Körperseite bis zu 10 senkrecht verlaufende Streifen. Der Flossenbehang ist farblos.
Verbreitung:	Rio Calima, Oberlauf des Rio San Juan, Pazifik-Drainage, Chocó; Kolumbien.
Habitat:	Bisher nichts bekannt geworden.
Pflege und Zucht:	Nach der Drucklegung wurde *P. chocoensis* durch Dr. A. C. RADDA, Wien, 1984, nach Europa importiert.

Priapichthys chocoensis ♂.
Population Baya Calima, Kolumbien.

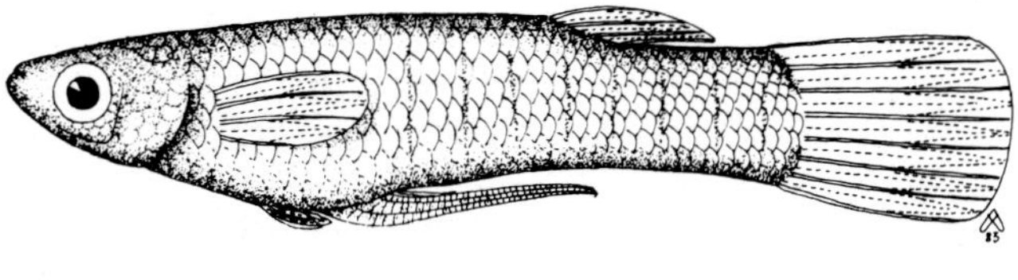

Priapichthys darienensis ♂

Priapichthys darienensis (MEEK & HILDEBRAND, 1913)

Familie: Poeciliidae GARMAN, 1895

Unterfamilie: Poeciliinae GARMAN, 1895

Herkunft des Artnamens: *darienensis* = von Darién, Panama, dem Hauptverbreitungsgebiet, abgeleitet

Synonyma: *Gambusia darienensis* MEEK & HILDEBRAND, 1913
Priapichthys dariensis MEEK & HILDEBRAND, 1916
Darienichthys dariensis HUBBS, 1924

Erstbeschreibung: MEEK, S. E. & S. F. HILDEBRAND (1913): New species of fishes from Panama. Publ. Field Mus. Nat. Hist., zool. ser., vol. 10, no. 8: pp. 77–91.

Typuslokalität: Rio Capeti (Darién); Panama.

Meristische Angaben: Dorsale = 7–8 Flossenstrahlen; Anale = 9–10 Flossenstrahlen; L. lat. = 28–31 Schuppen.

Totalkörperlänge: Männchen bis 3 cm; Weibchen bis 4 cm.

Beschreibung: *Priapichthys darienensis* zeigt sich dem Betrachter mit gestrecktem, flachem Körperbau. Die Körpergrundfarbe ist oliv. Die oberen Schuppenreihen der Körperseiten sind schwarz gesprenkelt. Die Basis der Analflosse ist dunkel pigmentiert. Der restliche Flossenbehang ist ohne Farbzeichnung. Männchen zeigen entlang der Körperseite bis zu 20 senkrecht verlaufende Striche.

Verbreitung: Pazifische Abhänge der östlichen Hälfte von Panama.

Habitat: RADDA und Mitarbeiter weisen 1980 die beschriebene Art an mehreren Stellen in Panama nach. Fluß östlich von Chepo, an der Panamericana gelegen, in offenem Gelände kann *Priapichthys darienensis* zusammen mit *Poecilia sp.* nachgewiesen werden. Das Gewässer hat an der Sammelstelle eine Bettbreite zwischen 3 und 10 m und eine Wassertiefe von durchschnittlich 45 cm. Der Untergrund ist schotterig bis sandig. Das Gewässer zeigte am 27. Februar gegen 14.00 Uhr eine Temperatur von 31° C an, pH = 8,2, GH = 5,0° DH und die elektrische Leitfähigkeit betrug 185 μS^{20}.

Pflege und Zucht: *Priapichthys darienensis* wurde 1980 von RADDA lebend nach Europa importiert.

Priapichthys festae (BOULENGER, 1898)

Familie:	Poeciliidae GARMAN, 1895
Unterfamilie:	Poeciliinae GARMAN, 1895
Herkunft des Artnamens:	*festae* = nach Dr. ENRICO FESTA, Italien
Synonyma:	*Poecilia festae* BOULENGER, 1898 *Pseudopoecilia festae* REGAN, 1913 *Poecilia fria* EIGENMANN & HENN, 1914 *Pseudopoecilia fria* HENN, 1916 *Priapichthys fria* ROSEN & BAILEY, 1963
Erstbeschreibung:	BOULENGER, G. A. (1898): Viaggio del Dr. Enrico Festa nell'Ecuador e regioni vicine. Poissons de l'Equateur. Boll. Mus. Zool. Anat. Comp. Torino, 13, 329, pp. 1–13.
Typuslokalität:	San Vicente, Santa Elena; Ecuador.
Meristische Angaben:	Bisher noch nicht klar definiert, da BOULENGER, EIGENMANN & HENN verschiedene Zählweisen benutzten.
Totalkörperlänge:	Männchen bis 3,5 cm; Weibchen bis 4,5 cm.
Beschreibung:	*Priapichthys festae* besitzt einen schlanken Körperbau und zugespitzten Kopf. Die Kärpflingsart ist in ihrer Körperfärbung variabel. Die schönsten Exemplare sollen nach Angaben von RADDA die südlichsten Populationen sein. Beide Geschlechter sind körperoberseits braungrau gefärbt. Die männlichen Tiere zeigen in ihrer Rückenpartie einen metallisch-goldbronzenen Schimmer, die Unterseite ist weiß gefärbt, die Körperseiten schimmern metallfarben und besitzen bis zu 20 dicht aufeinander folgende, schmale, dunkle Querbinden. Dominante Männchen zeigen über den Pectoralen einen dunklen Fleck. Rücken- und Schwanzflosse können gelb oder orange gefärbt sein. Der Flossenbehang der weiblichen Tiere ist farblos.
Verbreitung:	Vom Rio Chico Chaune, Ecuador, bis zum Grenzbereich Peru, entlang der Costa.
Habitat:	Nach Angaben von RADDA (1976) besiedelt *Priapichthys festae* mittelharte bis harte Gewässer mit einer elektrischen Leitfähigkeit von 400 bis 3000 μS^{20}. Die Art zeigt eine große Valenz in ihrem ökologischen Anspruch und wird in kleinen wie auch großen Flüssen entlang der Costa, in kleinen Regenwaldbächen und Sumpflöchern gefunden. Die Lebensräume des zierlichen Kärpflings sind stellenweise mit Wasserpflanzen, wie Eichhornia, bewachsen. Begleitfische sind Cichliden, Salmler und Welse. In den verschiedenen Gewässertypen wurden Wassertemperaturen von 21° C bis 31° C nachgewiesen.
Pflege und Zucht:	In der Pflege erwies sich *P. festae* als sehr problematisch und hinfällig, obwohl anscheinend wechselnde Umweltfaktoren von der Art gut vertragen werden. Möglicherweise ist die Fütterung ausschlaggebend, die aus kleinstem Lebendfutter bestehen sollte. Nach den bisherigen Beobachtungen scheint der Kärpfling durchschnittlich alle 14 Tage 3–7, ca. 5 mm lange Jungfische abzusetzen. Die Zeitigungsdauer der Embryonen dürfte durchschnittlich, bei mittleren Wassertemperaturen, bei 28 Tagen liegen. Für die Aufzucht und Hälterung der Tiere scheinen kleinere Becken von ca. 30 Liter Wasser-Fassungsvermögen besser als große Aquarien geeignet zu sein. Ein Wasserwechsel sollte

Priapichthys festae ♂.
Population San Vicente, Ecuador.

nur mäßig erfolgen. Geringe Salzzugaben von einem Teelöffel pro 10 Liter scheint für das Wohlbefinden der Fische förderlich zu sein. Artemia scheint vor allem für die Aufzucht der Jungtiere unerläßlich. Die Alttiere stellen den Neugeborenen nicht nach, gegebenenfalls bei Mangelerscheinungen.

Priapichthys festae wurde von Dr. RADDA, Wien, erstmalig 1976 nach Europa importiert.

Priapichthys nigroventralis (EIGENMANN & HENN, 1912)

Familie: Poeciliidae GARMAN, 1895
Unterfamilie: Poeciliinae GARMAN, 1895
Herkunft des Artnamens: *nigroventralis* (lat.) = mit schwarzen Ventralen
Synonyma: *Gambusia nigroventralis* EIGENMANN & HENN, 1912
Alloheterandria nigroventralis HUBBS, 1924
Gambusia caudovittata REGAN, 1913
Erstbeschreibung: EIGENMANN, C. H. (1912): Some results of an ichthyological reconnaissance of Colombia, South America. Indiana Univ. Studies, vol. 1, no. 8: pp. 1–27.

Priapichthys nigroventralis ♂.
Population Anelagoya, Kolumbien.

Priapichthys nigroventralis ♀

Typuslokalität:	Istmina, San Juan Becken; Kolumbien.
Meristische Angaben:	Dorsale = 9 Flossenstrahlen; Anale = 9 Flossenstrahlen; Ventrale = 6 Flossenstrahlen; L. lat. = 28–30 Schuppen.
Totalkörperlänge:	Männchen bis 2,5 cm; Weibchen bis 3 cm.
Beschreibung:	Die kleine Art besitzt einen gestreckten Körperbau mit zugespitztem Kopf. Die Körperfärbung zeigt sich olivbraun. Entlang der Rückenpartie erstreckt sich ein metallisch glänzendes Bandmuster. Die Körperschuppung ist dunkel genetzt bei weißer Bauchseite. Die Schwanzflosse ist dunkel gesäumt, und die Rükkenflosse weist im unteren Drittel eine Schwarzfärbung auf. Farbunterschiede beider Geschlechter konnten bisher noch nicht ermittelt werden.
Verbreitung:	Rio Atrato und Rio San Juan-System; Kolumbien.
Habitat:	Bisher nichts bekannt geworden.
Pflege und Zucht:	Ein Import der recht schönen Art steht noch aus.

Priapichthys panamensis MEEK & HILDEBRAND, 1916

Familie:	Poeciliidae GARMAN, 1895
Unterfamilie:	Poeciliinae GARMAN, 1895
Herkunft des Artnamens:	*panamensis* = nach dem Verbreitungsland, Panama, benannt
Synonyma:	*Panamichthys panamensis* HUBBS, 1924
Erstbeschreibung:	MEEK, S. E. & S. F. HILDEBRAND (1916): The fishes of these fresh waters of Panama. Publ. Field Mus. Nat. Hist., zool. ser., vol. 10, no. 15: pp. 217–374.
Typuslokalität:	Chame Point; Panama.
Meristische Angaben:	Dorsale = 8 Flossenstrahlen; Anale = 10 Flossenstrahlen; L. lat. = 29–31 Schuppen.
Totalkörperlänge:	Männchen 2,5 cm; Weibchen 4 cm.
Beschreibung:	*Priapichthys panamensis* soll nach Angaben von RADDA (1980) sehr ähnlich *P. darienensis* sein und wird für ein Synonym gehalten. Allerdings zeigen sich in der Gonopodiumstruktur beider

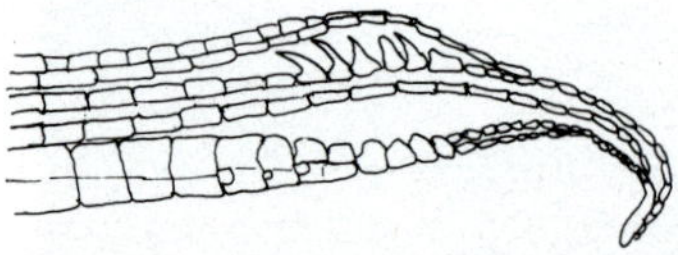

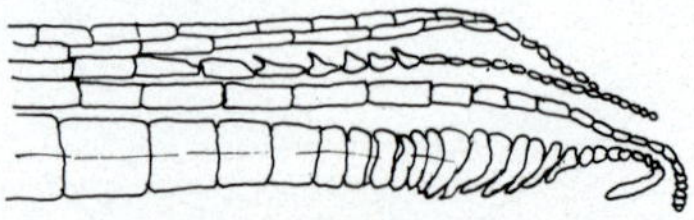

Gonopodiumzeichnung *Priapichthys panamensis* (links) und *Priapichthys darienensis* (rechts).

Arten erhebliche Merkmalsunterschiede; Abbildungen nach MEEK & HILDEBRAND (1916). *P. panamensis* besitzt einen flach gestreckten Körperbau mit zugespitztem Kopf. Die Körpergrundfarbe ist graugrün. Die hintere Körperhälfte zeigt 4 bis 5 feine dunkle Senkrechtstreifen. Die Rückenflosse besitzt schwarzes Pigment; weitere Farbangaben fehlen bisher.

Verbreitung: Süß- und Brackwasserzonen Pazifik-Drainage von Panama.

Habitat: RADDA und Mitarbeiter weisen die Art 1980 in einem Brackgewässer bei Punta Chame, in den Mangroven-Sümpfen nach. *Priapichthys panamensis* tritt hier sympatrisch mit *Poeciliopsis elongata* und *Neoheterandria tridentiger* auf. Die Wassertemperatur betrug am 26. Februar 1980 um 12.00 Uhr 33° C.

Pflege und Zucht: Die Art konnte bisher noch nicht lebend importiert werden.

QUINTANA

Quintana HUBBS, 1934

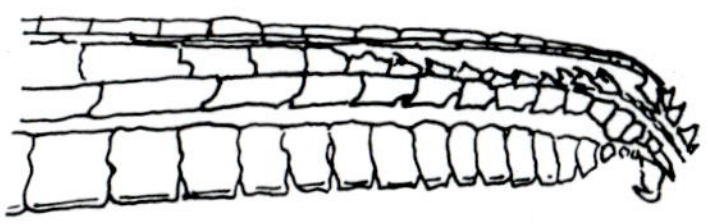

Quintana atrizona

Die im Jahre 1934 beschriebene Gattung ist monotypisch, besitzt demnach nur einen einzigen Vertreter, nämlich *Quintana atrizona.*

Die Verbreitung von *Quintana* ist ausschließlich von West-Kuba bekannt.

Nach ROSEN & BAILEY wird *Quintana* zur Tribus *Girardinini* gerechnet und signalisiert die nahe Verwandschaftsbeziehung zur Gattung *Girardinus.* Die Gattung *Carlhubbsia* gehört ebenfalls der genannten Tribus an.

Quintana gilt als sehr ursprünglich. Die Namengebung ist aus dem Lateinischen entnommen und verweist auf die eigenartige Struktur des männlichen Begattungsorgans.

Quintana wurde erstmals 1980 durch N. DOKOUPIL nach Europa importiert.

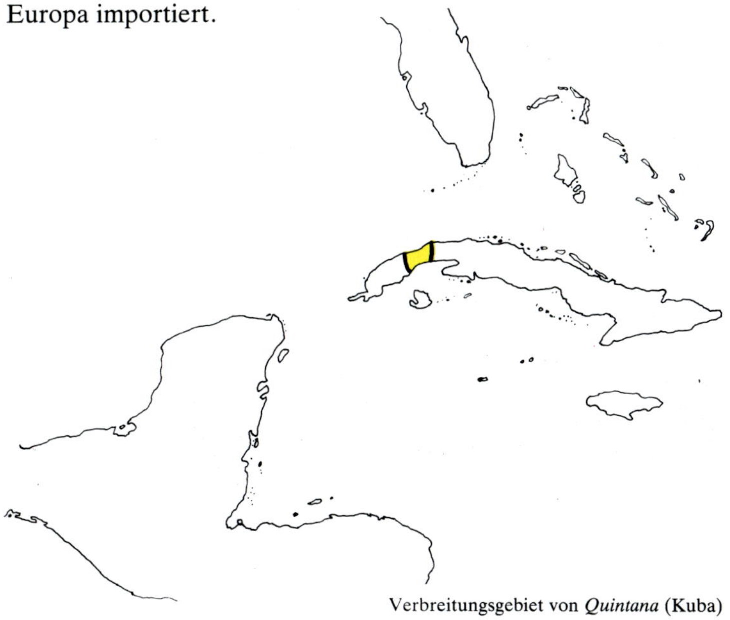

Verbreitungsgebiet von *Quintana* (Kuba)

Quintana atrizona. Aquariumstamm.

Quintana atrizona	HUBBS, 1934
Familie:	Poeciliidae GARMAN, 1895
Unterfamilie:	Poeciliinae GARMAN, 1895
Herkunft des Artnamens:	*atrizona* (lat.) = rußig schwarz gegürtelt, bezogen auf die Körperstreifung
Synonyma:	keine
Erstbeschreibung:	HUBBS, C. L. (1934): Studies of the fishes of the order Cyprinodontes. 13. Quintana atrizona, a new poeciliid. Occas. Papers Mus. Zool. Univ. Michigan, no. 301, pp. 1–8.
Typuslokalität:	Baracoa; Kuba.
Meristische Angaben:	Dorsale = 8–9 Flossenstrahlen; Anale = 10 Flossenstrahlen; L. lat. = 27–29 Schuppen.
Totalkörperlänge:	Männchen = 2–2,5 cm; Weibchen = 4 cm.
Beschreibung:	Ein kleiner, zierlicher Kärpfling mit spitzem Kopf und starkem Leibesumfang. Die Körpergrundfarbe des einzigen Vertreters der Gattung ist graugelb. Die Bauchregion zeigt sich silberweiß und die obere Kopfhälfte, sowie Schnauze, ist dunkel gefärbt. Die Tiere sind mit einem nicht stark hervortretenden Netzwerk an den Körperseiten gezeichnet. Entlang der Körperseiten erstreckt sich eine schwarze Bänderung, die sich aus 4–8 Senkrechtstrichen zusammensetzt. Die Rückenflosse ist im vorderen Bereich schwarzgerandet, dahinter mit einem runden Fleck gekennzeichnet. Die genannte Flosse kann, besonders bei dominanten Tieren, gelborange getönt sein. Alle weiteren Flossen sind leicht gelb gezeichnet. Die männlichen Tiere sind stärker als die Weibchen gefärbt.
Verbreitung:	West-Kuba; Havanna und Baracoa.
Habitat:	Bisher nichts bekannt geworden.

Pflege und Zucht:

Quintana atrizona wird erst seit kurzem in den Aquarien gepflegt, so daß über die Pflege und Zucht nur einige Daten vorliegen. Die Art scheint, was vor allem die Vermehrung betrifft, problematisch zu sein. Nach Aussagen von Herrn H. STEFAN, Wien, sind erst Nachkommen von 10–12 Monate alten Weibchen zu erwarten, durchschnittlich alle 28 Tage zwischen 10 und 25. Die Brut ist mit 3–4 mm Körperlänge sehr klein und am besten mit Artemia heranzuziehen. Die Alttiere sind gegenüber Wasserumschwung sehr empfindlich. Ratsam ist deshalb ein mäßiger Wasserwechsel. *Quintana atrizona* gibt sich bereits mit kleineren Behältern zufrieden. Die Art wurde erstmals 1935 durch Herrn MAYER, Hamburg, importiert.

SCOLICHTHYS

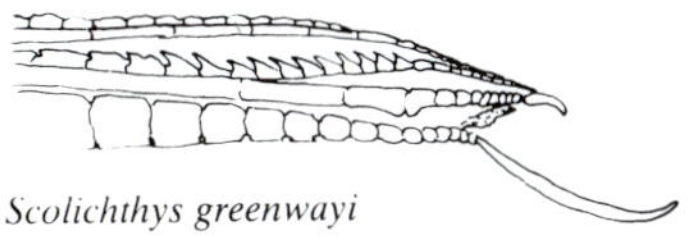

Scolichthys greenwayi

Scolichthys ROSEN, 1967

Scolichthys stellt innerhalb der Unterfamilie Poeciliinae das jüngst beschriebene Genus dar. Die Gattung umfaßt 2 Vertreter, die ausschließlich in Alta Verapaz, Guatemala, in einigen Flußoberläufen des Rio Usumacinta-Becken, beheimatet sind.

Die Namengebung *Scolichthys* wurde vom Griechischen hergeleitet und bedeutet der Dornenfisch, in Anlehnung an die Gonopodiumspitze.

Scolichthys greenwayi diente ROSEN als Gattungstyp.

Der Österreicher SCHLOSSER und Mitarbeiter importierten die ersten *S. greenwayi* 1977 nach Österreich.

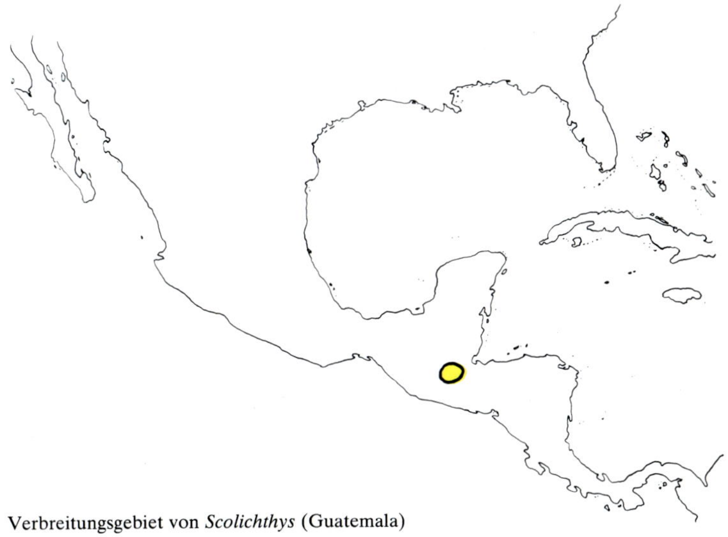

Verbreitungsgebiet von *Scolichthys* (Guatemala)

Scolichthys greenwayi ROSEN, 1967

Familie:	Poeciliidae GARMAN, 1895
Unterfamilie:	Poeciliinae GARMAN, 1895
Herkunft des Artnamens:	*greenwayi* = nach Herrn JAMES C. GREENWAY, USA, benannt
Synonyma:	keine
Erstbeschreibung:	ROSEN, D. E. (1967): New Poeciliid Fishes from Guatemala, with Comments on the Origins of Some South and Central American Forms. Amer. Mus. Novitates, No. 2303, pp. 1–16.
Typuslokalität:	Rio Salbá, Oberlauf des Rio Chixoy – Rio Salinas (Rio Usumacinta-Becken); Alta Verapaz; Guatemala.
Meristische Angaben:	Dorsale = 9 Flossenstrahlen; Anale = 10 Flossenstrahlen; Pectorale = 12 Flossenstrahlen; L. lat. = 29–30 Schuppen.
Totalkörperlänge:	Männchen bis 3,5 cm; Weibchen bis 5 cm.
Beschreibung:	*Scolichthys greenwayi* ist ein schlanker, zierlicher Kärpfling mit zugespitztem Kopf. Die Körpergrundfarbe in beiden Geschlechtern ist braungelb bei heller Bauchseite. Die männlichen Tiere sind im hinteren, unteren Körperdrittel violett getönt. Entlang der mittleren Körperseiten erstreckt sich ein dunkler Mittelstreifen, besetzt mit 1–5 schwarzen Flecken. Die genannten Zeichnungsmuster sind bei den Männchen stärker als bei den weiblichen Tieren ausgeprägt. Sämtliche Flossen sind bei den meisten Fischen leicht gelb getönt. Die Rückenflosse ist leicht dunkel gesäumt und besitzt ein inneres schwarzes Band. Die Schwanzflosse kann bei dominanten Tieren ebenfalls schwarz gesäumt sein.
Verbreitung:	Oberläufe des Rio Chixoy, Rio Salinas-System; Alta Verapaz; Guatemala.
Habitat:	SCHLOSSER, Wien, und Mitarbeiter wiesen *Scolichthys greenwayi* im Oktober 1977 im Rio Sachichay, Rio Dolores – Rio Icvolay-Subsystem des Usumacinta-Beckens, nahe San Vicente, im Regenwald nach. Der Fluß hat an der Sammelstelle eine Bettbreite von 3–6 m und eine Wassertiefe von 100–300 cm. Begleitfisch des Greenway-Kärpflings war *Heterandria obliqua* ROSEN, 1979. Das Gewässer hatte am 24. Oktober eine Wassertemperatur von 22° C, bei einer Lufttemperatur von 33° C. Die elektrische Leitfähigkeit betrug 200 μS^{20}, pH = 8,0, GH = 6° DH. Rosen berichtet in seiner Erstbeschreibung, daß *Scolichthys greenwayi* stellenweise sympatrisch mit *Xiphophorus helleri* und *Cichlasoma intermedium* auftritt.
Pflege und Zucht:	Der beschriebene Kärfpling ist in seiner Pflege und Zucht ein anspruchsloser Aquariumfisch, der sich bereits mit kleinen Behältern von 30–40 Liter zufrieden gibt. Durchschnittlich werden alle 28 Tage zwischen 10 und 30 Jungfische abgesetzt. Die Alttiere stellen den Neugeborenen nicht nach. Sämtliche Futtersorten werden ohne Zögern gerne genommen. *Scolichthys greenwayi* sollte nicht zu warm gehalten werden. Temperaturen von 21° bis 23° C sind ausreichend. Die Art wurde von Herrn E. SCHLOSSER und Mitarbeiter 1977 erstmals nach Europa importiert.

Scolichthys greenwayi.
Population Rio Sachichay, Guatemala.

Scolichthys iota ROSEN 1967

Familie:	Poeciliidae GARMAN, 1895
Unterfamilie:	Poeciliinae GARMAN, 1895
Herkunft des Artnamens:	*iota* (gr.) = sehr klein, bezogen auf die Körpergröße
Synonyma:	keine
Erstbeschreibung:	ROSEN, D. E. (1967): New Poeciliid Fishes from Guatemala, with Comments on the Origins of Some South and Central American Forms, Amer. Mus. Novitates, no. 2303: pp. 1–16.
Typuslokalität:	Oberlauf des Rio Chajmayic, 15 km südlich von der Stadt Sebol; Alta Verapaz; Guatemala.
Meristische Angaben:	Dorsale = 8–10 Flossenstrahlen, gewöhnlich 9 Strahlen; Anale = 10 Flossenstrahlen; Pectorale = 11 Flossenstrahlen L. lat. = 28–30 Schuppen, gewöhnlich 29.
Totalkörperlänge:	Männchen = 1,5–2,5 cm; Weibchen = 2,5–3,5 cm.

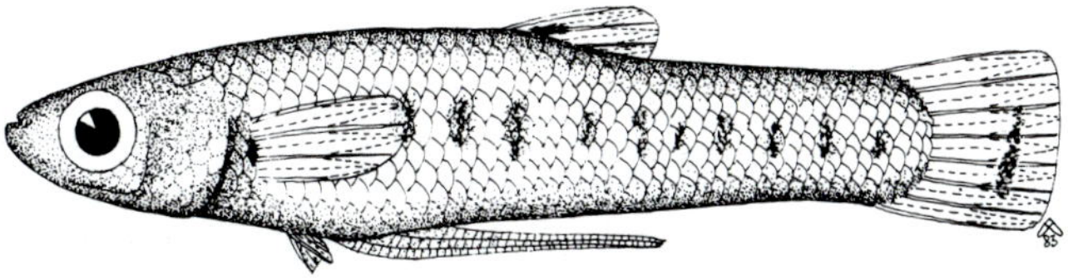

Scolichthys iota ♂

Beschreibung: *Scolichthys iota* besitzt einen langgestreckten Körperbau mit kleinem, leicht abgerundetem Kopf. Die Körpergrundfarbe des kleinen Kärpflings zeigt sich grau. Entlang der Körperseite erstreckt sich bei den männlichen Tieren ein dunkles Bandmuster, das sich aus 4 bis 11 Senkrechtstreifen zusammensetzt. Weibchen besitzen gewöhnlich eine geringe Anzahl des Streifenmusters, das nur schwach erkennbar ist. Weibliche Tiere erscheinen mit einem schwarzen Pubertätsfleck. Die Rückenflosse von *Scolichthys iota* weist, wie auch die Schwanzflosse, einen dunklen Balkenstrich auf. Die Pectorale zeigt sich gewöhnlich, wie auch bei *S. greenwayi,* mit einem dunklen Basisfleck.

Verbreitung: Rio Chajmayic; Alta Verapaz; Guatemala.

Habitat: Angaben siehe *Xiphophorus signum.*

Pflege und Zucht: *Scolichthys iota* konnte bisher noch nicht nach Europa importiert werden.

TOMEURUS

Tomeurus EIGENMANN, 1909

Die monotypische Gattung wurde erstmals von C. H. EIGENMANN aufgestellt. ROSEN & BAILEY (1963) reihten den Kärpfling mit eigenständiger Unterfamilie in die Familie der Poeciliidae ein. Nach PARENTI (1981) ist *Tomeurus* nunmehr selbst nur noch ein Anghöriger der Unterfamilie Poeciliinae.

Die sehr ursprüngliche Gattung besitzt eine interessante Biologie. Bislang ist unklar ob *Tomeurus* zu den viviparen oder oviparen Fischen gezählt werden muß.

Tomeurus ist ausschließlich auf das nordöstliche Südamerika in seiner Verbreitung beschränkt.

Eine verwandtschaftliche Beziehung zu dem indischen *Horaichthys*-Kärpfling scheint nach jüngsten Untersuchungen nicht gegeben zu sein und muß demnach als Parallelentwicklung angesehen werden.

Die Namensgebung *Tomeurus* wurde aus dem Griechischen abgeleitet und bedeutet „Schneideschwanz".

Tomeurus gracilis EIGENMANN, 1909

Familie: Poeciliidae GARMAN, 1895

Unterfamilie: Poeciliinae GARMAN, 1895

Herkunft des Artnamens: *gracilis* (lat.) = schlank, schmächtig

Synonyma: keine

Erstbeschreibung: EIGENMANN, C. H. (1909): Reports on the expedition to British Guiana of the Indiana University and the Carnegie Museum, 1908. Some new genera and species of fishes from British Guiana. Ann. Carnegie Mus., vol. 6, no. 1: pp. 4–54.

Typuslokalität: Mud Creek in Aruka und Wismar; Britisch Guayana.

Meristische Angaben: Dorsale = gewöhnlich 6 Flossenstrahlen; Anale = 9 Flossenstrahlen; Pectorale = 9–10 Flossenstrahlen; L. lat.= durchschnittlich 40 Schuppen.

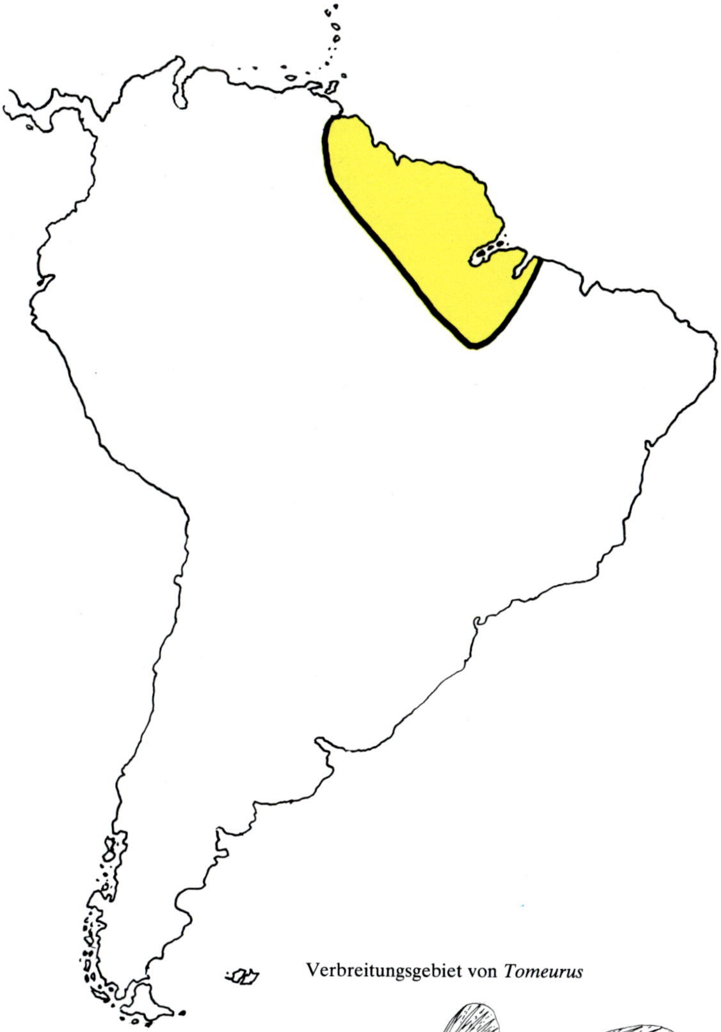

Verbreitungsgebiet von *Tomeurus*

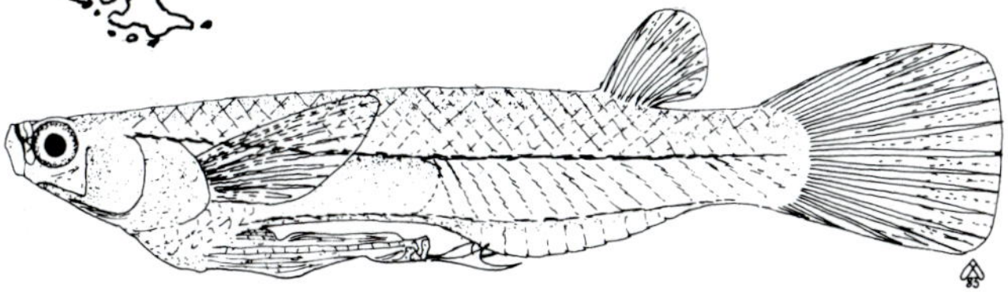

Tomeurus gracilis ♂

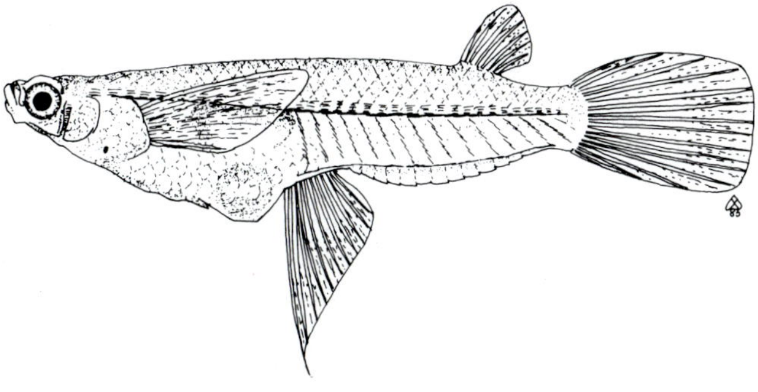

Tomeurus gracilis ♀

Totalkörperlänge: Männchen 6–7 cm; Weibchen 6–8 cm.

Beschreibung: *Tomeurus gracilis* zeigt sich dem Betrachter mit langgestrecktem Körperbau und kleinem, trapezförmigem Kopf. Die Augen sind groß ausgebildet und die kleine Rückenflosse ist weit nach hinten versetzt. Die Afterflosse der weiblichen Tiere ist groß und im vorderen Flossenstrahlen-Bereich langausgezogen. Das Gonopodium der Männchen ist lang und geweihartig strukturiert und ist in einer Körpermulde entlang der unteren Bauchseite gelagert. Die Pectoralflossen sind in beiden Geschlechtern langausgebildet. Die Schwanzflosse zeigt sich leicht gestreckt und ist an den Enden gerundet. Noch deutlicher als bei *Alfaro cultratus* zeigt sich bei *Tomeurus gracilis* in beiden Geschlechtern eine Kielausprägung entlang der hinteren unteren Körperhälfte. Die Körpergrundfarbe der Tiere zeichnet sich durch eine leichte braungelbe Tönung aus bei heller Bauchregion. Im Gesamtbild wirkt der Kärpfling vor allem im hinteren Körperbereich transparent. Entlang der mittleren Körperseite verläuft ein feiner dunkler Mittelstrich. Der Flossenbehang ist gewöhnlich farblos, kann aber je nach Population leicht gelb getönt erscheinen.

Verbreitung: Ost-Venezuela; Britisch Guayana, Surinam bis zum Rio Tocantins, Pará; Brasilien.

Habitat: Nur wenig bekannt geworden.

Pflege und Zucht: Bisher nichts bekannt geworden. Die Art wurde anscheinend bereits nach Europa importiert. *T. gracilis* Weibchen legen in der Entwicklung befindende Eier einzeln an Wasserpflanzen ab; etwa 3 Tage nach der Befruchtung.

XENODEXIA

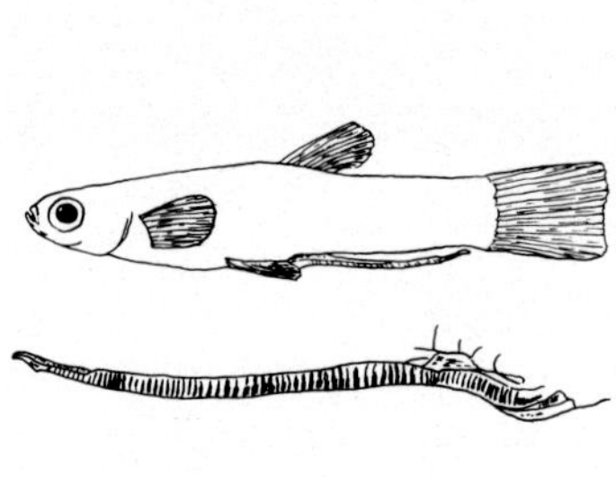

Xenodexia ctenolepis

Xenodexia HUBBS, 1950

CARL HUBBS beschreibt 1950 einen der interessantesten Vertreter der Familie der Poeciliidae, nämlich *Xenodexia*. Die Gattung ist monotypisch. Bisher ist nur ein einziger Fundort aus dem Hochland von Guatemala bekannt geworden.

Der Gattungsname *Xenodexia* ist aus dem Griechischen hergeleitet und bedeutet fremde rechte Hand, in Anlehnung an die rechte Pectoral-Flosse, die im Gegensatz zur linken Pectorale eine „handähnliche" Strukturierung erfährt.

Die Gattung weicht sehr von den restlichen *Poeciliiden* ab und wurde deshalb von HUBBS in eine eigene Unterfamilie gestellt. Nach PARENTI (1981) ist *Xenodexia* der Unterfamilie Poeciliinae untergeordnet.

Das Genus konnte bisher noch nicht nach Europa importiert werden.

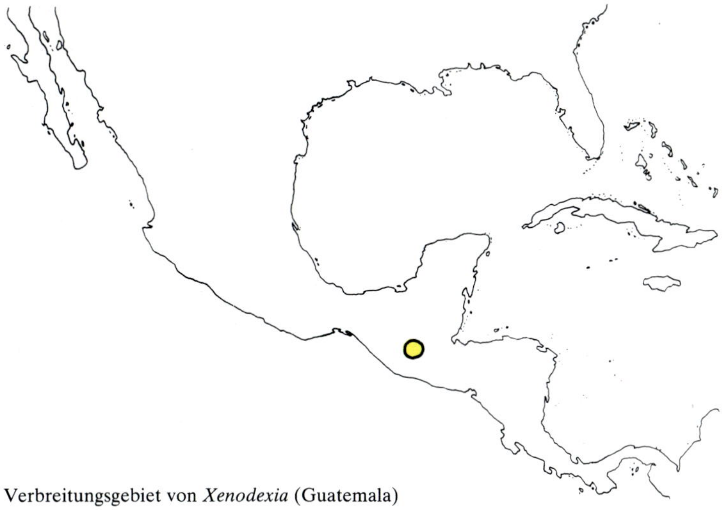

Verbreitungsgebiet von *Xenodexia* (Guatemala)

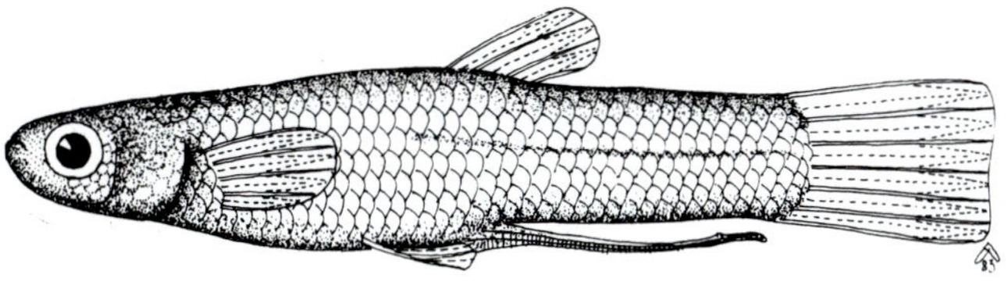

Xenodexia ctenolepis HUBBS, 1950

Familie:	Poeciliidae GARMAN, 1895
Unterfamilie:	Poeciliinae GARMAN, 1895
Herkunft des Artnamens:	*ctenolepis* (gr.) = Kammschuppe, in Anlehnung an die Strukturierung einzelner Schuppen
Synonyma:	keine
Erstbeschreibung:	HUBBS, C. L. (1950): Studies of cyprinodont fishes. XX. A new subfamily from Guatemala, with ctenoid scales and a unilateral pectoral clasper. Misc. Publ. Mus. Zool. Univ. Michigan, no. 78: pp. 1–28.
Typuslokalität:	Rio Seniso, Finca Chamá; Alta Verapaz; Guatemala.
Meristische Angaben:	Dorsale = 9 Flossenstrahlen; L. lat. = 34–35 Schuppen; L. tra. = 8–9 Schuppen.

Totalkörperlänge: Männchen 4 cm; Weibchen = 4,5 cm.

Beschreibung: *Xenodexia ctenolepis* zeigt sich dem Betrachter mit langgestrecktem Körperbau und kleinem, abgerundetem Kopf. Der Flossenbehang der Tiere ist verhältnismäßig klein ausgebildet. Auffällig ist bei den männlichen Tieren das lange und gebogene Gonopodium. Die ursprüngliche Art besitzt in der Axialregion der rechten Pectoralflosse eine auffällige Strukturierung. Die ausschließlich nur bei den Männchen im geschlechtsreifen Alter umgebildete Flosse soll nach Angaben von HUBBS (1950) die Kopulation unterstützen. Außergewöhnlich für einen Poeciliiden ist die kammförmig strukturierte Beschuppung der Tiere. Die Körpergrundfarbe von *Xenodexia ctenolepis* ist grauoliv. Entlang der mittleren Körperseite verläuft ein feiner schwarzer Mittelstrich. Bei den meisten Tieren sind einige kleine, kreisrunde, schwarze Körperflecken sichtbar. Der Flossenbehang ist dunkelgefärbt. Je nach Lichteinfall reflektieren die Schuppen metallisch.

Verbreitung: Rio Xalbal und Rio Chixoy; El Quiche und Alta Verapaz; Guatemala.

Habitat: Die Typuslokalität stammt aus dem Rio Seniso, einem Oberlauf des Rio Chixoy. Nach Berichten von L. C. STUART, der die ersten 40 *Xenodexia ctenolepis*-Exemplare sammelte, ist das Gewässer der sehr interessanten Fischart klar. Das Flußbett ist 50 Meter breit und hat eine Tiefe von durchschnittlich 1 bis 5 m. Der Rio Seniso ist ein langsamfließender Fluß. Der Bodengrund besteht aus Kies. Zusammen mit *X. ctenolepis* leben *Astyanax fasciatus, Xiphophorus helleri* und *Poecilia.*

Pflege und Zucht: *Xenodexia ctenolepis* konnte bisher noch nicht nach Europa importiert werden.

XENOPHALLUS

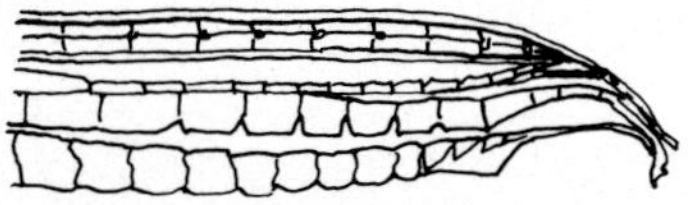

Xenophallus umbratilis

Xenophallus HUBBS, 1924

Das Taxon *umbratilis* wurde erstmals mit dem Binomen *Gambusia umbratilis* (MEEK, 1912) beschrieben. Die Typen stammten aus Guapilis an der atlantischen Abdachung von Costa Rica. 1924 errichtet C. L. HUBBS für diese Species eine eigene Gattung *Xenophallus* mit der Begründung, daß das Gonopodium zwei hornähnliche Anhänge aufweise. Aufgrund der Ähnlichkeit im Aufbau des Gonopodiums sowie wegen weiterer übereinstimmender Merkmale des Skeletts wird *umbratilis* von ROSEN & BAILEY (1963) in die Gattung *Neoheterandria* gestellt. In einer Revalidisierungsarbeit durch RADDA & MEYER (1981) wird *Xenophallus* als eigenständige Gattung wiedererrichtet, wofür wichtige Kriterien angeführt werden und damit HUBBS bestätigt wird. *Xenophallus* ist monotypisch und ausschließlich in Costa Rica verbreitet.

Die Namengebung *Xenophallus* wurde aus dem Griechischen hergeleitet und wird mit fremdartiges Gonopodium übersetzt.

Der Vertreter wird seit Ende der 70er Jahre in europäischen Aquarien gepflegt.

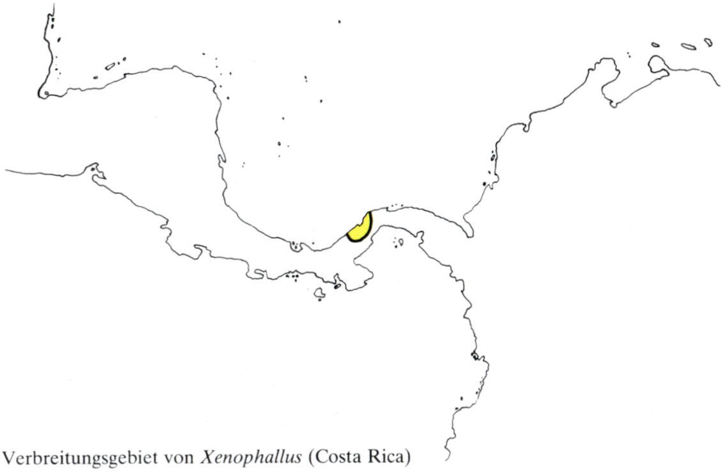

Verbreitungsgebiet von *Xenophallus* (Costa Rica)

Xenophallus umbratilis (MEEK, 1912)

Familie:	Poeciliidae GARMAN, 1895
Unterfamilie:	Poeciliinae GARMAN, 1895
Herkunft des Artnamens:	*umbratilis* (lat.) = den Schatten genießend, bezogen auf die Lebensweise der Art
Synonyma:	*Gambusia umbratilis* MEEK, 1912 *Brachyrhaphis umbratilis* MEEK, 1914 *Poeciliopsis maculifer* FOWLER, 1916 *Neoheterandria umbratilis* ROSEN & BAILEY, 1963

Xenophallus umbratilis. Aquariumstamm.

Erstbeschreibung:	MEEK, S. E. (1912): New species of fishes from Costa Rica. Publ. Field Columbian Mus., zool. ser., vol. 10, no. 7, pp. 69–75.
Typuslokalität:	Guapilis; Limón; Costa Rica.
Meristische Angaben:	Dorsale = 6–8 Flossenstrahlen; L. lat. = 27–29 Schuppen; L. tra. = 7–8 Schuppen.
Totalkörperlänge:	Männchen bis 4 cm; Weibchen bis 6 cm.
Beschreibung:	Ein langgestreckter Kärpfling mit zugespitztem, großem Kopf. Die Körpergrundfarbe beider Geschlechter zeigt sich graugelb bei weißer Bauchseite. Eine Querbänderung, die sich aus 4–8 dünnen, schwarzen Strichen zusammensetzt, verläuft entlang der Körperseiten. Bei den Männchen ist die Rückenflosse etwas größer ausgebildet und bei dominanten Tieren gelb oder orange gefärbt. Die genannte Flosse ist dunkel gesäumt und besitzt zusätzlich ein inneres schwarzes Band. Die restlichen Flossen sind in den meisten Fällen schwach gelb getönt.
Verbreitung:	Beschränkt auf wenige atlantische Flußsysteme in Costa Rica.
Habitat:	RADDA und Mitarbeiter wiesen im Februar 1980 *Xenophallus umbratilis* in einem schnellfließenden Gewässer im atlantischen Hügelland von Costa Rica nach. Der Sammelort befindet sich im Galeriewald. Der Bach gehört dem Lago Arenal an und ist an der Fundstelle 1–3 m breit und 10–40 cm tief. Begleitfische von *Xenophallus umbratilis* waren der ebenfalls lebendgebärende Zahnkarpfen *Brachyrhaphis holdridgei.* Die Wassertemperatur betrug am 23. Februar um 9.30 Uhr 22,2° C, elektrische Leitfähigkeit = 120 μS^{20}, pH = 7,2 und GH = 3,0° DH.
Pflege und Zucht:	*X. umbratilis* ist ein dankbarer Pflegling, der weder große Ansprüche an die Wasserqualität, noch an die Fütterung stellt. Die sehr friedlichen Fische lassen sich gut mit anderen Zierfischen vergesellschaften und geben sich bereits mit kleineren Behältern von 30 bis 40 Liter Wasserfassungsvermögen zufrieden. In der Regel werden alle 28 Tage zwischen 15 und 20 bereits, 8 mm lange Jungfische von den Weibchen abgesetzt. Die Alttiere stellen den Neugeborenen nicht nach. Sollen die Fische richtig zur Geltung kommen, muß das Aquarium gut bepflanzt und nicht allzu stark beleuchtet werden. *Xenophallus umbratilis* wird durchschnittlich zwischen dem 3. und 4. Monat geschlechtsreif. Die Art gelangte erstmalig 1976 als Aquariumstamm aus den USA nach Deutschland. Als Wildfang erstmals durch Dr. RADDA, Wien, im Jahre 1980.

Biotop von *Xiphophorus helleri* und *Xiphophorus milleri*, Catemaco-See, Veracruz, Mexiko.

XIPHOPHORUS

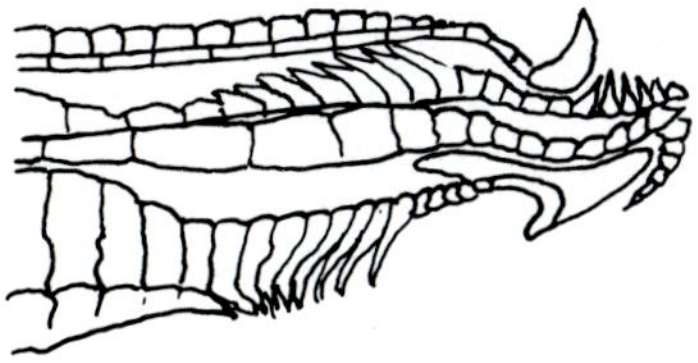

Xiphophorus helleri

Xiphophorus HECKEL, 1848

Die Gattung *Xiphophorus* erfuhr in jüngster Zeit durch eine Revision von ROSEN (1979) einige wichtige Änderungen und mit der Entdeckung eines neuen Taxon eine Erweiterung.

Momentan umfaßt das Genus 16 beschriebene Arten. Bisher unbeschrieben sind ein nördlicher Vertreter, der sogenannte „Muzquiz-Platy", sowie 2 Taxa aus dem Panuco-Becken, (mdl. Mitteilung KALLMAN, New York). Noch unklar bleibt die taxonomische Stellung einiger X. couchianus-Formen aus der Umgebung von Monterrey, sowie die von ROSEN (1979) herausgestellten X. helleri-Formen von Guatemala und Honduras.

Durch MEYER (1983) konnten zusätzlich zu dem 1979 von ROSEN festgestellten *X. alvarezi x helleri* Naturbastard 3 weitere Xiphophorus-Naturhybriden-Populationen aus Nord-Mexiko nachgewiesen werden.

Die einzelnen Gattungsangehörigen besiedeln atlantische Flußsysteme von Nord-Mexiko bis Honduras.

Die Namengebung *Xiphophorus* ist aus dem Griechischen abgeleitet und besagt Schwertträger.

Wasserwerte von Xiphophorus-Biotopen

Rio Axtla: PH. 7,8. KH. 12. GH. 13. Sauerstoff, 22 mg/L. Nitrit, 0 mg/L. Temperatur 25° C.

Catemaco-See und einmündende Bäche: PH. 7,5. KH. 3. GH. 4. Sauerstoff, 22 mg/L. Nitrit, 0 mg/L. Temperatur 27° C.

Rio Sontecomapan: PH. 7,5. KH. 3. GH. 3. Sauerstoff, 20 mg/L. Nitrit, 0 mg/L. Temperatur 26° C.

Rio dos Semillas: PH. 7,2. KH. 3. GH. 3. Sauerstoff, 20 mg/L. Nitrit, 0 mg/L. Temperatur 26° C.

Rio del Reyon: PH. 7,5. KH. 5. GH. 4. (Somit Nichtkarbonathärte!) Sauerstoff, 22 mg/L. Nitrit, 0 mg/L. Temperatur 27° C.

Arroyo la Caiba: PH. 7,5. KH. 10. GH. 13. Sauerstoff, 18 mg/L. Nitrit, 0 mg/L. Temperatur 27° C.

Rio Palenque: PH. 8,1. KH. 12. GH. 20. Sauerstoff, 19 mg/L. Nitrit, 0 mg/L. Temperatur 27° C.

Rio Blanco: PH. 7,8. KH. 6. GH. 8. Sauerstoff, 21 mg/L. Nitrit, 0 mg/L. Temperatur 26° C.

Rio Verde: PH. 7,5. KH. 11. GH. 12. Sauerstoff, 18 mg/L. Nitrit, 0 mg/L. Temperatur 25° C.

Rio Coy: PH. 7,5. KH. 12. GH. 25. Sauerstoff, 21 mg/L. Nitrit, 0 mg/L. Temperatur 23° C.

Rio Purificacion: PH. 7,8. KH. 12. GH. 13. Sauerstoff, 18 mg/L. Nitrit, 0 mg/L. Temperatur 24° C.

Rio Santa Engracia: PH. 7,5. KH. 10. GH. 10. Sauerstoff, 20 mg/L. Nitrit, 0 mg/L. Temperatur 23° C.

Rio Atoyac: PH. 7,5. KH. 8. GH. 12. Sauerstoff, 18 mg/L. Nitrit, 0 mg/L. Temperatur 26° C.

Rio Coatzacoalcos: PH. 7,5. KH. 3. GH. 4. Sauerstoff, 18 mg/L. Nitrit, 0 mg/L. Temperatur 24° C.

Rio Papaloapan: PH. 7,5. KH. 5. GH. 6. Sauerstoff, 16 mg/L. Nitrit, 0 mg/L. Temperatur 23° C.

Rio Nautla: PH. 7,4. KH. 5. GH. 6. Sauerstoff, 20 mg/L. Nitrit, 0 mg/L. Temperatur 26° C.

Rio Tecolutla: PH. 7,2. KH. 5. GH. 5. Sauerstoff, 18 mg/L. Nitrit, 0 mg/L. Temperatur 23° C.

Laguna Santa Tecla: PH. 8,1. KH. 14. GH. 25. Sauerstoff, 16 mg/L. Nitrit, 0 mg/L. Temperatur 32° C.

Die Ermittlungen der Wasserwerte erfolgten in den Jahren 1979, 1980 sowie 1983. Während in den erstgenannten Jahren die Biotope im November bereist wurden, geschah dies 1983 im Juli. Es wurden jahreszeitlich bedingt teilweise ganz geringe Veränderungen, teilweise keine festgestellt.

Dieser Xiphophorus-Biotop *(X. gordoni)* hat den höchsten GH-Wert sowie die höchste Wassertemperatur aller Xiphophorus-Biotope.

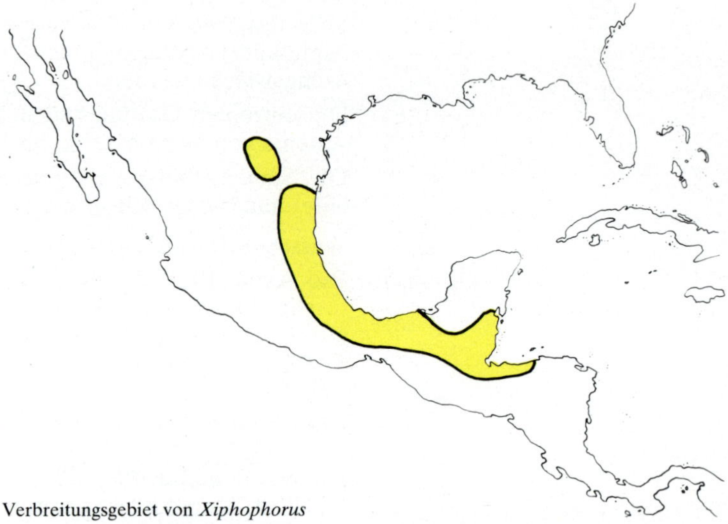

Verbreitungsgebiet von *Xiphophorus*

Xiphophorus couchianus „apodaca", Population Apodaca, Nuevo Leon, Mexiko. Die 1983 von MEYER und WISCHNATH importierte Art stellt möglicherweise eine neue couchianus Form, die in ihrem Farbmuster erheblich von der bereits in der Natur ausgestorbenen Huasteca-Variante abweicht. Morphologische Unterschiede zwischen den einzelnen couchianus-Formen sind bislang noch nicht klar definiert. Die sogenannte Apodaca-Form ist der letzte wildlebende X. couchianus-Stamm, dessen Populationsdichte auf ca. 1000 Exemplare geschätzt wird.

Xiphophorus spec. „muzquiz", Population Muzquiz, Coahuila, Mexiko. Die erst vor einiger Zeit entdeckte Xiphophorus-Art wird von dem mexikanischen Ichtyologen, Dr. Salvador Contreras Balderas, Universität Nuevo Leon, Monterrey, beschrieben. Die bislang nördlichste entdeckte Species der Gattung ist nahe mit X. couchianus und X. andersi verwandt und zeichnet sich durch enorm große Flächenansammlungen von Makromelanophoren aus. Die neue Art ist vom Aussterben bedroht.

Xiphophorus alvarezi ⚥.
Population Rio Palenque, Mexiko.

Xiphophorus alvarezi ROSEN, 1960

Familie:	Poeciliidae GARMAN, 1895
Unterfamilie:	Poeciliinae GARMAN, 1895
Herkunft des Artnamens:	*alvarezi* = zu Ehren Herrn Prof. JOSE ALVAREZ del VILLAR benannt
Synonyma:	*Xiphophorus helleri alvarezi* ROSEN, 1960.
Erstbeschreibung:	ROSEN, D. E. (1960): Middle-American poeciliid fishes of the genus Xiphophorus. Bull. Florida State Mus., biol. sci., vol. 5, no. 4: pp. 57–242.
Typuslokalität:	Rio Santo Domingo; Chiapas; Mexiko.
Meristische Angaben:	Dorsale = 11–12 Flossenstrahlen; L. lat. = 26–29 Schuppen; Wirbel = gewöhnlich 28.
Totalkörperlänge:	Männchen bis 6 cm; Weibchen bis 7,5 cm. Größenangaben bei Xiphophorus ohne Schwertabmessung.
Beschreibung:	*Xiphophorus alvarezi* ist in seinen Körperabmessungen optisch von dem helleri-Formenkreis nicht zu unterscheiden. Auch ist eine Unterscheidung durch die Schwertlänge, wie früher angenommen, nicht möglich. ROSEN und Mitarbeiter konnten vor allem aus dem Rio Candelaria Yalicar, Alta Verapaz, Guatemala, kurzschwertige Exemplare nachweisen. Die Körperfärbung ist ähnlich der von *X. helleri*. *X. alvarezi* besitzt mindestens 2 oder mehr mittlere rote Körperstreifen, wobei die Körperfläche unterhalb der Körperstreifen intensiv türkisblau erscheint. Ältere Exemplare weisen sich durch einen gelborange gefärbten Schwanzstiel aus. Die Rückenflosse zeigt sich mit 2 Bandreihen, die sich mit breiten roten Flecken zusammensetzen.
Verbreitung:	Hochlandbecken in Chiapas; Mexiko und Huehuetenango; El Quiché und Alta Verapaz; Guatemala.

Habitat: Über das Verbreitungsgebiet der Art sind kaum Daten bekannt geworden. Jedoch kann der Co-Autor WISCHNATH, nach Angaben des Aquariums in Tuxtla Gutierrez, *X. alvarezi* im Rio Palenque nachweisen. In der Färbung ist der importierte Fisch mit der Beschreibung von ROSEN identisch; doch bisher lassen sich die von ROSEN (1979) herausgestellten Gonopodiummerkmale nicht nachweisen. Habitatangaben der Palenque Xiphophorus-Form siehe *Priapella compressa.*

Pflege und Zucht: Die Palenque *Xiphophorus* lassen sich wie *X. helleri* einfach pflegen und vermehren.

Erstimport der Palenque-Population durch Herrn WISCHNATH, 1980.

Xiphophorus andersi MEYER & SCHARTL, 1980

Familie: Poeciliidae GARMAN, 1895

Unterfamilie: Poeciliinae GARMAN, 1895

Herkunft des Artnamens: *andersi* = zu Ehren Herrn Prof. Dr. F. ANDERS benannt

Synonyma: keine

Erstbeschreibung: MEYER, M. K. & M. SCHARTL (1980): Eine neue Xiphophorus-Art aus Vera Cruz, Mexiko. Senckenbergiana Biologica 60 (3–4): pp. 147–151.

Typuslokalität: Rio Atoyac, nahe Chico; Veracruz; Mexiko.

Meristische Angaben: Dorsale = 12 Flossenstrahlen; Anale = 10 Flossenstrahlen; L. tra. = 9 Schuppen; L. lat. = 27–28 Schuppen; Wirbel = 29.

Xiphophorus andersi.
Population Rio Atoyac, Mexiko.

Totalkörperlänge:	Männchen = bis 4,5 cm; Weibchen bis 5,5 cm.
Beschreibung:	*Xiphophorus andersi* besitzt einen großen Kopf. Der Körper ist mäßig schlank mit langgestreckter Schwanzwurzel. Die Rückenflosse ist rautenförmig ausgeprägt, die Schwanzflosse an den Ekken schwach abgerundet. Drei ventrale Flossenstrahlen der Caudale sind bei den männlichen Tieren zu einem kurzen Schwert ausgebildet. Die Grundfärbung beider Geschlechter setzt sich oliv- und braunfarben zusammen. Entlang der Körpermitte erstreckt sich ein breiter, brauner Mittelstreifen. Ein Trächtigkeitsfleck ist in beiden Geschlechtern vorhanden und in seinem Größenumfang einzigartig innerhalb der Gattung *Xiphophorus*. Mitten im Fischkörper befindend zeigen sich zwei auffallend gold glänzende Schuppen. Die Bauchseite ist weiß. Die Rückenflosse besitzt eine innere, dunkle Zick-Zack-Bänderung; Flossen ansonsten farblos.
Verbreitung:	Nur von der Typuslokalität bekannt.
Habitat:	Der Rio Atoyac ist ein schnellfließender Fluß, dessen Breite am Locus typicus etwa 6 m beträgt. Die Wassertiefe weist einen Durchschnittswert von 2 m auf. Die Färbung des Gewässers ist bräunlichtrüb. Die Vegetation der Uferregion besteht aus hartblättrigen Büschen, Bananenpflanzen, Yuccapalmen und Grasflächen. Begleitfische von *Xiphophorus andersi* sind *Heterandria jonesi* und *Xiphophorus helleri*.
Pflege und Zucht:	Die Art hat sich bisher in den meisten Aquarien gut eingelebt und bereitet in den meisten Fällen in der Pflege und Zucht keine Schwierigkeiten. *Xiphophorus andersi* ist sehr vermehrungsfreudig. In der Regel werden durchschnittlich alle 24 Tage zwischen 20 und 50, ca. 6 mm lange Jungfische von den Weibchen abgesetzt. Die Alttiere stellen bei guter Fütterung den Jungtieren nicht nach. Die Xiphophorus-Art wird zwischen dem 4. und 5. Monat geschlechtsreif. An die Fütterung werden keine große Ansprüche gestellt, doch werden rote Mückenlarven mit Vorliebe genommen. *X. andersi* bevorzugt weiches Wasser mit einer Gesamthärte von 8° DH. Die Fischart wurde erstmals 1979 durch Herrn NOACK, Schweiz, nach Europa importiert.

Xiphophorus clemenciae ALVAREZ, 1959

Familie:	Poeciliidae GARMAN, 1895
Unterfamilie:	Poeciliinae GARMAN, 1895
Herkunft des Artnamens:	*clemenciae* = zu Ehren Frau CLEMENCIA ALVAREZ benannt
Synonyma:	keine
Erstbeschreibung:	ALVAREZ, J. (1959): Nuevas especies de Xiphophorus e Hyporhamphus procedents del Rio Coatzacoalcos. Ciencia, vol. 19: pp. 69–73.
Typuslokalität:	Rancho San Carlos, 24 km östlich Palomares; Oaxaca; Mexiko.
Meristische Angaben:	Dorsale = 11 Flossenstrahlen; Anale = 9 Flossenstrahlen; L. lat. = 25–26 Schuppen; Wirbel = 27.
Totalkörperlänge:	Männchen bis 4 cm; Weibchen bis 5,5 cm.

Xiphophorus clemenciae ♂. Population Rio Sarabia, Mexiko.

Beschreibung: Die kleine Schwertträger-Art zeigt sich dem Betrachter mit langgestrecktem Körperbau und kleinem, zugespitztem Kopf. Die Körpergrundfarbe ist graubraun-oliv und mit grünblauer Farbe im mittleren Körperbereich und im Schwanzstiel überlagert. Die vom Aussterben bedrohte Tierart besitzt zwei intensiv rot gefärbte Zick-Zack-Streifen. das Schwert der Männchen wird bis zu 3,5 cm groß und ist leuchtend gelb gefärbt, mit einer schwarzen Rahmung versehen. Typisch für *X. clemenciae* ist eine rote Punktierung im Schwanzstielbereich, die nur dieser Xiphophorus-Art zu eigen ist. Sämtliche Flossen sind leicht gelb getönt und die Rückenflosse zeigt eine Anzahl roter Tupfen.

Verbreitung: Rio Sarabia-System; Oaxaca; Mexiko.

Habitat: J. Alvarez sammelte 1959 die ersten Exemplare von *X. clemenciae* im Arroyo de la Cascada im mexikanischen Staat Oaxaca nahe der Rancho San Carlos. Diese befindet sich 24 km südlich des Dorfes Palomares. Palomares liegt an den Fernstraßen 145 und 185. Der Arroyo de la Cascada verbindet die Flüsse Rio Sarabia, 15 km westlich von Palomares, und Rio Coatzacoalcos. 2 bzw. 4 km südwestlich von Palomares, im Rio dos Semillas sowie im Rio del Reyon, wurden 1979 von WISCHNATH 5 Exemplare von *X. clemenciae* gefangen, die jedoch den Weitertransport nicht überlebten. An gleicher Stelle konnten die Tiere während einer Fangreise im Juli 1983 von WISCHNATH wegen Hochwassers nicht nachgewiesen werden. *X. clemenciae* ist nach neuesten Untersuchungen begrenzt auf Bäche und kleine, flache Flüsse zwischen dem Rio Coatzacoalcos im Süden und dem Rio Sarabia im Nordwesten des kleinen Verbreitungsgebietes. Das Verbreitungsgebiet der Art ist größer, als noch vor einigen Jahren vermutet wurde. *X. clemenciae* lebt teilweise gemeinsam mit *X. helleri*, Population vom Rio Coatzacoalcos-System. (Rio dos Semillas und Rio del Reyon.)

Pflege und Zucht: In der Zucht erweist sich die Xiphophorus-Art als sehr schwierig. Selten werden mehr als 20 Jungfische von den Weibchen abgesetzt. Die Fische wachsen selbst bei bester Fütterung nur sehr langsam heran und die meisten Tiere sterben noch vor der Geschlechtsreife an Schwäche. Möglicherweise läßt sich der Vitalitätsmangel auf fehlende planmäßige Zuchtauswahl zurückführen. Neue Importe müßten hier Klarheit bringen.

X. clemenciae wurde über die USA erstmals Ende der 60er Jahre nach Deutschland importiert.

Xiphophorus cortezi ROSEN, 1960

Familie: Poeciliidae GARMAN, 1895

Unterfamilie: Poeciliinae GARMAN, 1895

Herkunft des Artnamens: *cortezi* = nach dem spanischen Eroberer HERNANDO CORTEZ benannt

Synonyma: *Xiphophorus montezumae cortezi* ROSEN, 1960

Erstbeschreibung: ROSEN, D. E. (1960): Middle-American poeciliid fishes of the genus Xiphophorus. Bull. Florida State Mus., biol. sci., vol. 5, no. 4: pp. 57–242.

Typuslokalität: Arroyo Matlapa bei Comoca; San Luis Potosi; Mexiko.

Meristische Angaben: Dorsale = 10–14 Flossenstrahlen; L. Lat. = 26–28 Schuppen; Wirbel = 28–29.

Totalkörperlänge: Männchen = 4–5 cm; Weibchen = 4–5,5 cm.

Beschreibung: Der Cortez-Schwertträger besitzt einen gestreckten Körperbau. Die Grundfarbe ist graubraun bei heller Bauchseite. Entlang des mittleren Körperbereichs verläuft eine dunkelbraune Zick-Zack-Linie. Vereinzelt treten Tiere mit einer Senkrechtstreifung auf. Eine weitere Morphe zeigt sich mit großem, schwarzem Fleckenmuster, sowie eine Variante mit schwarzem Kommabalken in der Schwanzwurzelbasis. Die Männchen besitzen ein kleines, säbelförmiges Schwert, das bis zu 2 cm lang werden kann. Die

Xiphophorus cortezi

Xiphophorus cortezi.
Population Rio Axtla, Mexiko.

Dorsale ist bei den männlichen Tieren größer als die der weiblichen ausgebildet und zeigt sich fahnenartig. Die genannte Flosse ist bei den dominanten Tieren gelb gefärbt und mit dunklen Fleckenbänderungen verziert. Ansonsten sind die Flossen farblos.

Verbreitung: Südliche Oberläufe des Rio Panuco; Hidalgo und San Luis Potosi; Mexiko.

Habitat: Siehe *Xiphophorus pygmaeus*.

Pflege und Zucht: Die Zucht von *Xiphophorus cortezi* ist relativ einfach. Die Tiere sind sehr produktiv und bringen regelmäßig alle 28 Tage zwischen 20 und 40, ca. 8 mm lange Jungfische zur Welt, die bereits nach 4 Monaten wiederum geschlechtsreif sein können. *X. cortezi* kann als Allesfresser bezeichnet werden. Bevorzugt wird Lebendfutter angenommen. Die Art gibt sich bereits mit kleinen Behältern zufrieden und stellt an die Wasserqualität nur geringe Ansprüche.

Xiphophorus cortezi wurde bereits 1918 nach Europa importiert.

Xiphophorus couchianus (GIRARD, 1859)

Familie: Poeciliidae GARMAN, 1895

Unterfamilie: Poeciliinae GARMAN, 1895

Herkunft des Artnamens: *couchianus* = nach Herrn D. N. COUCH benannt

Synonyma: *Limia couchiana* GIRARD, 1859

Erstbeschreibung: GIRARD, C. (1859): Ichthyological notices, 41–59. Proc. Acad. Nat. Sci. Philadelphia, no. 11: pp. 113–122.

Typuslokalität: Monterrey; Nuevo Leon; Mexiko.

Meristische Angaben: Dorsale = 9 Flossenstrahlen; Anale = 9 Flossenstrahlen; Kiemenrechen = 13–17 Dornen; L. lat. = 25–27 Schuppen.

Totalkörperlänge: Männchen = 2–2,5 cm; Weibchen 3–4 cm.

Beschreibung: Die beschriebene Xiphophorus-couchianus-Form aus dem Huasteca-Canyon, nahe Monterrey, ist in natürlichen Breiten bereits ausgestorben. Die Art zeigt sich mit mäßig langgestrecktem Körperbau. Weibliche Tiere besitzen im Gegensatz zu den Männchen eine breite, pummelige Gestalt. Die Rückenflosse ist *X.-variatus*-förmig ausgebildet, bleibt aber in ihrem Größenumfang wesentlich kleiner. Die genannte Flosse ist bei den Alfa-Männchen leicht gelb getönt und in beiden Geschlechtern sind ihre Strahlen schwarz gefärbt. Alle sonstigen Flossen sind farblos. Die Grundfärbung des schwertlosen *Xiphophorus* ist nicht sonderlich ansprechend und tendiert in unterschiedlichen Brauntönen. Die Bauchseite ist weiß, es folgt ein dunkler Fleck vor der Anale. Je nach Stimulation können sich entlang der Körperseite 3–5 breite, dunkle, senkrechte Streifen manifestieren.

Xiphophorus couchianus.
Population Huasteca, Mexiko.

Xiphophorus „roseni"
Naturhybride, *X. couchianus und X. variatus*.

Verbreitung:

Bis zum Jahre 1964 in und um Monterrey in Quellgebieten, Flüssen und Teichen verbreitet. In freier Natur existiert heute lediglich in einem eng begrenzten Biotop die Apodaca-Form, die möglicherweise eine Unterart von *X. couchianus* darstellt.

Habitat:

Monterrey besaß seinerzeit eine größere Anzahl von Flußquellgebieten, die heute teilweise trocken gelegt sind oder nur noch periodisch Wasser bringen. La Huasteca stellte damals ein Wasserrestgebiet dar, das heute total versiegt ist. Teichregionen sind verseucht und dort, wo *couchianus* noch existierte, ist dieser durch ausgesetzte Fische verdrängt worden oder hat sich mit *Xiphophorus variatus* und Xiphophorus-Zuchtformen verbastardiert.

Pflege und Zucht:

Die Zucht von *X. couchianus,* Huasteca-Form, kann des öfteren Probleme aufwerfen, da die Männchen die weiblichen Tiere nicht immmer befruchten können. Die Xiphophorus-Art bevorzugt weiches Wasser mit einer Temperatur zwischen 20 und 23° C. Nach einer Trächtigkeitsdauer von durchschnittlich 28 Tagen werden zwischen 15 und 30, etwa 5 mm lange Jungfische abgesetzt, die oft mit zu großem Dottersack geboren werden. *X. couchianus* wird gewöhnlich nach 10–12 Wochen geschlechtsreif. Die Xiphophorus-Species gibt sich bereits mit kleinen Aquarienbehältern zufrieden und stellt an die Fütterung keine Ansprüche. Vorteilhaft scheint für das Wohlbefinden der Tiere die Fütterung mit Artemia zu sein. Bei Außenparasitenbefall hat sich besonders 4%iges Formalin, 15 Tropfen auf 10 Liter Aquariumwasser, bewährt.

Die Art wurde von mehreren deutschen Instituten aus den USA Mitte der 70er Jahre importiert.

Xiphophorus evelynae ROSEN, 1960

Familie: Poeciliidae GARMAN, 1895

Unterfamilie: Poeciliinae GARMAN, 1895

Herkunft des Artnamens: *evelynae* = zu Ehren Frau EVELYN GORDON benannt

Synonyma: *Xiphophorus variatus evelynae* ROSEN, 1960

Xiphophorus evelynae ♂, Hochland-Platy. Population Necaxa, Mexiko.

Erstbeschreibung: ROSEN, D. E. (1960): Middle-American poeciliid fishes of the genus Xiphophorus. Bull. Florida State Mus., biol. sci., vol. 5, no. 4: pp. 57–242.

Typuslokalität: Rio Necaxa; Puebla; Mexiko.

Meristische Angaben: Dorsale = 11–14 Flossenstrahlen; L. lat. = 24–27 Schuppen; Wirbel = 27–28.

Totalkörperlänge: Männchen = bis 4,5 cm; Weibchen bis 5 cm.

Beschreibung: *Xiphophorus evelynae* ist eng mit *X. variatus* verwandt und in seinem äußeren Erscheinungsbild beinahe mit der früheren Nominatform identisch. Im Vergleich zeigt evelynae einen gestreckteren Körperbau und ein konstantes, von *variatus* abweichendes Farbmuster. Der Schwanzstiel von *X. evelynae* ist kurz ausgebildet. Entlang der Körperseite erstreckt sich eine Anzahl von 6–10 dunklen Senkrechtstreifen. Schwanzstielzeichnungen, wie sie bei *X. variatus* und *X. maculatus* ausgebildet sind, fehlen bei *evelynae* völlig. Gewöhnlich sind Männchen und Weibchen schwarz gescheckt. Verschiedentlich treten auch Tiere ohne sichtbare Flecken auf. Die Körpergrundfarbe ist braunoliv bei heller Bauchseite. Der Flossenbehang der männlichen Tiere kann tief gelb bis orange gefärbt sein, vor allem Rücken- und Schwanzflosse. Die Flossen der Weibchen zeigen sich leicht gelb getönt oder transparent.

Verbreitung: Rio Tecolutla-System; Puebla; Mexiko.

Habitat: *Xiphophorus evelynae* wird oberhalb einer Serie von Wasserfällen, direkt und in unmittelbarer Nähe des kleinen Dorfes Necaxa, Puebla, Mexiko, gesammelt. Prinzipiell in den Staubecken und deren Zuflüssen, der mexikanischen Licht- unf Energie-Gesellschaft, in einer geschätzten Höhenlage von 1220 m ü. N. N., lebt der genannte Kärpfling. In näherer Umgebung von *X. evelynae* treten sogenannte Übergangsformen zwischen *evelynae* und *variatus* auf, die zur Zeit der Art *X. variatus* zugeschrieben werden.

Pflege und Zucht: Die Art muß etwas kühler gehältert werden. Wassertemperaturen zwischen 20 und 22° C sind vollkommen ausreichend und für das Wohlbefinden der Fische förderlich. In der Zucht ist *X. evelynae* schwieriger als *X. variatus,* kann aber noch als leicht züchtbar gelten. Ansonsten wie *Xiphophorus variatus.*

Xiphophorus evelynae wurde durch den Autor MEYER 1980 nach Deutschland erstmals importiert.

Xiphophorus gordoni MILLER & MINCKLEY, 1963

Familie: Poeciliidae GARMAN, 1895

Unterfamilie: Poeciliinae GARMAN, 1895

Herkunft des Artnamens: *gordoni* = zu Ehren von Herrn Prof. Dr. MYRON GORDON benannt

Synonyma: keine

Erstbeschreibung: MILLER, R. R. & W. L. MINCKLEY (1963): Xiphophorus gordoni, a New Species of Platyfish from Coahuila, México. Copeia, No. 3: pp. 538–546.

Xiphophorus gordoni ♂, Nord Platy.
Population Santa Tecla, Mexiko.

Typuslokalität: Laguna Santa Tecla; Coahuila; Mexiko.

Meristische Angaben: Dorsale = gewöhnlich 11 Flossenstrahlen; Anale = 9 Flossenstrahlen; Kiemenrechen = 15–19 Dornen; L. lat = 26–27 Schuppen.

Totalkörperlänge: Männchen 2,5–3,5 cm; Weibchen = 3–4 cm.

Beschreibung: *Xiphophorus gordoni* besitzt einen mäßig gestreckten Körperbau mit spitzem Kopf. Die Körpergrundfarbe ist graubraun bei heller Bauchseite. Entlang der mittleren Schuppenreihen erstreckt sich eine blaue und schwarze Bandreihe im gewohnten Xiphophorus-Zick-Zack-Muster. Eine schwarze Körperbänderung, die sich aus 5–7, breiten, senkrechten Streifen zusammensetzt, ist meistens nur bei den männlichen Tieren sichtbar ausgebildet. Die Rückenflosse der männlichen Tiere besitzt eine schwarze Rahmung. Sämtliche Flossenstrahlen der genannten Flosse sind schwarz und die Zwischenräume sind leicht gelb getönt.

Verbreitung: Nur von der Typuslokalität bekannt.

Habitat: Nach Angaben durch unseren Freund ERICH HNILICKA, Puebla, Mexiko, lebt *X. gordoni* in 34° C warmen Quellteichen und Quellbächen im Gebiet von Santa Tecla. Die kleinflächigen Biotope sind mit Schilf umwachsen und die Bachregionen dicht mit Wasserpflanzen besetzt. Der Bodengrund der Gewässer ist schlammig und hat einen starken Sulfat-Geruch.

Pflege und Zucht: Die vom Aussterben bedrohte Tierart ist besonders anfällig gegen Krankheitserreger und soll aus diesem Grund mindestens eine Wassertemperatur von 28° C geboten bekommen. *X. gordoni* stellt den Neugeborenen nach. Deshalb sind Vorsichtsmaßnahmen, wie dichte Bepflanzung oder Ablaichkästen, zu treffen. Ansonsten siehe *X. couchianus*.

Die Art wurde in den letzten Jahren mehrfach nach Deutschland importiert.

Xiphophorus helleri.
Population Rio Playa Vicente, Mexiko.

Xiphophorus helleri HECKEL, 1848

Familie:	Poeciliidae GARMAN, 1895
Unterfamilie:	Poeciliinae GARMAN, 1895
Herkunft des Artnamens:	*helleri* = nach Herrn HELLER benannt
Synonyma:	*Xiphophorus helleri helleri* DEL CAMPO, 1938 *Xiphophorus guentheri* JORDAN & EVERMANN, 1896 *Xiphophorus hellerii guntheri* HUBBS, 1935 *Xiphophorus jalapae* MEEK, 1902 *Xiphophorus strigatus* REGAN, 1907 *Xiphophorus helleri strigatus* DE BUEN, 1940 *Xiphophorus brevis* REGAN, 1907 *Xiphophorus hellerii brevis* HUBBS & GORDON, 1943 *Xiphophorus rachovii* REGAN, 1911

Erstbeschreibung:	HECKEL, J. (1848): Eine neue Gattung von Poecilien mit rochenartigem Anklammerungs-Organ. Sitzber. K. Akad. Wiss. Wien, Math. Nat. Cl., vol. 1: pp. 289–303.
Typuslokalität:	Orizaba; Mexiko.
Meristische Angaben:	Dorsale = gewöhnlich 12–15 Flossenstrahlen; L. lat. = gewöhnlich 26–28 Schuppen; Wirbel 27–30.
Totalkörperlänge:	Männchen bis 14 cm; Weibchen bis 16 cm. Hinzu kommt bei Männchen eine Schwertlänge von 4–8 cm.

Beschreibung:

Xiphophorus helleri zeigt sich mit langgestrecktem Körperbau und zugespitztem Kopf. Durch das große Verbreitungsgebiet der Art haben wir es mit zahlreichen Farbmorphen zu tun. Bekannt ist vor allem der sogenannte grüne Schwertträger. Auf grauolivem Grund erscheinen die mittleren Körperschuppenreihen grünlich bis blau. Allen helleri-Populationen gemeinsam ist die dunkelrote oder braune Mittellinie, die zusätzlich bei einigen Varianten bis zu 2 oberhalb und 2 unterhalb begleitende Körperlinien aufweisen kann. Die Bauchseite zeigt sich weiß und die Rückenflosse ist gewöhnlich mit roten Punkten verziert. Das Schwert der Männchen ist satt gelb gefärbt und schwarz gerahmt. Als interessante Farbvariationen sind der sogenannte Bronce-Schwertträger, Messing-Schwertträger, Rote-Schwertträger u. a. bekannt geworden. In fast allen X. helleri-Biotopen konnten schwarz gescheckte Exemplare nachgewiesen werden. Vereinzelt treten Tiere mit Senkrechtstreifen auf. Die weiblichen *X. helleri* sind genau wie die männlichen Tiere gefärbt. Allerdings treten bei den Alfa-Männchen die Farben wesentlich intensiver hervor.

Erstmals im November 1979 wurden von Wischnath im Rio Playa Vicente im mexikanischen Staat Veracruz sowie im Rio Atoyac, ebenfalls in Veracruz, gefleckte sowie rote Tiere gefangen und nachgewiesen. Bei der roten und gefleckten Varität aus dem Rio Playa Vicente handelt es sich um hochrückige und langgestreckte Tiere. (Männchen bis 14 cm Totallänge)

Die im Rio Atoyac und einem in ihn mündenden 200 m langen Quellbach, dem Arroyo la Caiba, nachgewiesenen Tiere, rot sowie rot und gefleckt, hatten im männlichen Geschlecht eine Totallänge von 8–10 cm.

Folgende Populationen und Varietäten werden in diesem Buch im Bild vorgestellt:
X. helleri, grün, Rio Blanco.
X. helleri, gefleckt, Rio Atoyac.
X. helleri, rot, Rio Atoyac.
X. helleri, rot und gefleckt, Rio Atoyac.
X. helleri, rot und gefleckt, Rio Playa Vicente.
X. helleri, Rio del Reyon und Rio dos Semillas.
X. helleri, Catemacosee.
X. helleri, Sontecomapan.
X. helleri, gefleckt, Rio Belize, Belize.
X. helleri, Yucatan-Population.

Verbreitung: Vom Rio Nautla; Veracruz; Mexiko bis Belize, im Flach- und Hochland.

Xiphophorus helleri gefleckt.
Population Rio Belize, Belize.

Xiphophorus helleri rot, ungefleckt.
Population Rio Atoyac, Mexiko.

Xiphophorus helleri grün.
Population Rio Atoyac, Mexiko.

Xiphophorus helleri.
Population Rio Sontecomapan, Mexiko.

Habitat:

Xiphophorus helleri wird überwiegend in schnellfließenden Flüssen nachgewiesen. Die Art kann aber auch in Überschwemmungs- oder während der Trockenzeit in Teichregionen und Restgewässern angetroffen werden. Die Habitate sind je nach Gebietsregionen reich oder arm an Wasservegetation. *X. helleri* ist nicht an spezielle Orte gebunden. Zusammen mit der beschriebenen Art kann *X. maculatus, X. milleri, X. variatus* und *X. andersi* angetroffen werden.

Pflege und Zucht:

Die Pflege und Zucht der Species ist denkbar einfach, da selbst extrem schlechte Bedingungen in den meisten Fällen noch toleriert werden. Von Vorteil sind große Behälter, damit eine gewisse Anzahl Männchen miteinander konkurrieren können. Die Fütterung sollte kräftige Nahrung beinhalten. Die Art ist leicht mit anderen Beckeninsassen zu vergesellschaften.

X. helleri wurde wahrscheinlich erstmals durch W. SCHROTT im Jahre 1909 nach Deutschland importiert.

Xiphophorus helleri ♀ + ♂, gefleckt. Population Rio Atoyac, Mexiko.

Xiphophorus helleri, Yucatan-Schwertträger. Population Yucatan, Mexiko.

Xiphophorus helleri. Population Rio del Reyon, Mexiko.

Xiphophorus helleri, Catemaco-Schwertträger. Population v. Catemaco, Mexiko.

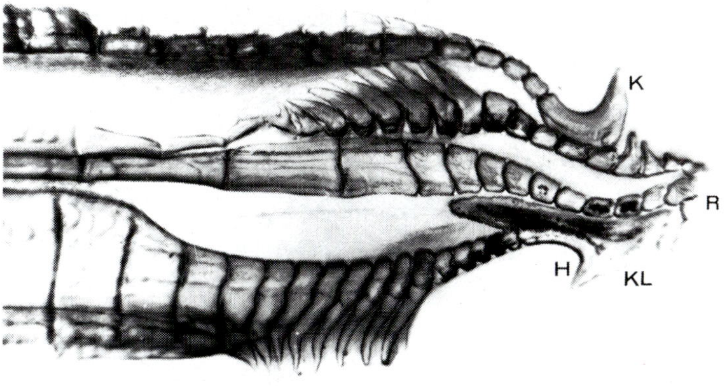

Gonopodium:
Xiphophorus helleri, Rio Atoyac.
K = Klaue
R = Ramus
KL = Klinge
H = Haken

Xiphophorus maculatus, Jamapa Platy. Population Rio Jamapa, Mexiko.

Xiphophorus maculatus (GÜNTHER, 1866)

Familie:	Poeciliidae GARMAN, 1895
Unterfamilie:	Poeciliinae GARMAN, 1895
Herkunft des Artnamens:	*maculatus* = (lat.) = gefleckt
Synonyma:	*Platypoecilus maculatus* GÜNTHER, 1866 *Poecilia maculata* REGAN, 1906
Erstbeschreibung:	GÜNTHER, A. (1866): A catalogue of the fishes in the British Museum. London, vol. 6: 368 pp.
Typuslokalität:	Mexiko; nicht weiter definiert.
Meristische Angaben:	Dorsale = gewöhnlich 9–10 Flossenstrahlen; L. lat. = 22–25 Schuppen; Wirbel = 26–27.
Totalkörperlänge:	Männchen bis 3 cm; Weibchen bis 4 cm.
Beschreibung:	Die Art zeigt sich dem Betrachter mit gedrungener, hochrückiger Gestalt. In der Färbung ist *X. maculatus* sehr variabel. Gewöhnlich sind die Männchen wesentlich intensiver als die Weibchen gezeichnet. Lackschwarze Männchen, mit heller Bauchseite, konnten aus den Quellgebieten des Arroyo Zacatispan, Bereich des Rio Papaloapan, nachgewiesen werden. Orange und rot gezeichnete Populationen werden meist in Belize gesammelt. Schwarz gescheckte Tiere konnten in den letzten Jahren beinahe überall in den natürlichen Verbreitungsgebieten nachgewiesen werden. Der Flossenbehang ist ebenfalls in der Färbung sehr variabel.
Verbreitung:	Vom Rio Jamapa-Becken; Veracruz; Mexiko bis südwärts Belize und Guatemala.

Xiphophorus maculatus, Grauer Platy. Population Rio Coatzacoalcos-Becken, Rio San Juan, Mexiko.

Xiphophorus maculatus. Population Rio Papaloapan, Mexiko.

Habitat:

Bekannt für ein größeres Verbreitungsgebiet von *X. maculatus* ist die Sumpflandschaft um Villahermosa, Mexiko, deren zahlreiche, mit Grundwasser gespeiste Teiche in der Regenzeit manchmal mit den Flüssen in Verbindung stehen. Die Teiche sind dicht mit Wasserhyazinthen bewachsen, der Boden ist moorig, so daß es Mühe bereitet, hier zu fischen. Verschiedenen Ortes kann *maculatus* zusammen mit *X. helleri,* meistens in Was-

Xiphophorus maculatus.
Gefleckter Belize Platy.
Population Rio Belize, Belize.

Xiphophorus maculatus, Rotaugen Platy.
Population Rio Belize, Belize.

serrestlachen, angetroffen werden. *Xiphophorus maculatus* meidet offensichtlich schnellfließende Flüsse und wird deshalb gewöhnlich nur in fast stehenden Gewässern angetroffen.

Pflege und Zucht:

In der Regel ist *Xiphophorus maculatus* ein vermehrungsfreudiger Fisch, der an die Fütterung und Wasserqualität keine großen Ansprüche stellt. Vereinzelt werden Populationen mit instabilem Geschlechtscharakter gepflegt, wobei die männlichen Tiere nur selten befruchten. Gegen Krankheitsbefall sind besonders einzelne Morphen aus dem Belize River, z. B. *X. maculatus* (red iris) sehr empfindlich. Nach einer durchschnittlichen Tragzeit von 24 Tagen werden von den Weibchen zwischen 20 und 80 Jungfische, die ca. 5 mm lang sind, abgesetzt. *X. maculatus* stellt seinen Jungtieren nur selten nach. Die Art sollte bei mindestens 28° C gehältert werden. Kleine Becken sind für eine erfolgreiche Pflege bereits ausreichend.

X. maculatus wurde durch Frau B. KUHNT im Jahre 1907 erstmals importiert.

Xiphophorus milleri.
Population Catemaco-See, Mexiko.

Xiphophorus milleri ROSEN, 1960

Familie: Poeciliidae GARMAN, 1895

Unterfamilie: Poeciliinae GARMAN, 1895

Herkunft des Artnamens: *milleri* = zu Ehren Herrn Prof. Dr. MILLER benannt

Synonyma: keine

Erstbeschreibung: ROSEN, D. E. (1960): Middle-American poeciliid fishes of the genus Xiphophorus. Bull. Florida State Mus., biol. sci., vol. 5, no. 4: pp. 57–242.

Typuslokalität: Catemaco; Veracruz; Mexiko.

Meristische Angaben: Dorsale = 9–11 Flossenstrahlen; L. lat. = 25–27 Schuppen; Wirbel = 28.

Totalkörperlänge: Männchen = bis 2,5 cm; Weibchen bis 4,5 cm.

Beschreibung: *Xiphophorus milleri* ist ein im Vergleich zu anderen Vertretern der Gattung ein klein bleibender Fisch. Die Tiere sind im männlichen Geschlecht langgestreckt, während die Weibchen wegen des höheren Körperbaus gedrungener wirken. Beide Geschlechter sind braungrau bei heller Bauchseite. In der Schwanzwurzelbasis besitzen eine große Anzahl der Tiere einen kleinen, runden, schwarzen Fleck. Adulte Männchen besitzen zusätzlich eine feine, schwarze Körperstreifung, die sich in mehreren Längsreihen vom Vorderkörper bis in den Schwanzstiel hineinzieht. MILLER berichtet, daß erwachsene männliche Tiere eine tieforange Färbung an der Bauchseite besitzen sollen. Leider konnte bisher bei vielen Nachzuchttieren die erwartete orange Tönung nicht festgestellt werden. Herr H. STEFAN, Wien, konnte bisher als Einziger dieses Farbmuster bei einigen Tieren im Aquarium verschiedentlich erkennen. In freier Natur sind allerdings keine orangefarbenen Männchen nach MILLER's Befund nachgewiesen worden. Verschiedentlich treten einige Männchen mit schwarz gefärbtem Gonopodium auf.

Verbreitung: Nur von der Typuslokalität bekannt.

Habitat:

X. milleri lebt überwiegend in flachen Zuläufen des Catemaco-Sees. In ihnen lebt die Art sympatrisch mit *X. helleri,* Population von Catemaco, sowie mit *Heterandria bimaculata.* Der Catemaco-See, im mexikanischen Bundesstaat Veracruz gelegen, ist ca. 25 km lang und 20 km breit. Größter Ort am See ist die Kleinstadt Catemaco. Die Umgebung vom Catemaco-See besteht aus Wald, Buschland und Wiesen. Die einmündenden Gewässer haben eine Breite von 2–10 m sowie eine Tiefe von 20–200 cm (Normalwasserstand). Üppiger Pflanzenwuchs wird in ihnen nur stellenweise angetroffen. *X. milleri* lebt dort in größeren Beständen. Oft kommt es zur Schwarmbildung. Im Catemaco-See selbst werden die Tiere nicht in so großer Zahl angetroffen. Sie halten sich überwiegend in ganz flachen Uferregionen auf; Wasserstand bis 10 cm.

Pflege und Zucht:

Die Zucht von *X. milleri* ist in den meisten Fällen problematisch, da heranreifende Tiere, vor allem männlichen Geschlechts, die Größe der Wildtiere nicht wieder erreichen. Oft werden Männchen mit einem Zentimeter Gesamtlänge nach etwa 3 Monaten schon geschlechtsreif. Während die weiblichen Tiere dann noch bis auf etwa 3 Zentimeter Länge heran wachsen, stagniert das Wachstum bei den Männchen zwischen einem und eineinhalb Zentimeter Länge. Bei einem gut durchzüchteten Stamm werden regelmäßig alle 24–28 Tage zwischen 15 und 50, ca. 5 mm lange Jungfische von den Weibchen abgesetzt. Die Alttiere stellen den Jungfischen nur in seltenen Fällen nach. *Xiphophorus milleri* kann als Allesfresser bezeichnet werden, nimmt aber bevorzugt Artemia. Die Art kann bereits in kleinen Behältern von 40 Liter Wasserfassungsvermögen gehalten werden. Die Vorzugstemperatur liegt bei 26° C.

X. milleri wurde erstmals durch das Hamburger Staatsinstitut 1964 nach Deutschland importiert.

Xiphophorus montezumae, Montezuma Schwertträger. Population Rio Salto, Mexiko.

Xiphophorus montezumae JORDAN & SNYDER, 1900

Familie:	Poeciliidae GARMAN, 1895
Unterfamilie:	Poeciliinae GARMAN, 1895
Herkunft des Artnamens:	*Montezumae* = nach dem Azteken-Kaiser Montezuma II. benannt
Synonyma:	*Xiphophorus montezumae montezumae* ROSEN, 1960
Erstbeschreibung:	JORDAN, D. S. & J. O. SNYDER (1900): Notes on a collection of fishes from the rivers of Mexico, with descriptions of twenty new species. Bull. U. S. Fish Comm., for 1899: pp. 115–147.
Typuslokalität:	Rio Verde; San Luis Potosi; Mexiko.
Meristische Angaben:	Dorsale = 10–14 Flossenstrahlen; L. lat. 25–28 Schuppen; Wirbel = 28–30.
Totalkörperlänge:	Männchen bis 5 cm; Weibchen bis 6 cm.
Beschreibung:	Der Montezumae-Schwertträger zeigt sich dem Betrachter mit langgestrecktem Körperbau. Männchen besitzen ein Schwert, das bis zu 4 cm lang werden kann. Das grünlichgelb gefärbte und schwarz gerahmte Schwert zeigt sich im Gegensatz zu dem des nahe verwandten *X. cortezi* ungebogen. Bei einigen X. montezumae-Männchen erscheint die Schwertfarbe in einem intensiven Rosa. Der Körper besitzt auf grauem Grund, bei heller Bauchseite, 4 oder 5 braune Zick-Zack-Linien und eine Bänderzeichnung, die sich aus 4 bis 7 dunklen Senkrechtstreifen zusammensetzt. Je nach Lichteinwirkung schillern die mittleren Körperschuppenreihen bläulich. Der Flossenbehang ist gewöhnlich gelb getönt, kann aber auch transparent erscheinen. Im Juli 1983 fing ERICH HNILICKA, Puebla, Mexiko, 5 Exemplare von *X. montezumae,* die erheblich größer waren als die bisher bekannten. Auch weichen sie, wie die Abbildung verdeutlicht, in der Färbung ab und sind von hochrückiger Gestalt. Sie erreichen eine Totallänge von 12–14 cm in beiden Geschlechtern, wobei bei männlichen Tieren eine Schwertlänge von 5–8 cm hinzukommt. Nach mündlichen Mitteilungen von KALLMAN im September 1983 (bekannter amerikanischer Genetiker) handelt es sich bei diesen Tieren um eine urwüchsige X. montezumae-Population.
Verbreitung:	Rio Tamesi-Drainage; Tamaulipas und Rio Salto; San Luis Potosi; Mexiko.
Habitat:	ZANDER (1967) gibt folgende Habitatangaben für die Rio Salto de Agua-Population bekannt: „12. April 1964; Rio Salto Agua an der Brücke der Fernstraße Nr. 80 bei El Naranjo, 32 km westlich von Antiguo Morelos. Der Strom ist hier 20 m breit und fließt durch einen dichten Baumwald. Es herrscht eine starke Strömung, nur am Rande gibt es einige Buchten, die dicht mit Wasserpflanzen bestanden sind. Das Ufer fällt meist senkrecht 80 bis 200 cm tief ab, an seiner Böschung hängen zahlreiche Baumwurzeln ins Wasser hinein. Die Temperatur des klaren Wassers beträgt 24° C. In ruhigen Seitenbuchten halten sich *Poecilia sphenops* und *Xiphophorus montezumae* auf“.

Pflege und Zucht: Die Zucht von *Xiphophorus montezumae* ist nicht schwierig, kann aber in manchen Fällen Probleme bereiten. Wie auch bei *X. cortezi* werden nach einer durchschnittlichen Tragzeit von 24 Tagen 20 bis 40, ca. 7–8 m lange Jungfische abgesetzt, die aber im Vergleich zur verwandten Art sehr langsam heranwachsen. Die Tiere werden nach dem 6. bis 8. Monat geschlechtsreif. Ansonsten wie *X. cortezi.*

X. montezumae wurde erstmals im Jahre 1913 durch die Zierfischzuchtanstalt Härtel, Dresden, nach Deutschland importiert.

Xiphophorus nigrensis ROSEN, 1960

Familie: Poeciliidae GARMAN, 1895

Unterfamilie: Poeciliinae GARMAN, 1895

Herkunft des Artnamens: *nigrensis* (lat.) = mit schwarzem Schwert

Synonyma: *Xiphophorus pygmaeus nigrensis* ROSEN, 1960

Erstbeschreibung: ROSEN, D. E. (1960): Middle-American poeciliid fishes of the genus Xiphophorus. Bull. Florida State Mus., biol. sci., vol. 5, no. 4: pp. 57–242.

Typuslokalität: Rio Choy; San Luis Potosi; Mexiko.

Meristische Angaben: Dorsale = 11–14 Flossenstrahlen; L. lat. = 25–28; Wirbel = 29.

Totalkörperlänge: Männchen 3–6 cm; Weibchen bis 6 cm.

Beschreibung: Die mit *X. pygmaeus* nahe verwandte Art zeigt sich im männlichen Geschlecht in 3 Farb- und 2 Gestaltvariationen. Im Rio Choy wird die sogenannte Normalform angetroffen. Die Fische erreichen bei beiden Geschlechtern eine durchschnittliche Größe von 5 bis 6 cm. In der Färbung sind die nigrensis-Weibchen nicht von denen der *pygmaeus* zu unterscheiden, sind allerdings im Körperbau wesentlich hochrückiger. Männliche Tiere der genannten Form zeichnen sich meistens durch ein stattliches Schwert aus, das bis zu 3 cm lang werden kann. Das Schwert ist gelb gefärbt und an der Unterkante schwarz gerandet. Die Körperfärbung ist ähnlich der von *pygmaeus,* doch treten bei *nigrensis* die blauen Farben wesentlich intensiver hervor. Der hohe Körper ist gewöhnlich mit 5 oder 6 schwarzen Senkrechtstreifen gebändert. Die gelbe X. nigrensis-Variante ist ebenfalls *pygmaeus* sehr ähnlich. Die besagten Männchen bilden aber im Gegensatz zum Kleinschwertträger ein Schwert bis zu 1 cm aus, das an der Unterkante schwarz gefärbt ist. Die Rio Coy-Variation besitzt im männlichen Geschlecht eine Körpertotalabmessung von 3 bis 4,5 cm. Die Männchen der graublauen nigrensis-Variante, die ebenfalls im Rio Coy beheimatet sind, besitzen die gleiche durchschnittliche Körperabmessung wie die vorher genannte Morphe und sind nur in der Färbung zu unterscheiden, die, wie bereits erwähnt, in der Grundfärbung graublau erscheint. *Xiphophorus nigrensis* zeigt oft ein Schwanzstielmuster, das dem simple cresent von *X. maculatus* sehr ähnlich ist.

Verbreitung: Rio Choy und Rio Coy, Rio Panuco-Becken; San Luis Potosi; Mexiko.

Xiphophorus nigrensis, langes Schwert.
Population Rio Choy, Mexiko.

Xiphophorus nigrensis, kurzes Schwert.
Population Rio Coy, Mexiko.

Xiphophorus nigrensis ♂ gelbe Form.
Population Rio Coy, Mexiko.

Habitat:

Xiphophorus nigrensis belebt im Rio Panuco-Becken den Rio Choy und Rio Coy. ZANDER machte 1967 folgende Angaben über den Lebensraum für beide Vorkommensgebiete: „Rio Choy an einer Privatstraße des Hotels Taninul, östlich Ciudad Valles, 13. April 1964. Der Fluß tritt an dieser Stelle aus einem Felstor und fließt zunächst reißend über einige niedrige Wasserfälle. Etwas flußabwärts ragen aus dem etwa 15 m breiten Strom einige Felsblöcke heraus, zwischen denen auch ruhiges Wasser zu finden ist. Der Bodengrund wird aus Fels und Geröll gebildet. Das Ufer fällt etwa 50 cm tief ab; an ruhigen Stellen wachsen Wasserpflanzen. Der Fluß strömt hier durch einen dichten Baumwald; die Uferkante besteht jedoch zum größten Teil aus Fels. Das Wasser ist klar; die Temperatur beträgt 25° C. Während sich in der Strömung hauptsächlich *Astyanax, Cichlasoma* und *Flexipenis vittatus* aufhalten, ist *X. nigrensis* besonders am Steilufer zwischen den Wasserpflanzen zu finden. Rio Coy an der Brücke der Fernstraße Nr. 85, südlich Ciudad Valles, 16. April 1964. Dieser Strom ist an der Untersuchungsstelle etwa 25 m breit und mehr als drei Meter tief und fließt teils durch offenes, teils durch waldiges Gelände. Am steil abfallenden Ufer stehen unter der Wasserlinie dichte Pflanzenbestände, die ebenso wie einhängende Landpflanzen für Fische gute Versteckmöglichkeiten bieten. Der Boden besteht aus Sand und etwas Schlamm, dennoch ist das Wasser klar; seine Farbe erscheint wegen der Tiefe des Flusses grünblau. Die Temperatur beträgt 23° C. Auch am Ufer herrscht meist eine starke Strömung; nur in einigen Buchten ist sie langsamer. In einem künstlich angelegten Stichgraben mit einem Meter Wassertiefe steht das Wasser sogar vollkommen still. Am Nordufer konnte zwischen den Wasserpflanzen neben *X. variatus* noch die gelbe nigrensis-Farbvariante gefangen werden. Die übrige Fischfauna dieses Biotops setzt sich aus *Flexipenis vittatus,* die am Ufer nahe der Wasseroberfläche steht, *Poecilia sphenops, Heterandria jonesi* sowie in den uferfernen Zonen aus *Cichlasoma* und *Astyanax* zusammen."

Pflege und Zucht:

In der Zucht wird *X. nigrensis* als die am schwierigsten zu züchtende Xiphophorus-Art bezeichnet. Bisher ist es nur einem mir bekannten Züchter, Herrn H. HINZ, Frankfurt, gelungen, den Rio Choy-Stamm über zehn Jahre lang erfolgreich zu vermehren. Bei allen beschriebenen *X. nigrensis*-Varianten werden im Höchstfall 20 Jungfische pro Wurf abgesetzt. Verschiedentlich beobachtete man, daß Jungtiere an hintereinander folgenden Tagen, täglich 3 bis 5, abgesetzt wurden. Die Neugeborenen sind 6 bis 7 mm lang und wachsen sehr langsam heran. Bei guter Pflege können die Tiere nach 6 Monaten geschlechtsreif sein; *Xiphophorus nigrensis* stellt an die Wasserqualität besondere Ansprüche. So ist es ratsam, wöchentlich einen Teil des Wassers zu wechseln. Die Wassertemperatur sollte nach Möglichkeit nicht über 24° C liegen. Die Fütterung sollte wie bei *X. pygmaeus* hauptsächlich aus Artemia bestehen.

X. nigrensis wurde erstmals durch Mitarbeiter des Hamburger Instituts im Jahre 1964 nach Deutschland importiert.

Xiphophorus pygmaeus, Population Rio Axtla (gelbe Variante), San Luis Potosi, Mexiko.

Xiphophorus pygmaeus, Zwerg-Schwertträger. Population Rio Axtla, Mexiko.

Xiphophorus pygmaeus HUBBS & GORDON, 1943

Familie:	Poeciliidae GARMAN, 1895
Unterfamilie:	Poeciliinae GARMAN, 1895
Herkunft des Artnamens:	*pygmaeus* (lat.) = zwergenhaft, bezüglich der geringen Körperabmessung der Art
Synonyma:	*Xiphophorus pygmaeus pygmaeus* ROSEN, 1960
Erstbeschreibung:	HUBBS, C. L. & M. GORDON (1943): Studies of cyprinodont fishes. 19. Xiphophorus pygmaeus, new species from Mexico. Copeia (1): pp. 31–33.
Typuslokalität:	Rio Axtla; San Luis Potosi; Mexiko.
Meristische Angaben:	Dorsale = 9–12 Flossenstrahlen; L. lat. = 25–26 Schuppen; Wirbel = 26–27.
Totalkörperlänge:	Männchen bis 3,5 cm; Weibchen bis 4,5 cm.
Beschreibung:	Der kleine Schwertträger zeigt sich mit sehr langgestrecktem Körperbau und kleinem, zugespitztem Kopf. Die Körpergrundfarbe ist bei dem gewöhnlich bekannten *X. pygmaeus* graubraun mit einer braunen mittleren und zwei darüber liegenden Zick-Zack-Linien gezeichnet. Die Bauchseite ist weiß. Sämtliche Flossen sind durchsichtig. Die Rückenflosse ist mit einem inneren, dunklen Kommaband verziert. Im Jahre 1980 wurden im Rio Axtla erstmals männliche Tiere mit intensiver Gelbfärbung gefangen. Die Ersteinfuhr nach Deutschland erfolgte im November des gleichen Jahres durch WISCHNATH. Inzwischen wurde nachgewiesen, daß es keine gelben Weibchen gibt. Je nach Lichteinfall schimmern bei *X. pygmaeus* die mittleren Schuppenreihen metallisch blau. Das Schwert der Männchen ist etwa 1 bis 2 mm lang.
Verbreitung:	Rio Axtla-Drainage; San Luis Potosi; Mexiko.

Habitat: Der Rio Axtla ist ein schnellfließender Fluß und hatte 1980 an der Sammelstelle nahe dem Dorf Axtla eine Bettbreite von 30 bis 35 m. Der Bodengrund des Gewässers besteht aus einer grauen, dicken Schlammschicht, durchsetzt mit größeren Gesteinsbrocken. Der Fluß strömt am Südufer gewöhnlich durch offenes Wiesengelände mit zahlreichen Ausbuchtungen, während das Nordufer steil abfällt und mit überhängendem Gestrüpp und Pflanzenarten besetzt ist. Wasserpflanzen werden im Rio Axtla nur sporadisch angetroffen. Das Gewässer zeigt eine leichte Trübung und die Wassertemperatur beträgt Ende März etwa 22° C. Begleitfische von *X. pygmaeus* sind *X. variatus, X. cortezi, Poecilia sphenops, Heterandria jonesi, Gambusia atrora* und *Flexipenis vittatus.*

Pflege und Zucht: Die schlankste Xiphophorus-Art ist in der Zucht sehr heikel. Selten werden mehr als 10 Jungfische pro Wurf von den Weibchen abgesetzt, die bei der Geburt 6 bis 7 mm lang und vor Nachstellungen der Alttiere meistens sicher sind. Bei kleinen Aquariumpopulationen bringen die weiblichen Tiere oft überhaupt keine Nachzuchten. Das liegt in vielen Fällen daran, daß zuwenig Männchen zur Verfügung stehen. Ein Stamm sollte mindestens 4 bis 5 gesunde Männchen enthalten, um die arttypische Verhaltensweise zu ermöglichen. Ein Wasserwechsel sollte regelmäßig erfolgen und die Temperatur nach Möglichkeit 23° C nicht übersteigen. Vorteilhaft für das Gedeihen der seltenen Fischart ist die Fütterung mit Artemia.

X. pygmaeus wurde wahrscheinlich erstmals 1964 durch das Hamburger Staatsinstitut nach Deutschland importiert.

Xiphophorus signum ROSEN & KALLMAN, 1969

Familie: Poeciliidae GARMAN, 1895

Unterfamilie: Poeciliinae GARMAN, 1895

Herkunft des Artnamens: *signum* (lat.) = Kommazeichen; in Anlehnung an die Kommazeichnung in der Schwanzwurzel weiblicher Tiere

Synonyma: *Xiphophorus helleri signum* ROSEN & KALLMAN, 1969

Erstbeschreibung: ROSEN, D. E. & K. D. KALLMAN (1969): A New Fish of the Genus Xiphophorus from Guatemala, with Remarks on the Taxonomy of Endemic Forms. Amer. Mus. Novitates, no. 2379: pp. 1–29.

Typuslokalität: Rio Semococh; Alta Verapaz; Guatemala.

Meristische Angaben: Dorsale = 11–13 Flossenstrahlen; L. lat. = 28 Schuppen; Wirbel = 29.

Totalkörperlänge: Männchen bis 7,5 cm; Weibchen bis 10 cm.

Beschreibung: Der Komma-Schwertträger ist in seinen Körperabmessungen nicht von dem gewöhnlichen *X. helleri* zu unterscheiden. Die Körperfärbung ist olivbraun bei heller Bauchseite. Die mittleren Seitenschuppenreihen schimmern metallisch grün. Gewöhnlich zeigt sich nur eine feine dunkelbraune Mittellinie. Das Schwert der Männchen wird durchschnittlich nicht so groß wie das von *helleri* und ist intensiv gelb gezeichnet und schwarz gerahmt. Ju-

Xiphophorus signum, Komma-Schwertträger. Population Rio Chajmaic, Guatemala.

venile und weibliche Tiere weisen den besagten schwarzen Kommabalken in der unteren Schwanzstielbasis auf. Die Rückenflosse zeigt kein Zeichnungsmuster. Alle weiteren Flossen sind ebenfalls transparent.

Verbreitung: Rio Chajmaic, Rio de la Pasión-Becken; Alta Verapaz; Guatemala.

Habitat: Nach Angaben von SCHLOSSER, Wien, handelt es sich bei dem Lebensraum von *X. signum* um ein schnellfließendes Gewässer mit steil abfallenden Uferbereichen. Die Bettbreite ist an der Sammelstelle bei Chajmaic 4 bis 5 m breit, bei einer Wassertiefe von 1–1,5 m. Die Wasservegetation setzt sich aus Ludwigia-Beständen zusammen. Das Habitat ist im Regenwald gelegen und wies am 23. Oktober 1977 eine Wassertemperatur von 25° C auf, während die Lufttemperatur 30° C betrug. Die Gesamthärte betrug 10° DH, pH = 7,3 und die elektrische Leitfähigkeit 300 μS[20]. Stellenweise lebt *Xiphophorus signum* zusammen mit *Scolichthys iota, Bramocharax* und in unmittelbarer Nachbarschaft, aber isoliert, mit *Xiphophorus helleri.*

Pflege und Zucht: Die Art ist einfach zu pflegen und zu züchten. Bisher noch nicht geklärt ist, ob es bei *signum* wie bei *helleri* Spätmännchen gibt. (Ansonsten wie *X. helleri*)

Xiphophorus signum wurde durch Herrn SCHLOSSER, Wien, erstmals 1977 nach Europa importiert.

Xiphophorus variatus (MEEK, 1904)

Familie:	Poeciliidae GARMAN, 1895
Unterfamilie:	Poeciliinae GARMAN, 1895
Herkunft des Artnamens:	*variatus* (lat.) = verschiedenartig, bezüglich der variablen Körperfärbung der männlichen Tiere
Synonyma:	*Platypoecilus variatus* MEEK, 1904
Erstbeschreibung:	MEEK, S. E. (1904): The fresh water fishes from Mexico north of the Isthmus of Tehuantepec. Field Columbian Mus. Publ., zool. ser., vol. 5: pp. 1–252.
Typuslokalität:	Cd. Valles; San Luis Potosi; Mexiko.
Meristische Angaben:	Dorsale = 9–14 Flossenstrahlen; L. lat. = 25–28 Schuppen; Wirbel = 28–30.
Totalkörperlänge:	Männchen = bis 4,5 cm; Weibchen bis 5,5 cm.
Beschreibung:	Wie aus dem Artnamen schon hervorgeht, ist der lebendgebärende Zahnkarpfen variabel in der Körperfärbung. In der Natur kommen beinahe alle denkbaren Farbschläge vor. Allen X. variatus-Männchen gemeinsam ist zumeist eine Senkrechtstreifung der Körperseiten sowie eine variable Schwanzstielzeichnung, die tail pattern genannt wird. Es gibt den Einfleck, Zwillingsfleck, Halbmond mit Doppelfleck, einfachen Halbmond, Mond komplett u. a. All diese Schwanzstielzeichnungen können ebenfalls bei *X. maculatus* auftreten. Die tail pattern-Zeichnung tritt gewöhnlich in beiden Geschlechtern auf. In der Körperfärbung sind die weiblichen Tiere graubraun, mit einem oder mehreren feinen, mittleren Streifen. Die Wildmännchen können blau, gelb, braun, violett, grau oder orange sein. Oft treten auch schwarz gescheckte Tiere auf. Die Flossen sind meistens durchsichtig oder auch gelblich getönt. Im Rio Axtla können Tiere mit intensiv orange gefärbter Schwanzflosse gesammelt werden. Die Jungtiere sind gewöhnlich graubraun gefärbt.
Verbreitung:	Vom Rio Soto La Marina-System; Tamaulipas bis zum Rio Nautla; Veracruz; Mexiko.
Habitat:	*X. variatus* bewohnt gewöhnlich die flachen Uferbereiche mit langsam fließendem oder stehendem Wasser. Der *Xiphophorus* kann auch in flußangrenzenden Teichregionen vorkommen. Der variable Kärpfling lebt regional stellenweise mit *X. helleri* oder *X. pygmaeus, X. cortezi, X. montezumae, Flexipenis vittatus, Gambusia atrora, Heterandria jonesi, Poecilia mexicana, Poecilia sphenops* sowie *Cichlasoma* und anderen Fischgattungen zuammen. *X. variatus* besiedelt regional auch kältere Flußgebiete bis etwa 17° C. Weitere Habitatangaben siehe bei *X. pygmaeus*.
Pflege und Zucht:	Die Zucht des Kärpflings ist einfach und sehr produktiv. Je nach Größe der Weibchen können bis zu 100 Jungtiere abgesetzt werden. Im Vergleich zu anderen Poeciliiden wachsen die Fische sehr langsam heran, können aber bereits nach dem 4. Monat geschlechtsreif sein. Die männlichen Tiere färben sich spät aus und erscheinen nicht selten erst mit 2 Jahren in ihrem vollen Glanz. *X. variatus* kann als Allesfresser bezeichnet werden, der an die Wasserqualität kaum Ansprüche stellt. *Xiphophorus variatus* wurde erstmals 1931 durch den Hamburger Seemann CONRAD nach Deutschland importiert.

Xiphophorus variatus.
Population Rio Axtla, Mexiko.

Xiphophorus variatus.
Population Rio Nautla, Mexiko.

Xiphophorus variatus.
Population Rio Axtla, Mexiko.

Xiphophorus xiphidium (GORDON, 1932)

Familie:	Poeciliidae GARMAN, 1895
Unterfamilie:	Poeciliinae GARMAN, 1895
Herkunft des Artnamens:	*xiphidium* (gr.) = Kleinschwertträger
Synonyma:	*Platypoecilus xiphidium* GORDON, 1932 *Xiphophorus variatus xiphidium* ROSEN, 1960 *Platypoecilus maculatus* REGAN, 1913 *Platypoecilus variatus* MEEK, 1904
Erstbeschreibung:	GORDON, M. (1932): Dr. Myron Gordon going on expedition. Aquatic Life, vol. 15: pp. 287–288.
Typuslokalität:	Rio Sota la Marina; Tamaulipas; Mexiko.
Meristische Angaben:	Dorsale = 9–11 Flossenstrahlen; Anale = 9 Flossenstrahlen; Kiemenrechen = 15–18 Dornen; L. lat. = 25–26 Schuppen.
Totalkörperlänge:	Männchen = 2,5 cm; Weibchen bis 4 cm.
Beschreibung:	*Xiphophorus xiphidium* besitzt einen gedrungenen und hochrükkigen Körperbau. Der Kopf ist klein und zugespitzt. Die Körpergrundfarbe zeigt sich olivbraun bei weißer Bauchseite. Erwachsene Männchen bilden ein kleines, unpigmentiertes Schwert aus. Alfa-Männchen erscheinen mit 3 bis 5 breiten, schwarzen Senkrechtstreifen. Vereinzelt kann die mittlere Körperpartie intensiv blau gefärbt sein. Verschiedentlich zeigen sich Tiere mit Scheckenmuster. Schwanzstielmuster sind bei *X. xiphidium* meistens ausgebildet. Der Flossenbehang zeigt sich gewöhnlich transparent, kann aber je nach Population leicht gelb getönt sein. Die Dorsale erfährt ein inneres, dunkles Bandmuster. *Xiphophorus xiphidium* ist eng mit *X. variatus* verwandt. Im Rio Santa Engracia, einem Nebenfluß des Rio Purificacion, wurde 1979 eine bislang aquaristisch unbekannte X. xiphidium-Population gefangen. Diese Tiere unterscheiden sich deutlich von den bisher bekannten. Markantestes Merkmal ist der deutliche, hellgelb umrandete, schwarze Fleck vor dem Schwanzflossenwurzelbereich.
Verbreitung:	Rio Soto la Marina-System; Tamaulipas; Mexiko.
Habitat:	Die Art hält sich in seichten und schlammigen Gewässern auf. Gelegentlich wird *X. xiphidium* nahe der Flußufer gesammelt, gewöhnlich aber in angrenzenden Teichregionen und Bewässerungsgräben. Die Uferregionen sind mit hohem Gras und Gestrüpp bewachsen und bieten den Tieren Unterschlupf. Die Habitate der kleinen Xiphophorus-Art sind meistens arm an Wasservegetation.
Pflege und Zucht:	*Xiphophorus xiphidium* ist ein dankbarer Pflegling, der nur selten Ansprüche stellt. Je nach Ausgangsmaterial wurden vereinzelt Mißerfolge gemeldet, die allerdings keinen Regelfall darstellen. Der kleine *Xiphophorus* gibt sich bereits mit Behältern von geringem Ausmaß zufrieden. Obwohl die Art in natürlichen Breiten jahreszeitlich bedingt auch Kälteperioden übersteht, liebt sie doch warmes Wasser von 28° C. An die Fütterung stellt der Kärpfling keine Ansprüche. *Xiphophorus xiphidium* wurde erstmals 1933 durch Herrn FRITZ MAYER nach Deutschland importiert.

Xiphophorus xiphidium, Schwertplaty. Population Rio Purification, Mexiko.

Xiphophorus xiphidium. Population Santa Engracia, Mexiko.

Xiphophorus kosszanderi, Naturhybride zwischen *X. variatus* und *xiphidium.* Rio Soto la Marina, Mexiko.

BELONIFORMES

Beloniformes ROSEN & PARENTI, 1981

Die Ordnung *Beloniformes* wurde von Professor Dr. DON ERIC ROSEN und Dr. LYNNE R. PARENTI (1981) in der Publikation – Relationships of Oryzias, and the Groups of Atherinomorph Fishes. Amer. Mus. Novitates, 2719, pp. 1–25 – klassifiziert.

Beloniformes gliedert die Unterordnung *Adrianichthyoidei* mit der Familie *Adrianichthyidae* (beinhaltet *Horaichthyidae* und *Oryziidae*) und *Exocoetoidei* mit zwei Überfamilien, *Exocoetoidea* und *Scomberesocoidae*. Die Überfamilie *Exocoetoidae* umfaßt die Familien *Hemirhamphidae* (nach ROSEN: Schreibweise; *Hemiramphidae*) und *Exocoetidae*.

Die Vertreter der Ordnung *Beloniformes* sind in der Alten Welt und in der Neuen Welt verbreitet.

HEMIRHAMPHIDAE

Hemirhamphidae FAR (Forskål)

Die Familie der *Hemirhamphidae* gliedert einen relativ kleinen Gattungs- und Artverband einer einzigen Unterfamilie, nämlich der der *Hemirhamphinae* FAR (Forskål), angehörig. Die Vertreter sind allesamt lebendgebärend. Die sogenannten Eierleger der Halbschnäbler sind in der Familie *Exocoetidae* vereinigt. In naher Zukunft sind Revisionsarbeiten geplant, die eventuell der Familie *Hemirhamphidae* eine zusätzliche Unterfamilie mit eierlegenden Halbschnabelhechten unterordnet.

Mitglieder der Familie *Hemirhamphidae* sind in der Neuen- und Alten Welt beheimatet.

Nach Mitteilungen von WOURMS (1981) soll auch die Gattung *Zenarchopterus* vivipare *Taxa* enthalten; nähere Angaben fehlen bisher.

HEMIRHAMPHINAE

Hemirhamphinae FAR (Forskål)

Die Unterfamilie gliedert sich derzeit in 3 Gattungen, nämlich *Dermogenys, Hemirhamphodon* und *Nomorhamphus*. Die Fische sind allesamt lebendgebärend. Männliche Tiere besitzen ein Andropodium, dessen Funktionsweise noch nicht völlig geklärt werden konnte.

Die Arten des *Genus Dermogenys* sind am weitesten verbreitet und besiedeln die Malaiische Halbinsel, die großen indonesischen Inseln und einige Philippineninseln.

Der Unterfamilienname, wie auch Familienname, ist aus dem Griechischen entnommen und bedeutet Halbschnäbler.

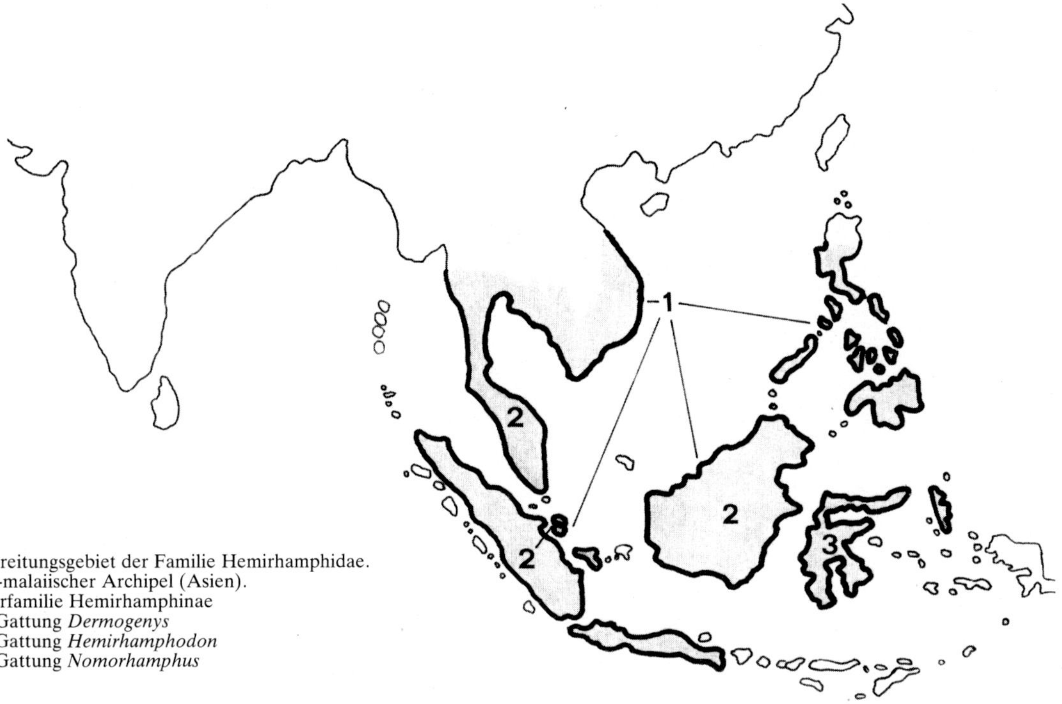

Verbreitungsgebiet der Familie Hemirhamphidae.
Indo-malaiischer Archipel (Asien).
Unterfamilie Hemirhamphinae
1 = Gattung *Dermogenys*
2 = Gattung *Hemirhamphodon*
3 = Gattung *Nomorhamphus*

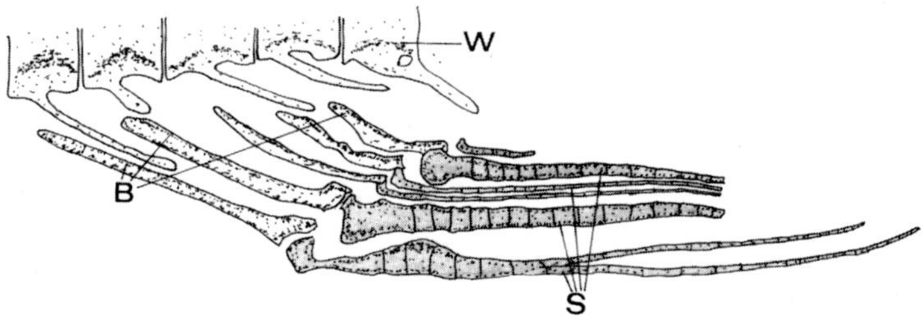

Skelett des hinteren Flossenabschnitts der Analis bei *Hemirhamphodon pogonognathus*
nach BREMBACH (1976).
B = Körperinnerer Bewegungsmechanismus
S = Strahlen 4–8 der Analis
W = Wirbelsäulen-Teilstück

DERMOGENYS

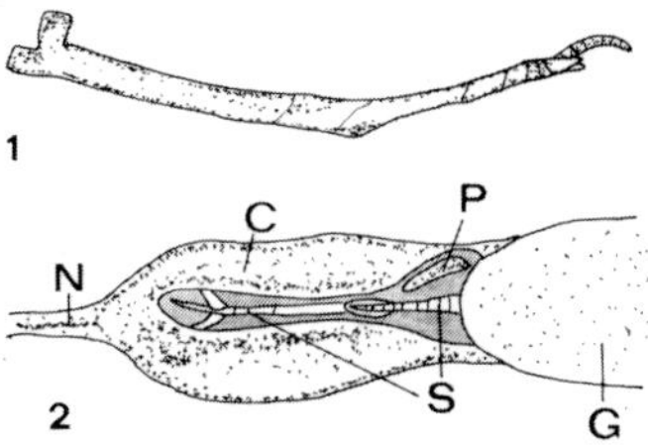

1 Andropodium-Strahl 2 von *Dermogenys pusillus*.
nach BREMBACH (1976)
2 Andropodium von *Dermogenys pusillus*. (Ansicht ventral)
nach BREMBACH (1976)
N = Normal-Flossenteil
C = Cryptoplica
P = Physa
G = Genitalpapille
S = Andropodium-Strahl 1 und 2

Dermogenys VAN HASSELT, 1823

Die Gattung *Dermogenys* wurde erstmals im Jahre 1823 von Herrn VAN HASSELT aus Holland aufgestellt. Zugrunde lag die Nominatform *Dermogenys pusillus pusillus*. Die Namengebung ist aus dem Griechischen abgeleitet und besagt, daß die Kiefer zu beiden Seiten eine Hautfalte aufweisen. In den letzten Jahren konnte vor allem durch BREMBACH und VOGT die Artpalette, durch sogenannte vorläufige Beschreibungen, erheblich erweitert werden. BREMBACH (mdl. Mitteilung) spricht sich insgesamt für 7 gute Arten aus, wobei *Dermogenys pusillus* fünf Unterarten umfassen soll. Die Gattungsvertreter sind über Malaysia, Sumatra, Java, Borneo, Celebes und die Philippinen verbreitet, wobei die Nominatform von *D. pusillus* am häufigsten vorgefunden wird. Außer Süßgewässer werden auch Brack- und Salzwasserzonen besiedelt.

D. pusillus ist wahrscheinlich als erste Art im Jahre 1905 nach Europa importiert worden.

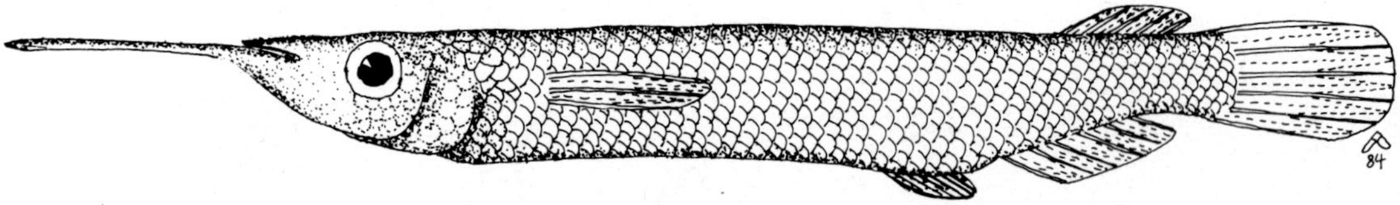

Dermogenys megarrhamphus ♀

Dermogenys megarrhamphus BREMBACH, 1982

Familie:	Hemirhamphidae FAR (Forskal)
Unterfamilie:	Hemirhamphinae FAR (Forskal)
Herkunft des Artnamens:	*megarrhamphus* (gr.) = bezieht sich auf den großausgebildeten Unterkiefer (Halbschnabel)
Synonyma:	keine
Erstbeschreibung:	BREMBACH, M. (1982): Drei neue Dermogenys-Arten aus Sulawesi: D. montanus, D. vogti, D. megarrhamphus. Datz, No. 2, pp. 51–55.
Typuslokalität:	Towoetisee; Celebes.
Meristische Angaben:	Dorsale = 9–11 Flossenstrahlen; Anale = 14–16 Flossenstrahlen; Schnabelfortsatz in Totallänge = 6,3.
Totalkörperlänge:	Weibchen bis 10,5 cm; Männchen = 7 cm.
Beschreibung:	*Dermogenys megarrhamphus* zeigt sich mit langgestrecktem Körperbau, großem Kopf und sehr langem Halbschnabel, der innerhalb der Gattung den artlängsten Fortsatz darstellt, gefolgt von *Dermogenys weberi*. BREMBACH gibt folgende Farbbeschreibung: „Körper der Weibchen braun, Dorsale und Anale sind kräftig gelb gefärbt. Die Schwanzflosse ist ebenfalls gelb und mit schwarz gefärbten Flossenstrahlen durchsetzt. Die Rükkenflosse zeigt bei einigen Exemplaren einen schwarzen Fleck am vorderen Rand. In der Färbung variieren die Männchen von kräftig kobaltblau über grüne Töne zum goldbraun."
Verbreitung:	Nur vom Towoetisee; Zentral-Sulawesi (Indonesien) bekannt.
Habitat:	Bisher sind kaum Fundortdaten bekannt geworden. Der See soll einen Abfluß wie auch Einfluß besitzen. *Dermogenys megarrhamphus* lebt zusammen mit *Nomorhamphus towoetii.*
Pflege und Zucht:	Daten liegen keine vor. Die Tiere sind anscheinend noch nicht lebend importiert worden.

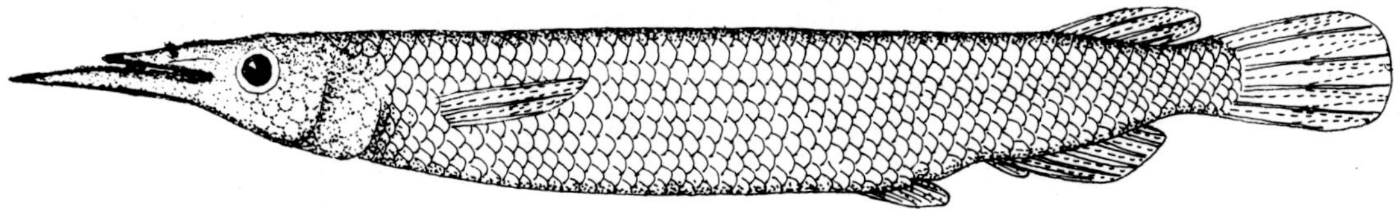

Dermogenys montanus ♂

Dermogenys montanus BREMBACH, 1982

Familie:	Hemirhamphidae FAR (Forskal)
Unterfamilie:	Hemirhamphinae FAR (Forskal)
Herkunft des Artnamens:	*montanus* (lat.) = auf Bergen befindlich, bezieht sich auf die Biotope, die relativ hoch gelegen sind
Synonyma:	keine
Erstbeschreibung:	BREMBACH, M. (1982): Drei neue Dermogenys-Arten aus Sulawesi: D. montanus, D. vogti, D. megarrhamphus. Datz, No. 2, pp. 51–55.
Typuslokalität:	Wasserfälle von Bantimurung; Celebes.
Meristische Angaben:	Dorsale = 10–12 Flossenstrahlen; Anale = 14–17 Flossenstrahlen; Schnabelfortsatz in Totallänge = 8,5.
Totalkörperlänge:	Männchen bis 5,5 cm; Weibchen bis 9 cm.
Beschreibung:	*Dermogenys montanus* zeigt sich wie alle Halbschnäbler mit gestrecktem Körperbau. Im Vergleich zu *D. pusillus* ist die Art deutlich größer und besitzt einen kräftigeren Körperbau. Zur Farbbeschreibung gibt BREMBACH folgende Daten bekannt: „Die Fische sind von hellsilbriger Grundfarbe mit bräunlichem Rücken. Die Rückenflosse ist bei den Weibchen orange, die Schwanzflosse an den Rändern durchscheinend gelblich, ebenso die Bauchflossen. Die Unterseite des Schnabelfortsatzes ist bei den Weibchen gelblich und zur Spitze hin schwarz. Die Männchen zeigen eine kräftig gefärbte Rückenflosse, die Schwanzflosse ist gelb mit orangen Rändern und der Schnabelfortsatz ist kräftig gelb gefärbt.“
Verbreitung:	Nur von der Typuslokalität bekannt.
Habitat:	*Dermogenys montanus* lebt endemisch im südlichen Kalkgebirge der Insel Celebes, heute Sulawesi, in Bächen des Gebirgswaldes. *D. montanus* lebt sympatrisch mit *Nomorhamphus liemi snijdersi.* Weitere Angaben fehlen noch.
Pflege und Zucht:	*Dermogenys montanus* konnte anscheinend noch nicht lebend nach Europa importiert werden.

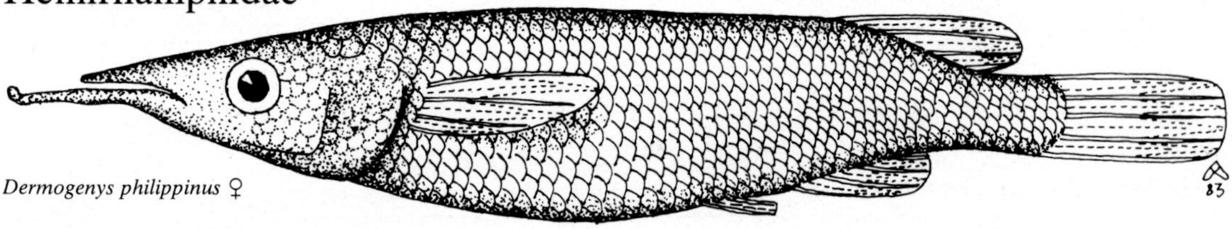

Dermogenys philippinus ♀

Dermogenys philippinus LADIGES, 1972

Familie:	Hemirhamphidae FAR (Forskal)
Unterfamilie:	Hemirhamphinae FAR (Forskal)
Herkunft des Artnamens:	*philippinus* = nach dem Verbreitungsgebiet, den Philippinen, benannt
Synonyma:	keine
Erstbeschreibung:	LADIGES, W. (1972): Zwei neue Hemirhamphiden von Celebes und Cebu (Philippinen). Mitt. Hamburg. Zool. Mus. Inst., No. 68, pp. 207–212.
Typuslokalität:	Kulaman-Plateau; Cebu (Philippinen).
Meristische Angaben:	Dorsale = 11–12 Flossenstrahlen; Anale = 13–14 Flossenstrahlen; Bartel am Unterkiefer vorhanden.
Totalkörperlänge:	Männchen und Weibchen bis 6 cm.
Beschreibung:	*Dermogenys philippinus* zeigt sich mit kompressem, gestrecktem Körperbau. Der Kopf ist groß ausgebildet und läßt den Fisch gedrungen erscheinen. Die Unterkieferlänge beträgt in etwa die halbe Kopflänge. Nach Angaben von Ladiges sind die im Spiritus gelagerten Stücke von hellgelbbrauner Körperfärbung. Die Körperseiten sind zusätzlich mit einzelnen dunklen Pigmentpunkten versehen. Am oberen Kiemendeckelende befindet sich eine Pigmentanhäufung vor dem Ansatz der Pectoralen, von dem aus beiderseits ein heller, schwach silbrig schimmernder, schmaler Streifen zur Basis der Caudale verläuft. Am Schwanzstiel unmittelbar unterhalb der Dorsalflosse zeigt sich eine schwach hervortretende Pigmentanhäufung. Von dem Flossenbehang besitzt lediglich die Afterflosse an ihrem Ende eine intensive, schwarzbraune Färbung.
Verbreitung:	Bisher nur von der Typuslokalität bekannt.
Habitat:	Fundortangaben blieben bislang unerwähnt.
Pflege und Zucht:	Ein lebender Import von *Dermogenys philippinus* steht noch aus.
Anmerkung:	LADIGES (1972) verwendet in seiner Beschreibung zwei verschiedene Schreibweisen, *philippinus* und *philippinius,* für die beschriebene *Dermogenys*-Art.

Dermogenys pusillus KUHL & VAN HASSELT, 1822

Familie:	Hemirhamphidae FAR (Forskal)
Unterfamilie:	Hemirhamphinae FAR (Forskal)
Herkunft des Artnamens:	*pusillus* (lat.) = klein, winzig.
Synonyma:	*Hemiramphus fluviatilis* BLEEKER, 1850
Unterart:	*Dermogenys pusillus pusillus* KUHL & VAN HASSELT, 1822
Erstbeschreibung:	KUHL, H. & J. C. VAN HASSELT (1822): Manuskript vor 1823, Algem. Konst- en Letterbode II, 1823.

Typuslokalität: Java.

Meristische Angaben: Dorsale = 9–12 Flossenstrahlen; Anale = 14–16 Flossenstrahlen; Pectorale = 10–12 Flossenstrahlen; Ventrale = 6 Flossenstrahlen.

Totalkörperlänge: Männchen bis 5,5 cm; Weibchen bis 6,5 cm.

Beschreibung: Nach ERNA MOHR (1936) handelt es sich bei *sumatranus* (BLEEKER, 1853), *orientalis* (WEBER, 1894) lediglich um Farbvarianten von *D. pusillus.* BREMBACH (mdl. Mitteilung) erkennt jedoch die von MOHR eingezogenen zwei Arten als Unterarten an. Unklar bleibt allerdings vor dem Erscheinen der erwarteten Revision von BREMBACH die Taxa-Analyse. *Dermogenys pusillus pusillus* zeigt sich mit feinem, langgestrecktem Körperbau. Der Unterkiefer ist in etwa doppelt so lang wie der Kopf. Die Grundfärbung zeigt sich grau bis oliv bei dunkler Rückenpartie und heller Bauchseite. Je nach Lichteinfall schimmern die Körperseiten und Kopfregionen in feinem Goldglanz. Das genannte Farbmerkmal ist gewöhnlich nur bei dominanten Männchen sichtbar. Die Rücken- und Afterflosse sind im vorderen Bereich rot und im hinteren gelb getönt. Die Schwanzflosse zeigt sich leicht gelb gefärbt; die Bauchflossen gewöhnlich schwarz eingerahmt und die Brustflossen sind fast immer transparent. Die männlichen Tiere sind wesentlich intensiver gefärbt als die Weibchen.

Dermogenys pusillus. Aquariumstamm.

Verbreitung: Indo-Malayischer Archipel, Hinterindien, Sundainseln.

Habitat: *Dermogenys pusillus* belebt Teiche, Rinnsale und Flüsse. Die Art kommt sowohl im Süß- wie auch Brackwasser vor und ist an keine speziellen Habitate gebunden.

Pflege und Zucht: Trotz der großen Anpassungsfähigkeit ist *Dermogenys pusillus* kein besonders einfacher Pflegling. Gewöhnlich ist die falsche Ernährung an einem frühen Tod der Tiere schuld. Geeignet, wie für alle Halbschnäbler, sind Aquarien mit geringer Höhe und großer Oberfläche. Die zierlichen Tiere halten sich fast ausschließlich im Oberbereich der Wasserschichten auf und gehen nur vorübergehend, meistens bei „Gefahr", in die untere Aquariumhälfte. Das Becken sollte ausreichend mit Schwimmpflanzen bedeckt sein. *Dermogenys pusillus* fühlt sich bei einer Wassertemperatur von 28° C am wohlsten. Das Futter sollte überwiegend aus kleinem Lebendfutter wie Drosophila, Artemia und kleinem Gewürm bestehen. Jungtiere bzw. Neugeborene sind von den Alttieren getrennt aufzuziehen. Ein Wasserstand von 1–3 cm ist vollkommend ausreichend und sinnvoll, da die Tiere gewöhnlich ihr Futter nur im Wasseroberbereich aufnehmen. Die Tragzeit dauert durchschnittlich 55–60 Tage. Die Reife tritt nach dem 4. bis 5. Monat ein.

Erste Exemplare wurden wahrscheinlich 1905 nach Deutschland importiert.

Unterart: *Dermogenys pusillus burmanicus* (DEV DEV MUKERJI, 1935)
Herkunft des Unterartnamens: *burmanicus* = vom Verbreitungsgebiet Burma abgeleitet
Erstbeschreibung: DEV DEV MUKERJI (1935): Description of a new species of Hemirhamphid-Fish, Dermogenys burmanicus from lower Burma, with notes on sexual dimorphism and its taxonomic significance. Rec. Indian Mus., Calcutta, 37, pp. 213–218.
Typuslokalität: Burma.

Unterart: *Dermogenys pusillus orientalis* (WEBER, 1894)
Herkunft des Unterartnamens: *orientalis* = östlich, bezogen auf die Verbreitung
Erstbeschreibung: WEBER, M. (1894): Die Süßwasserfische des Indischen Archipels, nebst Bemerkungen über den Ursprung der Fauna von Celebes. Zool. Ergebnisse Reise in Niederl. Ost-Indien Bd. III, Leiden 1894, pp. 405–476.
Typuslokalität: Celebes.

Unterart: *Dermogenys pusillus siamensis* (FOWLER, 1934)
Herkunft des Unterartnamens: *siamensis* = Siam, alter Name für Thailand
Erstbeschreibung: FOWLER, H. W. (1934): Zoological results on the third de Schauensee Siamense Expedition. Part 1 Fishes. Proc. Acad. Nat. Sci. Philidelphia, Bd. LXXXVI, p. 145.
Typuslokalität: Thailand.

Unterart: *Dermogenys pusillus sumatranus* (BLEEKER, 1853).
Herkunft des Unterartnamens: *sumatranus* = vom Verbreitungsgebiet Sumatra abgeleitet
Erstbeschreibung: BLEEKER, P. (1853): Hemiramphus sumatranus. Nat. Tijdschr. Ned. Indie., V, 1853, p. 526.
Typuslokalität: Sumatra.

Dermogenys viviparus (PETERS, 1865)

Familie: Hemirhamphidae FAR (Forskål)
Unterfamilie: Hemirhamphinae FAR (Forskål)
Herkunft des Artnamens: *viviparus* (lat.) = lebendgebärend
Synonyma: *Hemirhamphus viviparus* PETERS, 1865
Rhamphodermogenys bakeri FOWLER & BEAN, 1923
Erstbeschreibung: PETERS, W. (1865): Über lebendig gebärende Arten der Fischgattung Hemirhamphus. Monatsber. Akad. Wiss. Berlin 1866, pp. 132–133.
Typuslokalität: Bach Yassot; Luzon (Philippinen).
Meristische Angaben: Dorsale = 10–12 Flossenstrahlen; Anale = 13–15 Flossenstrahlen; Pectorale = 11 Flossenstrahlen; Ventrale = 6 Flossenstrahlen; Schuppenserie entlang der mittleren Seitenlinie = 50.
Totalkörperlänge: Männchen bis 6,5 cm; Weibchen bis 8,5 cm.
Beschreibung: Der Körperbau von *Dermogenys viviparus* ist langgestreckt. Der Schnabelfortsatz ist ca. 10mal in der Totallänge enthalten. Bei einigen großen Tieren zeigen sich vereinzelt auch kleine Zähne auf dem Schnabelfortsatz vor der Zwischenkieferspitze. Der Rückenflossenansatz beginnt über dem 5. Afterflossenstrahl. Der vordere Teil der Analflosse zeigt sich schwarz pigmentiert. Die Dorsalflossenmembran zeigt gewöhnlich zwischen dem 1. und 3. Flossenstrahl eine einheitliche schwarzbraune Tönung. Am hinteren Ende der Kiemenspalte zeigt sich ein dunkler

	Fleck. Ansonsten zeigen sich die Tiere in Alkohol mehr oder weniger farblos.
Verbreitung:	Philippinen; Samar; Luzon.
Habitat:	Angaben fehlen.
Pflege und Zucht:	Bisher nichts bekannt geworden. Ein lebender Import steht offensichtlich noch aus.

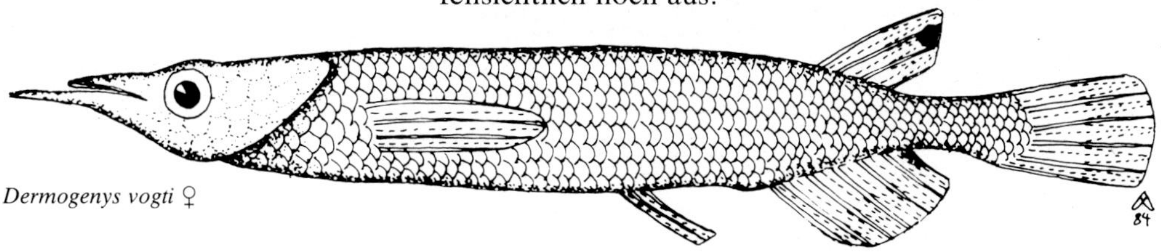

Dermogenys vogti ♀

Dermogenys vogti BREMBACH, 1982

Familie:	Hemirhamphidae FAR (Forskal)
Unterfamilie:	Hemirhamphinae FAR (Forskal)
Herkunft des Artnamens:	*vogti* = zu Ehren von Herrn D. VOGT benannt
Synonyma:	keine
Erstbeschreibung:	BREMBACH, M. (1982): Drei neue Dermogenys-Arten aus Sulawesi: D. montanus, D. vogti, D. megarrhamphus. Datz, No. 2, pp. 51–55.
Typuslokalität:	Topobulu; Celebes.
Meristische Angaben:	Dorsale = 9–11 Flossenstrahlen; Anale = 15 Flossenstrahlen; Schnabelfortsatz in Totallänge = 12,7.
Totalkörperlänge:	Weibchen = 8 cm.
Beschreibung:	Zur Beschreibung lagen M. BREMBACH lediglich vier weibliche Exemplare vor. *Dermogenys vogti* zeigt sich mit gestrecktem Körperbau und kurzem Schnabelfortsatz. Die Art nimmt anscheinend eine Mittelstellung zwischen den Gattungen *Dermogenys* und *Nomorhamphus* ein. Die Körpergrundfarbe der Fische ist gelb und silbern bei weißsilbriger Bauchseite und dunkler Rückenpartie. Die Rückenflosse besitzt eine rote Bänderung und am Hinterrand der genannten Flosse liegt ein schwarzer Fleck. Die Afterflosse weist einen roten Vordergrund und einen dicht am Körper liegenden Hinterrand-Fleck mit schwarzer Farbe auf. Die Bauchflossen sind rot gesäumt und die Basis der Schwanzflosse erscheint rötlich. BREMBACH gibt für männliche Tiere, die anscheinend nicht zum Typenmaterial hinterlegt werden konnten, folgende Farbmerkmale bekannt: „Bei den Männchen findet man für die sonst roten Dorsalia und Analia breite schwarze obere und hintere Säume. Ihre Schwanzflosse ist an der Basis kräftiger rot gefärbt. Am sonst feuerroten Unterkiefer findet sich eine kleine, schwarze, scharf nach unten gebogene Spitze.“
Verbreitung:	Bisher nur von der Typuslokalität bekannt.
Habitat:	Bisher noch nichts bekannt geworden.
Pflege und Zucht:	Lebende Tiere konnten anscheinend noch nicht nach Europa importiert werden.

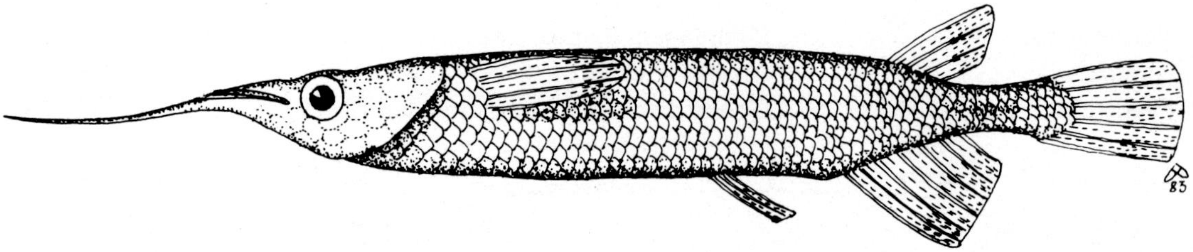

Dermogenys weberi ♀

Dermogenys weberi (BOULENGER, 1897)

Familie:	Hemirhamphidae FAR (Forskal)
Unterfamilie:	Hemirhamphinae FAR (Forskal)
Herkunft des Artnamens:	*weberi* = zu Ehren des Ichthyologen Herrn M. WEBER benannt
Synonyma:	*Hemirhamphus weberi* BOULENGER, 1897
Erstbeschreibung:	BOULENGER, G. A. (1897): An account of the freshwaterfishes collected in Celebes by Drs. P. & F. Sarasin. Proc. Zool. Soc. London, pp. 426–429.
Typuslokalität:	Matanna-See; Celebes.
Meristische Angaben:	Dorsale = 9–12 Flossenstrahlen; Anale = 17–19 Flossenstrahlen; Pectorale = 11–12 Flossenstrahlen; Ventrale = 6 Flossenstrahlen; Schuppenserie entlang der mittleren Seitenlinie = 50.
Totalkörperlänge:	Männchen bis 7,5 cm; Weibchen bis 9,5 cm.
Beschreibung:	Der Körperbau von *Dermogenys weberi* ist gestreckt. Die Rückenpartie vor der Dorsalflosse zeigt sich abgeplattet. Der Schnabelfortsatz beträgt den 6,5. Teil der Totallänge. Der Rückenflossenansatz beginnt über dem 6. Afterflossenstrahl. Bisher liegt lediglich eine einzige Größenbeschreibung eines männlichen Tieres vor. Die Farbbeschreibung erfolgte nur nach weiblichen Tieren. Sämtliche Flossen sind nur wenig gefärbt. Die Strahlenscheiden der Schwanzflosse, der basale Teil der Rückenflosse, sowie Brust- und Bauchflossen sind an einzelnen Stellen braun pigmentiert. Nach BOULENGER (1897) besitzen sämtliche untersuchten Tiere einen dunklen Pectoralflossen-Basisfleck. Die Körpergrundfarbe des konservierten Materials zeigt sich dunkelbraun. Entlang der mittleren Körperseite erstreckt sich ein feiner schwarzer Längsstrich.
Verbreitung:	Nur von der Typuslokalität bekannt.
Habitat:	Daten liegen keine vor.
Pflege und Zucht:	*Dermogenys weberi* konnte anscheinend bisher noch nicht lebend nach Europa importiert werden.

HEMIRHAMPHODON

Hemirhamphodon BLEEKER, 1866

Das Genus *Hemirhamphodon* umfaßt drei beschriebene Arten. Die Gattung wurde 1866 von P. BLEEKER kreiert. Die Namensgebung wird mit Zahnleiste übersetzt. Die beschriebenen Zähne sitzen deutlich sichtbar auf der unteren Schnabelhälfte und sind typisches Merkmal der Gattung.

Die Hemirhamphodon-Vertreter sind auf dem südlichen Teil der malayischen Halbinsel, Sumatra und Borneo, verbreitet.

Hemirhamphodon pogonognathus wurde als erste Art der Gattung nach Europa importiert.

Hemirhamphodon chrysopunctatus BREMBACH & KORTHAUS, 1978

Familie: Hemirhamphidae FAR (Forskal)

Unterfamilie: Hemirhamphinae FAR (Forskal)

Herkunft des Artnamens: *chrysopunctatus* (lat.) = mit leuchtenden Punkten

Synonyma: keine

Erstbeschreibung: BREMBACH, M. & E. KORTHAUS (1978): Ein neuer Halbschnäbler aus Kalimantan (Süd-Borneo). – Vorläufige Beschreibung von Hemirhamphodon chrysopunctatus spec. nov. Das Aquarium, No. 110, pp. 340–344.

Typuslokalität: Kalimantan, nahe Benjarmasin; Borneo.

Meristische Angaben: Dorsale = 18 Flossenstrahlen; Anale = 9 Flossenstrahlen.

Totalkörperlänge: Männchen und Weibchen bis 8,5 cm.

Beschreibung: *Hemirhamphodon chrysopunctatus* zeigt sich mit gestrecktem Körperbau. Der Schnabelfortsatz der wunderschön gefärbten Tiere ist in etwa gleich lang dem der restlichen Vertreter der Gattung Hemirhamphodon. Frau E. KORTHAUS gibt folgende Farbbeschreibung bekannt: „Es sind Tiere mit einer je nach Beleuchtung rot oder schwärzlich wirkenden Längsbinde, die am Unterkiefer beginnt und sich, vom Auge unterbrochen, bis zur Schwanzwurzel zieht. Sie wird oberhalb und unterhalb über die gesamte Körperlänge von je einer nicht unterbrochenen, goldgelb bis grünlich oder auch blau leuchtenden Längsbinde begleitet. After- und Rückenflosse zeigen sich schwach rötlich. Die Rückenflosse ist zusätzlich schwarz gesäumt, während die Schwanzflosse farblos ist. Die Augen sind groß ausgebildet und von einem goldenen Ring umgeben. Varianten dieser Art zeigen eine dunkelrote bis schwärzliche Längsbinde auf gelbbrauner Grundfarbe. Die Binde wird unterhalb von einer golden leuchtenden, unterbrochenen Längsbinde begleitet. Die Dorsale gelblich, dunkel gesäumt, Anale gelblich, Spitze dunkel. Die Schwanzflosse ist gelb mit dunkeln Flossenstrahlen. Der Unterkiefer ist rot gesäumt, dazwischen dunkel bis bläulich. Die Kiemendeckel sind je nach Beleuchtung blau irisierend.“

Hemirhamphodon chrysopunctatus. Population Kalimantan, Borneo.

Verbreitung: Nord und Nordwest von Banjarmasin, Im Südosten der Hauptstadt Kalimantans, 114–116 östlicher Länge und 2 südlicher Breite, Süd-Borneo, gelegen.

Habitat: Nach Angaben von KORTHAUS handelt es sich bei den Fundorten der Halbschnäbler um Bäche, die in Sumpfurwäldern gelegen und zur Regenzeit überflutet sind. Nach Beobachtungen breitet sich die Fischfauna zur Hochwasserzeit nicht über das ganze Land aus, sondern bleibt im Einzugsbereich der Bäche und Flüsse. Einige Halbschnäbler wurden in Sumpfgraswiesen nachgewiesen. Die Wasserwerte des gesamten Verbreitungsgebietes von *H. chrysopunctatus* unterschieden sich nicht wesentlich voneinander. Das Wasser zeigte sich dunkel wie starker Kaffee und war klar. Die Gesamthärte lag unter 1° Deutscher Härte und die elektrische Leitfähigkeit betrug bei einer Wassertemperatur von 26° C 15 Mikrosiemens. Zusammenfassend können die Gewässer als extrem weich und sauer bezeichnet werden.

Pflege und Zucht: Bisher konnten die von KORTHAUS 1978 importierten Tiere nur kurze Zeit am Leben erhalten werden. Pflege- und Zuchtdaten stehen noch aus.

Hemirhamphodon phaiosoma (BLEEKER, 1851)

Familie: Hemirhamphidae FAR (Forskal)

Unterfamilie: Hemirhamphinae FAR (Forskal)

Herkunft des Artnamens: *phaiosoma* (gr.) = mit pfeilspitzem Körper

Synonyma: *Hemirhamphus phaiosoma* BLEEKER, 1866

Erstbeschreibung: BLEEKER, P. (1851) Bijdrage tot de kennis der snoekachtige visschen von den Soenda-Molukschen Archipel. Verh. Batav. Genootsch. Kunsten en Wetensch. XXIV, No. 6, 28 pp. Nat. Tijdsc. Ned. Ind. III (1851) p. 99.

Typuslokalität: Unbekannt geblieben.

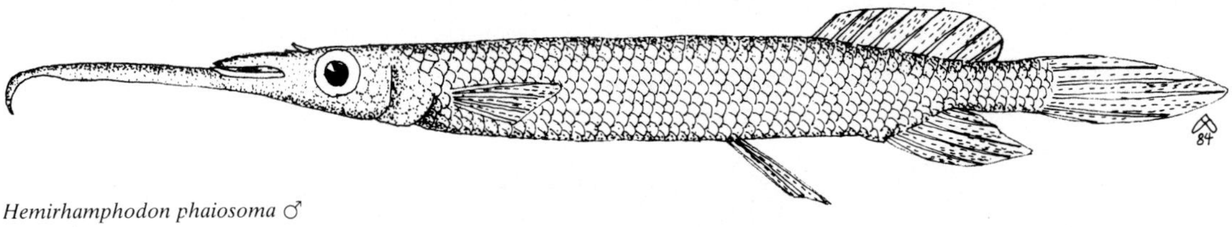

Hemirhamphodon phaiosoma ♂

Meristische Angaben:	Dorsale = 21–23 Flossenstrahlen; Anale = 9 Flossenstrahlen; Pectorale = 8–9 Flossenstrahlen; Ventrale = 6 Flossenstrahlen.
Totalkörperlänge:	Männchen und Weibchen bis 7,5 cm.
Beschreibung:	*Hemirhamphodon phaiosoma* zeigt sich nach Angaben von MOHR (1935) mit gestrecktem, kompressem Körperbau. Die Rückenpartie ist bis zur Dorsalflosse abgeplattet. Die Zwischenkieferplatte ist trapezförmig und der Schnabelfortsatz etwa 6 mal in der Totallänge. Die Dorsale ist 3 mal so lang wie die Anale. Die Ventrale beginnt unter dem 7. Strahl der Rückenflosse. Die Schwanzflosse ist gerundet. Die Körperfarbe der schlecht konservierten Tiere zeigt sich braun.
Verbreitung:	Singapore; Biliton; Banka; Borneo.
Habitat:	Bisher sind keine Fundortdaten bekannt geworden, höchstwahrscheinlich ähnlich denen von *H. pogonognathus.*
Pflege und Zucht:	Ein Import der Tiere steht noch aus.

Hemirhamphodon pogonognathus (BLEEKER, 1853)

Familie:	Hemirhamphidae FAR (Forskal)
Unterfamilie:	Hemirhamphinae FAR (Forskal)
Herkunft des Artnamens:	*pogonognatus* = bartkieferig
Synonyma:	*Hemirhamphus pogonognathus* BLEEKER, 1853 *Hemirhamphodon kükenthali* STEINDACHNER, 1901
Erstbeschreibung:	BLEEKER, P. (1853): Hemirhamphus pogonognathus- Ned. Tijdschr. Ned. Ind. V., p. 193.
Typuslokalität:	Nicht nachweisbar.
Meristische Angaben:	Dorsale = 15–19 Flossenstrahlen; Anale = 7–9 Flossenstrahlen; Pectorale = 8 Flossenstrahlen; Ventrale = 6 Flossenstrahlen.
Totalkörperlänge:	Männchen und Weibchen bis 8 cm.
Beschreibung:	*Hemirhamphodon pogonognathus* zeigt sich wie sämtliche Vertreter der Familie mit gestrecktem Körberbau. Der Unterkiefer ist im Vergleich zu anderen Arten relativ lang ausgezogen und mit kleinen Zähnen besetzt. Die Beschuppung des Körpers ist klein. Die Rückenflosse ist rot gesäumt und für die Gattung typisch gestreckt ausgebildet. Die Schwanzflosse ist leicht zugespitzt und blau gesäumt. Die Anale ist leicht schwarz gesäumt und besitzt blaue Farbflecke. Die paaren Flossen sind bläulich getönt. Die Körper-, Kopf- und Schabelfärbung setzt sich einheitlich aus zahlreichen Pastelltönungen wie blau, gelb, rot und grün zusammen.

Hemirhamphodon pogonognathus

Verbreitung: Malayische Halbinsel; Singapore; Sumatra; Borneo; Banka; Biliton und Halmaheira.

Habitat: Herr VOGT konnte *Hemirhamphodon pogonognathus* im südwestlichen Malakka (Malaysia) nachweisen und beschreibt einen kleinen Bach von ca. 1 m Bettbreite. Die Farbe des Gewässers war dunkel und ähnelte Coca Cola. Das saueres Wasser führende Rinnsal bot den Fischen keinerlei Deckung zwischen Wasserpflanzen. Die Fische hielten sich bei Gefahr zwischen abgefallenen Blättern von Gummibäumen in Bodennähe auf. BREMBACH gibt von einem Sammelort in Südmalaysia in Nähe des Dorfes Kampung Lukut folgende Wasserwerte an: pH = 5,6; DH = kleiner 1; elektrische Leitfähigkeit = 13 uS.

Pflege und Zucht: Große Aquarien mit ausgedehnter Oberfläche müssen den Tieren geboten werden. Eine Abdeckung des Aquariums sollte auf jeden Fall vorgenommen werden, da die Tiere sehr springfreudig sind. Die empfohlene Wassertemperatur liegt bei 24–28° Celsius. Obwohl die Art gewöhnlich im sauren Wasser beheimatet ist, lassen sich die Fische auch gut in mittelhartem Wasser pflegen. Zur Ernährung sollte hauptsächlich Lebendfutter wie Drosophila und andere kleine Insekten geboten werden. Mit Trokkenfutter können die Fische nicht lange am Leben gehalten werden. Die Zucht von *H. pogonognathus* ist sehr schwierig. Gelegentlich und nur bei bester Fütterung werden nach einer durchschnittlichen Tragzeit von 60 Tagen schubweise täglich 1 bis 4, bereits 2 cm lange Jungfische abgesetzt. Die Jungen sollten bei geringem Wasserstand von ca. 1–2 cm mit Artemia in den Anfangswochen aufgezogen werden.

Hemirhamphodon pogonognathus wurde schon mehrfach nach Deutschland importiert. Ein Erstimportdatum war nicht zu ermitteln.

Biotop *Hemirhamphodon pogonognathus* Süd Malaysia.

NOMORHAMPHUS

Nomorhamphus WEBER & DE BEAUFORT, 1922

Die Gattung *Nomorhamphus* wurde im Jahre 1922 von den beiden Ichthyologen WEBER & BEAUFORT aufgestellt. Zugrunde lag *N. celebensis,* die für die Gattung als typisch erklärt wurde. In den letzten Jahren sind vor allem durch VOGT und BREMBACH zahlreiche neue Gattungsvertreter bekannt geworden. Bis zum jetzigen Zeitpunkt wurden insgesamt 6 Arten und eine Unterart beschrieben, die von BREMBACH (mdl. Mitteilung) für gültig erklärt worden sind. Nach Angaben von BREMBACH werden noch folgende Arten in naher Zukunft beschrieben: *Nomorhamphus australe* mit 3 Unterarten, nämlich *australe, werneri* und *sanussii,* sowie eine weitere Art, *Nomorhamphus levensi.* Sämtliche Vertreter des Genus sind auf Celebes, oder nach der neuen Inselnamensbezeichnung, ‚Sulawesi', beheimatet. Die Arten besiedeln überwiegend klare Gebirgsbäche.

Nomorhamphus ist nahe mit der Gattung *Dermogenys* verwandt.

Die Namensgebung bezeichnet die häufige Abwesenheit eines verlängerten Unterkiefers.

Nomorhamphus liemi wurde wahrscheinlich in den 70er Jahren als erster Gattungsvertreter lebend nach Europa importiert.

Nomorhamphus brembachi

Nomorhamphus brembachi VOGT, 1978

Familie: Hemirhamphidae FAR (Forskal)
Unterfamilie: Hemirhamphinae FAR (Forskal)
Herkunft des Artnamens: *brembachi* = zu Ehren Herrn M. BREMBACH benannt
Synonyma: keine
Erstbeschreibung: VOGT, D. (1978): Kennen Sie Nomorhamphus. Eine Übersicht und vorläufige Beschreibung einer neuen Unterart, nämlich Nomorhamphus liemi snijdersi, und einer Art, nämlich Nomorhamphus brembachi. Datz, No. 7, pp. 222–227.
Typuslokalität: Süd-Celebes.
Meristische Angaben: Bisher nicht bekannt.
Totalkörperlänge: Ungenau definiert. Lediglich ein weibliches Exemplar von ca. 5 cm wurde vermessen.
Beschreibung: DIETER VOGT gibt folgende Diagnose bekannt: „*Nomorhamphus brembachi* unterscheiden sich von *N. liemi* durch die Stellung der Ventralen, die hier etwa in der Mitte zwischen Augen und Schwanzflossenbasis (Ende der Seitenlinie) stehen. Von anderen Nomorhamphus-Arten unterscheidet sich *brembachi* vor allem durch die größere Körperhöhe im Verhältnis zur Gesamtlänge und durch die bisher bekannten Färbungen." Eine Abbildung zeigt *N. brembachi* mit intensiver blauer Körpergrundfarbe, einschließlich des Kopfes. Der relativ kurze Schnabel ist rot. Der Unterkiefer ist gegenüber dem Oberkiefer leicht verlängert. Die unpaaren Flossen sind rot und bläulich getönt. Die Rückenflosse weist am Ende eine schwarze und blaue Markierung auf. Die Ventralen sind rot und schwarz gebändert, die Pectorale im oberen Bereich leicht rot getönt.
Verbreitung: Süd-Celebes.
Habitat: Bisher sind die Habitate der farblich sehr ansprechenden Art nicht bekannt geworden.
Pflege und Zucht: Anscheinend ähnlich der von *Nomorhamphus liemi. N. brembachi* dürfte bereits aus den Aquarien verschwunden sein. Der Erstimport erfolgte durch Herrn VOGT im Jahre 1977.

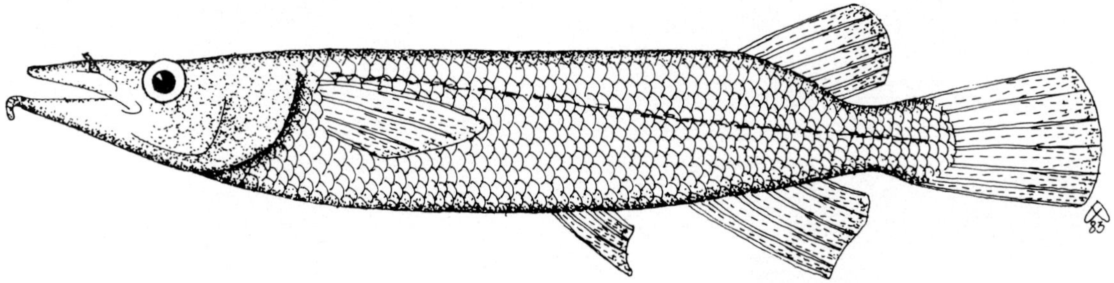

Nomorhamphus celebensis ♀

Nomorhamphus celebensis WEBER & DE BEAUFORT, 1922

Familie:	Hemirhamphidae FAR (Forskal)
Unterfamilie:	Hemirhamphinae FAR (Forskal)
Herkunft des Artnamens:	*celebensis* = nach dem Verbreitungsgebiet, der Insel Celebes, benannt
Synonyma:	keine
Erstbeschreibung:	WEBER, M. &. L. F. DE BEAUFORT (1922): The Fishes of the Indo-Australian Archipelago. Bd. 4, Leiden, pp. 135–145.
Typuslokalität:	Posso-See; Celebes.
Meristische Angaben:	Dorsale = 11–12 Flossenstrahlen; Anale = 15 Flossenstrahlen; Pectorale = 12 Flossenstrahlen; Ventrale = 6 Flossenstrahlen; Anzahl der Schuppen der mittleren Seite des Körpers 50–55.
Totalkörperlänge:	Männchen und Weibchen = 8–9 cm.
Beschreibung:	Bisher liegt lediglich eine gesicherte Alkoholpräparatenbeschreibung vor. Unklar bleibt, ob *Nomorhamphus celebensis* bereits lebend nach Europa importiert wurde, denn die bislang in Aquariumzeitschriften veröffentlichten Bildnachweise der Tiere sind höchstwahrscheinlich allesamt der Art *Nomorhamphus liemi* zuzurechnen. Die Färbung der konservierten celebensis-Exemplare zeigt die Pectoral- und Ventralflossenspitzen schwarz; die Dorsale besitzt am Hinterende der Basis einen dunklen Fleck sowie ein dunkles Fleckenmuster an den vorderen beiden Strahlen derselben Flosse. Der unpaare Flossenbehang ist schwärzlich gesäumt. Die Schwanzflosse weist zusätzlich eine Andeutung von dunklen Querbändern auf. Die Ichthyologin ERNA MOHR (1936) gibt folgende weitere Daten bekannt: Körper gestreckt, kompreß, Rückenbreite etwa 1,75 × Körperhöhe, diese 6,5 × in Totallänge, Kopflänge ca. 3,75 × in Totallänge. Augendurchmesser etwas geringer als Stirnbreite, Zwischenkieferplatte ebensolang wie breit, vorne nicht abgestutzt, sondern zugespitzt. Dorsale gerundet, kürzer als Anale, Dorsalen-Anfang über 6. Analflossenstrahl reichend. Pectoralflossenlänge gleich dem Kopf ohne Schnauze. Ventrale kürzer als Pectorale.“
Verbreitung:	Posso-See und Lappa Kanru-Bach; Celebes.
Habitat:	Bisher liegen keine gesicherten Werte vor.
Pflege und Zucht:	Höchstwahrscheinlich ähnlich der von *Nomorhamphus liemi.* Der Import von *N. celebensis* steht noch aus.

Nomorhamphus ebrardti

Nomorhamphus ebrardti POPTA, 1912

Familie:	Hemirhamphidae FAR (Forskal)
Unterfamilie:	Hemirhamphinae FAR (Forskal)
Herkunft des Artnamens:	*ebrardti* = zu Ehren Herrn Geheimrat Ebrardt benannt
Synonyma:	*Hemiramphus ebrardtii* POPTA, 1912 *Dermogenys ebrardti* WEBER & DE BEAUFORT, 1922
Erstbeschreibung:	POPTA, C. M. L. (1912): Fortsetzung der Beschreibung von neuen Fischarten der Sunda-Expedition. – Notes Mus. Leyden, vol. 34, pp. 185–193.
Typuslokalität:	Kabaena und von Penango; Celebes.
Meristische Angaben:	Dorsale = 10–12 Flossenstrahlen; Anale = 15 Flossenstrahlen, Pectorale = 12 Flossenstrahlen; Ventrale = 6 Flossenstrahlen; L. lat. = 54 Schuppen.
Totalkörperlänge:	Männchen und Weibchen bis 9 cm.
Beschreibung:	Nach der Beschreibung von POPTA zeigt sich *Nomorhamphus ebrardti* mit länglichem Körper. Der Unterkiefer ist in seiner Länge größer als der Oberkiefer. Die Dorsale beginnt gegenüber dem vierten Analstrahl, ihr oberer Rand ist convex und der fünfte Flossenstrahl ist der Längste. Die Pectoralflossen sind zugespitzt und ihr unterster Strahl ist der Kürzeste. Die Caudale ist abgerundet. Der Körper ist mit abfallenden cycloiden-Schuppen besetzt, ebenso die Oberseite und die Seitenkanten des Kopfes. Die Körperfarbe zeigt sich im Spiritus gelblich, auf der Basis der Pectoralen ist ein deutlicher schwarzer Fleck. Kopf und Körperseiten sind mit zahlreichen, sehr kleinen braunen Pünktchen besetzt. Der Oberkiefer und die Verlängerung des Unterkiefers sind dunkel gefärbt. Pectorale, Dorsale und Caudale sind grau und die Ventralen und Anale sind gelblich gefärbt. Die Rückenpartie ist vom Kopf bis zum Schwanz reichend mit drei dunklen Linien, aus feinen Punkten zusammengesetzt, gezeichnet.
Verbreitung:	Kabaena, Penango und Rumbia-Ebene; Südost Celebes.
Habitat:	Daten liegen bisher keine vor.
Pflege und Zucht:	*Nomorhamphus ebrardti* konnte bisher noch nicht lebend importiert werden.

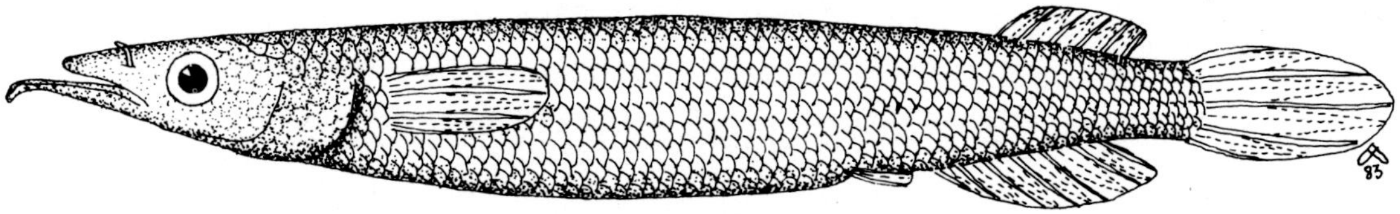

Nomorhamphus hageni ♀

Nomorhamphus hageni POPTA, 1912

Familie:	Hemirhamphidae FAR (Forskal)
Unterfamilie:	Hemirhamphinae FAR (Forskal)
Herkunft des Artnamens:	hageni = zu Ehren Herrn Hagen benannt.
Synonyma:	*Hemirhamphus hageni* POPTA, 1912
Erstbeschreibung:	POPTA, C. M. L. (1912): Fortsetzung der Beschreibung von neuen Fischarten der Sunda-Expedition. – Notes Mus. Leyden vol. 34, pp. 185–193.
Typuslokalität:	Penango und Rumbia Ebene; Celebes.
Meristische Angaben:	Dorsale = 12–13 Flossenstrahlen; Anale = 15 Flossenstrahlen; L. lat. = 64 Schuppen; L. tra. = 24 Schuppen.
Totalkörperlänge:	Männchen und Weibchen bis 9,5 cm.
Beschreibung:	Dr. POPTA schreibt: „Die Körper von *Hemiramphus* (alte Bezeichnung) *hageni* ist länglich, die dorsale Seite, bis an den Schwanz flach, läuft bis oberhalb der pektoralen Flossen etwas gerade hinauf, wird auf dem Schwanz wieder niedriger. Der Körper und der Kopf sind mit cycloiden Schuppen besetzt. Diese sitzen an den Seiten des Rumpfes in unregelmäßigen Reihen, auf dem Schwanz in regelmäßigen Reihen. Die Schuppen auf den Seitenkanten sind größer als die auf der Rückenseite, die auf der Bauchseite kleiner als letztere. Die dorsale Flosse beginnt mehr nach vorne als die dorsale, welche dem vierten Analstrahl gegenüber beginnt. Die Schwanzflosse zeigt sich gerundet. Im Spiritus sind der Rücken und die Seitenkanten des Körpers und des Kopfes olivenfarbig, die Bauchseite gelblich. Auf der Schulter befindet sich ein schwarzer Fleck. Beim Entfärben werden die Exemplare gelblich.“
Verbreitung:	Von Penango und der Rumbia-Ebene im Südosten Celebes bekannt.
Habitat:	Nach Angaben von POPTA soll es sich bei *Nomorhamphus hageni* ausschließlich um Flußbewohner handeln. Fundortangaben und deren Werte stehen noch aus.
Pflege und Zucht:	Die Art konnte bisher noch nicht lebend nach Europa importiert werden.

Nomorhamphus liemi VOGT, 1978

Familie:	Hemirhamphidae FAR (Forskal)
Unterfamilie:	Hemirhamphinae FAR (Forskal)
Herkunft des Artnamens:	*liemi* = zu Ehren Herrn DIG LIEM, Jakarta, benannt
Synonyma:	keine
Unterart:	*Nomorhamphus liemi liemi* VOGT, 1978
Erstbeschreibung:	VOGT, D. (1978): Der Fisch wird teuer bezahlt. Mit einer vorläufigen Beschreibung von Nomorhamphus liemi n. sp., Datz, No. 1, pp. 5–9.
Typuslokalität:	Hochland von Maros; Süd-Celebes.
Meristische Angaben:	Dorsale = 10–11 Flossenstrahlen; Anale = 15 Flossenstrahlen.
Totalkörperlänge:	Männchen und Weibchen bis 8,5 cm.
Beschreibung:	Herr Dieter VOGT gibt folgendes bekannt: „*Nomorhamphus liemi liemi* unterscheidet sich von *N. hageni* und *N. celebensis* durch die Stellung der Bauchflossen. Bei der Nominatform liemi stehen die Ventralflossen deutlich näher zur Schwanzwurzel. Die Entfernung von Bauchflossenbeginn zur Schwanzwurzel (Ende der Seitenlinie) reicht nach vorn nur bis zum hinteren bis mittleren Kiemendeckel (in Augenhöhe).“ Die Körperfärbung zeigt sich hellbraun an der oberen Körperhälfte, während die Unterseite sich grauoliv darstellt. Die Kopfregion ist dunkel getönt und der Schnabel schwarz. Sämtliche Flossen sind schwarz gefärbt.
Verbreitung:	Nur von der Typuslokalität bekannt.
Habitat:	Bisher sind keine Daten bekannt geworden.
Pflege und Zucht:	*Nomorhamphus liemi* benötigt große Behälter, die vor allem eine große Schwimmfläche bieten. Die Beckenhöhe sollte nach Möglichkeit 25–30 cm nicht überschreiten. Die Fische stellen an die Wasserwerte keine Ansprüche, bevorzugt wird aber mittelhartes Wasser. Die Wassertemperatur sollte nicht über 24° Celsius hinausgehen, optimal erscheinen 22 Grad. Die Aquarien sollten gut bepflanzt und nicht allzu hellen Stand haben. Die Fütterung muß sich sehr abwechslungsreich aus Regenwürmern, Mückenlarven und Anflugnahrung zusammensetzen. Nach einer durchschnittlichen Tragzeit von 60 Tagen werden bis zu 10, ca. 2,5 cm lange Jungfische von den Weibchen abgesetzt, die nach etwa 6 Monaten wieder fortpflanzungsfähig sind.
Unterart:	*Nomorhamphus liemi snijdersi* VOGT, 1978
Herkunft des Unterartnamens:	*snijdersi* = zu Ehren Herrn H. P. SNIJDERS, benannt
Erstbeschreibung:	VOGT, D. (1978): Kennen Sie Nomorhamphus. Eine Übersicht und vorläufige Beschreibung einer Unterart, nämlich Nomorhamphus liemi snijdersi, und einer Art, nämlich Nomorhamphus brembachi. Datz, No. 7, pp. 222–227.
Typuslokalität:	Süd-Celebes.
	Dorsale = 11–13 Flossenstrahlen; Anale = 14–17 Flossenstrahlen.
Totalkörperlänge:	Männchen und Weibchen bis 9 cm.
Beschreibung:	Im Gegensatz zur Nominatform zeigt Nomorhamphus liemi snijdersi einen rotschwarzen Flossenbehang. Vom äußeren Erscheinungsbild gleicht *N. liemi snijdersi* der Stammform *liemi liemi.*

Nomorhamphus liemi liemi

Nomorhamphus liemi snijdersi

Verbreitung: Gebirgsbäche im Hochland der Kegelkarst von Bantimurung, Maros; Süd-Celebes.

Habitat: *Nomorhamphus liemi snijdersi* wird gewöhnlich im schellfließendem Wasser angetroffen, jedoch stellenweise auch in ruhigem, fast stehendem Wasser. Während der Trockenzeit konnte M. BREMBACH folgende Wasserwerte ermitteln: pH = 7,8–8,4; elektrische Leitfähigkeit = 20–200 uS; KH = 2–8. *N. liemi snijdersi* wird sympatrisch mit *Dermogenys montanus* angetroffen.

Pflege und Zucht: Wie *Nomorhamphus liemi liemi. N. liemi snijdersi* wurde erstmals 1977 durch Herrn VOGT nach Deutschland importiert.

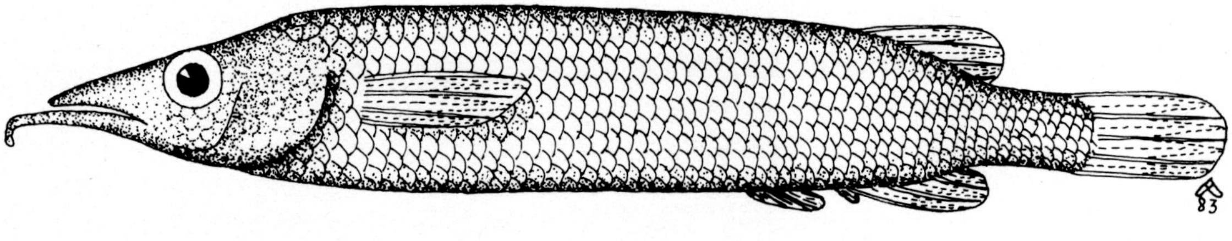

Nomorhamphus towoetii ♂

Nomorhamphus towoetii LADIGES, 1972

Familie:	Hemirhamphidae FAR (Forskal)
Unterfamilie:	Hemirhamphinae FAR (Forskal)
Herkunft des Artnamens:	*towoetii* = nach dem Verbreitungsgebiet, dem Towoeti-See, benannt
Synonyma:	keine.
Erstbeschreibung:	LADIGES, W. (1972): Zwei neue Hemirhamphiden von Celebes und Cebu (Philippinen). Mitt. Hamburg. Zool. Mus. Inst., 68, pp. 207–212.
Typuslokalität:	Towoeti-See, Celebes.
Meristische Angaben:	Dorsale = 13 Flossenstrahlen, Anale = 13 Flossenstrahlen; Nasalbärtel und Bartel am Unterkiefer vorhanden.
Totalkörperlänge:	Tiere bis 8,2 cm. Bei den vorliegenden Exemplaren waren die Geschlechter nicht zu unterscheiden.
Beschreibung:	*Nomorhamphus towoetii* besitzt einen kompressen langgestreckten Körperbau. Der Unterkiefer ist wesentlich länger als der Oberkiefer ausgebildet und zeigt sich mit einem dicken, fleischigen, nach unten im rechten Winkel abgeknickten Zipfel. Die Unterkieferlänge beträgt 0,75 der Kopflänge. Die Körper-Färbung des konservierten Materials ist ein dunkles graubraun mit einzelnen, nur schwach angedeuteten Pigmentpunkten und einem deutlich sichtbaren, schwach silbrig schimmernden Längsband entlang der mittleren Körperseite verlaufend. Die Ventrale besitzt am Ende ein schmales, dunkles Längsband, Dorsale und Anale weisen im hinteren Teil eine dunkle Pigmentierung auf. Die Kopfoberseite und der Zwischenkiefer sind mit einer feinen, punktförmigen Zeichnung versehen.
Verbreitung:	Bisher ausschließlich vom Towoeti-See bekannt.
Habitat:	Werte liegen bislang nicht vor.
Pflege und Zucht:	Wahrscheinlich ähnlich der von *Nomorhamphus liemi*. Ein Import von *N. towoetii* steht noch aus.

Zuchtformen der Gattungen Xiphophorus und Poecilia

Dem nun folgenden Abschnitt des Buches möchten wir einige allgemeine Bemerkungen vorausschicken.
Zuerst dürfte begrifflich der Unterschied zwischen einer Wild- und Zuchtform zu klären sein.
Nachkommen von Wildfängen werden in der Regel als Wildformnachzuchten bezeichnet. In ihrem Aussehen weichen sie kaum merklich von ihren Eltern ab. Die Größe ist meist das erste und einzige Merkmal bei der sich Unterschiede beobachten lassen. In Sammelzuchten kann man Fische über Jahre hinweg in ihrem Aussehen und Verhalten ziemlich konstant erhalten. Auch müssen wir unterscheiden zwischen Fischen, die schon als Wildform in ihrem Aussehen variieren, und solchen, die auch nach -zig Generationen für uns noch immer gleich aussehen, wie z. B. der Neon. Die Gattungen Xiphophorus und Poecilia sind zur ersten Gruppe zu rechnen. Seit Beginn der Haustierhaltung versucht der Mensch, Tiere nach seinen Vorstellungen zu züchten. Waren es anfangs sicherlich nur die Nutztiere, die das Interesse des Menschen weckten, so dürfte mit der Intensivierung der Haustierhaltung auch die Freude am Tier gewachsen sein. Die Goldfischzucht in China und Japan ist ein gutes Beispiel hierfür. Der Begriff Zierfisch gibt im wesentlichen die Richtung wieder, in der sich die heutige Fischhaltung bewegt. Freude und Entspannung sollen heutzutage die Fische bringen. Da es im Wesen des Menschen liegt, alles nach seinen Vorstellungen zu verändern, ob dies nun immer sinnvoll ist, sei dahingestellt, so versucht er auch, die Aquarienfische zu formen. Da wir heute sehr viel über die Vererbung wissen, fällt es uns auch leicht, schnell Veränderungen der Wildform herbeizuführen. Im Vordergrund steht dabei die planmäßige Auslese der erwünschten Anlagen. Durch Kreuzung verschiedener Arten oder Rassen gelingt es, Merkmale so zu kombinieren, daß sie dem gesteckten Zuchtziel nahekommen. Erreichen wird es der engagierte Züchter nie, da er immer noch Verbesserungsmöglichkeiten sieht. Darin liegt der Reiz des Züchtens, denn Vermehren können viele, züchten nur wenige.
Neben Auslese und Kreuzung spielen auch Mutationen (Veränderungen des Erbmaterials) eine kleine, aber sehr wichtige Rolle.
Neben spontanen Mutationen, die bei sämtlichen Lebewesen auftreten, kann man Mutationen auch durch bestimmte Chemikalien, Bestrahlung oder starke Wärmezufuhr auslösen. Fast alle Mutationen bilden einen Nachteil für das Individuum, nur wenige sind züchterisch verwertbar. In den einzelnen Kapiteln über die verschiedenen Zuchtformen wird noch genauer darauf eingegangen.
Zum Abschluß dieses Vorwortes zu den Zuchtformen möchten wir aber auch auf die Notwendigkeit der Haltung, Erhaltung und Züchtung von Wildformen hinweisen. Mit dem Fortschreiten der Industrialisierung und Technisierung gehen die Lebensräume vieler Wildformen verloren, so daß sie zum Aussterben verurteilt sind. Wir sollten daher immer daran denken, daß wir mit der Haltung von Tieren auch die Verpflichtung eingehen, diesen ein Überleben in der freien Natur zu ermöglichen.

Will man erfolgreich züchten, so sollte man sich mit den wichtigsten Vererbungsregeln vertraut machen. Dies gilt insbesondere für Zuchtformen, da hier der Erbgang bestimmter Merkmale in den meisten Fällen bekannt ist. Hinzu kommt, daß manche Züchter von Hochzuchtformen, die mir nicht immer einleuchtende Angewohnheit haben, nur Männchen abzugeben. Damit möchten sie sicherlich verhindern, daß andere Aquarianer den Stamm nachzüchten. Diese Züchter vergessen meist, daß erstens zwischen Züchten und bloßem Vermehren ein großer Unterschied besteht, und daß zweitens Konkurrenz die eigenen Anstrengungen erhöht. Wer jedoch die Gesetze der Vererbung kennt, kann sich relativ einfach, wie wir noch erfahren werden, durch Inzucht und Rückkreuzungen einen reinrassigen Stamm aufbauen. Im Rahmen dieses Buches kann nur an einigen Beispielen auf die Genetik eingegangen werden, daher sei auf das Buch von J. H. SCHRÖDER (1974) verwiesen, das recht ausführlich die den Aquarianer interessierenden Grundlagen vermittelt.

Beispiel 1

Das Merkmal **Albino,** das im Tierreich sehr weit verbreitet ist. Albinos haben rote Augen und eine helle Körperfärbung, was auf einem fast völligen Fehlen von dunklen Farbstoffen beruht. Kreuzen wir nun zwei Albinoschwertträger miteinander, so stellen wir fest: alle Nachkommen sind wieder rotäugige Albinos. Für uns bedeutet dies, daß das Merkmal **Albino** sich als **reinerbig** erweist.

Kreuzen wir dagegen ein Albinoweibchen mit einem grünen oder roten Schwertträgermännchen, so werden wir keinen Albino unter den Nachkommen finden können. Zum Verständnis dieses Befundes müssen wir kurz auf die Grundbausteine eines Lebewesens eingehen.

Ausgangspunkt eines jeden Individuums ist die befruchtete Eizelle. Hier werden die mütterlichen und väterlichen Merkmale zusammengebracht. Durch die Fähigkeit der befruchteten Eizelle, das gesamte Erbgut verdoppeln und sich dann in zwei erbgleiche Zellen teilen zu können, ist der erste Schritt in Richtung eines neuen Individuums getan. Dieser Vorgang des Verdoppelns des Erbgutes mit anschließender Teilung, man kann es auch als Wachstum und Erhaltung eines Organismus bezeichnen, bleibt lebenslang erhalten. Ein erwachsener Mensch setzt sich beispielsweise aus ca. 100000000000000 Zellen zusammen. In jeder dieser Körperzellen ist das gleiche Erbgut, das während der Teilung als sog. Chromosomen im Mikroskop sichtbar gemacht werden kann (Abb. 1).

Die Anzahl und Form dieser Chromosomen ist für jede Tierart charakteristisch (Tab. 1). Jedes Chromosom ist zweifach vorhanden, eines stammt vom Vater, das andere von der Mutter. Die Nachkommen haben somit sowohl mütterliche als auch väterliche Eigenschaften. Bei der Bildung der Eizellen im Ovar der Weibchen oder der Spermien im Hoden der Männchen wird die Chromosomenzahl halbiert, damit bei einer eintretenden Befruchtung wieder die für die jeweilige Art charakteristische Zahl erreicht werden kann.

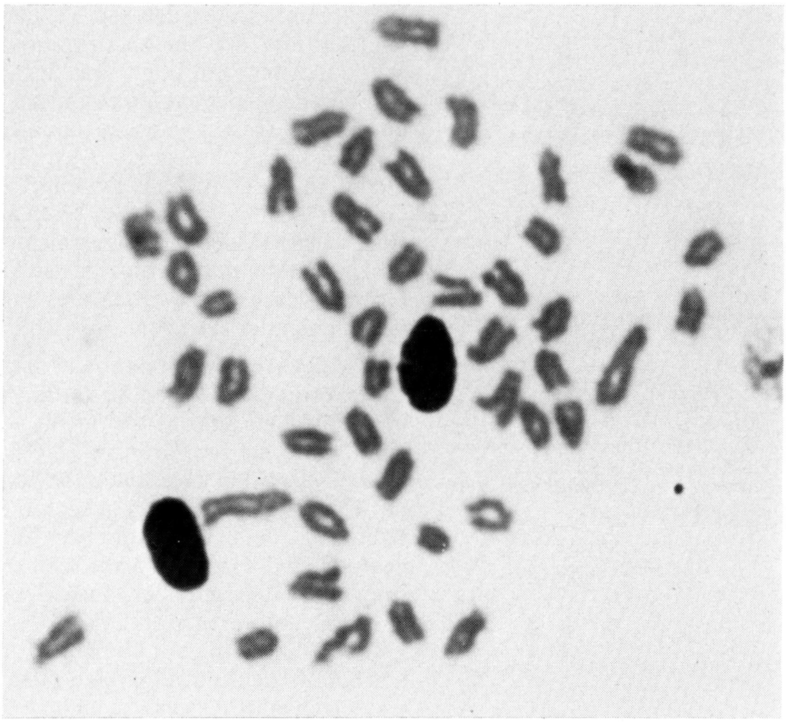

Abb. 1
Chromosomen des Guppy; 2n = 46
Vergrößerung ca. 3200fach

Tab. 1
Zusammenstellung der Chromosomenzahlen einiger Tiere und des Menschen.

Schwertträger, Platy (Xiphophorus spec.)	48 Chromosomen
Guppy (Poecilia reticulata)	46 Chromosomen
Malawi-Buntbarsche (z. B. Pseudotropheus spec.)	44 Chromosomen
Skalar (Pterophyllum scalare)	48 Chromosomen
Hund (Canis familiaris)	78 Chromosomen
Katze (Felis catus)	38 Chromosomen
Pferd (Equus caballus)	64 Chromosomen
Esel (Equus asinus)	62 Chromosomen
Maultier, Maulesel	63 Chromosomen
Mensch (Homo sapiens)	46 Chromosomen

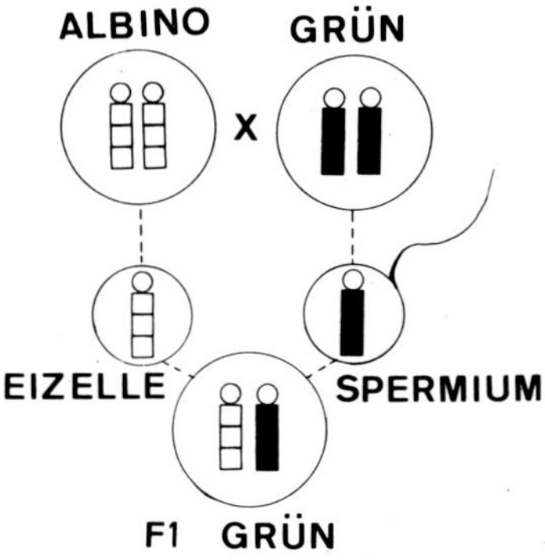

Abb. 2a
Uniformitätsregel (= 1. Mendelsches Gesetz): Alle Nachkommen reinerbiger Eltern sind bezüglich des untersuchten Merkmals einheitlich. Bei unserem Beispiel = F_1 uniform grün.

Die einzelnen Erbanlagen, auch Gene genannt, liegen hintereinander gereiht auf den Chromosomen. Für das Zustandekommen eines Merkmals können ein Gen oder auch mehrere Gene nötig sein. Zum Beispiel sind an der Ausbildung des Schwertes beim Schwertträger mehrere Gene beteiligt, während die rote Körperfarbe oder der Albinismus nur auf einem Gen beruhen.

Da in unserem Beispiel beide Fische **reinerbig** sein sollen, bedeutet dies, daß das Albinoweibchen nur Eizellen produziert, die das Gen für Albino enthalten, während das grüne Männchen nur Spermien produziert, die das Gen für Grün enthalten (s. Abb. 2a).

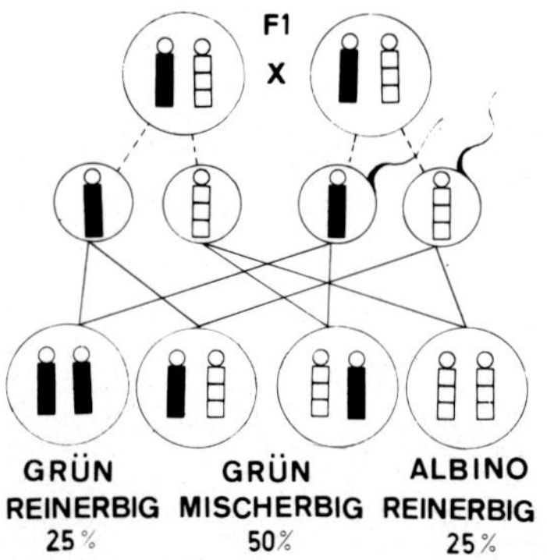

Abb. 2b
Spaltungsregel (= 2. Mendelsches Gesetz): Kreuzt man die F_1-Fische untereinander, so spalten sie in ihrem Erscheinungsbild auf. Bei unserem Beispiel = Grün: Albino im Verhältnis 3 : 1. Die Merkmale der Elterngeneration treten wieder auf.

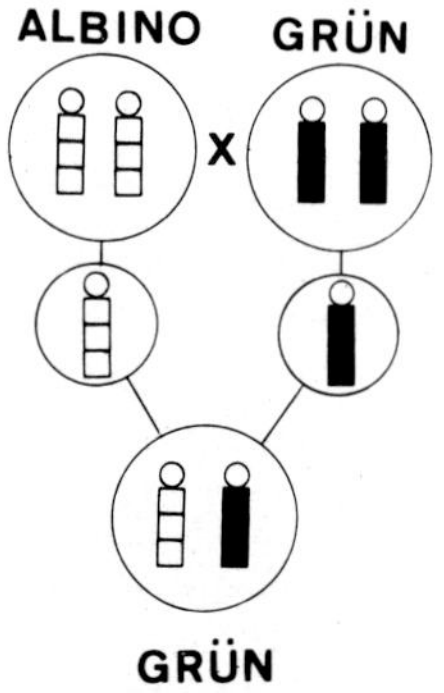

Abb. 3a
F_1-Rückkreuzung mit einem reinerbigen rezessiven Fisch (Albino); keine Aufspaltung; dies bedeutet, der zu testende Fisch ist reinerbig.

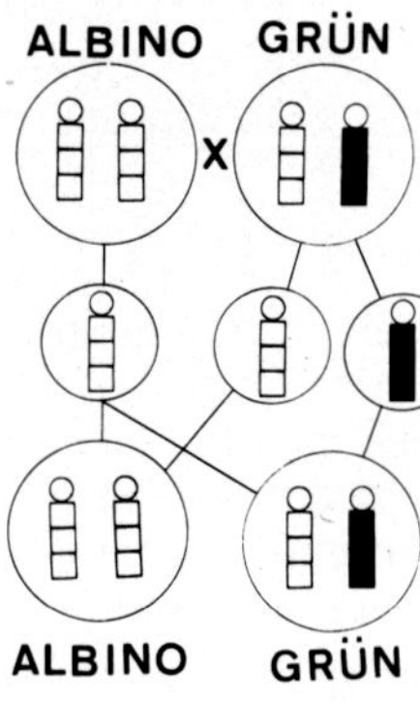

Abb. 3b
F_1-Rückkreuzung mit einem reinerbigen rezessiven Fisch (Albino); Aufspaltung in Albino und Grün; dies bedeutet, der zu testende Fisch ist mischerbig.

Wie kommt es nun, daß alle Nachkommen einheitlich grün sind, obgleich eins der beiden Chromosomen, nämlich das mütterliche, das Albinogen trägt? Das liegt daran, daß es Gene gibt, die sich bereits manifestieren, wenn sie einfach vorhanden sind, sog. **dominante** Gene, während andere Gene zweifach vorhanden sein müssen, damit sie zur Ausprägung kommen, sog. **rezessive** Gene. In unserem Fall dominiert das Gen für Grün über das Gen für Albino, so daß alle Nachkommen, wie der Vater, grün sind. Diese Fische sind aber nicht mehr **reinerbig** wie ihre Eltern, sondern **mischerbig,** da sie ja die Gene für Albino und Grün besitzen. Wir werden dies zu sehen bekommen, wenn wir sie miteinander kreuzen (Abb. 2b).

Die Weibchen können nun zwei unterschiedliche Eizellen bilden. Eine Sorte, die das Gen für Grün, und eine, die das Gen für Albino hat. Dies gilt ebenso für die Spermien der Männchen. Die eine Hälfte hat das Grüngen, die andere Hälfte das Albinogen. Wie wir der Abb. 2b entnehmen können, gibt es 4 Möglichkeiten der Kombination. Neben grünen Fischen erhalten wir bei dieser Kreuzung wieder Albinofische. Rein theoretisch sind 25% Albinos und 75% Grüne, wovon 25% **reinerbig** und 50% **mischerbig** sind. Allgemein gilt aber, daß Albinos nicht so vital sind, so daß in der Regel weniger als 25% Albinos geboren werden. Bei den grünen Schwertträgern können wir am Aussehen nicht entscheiden, ob es sich um **reinerbige** oder **mischerbige** Fische handelt, das zeigen erst die Nachkommen. Will man dies jedoch prüfen, so kreuzt man geschickterweise mit einem **reinerbigen rezessiven** Fisch, in unserem Fall einem Albino, zurück. Sind alle Nachkommen grün, so ist der zu testende Fisch **reinerbig** grün. (Abb. 3a). Erhalten wir indes albinotische und grüne Fische, so ist der zu testende Fisch **mischerbig** (Abb. 3b).

Diese Kreuzungen zeigen uns auch, wie man es anstellen muß, um die Anzahl der Fische mit **rezessiven** Merkmalen unter den Nachkommen zu erhöhen.

Gerade die Hochzuchtformen können, wenn sie untereinander gekreuzt werden, sehr schnell an Vitalität und Fertilität abnehmen. Durch Kreuzung mit vitalen Stämmen stellt man sich **mischerbige** Fische her, die dann wieder mit den Hochzuchtformen zurückgekreuzt werden. Auf diese Weise kommt man recht schnell zu der Ausgangsform zurück, mit einer jetzt jedoch verbesserten Vitalität. Die Beispiele waren bisher leicht überschaubar, da nur ein Merkmalspaar Albino – Grün betrachtet wurde. Da aber beim Schwertträger oder Guppy sicher einige Tausend Gene vorliegen (der Mensch hat schätzungsweise 40–50000 Gene), kann man sich leicht vorstellen, wie schwierig es wird, die Vererbung von mehreren Merkmalen gleichzeitig zu verfolgen. Ein Beispiel von einer Kreuzung mit 2 Merkmalspaaren soll dies verdeutlichen (Abb. 4a + b). Die Merkmale sollen auf verschiedenen Chromosomen liegen.

Wir nehmen uns wieder ein Albinoweibchen und dazu wie gehabt ein grünes Männchen, diesmal aber mit einem Lyraschwanz. Das Albinoweibchen bildet nur Eizellen, die das Albinogen auf dem einen Chromosom tragen und das Gen für nor-

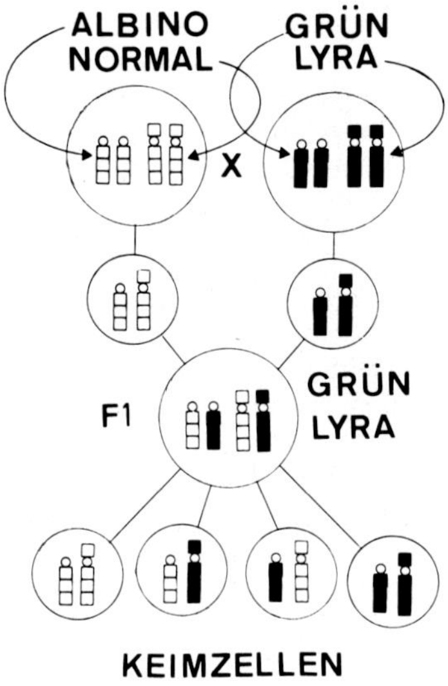

Abb. 4a
Vererbung von 2 Merkmalpaaren, sogenannter dihybrider Erbgang. Grün ist dominant über Albino und Lyraflosse über Normalflosse. Die F_1 ist einheitlich Grün mit Lyraflosse. Die F_1-Fische bilden vier verschiedene Keimzellen.

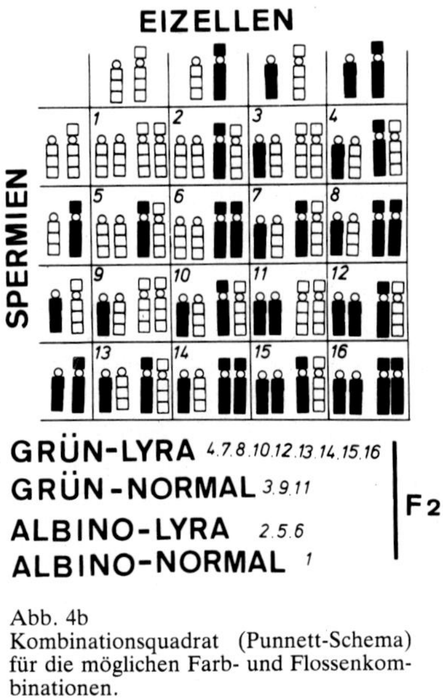

Abb. 4b
Kombinationsquadrat (Punnett-Schema) für die möglichen Farb- und Flossenkombinationen.

male Flossen auf einem anderen. Das grüne Männchen bildet Spermien, die das Gen für Grün auf dem einen Chromosom tragen und das Gen für Lyra auf einem anderen Chromosom.

Grün ist **dominant** über Albino und Lyra über Normalflossen. Aus dieser Kreuzung erhalten wir einheitlich grüne Fische mit Lyraflossen wie der Vater. Genetisch stellen sie jedoch eine Mischung von Mutter und Vater dar. Groß wird die Überraschung, wenn wir diese Fische untereinander kreuzen. Für die zwei betrachteten Merkmalspaare sind alle Fische gleich. Sie bilden daher auch die gleichen Keimzellen (Eizellen und Spermien). Vier Möglichkeiten der Keimzellenbildung sind möglich:

1. Chromosom Albino + Chromosom Lyraflossen
2. Chromosom Albino + Chromosom Normalflossen
3. Chromosom Grün + Chromosom Lyraflossen
4. Chromosom Grün + Chromosom Normalflossen

Um die verschiedenen Kombinationsmöglichkeiten übersichtlich auszuwerten, benutzt man das sog. Punnett-Schema (Abb. 4b). Als Ergebnis dieser Kreuzung (F 2) erhalten wir nun vier unterschiedliche Fische:

1. Grüner Fisch mit Lyraflossen = 4, 7, 8, 10, 12, 13, 14, 15, 16
2. Grüner Fisch mit Normalflossen = 3, 9, 11
3. Albino mit Lyraflossen = 2, 5, 6
4. Albino mit Normalflossen = 1

Wie wir dem Schema weiter entnehmen können, sind die einzelnen Formen unterschiedlich oft unter den Nachkommen zu erwarten. Wenn wir einige Hundert Fische ziehen würden, können wir das theoretische Verhältnis von 9 : 3 : 3 : 1 erreichen. Wir sehen auch, daß nur die Kombinationen 1, 6, 11, 16 **reinerbig** für beide Merkmalspaare sind. Mit Ausnahme von 1 lassen sie sich jedoch nicht am Aussehen von Mischerbigen unterscheiden, so daß auch in den nachfolgenden Generationen immer wieder nicht erwartete Fische auftreten können.

Die manchmal an den Vererbungsregeln zweifelnden oder gar verzweifelnden Züchter mögen an diesem noch recht einfachen Beispiel erkennen, wie schwierig es sein kann, vom Aussehen der Fische auf deren Erbanlagen zu schließen.

Bei den Fischen allgemein sind verschiedene Mechanismen der Geschlechtsbestimmung zu beobachten. Neben normalen weiblichen und männlichen Fischen gibt es auch zwitterige Fische und Fische, die im Laufe ihres Lebens ihr Geschlecht ändern. Hierzu gehört jedoch nicht der Schwertträger, wie man es immer wieder lesen kann. Eine äußere Veränderung im Aussehen der Fische berechtigt noch nicht zu der Annahme, daß sich auch die inneren Geschlechtsorgane umgewandelt haben. Ein allseits zu beobachtendes Beispiel bietet die Hahnenfiedrigkeit älterer Hennen. Durch eine Änderung des Sexualhormonspiegels kommt es hier zu der äußerlichen Veränderung. Der Kamm dieser Hennen wird größer und die Schwanzfedern länger, um nur zwei Merkmale zu nennen.

Bei Schwertträgerweibchen kann man z. B. durch Behandlung mit dem männlichen Geschlechtshormon Testosteron ein mehr oder minder langes Schwert erzeugen, jedoch keine Umwandlung in ein funktionstüchtiges Männchen.

Bei einer Geschlechtsumwandlung ist nämlich zu fordern, daß ein Fisch erst als Weibchen Junge bekommt, und später als Männchen in der Lage ist, Junge zu zeugen. Die Reihenfolge des Geschlechts kann auch umgekehrt sein. Die Möglichkeit einer Geschlechtsumwandlung beim Schwertträger oder auch Guppy ist gegeben, doch handelt es sich dann entweder um eine Fehlbildung, oder sie wurde experimentell durchgeführt.

Gerade zum Verständnis einiger Vererbungsmerkmale bei den Hochzuchtformen von Guppy, Schwertträger und Platy ist es wichtig, auf die genetische Geschlechtsbestimmung ein wenig einzugehen, finden sich doch hier zahlreiche, an Weibchen oder Männchen gekoppelte Merkmale, die z. B. für Unterschiede in der Färbung, Zeichnung oder Flossenform verantwortlich sind. Grob kann man unterscheiden in 1. die **monogene** Geschlechtsbestimmung und 2. die **polygene** Geschlechtsbestimmung.

Wie es die Worte bereits ausdrücken, ist bei der **monogenen** Geschlechtsbestimmung ein Gen für die Entwicklung in die weibliche oder männliche Richtung verantwortlich, während es bei der **polygenen** mehrere Gene sind. Diese Gene können auf einem, aber auch auf mehreren Chromosomen liegen.

Eine **polygene** Geschlechtsbestimmung findet sich bei einigen Vertretern der Gattung Xiphophorus, z. B. bei *X. helleri, X. clemenciae, X. signum* und *X. alvarezi.* Unter den Nachkommen unserer Schwertträger finden sich immer wieder Fische, die sich sehr früh zu Männchen entwickeln, sog. Frühmännchen, und andere, die sehr spät zu Männchen werden, sog. Spätmännchen. Frühmännchen besitzen sehr viele Geschlechtsfaktoren, Spätmännchen dagegen nur sehr wenige Geschlechtsfaktoren, die zur Ausbildung des männlichen Geschlechts führen. Die Größe der Schwertträgermännchen steht nicht in einem direkten Zusammenhang mit ihrer Männlichkeit. Frühmännchen sind daher nicht immer klein, und Spätmännchen nicht immer groß. Diese Form der Geschlechtsbestimmung ist sehr labil und kann daher leicht durch verschiedene Außenfaktoren beeinflußt oder gar gestört werden.

Bei diesem Geschlechtsbestimmungsmechanismus können wir auch etwas Einfluß auf das Geschlecht der Nachkommen nehmen. Verpaaren wir ein sog. Frühmännchen mit einem Weib-

Abb. 6
X- und Y-Chromosom des Menschen.

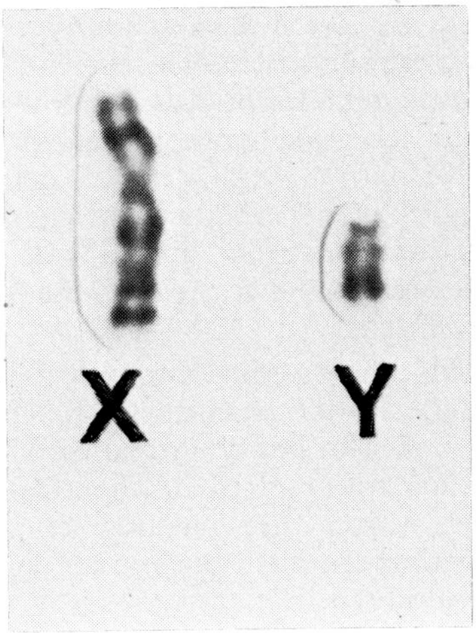

chen, das sich seinerseits recht spät entwickelt hat, so ist die überwiegende Anzahl der Nachkommen, wenn nicht sogar alle, männlich. Umgekehrt ist es bei einem sog. Spätmännchen und einem früh entwickelten Weibchen. Bei dieser Paarung ist unter den Nachkommen hauptsächlich mit Weibchen zu rechnen.

Die häufigste Form der Geschlechtsbestimmung ist der XX–XY Typ. Das heißt, Weibchen haben zwei X-Chromosomen, Männchen ein X- und ein Y-Chromosom. Hierzu gehören die meisten bekannten Xiphophorus-Arten, der Guppy und auch der Mensch. Wie wir bereits im Abschnitt Genetik erfahren haben, wird bei der Eizell- und Spermienbildung der Chromosomensatz halbiert. Dies gilt auch für die Geschlechtschromosomen X und Y. Weibchen können nur Eizellen mit einem X-Chromosom produzieren, Männchen dagegen Spermien, die entweder ein X- oder ein Y-Chromosom tragen (Abb. 5). Anders ausgedrückt bedeutet dies, daß die Entscheidung, ob die Nachkommen weiblich oder männlich werden, vom Spermium des Vaters abhängt. Wie wir der Abbildung 5 entnehmen können, werden gleich viele X- oder Y-Chromosomen tragende Spermien gebildet. Das heißt, daß bei der XX–XY Geschlechtsbestimmung 50% der Nachkommen Weibchen und 50% Männchen sind. Bei Säugern sind die X- und Y-Chromosomen in Größe und Form gut unterscheidbar (Abb. 6), bei Fischen selten, beim Guppy und bei den bekannten Xiphophorus-Arten gar nicht.

X. maculatus aus dem Belize-River, Honduras oder Guatemala gehört noch einem anderen Geschlechtsbestimmungstyp an. Hier haben die Weibchen zwei unterschiedliche Geschlechtschromosomen, die Männchen hingegen zwei gleiche. Dieser Typ wird als WZ–ZZ Geschlechtsbestimmungsmechanismus bezeichnet. Demzufolge produzieren die Weibchen jetzt zwei verschiedene Eizellen, nämlich solche, die entweder ein Z- oder ein W-Chromosom tragen. Die Spermien der Männchen haben einheitlich ein Z-Chromosom. Auch bei diesem Geschlechtsbestimmungstyp sind wieder jeweils 50% weiblich oder männlich, die Entscheidung über das Geschlecht geht jetzt jedoch von der ein W- oder Z-Chromosom tragenden Eizelle aus. KALLMANN unterscheidet in seinen Arbeiten über *X. maculatus* nur drei Geschlechtschromosomen, die mit den Buchstaben W, X und Y bezeichnet werden. Das hier gebrauchte Z entspricht in der Nomenklatur von KALLMANN dem Y. Je nach Population variieren Z und Y in ihrer Männchen-bestimmenden Wirkung.

Verpaaren wir nun XX-Weibchen von *X. maculatus* aus Mexiko mit einem ZZ-Männchen der südlichen Art, so haben alle Nachkommen einheitlich die Geschlechtschromosomenkonstellation XZ. Da sich das Z-Chromosom wie das Y-Chromosom männchenbestimmend auswirkt, erhalten wir aus dieser Kreuzung nur Männchen. Verpaaren wir hingegen ein WZ-Weibchen aus dem Belize River mit einem XY-Männchen aus Mexiko, so erhalten wir folgende Aufteilung der Geschlechter:

1. 25% WX-Weibchen,
2. 25% WY-Weibchen,
3. 25% ZX-Männchen und
4. 25% ZY-Männchen.

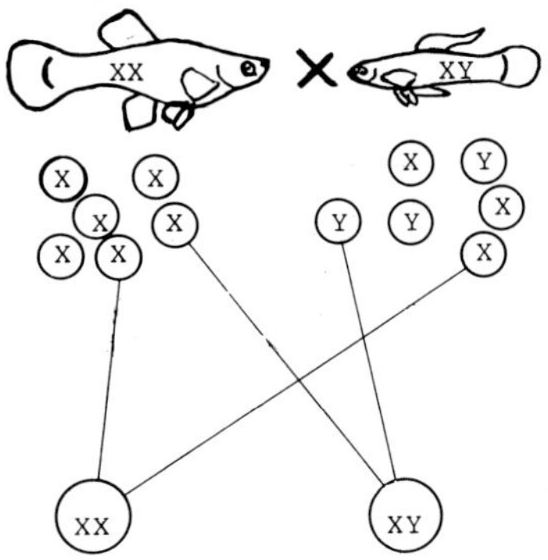

Eizellen haben nur X-Chromosomen

Spermien haben X- oder Y-Chromosomen

50% Weibchen

50% Männchen

Abb. 5
Schema der XX–XY Geschlechtsbestimmung.

WY-Weibchen und ZX-Männchen gelten, was ihre Geschlechtsdifferenzierung anbelangt, als labil. Als Nächstes ist kurz abzuhandeln, was zu erwarten ist, wenn wir Arten des *Xiphophorus helleri* Komplexes, die, wie bereits erwähnt, keine Geschlechtschromosomen haben, mit *X. maculatus* kreuzen. Aus der Vielzahl möglicher Kreuzungen möchte ich zwei herausgreifen. *X. helleri,* verpaart mit einem ZZ-Männchen, ergibt unter den Nachkommen ein ziemlich ausgeglichenes Verhältnis zwischen Weibchen und Männchen. Kreuzen wir hingegen ein XX-Weibchen von *X. maculatus* aus Mexiko mit einem *X. helleri* Männchen, so erhalten wir nur weibliche Fische.

Aus diesen Beispielen wird deutlich, daß es ohne Kenntnis der wichtigsten Vererbungsregeln gerade in der Hochzucht immer wieder zu Rückschlägen kommen muß. Nur der erfahrene Züchter sollte Paarungen zwischen Fischen mit unterschiedlichen Geschlechtsbestimmungsmechanismen wagen. Ein Neuling kann leicht die Übersicht, und damit verbunden auch die Freude an der Zucht von Hochzuchtformen, verlieren.

Anlegen und Führen einer Zuchtkartei

Die Ansichten über den Nutzen einer Zuchtkartei bei Zierfischen gehen in Züchterkreisen weit auseinander. Die einen sagen, ich brauche keine Kartei, ich verpaare einfach immer das schönste Weibchen mit dem schönsten Männchen, die anderen dagegen registrieren jede Einzelheit, um die Ergebnisse einer bestimmten Kreuzung vorausberechnen zu können. Mit beiden Systemen kann man Erfolg haben. Eine generelle Regel über den Umfang der zu führenden Kartei gibt es nicht, da bei jedem Züchter andere Verhältnisse vorliegen. Der eine züchtet einen Stamm, der andere 10, der eine hat drei Aquarien, der andere 30. Der Arbeitsaufwand dafür sollte immer in einem vernünftigen Verhältnis zum Ergebnis stehen. Wenn man sich aber entschließt, eine Zuchtkartei zu führen, sollte man dies auch dann konsequent tun. Da es schwierig ist, mehrere Merkmale gleichzeitig zu verfolgen (s. Kapitel Vererbungslehre), wird man sich in der Regel auf eins beschränken, und erst wenn dies erbfest ist, ein anderes in Angriff nehmen. Die Xiphophorus-Zuchtformen sind hierbei wesentlich übersichtlicher als die Guppy-Zuchtformen, die sehr viele komplexe Merkmale aufweisen. Da man als Aquarianer sowieso immer zu wenige Becken hat, wird man sich beim Anlegen und Führen einer Zuchtkarte auf einige wenige Daten, die die Zuchtform insgesamt betreffen, beschränken müssen. Die einzelnen Zuchtfische mit Nummern zu versehen, wie es z. B. in der professionellen Tier- und Pflanzenzucht üblich ist, ist wegen des großen materiellen und vor allem zeitlichen Aufwandes nicht zu empfehlen. Jeder Züchter sollte bestimmte Eckdaten seiner Zuchtformen kennen und auch notieren, damit er Auskunft über die Entwicklung seines Stammes geben kann.

Zu diesen Daten gehören:

Herkunft der Fische; möglichst genaue Bezeichnung der Formen und Farben; die Verpaarungsdaten; Wurfgröße; Zeitraum bis zur Geschlechtsreife; Einkreuzungen von anderen Fischen; Auftreten von Veränderungen bei Nachzuchttieren, z. B. Größe, Farbe, Verkrüppelungen; ungefähre Lebensdauer. Jeder Züchter sollte vor allem die Daten in seine Kartei aufnehmen, die ihn besonders interessieren.

Das Problem der Vorratsbefruchtung

Für die Züchter von Hochzuchtformen beim Guppy, Schwertträger oder Platy kann die Vorratsbefruchtung manchmal ein Problem darstellen. Die Tatsache, daß einmal befruchtete Weibchen in der Lage sind, fast ihr ganzes Leben lang Junge zu werfen, muß von den Züchtern immer im Auge behalten werden. In den Falten der Eileiter können die Spermien über lange Zeiträume gespeichert werden. Über die Art der Speicherung ist aus der Literatur nichts Näheres bekannt. Möglicherweise ist es auch von Art zu Art unterschiedlich, ob einzelne Spermien oder Spermatophoren gespeichert werden. Vom Guppy und Schwertträger ist bekannt, daß eine einmalige Befruchtung für bis zu 10 Würfe ausreichen und einen Zeitraum von etwa 2 Jahren ausmachen kann. Trotzdem muß man befruchtete Weibchen nicht von weiteren Kreuzungen ausschließen, da von mehreren Untersuchungen bekannt ist, daß frische Spermien eine größere Befruchtungschance haben. Einige Untersucher berichten von einer gewissen Gesetzmäßigkeit in der Reihenfolge der Befruchtungen. Nach ihren Ergebnissen nimmt der Anteil der Jungfische von älteren Besamungen ständig ab, wohingegen der Anteil von Jungfischen aus jüngeren Besamungen ständig zunimmt. Beim Guppy konnte beobachtet werden, daß fast immer nur die Spermien der letzten Besamung zur Befruchtung kommen. Nur ab und zu wurden noch einige Jungfische gesehen, die aus früheren Paarungen stammen mußten. Als Faustregel mag gelten, daß befruchtete Weibchen für weitere Kreuzungen durchaus gebraucht werden können, wenn man die Nachkommen genau beobachtet. Für die Praxis lohnt es sich aber immer ein Becken mit jungfräulichen Weibchen als Reserve. Zur Regel sollte man es sich auch machen, geschlechtsreife Männchen von Jungfischen getrennt zu halten, da es schneller, als man es meist meint, zur Befruchtung junger Weibchen kommt.

Geschlechtsreife Weibchen setzen unbefruchtete Eier entweder ab oder lösen sie auf. Über ein genaues Zeitintervall, und weshalb manchmal die unbefruchteten Eier ausgestoßen oder aufgelöst werden, ist nichts Genaues bekannt.

Aufbau und Erhaltung von Zuchtstämmen

In der Zierfischzucht bedient man sich verschiedener Methoden, um bestimmte Zuchtformen zu erhalten bzw. zu verbessern. Im wesentlichen sind dies Inzucht, Linienzucht und Rückkreuzung. Bei der Inzucht unterscheidet man nach enger, mäßiger und loser Inzucht. Unter enger Inzucht versteht man Paarungen zwischen Vater und Tochter, Mutter und Sohn oder Schwester und

Bruder. Bei diesen Paarungen ist der Anteil gleicher Erbmale sehr hoch. Für die Praxis bedeutet dies, daß die Fische nicht nur gleich aussehen, sondern auch die gleichen Merkmale weiter vererben. Bei der mäßigen Inzucht verpaart man Halbgeschwister miteinander oder Basen mit Vettern. Hier ist der Anteil gleicher genetischer Merkmale herabgesetzt. Kreuzt man zwischen weitläufig verwandten Fischen, so bezeichnet man dies als lose Inzucht. Dementsprechend ist der Anteil gleicher genetischer Information hierbei noch geringer. Durch Inzucht gelingt es, Fische reinerbig zu machen. Dies kann jedoch auch negative Folgen haben, z. B. können Wirbelsäulenverkrümmungen auftreten, denn Inzucht führt allgemein bei sonst sich nicht gezielt vermehrenden Populationen zum Verlust von Vitalität und Fertilität. Daher gilt es, unter den Nachkommen eine strenge und gezielte Auslese zu treffen. Beim Guppy, Schwertträger oder Platy führt die Inzucht, das zeigen langjährige Untersuchungen, zu Hochzuchtfischen. Man kann sogar soweit gehen, zu sagen, daß eine erfolgreiche Hochzucht ohne Inzucht gar nicht möglich ist.

In der Tier- und Pflanzenzucht ist es heute üblich, nebeneinander mehrere Inzuchtstämme zu ziehen. Kreuzt man nun zwei dieser Inzuchtstämme miteinander, so kann es in der F1-Generation noch zum sog. Heterosiseffekt kommen. Heterosiseffekt bedeutet, daß es zu einer Verstärkung des gewünschten Merkmals kommt. Meist sind diese F1-Hybriden auch widerstandsfähiger gegen Krankheiten und vitaler. Man darf aber nicht vergessen, daß dieser Effekt in den folgenden Generationen wieder nachläßt. Daher lohnt es sich im allgemeinen nicht, von F1-Hybriden Nachzuchten durchzuführen. Den gleichen Effekt können wir auch bekommen, wenn wir von einem uns bekannten Züchter Fische der gleichen Zuchtform in unseren Stamm einkreuzen. Früher nannten die Züchter dies Blutauffrischung.

Die strengste Form der Inzucht wäre die Selbstbefruchtung, diese tritt aber beim Guppy, Schwertträger und Platy nicht auf. Hingewiesen sei in diesem Zusammenhang auf den Formosakärpfling (Poecilia formosa), von dem es nur Weibchen gibt, die sich gynogenetisch fortpflanzen. Bei dem Formosakärpfling handelt es sich um einen Naturbastard zwischen *P. mexicana* und *P. latipinna.* Er wurde daher auch nicht bei den Wildformen behandelt.

Wie wir schon in dem Abschnitt über die Inzucht gesehen haben, lohnt es sich, von einer Zuchtform mehrere Linien zu züchten. Am sinnvollsten geht man bei der Linienzucht wie folgt vor:

Man verpaart den ausersehenen Stammvater mit einigen seiner Töchter. Aus den Nachkommen sucht man sich soviele Paare heraus, wie man Linien anlegen möchte. Jedes Paar bildet nun die Grundlage für eine Inzuchtlinie. Die Nachkommen der einzelnen Paare werden von nun an getrennt gehalten. In den folgenden Generationen empfiehlt es sich, immer Bruder mit Schwester zu verpaaren. Aufmerksam sollte man die Entwicklung der einzelnen Linien verfolgen und dabei strengste Auslese betreiben. In den gewünschten Merkmalen dürfen die einzelnen

Linienzucht

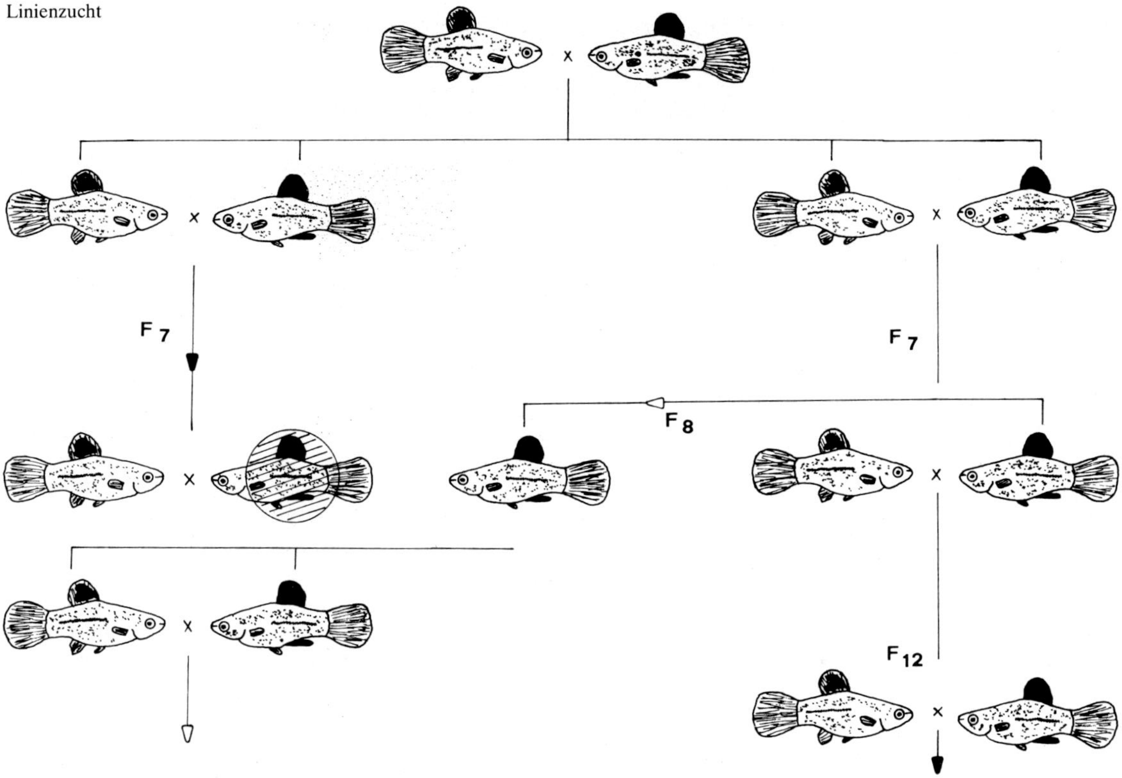

Linien auch nach mehreren Generationen noch nicht voneinander abweichen. Nach ca. 8 bis 10 Generationen kann man die verschiedenen Linien miteinander kreuzen. Aus den Kreuzungsfischen legt man eine neue Linie an, dafür kann man dann die schwächste alte Linie eingehen lassen. Um bei den Lebendgebärenden über längere Zeit Spitzentiere zu erzielen, wird man nicht umhin kommen, sich von einem Stamm mehrere Linien zuzulegen.

Zum Abschluß dieses Kapitels sei noch auf die Rückkreuzung eingegangen. Bei der Rückkreuzung werden die Nachkommen mit einem Elternteil zurückgekreuzt, also Tochter mit Vater oder Sohn mit Mutter. Sie wird hauptsächlich dann angewandt, wenn Farb- oder Formmerkmale, die nur ein Elternteil besitzt, bei den Nachkommen angereichert werden sollen. Von einzelnen Vertretern der Gattung Xiphophorus weiß man, daß sich Farbareale durch einfache Rückkreuzung steigern oder abschwächen lassen. Die intensiv rot oder schwarz gefärbten Zuchtformen bei Xiphophorus sind so entstanden. Der Anteil von reinerbigen Fischen kann erhöht werden, wenn man die mischerbigen Nachkommen mit einem reinerbigen Elter zurückkreuzt (weitere Einzelheiten s. Kapitel Vererbungslehre).

Bild 1
1. Reihe links: *X. maculatus,* Weibchen mit Farbmuster Sd
1. Reihe rechts: *X. helleri,* Männchen
2. Reihe links: 1. Nachkommengeneration (F1)
2. Reihe rechts: *X. helleri,* Männchen, Rückkreuzungspartner
3. Reihe links: tumorfreier Rückkreuzungsfisch
3. Reihe rechts: Rückkreuzungsfisch mit bösartigem Melanom
4. Reihe links: tumorfreier Rückkreuzungsfisch
4. Reihe rechts: Rückkreuzungsfisch mit gutartigem Melanom

Am Beispiel des Erbfaktors für das Färbungsmuster Spotted dorsal (Sd) soll dies demonstriert werden. Der Erbfaktor Sd ist für einen oder auch mehrere schwarze Flecken in der Rückenflosse von *Xiphophorus maculatus* verantwortlich. Dieses Farbmuster kommt in einigen Populationen von *X. maculatus* vor. Kreuzt man nun einen *X. maculatus* mit dem Farbmuster Sd mit einem Schwertträger, der dieses Muster nicht trägt, so erhält man in der F1 Fische, bei denen diese schwarzen Flecke deutlich vergrößert sind und sich zusätzlich auch noch auf den Körper ausdehnen. Werden diese F1-Fische nun wieder mit einem Schwertträger gekreuzt, so erhält man die unterschiedlichsten Fische. In dieser sog. F2R finden sich jetzt Fische, die keine schwarzen Flecken aufweisen, solche, die eine weitere Steigerung der schwarzen Pigmentierung erfahren haben, jedoch noch ohne Tumorbildung, und solche, die ein bösartiges Melanom ausbilden. Der Ausprägungsgrad des Melanoms kann sehr unterschiedlich sein. Einige Fische versterben bereits nach einigen Monaten, andere können die Geschlechtsreife erlangen und sich sogar fortpflanzen.

Kreuzt man nun diese tumortragenden Fische mit *X. maculatus* ohne Farbmuster zurück, so ergibt sich folgendes Bild: In der F1 wird die starke Pigmentierung zurückgedrängt, das Melanom ist nicht mehr bösartig. Werden diese Fische erneut mit einem *X. maculatus* ohne Sd gekreuzt, so erfolgt eine weitere Reduzierung der Pigmentierung. In dieser F2R sehen die Fische wieder wie normale *X. maculatus* mit dem Farbmuster Sd aus.

Bild 2
1. Reihe links: Rückkreuzungsfisch mit bösartigem Melanom
1. Reihe rechts: *X. maculatus,* Männchen ohne Sd
2. Reihe links: 1. Nachkommengeneration (F1) mit gutartigem Melanom
2. Reihe rechts: *X. maculatus*, Männchen ohne Farbmuster Sd, Rückkreuzungspartner
3. und 4. Reihe: 1. Rückkreuzungsgeneration mit Farbmuster Sd, keine Melanome

Xiphophorus – Zuchtformen

Die heute in den Aquarien gehaltenen Zuchtformen gehen fast ausschließlich auf Kreuzungen zwischen drei Arten zurück. Es sind dies *Xiphophorus helleri, Xiphophorus variatus* und *Xiphophorus maculatus*. Vereinzelt werden und wurden auch andere Vertreter der Gattung zum Einkreuzen herangezogen. Es ist nicht immer ganz einfach, die reinen Arten miteinander zu kreuzen. Die künstliche Befruchtung ist daher heute die Technik, die in der wissenschaftlichen Aquaristik zur Bastardierung bevorzugt wird. Im wesentlichen haben zwei Gründe dazu geführt, daß in einer relativ kurzen Zeit soviele Zuchtformen in der Gattung *Xiphophorus* entstanden sind:

1. Durch Bastardierung werden die Farbmuster der Eltern stark verändert. In den Nachkommen werden die Farbareale meist vergrößert und die Farben intensiviert. Bei bestimmten Kreuzungen kann dies soweit führen, daß es zu tumorartigen Wucherungen, z. B. Melanomen, kommt.

2. Die *Xiphophorus*-Bastarde sind in der Regel voll fruchtbar, so daß man sie wieder untereinander kreuzen kann. Damit erreicht man in wenigen Generationen ein weites Spektrum an Formen und Farben. Die Festigung einer bestimmten Zuchtform bedarf dann nur noch einer strengen Auslese, und nach ca. 5 bis 6 Generationen hat man einen in sich weitgehend gefestigten Stamm. Eine solche Fruchtbarkeit zwischen Artbastarden ist sonst im Tierreich nur sehr selten zu beobachten. Beim Guppy ist z. B. nichts über fruchtbare Artbastarde bekannt (Näheres im Kapitel über Artbastarde beim Guppy).

In der freien Natur wurden bislang nur wenige *Xiphophorus*-Bastarde gefangen, auch wenn mehrere Arten im gleichen Fluß oder Teich zu finden sind. Die einzelnen Arten bevorzugen hier meist unterschiedliche Lebensräume. Die eine Art lebt hauptsächlich an den tieferen Stellen des Flusses oder Sees, während die andere Art sich in den seichteren Uferzonen aufhält. Neben solchen natürlichen Barrieren finden sich auch physiologische und verhaltungsbedingte Schranken. Bei der Befruchtung wird das arteigene Sperma dem artfremden Sperma vorgezogen. Im Paarungsverhalten gibt es angeborene artspezifische Balzmuster, die eine Fremdbefruchtung weitgehend ausschließen. Kommt es trotz der aufgezeigten Schwierigkeiten in der freien Natur zu Hybriden, so haben es diese aufgrund der Unterschiede in ihrem Äußeren und ihrem Verhalten schwer, sich in die reinen Arten zu integrieren. Aus Versuchen im Aquarium weiß man, daß Bastarde in ihrem Verhalten teilweise gestört sind, daß die Geschlechtsreife später einsetzt und daß ihre Lebenserwartung deutlich erhöht ist. Unter Aquarienbedingungen kommt es relativ häufig zu Hybriden, wenn man den Fischen keine Wahlmöglichkeiten gibt. Die engen Verhältnisse lassen den Weibchen wenig Fluchtmöglichkeiten, und die triebgestauten Männchen verpaaren sich dann auch mit artfremden Weibchen. Untereinander lassen sich die Bastarde dann ohne besondere Schwierigkeiten weiterzüchten.

Die Standardzuchtformen von Schwertträger und Platy

Im folgenden sollen verschiedene Zuchtformen der Schwertträger und Platys vorgestellt werden. Man kann sie als Standardformen bezeichnen, da sich zahlreiche Aquarianer in der ganzen Welt bemühen, die vielen Spielarten zu erhalten und weiter zu entwickeln. Auf nationaler und internationaler Ebene treten die einzelnen Züchter in Ausstellungen mit ihren besten Fischen gegeneinander an. Neben dem Guppy läßt sich mit dem Schwertträger und Platy bestens experimentieren. Durch Artkreuzungen und Selektion erhält man rasch farbenprächtige und auch erbfeste Stämme.

Eine erste Einteilung erfolgt nach der Körperform. Hier kann man grundsätzlich 3 Typen unterscheiden:

1. den Typ Helleri,
2. den Typ Variatus und
3. den Typ Maculatus.

Diese Einteilung soll Verwechslungen mit den reinen Wildtypen vorbeugen. Zuchtformen stellen niemals eigenständige Arten oder Unterarten dar. Im Rahmen dieses Buches ist es nicht möglich, auf alle bekannten Zuchtformen einzugehen. Die wichtigsten und wesentlichsten Formen werden in Wort und Bild vorgestellt. Wie vielfältig das Bild der Schwertträger und Platys ist, läßt sich am besten auf internationalen Ausstellungen zeigen. Wem sich die Gelegenheit zum Besuch einer solchen Ausstellung bietet, sollte diese auch wahrnehmen, denn Bilder können einen Fisch nur unvollständig wiedergeben. Sehr lohnend ist auch der Besuch eines Züchters. Neben der praktischen Anschauung, bekommt man hier auch oft Fische zu sehen, an deren Standardform noch gezüchtet wird.

Die einzelnen Zuchtformen werden in alphabetischer Reihenfolge vorgestellt, wobei in einigen Fällen mehrere Typen zusammengefaßt werden, wie z. B. beim Albino. Gerade bei den Schwertträgern und Platys stellen verschiedene Schwarzfaktoren für den Züchter ein Problem dar. Durch bösartige Wucherungen, sog. Melanome, können bestimmte Kreuzungen nur bedingt oder auch gar nicht durchgeführt werden.

Bewertungsrichtlinien für die Xiphophorus-Zuchtformen

Um die einzelnen Spielarten auf Ausstellungen bewerten zu können, sind bestimmte Richtlinien aufgestellt worden. Neben anderen Vereinigungen ist die Deutsche Gesellschaft für lebendgebärende Zahnkarpfen bemüht, Standardformen zu entwickeln, um einen Überblick über die gezüchteten Xiphophorus-Varianten zu behalten. Die Bewertungsrichtlinien werden dem jeweiligen Entwicklungsstand in den einzelnen Zuchtrichtungen angepaßt.

Von der Körperform teilt man die *Xiphophorus*-Zuchtformen in die gleichen drei Gruppen wie oben angeführt.

Typ = Helleri

Diese Fische sollen in ihrer Körperform, Größe und ihrem Schwert der Wildform *Xiphophorus helleri* möglichst nahe kommen.

Größe ohne Schwert:
beim Weibchen 7 bis 9 cm
beim Männchen 6 bis 8 cm

Körpergrundfarben:
Grün, Rot, Albino und Golden. Die drei letzten Farben lassen noch eine Unterscheidung in sog. Farbklassen zu. Der schwarze Farbton ist keine Grundfarbe, sondern er entspricht einer Deckfarbe.

Farbmuster:
Sämtliche Farbmuster sollen möglichst intensiv sein. Die Zeichnungsmuster dürfen nicht ineinander verlaufen, sondern sollen klar gegeneinander abgesetzt sein. Zeichnungen im Schwanzstiel oder in der Schwanzflosse sind nicht erwünscht.

Flossenfarben:
Schwarz, Rot, Gelb und Farblos.

Wagtail-Faktor, die einzelnen Flossenstrahlen sind schwarz gefärbt.

Arnold-Faktor, die Räume zwischen den Flossenstrahlen sind schwarz gefärbt.

Die Färbung der Flossen sollte möglichst gleichmäßig und intensiv sein. Durch Kombination von Wagtail- und Arnold-Faktor erhält man völlig schwarz gezeichnete Flossen. Die Schwerter der Männchen können schwarz umrandet sein.

Flossenform:
1. Normalflosser
2. Hochflosser (Fahnenform; Schleierform)
3. Lyraflosser

ad 1)
Der Normalflosser sollte in seinen Flossenformen beim Männchen auch in der Schwertgröße mit der Wildform von *X. helleri* identisch sein.

ad 2)
Bei den Hochflossern unterscheiden wir zwei Typen. Alle Flossenstrahlen der Rückenflosse sind bei der Fahnenform um das

3–4fache verlängert. Die Breite der Flosse sollte oben und unten möglichst gleich und der Abschluß gerade sein. Bei den Männchen ist die Flosse oft höher als bei den Weibchen. Eine 6–8fache Verlängerung der Rückenflossenstrahlen findet sich bei der Schleierform. Im Gegensatz zur Fahne wird der Schleier nicht ganz aufgerichtet. Der obere Flossenrand ist breiter als die Flossenbasis. Die Rückenflosse ist bei den Weibchen und Männchen ungefähr gleich groß.

ad 3)

Die ersten 2–3 Flossenstrahlen der Rückenflosse sollen lang ausgezogen sein. Die folgenden Flossenstrahlen nehmen gleichmäßig bis zur Normallänge ab. Bei der Schwanzflosse sollen die oberen und unteren Flossenstrahlen gleich lang ausgezogen sein. Die Männchen der Lyraform können in zwei Klassen unterteilt sein, in einen Typ mit Ausprägung eines Schwertes und in einen Typ ohne Schwert.

Typ = Variatus

Diese Standardformen sollen in ihrer Körperform und Größe der Wildform *Xiphophorus variatus* ähnlich sehen.

Gesamtlänge:

Weibchen 4–6 cm
Männchen 4–5 cm

Körpergrundfarben:

Wildfarben, Rot, Albino und Golden.

Farbmuster:

Die Farben sollen möglichst intensiv sein. Die Zeichnungsmuster müssen deutlich gegeneinander abgesetzt sein. Beim Papageien-Variatus dagegen sollen die Farbmuster möglichst ineinander verlaufen.
Zeichnungen im Schwanzstiel sind erwünscht.

Flossenfarben:

Schwarz, Rot, Gelb oder Farblos, sonst auch wie beim Typ Helleri.

Flossenform:

1. Normalflosser
2. Hochflosser (Fahnenform, Schleierform)
3. Pinsel- und Spitzschwanzform
4. Lyraflosser

ad 1)

Der Normalflosser sollte in seinen Flossenformen der Wildform *X. variatus* entsprechen. Ein Schwertansatz darf nicht sichtbar sein.

ad 2)

Bei der Fahnenform sind alle Flossenstrahlen der Rückenflosse um das 2–3 fache, bei der Schleierform um das 3–4 fache verlängert. Der Abschluß der Hochflosse sollte möglichst gerade sein. Zugelassen sind aber auch Fische, vor allem Weibchen, bei denen der vordere Flossenstrahl eine ausgezogene Spitze darstellt.

ad 3)

Beim Pinselschwanz sind die mittleren Flossenstrahlen der Schwanzflosse um das ca. 2fache verlängert und verlaufen annähernd geradlinig. Beim Spitzschwanz sind auch die mittleren Flossenstrahlen wieder um das 2fache verlängert, doch laufen sie jetzt spitz aufeinander. Die Schwanzflosse gleicht einer Speerspitze. Die Ausprägung der beiden Schwanzformen ist in beiden Geschlechtern gleich.

ad 4)

Gleicht im Aussehen dem Typ Helleri, jedoch ohne Andeutung eines Schwertes im männlichen Geschlecht.

Typ = Maculatus

Die Standardformen sollen in der Körperform und Größe möglichst der Wildform *Xiphophorus maculatus* entsprechen.

Gesamtlänge:

Weibchen 4–5 cm
Männchen 3–4 cm

Körpergrundfarben:

Wildfarben, Rot, Albino und Golden.

Farbmuster:

Die Farbmuster sollen intensiv sein, die Zeichnungen dürfen nicht ineinander verlaufen. Der Schwanzstiel darf Muster aufweisen.

Flossenfarben:

Wie beim Typ Helleri

Flossenform:

1. Normalflosser
2. Hochflosser (Fahnenform)
3. Pinsel- und Spitzschwanzflosser
4. Lyraflosser

ad 1)

Sollte in seiner Flossenform dem Wildtyp *X. maculatus* entsprechen.

ad 2)

Nur die Fahnenform ist erwünscht, sonst s. Typ Variatus.

ad 3) und 4)

Entsprechend dem Typ Variatus.

Bewertungsschema für Xiphophorus-Zuchtformen

Farbverteilung/-intensität	bis 20 Punkte	
Körperform/-größe	bis 15 Punkte	30 Punkte
Flossenform	bis 15 Punkte	
Partnergleichheit	bis 10 Punkte	
Vitalität	bis 20 Punkte	
Züchterische Leistung	bis 20 Punkte	
Gesamt	100 Punkte	

Bewertungsschema für Xiphophorus-Wildformen

Farbverteilung/-intensität	bis 20 Punkte	
Körperform/-größe	bis 15 Punkte	30 Punkte
Flossenform	bis 15 Punkte	
Vitalität	bis 25 Punkte	
vom Aussterben bedroht	bis 25 Punkte	
Gesamt	100 Punkte	

Dieses Schema stellt nur eine Möglichkeit für die Beurteilung der ausgestellten Fische dar. Die einzelnen Bewertungsmerkmale unterliegen sehr stark subjektiven Eindrücken, so daß möglichst viele Punktrichter eine Bewertung vornehmen sollten. Bei diesem Schema verteilen sich die Punkte ungefähr gleichmäßig auf die einzelnen Merkmale, so daß sog. Luxuszüchtungen weitestgehend ausgeschlossen werden können.

Flossenveränderungen

Bei den Xiphophorinen finden sich auch zahlreiche Zuchtformen mit auffälligen Flossen. Durch die vielen Kreuzungen untereinander ist es, ähnlich wie bei den Farben und Zeichnungsmu-

X. variatus, Hochflosser

X. variatus, Hochflosser

stern, zu einer nicht mehr leicht über- und durchschaubaren Vielfalt gekommen. Im Aquarienhandel erfreuen sich die Spielarten mit vergrößerten Flossen großer Beliebtheit. Der Simpson-Schwertträger, benannt nach seiner Züchterin, Frau Simpson, weist eine stark vergrößerte Rückenflosse auf. Durch Selektion und Weiterentwicklung sind Fische gezogen worden, deren Rückenflossen mehr als 30 cm^2 aufweisen.

SCHRÖDER hat sich 1965 mit dem Erbgang des Simpsonfaktors befaßt. Nach SCHRÖDER beruht die Vergrößerung nicht auf einer Vermehrung der Flossenstrahlen, sondern auf einer stärkeren Verzweigung. Im aufgerichteten Zustand kann die Schleierform die 5fache Höhe einer normalen Rückenflosse erreichen.

Bei Neugeborenen ist eine Unterscheidung zwischen Hochflossern und Normalflossern nicht möglich. Nach frühestens 2 bis 3 Wochen verlängert sich zuerst der 3. Rückenflossenstrahl, während die restlichen Flossenstrahlen erst ab der 6. Woche damit beginnen. Nach der Geschlechtsreife lassen sich die Weibchen und Männchen auch am Umriß ihrer Rückenflosse unterscheiden. Diese Differenzierung scheint auf den Einfluß von Sexualhormonen zurückzuführen sein. Bei der Paarung von Simpsonhelleris mit *X. maculatus* treten Fische auf, die sich zusätzlich noch durch eine verlängerte Afterflosse auszeichnen. Mit großer Wahrscheinlichkeit leitet sich aus dieser Kreuzungskombination der Lyraschwanz ab. Aufgrund der abnormen Vergrößerung des männlichen Begattungsorgans (Gonopodium) sind diese Männ-

Schwarzer Schwertträger mit Lyrafaktor

chen nicht mehr in der Lage, sich fortzupflanzen und würden in der freien Natur wieder aussterben. Im Aquarium kann man diese Spielart entweder durch künstliche Befruchtung oder durch Paarung von Lyraweibchen mit normalen Männchen weiterzüchten. Der Anteil von Lyrafischen beträgt dann meist jedoch nur ca. 50%, da es laut Literatur keine reinerbigen Lyrafische geben soll. Aus eigener Erfahrung können wir aber berichten, daß einige Weibchen nur Nachkommen mit dem Lyrafaktor hatten. Das letzte Wort über die Vererbung des Lyrafaktors scheint damit noch nicht gesprochen zu sein. In den letzten Jahren entstanden in der Liebhaberzucht bei den Xiphophorinen noch zwei weitere Schwanzformen, der Spitz- und der Pinselschwanz. Bei ihnen sind die mittleren Flossenstrahlen der Schwanz- und Brustflossen um das ca. 2fache verlängert. Die Genetik dieser Formen ist bisher noch nicht eindeutig geklärt, sie soll dem Schema des Simpsonfaktors folgen. 1965 berichtete SCHRÖDER über Besonderheiten bei der Vererbung des Simpsonfaktors. Bei der Paarung Simpson × Normalflosser erhielt er mehr Normalflosser als Simpson und bei der Paarung Simpson × Simpson ein Zahlenverhältnis von 2 Simpson zu einem Normalflosser. Schröder schloß hieraus, daß es im Falle des Simpsonfaktors zu Unverträglichkeiten (Inkompatibilität) der Keimzellen kommt. Durch Fehlen oder unzureichende Mengen an bestimmten Sexual-Lockstoffen können nach Schröder's Vermutung Simpson-Eizellen nicht von Simpson-Spermien befruchtet werden. Reinerbige Simpson sollen daher nicht möglich sein. Da

Grüner Schwertträger mit Lyrafaktor

auch hier von verschiedenen Züchtern andere Angaben gemacht werden, ist die Vererbung des Simpsonfaktors möglicherweise komplexer. Art- und geschlechtsspezifische Faktoren können hierbei eine wichtige Rolle spielen.

Die Zahlenverhältnisse beim Spitz- und Pinselschwanz liegen etwas günstiger. Bei der Paarung Spitzschwanz × Spitzschwanz oder Pinselschwanz × Pinselschwanz erhält man 5 Spitz- oder Pinselschwänze zu einem Normalschwanz. Aus diesen Zahlen

Roter Lyratail Schwertträger

X. maculatus
Golden Wagtail ♀

X. maculatus, Pinselschwanz ▶

Simpson-Korallenplaty

Simpson-Tuxedoplaty

kann man jedoch schließen, daß reinerbige Spitz- und Pinselschwanzfische möglich sind.

Beide Schwanzformen sind bisher vorrangig bei den Typen Variatus und Maculatus zu beobachten.

Da sich die einzelnen Flossenformen in fast allen Fällen noch kombinieren lassen, ist in den nächsten Jahren mit weiteren Flossenspielarten zu rechnen. Die im Aquarienhandel angebotenen Fische stellen meist sowieso schon ein Sammelsurium der verschiedensten Formen dar. Jeder verantwortungsbewußte Aquarianer sollte sich und anderen klar machen, daß solche Fische im Anfängeraquarium nichts zu suchen haben. Neben der eingeschränkten Schwimmfähigkeit sind sie auch sehr anfällig für Krankheiten, besonders Ektoparasiten.

Zuchtformen von *Xiphophorus helleri* (Standards)

Albinos

Albinotische Tiere sind durch das Fehlen von schwarzen Körperpigmenten gekennzeichnet. Typisch für den Albino sind die roten Augen. Das Rot der Augen beruht auf dem Durchscheinen des Blutes, und nicht, wie man vielleicht annehmen möchte, auf einem Farbstoff. Da es sich hierbei um ein vererbbares Merkmal handelt, kann es in die einzelnen Zuchtformen eingekreuzt werden. Anfang der dreißiger Jahre traten in Deutschland und auch in den USA die ersten albinotischen Schwertträger auf. Beim Typ Helleri kennen wir weiße, rote und gelbliche Albinos. Die attraktivste Spielart sind die Roten, bei denen der Rotton besonders sauber erscheint. Durch Einkreuzung in *X. variatus* und *X. maculatus* finden wir auch hier Albinos.

Alle Albinos stellen an den Züchter besondere Ansprüche. Vitalität und Fertilität sind bei ihnen reduziert. Durch das Fehlen der schwarzen Pigmente im Auge sind sie gegen Licht empfindlich und sehen schlechter, dadurch wird die Nahrungssuche erschwert. Für die Praxis empfiehlt sich daher ein nicht zu heller Standort und Hälterung unter ihresgleichen. Sollten Schwierigkeiten in der Zucht auftreten, muß man rasch auf Halbalbinos umstellen (Näheres s. Kapitel Vererbungslehre). Die Vererbung des Albinogens erfolgt unabhängig von den Erbfaktoren, die für die Flossenform verantwortlich sind.

Albino-Helleri

Xiphophorus helleri.
Zuchtform Berliner Kreuzung.

Berliner Kreuzung

Diese ansprechende Kreuzung wurde 1916 erstmals in der aquaristischen Literatur erwähnt. Der rote Körper, die Rücken- und die Schwanzflosse sind mit zahlreichen dunklen Flecken übersät. Die einzelnen Flecken sollten sich gut voneinander absetzen und eine runde bis ovale Form auf dem Körper und eine kommastrichartige Form auf den Flossen aufweisen. Das Schwert der Männchen sollte in der Länge 3 bis 4,5 cm erreichen und entweder ganz schwarz oder nur schwarz umrandet sein.

Berliner Schwertträger lassen sich aus verschiedenen Kreuzungen herauszüchten. Nur einige Kombinationsmöglichkeiten sollen hier erwähnt werden:

1. grüner schwarz gefleckter *X. helleri* × rote Zuchtform von *X. helleri,*
2. schwarz gefleckter *X. helleri* × rote Zuchtform von *X. maculatus,*
3. schwarz gefleckter *X. maculatus* × rote Zuchtform von *X. helleri.*

Bei der zuletzt genannten Kreuzung ist Vorsicht geboten, da ein hoher Prozentsatz der Nachkommen Melanome entwickelt. In der Liebhaber-Literatur wurde verschiedentlich über Wildformen berichtet, die im Aussehen der Berliner-Kreuzung gleichen. Gesicherte Nachweise von schwarz gefleckten roten *X. helleri* konnte Wischnath vor einigen Jahren erbringen. Er fing diese hübsche Wildform im Rio Atoyac und im Rio Playa Vicente in Mexiko. Durch Einkreuzen in die Zuchtform ist mit einer Verbesserung zu rechnen.

Frankfurter Kreuzung

Bei der Frankfurter-Kreuzung, wie auch bei einigen anderen, gibt es mehrere Möglichkeiten, um ans Ziel zu kommen. Die Frankfurter Kreuzung läuft im englischen Sprachraum unter der Bezeichnung "Red Jet Swordtail". Diese rot-schwarzen Helleri wurden 1929 in der „Wochenschrift für Aquarien- und Terrarienkunde" als Kreuzung zwischen einem roten Männchen von *X. maculatus* und einem gefleckten grünen Weibchen von *X. helleri* beschrieben. Durch ständige Auslese der Nachzuchten ist es dann zu dieser Spielart gekommen.

Der amerikanische Ichthyologe und Genetiker MYRON GORDON gibt 1956 in der Zeitschrift Tropical Fish Hobbyist einen weiteren Kreuzungsvorschlag. Nach seiner Vorstellung sollte ein rotes *X. helleri* Weibchen mit einem *X. cortezi* Männchen gekreuzt werden. Bei dieser rot-schwarzen Farbvariante ist der hintere Körperabschnitt einschließlich Schwanzflosse und Schwert schwarz, während der vordere Körperteil sowie die übrigen Flossen eine intensive Rotfärbung zeigen. Wie viele andere Zuchtformen ist auch diese fast gänzlich aus den Aquarien der Liebhaber verschwunden.

Die rot-schwarzen Frankfurter- und Wiesbadener Kreuzungen lassen sich nicht *reinerbig* ziehen, da es sich bei den Grundfarben Grün und Rot um Allele handelt. Kreuzt man sie untereinander, so erhält man ca. 50% der gewünschten Fische.

Der goldene Schwertträger

WOLF und ANDERS schreiben 1975:

„Es ist unsicher, ob der Goldhelleri durch eine Mutation in *Xiphophorus helleri* entstanden ist, oder durch Kreuzung mit dem Goldplaty."

Die Körperfarben des Goldhelleri reichen von einem blassen Gelb bis zu einem intensiven Goldgelb. Sämtliche Flossen sind

Goldhelleri

gelb getönt, und das Schwert der Männchen ist vornehmlich unten schwarz eingefaßt. In der Körpermitte kann ein rötlicher Längsstrich zu beobachten sein. Die Goldfärbung kommt durch eine starke Verminderung des Melanins zustande.

Eine neue Farbspielart des Goldhelleri, der sog. Marigoldhelleri, ist erst in den letzten Jahren entstanden. Die Schwanzflosse, einschließlich Schwert, mit ihrem intensiven Rot steht in einem harmonischen Kontrast zu dem gelben Körper. Der Marigoldhelleri darf als einer der schönsten Schwertträger gelten. Unbekannt ist, wem die Züchtung dieser attraktiven Form erstmals gelang. Es wird angenommen, daß Goldhelleri und Rotschwanzvariatus zu den Ausgangsfischen gerechnet werden müssen. Die Zucht der goldenen Xiphophorus ist nicht ganz einfach. Die Fische sind sehr anfällig und sollten bei einer Wassertemperatur von 27 bis 28° C gehalten werden. Wurfzahlen von 25 gelten schon als sehr hoch.

Hamburger Kreuzung

Die Hamburger Kreuzung ist auch als Schwarzer Helleri bekannt. Die Körperfarben der Hamburger Kreuzung sind tief blauschwarz mit grünlich funkelnden Schuppenrändern. Die Brust ist oft hell, während die Schnauzenspitze meist rosafarben erscheint. Sämtliche Flossen können, müssen aber nicht durchsichtig sein. Dem Hamburger Züchter W. HOFFMANN (1912) wird die Schaffung dieser wunderschönen Farbform zugeschrieben. Ob allerdings das Zuchtrezept der Wahrheit entspricht, darauf soll nicht weiter eingegangen werden.

Wir wissen heute, daß es recht einfach ist, Schwarze Helleris zu züchten. Voraussetzung ist jedoch, daß man die richtigen Wildformen benutzt. Für das Zustandekommen der Hamburger Kreuzung ist das Farbgen nigra von *X. maculatus* besonders wichtig. Bereits in der ersten Generation erhält man bei Kreuzung von *X. maculatus* mit dem Farbmuster nigra und einer beliebigen Population von *X. helleri* brauchbare Fische.

Xiphophorus helleri.
Hamburger Kreuzung.

Der rote Schwertträger

Der rote Schwertträger ist wohl die einzige Standardform, die stets im Zoohandel erworben werden kann. Rot ist jedoch nicht rot, heute können mehrere Farbklassen wie neurot, deckrot, korallenrot und neonrot unterschieden werden. Alle diese roten Schwertträger dürften aus Kreuzungen mit roten Rassen von *X. maculatus* hervorgegangen sein. 1980 wurden zum ersten Mal auch in freier Natur rote *X. helleri* gefangen. Neben dem Körper sollten auch die Flossen im gleichen Farbton gefärbt sein.

Rote Schwertträger

Der Wagtail-Schwertträger bzw. Arnold-Faktor

Das Wagtail-Muster hielt ca. um 1940 Einzug in die Zuchtformen von Xiphophorus. MYRON GORDON vom New Yorker Aquarium kreuzte hierzu einen wilden *X. maculatus* mit Kometmuster mit einem Goldplaty. Die Wagtail-Zeichnung konnte in den folgenden Jahren auch auf die anderen beiden Zuchttypen Variatus und Helleri übertragen werden und stellt heute die häufigste Flossenzeichnung dar. Die Strahlen sämtlicher Flossen sind schwarz gefärbt, während die Zwischenräume weitgehend frei von Melanin bleiben. Typisch für das Vorhandensein des Wagtail-Musters ist die zusätzliche Schwarzfärbung des Ober- und Unterkiefers. Besonders kontrastreich ist der rote Wagtail-Schwertträger.

Das Wagtail-Muster darf nicht mit dem Arnold-Faktor verwechselt werden. Auch hier sind die Flossen schwarz, doch sind es nach BREIDER und MOMBOUR (1950) die Zwischenräume der Flossenstrahlen, die schwarz pigmentiert sind. Von RIECHERS in Hamburg gezüchtet, gelangten 1936 die ersten schwarzflossigen Helleris in die USA. 1937 beschrieb ARNOLD diese Fische in der „Wochenschrift für Aquarien- und Terrarienkunde“. Der Arnold-Faktor ist bereits bei einen Tag alten Fischen zu erkennen. Es zeigen sich 3–5 schwarze Punkte im

Das Zeichnungsmuster beim Wagtail-Schwertträger ist wie beim Wagtail-Platy, Seite 452

Schwanzstiel, und die Rückenflosse besitzt ebenfalls schon Melanin. Mit zunehmendem Alter verstärkt sich die Schwarzfärbung. Beim Wagtail-Muster ist die schwarze Ausfärbung der Flossen nach 2–3 Wochen abgeschlossen. In der freien Natur konnte bisher keines der beiden Muster beobachtet werden.

Wiesbadener Kreuzung

Die Schwertträger der Wiesbadener Kreuzung sind besser bekannt unter der Bezeichnung Halbschwarzer Helleri. BREIDER und MOMBOUR stellten diesen Kreuzungstyp 1937 in der „Wochenschrift für Aquarien- und Terrarienkunde" vor. In mehrjähriger Zuchtauslese entwickelte MOMBOUR gleich 2 Spielarten dieser Farbvarietät. Bei beiden Farbformen ist die untere Körperpartie tiefschwarz, während die obere Körperpartie bei der einen Form graugrün und der anderen intensiv rot ist. Stammväter der Wiesbadener Kreuzung waren 2 *X. helleri*-Männchen, die in der unteren Körperhälfte schwarze Punkte aufwiesen. Durch Kreuzung mit grünen und roten *X. helleri* Weibchen kam es zu den eben erwähnten 2 Spielarten. Bemerkenswert ist, daß die grüne Form reinerbig gezogen werden kann, während die rote Variante sich immer als spalterbig erweist. Nach BREIDER und MOMBOUR ist dies so zu erklären, daß es sich bei dem Halbschwarz-(= Seminigra-)Faktor und dem Rotfaktor um Allele handelt. Kreuzt man daher die schwarzroten Helleris untereinander, so erhält man:

50% spalterbige Schwarzrote,
25% reinerbige Schwarzgrüne und
25% reinerbige Rote.

Xiphophorus helleri,
Wiesbadener Kreuzung.

Zuchtformen von Xiphophorus variatus (Standards)

Marigold Variatus ♂

Der Goldvariatus; Gelbroter Variatus

Beim Variatus können wir eine Reihe gelber Spielarten beobachten. Meist ist das Gelb mit Rot kombiniert. Der Dotterblumenvariatus und der Marigoldvariatus erfreuen sich besonderer Beliebtheit. Beide sind erst in den letzten Jahren herausgezüchtet worden.

Wiederholtes Einkreuzen von *X. variatus* in den Goldhelleri dürfte zu diesen schönen Farbrassen geführt haben. Beim Dotterblumenvariatus sind Weibchen und Männchen gleich gefärbt, beim Marigoldvariatus sind die Weibchen rein gelb.

Gelbrote Variatus sind schon seit Anfang der 30er Jahre aus der Wildform herausgezüchtet worden. Da die Männchen sehr stark variieren, ließ sich sehr gut mit ihnen experimentieren. In einzelne Stämme der gelbroten Variatus wurde auch die Hochflosse eingekreuzt.

Der Hawaiivariatus

Der Hawaiivariatus ist auch bekannt als Schwarzer Variatus. In der Deutschen Aquarien- und Terrarienzeitschrift von 1949 stellte MOMBOUR diese interessante Züchtung vor. Dem Wiesbadener Züchter WROBEL gelang es durch planmäßige Kreuzungen und Selektion einen Schwarzen Variatus zu züchten. Nach Angaben von MOMBOUR soll es sich bei dem Schwarzfaktor um das Gen Fuliginosus vom *X. maculatus* handeln. Durch mehrmalige Rückkreuzung konnte dieses Gen des Rußplaty auf den wildfarbenen Variatus übertragen werden. Nach 1960 ist die schwarze Zuchtform weiter verändert worden und trägt heute den Namen Hawaiivariatus. Dem Hawaiivariatus ist eine knallig rote Schwanzflosse und eine gelb gefärbte Rückenflosse zu eigen. Der Körper ist schwarz gefärbt, die Bauchseite hell. Für die Erhaltung und Weiterzüchtung dieser

Gelbroter Variatus

Hawaiivariatus

Tuxedoplaty

wunderschönen Variante hat sich besonders der Frankfurter Züchter KLEIN verdient gemacht. Interessant ist, daß das Gen Fuliginosus im Typ des Variatus anscheinend vor einer bösartigen Entartung geschützt ist. Bisher konnte keine Tumorbildung festgestellt werden. Trotzdem erweist sich die Zucht des Hawaiivariatus in vielen Fällen als nicht ganz einfach. Eine kühlere Haltung scheint das Wohlbefinden der Tiere zu fördern. Die schönsten Männchen werden meistens nach einem Jahr erst geschlechtsreif und sind erst nach 2 Jahren ausgefärbt. Besonders imposant erscheint der Hawaiivariatus mit Hochflosse.

Der Papageienvariatus

Bei dem Papageienvariatus handelt es sich um einen farbenprächtigen Fisch. Beinahe in allen denkbaren Farbkompositionen ist er zu sehen. Je farbiger umso höher sind die Punktzahlen bei den Bewertungsschauen. Drei Farben sollten mindestens auf dem Körper zu beobachten sein. Besonders auffallend sind schwarz gefleckte Fische mit blau und rot irisierenden Schuppenkleidern in der mittleren Körperpartie.

Papageienvariatus

Der Tuxedovariatus

In den letzten Jahren sind zahlreiche Zuchtformen unter der Bezeichnung Tuxedo im Zoohandel erschienen. Für die Tuxedo-Färbung ist charakteristisch, daß sie sich flächendeckend auf den Körpermitten ausdehnt. Die schwarze Pigmentierung scheint sowohl von der Hamburger- als auch Wiesbadener Kreuzung ableitbar zu sein. Der übrige Körper kann grün, gelb oder rot gefärbt sein. Rücken- und Schwanzflosse sind meist rot getönt, aber auch Fische mit schwarzen Flossen (Arnold-Faktor?) sind schon gezüchtet worden. Ob er sich als Standard durchsetzen kann, bleibt abzuwarten. Auch Tuxedo ähnliche Maculatus und Helleri sind in jüngster Zeit bekannt geworden.

X. maculatus, Tuxedo mit Pinselschwanz

Zuchtformen von Xiphophorus maculatus (Standards)

Der Blutendes Herz-Platy

Im Gebiet des Rio Jamapa in der Nähe von Veracruz in Mexiko sammelte GORDON 1939 einen *X. maculatus* mit roter Kehle. Diesem Farbmuster gab er den Namen Ruby-throat. Die gleiche Farbvariante konnte HNILICKA 1981 im Rio Papaloapan fangen. In der Zeitschrift "Animal Kingdom" von 1951 beschreibt dann GORDON, wie der Blutendes Herz-Platy von ihm herausgezüchtet wurde. Er stellt eine Kombination aus einer Zucht- und einer Wildform dar. Die Zuchtform ist der sog. weiße Geisterplaty, die Wildform der *X. maculatus* mit Ruby-throat. Die ersten Blutendes Herz-Platys wurden 1948 im Aquarium des New Yorker Zoos ausgestellt. 1949 gelangten sie nach Deutschland.

X. maculatus, „Blutendes Herz“

Schon GORDON bedauerte es, daß nur die Männchen die Musterung zeigten, und meinte, daß es nur eine Frage der Zeit wäre, bis auch die Weibchen dieses Muster, des wie aus Wunden herabfließenden Blutes, trügen. Durch Paarung mit südlichen Stämmen von *X. maculatus,* z. B. Populationen aus dem Belize River, wäre dies durchaus denkbar. Für einen engagierten Züchter böte sich hier, da die Blutendes Herz-Platys fast schon wieder aus den Aquarien verschwunden sind, eine reizvolle Aufgabe. Es gibt eine Reihe weiterer dekorativer Spielarten, die nach ihrem Äußeren vom Blutendes Herz-Platy abstammen könnten.

Der Goldmaculatus = Goldplaty

Im Jahre 1916 wurde in der Liebhaberliteratur der Goldplaty beschrieben. Unter den Nachzuchttieren eines Stammes *X. maculatus* mit dem Zeichnungsmuster Rubra waren nach Angaben von KAMMERZELL einige Fische mit gelber Körpergrundfarbe zu finden. Anscheinend ging in den folgenden Jahren diese Zuchtform wieder verloren. 1920 beschreibt STRUVE erneut Platys mit gelber Körperfarbe und prägt den Namen Goldplaty.

GORDON konnte 1931 nachweisen, daß die Goldfärbung durch Reduzierung des schwarzen Melanins entsteht und einen autosomal rezessiven Erbgang aufweist. Heute existieren in unseren Aquarien die verschiedensten Spielarten des Goldmaculatus, von denen an dieser Stelle nur einige erwähnt seien. Die eigentlichen Goldplatys werden in 2 Farbklassen gegliedert.

Der Farbklasse 1 gehören Fische mit einer intensiven gelbgoldenen Körperzeichnung an. In die Farbklasse 2 werden Tiere mit weißgoldenem Farbmuster gestellt. Es wird angenommen, daß weiß-gold sowie gelb-gold durch verschiedene Gensysteme vererbt werden.

Beeindruckend ist vor allem die gelb-goldene Zuchtform mit

Goldplaty

zart gelb getönten Flossen. Des weiteren tritt eine Farbspielart mit rot gefärbter Rückenflosse auf. Zwei weitere sehr ansprechende Varianten des Goldplatys sind der Mondplaty und der Halbmondplaty. Sie unterscheiden sich nur in der Zeichnung des Schwanzstieles (s. tail patterns).

Der Nigramaculatus = Schwarzer Platy

Der Name Nigramaculatus benennt eine Körperschwarzfärbung, die sich mehr oder weniger flächendeckend entlang der Körperseiten erstreckt. BELLAMY hat 1922 das Nigra-Muster in die Fischgenetik eingeführt. In freier Natur treten verschiedene *X. maculatus* auf, die je nach Population zusätzlich zu dem Schwarzfaktor noch weitere Farben besitzen. Wildformen aus dem Rio Papaloapan, Mexico, wurden bereits vorgestellt. Populationen mit Nigra-Muster sind aus dem Rio Usumacinta, Rio Grijalva, Rio Coatzacoalcos, sowie aus den Flußsystemen von Honduras und Belize. Alle variieren sehr stark im Ausbildungsgrad der Schwarzfärbung und in der Flossenpigmentierung. Beim südlichen *X. maculatus* liegt das Nigra-Farbmuster auf dem Z-Geschlechtschromosom. Somit besitzen beide Geschlechter die Schwarzfärbung. Bei den Platys aus dem Rio Papaloapan liegt der Schwarzfaktor auf dem Y-Geschlechtschromosom. Hier zeigen nur die Männchen die schwarze Körperfärbung, die Weibchen sind einheitlich grau.

Den Aquarianern ist es gelungen, verschiedene *X. maculatus* Wildtypen für die Aquaristik zu verändern. So treten intensiv schwarz gezeichnete Fische mit roter oder gelber Rückenflosse auf, während die Schwanzflosse meistens durchsichtig bleibt. Vielleicht gelingt es demnächst, auch die Schwanzflosse rot zu züchten. Dienlich hierzu könnte eine Kreuzung mit dem rot-gelben *X. variatus* sein. Die Zucht des Nigramaculatus ist nicht ganz einfach, da die Weibchen in ihren Wurfzahlen weit hinter der gewohnten Anzahl der anderen Xiphophorus Zuchtformen zurückbleiben. Abwechslungsreiches Futter und höhere Wassertemperaturen können dies vielleicht ändern.

X. maculatus, Schwarzer Platy

X. maculatus, Pfeffer und Salz

Der Pfeffer- und Salzmaculatus = Pfeffer- und Salzplaty

Nach GORDON soll das Pfeffer- und Salzfarbmuster bei Wildtieren des *X. maculatus* aus Honduras abstammen. Der gesamte Fischkörper ist mit zahlreichen schwarzen Flecken besiedelt, während der Untergrund weiß erscheint. Die männlichen Tiere sind stärker gescheckt als die Weibchen, besonders im hinteren Schwanzstielbereich. Bei den Zuchtstämmen können sämtliche Flossen schwarz gesprenkelt sein. Einige Fische zeigen im Flossenbehang zusätzlich eine Rotfärbung oder auch verschiedene Gelbtöne. In den letzten Jahren ist der Pfeffer- und Salzmaculatus leider gänzlich aus den Liebhaber-Aquarien verschwunden.

Der Spiegelmaculatus = Spiegelplaty

Unter der Bezeichnung Spiegelmaculatus sind schon die verschiedensten Farbspielarten in Aquarianer-Becken gehältert worden. Zugrunde liegt ein Farbmuster, das, wie die Pfeffer- und Salzzeichnung und das Nigra-Muster, bereits in der Natur vorkommt.

Durch Einkreuzung der unterschiedlichsten *X. maculatus* Populationen konnte der Spiegeleffekt der Schuppen teilweise intensiviert werden. Beeindruckend sind die sog. Blauspiegel-Platys, deren Grundfärbung grau oder gelb sein kann. Bisher hat man die Veredlung des Spiegelmaculatus noch nicht intensiv betrieben. Hier bleibt zu hoffen, daß in den kommenden Jahren neue Spielarten gezüchtet werden.

Blauspiegelplaty

Der Rotmaculatus = Roter Platy, Korallenplaty

Ebenso wie bei der roten Zuchtform des *X. helleri* sollte die Rotfärbung bei den Spielarten von *X. maculatus* auch in verschiedene Farbklassen gegliedert werden. Es empfehlen sich in diesem Fall 2 Klassen. Farbklasse 1 beherbergt die Korallenplatys, zur Farbklasse 2 werden alle übrigen Rottöne einschließlich orange gezählt.

Auffallend bei dem Korallenplaty ist außer seiner knalligen Rotfärbung der zusätzlich rötlich getönte Augenring. Die Flossen sind ebenfalls rot gefärbt. In letzter Zeit hat aber bedauerlicherweise die Qualität und Vitalität der schönen Korallenplatys sehr gelitten. Schuld an diesem Übel sind vor allem die Schnellzuchten, die weltweit zu finden sind. Es sollten daher niemals Tiere erworben werden, die einen Kümmerwuchs und schlechte Farb-

Korallenplaty

Wagtail-Platy, eine Farbform des Korallenplatys mit schwarzen Flossen.

qualität zeigen. Zuchtformen, die noch deutlich ein sog. inneres Schwert besitzen, sind für unsere Bemühungen um Standardformen untauglich.

Eine weitere, sehr interessante Zuchtrasse stellt der Orangespot Platy dar. Die Körpergrundfarbe besteht aus einem rot-orange gefärbten Schuppenkleid mit einer helleren Bauchseite. Die obere Rückenpartie besitzt zahlreiche schwarze Flecken, die bei den Männchen stärker als bei den Weibchen hervortreten. Die Schwanzflosse ist entweder intensiv rot oder schwarz gezeichnet. Die Rückenflosse der Männchen besitzt ein schwarzes Fleckenmuster auf rotem Grund, die der Weibchen ist einfarbig rot getönt.

Die roten Zuchtformen sind sehr wärmebedürftig und sollten daher nicht unter 25° C gehalten werden.

Der Rußmaculatus = Rußplaty

Das sog. Fuliginosus-Farbmuster bestimmt die Schwarzfärbung des Rußplaty. 1938 wird das Farbgen zum ersten Mal von KOSSWIG erwähnt. Nach GORDON 1955 soll das Farbmuster durch Mutation in domestizierten *Xiphophorus maculatus* entstanden sein. Bei WOLF und ANDERS findet man in einer 1975 erschienenen Farbbeschreibung folgende Aussage: „Fuliginosus Fische sind am ganzen Körper bis auf die Brust mehr oder weniger schwarz gefärbt, wobei der Eindruck einer ungleichmäßigen Rußschicht entsteht, die die Fische überzieht. Neben dem Körper sind auch die unpaaren Flossen gefärbt."

Im Gegensatz zu dem Nigra-Muster sind neugeborene Rußplatys bereits am Körper und an Rücken- und Schwanzflosse intensiv schwarz gefärbt. KOSSWIG konnte durch Kreuzungsexperimente 1938 nachweisen, daß das Fuliginosus-Farbmuster durch ein dominantes Gen auf dem Z-Chromosom vererbt wird.

Vereinzelt treten Tiere des Rußmaculatus mit rot gefärbter Rükkenflosse auf. Bei Kreuzungen mit *Xiphophorus helleri* kommt es zu einer verstärkten Pigmentierung des Schwarzfaktors. Bei Jungfischen kann diese Ausartung der schwarzen Farbzellen zur Melanombildung führen und damit zum vorzeitigen Tod. Heute wird der Rußmaculatus nur noch sehr selten in den Aquarien gepflegt. Er ist von dem ähnlichen Nigramaculatus verdrängt worden.

Schwanzstiel- und Schwanzflossenzeichnungen (Tail patterns)

Bei zahlreichen Vertretern der Gattung *Xiphophorus* treten verschiedene Muster in der Schwanzwurzel und der Schwanzflosse auf, die im allgemeinen Sprachgebrauch als „tail-pattern" bezeichnet werden. All diesen Zeichnungsmustern ist die schwarze Färbung gemeinsam. Der größte Formenreichtum findet sich bei *Xiphophorus maculatus* und *Xiphophorus variatus.* Da wir in der Hochzucht mit drei Formen züchten, *X. helleri, X. maculatus* und *X. variatus,* beschränkt sich die Beschreibung der Muster auf diese.

Tail-patterns von *Xiphophorus maculatus*

1

1. Ax-head
   Ax-head ist nach ROSEN (1960) ein axtkopfförmiges Mikromelanophorenmuster, das nur den vorderen Teil des Complete-crescent Muster repräsentiert. Es soll sehr selten vorkommen. Über seine genetischen Grundlagen ist nichts bekannt.

2

2. Comet
   Beim Comet-Muster verlaufen am oberen und unteren Rand der Schwanzflosse 2 schmale, schwarze Streifen. Werden Comet-Tiere mit verschiedenen domestizierten Stämmen von *X. maculatus,* wilden oder domestizierten *X. helleri* gekreuzt, so erfährt das Comet-Muster eine Verstärkung zu einem Muster, das Wagtail genannt wird (siehe Wagtail *X. helleri*).

3

3. Complete-crescent
   Complete-crescent besteht aus 2 Elementen, einem hinteren halbmondförmigen und einem vorderen axtkopfförmigen Fleck.

4

4. Cut-crescent
   Bei der Cut-crescent-Zeichnung fehlt in der Mitte der größte Teil des Halbmonds. Oben und unten an der Schwanzflossenbasis bleiben nur 2 Flecke übrig.

5
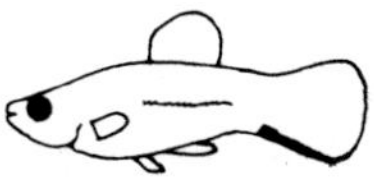

5. Lower-comet
   Ein Muster, das nur aus dem unteren Teil des Comet-Musters besteht.

6

6. Lower-cut-crescent
   Dieses seltene Farbmuster wurde nur von ROSEN (1960) erwähnt. Bei ihm ist nur der untere Fleck des Cut-crescent ausgebildet.

7 

7. Moon
Nach schematischen Zeichnungen bei GORDON sieht das Moon-Muster gleich dem des Moon-complete ohne Satelliten aus.

8 

8. Moon-complete
Das Farbmuster besteht aus 3 Elementen, dem eigentlichen Moon und zwei Satelliten. Der Moon ist ein großer rundlicher Fleck, dessen hintere Begrenzung vor den Ansatzstellen der Schwanzflossenstrahlen liegt.

9 

9. One-spot
Der One-spot liegt im hinteren Teil des Schwanzstiels. Seine Hintergrenze liegt kurz vor den Ansatzstellen der Schwanzflossenstrahlen. Ein ähnliches Muster wird Dot genannt. Vom Aussehen läßt es sich kaum vom One-spot unterscheiden.

10 

10. Twin-spot
Das Farbmuster besteht aus zwei Flecken, die im Schwanzstiel symmetrisch zur Körperlängsachse liegen. Die hintere Grenze beider Flecke fällt mit der hinteren Begrenzung der Ansatzteile des Schwanzflossenmuskels zusammen. Nach vorn gibt es keine deutliche Grenze.

11 

11. Upper-comet
Das Upper-comet besteht nur aus dem oberen Teil des Comet-Musters. Das Muster tritt sehr selten auf.

12 

12. Upper-cut-crescent
Bei diesem Farbmuster ist nur der obere Fleck des Cut-crescent ausgebildet.

Goldplaty (Moon complete),
im Handel auch als „Micky Maus"-Muster bezeichnet.

Tail-patterns von Xiphophorus variatus

1. Crescent
   Das Crescent-Muster des *X. variatus* gleicht in Form und Aufbau dem des *X. maculatus*.
2. Cut-crescent
   Das Muster besteht aus zwei Flecken, die symmetrisch zur Körperlängsachse der Schwanzflosse liegen. Die Vorder- und Hintergrenzen der beiden Flecke liegen nicht bei allen Tieren an der gleichen Stelle. Vielfach sind beide Flecke nach hinten über die Grenze des Crescent-Musters hinaus verlängert, auch nach vorn können beide Flecke über die Grenze des Crescent-Musters hinausreichen.
3. Peduncular-spot
   Nach der alten Nomenklatur wurde Peduncular-spot, One-spot oder Moon genannt. Der neue Name für das Farbmuster wurde deshalb gewählt, weil es sich vom Moon oder One-spot des *X. maculatus* unterscheidet. Durch die Form und Gestalt ist der Peduncular-spot identisch mit dem *X. maculatus* One-spot.
4. Upper-cut-crescent
   Im Gegensatz zum Cut-crescent-Muster zeigt sich bei dem Upper-cut-crescent nur ein Fleck im oberen Schwanzstielbereich.

Tail-patterns von Xiphophorus helleri

In den Wildpopulationen von *Xiphophorus helleri* wurde bisher kein einziges Farbmuster des Schwanzstielbereichs sowie der Schwanzflosse gefunden. Dem gesamten X. helleri-Komplex ist nur ein Schwanzstiel-Muster von *Xiphophorus signum* zu eigen und wird Grave genannt. Diejenigen Muster, die bei *X. helleri* Zuchtformen auftreten, stammen ursprünglich von anderen Xiphophorus-Arten. Bei allen drei Hochzucht-Typen, Helleri, Maculatus und Variatus, können außer den beschriebenen tail-patterns zusätzlich Neukombinationen auftreten, die durch Kreuzung entstehen. Die in der Hochzucht entstandenen Muster müssen separat geführt werden. Für ihre Beschreibung liegt im Moment zu wenig Material vor.

Weitere Xiphophorus-Zuchtformen

Neben den hier vorgestellten Zuchtformen kann man im Aquarienhandel manchmal noch weitere Farb- und Formvarianten finden. Meist schwimmen diese Fische jedoch in Sammelbecken, so daß nicht zu erkennen ist, ob es sich hier um reine Stämme oder um Kreuzungsprodukte handelt. Da sich bei den Lebendgebärenden nur attraktive Fische gut verkaufen lassen, herrschen die Farben rot und schwarz vor. Vor allen die südostasiatischen Züchter versuchen mit immer neuen Züchtungen den Geschmack ihrer Käufer zu treffen, um den Absatzmarkt ihrer Fische zu erweitern. Neben auffallenden Farben tragen diese Fische oft auch phantasievolle Namen. Der vorstehend abgebildete Goldplaty mag als ein Beispiel hierfür dienen. Seine Schwanzstiel- und Schwanzflossenzeichnung (Moon-complete) wird im Zierfischhandel als Micky Maus-Muster bezeichnet. Auf weitere derartige Beispiele soll hier verzichtet werden, da mit diesen sogenannten Händlernamen oft sehr unterschiedliche Fische bezeichnet werden, denn je größer die Anzahl von Zuchtformen einer Art ist, um so schwieriger wird es, treffende Namen zu finden. Zu Verständigungsschwierigkeiten führen oft auch Übersetzungen von englischen oder amerikanischen Namen. Meist äußert sich dies in der unterschiedlichen Schreibweise von Namen. Daher kommt den Bildern von Zuchtformen größte Bedeutung zu, denn nur sie lassen Vergleiche zu und veranschaulichen, was sich hinter den einzelnen Namen verbirgt. Für den engagierten Züchter von Xiphophorinen liegt der Reiz sowohl in der Schaffung neuer Zuchtformen als auch in der Erhaltung und Verbesserung bereits vorhandener Züchtungen. Da fast jeder Aquarianer im Laufe seiner aquaristischen Tätigkeit Xiphophorus-Zuchtformen gepflegt oder gezüchtet hat, sind ihm viele Züchtungen vertraut. Durch ihre Vielfalt an Farben und Formen tragen die Xiphophorinen viel zur Bereicherung unserer Aquarien bei.

Hochzuchtformen von Poecilia (Lebistes) reticulata Peters 1859

Hinter diesem lateinischen Namen verbirgt sich der häufigste und populärste Aquarienfisch, der **Guppy.** Seit seiner wissenschaftlichen Erstbeschreibung im Jahre 1859 von PETERS, dem Leiter der fischkundlichen Abteilung der Königlich-Preußischen Akademie der Wissenschaften in Berlin, trug er eine verwirrende Vielzahl an Namen. Ein Blick in die lange Liste der Synonyme beweist dies (s. unter Wildformen).

Den Populärnamen Guppy erhielt er 1866 von dem bekannten Ichthyologen GÜNTHER des Britischen Museums in London. GÜNTHER hatte diesen scheinbar neuen Fisch zu Ehren seines Sammlers, des Reverend ROBERT JOHN LECHMERE GUPPY, *Girardinus guppyi,* benannt. Peters Fisch wurde im Guayre-Fluß in Venezuela von Herrn GOLLMER gefangen. Reverend GUPPY hatte seine Fische auf der Insel Trinidad gesammelt.

Seine weltweite Verbreitung wurde vor allem dadurch erleichtert, daß er sich auch ungewohnten Lebensbedingungen rasch anzupassen vermag, und daß seiner Fruchtbarkeit nur schwer Grenzen zu setzen sind. Zur Bekämpfung der Mücken wurde der Guppy vom britischen Kolonialministerium in ihren tropischen Kolonien eingesetzt. Aus dieser Zeit stammt auch sein anderer Name „Millionenfisch“. Als Mückenvertilger wurde er mit der Zeit durch die Gambusen verdrängt, die auch in kühleren Regionen noch leben können. Verwildert findet man den Guppy heute z. B. in Indien, Afrika, Nordamerika, Italien, in einigen warmen Quellteichen Budapests, ja selbst in der Bundesrepublik. Zwei Populationen sind hier zu erwähnen, die erste lebt im Saarland, die zweite in einem von einem Kraftwerk erwärmten Abwasserbach in der Nähe von Köln. Beide Populationen existieren schon seit mehreren Jahren und ihr Fortbestand wird laufend beobachtet. Außer niedrigen Temperaturen, 10–15° C dürf-

Kölner Abwasserbach und Guppyfang daraus.

ten die unterste Grenze sein, setzten dem Guppy nur wenige Umweltfaktoren zu. Man findet ihn im Abwasser, im Brackwasser, ja selbst an Seewasser kann er sich gewöhnen.

Lieber sind ihm aber strömungsruhige Gewässer, Bäche, Gräben und Teiche. Guppys leben vorwiegend an der Oberfläche dieser Gewässer. Mit ihrem oberständigen Maul finden sie hier ihre Nahrung, die wohl hauptsächlich in der Natur aus Mückenlarven, Wasserflöhen und Anflugfutter bestehen dürfte. Guppys sind auch im Aquarium Allesfresser geblieben. Die Zuchtformen übertreffen die Wildformen an Größe: manche Männchen erreichen 4 bis 5 cm, die Weibchen 5–6 cm, einige wenige auch schon einmal 8–9 cm. Die Färbung des Körpers ist bei den Zuchtformen sehr unterschiedlich. In dem Kapitel über Körpergrundfarben wird auf diesen Punkt ausführlich eingegangen. Die bei den Weibchen der Wildform durchsichtigen Flossen sind bei den Zuchtformen meist vergrößert und zum Teil prächtig gefärbt. Diese große Variabilität in der Färbung und Flossenform übt auf den Züchter immer wieder den Reiz aus, sich seinen eigenen Traumguppy zu züchten.

Zucht des Guppys

Nach dem, was einleitend gesagt wurde, möchte man meinen, daß es müßig wäre, hierüber etwas zu sagen. Dem ist jedoch nicht so, wie wir sehen werden. Ziellos vermehren kann man den Guppy schon und zwar auch in großen Mengen. Züchten, das heißt, gezielt Merkmale nach eigener Wahl zur Geltung bringen, dies will jedoch gelernt sein. Anders als bei den meisten Fischen, kann man mit dem Guppy herumexperimentieren.

Ein Neon sieht für uns nach vielen Generationen immer noch gleich aus, während selbst Guppymännchen aus einem Wurf unterschiedlich sind. Man kann sogar sagen, daß bei den Guppyausstellungen der Züchter an seinen Guppys erkannt werden kann. Der Hähnel-Guppy sei hier stellvertretend genannt. HÄHNEL züchtete Guppys, mit für damalige Verhältnisse sehr großen Schwanzflossen, und leitete damit eine ganz neue Richtung in der Guppyzucht ein. Auf allen Ausstellungen der 60er und 70er Jahre überwogen die Großflosser und stellten meist auch den Sieger. 1954 importierte BAENSCH die ersten größeren Mengen Hähnel-Guppys nach Deutschland.

Heute werden wieder mehr Kurzflosser gezüchtet, die, insgesamt gesehen, intensiver gefärbt und lebhafter sind. Auf die einzelnen Zuchtformen wird ausführlich im Kapitel Hochzucht eingegangen. Die Probleme der Guppyzucht sollen an drei Gruppen erläutert werden:

1. die Kurzflosser,
2. die Großflosser und
3. die Guppys, bei denen die olivgraue Wildfärbung durch eine andere Farbe ersetzt ist.

Für alle drei Gruppen gilt, daß die Vitalität und Fertilität einer jeden Zuchtform im Vordergrund stehen muß.

Die Hauptgefahr bei den Kurzflossern sehe ich in einer zu starken Inzucht. Der Züchter wird immer dazu neigen, von einem guten Paar möglichst viele Nachkommen zu erhalten. Dagegen spricht nichts, doch müssen die Nachkommen ihrerseits einer strengsten Auslese unterworfen werden, damit Inzuchtschäden vermieden werden. Neben dem Zuchtziel dürfen Vitalität und Fertilität nicht aus dem Auge gelassen werden. Sie garantieren, daß man nicht wieder von vorne anfangen muß, wenn Inzuchtschäden wie Wirbelsäulendeformitäten oder Kleinwuchs gehäuft auftreten. Auch sollte man, wenn genügend Becken zur Verfügung stehen, als Reserve neben dem eigentlichen Zuchtstamm, der ja konsequent auf einige wenig gewünschte Merkmale in Form und Färbung gezüchtet wird, parallel dazu einen Stamm halten, der möglichst farbenprächtige Fische hat. Man kann auf den Ausstellungen immer wieder beobachten, daß in der Guppyzucht die Form zu Lasten der Färbung geht.

Bei den Großflossern ergibt sich ein ganz anderes Problem. Aufgrund des extremen Wachstums der Schwanzflossen gibt es hier schon rein technisch Schwierigkeiten bei der Besamung. Ausgewachsene Männchen sind kaum noch in der Lage, Spermatophoren zu übertragen. Der Züchter muß sich hier also etwas einfallen lassen. Im wesentlichen hat er vier Möglichkeiten, um eine Befruchtung sicherzustellen:

1. Junge Männchen mit noch kleiner Schwanzflosse,
2. Zurückschneiden der Schwanzflosse beim Männchen,
3. Betäuben der Weibchen und
4. die künstliche Besamung.

Bei jungen Männchen macht die Beurteilung Schwierigkeiten, da viele Merkmale noch nicht vollständig ausgeprägt sind. Ein erfahrener Züchter wird in der Regel schon früh erkennen können, ob der Guppy dem Standard entspricht, doch sind Vitalität, Färbung und Flossengröße erst nach Abschluß des Wachstums endgültig zu beurteilen. Dann ist es jedoch für eine normale Besamung zu spät. Eine Möglichkeit bietet das Zurückschneiden der überlangen Schwanzflossen, die ja die Schwimmfähigkeit stark beeinträchtigen. Die kupierten Guppys können dann jedoch nicht mehr auf Ausstellungen zur Schau gestellt werden. Da man die Zuchtmännchen meist jedoch sowieso nicht zu sehen bekommt, wäre dies weiter nicht schlimm, doch bietet ein Guppy mit beschnittenen Flossen einen jämmerlichen Anblick, so daß diese Technik nur im Notfall benutzt werden sollte.

Einer anderen Methode bedienen sich vornehmlich die amerikanischen Züchter. Sie betäuben die Weibchen und geben so den nicht so schwimmfähigen Männchen eine Chance, doch zu einer Besamung zu kommen.

Die erfolgreichste Methode stellt die künstliche Befruchtung dar. Man kann warten, bis sich die Männchen zu voller Pracht entwickelt haben, und besamt dann gezielt mit dem Sperma des besten Männchens die gewünschte Anzahl von Weibchen. Auch hier reicht, wie bei der natürlichen Befruchtung, eine einmalige Besamung für mehrere Würfe.

Kommen wir nun zum dritten Punkt, der Zucht von in der olivgrauen Wildfarbe abweichenden Körpergrundfarbe (Einzelheiten, s. Kapitel Grundfarben).

Allgemein läßt sich sagen, daß die einzelnen Farbschläge unterschiedliche Schwierigkeiten in der Zucht machen. Die Grundfarbe Blond bereitet kaum Schwierigkeiten, während die Albinos schon einige Anforderungen an den Züchter stellen können. Hauptaugenmerk bei der Zucht dieser Fische gilt der Vitalität und Fertilität, die Anforderung an den Standard sollte zurückstehen. Schwächliche und kleine Fische sollten gänzlich von der Zucht ausgeschlossen werden. Die Wurfgröße spielt hier nur eine untergeordnete Rolle. Ein Weibchen, das wenige, aber kräftige Junge wirft, ist wesentlich besser, als ein Weibchen, das viele, aber schwächliche Junge wirft. Wichtig bei der Zucht der sog. *rezessiven* Farben ist, daß man bei Zuchtproblemen rasch neben dem reinrassigen Stamm einen mischerbigen Stamm heranzüchtet, aus dem man sich wieder die geeigneten Tiere heraussucht (Einzelheiten s. Kapitel Vererbungslehre).

Artkreuzungen beim Guppy

P. reticulata × *P. vittata*

P. reticulata × *P. velifera*

P. reticulata × *P. melanogaster*

Anders als bei den Xiphophorinen spielen Artkreuzungen beim Guppy für die Hochzucht keine Rolle. Alle Farb- und Flossenzuchtformen gehen nicht auf eine Kreuzung verschiedener Arten zurück, sondern stellen das Ergebnis züchterischer Leistung der natürlichen Variabilität des Guppys dar.

Echte Artkreuzungen mit dem Guppy sind mit verschiedenen Vertretern der Gattung Poecilia und Limia möglich. Aus eigener Erfahrung mit 8 verschiedenen Artbastarden, läßt sich sagen, daß die Kreuzungsprodukte im Aussehen zwischen beiden Eltern stehen und steril sind. Mittels künstlicher Befruchtung wurden immer Guppyweibchen mit Sperma artfremder Männchen besamt. Der überwiegende Teil der einige Hundert umfassenden Nachkommen bildete ein Gonopodium aus, Spermien konnten jedoch in keinem Fall gewonnen werden. Der Rest nahm im Aussehen eine zwittrige Stellung ein. Nur einmal, bei einem Bastard aus Guppy x *Limia nigrofasciata,* konnte ein Weibchen beobachtet werden. Leider verstarb dieses kurz nach der künstlichen Besamung, so daß über eine Fruchtbarkeit bei Bastardweibchen nichts ausgesagt werden kann. Wenn auch diese Befunde für eine Unfruchtbarkeit der Guppybastarde sprechen, so ist meines Erachtens dieser Punkt noch nicht genügend untersucht. Sorgfältige histologische und zytogenetische Untersuchungen stehen noch aus. Artbastarde sind sehr vital, eine Lebensdauer von mehreren Jahren ist keine Seltenheit. Sehr attraktiv sind Kreuzungsfische zwischen dem Guppy und dem sogenannten Mitternachtsmolly. Mit den großen segelartigen Rückenflossen und den metallischen Farben fallen sie in jedem Aquarium auf.

Radisch (1931) berichtet von einer Kreuzung Guppy x *Heterandria formosa,* wobei unter den Nachkommen beide Geschlechter vertreten waren. Da diese Kreuzung bisher nicht wiederholt werden konnte, sollte hinter diesen Bericht ein großes Fragezeichen gesetzt werden. Mit großer Skepsis sind auch Berichte von Kreuzungen zwischen Guppy und Schwertträger zu betrachten. Trotz mehrfacher Versuche ist es uns nie gelungen, Junge zu bekommen.

Grundfarben des Körpers

Neben der olivgrauen Wildfarbe des Guppys sind im Laufe der Zeit einige weitere Grundfarben beobachtet und weitergezüchtet worden. Es sind dies die Farben Albino, Blond, Bronze (Gold) und Blau. Die Erbfaktoren hierfür liegen alle auf verschiedenen Chromosomen, ihre Vererbung erfolgt daher unabhängig voneinander. Diese vier Körpergrundfarben werden rezessiv vererbt. Sie sind nicht zu verwechseln mit den übrigen Farben, die der Guppy aufweist. Hierbei handelt es sich um die sogenannten Deckfarben, die meist auch ein bestimmtes Muster aufweisen. Für den Züchter ist dies wichtig zu wissen, wenn er die einzelnen Farben miteinander kombinieren will.

Zusammenstellung der Körpergrundfarben des Guppy.

Genotyp	*Phänotyp*
einfach-rezessiv	
AA BB GG RR	Wildfarben
a a BB GG RR	Albino
AA b b GG RR	Blond
AA BB g g RR	Gold/Bronze
AA BB GG r r	Blau
doppelt-rezessiv	
AA b b g g RR	Cream
AA b b GG r r	Weiß
AA BB g g r r	Silber
dreifach-rezessiv	
a a b b GG r r	Albino-Weiß

Albino ♂

Albino

Diese Mutation entstand um 1940 in New Jersey. Der schwarze Körpergrundfarbstoff (Melanin) fehlt nahezu vollständig. Die Guppys sind gelb gefärbt und haben rote Augen. Die dottergelben Albinoweibchen sind unseres Erachtens die schönsten Weibchen aller Farbschläge. Selten in den Aquarien von Liebhabern, da Zucht mit Schwierigkeiten verbunden.

Blond ♀

Blond

Auch diese Mutation ist zuerst in Amerika um 1935 beobachtet worden. Die Melaninbildung ist nicht völlig gehemmt, sondern die schwarzen Farbzellen, die sogenannten Melanophoren sind kleiner. Sie sind punktförmig, statt sternförmig wie beim wildfarbenen Guppy. Die blonden Guppys ähneln den Albinos, haben jedoch dunkle Augen. Nach dem Wildtyp die verbreitetste Farbe. Stellt keine besonderen Ansprüche an den Züchter. Lief in der Aquarienliteratur zeitweise wie auch der Goldguppy unter dem Namen „fredlini".

Gold/Bronze ♀

Gold/Bronze

Um 1933 bereits beschrieben.

Die Melanophoren sind normal sternförmig wie bei den wildfarbenen Guppys, ihre Anzahl ist jedoch um ungefähr die Hälfte reduziert. Die gelben Pigmente treten stärker hervor. Die Schuppen, vor allem auf dem Rücken, haben einen dunklen Rand. Der Goldguppy findet sich heute nur noch selten in den Aquarien. Bei den heute so beliebten Großflossern wie Triangel oder Fächer gibt es manchmal Fertilitätsprobleme, wahrscheinlich ein Inzuchtschaden.

Blaues ♂

Blau

Relativ spät erst beobachtet um 1959.

Die gelben und roten Pigmente in der Haut fehlen. Die Guppys erscheinen dadurch bläulich auf dem Körper. Der blaue Guppy ist sehr selten und dann nur bei Guppyzüchtern zu finden. Er bereitet in der Zucht wenig Schwierigkeiten. Nur einige Zuchtformen sind jedoch als attraktiv zu bezeichnen.

Durch Kombination der einzelnen Farben kann man neue Farben züchten. Die interessantesten Farben hierbei sind:

cream, weiß, silber und albino-weiß.

Da es sich hier um doppelt rezessive, bei albino-weiß sogar um eine dreifach rezessive Farbe handelt, muß man schon die Vererbungsregeln beachten, wenn man keine Enttäuschung erleben will. Allgemein läßt sich sagen, daß Kreuzungen in der gleichen Farbe keine Probleme bilden, da die Guppys hierfür reinerbig sind. Kreuzungen mit verschiedenen doppelt oder dreifach rezessiven Farben erfordern ein genaues Protokollieren und Überlegen, damit die Übersicht nicht verloren geht. (Näheres s. Kapitel Vererbungslehre).

Doppelt oder dreifach rezessiv sind die folgenden Farben:

Cream

Der cream-farbene Guppy ist eine Spielart, die sich aus einer Kreuzung vom Blondguppy und Goldguppy ergibt. Sie weist nur sehr wenig Melanophoren auf, die punktförmig sind. Er ähnelt in seinem Aussehen dem blonden Guppy, ist jedoch etwas intensiver gelb gefärbt. Er wurde bereits Anfang der vierziger Jahre gezüchtet, findet sich heute als Standardform nicht mehr in den Liebhaberbecken. Bereitet in der Zucht nur wenig Schwierigkeiten.

Weiß ♀

Weiß

Die sogenannten weißen Guppys erhält man, wenn man Blondguppys mit Blauguppys kreuzt. Die gelben und roten Pigmente fehlen, die Melanophoren sind klein und punktförmig. Die Guppys haben eine weißliche Körperfarbe und dunkle Augen. Da diese Fische nicht sehr farbenprächtig sind, findet man sie auch nur selten in den Aquarien der Liebhaber. Die Zucht ist mit einigen Problemen verbunden.

Silber ♂

Silber

Durch Kreuzung von Goldguppys mit Blauguppys erhält man die Spielart Silber. In der Haut der silbernen Guppys fehlen die gelben und roten Pigmente. Die Guppys weisen einen grau-weißen Grundton auf. Die Schuppenränder sind dunkel pigmentiert. Da es sich bei dieser Varietät um eine nicht sehr attraktive Form handelt, wird er auch nicht oft gezüchtet. Die Zucht scheint keine Schwierigkeiten zu machen.

Albino-Weiß

Die weißen Albinos erhält man durch Kombination der Gene Albino, Blond und Blau. Bei ihnen fehlen die gelben, roten und schwarzen Pigmente. Sie besitzen daher auch rote Augen. Sie werden nur sehr selten gehalten, da ihre Zucht einiges Geschick voraussetzt. Die Aufzucht bereitet in den ersten 2 Monaten einige Probleme, später sind sie nicht mehr empfindlich.

Noch nicht standardisierte Flossenveränderungen

Zwei für einen passionierten Guppyzüchter interessante Spielarten sollen zum Schluß kurz vorgestellt werden:

1. der Berliner Guppy und
2. der Gießener Guppy.

Die bisher behandelten Flossenveränderungen betrafen im wesentlichen nur das männliche Geschlecht. Beim Berliner und Gießener Guppy zeigen sowohl Männchen als auch Weibchen

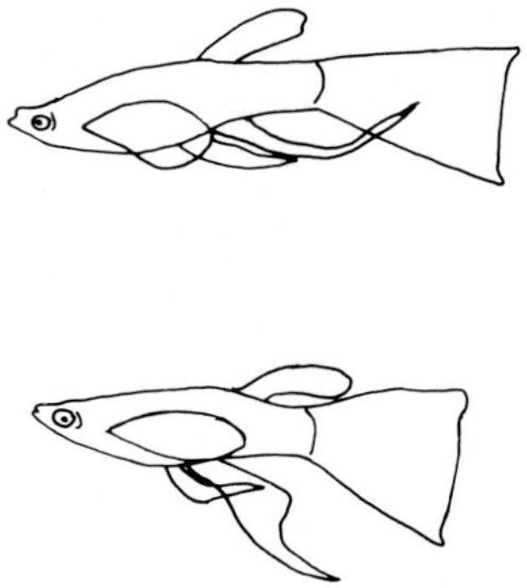

Berliner Guppy

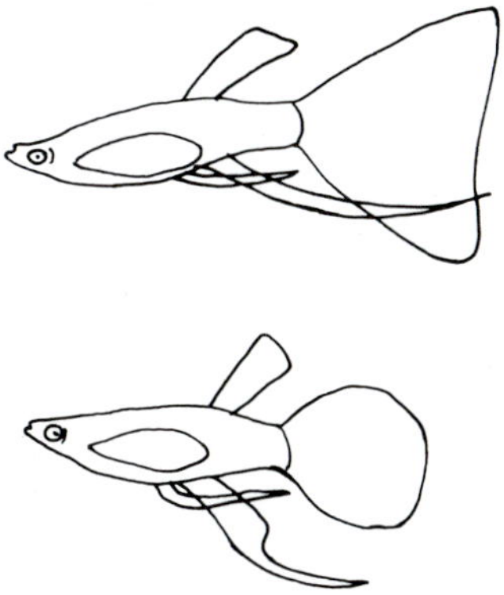

Giessener Guppy

Abb. 8
Schematische Zeichnungen vom Berliner Guppy und vom Gießener Guppy. Jeweils obere Reihe: Männchen; untere Reihe: Weibchen.
Die Zeichnungen und Fotos geben den mischerbigen Giessener Guppy wieder.

vergrößerte Flossen. Beide stellen daher ein gutes Ausgangsmaterial für neue Standards dar. Einzige Schwierigkeit, sie können sich nicht mehr von alleine fortpflanzen.

Beim Berliner Guppy sind alle Flossen (s. Abb. 8) schleierartig verlängert. Die Männchen können mit ihrem überlangen Gonopodium, das bis zur Mitte der Schwanzflosse reichen kann, nicht mehr die Weibchen befruchten. Eine Vermehrung geht daher nur mit normalflossigen Männchen oder künstlicher Befruchtung. Der Erbgang des Berliner Guppy ist nicht ganz einfach. Genauere Angaben hierzu macht Schröder in seiner „Vererbungslehre für Aquarianer". Der Berliner Guppy ist jedoch seit Jahren nicht mehr auf Ausstellungen zu sehen gewesen. Die meisten Guppyzüchter kennen ihn nur von Bildern. Aufgrund der züchterischen Schwierigkeiten kann es daher durchaus sein, daß er bereits wieder ausgestorben ist.

Fotos:
oben: Gießener Guppy ♂,
unten ♀.

Beim Gießener Guppy handelt es sich um eine relativ neue Züchtung. Er tauchte 1982 verschiedentlich im Zoohandel auf. Da es sich hierbei um Importtiere aus Südostasien handelte, dürfte der Ursprung hier zu suchen sein. Im Gegensatz zum Berliner Guppy ist die Schwanzflosse von der Verlängerung nicht betroffen. Auch die übrigen Flossen unterscheiden sich in der Ausprägung vom Berliner Guppy. Das Gonopodium des Männchens ist noch länger und wächst, wenn es abgeschnitten wird, zur ursprünglichen Länge wieder heran. Die unteren Strahlen der Afterflosse beim Weibchen sowie die Bauchflossen sind in beiden Geschlechtern auch länger ausgezogen als beim Berliner Guppy. Die Größe der Brustflossen entspricht in etwa denen des Berliner Guppy. Die Rückenflosse ist relativ klein. Bei den Jungen beginnt sie, wie auch die übrigen Flossen im Alter von 2 bis 3 Wochen, deutlich zu wachsen. Die vorderen Strahlen der Rückenflosse verlängern sich anfangs besonders deutlich. Später hat sie die Form von Hochflossern. Je nach Standard sind aber Variationen möglich.

Der Erbfaktor, der diese Verlängerungen bewirkt, ist dominant. Für den Züchter bedeutet dies, daß eine Kreuzung zwischen einem Weibchen des Gießener Guppys und einem normalflossigen Männchen theoretisch mindestens 50% Nachkommen mit verlängerten Flossen erbringt. Reinerbige Berliner Guppys erreichen selten die Geschlechtsreife. Der Gießener Guppy ist für die Züchter sehr interessant, da man auch ohne künstliche Befruchtung auskommen kann. Wichtig ist weiterhin, daß der Erbfaktor keinen Einfluß auf die standardentscheidende Schwanzflosse zu haben scheint, und daß bei der Rückenflosse neue Formtypen zu erwarten sind.

In der Zwischenzeit konnten reinerbige Giessener Guppys gezüchtet werden. Bei ihnen ist im Gegensatz zum Berliner Guppy keine Beeinträchtigung der Vitalität und Fertilität zu beobachten. Die reinerbigen Giessener Guppys zeigen sogar noch eine weitere Steigerung in der Verlängerung und Vergrößerung der einzelnen Flossen. Besonders erwähnenswert ist hierbei die Miteinbeziehung der Schwanzflosse in die Veränderung. Bei den Weibchen sind die äußeren Flossenstrahlen, ähnlich dem Doppelschwert, verlängert. Es kommen aber auch noch andere Formen der Verlängerung vor. Man darf gespannt sein, was die Guppyzüchter in den nächsten Jahren noch aus diesem Guppy machen. Reinerbige Giessener Guppys stellen somit, wie auch der Berliner Guppy echte Schleierguppys dar. Der Erbfaktor für dieses Merkmal liegt nicht auf den Chromosomen, die die Gene für die Körpergrundfarben Blond, Bronze und Albino tragen. Er kann daher leicht in diese Farben eingekreuzt werden.

Standardformen der Guppy-Hochzucht

Auf den folgenden Seiten wird ein kurzer Abriß über die wichtigsten Standardformen gegeben. Wer sich genauer mit den Bewertungsregeln befassen möchte, sei an die Deutsche Guppy Fö-

Alle 8 abgebildeten Guppymännchen gehören dem Standard Triangel an. Sie sollen eine kleine Übersicht über die heute gezüchteten Körper- und Flossenfarben dieses Standards geben.

1. Reihe links:
Guter Triangel in der Körpergrundfarbe Blond. Sehr großer Winkel der Schwanzflosse. Verbesserungswürdig sind die abgerundeten Ecken und die Farbverteilung der Schwanzflosse. Die Rückenflosse entspricht nicht ganz dem Standard.

1. Reihe rechts:
Guter Triangel der Kategorie ½ bis ¾ schwarz. Gute und gleichmäßige Färbung der Flossen. Schwanzflosse etwas zu kurz.

2. Reihe links:
Attraktiver Fisch mit guten Proportionen. Sehr guter Standardguppy.

2. Reihe rechts:
Auffallender Fisch mit sehr gutem Standard. Die Körperfarben sind etwas blaß.

3. Reihe links:
Spitzenfisch des Standards Triangel. Ideale Schwanzflossenform. Gute Farbverteilung. Körpergrundfarbe Blond.

3. Reihe rechts:
Guter Triangel mit dem Körpermuster Snakeskin (Kobra). Sehr gute und kräftige Färbung der Schwanzflosse. Rückenflosse entspricht nicht dem Standard, oft bei Guppys mit dem Körpermuster Snakeskin zu beobachten.

4. Reihe links:
Sehr gut proportionierte Triangel. Die schwarze Körperfarbe geht übergangslos in die Schwanzflosse über. Auffallende Schwarzfärbung der Brustflossen. Färbung der Rückenflosse könnte gleichmäßiger sein. Bei der Zucht dieser schwarzen Guppys ist Vorsicht geboten. Beschädigungen oder Einrisse der schwarzen Flossen wachsen nur schlecht wieder zusammen, sie sollten daher nur mit sehr friedlichen Fischen vergesellschaftet werden.

4. Reihe rechts:
Attraktiver Triangel mit Snakeskin-Muster. Sehr gute und gleichförmige Zeichnung der Schwanz- und Rückenflosse. In der Form entsprechen beide nicht ganz dem geforderten Standard.

Zum Standard Triangel läßt sich allgemein sagen, daß eine große Vielfalt an Flossenfarben zu beobachten ist. Fast alle Farbtöne sind bei diesem Standard vertreten. Die Schwanzflossen können entweder gleichmäßig gefärbt sein oder sie weisen ein Muster, das sog. Teppich-Muster, auf. Triangel werden hauptsächlich in den Körpergrundfarben Wildfarben und Blond gezüchtet. Die Körperfarben sind noch verbesserungsbedürftig. Die intensivsten Farben finden sich im Schwanzstielbereich und nehmen an Intensität zum Kopf hin deutlich ab. Bemerkenswert ist auch die unterschiedliche Ausprägung des Snakeskin-Musters. Auch ist die Körperfärbung im Gegensatz zu den Kurzflossern deutlich blasser. Auffallend ist weiterhin, daß Guppys mit Snakeskin-Muster selten große Rückenflossen haben.

deration verwiesen. Sie und weitere europäische Guppyorganisationen bemühen sich, international gültige Richtlinien zu erarbeiten. Da die einzelnen Punktwerte Schwankungen unterworfen sind, soll hier nur auf allgemeine Bestimmungen eingegangen werden. Auf der Form der Schwanzflosse beruht beim Guppy die Standardzugehörigkeit. 12 Standards sollen hier besprochen werden.

Standard: Triangel

Die Schwanzflosse stellt ein Dreieck mit einem körpernahen Winkel von 70° dar. Die Länge soll mindestens die Hälfte der Körperlänge betragen. Die Rückenflosse hat einen breiten Ansatz, endet in Höhe des Schwanzstieles entweder mit einer nach oben gezogenen Spitze oder breit. Die Triangel sind seit Jahren auf den Ausstellungen die auffälligsten Guppys. Stellen meist auch den Ausstellungssieger. Der im Zoohandel am häufigsten angebotene Guppy. Triangel aus Südostasien weisen meist abgerundete Ecken der Schwanzflosse sowie kleine Rückenflossen auf.

Standard: Fächerschwanz
a) amerikanischer
b) europäischer

Beim Fächerschwanz beträgt der körpernahe Winkel ca. 45° . Beim amerikanischen Fächer soll die Länge der Schwanzflosse der Körperlänge entsprechen, beim europäischen Fächer kann sie etwas kürzer sein. Den Hauptunterschied zwischen beiden Formen stellt jedoch die Rückenflosse dar. Hier reicht sie beim amerikanischen Fächer über die Mitte der Schwanzflosse, während sie beim europäischen Fächer bereits im Schwanzstielbereich endet. Die Übergänge zwischen Fächer und Triangel sind fließend, zusammen stellen sie die sog. Großflosser dar. In den letzten 15 bis 20 Jahren stellten die Großflosser das Gros der Ausstellungsfische. In den letzten Jahren wurden daher von den Guppygesellschaften Anstrengungen unternommen, die Zucht der Kleinflosser zu fördern.

Standard: Schleierschwanz

Die obere und untere Kante der Schwanzflosse bilden Kurven. Die hintere Begrenzung verläuft konkav. Die Länge soll der Körperlänge entsprechen. Wird nur selten gezüchtet. Rückenflosse variabel, aber kurz.

Standard: Fahnenschwanz

Die Schwanzflosse hat die Form eines langen Rechtecks, der Ansatz ist abgerundet. Obere und untere Kanten laufen im Gegensatz zum Schleierschwanz parallel, die Länge soll auch hier der Körperlänge entsprechen. Die Rückenflosse hat einen breiten Ansatz und endet spitz im Schwanzstielbereich. Schwierig zu züchtende Standardform.

1. Reihe links:
Amerikanischer Fächerschwanz mit der Körpergrundfarbe Blond. Guter Standard mit schön gleichmäßig hell gefärbter Schwanz- und Rückenflosse. Beide Flossen könnten noch etwas länger sein.

1. Reihe rechts:
Standard Leierschwanz mit der Körperfarbe Snakeskin (Kobra). Rücken- und Schwanzflosse sind noch verbesserungsbedürftig.

2. Reihe links:
Europäischer Fächerschwanz mit sehr guten Proportionen und guter Farbverteilung.

2. Reihe rechts:
Obenschwert, sehr guter Standardfisch. Körpermuster Snakeskin. Flossenzeichnung paßt sich gut dem Körpermuster an. Körpergrundfarbe Blond.

3. Reihe links:
Standard Schleierschwanz. Die Rücken- und Schwanzflosse sind noch sehr verbesserungsbedürftig. Auffällig ist die sehr großflächige Körper- und Flossenfärbung.

3. Reihe rechts:
Standard Untenschwert mit interessanten Körperfarben und Körperzeichnungen. Die sogenannten Pfauenaugen in der vorderen Körperregion und im Schwanzstielbereich gehen auf schon sehr alte Züchtungen zurück.

4. Reihe links:
Standard Fahnenschwanz in der Körpergrundfarbe Blond. Intensiv gefärbte Schwanz- und Rückenflosse.

4. Reihe rechts:
Standard Doppelschwert mit sehr guten Proportionen und interessanten Farben.

Standard: Leierschwanz

Die Schwanzflosse hat die Form einer Leier.
Länge ca. ⅘ der Körperlänge. Rückenflosse spitz ausgezogen, reicht ins 1. Drittel der Schwanzflosse. Wird selten gezüchtet.

Standard: Obenschwert

Die Schwanzflosse hat eine ovale Grundform. Die oberen Flossenstrahlen sind verlängert. Das Schwert kann gerade oder schräg stehen. Die Länge der Schwanzflosse sollte der Körperlänge entsprechen. Die Rückenflosse sollte einen breiten Ansatz haben und im ersten Drittel der Schwanzflosse spitz auslaufen. Häufiger gezüchtete Standardform.

Standard: Untenschwert

Wie beim Obenschwert hat die Schwanzflosse eine ovale Grundform. Die unteren Flossenstrahlen sind schwertförmig verlängert. Die Richtung des Schwertes verläuft etwas nach schräg unten. Die Rückenflosse sollte eine breite Basis haben, spitz auslaufen und ins 1. Drittel der Schwanzflosse reichen. Ist häufiger auf Ausstellungen zu sehen.

Standard: Doppelschwert

Beim Doppelschwert sind die äußeren Flossenstrahlen der Schwanzflosse oben und unten schwertartig verlängert. Beide Schwerter sollten die gleiche Länge und Form haben. Die Gesamtlänge der Schwanzflosse sollte der Körperlänge entsprechen. Die Rückenflosse sollte eine breite Basis haben und spitz im 1. Drittel der Schwanzflosse auslaufen. Die attraktivste und daher am häufigsten gezüchtete Schwerterform. Alte Zuchtform mit sehr schönen Farben.

Standard: Speerschwanz

Die Schwanzflosse ähnelt einer Speerspitze, daher auch manchmal die Bezeichnung Spitzschwanz. Die Länge der Schwanzflossen erreicht nicht ganz die Körperlänge. Spitz auslaufende Rükkenflosse im 1. Drittel der Schwanzflosse. Wird sehr selten gezüchtet.

Standard: Rundschwanz

Die Form der Schwanzflosse sollte einem Kreis entsprechen. Der Durchmesser beträgt ungefähr die halbe Körperlänge. Die Rückenflosse kann spitz oder rund auslaufen. Obwohl der Rundschwanz eine ältere Züchtung darstellt, ist er noch sehr verbesserungsbedürftig, vor allem in der Größe der Schwanzflosse. Wird möglicherweise daher sehr selten gezüchtet.

Standard: Spatenschwanz

Die Form der Schwanzflosse ähnelt einem walisischen Bergmannsspaten. Länge und Höhe sollten der halben Körperlänge entsprechen. Die Rückenflosse sollte eine breite Basis haben und spitz im Schwanzstielbereich enden. Wird nur selten gezüchtet.

1. Reihe:
Standard Untenschwert mit der Körperfarbe Stoerzbach-Metall. Bei dieser Körperfarbe handelt es sich um eine grünblaue metallische Färbung, die großflächig bis zum Maul reichen kann. Guter Standard.

2. Reihe links:
Standard Doppelschwert. Ein eleganter Fisch mit guten Proportionen. Besonders auffallend ist die kräftige Färbung der beiden Schwerter. Die Körperfarben sollten etwas kräftiger sein. Guter Standard.

2. Reihe rechts:
Standard Spatenschwanz. Gut proportionierter Fisch mit kräftiger Färbung.

3. Reihe links:
Standard Speerschwanz. Standardgerecht mit sehr guter Färbung. Bemerkenswert ist die intensive Färbung aller Flossen.

3. Reihe rechts:
Standard Nadelschwanz. Gute Proportionen. Eine gleichmäßigere Farbverteilung in den Flossen wäre wünschenswert.

4. Reihe links:
Standard Rundschwanz mit der Körperfarbe Snakeskin (Kobra). Das Körpermuster setzt sich harmonisch in Schwanz- und Rückenflosse fort. Die Schwanzflosse sollte, um dem Standard zu entsprechen, größer sein.

4. Reihe rechts:
Weibchen mit stark vergrößerter Schwanz- und Rückenflosse. Alle Flossen sind auffallend gefärbt. Bisher gibt es bei den Weibchen noch keine Einteilung in Standards.

Wie den einzelnen Bildtafeln zu entnehmen ist, sind die Kurzflosser im Körper kräftiger gefärbt als die Großflosser. Bei den Großflossern konzentriert sich die Farbe meist in der übergroßen Schwanzflosse, sowie in der Rückenflosse. Unklarheit herrscht momentan noch bei der Körperzeichnung Snakeskin, Kobra oder Filigran. Diese drei Begriffe werden nebeneinander benutzt, obwohl Unterschiede im Muster zu entdecken sind. Hier böte sich den engagierten Guppyzüchtern die Möglichkeit, einiges zur Klärung beizutragen. Es ist bisher nicht geklärt, ob es sich bei diesem Zeichnungsmuster um jeweils einen Erbfaktor handelt oder um mehrere, z. B. die Erbfaktoren Tigrinus und Zebrinus.
Ein interessantes Gebiet für den Guppyzüchter ist momentan die Züchtung von farbenprächtigen und großflossigen Gupyweibchen. Zahlreiche Farbvarianten gibt es hier bereits wie einige Abbildungen beweisen und auf internationalen Ausstellungen ist die Kategorie Weibchen zu einem festen Programmpunkt geworden.
Für den Aquarianer ist der Guppy Anfänger- und Problemfisch zugleich. Auf dem Sektor Vermehrung gibt es kaum Schwierigkeiten mit ihm. Anders sieht es jedoch aus, wenn man einen farbenprächtigen Guppymann erwirbt und nun annimmt, daß alle Nachkommen ebenso werden. In den meisten Fällen wird man hierbei eine Enttäuschung erleben. Wer jedoch jetzt nicht aufgibt, sondern nach den weiter vorne beschriebenen Regeln weitermacht, züchtet bald selbst solche Guppys, wie sie hier abgebildet sind.

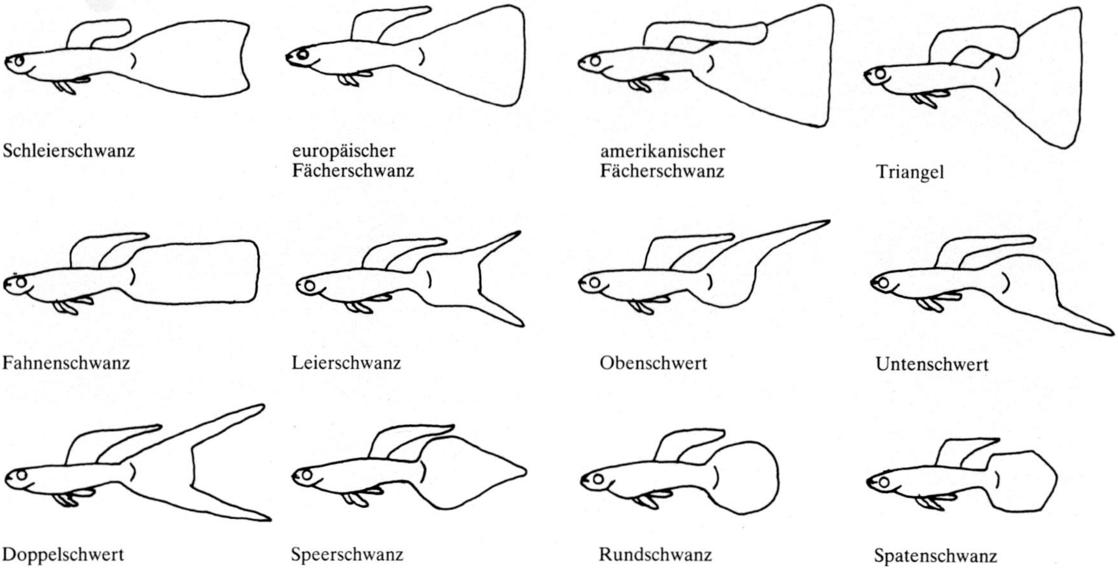

Abb. 9
Schematische Darstellung der wichtigsten Standardformen des Guppy.

Sonderformen

Um der Weiterentwicklung nicht im Wege zu stehen, sind auf den Ausstellungen auch sog. Sonderformen zugelassen. Hierbei handelt es sich meist um neu beobachtete Flossenformen, die noch nicht erbfest sind. Auch eine frühere Züchtung, wie der Nadelschwanz, der jahrelang nicht auf Ausstellungen zu sehen war, ist hierzu zu rechnen. Beim Nadelschwanz ist die Schwanzflosse in der Grundform rund. Die mittleren 3 Flossen sind verlängert, so daß der Eindruck einer Nadel entsteht. Die Form der Rückenflosse ist momentan noch variabel.

Weibchen

Da die Weibchen seit einigen Jahren mehr Farbe und veränderte Flossen zeigen, werden auch sie für die Ausstellungen attraktiver. Bisher liegen jedoch noch keine Standards vor. Rücken- und Schwanzflosse weisen die größte Variabilität auf.

Riesenguppy ♀

Bewertungs- und Punktetabelle

Insgesamt können 100 Punkte erreicht werden. Die nachfolgende Tabelle zeigt die Merkmale auf, die die Punktrichter, bei größeren Ausstellungen 3 bis 5, besonders beachten.

Schwanzflosse	Standard	40 Punkte
	Farbe	10 Punkte
Rückenflosse	Standard	15 Punkte
	Farbe	10 Punkte
Körper	Form	5 Punkte
	Größe	5 Punkte
	Farbe	10 Punkte
Vitalität		5 Punkte
	Insgesamt	100 Punkte

International bestehen Unterschiede in der Wertigkeit der einzelnen Merkmale. Amerikaner schätzen vor allem die Ausbildung der Flossen, was meist auf Kosten der Farbe und Schwimmfähigkeit geht, Engländer den Standardtyp, hier mangelt es manchmal an der Größe. Die Europäer versuchen durch engen Kontakt international einheitliche Richtlinien zu entwikkeln. Im Internationalen Kuratorium Guppy-Hochzucht (kurz IKGH) haben sich bereits 11 Länder zusammengeschlossen.

Molly-Zuchtformen

Zum Abschluß der Zuchtformen soll noch auf einige Molly-Zuchtformen eingegangen werden. An Farben und Formen weisen die Vertreter der früheren Gattung Mollienesia nicht soviele Variationen auf wie Schwertträger, Platy oder Guppy. Schwarz ist die vorherrschende Farbe, und der Leierschwanz die auffälligste Flossenform.

Black Molly

Die Entstehungsgeschichte des Black Molly ist etwas dubios. Der Züchter Crecenty aus New Orleans will ihn in mehrjähriger Auslese durch Kreuzungen zwischen *Poecilia sphenops* und *Poecilia formosa* entwickelt haben. Wie man aber weiß, gibt es von *P. formosa* nur Weibchen, die sich gynogenetisch fortpflanzen. Für die Praxis bedeutet dies, daß väterliches Erbgut nicht in die Nachkommen eingeht. Wahrscheinlicher ist, daß Crecenty verschiedene Rassen von *P. sphenops* gekreuzt und dann selektioniert hat. Schon in freier Natur lassen sich gescheckte bis schwarze Exemplare von allen Arten der früheren Gattung Mollienesia finden. 1930 gelangten die ersten Black Mollys nach Deutschland. Sie wurden zu einem der beliebtesten Aquarienfische überhaupt und sind heute noch in jedem Zoogeschäft zu bekommen. Wie auch bei vielen anderen Fischen, die in großen Massen gezüchtet werden, machen sich bei ihm Degenerationserscheinungen bemerkbar. Anfang der sechziger Jahre waren die meisten der im Handel erhältlichen Black Mollys sehr anfällig. Gemeinsame züchterische Anstrengungen haben dazu beigetragen, daß der Black Molly heute wieder dem Anfänger empfohlen werden kann.

Über den Erbgang der Schwarzfärbung, Scheckung und Leierschwanz hat Schröder 1964 ausführlich in den „Zoologischen Beiträgen“ berichtet. Interessant sind auch die Ausführungen von Angus (1983), der eine Abhängigkeit der Schwarzfärbung von der Wassertemperatur bei *Poecilia latipinna* nachweisen konnte.

P. sphenops („Black Molly“)

Poecilia latipinna, schwarze Form

Hochflossiger Black Molly

Mehrere Wege führten zu den hochflossigen Black Mollys. Crecenty erzielte die pechschwarzen Fische durch Verpaarung seines normalen Black Molly mit *Poecilia latipinna.* Diese Fische, die sich zusätzlich durch einen orangeroten oberen Rand der Rückenflosse auszeichnen, tragen auch den Händlernamen Mitternachts-Molly. Die schwarze Zuchtform von Sternke soll durch Inzucht von schwarzgefleckten *P. latipinna* aus Süd-Florida entstanden sein. Durch Einkreuzung von *P. sphenops* aus Yukatan erschien 1934 der sog. „Perma Black Molly" auf dem Markt. Etwa 10 Jahre später brachte Sternke unter dem Namen „Black Yukatan" eine überaus robuste neue Form des Black Molly heraus. In Deutschland hieß diese Züchtung auch „Schwarzer Velifera". Nach Sternke ist aber nicht, wie vielleicht der deutsche Name vermuten läßt, *P. velifera,* sondern *P. petenensis* mit eingekreuzt worden.

In die hochflossigen Formen dürfte mittlerweile auch Erbgut von *P. velifera* eingegangen sein.

Der schwarze Fahnen-Molly

Diese Zuchtform geht auf den chinesischen Züchter Yam Ming aus Singapur zurück. Unter seinen Black Mollys fand er Anfang der fünfziger Jahre ein Weibchen, dessen Schwanzflosse die Form einer Leier aufwies, daher auch der Name Lyratail. Darüber hinaus sind sämtliche Flossen größer und spitzer zulaufend, als die des normalen Black Molly. Durch Einkreuzung von *P. latipinna* und *P. velifera* konnte die Ausprägung dieses Merkmals noch gesteigert werden. Yam Ming züchtete schwarze, graue und gescheckte Fische mit dieser leierartigen Schwanzform. Laut Schröder (1964) vererbt sich dieser Faktor autosomal do-

minant. Reinerbige Lyrafische sollen nicht lebensfähig sein, er empfiehlt zur Nachzucht daher die Paarung Lyra × Nichtlyra, die unter den Nachkommen eine 1:1 Aufspaltung ergibt.

Bei den heutigen Formen des Black Molly läßt sich nicht mehr feststellen, ob es sich um Kreuzungen aus verschiedenen Arten und Rassen oder um durch Inzucht gefestigte Wildstämme handelt.

Albino-Molly

Seltene, aber attraktive Spielarten stellen die Albino-Mollys dar. Besonders eindrucksvoll sind die Albinos von *P. velifera*. Auch Albino-Mollys mit Lyra sollen bereits gezüchtet worden sein.

Albino-Molly, *P. velifera*

Poecilia latipinna × *sphenops* Lyratail

Weitere Molly-Zuchtformen

Neben den hier beschriebenen Zuchtformen finden sich in den Liebhaberaquarien noch weitere Farb- und Formvarianten. Es handelt sich hierbei meist um Bastarde verschiedener Zuchtformen, doch vereinzelt kann man auch bereits erbfeste Stämme beobachten. Im Zierfischhandel findet man momentan häufig silberfarbene Mollys und solche mit dem sogenannten Pfeffer- und Salz-Muster. Eine sehr seltene Form stellt der in Amerika gezüchtete Starburst-Molly dar, den man aufgrund seiner Färbung auch als Roten Molly bezeichnen könnte. Außer dem Black-Molly haben sich die anderen Zuchtformen nicht so durchsetzen können. Einerseits liegt dies sicherlich an den nicht so auffallenden Farben und andererseits sicher auch an dem langsameren Wachstum einzelner Molly-Arten. Z. B. braucht der Segelkärpfling mindestens ein Jahr zur Ausbildung seiner prächtigen Rückenflosse. Dementsprechend sind die Preise solcher Fische sehr hoch. Da er auch größere Aquarien als Guppy, Schwertträger oder Platy benötigt, findet man die Mollys nicht so häufig bei den Aquarianern wie die drei Erstgenannten. Für den Anfänger kann der sehr hübsche Liberty-Molly empfohlen werden.

Liberty-Molly

Wie aus den Beschreibungen der Arten und Populationen der Wildformen Lebendgebärender zu ersehen ist, leben sie in den natürlichen Biotopen unter oft erheblich voneinander abweichenden Bedingungen der Wasserbeschaffenheit und Temperatur. Im Aquarium sollte man daher ihren Bedürfnissen weitgehend entsprechen und damit für bestmögliche Unterbringung und Pflege sorgen. Die Vertreter der Lebendgebärenden sind allgemein anpassungsfähige und ausdauernde Pfleglinge. Grundvoraussetzung für ihr Wohlbefinden und ihre Gesunderhaltung ist ein regelmäßiger Teilwasserwechsel im Aquarium. Er sollte wöchentlich vorgenommen und ein Drittel des Beckeninhaltes durch Frischwasser ersetzt werden. Es ist ratsam, chlorhaltiges Leitungswasser eine Weile abstehen zu lassen, bis sich das Chlor verflüchtigt hat. Grundsätzlich kann gesagt werden, daß Leitungswasser zwischen 8° und 20° Gesamthärte (GH) von allen Arten der Lebendgebärenden gut vertragen wird. Der PH-Wert sollte zwischen 7,5 und 8,1 liegen. Die verträglichen Werte der Wassertemperatur liegen zwischen 22° und 28° C. Die meisten Arten leben in Gewässern von 24° bis 27°. Bei der Vergesellschaftung mehrerer lebendgebärender-Arten kann diesen Temperaturbedürfnissen auch in Aquarien leicht entsprochen werden. Ein Absinken der Temperatur unter die Durchschnittswerte wird von allen Wildformen für längere Zeit besser vertragen als eine längere Überschreitung der üblichen Temperatur. Die Ursache liegt mit darin, daß das Wasser mit steigender Temperatur ärmer an Sauerstoff wird. Aus den Biotopbeschreibungen ist ersichtlich, daß alle Arten der Gattungen Lebendgebärender in Gewässern mit einem hohen Sauerstoffgehalt leben. Zur Wasserpflege gehört auch die Filterung des Wassers durch einen leistungsstarken Filter. Er vermindert die Anreicherung des Aquarienwassers mit Schadstoffen erheblich, wenn das Filtermaterial periodisch, in nicht zu großen Abständen gewechselt wird. Dies hängt von der Größe des Beckens und dem Fischbesatz ab. In der Regel sollte die Filtermasse alle 2–4 Wochen durch neue ersetzt werden. Außer der Aufgabe, im Aquarium die Verschlechterung der Wasserqualität zu mindern, sorgt ein leistungsstarker Filter durch seinen Wasserrücklauf für Wasserbewegung. Diese wieder führt dem Wasser Sauerstoff zu. Als brauchbare und empfehlenswerte Filter können die mit einer Leistung von 200/l bis 300/l pro Stunde angesehen werden, wenn die Tiere in mittelgroßen Aquarien untergebracht sind. In dieser Leistungskategorie eignen sich besonders die pflegeleichten, mit wartungsfreiem Motor ausgestatteten Innenfilter. Diese empfehlen sich hauptsächlich für Becken von 40–80/l Inhalt. Die Inbetriebnahme eines Außenfilters, für größere Aquarien vorteilhafter, erfordert einiges mehr an Zeitaufwand bei der Reinigung. Es darf nicht versäumt werden, bei der Reinigung des Filters die Schlauchleitungen ebenfalls zu säubern. Besonders die Ausgangsleitung enthält eine Schicht von Abbaustoffen, die mit zunehmender Stärke immer mehr das Wasser belastendes Material in den Filter einbringt.

Die Fütterung

Sicherlich führen die meisten Aquarianer keine der Pflegetätigkeiten so intensiv durch wie die tägliche Fütterung ihrer Fische. Diese sollte sich mehr auf die Qualität als auf die Quantität beziehen. Die Nahrungsbedürfnisse der Fische sollten große Beachtung finden. Obgleich es Flockenfutter in vielerlei Zusammensetzung in bester Qualität der verschiedenen Herstellerfirmen gibt, ist eine ausschließliche Ernährung der Fische mit diesem nicht ratsam. Zur Gewährleistung eines kräftigen und gesunden Fischbestandes ist eine Gabe von Lebendfutter an zwei oder drei Tagen in der Woche erforderlich. Im Sommerhalbjahr sind die Wasserfloharten der Gattung Daphnia erhältlich. Sie können im Zoofachhandel bezogen oder aus Tümpeln und Teichen selbst beschafft werden. Im Herbst und Frühjahr sind die Hüpferlingsarten der Gattung Cyclops im Handel erhältlich oder aus Tümpeln und Teichen selbst zu besorgen. Auch weiße und rote Mückenlarven sind ein kräftiges, nahrhaftes Futter. Die Bachröhrenwürmer Tubifex sollten erst nach mehrtägiger Wässerung verfüttert werden. Sie müssen in fließendem Wasser, zutropfend oder schwach zufließend, gehältert werden. Weil diese Tiere in organisch stark belasteten Wässern leben, scheiden sie noch einige Tage ihren Darminhalt aus. Mit ihm gelangen giftige Zersetzungsstoffe ins Wasser. Wenn die Tubifex nach einigen Tagen verfüttert werden sollen, müssen sie nochmals unter fließendem Wasser gespült werden. Auch Mückenlarven sollten vor dem Verfüttern gespült werden. Wenn die Futtertiere nicht in schwach fließendem Wasser gehältert werden, muß das Wasser in den Gefäßen öfter durch frisches ersetzt werden, weil es durch absterbende Tiere faulig wird. Mangels lebenden Futters kann tiefgefrorenes Verwendung finden. Alle erwähnten Futtertiere sind in guten Fachgeschäften in dieser Form erhältlich. Wasserflöhe und weiße Mückenlarven müssen in solch kleinen Mengen ins Aquarium gegeben werden, wie sofort gefressen wird. Sie können sonst das Wasser schnell trüben und verderben. Bei roten Mückenlarven ist diese Gefahr nicht so groß. Gerne werden von den Fischen auch die vielfach gefriergetrockneten Futtertiere genommen. Wenn kein gesiebtes Lebendfutter für Jungtiere zur Verfügung steht, kann man sie mit zu Staub zerriebenen gefriergetrockneten Futterarten durchaus ausreichend für einige Zeit ernähren. Wichtig ist auch hierbei, daß verschiedenartig gefüttert wird. Zweckmäßig ist es ebenfalls, die Fische nicht täglich mit der gleichen Menge zu versorgen. Es kann ruhig einmal mehrmals täglich unterschiedliches Futter in einer Menge, die gleich verzehrt wird, gegeben, und dann ein Fastentag eingelegt werden. Eine tägliche Fütterung in gleicher Menge ist unnatürlich. Es sollte daran gedacht werden, daß Tiere in ihrem natürlichen Lebensraum ein ständig wechselndes Nahrungsangebot in Mengen und Beschaffenheit vorfinden. Erwachsenen lebendgebärenden Fischen macht eine Hungerperiode von 2–3 Wochen nichts aus. Es ist also ratsamer, während des Urlaubs die Tiere sich selbst zu überlassen, als sie von gutmeinenden Nachbarn oder mit der Materie wenig vertrauten Fremden pflegen zu lassen. Dies kann bei mangelnder Sachkenntnis nicht selten zu erheblichen Verlusten oder gar zum Totalverlust von Fischen und Pflanzen führen, indem Futtermengen, die nicht gefressen werden konnten, das Wasser in solchen Maßen belasteten, daß ein Leben darin nicht mehr möglich war. Es ist auch nicht ratsam, die Fütterung stets an der gleichen Stelle im Aquarium vorzunehmen. Meist sind dann die größten und stärksten Fische zuerst am Futter. Um den schwächeren Tieren die Chance zu geben, ans Futter zu gelangen, sollte dieses an verschiedenen Stellen in wechselnder Folge gegeben werden oder aber auf der gesamten Wasseroberfläche verteilt werden.

Größe und Einrichtung des Aquariums

Größe und Einrichtung eines Aquariums sind von vielerlei Faktoren abhängig. Die Bepflanzung wird in einem separaten Kapitel erörtert. Einmal spielt die Aufgabe, die es erfüllen soll, eine wesentliche Rolle. Beispielsweise, ob es als Gesellschaftsbecken gedacht, oder ob es als Artenbecken zur Unterbringung nur einer Fischart vorgesehen ist. In beiden Fällen ist auch maßgebend, ob es sich um kleine oder große Tiere handelt, die das Aquarium besiedeln sollen. Von wesentlicher Bedeutung ist auch die Platzfrage in der Wohnung. Sicher ist jedoch, daß man für die Unterbringung der Fische selten einen zu großen, oft aber einen zu kleinen Behälter hat. Für die Liebhaber von Wild- und Zuchtformen der viviparen Süßwasserfische ist es angebracht, mehrere Becken in Betrieb zu haben. Es sollte auf Reinhaltung der Arten der Wildformen geachtet werden. Für kleinere Arten, beispielsweise die Gattung *Gambusia,* ist in der Regel ein Aquarium von 40 l Inhalt völlig ausreichend. Für größere Arten, beispielsweise die Unterfamilie *Goodeinae,* sollte das Becken einen Mindestinhalt von 60 l haben. In allen Fällen wirkt ein gut bepflanztes, mit nur wenigen Fischen besetztes Becken nicht nur für den Betrachter schöner als ein stark – oder gar überbesetztes, sondern es dient auch dem Wohlbefinden seiner Insassen, weil die Wasserbelastung geringer ist. Zugleich widerspricht es den Gegebenheiten in Naturgewässern der Wildformen Lebendgebärender. Da die Bepflanzung des Aquariums in diesem Kapitel nicht behandelt wird, soll nur erwähnt werden, daß bei der Einrichtung mit Bodengrund die Bedürfnisse der Sumpf- und Wasserpflanzen berücksichtigt werden müssen. Als Bodengrund eignet sich grober Sand, feiner und mittelgrober Kies. Feiner Sand ist wegen der schlechten oder nicht möglichen Bodenzirkulation des Wassers unbrauchbar und sollte nur bei schreckhaften Fischen (zum Beispiel *Priapella*) Verwendung finden. In diesem Fall kämen Pflanzen in Töpfen mit entsprechendem Boden ins Aquarium. Ein dunkler Boden bildet stets einen guten Kontrast zu den Farben und Zeichnungen der Fische. Er ist den sehr hellen Körnungen vorzuziehen, weil diese den Fischen keine Sicherheit geben wie es bei dunklem Grund der Fall ist. Besonders dekorativ wirkt Lavakies in den verschiedenen Farbvarianten. Durch Steinaufbauten werden den Tieren zusätzliche Versteckplätze und Ruhezonen geschaffen und eine optimale, natürliche Vervollkommnung der Unterwasserlandschaft erreicht. Allerdings muß hinsichtlich der Steine einiges bedacht werden, weil sie den Chemismus des Aquariumwassers erheblich beeinflussen können. In Gebieten mit sehr weichem Wasser, das nicht für alle Arten geeignet ist, kann eine Anhärtung durch Kalksteine stattfinden. Auf keinen Fall dürfen Steine mit farblichen oder schimmernden Einschlüssen in das Becken gegeben werden. Es kann sich dann um Metallverbindungen handeln, die ihrerseits zu Vergiftungen der Fische führen können. Lavasteine, in unterschiedlichen Farben sehr dekorativ, sind stets verwendbar zur Gestaltung der Unterwasserlandschaft. Sehr beliebt sind Wurzeln. Jedoch ist bei ihrer Verwendung größte Vorsicht ratsam. Statt selbstgesammelten sollten besser die im Fachhandel angebotenen Moorkienwurzeln genommen werden. Auch diese dürfen nicht ohne jegliche Vorbehandlung ins Becken gelegt werden. Sie müssen zuvor vorsichtshalber ausgekocht oder wenigstens mehrmals mit kochendem Wasser übergossen werden. Danach müssen sie noch 1–2 Stunden in einem separaten Behälter gewässert werden. Bilden sich in dieser Zeitspanne keine schleimigen Beläge auf ihnen, können sie bedenkenlos Verwendung finden. Bei Nichtbeachtung dieser Vorsichtsmaßnahmen kann es im Aquarium zu einem gefährlichen Zersetzungsprozeß kommen. Grundsätzlich gilt für die Aquarieneinrichtung, daß der Pfleger genügend Einblick ins Becken haben muß, die Fische möglichst ihren natürlichen Lebensgewohnheiten entsprechend untergebracht werden und daß ausreichender Schwimmraum, je nach Art unterschiedlich, vorhanden ist.

Die Bepflanzung

Die Bepflanzung eines Aquariums mit lebendgebärenden Zierfischen richtet sich nach seinem Zweck. Auch ist sie von den darin gepflegten Fischen abhängig. Die meisten Aquarien sind Gesellschafts- oder Schmuckbehälter. Bei diesen ist man meistens um den Typ des sogenannten „holländischen Aquariums" bemüht. Das heißt, man will eine Vielzahl von Pflanzenarten gruppieren, die gut aufeinander abgestimmt sind, was Größe, Wuchsform, Blattgestaltung und Färbung betrifft. Für Aquarien mit lebendgebärenden Zierfischen eignen sich alle bekannten aquaristischen Schwimm-, Sumpf- und Wasserpflanzen. Sehr geeignet sind für diese Fische Pflanzen, die durch ihre Wuchsform dichte Knäuel bilden und nicht unbedingt im Boden wurzeln müssen. Sie bieten den Jungfischen ausgezeichnete Versteckmöglichkeiten vor den Nachstellungen der Alttiere. Es sei diesbezüglich an Najas-, Flodea-, Egeria- und Ceratophyllumarten erinnert. Allgemein sollten Aquarien, gleich welcher Größe, wie folgt bepflanzt werden:

Aufstrebende und hohe Pflanzen sollten stets den Hintergrund bilden sowie zur Seitenbepflanzung dienen. Sich mehr in die Breite entwickelnde und mittelgroße Arten dienen der Mittelgrundbepflanzung. Die Bepflanzung der Beckenmittelregion kann mit einer Gruppe aufstrebender Pflanzen aufgelockert werden. Auch kann man, hier spielt die Größe des Aquariums eine Rolle, den Mittelgrund mit einer oder mehreren Solitärpflanzen dekorativ gestalten. Mit niedrigen, am besten Ausläufer bildenden Arten, wird zweckmäßig der Vordergrund bepflanzt. Sehr wirkungsvolle Gestaltungseffekte lassen sich mit der Gattung Cryptocoryne erzielen, da diese Gattung eine Vielzahl der Arten verschiedener Größen für Hinter-, Mittel- und Vordergrundbepflanzung enthält. Keinesfalls sollte eine Bepflanzung planlos erfolgen. In Fachzeitschriften und spezieller Fachliteratur sind genügend Anregungen enthalten. Wichtig ist es, bei der Bepflanzung eines Beckens über Eigenschaften und Pflegeansprüche dieser Pflanzen informiert zu sein. Es ist darauf zu achten, daß die großen Arten die mittelgroßen und kleinen Arten nicht derart abschatten, daß sie an Lichtmangel zugrunde gehen. Auch kann ein Überhandnehmen einer Schwimmpflanzenart allen anderen im Aquarium befindlichen wurzelnden Pflanzen die lebenswichtige Lichtmenge allmählich derart reduzieren, daß ihre weitere Existenz fraglich wird. Der Lichteinfall in alle Regionen des Beckens wird durch regelmäßiges Kürzen schnellwachsender Pflanzen, beziehungsweise durch regelmäßige Entnahme von Schwimmpflanzen, konstant gehalten. Auch ist in der Bodenregion mittels Bepflanzung für ausreichende Zufluchtmöglichkeiten der Jungfische zu sorgen. Bei den in diesem Buch vorgestellten Tieren kann es je nach Art unterschiedlich sein, ob Jungtiere nach Verlassen des Mutterleibes die Wasseroberfläche oder den Beckengrund aufsuchen. Ein bepflanztes Aquarium erfordert ständig Pflegemaßnahmen durch ordnendes Eingreifen. Schnellwachsende oder gar wuchernde Pflanzen erfordern mehr Pflegearbeiten als schwachwüchsige. Naturgemäß muß bei stark aufstrebenden Pflanzen häufiger eingegriffen werden als bei solchen mit grundständigen Rosetten. Vor dem Einpflanzen sind Wurzeln größtenteils von den Pflanzen zu entfernen. Man beläßt nur soviele, wie erforderlich sind, um die Pflanze im Boden zu verankern. Dies muß deshalb praktiziert werden, weil nach dem Einpflanzen fast alle alten Wurzeln absterben. Sie werden durch sproßbürtige ersetzt. Die alten Wurzeln würden im Boden Fäulnisherde bilden. Bei Stecklingen muß ein Knoten in den Boden gelangen. Hier beginnt dann die Neubildung von Wurzeln. Die Blätter dieses Knotens sind zuvor zu entfernen. Bei Stecklingen und zarten Pflanzen empfiehlt es sich, eine Pinzette zu verwenden. Knollen und Rhizome können mit den Fingern in den Boden gedrückt werden. Die Einpflanztiefe ist nicht von besonderer Bedeutung. Durch ihr Wachstum regulieren sich die Pflanzen in die für sie günstigste Bodentiefe selbst ein. Allgemein muß gesagt werden, daß die Aquarienpflanzen recht anpassungsfähig sind, was Temperatur, Wasserbeschaffenheit und Lichtintensität betrifft. Unter den Aquarianern gibt es zahlreiche, die die sogenannten Biotopaquarien bevorzugen. Dies bedeutet, daß das Becken Fische und Pflanzen enthält, die auch in den natürlichen Lebensräumen gemeinsam in einem Gewässer leben. Ein kleines Artenaquarium, daß nur eine bestimmte Art von Lebendgebärenden beherbergt, kann auch geschmackvoll mit einer oder mehreren Pflanzenarten aus dem gemeinsamen natürlichen Lebensraum bepflanzt werden. Da sich die natürlichen Lebensräume lebendgebärender Zierfische von den südlichen USA bis hin nach Südamerika erstrecken, gibt es vielfältige Gestaltungsvarianten eines sogenannten Biotopaquariums. In diesem Verbreitungsgebiet sind die Gattungen Echinodorus, Bacopa, Cabomba, Najas, Myriophyllum, Vallisneria, Mayaca, Ceratophyllum, um die populärsten zu erwähnen, gesamt oder in Arten beheimatet. Eine äußerst wuchsfreudige Pflanzenneuheit für Biotopaquarien ist Trichocoronis rivularis, das mexikanische Eichenblatt. Diese Pflanze gelangte 1980 erstmals nach Europa. Sie wurde in der Fachliteratur ausführlich beschrieben und ist inzwischen populär geworden. Auf die recht große Anpassungsfähigkeit der Wasserpflanzen, die Temperatur betreffend, wurde schon hingewiesen. Doch sollten noch einige Anmerkungen Beachtung finden. Die Temperaturbedürfnisse der Aquarienpflanzen ergeben sich aus den Verhältnissen ihrer Heimatgebiete. Oft fehlen Angaben darüber, insbesondere über auftretende Schwankungen in den Heimatgewässern. Es gibt tropische Gewässer, die während des ganzen Jahres relativ hohe und konstante Temperaturen aufweisen. Beides finden die Pflanzen in Aquarien in der Regel vor. In subtropischen Gegenden herrschen erhebliche jahreszeitliche Temperaturschwankungen. Entschieden niedriger ist die Temperatur in tropischen wie subtropischen Gebirgen gegenüber den tieferen Gebieten. Die größten jahreszeitlichen wie tageszeitlichen Temperaturschwankungen treten in ganz flachen und stehenden Gewässern auf. Große Temperaturschwankungen nach oben oder unten, schaden den Pflanzen im Aquarium nicht. Bei ihrer Aquariumkultur jedoch muß die Temperatur speziell auf die zu haltenden Fische abgestimmt sein. Danach müßte sich eigentlich die Auswahl für die Beckenbepflanzung richten. Ein Erkennen der Temperaturgrenzwerte in beide Richtungen machen die Pflanzen selbst möglich. Allerdings wirken alle Umweltbedingungen im Aquarium als Komplex ein. Die richtige Temperatur kann sich auf die Bepflanzung nur dann richtig auswirken, wenn auch das Licht- und Nährstoffangebot optimal ist. Zu niedrige, länger anhaltende Temperatur wird durch Wachstumsstillstand und Blätterzerfall sichtbar. Es sind erste Anzeichen für ein später beginnendes Absterben. Längere zu hohe Temperatur zeigt sich wie Lichtmangel. Die Sproßachsen werden immer länger und es werden zu lange Internodien gebildet. Es kann allgemeingültig gesagt werden, die Bepflanzung eines Aquariums für lebendgebärende Zierfische betreffend, daß die Pflanzen Temperaturen zwischen 20° C und 25° C vertragen. Wobei 20° C das Minimum für tropische und suptropische Pflanzen bedeutet. 30° C sollte grundsätzlich als Höchstwert angesehen werden. Werte, die darüber liegen, sind nicht sinnvoll. Schon bald nach dem Bepflanzen eines Aquariums stellt man fest, daß der Zustand der Pflanzen mitunter sehr unterschiedlich ist. Man bemerkt üppig wachsende Bestände oder Einzelpflanzen. Man bemerkt aber auch kümmerlichen Wuchs. Deshalb sollte man nach der Bepflanzung des Aquariums Geduld haben. Zwischen beiden Extremen gibt es viele Übergänge.

adaptive Radiation	Anpassung an ökologische Nischen (bek. Beispiel: Darwinfinken auf den Galapagosinseln
adelphophag	sich von Geschwistern ernährend
adult	erwachsen
Allele	verschiedene Zustandsformen eines Gens
Alfatier (Alphatier)	dominierendes Tier einer Lebensgemeinschaft
Amnion	sog. Schafshaut; eine das Fruchtwasser umschließende Eihaut
Amplituden	Schwankungen
Anale	Afterflosse
Andropodium	Begattungsorgan der männlichen Goodeinae und Hemirhampinae
Anus	After
Autosomen	alle Chromosomen mit Ausnahme der Geschlechtschromosomen
Baseosten	kugelartig geformte Gelenkvorrichtung
Binom	zweigliedriger Name
Biotop	Lebensraum
Choanen	Nasenöffnungen
Chorion	sog. Zottenhaut; eine Eihaut, die sich an das Amnion anschließt
Chromosomen	Träger der Erbanlagen
Crossing-over	Austausch von Chromosomenabschnitten
Caudale	Schwanzflosse
determinieren	bestimmen
Detritus	Schwebe- und Sinkstoffe in Gewässern
Diapause	zeitweilige Verlangsamung der Embryonalentwicklung
dominant	überdeckend
Dorsale	Rückenflosse
Endemiten	Tier- und Pflanzenarten, die nur in einem bestimmten Gebiet zu finden sind
Epidermis	Oberhaut
Epithelgewebe	geschlossene, meist einschichtige Zellverbände; zahlreiche unterschiedliche Typen
Evolution	fortschreitende Entwicklung der Lebewesen
Fertilität	Fruchtbarkeit
Follikel	Bläschen
Gen	Erbmerkmal
Genetiker	Wissenschaftler der Vererbungslehre
Genitalpapille	geschwulstartige Ausstülpung an der Geschlechtsöffnung
Genotyp	Gesamtheit der Erbanlagen eines Individuums
Genus	Gattung
Gonapophysen	Halte- und Übertragungseinheit des Suspensoriums
Gonopodium	Begattungsorgan der männlichen Poeciliinae und Anablepinae
Gonosomen	Geschlechtschromosomen
Gynogenese	die Eizellen benötigen Spermien als Anreiz zur Entwicklung, ohne daß das Erbgut dieser Spermien jedoch in das neue Individuum eingeht. Beispiel: Poecilia formosa
Habitat	Wohngebiet einer Tierart
Herbivoren	Pflanzenfresser
Hormone	körpereigene Wirkstoffe, die von Drüsen produziert werden
hypertrophisch	vergrößert
Ichthyologe	Fischkundler
Inkompatibilität	Unverträglichkeit
Interhämalstacheln	Stütz- und Lenkvorrichtung des Gonopodiums
juvenil	jugendlich
Kapillare	kleines Blutgefäß
Karnivoren	Fleischfresser
konkav	nach innen gewölbt
Konvergenz	Ähnlichkeit im Aussehen, in der Lebensweise oder Funktion von Organen bei nicht verwandten Organismen

lateral	seitlich
Melanome	bösartige schwarze Geschwülste
Melanophoren	braune oder schwarze Farbzellen
Meristische Angaben	Maßangaben
modifizieren	verändern
monogen	ein Erbfaktor
Monographie	Einzeldarstellung
monotypische Gattung	Gattung besteht nur aus einer Art
Morphe	Gestalt
morphologisch	das Aussehen betreffend
Mutation	eine sprunghafte Veränderung des Erbgutes
Nomenklatur	Zusammenstellung von Fachausdrücken und Regeln
Nominatform	namengebende Form
Ökologie	Erforschung der Beziehungen zwischen Lebewesen und Umwelt
Omnivoren	Allesfresser
oophag	sich von Eiern ernährend
Opercular	Deckknochen des Unterkiefers
Ovar, Ovarium	Eierstock
Ovidukt	Eileiter
ovovivipar	eilebendgebärend
Parthenogenese	Jungfernzeugung
Pectorale	Brustflosse
Phänomen	bemerkenswerte Erscheinung
Phänotyp	das Aussehen eines Individuums
Pigment	Farbstoff
Placenta	Mutterkuchen
polygen	mehrere Erbfaktoren
Population	Gesamtheit der Individuen einer Art oder Rasse in einem begrenzten Bereich
Revalidisierung	Wiedererrichtung
Reliktart	Restvorkommen einer Art
Revision	Änderung einer Ansicht
rezessiv	unterdrückt, rezessive Merkmale treten nur im reinerbigen Zustand in Erscheinung
Sediment	Ablagerung
Selektion	Auslese
Spermatozoen (Spermien)	männliche Keimzellen (Samenfäden)
subadult	halbwüchsig
Subgenus	Unterart
Sulfat	Salz der Schwefelsäure
Suspensorium	Gesamtheit des inneren Bewegungsmechanismus des Gonopodiums
sympatrisch	gemeinsam vorkommend
Synonyme	sinnverwandte Begriffe
Systematik	planmäßige Darstellung
Taxon, Taxa	Art, Arten
transversal	querverlaufend
tricuspid	dreigezackt
Trophotaenien	Nährschnüre, vergleichbar der Nabelschnur der Säuger
Typuslokalität	erster Fundort einer Art
Ubiquist	Tier- oder Pflanzenart, die sich rasch neuen Lebensräumen anpaßt
unicuspid	einfach gezackt
Varietät	Spielart
Ventrale	Bauchflosse
vivipar	lebendgebärend

Alvarez, J., 1959: Contribución al conocimiento del género Neoophorus. Ciencia, Méx. 19 (1–3): pp. 13–22.

Alvarez, J., 1963: Ictiologia Michoacana. 3. – Los peces de San Juanico y de Tocumbo, Michoacan. Ann. Esc. Nac. Cienc. Biol. 12 (1–4): pp. 111–138.

Alvarez, J. und M. T. Cortéz, 1962: Ictiologia Michoacana. 1. – Claves y catálogo de las especies conocidas. Ibid. 12 (1–4): pp. 85–142.

Alvarez, J. und L. Navarro, 1957: Los peces del Valle de México. Secretaria de Marina. Direcc. de Pesca: 62 pp.

Bean, T. H., 1887: Descriptions of five new species sent by Prof. A. Duges from the province of Guanajuato, Mexico. Proc. U. S. Nat. Mus. 10: pp. 370–375.

Brembach, M., 1976: Anatomische Beiträge zur Systematik lebendgebärender Halbschnäbler. Z. zool. Syst. Evolut.-forsch. Bd. 14 (3): pp. 169–177.

Bussing, W. A., 1963: A new poeciliid fish, Phallichthys tico, from Costa Rica. Los Angeles Co. Mus. Contr. in Sci. 77: pp. 1–13.

Chernyayev, Zh. A., 1974: Morphological and ecological features of the „Big Golomyanka“ or Baikal oil-fish (Comephorus baicalensis). J. Ichthyol. 14: pp. 856–868.

Cohen, D. M., 1964: A review of the ophidioid fish genus Oligopus with the description of a new species from West Africa. Proc. U. S. Natl. Mus. 116: pp. 1–22.

De Buen, F., 1942: Los peces de agua dulce de la familia Goodeidae. Bol. Biol. Lab. Univ. Puebla (Méx.) 11 (3): pp. 111–148.

Fink, W. L., 1971: A revision of the Gambusia puncticulata complex. Publ. Gulf Coast Res. Lab. Mus., 2: pp. 11–46.

Fink, W. L., 1971: A revision of the Gambusia nicaraguensis species group. Ibid., 2: pp. 47–77.

Fitzsimons, J. M., 1972: A Revision of Two Genera of Goodeid Fishes from the Mexican Plateau. Copeia (4): pp. 728–756.

Fitzsimons, J. M., 1974: Morphological and behavioral intermediacy in hybrids of two species of goodeid fishes from México. Copeia (4): pp. 848–855.

Fitzsimons, J. M., 1976: Ethological isolating mechanisms in goodeid fishes of the genus Xenotoca. Bull. So. Calif. Acad. Sci. 75: pp. 84–99.

Fitzsimons, J. M., 1979: Status of the nominal species of the fish genus Xenoophorus from México. Occ. Pap. Mus. Zool. Univ. Louisiana (51): pp. 1–18.

Garman, S., 1895: The cyprinodonts. Mem. Mus. Comp. Zoöl., 19 (1): pp. 1–179.

George, A. und V. G. Springer, 1980: Revision of the clinid tribe Ophiclinini including five new species, and a definition of the family Clinidae. Smithson. Contrib. Zool., 252: pp. 1–31.

Greenfield, D. W., T. A. Greenfield und D. M. Wildrick, 1982: The Taxonomy and Distribution of the Species of Gambusia in Belize, Central America. Copeia (1): pp. 128–147.

Grier, H. J., J. M. Fitzsimons und J. R. Linton, 1978: Structure and Ultrastructure of the Testis and Sperm Formation in Goodeid Teleosts. J. Morphology, 156 (3): pp. 419–438.

Henn, A. W., 1916: On various South American poeciliid fishes. Ann. Carnegie Mus., 10 (1–2): pp. 93–142.

Hildebrand, S. F., 1938: A new catalogue of the fresh-water fishes of Panama. Field Mus. Nat. Hist., zool. ser., 22 (4): pp. 217–359.

Hubbs, C. L., 1926: Studies of the fishes of the order Cyprinodontes. 6. Misc. Publ. Mus. Zool. Univ. Michigan, (16): pp. 1–86.

Hubbs, C. L., 1932: Studies of the Fishes of the Order Cyprinodontes. 11. Zoogoneticus zonistius, a New Species from Colima, Mexico. Copeia (2): pp. 68–71.

Hubbs, C. L., 1936: Fishes of the Yucatan Peninsula. Publ. Carnegie Inst. Washington, (457): pp. 157–287.

Hubbs, C. L. und R. R. Miller, 1954: Studies of cyprinodont fishes. 21. Glaridodon latidens, from northwestern Mexico, redescribed and referred to Poeciliopsis. Zoologica, 39 (1): pp. 1–12.

Hubbs, C. L. und C. L. Turner, 1939: Studies of the fishes of the order Cyprinodontes. 16. A revision of the Goodeidae. Misc. Publ. Mus. Zool. Univ. Mich., 42: pp. 1–80.

Hubbs, C., 1959: Population analysis of a hybrid swarm between Gambusia affinis and G. heterochir. Evolution, 13 (2): pp. 236–246.

Hubbs, C. und A. E. Peden, 1969: Gambusia georgei sp. nov. from San Marcos, Texas. Copeia (2): pp. 357–364.

Hubbs, C. und V. G. Springer, 1957: A revision of the Gambusia nobilis species group, with descriptions of three new species, and notes on their variation, ecology, and evolution. Texas Jour. Sci., 9 (3): pp. 279–327.

Kallman, K. D., 1964: Genetics of Tissue Transplantation in Isolated Platyfish Populations. Copeia (3): pp. 513–522.

Kingston, D. I., 1980: Eye-color changes during aggressive displays in the goodeid fishes. Copeia (1): pp. 169–171.

Locket, N. A., 1980: Some advances in coelacanth biology. Proc. Roy. Soc. London, B, 208: pp. 265–307.

Lowe-Mc Connell, R. H., 1975: Fish communities in tropical freshwaters: their distribution, ecology, and evolution. Longman, New York.

Lüling, K. H., 1951: Zur intraovarialen Entwicklung und Embryologie des Rotbarsches (Sebastes marinus L.) Zool. Jahrb., Abt. Anat. 71: pp. 145–288.

Lüling, K. H., 1976: Der untere Jaguaripe vor der Mündung in den Atlantik (Gezeitenzone) und seine charakteristischen Fische (Salvador-Bahia, Ostbrasilien). Zool. Anz., Jena 197: pp. 335–355.

Meek, S. E., 1902: A contribution to the ichthyology of Mexico. Publ. Field Columbian Mus., zool. ser., 3 (6): pp. 63–128.

Meek, S. E., 1904: The fresh-water fishes of Mexico north of the Isthmus of Tehuantepec. Ibid., zool. ser., 5: pp. 1–252.

Meek, S. E., 1912: New species of fishes from Costa Rica. Ibid, zool. ser., 10 (7): pp. 69–75.

Meek, S. E. und S. F. Hildebrand, 1916: The fishes of the fresh waters of Panama. Publ. Field Mus. Nat. Hist., zool. ser., 10 (15): pp. 217–374.

Mendoza, G., 1958: The fin fold of Goodea luitpoldi, a viviparous cyprinodont teleost. J. Morph., 103: pp. 539–560.

Mendoza, G., 1965: Sexual Dimorphism in the Dorsal Fins of Ollentodon and Skiffia, Mexican Goodeid Teleosts. Academy Science, Iowa, 72: pp. 469–477.

Menzel, B. W. und R. M. Darnell, 1973: Systematics of Poecilia mexicana in Northern Mexico. Copeia (2): pp. 225–237.

Meyer, M. K., 1983: Xiphophorus-Hybriden aus Nord-Mexiko, mit einer Revision der Taxa X. kosszanderi und X. roseni. Mit einer brieflichen Mitteilung von Dr. S. Contreras – Balderas zur Problematik der Xiphophorus-Hybridisierungen von Monterrey. Zool. Abh. Mus. Tierk., Dresden, 38 (18): pp. 285–291.

Meyer, M. K. und W. Foerster, 1983: Eine neue Ilyodon-Art aus Guerrero Mexiko. Zool. Abh. Mus. Tierk., Dresden, 38 (16): pp. 257–263.

Meyer-Rochow, V. B., 1970: Cataetyx memoriabilis n. sp. – ein neuer Tiefsee-Ophidiidae aus dem südöstlichen Atlantik. Abh. Verh. Naturwiss., 14: pp. 37–53.

Miller, R. R., 1974: Mexican species of the genus Heterandria, subgenus Pseudoxiphophorus. Trans. San Diego Soc. Nat. Hist., 17 (17): pp. 235–250.

Miller, R. R., 1975: Five new species of mexican poeciliid fishes of the genera Poecilia, Gambusia, and Poeciliopsis. Occ. Pap. Mus. Zool. Univ. Mich., 672: pp. 1–44.

Miller, R. R., 1979: Ecology, Habits and Relationships of the Middle American Cuatro Ojos, Anableps dowi. Copeia (1): pp. 82–91.

Miller, R. R. und J. M. Fitzsimons, 1971: Ameca splendens, a New Genus and Species of Goodeid Fish from Western México, with Remarks on the Classification of the Goodeidae. Copeia (1): pp. 1–13.

Miller, R. R. und W. L. Minckley, 1970: Gambusia aurata, a new species of poeciliid fish from northeastern Mexico. Southwestern Nat., 15 (2): pp. 249–259.

Miller, R. R. und T. Uyeno, 1980: Allodontichthys hubbsi, a new species of goodeid fish from southwestern México. Occ. Pap. Mus. Zool. Univ. Mich., 692: pp. 1–13.

Minckley, W. L., 1968: Preliminary Limnologic Information on Waters of the Cuatro Ciénegas Basin, Coahuila, Mexico. Southwestern Naturalist 13 (4): pp. 421–431.

Minckley, W. L., 1969: Environments of the Bolsón of Cuatro Ciénegas, Coahuila, Mexico., Science Series, Texas Western Press, El Paso, (2): pp. 1–65.

Mohr, E., 1936: Hemirhamphiden-Studien 4–6. Mitt. Zool. Mus. Berlin, 21: pp. 34–64.

Moser, H. G., 1967b: Seasonal histological changes in the gonads of Sebastodes paucispinis Ayers, an ovoviviparous teleost. J. Morphol., 123: pp. 329–353.

Nelson, G. G., 1975: Anatomy of the Male Urogenital Organs of Goodea atripinnis and Characodon lateralis and G. atripinnis Courtship. Copeia (3): pp. 475–482.

Nichols, J. T., 1915: On Heterandria zonata sp. nov. and Heterandria versicolor (Günther) from the Island of Santo Domingo. Bull. Amer. Mus. Nat. Hist., 34: pp. 603–604.

Nielsen, J. G., 1968: Redescription and reassignment of Parabrotula and Leucobrotula. Vidensk. Meddr. dansk. naturh. Foren, 131: pp. 225–250.

Parenti, L. R., 1981: A phylogenetic and biogeographic analysis of Cyprinodontiform fishes. Bull. Am. Museum Nat. Hist., 168: pp. 335–557.

Penrith, M. L., 1969: The systematics of the fishes of the family Clinidae in Southern Africa. Ann. S. Afr. Mus., 55: pp. 1–121.

Peters, N., G. Peters, J. Parzefall und H. Wilkens, 1973: Über degenerative und konstruktive Merkmale bei einer phylogenetisch jungen Höhlenform von Poecilia sphenops. Int. Revue ges. Hydrobiol., 58 (3): pp. 417–436.

Phillips, J. B., 1964: Life history studies on ten species of rockfish (Genus Sebastodes) Calif. Dept. Fish and Game, Fish Bull., 126: pp. 1–70.

Radda, A. C., 1976: Die Poeciliiden-Fauna von Haiti. Aquaria, 23: pp. 85–96.

Radda, A. C., 1977: Poeciliiden-Studien an der Costa von Peru und Ecuador. Ibid., 24: pp. 175–183.

Radda, A. C., 1978: Über einige aquaristisch neue Poeciliiden aus Mittelamerika. Ibid., 25: pp. 21–27.

Radda, A. C., 1979: Poeciliiden-Studien in Guatemala. Ibid., 26: pp. 21–30.

Radda, A. C., 1979: Synopsis der Gattung Gambusia POEY. Ibid., 26: pp. 57–70.

Radda, A. C., 1979: Die Tribus Cnesterodontini eine Übersicht. Ibid., 26: pp. 129–134.

Radda, A. C., 1980: Poeciliiden-Studien in der Dominikanischen Republik. Ibid., 27: pp. 1–13.

Radda, A. C., 1980: Synopsis der Gattung Xiphophorus HECKEL. Ibid., 27: pp. 39–44.

Radda, A. C., 1980: Poeciliiden-Studien im karibischen Raum. Ibid., 27: pp. 77–88.

Radda, A. C., 1981: Synopsis der Gattung Brachyrhaphis REGAN. Ibid., 28: pp. 177–184.

Radda, A. C., 1984: Studien an cyprinodonten Fischen in Mexiko. Reisen 1978 und 1979. Ibid., 31: pp. 7–16.

Radda, A. C., 1984: Studien an cyprinodonten Fischen in Mexiko. Reisen 1982 und 1983. Ibid., 31: pp. 24–32.

Radda, A. C. und M. K. Meyer, 1981: Revalidisierung der Gattung Xenophallus HUBBS. Ibid., 28: pp. 115–118.

Regan, C. T., 1913b: A revision of the cyprinodont fishes of the subfamily Poeciliinae. Proc. Zool. Soc. London, 11: pp. 977–1018.

Riehl, R., A. Holl und E. Schulte, 1978: Morphologische und feinstrukturelle Untersuchungen an dem Gonopodium von Heterandria formosa Agassiz, 1853. Zoomorphologie, 91: pp. 133–146.

Rivas, L. R., 1958: The origin, evolution, dispersal, and geographical distribution of the Cuban poeciliid fishes of the tribe Girardinini. Proc. Amer. Phil. Soc., 102 (3): pp. 281–320.

Rivas, L. R., 1963: Subgenera and species groups in the poeciliid fish genus Gambusia POEY. Copeia (2): pp. 331–347.

Rivas, L. R., 1969: A revision of the poeciliid fishes of the Gambusia punctata species group, with descriptions of two new species. Ibid., (4): pp. 778–795.

Rivas, L. R., 1978: A new species of poeciliid fish of the genus Poecilia from Hispaniola, with reinstatement and redescription of Poecilia dominicensis (Evermann and Clark), Northeast Gulf Sci., 2 (2); pp. 98–112.

Rivas, L. R., 1980: Eight new species of poeciliid fishes of the genus Limia from Hispaniola. Ibid., 4 (1): pp. 28–38.

Rivas, L. R., 1982: Character displacement and coexistence in two poeciliid fishes of the genus Poecilia (Mollienesia) from Hispaniola. Ibid., 5 (2): pp. 1–24.

Romero, H., 1967: Catálogo sistemático de los peces del alto Lerma con descripción de una nueva especie. An. Esc. Nac. Cienc. Biol. Méx., 14: pp. 47–80.

Rosenblatt, R. H. und L. R. Taylor, 1971: The Pacific species of the clinid fish tribe Starksiini. Pacific Science, 25: pp. 436–463.

Rosen, D. E., 1964: The relationships and taxonomic position of the halfbeaks, killifishes, silversides, and their relatives. Bull. Amer. Mus. nat. Hist., 127: pp. 217–268.

Rosen, D. E., 1979: Fishes from the uplands and intermontane basins of Guatemala: Revisionary studies and comparative geography. Ibid., 162: pp. 267–376.

Rosen, D. E. und R. M. Bailey, 1963: The poeciliid fishes (Cyprinodontiformes), their structure, zoogeography, and systematics. Bull. Amer. Mus. nat. Hist., 126: pp. 1–176.

Rosen, D. E. und K. D. Kallman, 1969: A new fish of the genus Xiphophorus from Guatemala, with remarks on the taxonomy of endemic forms. Amer. Mus. Novitates, 2379: pp. 1–29.

Rosen, D. E. und L. R. Parenti, 1981: Relationships of Oryzias, and the Groups of Atherinomorph Fishes. Amer. Mus. Novitates, 2719: pp. 1–25.

Schultz, R. J. und R. R. Miller, 1971: Species of the Poecilia sphenops complex in México. Copeia, (2): pp. 282–290.

Smith, M. L. und R. R. Miller, 1980: Allotoca maculata, a new species of goodeid fish from western México, with comments on Allotoca dugesi. Copeia, (3): pp. 408–417.

Smith, C. L., C. S. Rand, B. Schaeffer und J. W. Atz, 1975: Latimeria, the living coelacanth is ovoviviparous. Science, 190: pp. 1105–1106.

Suarez, S. S., 1975: The reproductive biology of Ogilbia cayorum, a viviparous brotulid fish. Bull. Mar. Sci. 25: pp. 143–173.

Turner, C. L., 1933: Viviparity Superimposed upon Ovoviviparity in the Goodeidae, a Family of Cyprinodont Teleost Fishes of the Mexican Plateau. J. Morph., 55: pp. 207–251.

Turner, C. L., 1937: The Trophotaeniae of the Goodeidae, a Family of Viviparous Cyprinodont Fishes. Ibid., 61: pp. 495–523.

Turner, C. L., 1946: A Contribution to the Taxonomy and Zoogeography of the Goodeid Fishes. Occ. Pap. Mus. Zool. Univ. Mich., 495: pp. 1–15.

Turner, C. L., 1947: Viviparity in teleost fishes. Sci. Monthly 65: pp. 508–518.

Turner, C. L., 1952: An accessory respiratory device in embryos of the embiotocid fish, Cymatogaster aggregata, during gestation. Copeia, (1); pp. 146–147.

Uyeno, T., R. R. Miller und J. M. Fitzsimons, 1983: Karyology of the Cyprinodontoid Fishes of the Mexican Family Goodeida. Copeia, (2): pp. 497–510.

Whitley, G. P., 1951: New fish names and records. Proc. Roy. Zool. Soc. New South Wales, 1949–1950: pp. 61–68.

Wiebe, J. P., 1968: The reproductive cycle of the viviparous seaperch, Cymatogaster aggregata Gibbons. Can. J. Zool. 46: pp. 1221–1234.

Wourms, J. P., 1981: Viviparity: The maternal-fetal relationship in fishes. Amer. Zool., 21: pp. 473–515.

Zander, C. D., 1967: Ökologische und morphologische Beiträge zur Systematik und geographischen Verbreitung der Gattung Xiphophorus. Mitt. Hamburg. Zool. Mus. Inst., 64: pp. 87–125.

Bücher und Broschüren

Brembach, M.: Lebendgebärende Fische im Aquarium, Kosmos-Verlag, Reihe: Das Vivarium. Stuttgart, 1979.

Frank, S.: Das große Bilderlexikon der Fische, Bertelsmann-Verlag. Wien, 1975.

Gärtner, G.: Zahnkarpfen – die Lebendgebärenden im Aquarium. Ulmer-Verlag. Stuttgart 1981.

Jacobs, K.: Die lebendgebärenden Fische der Süßgewässer. Harri Deutsch-Verlag. Frankfurt/Zürich 1969.

Plöger-Brembach, K.: Lebendgebärende. Kernen-Verlag. Stuttgart 1982.

Riehl, R. und H. A. Baensch: Aquarien Atlas, Mergus Verlag, Melle, 4. Auflage 1984

Anders, F., K. Klinke und U. Vielkind (1972): Genregulation und Differenzierung im Melanomsystem der Zahnkärpflinge. Biologie in unserer Zeit 2, 35–66.

Angus, R. A. (1983): Genetic analysis of melanistic spotting in sailfin mollies, The Journal of Heredity 74, 81–84.

Arnold, J. P. (1912): Über Melanismus bei den lebendgebärenden Zahnkarpfen. Wochenschrift Aquarien-Terrarienkunde 9, 377–379.

Becker-Carus, C. (1965): Untersuchungen zur Phänogenese von Melanophorenmustern bei Zahnkarpfen. Zeitschrift für wissenschaftliche Zoologie A 172, 37–103.

Bellamy, A. W. (1922): Breeding Experiments with the Viviparous Teleosts, Xiphophorus helleri and Platypoecilus maculatus. The Anatomical Record 23, 98–99.

Breider, H. (1934): Die Besamungsfolge bei den lebendgebärenden Zahnkarpfen. Zoologischer Anzeiger 106, 277–283.

Breider, H. (1935): Albino-Schwertfische. Wochenschrift für Aquarien- und Terrarienkunde 32, 131–132.

Breider, H. (1950): Vom Arnold-Helleri und Wagtail-Platy. Deutsche Aquarien- und Terrarien-Zeitschrift 3, 101–103.

Dzwillo, M. (1959): Genetische Untersuchungen an domestizierten Stämmen bei Lebistes reticulatus (Peters). Mitt. Zool. Inst. Mus. Hamburg 57, 143–186.

Foerster, W. und F. Anders (1977): Zytogenetischer Vergleich der Karyotypen verschiedener Rassen und Arten lebendgebärender Zahnkarpfen der Gattung Xiphophorus, Zool. Anz., Jena 198, 167–177.

Frank, D. (1964): Vergleichende Verhaltensstudien an lebendgebärenden Zahnkarpfen der Gattung Xiphophorus. Zoologische Jahrbücher für allgemeine Zoologie und Physiologie 71, 117–170.

Gordon, M. (1942): Mortality of Albino Embryos and Aberrant Mendelian Ratios in Certain Broods of Xiphophorus helleri. Zoologica (New York) 27, 73–74.

Gordon, M. (1951): How the Bleeding-heart Platy was „invented". Animal Kingdom 54, 43–46.

Jacobs, K. (1977): Vom Guppy, dem Millionenfisch. Landbuch-Verlag.

Kallman, K. D. (1965): Genetics and Geography of Sex Determination in the Poeciliid Fish, Xiphophorus maculatus. Zoologica (New York) 50, 151–190.

Kammerzell, F. (1918): Über Gelbfärbung bei Platypoecilus maculatus rote Varietät. Wochenschrift für Aquarien- und Terrarienkunde 15, 115–116.

Kosswig, C. (1930): Die Geschlechtsbestimmung bei den Bastarden von Xiphophorus helleri und Platypoecilus maculatus und deren Nachkommen. Zeitschrift für induktive Abstammungs- und Vererbungslehre 54, 263–267.

Kosswig, C. (1935): Über Albinismus bei Fischen. Zoologischer Anzeiger 110, 41–47.

Krasper, E. (1921): Ein neuer Xiphophorus, der gelbe Schwertträger. Blätter für Aquarien- und Terrarienkunde 32, 18–19.

Petzold, H.-G. (1968): Der Guppy. A. Ziemsen Verlag, Wittenberg Lutherstadt.

Schreitmüller, W. (1934): Totalalbinos von Xiphophorus helleri Heckel und xanthoristische Lebistes reticulatus Peters. Zool. Anz. 106, 333–334.

Schröder, J. H. (1964): Genetische Untersuchungen an domestizierten Stämmen der Gattung Mollienesia (Poeciliidae). Zool. Beiträge 10, 369–463.

Schröder, J. H. (1974): Vererbungslehre für Aquarianer. Franckh'sche Verlagshandlung.

Winge, Ö. und Ditlevsen, E. (1948): Colour inheritance and sex determination in Lebistes. C. R. Trav. Labor, Carlsberg, Ser. physiol. 24, 227–248.

Zander, C. D. (1961): Künstliche Befruchtung bei lebendgebärenden Zahnkarpfen. Zool. Anz. 166, 81–87.

Adressen der wichtigsten Vereine

Deutsche Guppy-Föderation e.V.
Arbeitskreis Guppy
Geschäftsführer:
Franz-Peter Müllenholz
Gerolsteiner Str. 125
D–5000 Köln 41

Deutsche Gesellschaft
für Lebendgebärende Zahnkarpfen e.V.
Geschäftsadresse:
Hermann Tunnat
Schimmelreiterstraße 133
D–2167 Düdenbüttel

Adresse des Redakteurs

Manfred K. Meyer
Schwalheimer Hauptstr. 22
D–6350 Bad Nauheim 6

Verzeichnis der gültigen Fischnamen und *Synonyma*

Acanthophacelus bifurcus 298
Acanthophacelus guppii 303
Acanthophacelus melanzonus 298
Acanthophacelus melanzonus 301
Acanthophacelus reticulatus 302
Adinia dugesii 77
Alfaro acutiventralis 131
Alfaro amazonum 131
Alfaro cultratus 131
Alfaro huberi 132
Allodontichthys hubbsi 70
Allodontichthys tamazulae 72
Allodontichthys zonistius 73
Allodontium cubense 204
Allogambusia cana 253
Allogambusia tridentiger 254
Alloheterandria caliensis 343
Alloheterandria nigroventralis 347
Alloophorus regalis 75
Alloophorus robustus 76
Alloophorus zonistius 73
Allophallus kidderi 150
Allopoecilia caucana 279
Allotoca dugesi 77
Allotoca dugèsii 77
Allotoca maculata 79
Allotoca vivipara 77
Ameca splendens 80
Anableps anableps 60
Anableps anonymus 60
Anableps dowi 62
Anableps elongatus 63
Anableps gronovii 60
Anableps lineatus 60
Anableps microlepis 63
Anableps surinamensis 60
Anableps tetrophthalmus 60
Ataeniobius toweri 82
Aulophallus elongatus 316
Aulophallus kidderi 150
Aulophallus retropinna 331
Balsadichthys whitei 103
Balsadichthys xantusi 103
Belonesox belizanus 134
Belonesox belizanus maxillosus 134
Brachyrhaphis cascajalensis 137
Brachyrhaphis episcopi 139
Brachyrhaphis hartwegi 141
Brachyrhaphis holdridgei 142
Brachyrhaphis olomina 146
Brachyrhaphis parismina 143
Brachyrhaphis punctifer 144
Brachyrhaphis rhabdophora 145
Brachyrhaphis terrabensis 147
Brachyrhaphis umbratilis 359
Carlhubbsia kidderi 150
Carlhubbsia stuarti 151
Chapalichthys encaustus 85
Chapalichthys pardalis 86
Chapalichthys peraticus 87
Characodon (Goodea) atripinnis 95
Characodon atripinnis 94
Characodon bilineata 109
Characodon „coahuia“ 88
Characodon eiseni 119
Characodon encaustus 85
Characodon ferrugineus 122
Characodon furcidens 103
Characodon furcidens 99
Characodon garmani 88
Characodon geddesi 92
Characodon lateralis 88
Characodon luitpoldii 95
Characodon multiradiatus 90
Characodon variatus 122
Characodon variatus 94
85
Cnesterodon carnegiei 154
Cnesterodon decemmaculatus 154
Cnesterodon decemmaculatus 155
Cnesterodon scalpridens 305
Cobitis anableps 60
Curtipenis elegans 284
Cyprinodon lineatus 65
Cyprinodon multidentatus 65
Dactylophallus denticulatus 205
Dactylophallus ramsdeni 205
Darienichthys dariensis 345
Dermogenys burmanicus 400
Dermogenys ebrardtii 410
Dermogenys megarrhamphus 396
Dermogenys montanus 397
Dermogenys orientalis 400
Dermogenys philippinus 398
Dermogenys pusillus 398
Dermogenys siamensis 400
Dermogenys sumatranus 400
Dermogenys viviparus 400
Dermogenys vogti 401
Dermogenys weberi 402
Dicerophallus echeagarayi 227
Diphyacantha chocoensis 344
Fitzroyia multidentatus 65
Flexipenis vittatus 157
Fundulus dugèsii 77
Fundulus melapleurus 182
Fundulus parvipinnis 76
Fundulus robustus 76
Furcipenis huberi 132
Gambusia (Pseudoxiphophorus) bimaculatus 217
Gambusia aestiputius 184
Gambusia affinis 160
Gambusia affinis 197
Gambusia affinis 323
Gambusia alvarezi 169
Gambusia amistadensis 163
Gambusia annectens 341
Gambusia atrora 164
Gambusia atzi 228
Gambusia aurata 165
Gambusia baracoana 192
Gambusia beebei 166
Gambusia bimaculata 217
Gambusia bonita 336
Gambusia bucheri 192
Gambusia caliensis 343
Gambusia cana 253
Gambusia cascajalensis 137
Gambusia caudovittata 347
Gambusia caymanensis 189
Gambusia cubensis 248
Gambusia darienensis 345
Gambusia dominicensis 167
Gambusia dominicensis 173
Gambusia dovii 184
Gambusia echeagarayi 227
Gambusia episcopi 139
Gambusia eurystoma 168
Gambusia fasciata 317
Gambusia fasciata 333
Gambusia formosa 221
Gambusia gaigei 169
Gambusia geiseri 170
Gambusia georgei 171
Gambusia gracilior 199
Gambusia gracilis 160
Gambusia gracilis 314
Gambusia heckeli 319
Gambusia heterochir 172
Gambusia hispaniolae 173
Gambusia holbrooki 162
Gambusia howelli 190
Gambusia hubbsi 193
Gambusia humilis 160
Gambusia hurtadoi 169
Gambusia infans 314
Gambusia infans 323
Gambusia jonesii 222
Gambusia krumholzi 175
Gambusia latipunctata 139
Gambusia lemaitrei 176
Gambusia lineolata 290
Gambusia longispinis 177
Gambusia luma 179
Gambusia manni 193
Gambusia marshi 180
Gambusia matamorensis 290
Gambusia mcneili 184
Gambusia meadi 176
Gambusia melanopleura 182
Gambusia melanosticta 189
Gambusia melapleura 182
Gambusia modesta 162
Gambusia monticola 193
Gambusia myersi 162
Gambusia myersi 165

Gambusia nicaraguensis 184
Gambusia nicaraguensis nicaraguensis 198
Gambusia nicaraguensis sexradiatus 198
Gambusia nigropunctata 189
Gambusia nigroventralis 347
Gambusia nobilis 185
Gambusia nobilis 197
Gambusia oligosticta 189
Gambusia panuco 186
Gambusia parismina 143
Gambusia patruelis 160
Gambusia picturada 189
Gambusia poecilioides 290
Gambusia pseudopunctata 187
Gambusia punctata 188
Gambusia punctata 196
Gambusia punctata punctulata 188
Gambusia puncticulata 189
Gambusia rachowi 228
Gambusia regani 194
Gambusia rhabdophora 146
Gambusia rhizophorae 196
Gambusia senilis 197
Gambusia sexradiata 198
Gambusia speciosa 160
Gambusia terrabensis 147
Gambusia tridentiger 254
Gambusia turrubarensis 333
Gambusia umbratilis 359
Gambusia vittata 157/248
Gambusia wrayi 199
Gambusia xanthosoma 201
Gambusia yucatana 191
Girardinichthys innominatus 90
Girardinichthys innominatus 92
Girardinichthys limnurgus 90
Girardinichthys multiradiatus 90
Girardinichthys viviparus 92
Girardinus caucanus 279
Girardinus caudimaculatus 265
Girardinus creolus 203
Girardinus cubensis 204
Girardinus decemmaculatus 155
Girardinus denticulatus 205
Girardinus falcatus 206
Girardinus formosus 221
Girardinus garmani 208
Girardinus guppii 303
Girardinus iheringii 269
Girardinus januarius 269
Girardinus lutzi 319
Girardinus metallicus 208
Girardinus microdactylus 209
Girardinus occidentalis 327
Girardinus pleurospilus 319
Girardinus poeciloides 303
Girardinus presidionis 329
Girardinus pygmaeus 208
Girardinus reticulatus 302
Girardinus serripenis 210
Girardinus sonoriensis 327
Girardinus uninotatus 211
Girardinus versicolor 247
Glaridichthys atherinoides 206
Glaridichthys caudimaculatus 265
Glaridichthys decemmaculatus 155
Glaridichthys falcatus 206
Glaridichthys latidens 324
Glaridichthys reticulatus 303
Glaridichthys torralbasi 211
Glaridichthys uninotatus 211
Glaridodon latidens 324
Glaridodon uninotatus 211
Goodea atripinnis 94/115
Goodea atripinnis 96
Goodea bilineata 109
Goodea caliente 94
Goodea calientis 94
Goodea captiva 115
Goodea gracilis 94
Goodea lermae 112
Goodea luitpoldi 95
Goodea martini 96
Goodea multipunctata 113
Goodea toweri 82
Goodea whitei 103
Goodea xaliscone 96
Gulapinnus decemmaculatus 155
Haplocheilus melanopleurus 182
Haplochilus melanops 162
Hemiramphus ebrardtii 410
Hemiramphus fluviatilis 398
Hemirhamphodon chrysopunctatus 403
Hemirhamphodon kükenthali 405
Hemirhamphodon phaiosoma 404
Hemirhamphodon pogonognathus 405
Hemirhamphus hageni 411
Hemirhamphus phaiosoma 404
Hemirhamphus pogonognathus 405
Hemirhamphus viviparus 400
Hemirhamphus weberi 402
Heterandria affinis 160
Heterandria anzuetoi 214
Heterandria attenuata 215
Heterandria bimaculata 217
Heterandria bimaculata 222
Heterandria cataractae 219
Heterandria colombianus 333
Heterandria cubensis 204
Heterandria dirempta 220
Heterandria fasciata 317
Heterandria formosa 221
Heterandria guppii 303
Heterandria hasemani 285
Heterandria holbrooki 162
Heterandria jonesi 222
Heterandria litoperas 224
Heterandria lutzi 319
Heterandria minor 297
Heterandria nobilis 185
Heterandria obliqua 225
Heterandria occidentalis 327
Heterandria patruelis 160
Heterandria pleurospilus 319
Heterandria versicolor 247
Heterandria zonata 251
Heterophallus echeagarayi 227
Heterophallus rachowi 228
Hubbsina turneri 97
Ilyodon furcidens 99
Ilyodon lennoni 100
Ilyodon paraguayense 99
Ilyodon whitei 103
Ilyodon xantusi 103
Jenynsia lineata 65
Lebias lineata 65
Lebias multidentata 65
Lebistes poeciloides 303
Lebistes reticulatus 302
Leptorhaphis infans 323
Lermichthys multiradiatus 90
Limia arnoldi 241
Limia caudofasciata tricolor 238
Limia caymanensis 230
Limia couchiana 369
Limia cubensis 248
Limia dominicensis 232
Limia fuscomaculata 234
Limia garnieri 235
Limia grossidens 236
Limia heterandria 286
Limia hollandi 288
Limia immaculata 237
Limia matamorensis 290
Limia melanogaster 238
Limia miragoanensis 240
Limia nigrofasciata 241
Limia ornata 242
Limia pauciradiata 243
Limia pavonina 248
Limia perugiae 244
Limia poeciloides 290
Limia sulphurophila 246
Limia tricolor 238
Limia tridens 230
Limia versicolor 247
Limia vittata 248
Limia yaguajali 250
Limia zonata 251
Limnurgus innominatus 92
Limnurgus variegatus 92
Lucania richi 92
Micropoecilia bifurca 298
Micropoecilia branneri 275
Micropoecilia melanzona 298
Micropoecilia parae 298
Micropoecilia picta 301

Verzeichnis der gültigen Fischnamen und *Synonyma*

Molinesia surinamensis 312
Mollienesia latipinna 290
Mollienesia petenensis 299
Mollienesia sphenops 278
Mollienesia sphenops altissima 294
Mollienesia sphenops macrura 294
Mollienesia sphenops vantynei 294
Mollienisia caucana 279
Mollienisia dominicensis 282
Mollienisia dominicensis 287
Mollienisia elegans 284
Mollienisia elongata 316
Mollienisia jonesii 222
Mollienisia latipunctata 291
Mollienisia occidentalis 327
Mollienisia sulphuraria 307
Mollienisia surinamensis 312
Mollienisia velifera 310
Neoheterandria cana 253
Neoheterandria elegans 254
Neoheterandria tridentiger 254
Neoheterandria umbratilis 359
Neoophorus catarinae 105
Neoophorus diazi 105
Neoophorus diazi 106
Neoophorus diazi catarinae 105
Neoophorus diazi diazi 106/107
Neoophorus meeki 107
Neoophorus regalis 75
Neopoecilia holacanthus 312
Neotoca bilineata 109
Nomorhamphus brembachi 408
Nomorhamphus celebensis 409
Nomorhamphus ebrardti 410
Nomorhamphus hageni 411
Nomorhamphus liemi 412
Nomorhamphus snijdersi 412
Nomorhamphus towoetii 414
Ollentodon multipunctatus 113
Ollentodon multipunctatus 113
Pamphoria scalpridens 305
Pamphorichthys minor 297
Panamichthys panamensis 348
Panamichthys tristani 146
Paragambusia nicaraguensis 184
Parapoecilia hollandi 288
Petalosoma amazonum 131
Petalosoma cultratum 131
Petalurichthys amazonum 131
Petalurichthys cultratus 131
Phallichthys amates 257
Phallichthys fairweatheri 259
Phallichthys isthmensis 258
Phallichthys pittieri 258
Phallichthys quadripunctatus 261
Phallichthys tico 262
Phalloceros caudimaculatus 265
Phalloceros caudomaculatus 265
Phalloptychus eigenmanni 268
Phalloptychus januarius 269
Phalloptychus januarius eigenmanni 268
Phallotorynus fasciolatus 271
Phallotorynus jucundus 271
Platypoecilus dominicensis 282
Platypoecilus maculatus 378
Platypoecilus maculatus 392
Platypoecilus nelsoni 276
Platypoecilus perugiae 244
Platypoecilus quitzeoensis 124
Platypoecilus variatus 390
Platypoecilus variatus 392
Platypoecilus xiphidium 392
Plectrophallus tristani 146
Poecilia amates 257
Poecilia amazonica 274
Poecilia branneri 275
Poecilia butleri 276
Poecilia catemaconis 278
Poecilia caucana 279
Poecilia caudomaculatus 265
Poecilia chica 280
Poecilia chisoyensis 294
Poecilia cubensis 248
Poecilia decemmaculata 155
Poecilia dominicensis 232
Poecilia dominicensis 282
Poecilia elegans 284
Poecilia elongata 316
Poecilia festae 346
Poecilia fria 346
Poecilia gracilis 155
Poecilia hasemani 285
Poecilia heterandria 286
Poecilia hetristia 275
Poecilia hispaniolana 287
Poecilia holacanthus 312
Poecilia hollandi 288
Poecilia januarius 269
Poecilia latipinna 289
Poecilia latipunctata 291
Poecilia limantouri 296
Poecilia lineolata 290
Poecilia maculata 378
Poecilia maylandi 292
Poecilia melanogaster 238
Poecilia melanonotata 244
Poecilia melanopleura 182
Poecilia melanzona 298
Poecilia melapleura 182
Poecilia mexicana 294
Poecilia minor 297
Poecilia montana 282
Poecilia multilineata 290
Poecilia nicholsi 251
Poecilia nigrofasciata 241
Poecilia occidentalis 327
Poecilia ornata 242
Poecilia orri 273
Poecilia parae 298
Poecilia perugiae 244
Poecilia petenensis 299
Poecilia picta 301
Poecilia pittieri 258
Poecilia poeciloides 290
Poecilia poeciloides 303
Poecilia presidionis 329
Poecilia punctata 65
Poecilia reticulata 302
Poecilia retropinna 331
Poecilia scalpridens 305
Poecilia sphenops 306
Poecilia sphenops petersi 294
Poecilia sulphuraria 307
Poecilia surinamensis 312
Poecilia thermalis 294
Poecilia unimacula 312
Poecilia unimaculata 312
Poecilia velifera 310
Poecilia versicolor 247
Poecilia vittata 248
Poecilia vivipara 312
Poecilia vivipara parae 298
Poecilia zonata 251
Poeciliopsis amates 257
Poeciliopsis anonas 314
Poeciliopsis balsas 314
Poeciliopsis catemaco 315
Poeciliopsis colombianus 333
Poeciliopsis elongata 316
Poeciliopsis elongatus 316
Poeciliopsis fasciata 317
Poeciliopsis gracilis 319
Poeciliopsis hnilickai 320
Poeciliopsis infans 323
Poeciliopsis isthmensis 258
Poeciliopsis latidens 324
Poeciliopsis lucida 325
Poeciliopsis lutzi 319
Poeciliopsis maculifer 359
Poeciliopsis maldonadoi 333
Poeciliopsis monacha 326
Poeciliopsis occidentalis 327
Poeciliopsis paucimaculata 328
Poeciliopsis pittieri 258
Poeciliopsis pleurospilus 319
Poeciliopsis porosus 323
Poeciliopsis presidionis 329
Poeciliopsis prolifica 330
Poeciliopsis retropinna 331
Poeciliopsis turneri 332
Poeciliopsis turrubarensis 333
Poeciliopsis viriosa 335
Poecilistes pleurospilus 319
Poecilistes pleurospilus pleurospilus 319
Poeciloides bimaculatus 217
Poeciloides reticulatus 302
Priapella bonita 336

Priapella compressa 337
Priapella intermedia 339
Priapichthys annectens 341
Priapichthys annectens 342
Priapichthys caliensis 343
Priapichthys chocoensis 344
Priapichthys darienensis 345
Priapichthys dariensis 345
Priapichthys episcopi 139
Priapichthys festae 346
Priapichthys fosteri 333
Priapichthys fria 346
Priapichthys hesperis 342
Priapichthys huberi 132
Priapichthys letonai 319
Priapichthys nigroventralis 347
Priapichthys olomina 146
Priapichthys panamensis 348
Priapichthys parismina 143
Priapichthys tridentiger 254
Priapichthys tridentiger cana 253
Priapichthys turrubarensis 333
Pseudopoecilia festae 346
Pseudopoecilia fria 346
Pseudoxiphophorus bimaculatus bimaculatus 217
Pseudoxiphophorus bimaculatus peninsulae 217
Pseudoxiphophorus bimaculatus taeniatus 217
Pseudoxiphophorus bimaculatus 217
Pseudoxiphophorus bimaculatus 222
Pseudoxiphophorus jonesii 222
Pseudoxiphophorus pauciradiatus 217
Pseudoxiphophorus pauciradiatus 222
Pseudoxiphophorus reticulatus 217
Pseudoxiphophorus reticulatus 222
Pseudoxiphophorus terrabensis 147
Quintana atrizona 350
Rhamphodermogenys bakeri 400
Scolichthys greenwayi 352
Scolichthys iota 353
Skiffia bilineata 109
Skiffia francesae 111
Skiffia lermae 112
Skiffia multipunctatus 113
Tomeurus gracilis 354
Toxus creolus 203
Toxus cubensis 204
Toxus serripenis 210
Trigonophallus punctifer 144
Xenendum caliente 94
Xenendum luitpoldi 95
Xenendum multipunctatum 113
Xenendum xaliscone 96
Xenodexia ctenolepis 357
Xenoophorus captivus 115
Xenoophorus erro 115
Xenoophorus exsul 115
Xenophallus umbratilis 359
Xenotaenia resolanae 117
Xenotoca eiseni 119
Xenotoca melanosoma 120
Xenotoca variata 119
Xenotoca variata 122
Xiphophorus alvarezi 364
Xiphophorus andersi 365
Xiphophorus bimaculatus 217
Xiphophorus brevis 374
Xiphophorus clemenciae 366
Xiphophorus cortezi 368
Xiphophorus couchianus 369
Xiphophorus couchianus „apodaca“ 363
Xiphophorus evelynae 371
Xiphophorus gordoni 372
Xiphophorus gracilis 319
Xiphophorus guentheri 374
Xiphophorus heckeli 65
Xiphophorus helleri 374
Xiphophorus helleri alvarezi 364
Xiphophorus helleri helleri 374
Xiphophorus hellerii brevis 374
Xiphophorus hellerii guntheri 374
Xiphophorus helleri signum 388
Xiphophorus helleri strigatus 374
Xiphophorus jalapae 374
Xiphophorus „kosszanderi“ 393
Xiphophorus maculatus 378
Xiphophorus milleri 381
Xiphophorus montezumae montezumae 383
Xiphophorus montezumae 383
Xiphophorus nigrensis 384
Xiphophorus pygmaeus 387
Xiphophorus pygmaeus nigrensis 384
Xiphophorus pygmaeus pygmaeus 387
Xiphophorus rachovii 374
Xiphophorus „roseni“ 370
Xiphophorus signum 388
Xiphophorus spec. muzquiz 363
Xiphophorus strigatus 374
Xiphophorus variatus 390
Xiphophorus variatus evelynae 371
Xiphophorus variatus xiphidium 392
Xiphophorus xiphidium 392
Zoogoneticus diazi 106/107
Zoogoneticus dugesii 77
Zoogoneticus maculatus 76
Zoogoneticus miniatus 106
Zoogoneticus quitzeoensis 124
Zoogoneticus robustus 76
Zoogoneticus zonistius 73
Zygonectes atrilatus 162
Zygonectes brachypterus 160
Zygonectes gracilis 160
Zygonectes inurus 160
Zygonectes melanops 162
Zygonectes patruelis 160
Zygonectes senilis 197
Zygonectes speciosa 160

Fotoautoren

H. A. Baensch (3), O. Böhm (17), G. Brecht (1), M. Brembach (3), G. Entlinger (4), W. Foerster (2), H. Hansen (1), H. Hinz (1), E. Hnilicka (1), B. Kahl (13), H. Linke (3), K. H. Lüling (3), K. Lung (1), H. J. Mayland (3), M. K. Meyer/L. Wischnath (150), F. P. Müllenholz (36), A. v. d. Nieuwenhuizen (2), A. Norman (2), J. Parzefall (4), K. Paysan (1), E. Pürzl (27), A. C. Radda (24), H. J. Richter (22), M. Schartl (2), G. Schreiber (1), L. Seegers (6), H. P. Weil (1), M. Wirth (1).

Zeichnungen

Archiv H. A. Baensch, M. K. Meyer, J. Pahlow, Tetra Verlag, W. Foerster

Der Autor Manfred Kurt Meyer, geboren am 14. Juli 1952 in Friedberg, Hessen, ist freier Fischkundler, Mathematikstudent und Lehrkraft. Auf ichthyologischem Gebiet beschäftigt er sich vornehmlich mit den lebendgebärenden Fischen und den Cichliden. Seit 1980 leitet er Kurse an der Volkshochschule über Aquaristik und Aquarienpflege. Er hält aquaristische Vorträge und publiziert in internationalen Fachzeitschriften. Sein erster Aufsatz „Vom Aussterben bedrohter Xiphophorus-Arten" erschien in der Zeitschrift „Das Aquarium". Seine erste wissenschaftliche Arbeit lautete: „Ein neuer Xiphophorus aus Veracruz, Mexiko". Seit 1981 ist er ständiger Mitarbeiter der schwedischen Aquarienzeitschrift „Akvariet".

Lothar Wischnath, geboren 1933 in Arolsen bei Kassel, verbrachte seine Jugendzeit in Magdeburg. Tiere und Pflanzen aus heimischen Gewässern beschäftigten ihn seit dem 10. Lebensjahr. Nach einer Schlosserlehre ist er seit 1953 als Fernfahrer tätig. Werner Schröder, langjähriger Direktor des Aquariums im Berliner Zoo, weckte 1968 seine Vorliebe für Wildformen lebendgebärender Zahnkarpfen. Hauptsächlich beschäftigt er sich seitdem mit den Wildformen der Gattung Xiphophorus. Einige Reisen nach Mexiko ergaben interessante Beobachtungen und Fangergebnisse. Es konnten erstmals rote Wildpopulationen von Xiphophorus helleri nachgewiesen und einige Xiphophorusarten und -Populationen, sowie verschiedene Wasserpflanzen erstmals nach Europa und Deutschland eingeführt werden.
Im Oktober 1983 erschien gemeinsam mit Manfred K. Meyer das Buch „Schwertträger und Platies" (Wild- und Zuchtformen). Seit 1968 lebt Lothar Wischnath in Berlin und publiziert in zahlreichen in- und ausländischen Fachzeitschriften über Wildformen lebendgebärender Zahnkarpfen und Wasserpflanzen.

Der Autor Wolfgang Foerster wurde 1940 in Essen geboren. Seit frühester Jugend pflegt und züchtet er Guppys und Schwertträger. In Gießen studierte er Biologie und im Rahmen seiner Doktorarbeit beschäftigte er sich mit den Chromosomen verschiedener Wildstämme von Schwertträgern und Platys. Seit 1969 arbeitet er am Institut für Humangenetik der Justus-Liebig-Universität in Gießen und leitet hier das zytogenetische Labor. Sein aquaristisches Interesse gilt den Lebendgebärenden, besonders den Zuchtformen des Guppy. Einige seiner Guppystämme konnten auf Ausstellungen erste Preise erringen. Im Vordergrund seiner heutigen züchterischen Betätigung stehen die Erhaltung der verschiedenen Grundfarben des Guppy, sowie Kreuzungen mit anderen Poeciliiden. Seit Jahren gehört er der Deutschen Guppy Föderation an.